U0288494

《化工过程强化关键技术丛书》编委会

"十三五"国家重点出版物
出版规划项目

化工过程强化关键技术丛书

中国化工学会 组织编写

结构催化剂与反应器

Structured Catalysts and Reactors

路 勇 巩金龙 朱吉钦 等编著

化学工业出版社
·北京·

《结构催化剂与反应器》是《化工过程强化关键技术丛书》的一个分册。

本书首先概述了结构催化剂与反应器（SCRs）的发展历程，阐释了其核心要义，总结了其分类和结构特征，并结合典型工业应用案例探讨了该技术的发展趋势和面临的机遇与挑战。然后按照规则空隙结构催化剂与反应器、非规则3D空隙结构催化剂与反应器和多级孔结构微纳催化剂与反应器三篇依序论述了这三大类结构催化剂与反应器的基础理论、构筑策略和实际应用，突出催化剂与反应器设计应结合起来在宏观尺度上整体考虑的研发思路，强调大至一个整装结构催化剂个体、小至一个催化剂颗粒即视为一个反应器的理念。

《结构催化剂与反应器》覆盖全面、论述系统，既有基础理论分析，又联系实际体系，取材翔实。可供石油化工、工业催化、绿色化工、精细化工、新能源开发等科技人员阅读，也可供高等院校化学、化工、材料、环境 、能源及相关专业师生参考。

图书在版编目（CIP）数据

结构催化剂与反应器/中国化工学会组织编写；路勇等编著.—北京：化学工业出版社，2019.8
（化工过程强化关键技术丛书）
国家出版基金项目“十三五”国家重点出版物规划项目
ISBN 978-7-122-34408-3

Ⅰ.①结… Ⅱ.①中… ②路… Ⅲ.①催化剂-化工生产②合成反应器 Ⅳ.①TQ426②TQ052

中国版本图书馆CIP数据核字（2019）第082347号

责任编辑：杜进祥　徐雅妮　郭乃铎　　文字编辑：向　东
责任校对：张雨彤　　装帧设计：关　飞

出版发行：化学工业出版社（北京市东城区青年湖南街13号　邮政编码100011）
印　　装：中煤（北京）印务有限公司
710mm×1000mm　1/16　印张30½　字数603千字　2020年6月北京第1版第1次印刷

购书咨询：010-64518888　售后服务：010-64518899
网　　址：http://www.cip.com.cn
凡购买本书，如有缺损质量问题，本社销售中心负责调换。

定　　价：198.00元　

作者简介

路勇，华东师范大学，教授、博士生导师。四川大学化学系物理化学专业学士，中国科学院兰州化学物理研究所物理化学专业博士。1997–2000 年在中石化石油化工科学研究院于何鸣元院士指导下从事博士后研究，留院工作受聘高级工程师、任科研组长。2000–2004 年先后在新加坡国立大学化工系和美国 Auburn 大学化工系从事博士后研究。2004 年 8 月入现职后，紧扣“结构催化剂与反应器”这一国际新兴前沿，同步开展科学研究与应用开发，提出了“自上而下（Top–Down）”金属 Foam/Fiber 基体“非涂层”原位催化功能化的设计策略，将结构催化剂从规则 2D 空隙蜂窝和微通道结构拓展到了非规则 3D 空隙 Foam/Fiber 等结构，实现了反应器（Top）内流动和热 / 质传递与表界面（Down）催化反应的协同耦合。在合成天然气（SNG）、煤制乙二醇（CTEG）、甲烷干重整等应用中取得了良好效果。主持国家基金委重大项目课题和面上项目、科技部“973”和“863”项目课题及上海市科委重点项目 10 余项。在 *Sci Adv*、*ACS Catal*、*J Catal*、*Appl Catal B*、*AIChE J* 等发表论文 100 余篇，被引 3000 余次。获授权中国发明专利 30 余件、美国专利 2 件，申请 PCT 国际专利 3 件。兼任中国化工学会化工过程强化专业委员会委员、中国稀土学会催化专业委员会委员。

巩金龙，天津大学，北洋讲席教授、博士生导师。绿色合成与转化教育部重点实验室副主任。天津大学化学工程与工艺专业学士、硕士，美国得克萨斯大学奥斯汀分校化学工程专业博士，美国哈佛大学 George Whitesides 实验室博士后。国家首批“万人计划”入选者、国家杰出青年基金获得者、教育部长江学者特聘教授、国家重点研发计划项目首席科学家、英国皇家化学学会会士。主要从事多相催化、能源化工应用基础研究，在烷烃脱氢、CO_2 还原和光电催化水分解制氢等方面开展研究工作。先后主持国家重点研发计划、国家基金重点、重大国际合作和科技部“863”等项目 10 余项。在

Nature 子刊、*JACS*、*Angew Chem Int Ed*、*AIChE J* 等国际期刊上发表论文 200 余篇，被引 10000 余次；申请美国、中国发明专利 69 项，已获授权 36 项。曾获中国青年科技奖——特别奖、天津市自然科学一等奖（排名第一）、教育部青年科学奖、第六届侯德榜化工科学技术奖——创新奖（2014 年）等。兼任国际氢能学会（IAHE）顾问委员、教育部高等学校专业设置与教学指导委员会委员、中国化工学会化工过程强化专业委员会委员、中国化学会催化委员会 / 绿色化学委员会委员、中国材料研究学会纳米材料与器件分会委员、中国青年科技工作者协会理事，*AIChE Journal* 顾问编辑、*ACS Sustainable Chemistry & Engineering* 等期刊副主编及 10 余个国际 SCI 期刊编委 / 顾问编委。

朱吉钦，北京化工大学化学工程学院教授、博士生导师。郑州工业大学化工学院学士，郑州大学化工学院硕士，清华大学化工系博士。现任北京化工大学环境与能源催化研究中心主任。主要从事能源和环境领域的化工过程强化研究，研究内容包括低浓度 VOCs 的流向变换催化氧化、难降解有机废水的臭氧多相催化、高浓高盐有机废水的分离利用等。先后负责科技部重点研发计划、国家自然科学基金、工程化应用项目等数十项，发表 SCI 论文 40 余篇，授权发明专利 3 项，所研发的流向变换催化氧化技术、臭氧多相催化氧化技术，在石油化工、现代煤化工、焦化、制药等行业的废气、废水治理中推广应用了数十套，取得了良好的社会效益。

丛书序言

化学工业是国民经济的支柱产业，与我们的生产和生活密切相关。改革开放 40 年来，我国化学工业得到了长足的发展，但质量和效益有待提高，资源和环境备受关注。为了实现从化学工业大国向化学工业强国转变的目标，创新驱动推进产业转型升级至关重要。

“工程科学是推动人类进步的发动机，是产业革命、经济发展、社会进步的有力杠杆”。化学工程是一门重要的工程科学，化工过程强化又是其中的一个优先发展的领域，它灵活应用化学工程的理论和技术，创新工艺、设备，提高效率，节能减排、提质增效，推进化工的绿色、低碳、可持续发展。近年来，我国已在此领域取得一系列理论和工程化成果，对节能减排、降低能耗、提升本质安全等产生了巨大的影响，社会效益和经济效益显著，为践行“绿水青山就是金山银山”的理念和推进化工高质量发展做出了重要的贡献。

为推动化学工业和化学工程学科的发展，中国化工学会组织编写了这套《化工过程强化关键技术丛书》，各分册的主编来自清华大学、北京化工大学、中北大学等高校和中国科学院、中国石油化工集团公司等科研院所、企业，都是化工过程强化各领域的领军人才。丛书的编写以党的十九大精神为指引，以创新驱动推进我国化学工业可持续发展为目标，紧密围绕过程安全和环境友好等迫切需求，对化工过程强化的前沿技术以及关键技术进行了阐述，符合“中国制造 2025”方针，符合“创新、协调、绿色、开放、共享”五大发展理念。丛书系统阐述了超重力反应、超重力分离、精馏强化、微化工、传热强化、萃取过程强化、膜过程强化、催化过程强化、聚合过程强化、反应器（装备）强化以及等离子体化工、微波化工、超声化工等一系列创新性强、关注度高、应用广泛的科技成果，多项关键技术已达到国际领先水平。丛书各分册从化工过程强化思路出发，介绍原理、方法，突出应用，强调工程化，展现过程强化前后的对比效果，系统性强，资料新颖，图文并茂，反映了当前过程强化的最新科研成果和生产技术水平，有助于读者了解最新的过程强化理论和技术，对学术研究和工程化实施均有指导意义。

本套丛书的出版将为化工界提供一套综合性很强的参考书，希望能推进化工过程强化技术的推广和应用，为建设我国高效、绿色和安全的化学工业体系增砖添瓦。

中国科学院院士：费维扬

中国工程院院士：舒兴田

2019年3月

前言

催化剂是化工技术的核心。目前，结构催化剂与反应器（structured catalysts and reactors，SCRs）技术已被广泛证实能显著优化固体催化剂床层的流体力学行为和提高催化剂床层内部的热/质传递性能，架起了催化和反应工程协同耦合设计的桥梁，其发展和应用正在开启通向低能耗、高效率的“理想”催化反应器设计之路，必将对涉及能源、化工、环境保护的催化过程以及生产模式产生积极和深远的影响。

一般而言，结构催化剂与反应器（SCRs）是以整装多孔结构填料为基体，通过黏附、化学键合、空间束缚等方法，将纳米催化活性组分牢固地附着其上，实现催化活性组分的“宏-微-纳”一体化组装。其中，蜂窝（honeycomb）和微通道（microchannel）结构催化剂与反应器在废气催化净化等过程中的成功应用就是一个典型案例，但其仍存在径向传递受限、催化功能化方法单一、基体结构和材质局限性大等瓶颈问题。具有三维开放网络结构的泡沫/纤维（Foam/Fiber）等新型整装基体材料的出现，以其在消除径向扩散限制、涡流混合强化传质/传热、规模化制备和几何构型灵活设计等方面显示出的传统蜂窝和微通道 SCRs 难以企及的优势，势必为新型 SCRs 的发展和应用开辟更广阔的空间。另外，随着对 SCRs 研究与认识的不断深入，针对特定的应用场景，也应将小至一个催化剂颗粒也视为是一个反应器。这种理念于 2001 年在荷兰召开的首届“结构催化剂及反应器国际会议”（ICOSCAR-Ⅰ）上被提出并得到了催化工程专家的认可。从催化反应工程的角度看，“微孔-介孔、微孔-大孔、微孔-介孔-大孔”的多级组合形成的多级孔材料（hierarchical porous materials），不仅包含了每一级孔道结构的优势，而且展现出多级孔道结构的协同作用，大大提高了催化效能，因而将其纳入 SCRs 的研究范畴也顺理成章。

作为催化与反应工程交叉领域的新研究方向，结构催化剂与反应器（SCRs）在首届 ICOSCAR-Ⅰ会议成功召开后才得以确立并逐渐得到认可。在过去的近 20 年里，无论是基础研究还是应用开发均取得了长足发展。期间，国内外仅有为数不多的专著出版，但也只局限于某一特定领域或方面。因此，结合近年来国内外在 SCRs 研究与应用方面取得的新进展，编著了系统性强、涵盖面宽的《结构催化剂与反应器》。本书侧重于 SCRs 所涉及的基础理论、构筑策略以及实际应用的梳理总结，以彰显催化剂与反应器设计应结合起来在宏观尺度上整体考虑这一要义，突出大至一个整装结构催化剂个体、小至一个催化剂颗粒即视为一个反应器的理念，重点介绍 SCRs 的种类和特征、传递（质量、能量和动量）过程的规律、设计制备技术，以及在涉及能源、化工和环境领域的多相催化和能量转化与存储应用。本书由华东师范大学路勇教授、天津大学巩金龙教授和北京化工大学朱吉钦教授共同拟定编写框架并统稿。依据典型的蜂窝陶瓷 / 金属（规则空隙）、泡沫 / 纤维 [非规则三维（3D）空隙] 和多级孔材料（微纳反应器）的结构特点，本书将 SCRs 分为三类：规则空隙结构催化剂与反应器、非规则 3D 空隙结构催化剂与反应器和多级孔结构微纳催化剂与反应器，并据此分三篇依序阐述。

本书第一章绪论由华东师范大学路勇教授和赵国锋副研究员主笔，概述了 SCRs 的发展历程，阐释了其核心要义，总结了其分类和结构特征，并结合典型工业应用案例探讨了 SCRs 技术的发展趋势和面临的机遇与挑战。然后分篇对三类 SCRs 的技术特征、传递规律、制备技术及其应用进行了总结阐述。第一篇介绍了基础研究和实际应用较为成熟的规则空隙结构催化剂与反应器，但有所侧重。譬如，在机动车尾气净化的应用着重于柴油车和 VOCs/ 甲烷催化燃烧而非汽油车。该篇包含五章，华东师范大学赵国锋副研究员和北京化工大学朱吉钦教授撰写了第二章，中国石油大学（华东）王纯正博士撰写了第三章，华东理工大学王丽副教授撰写了第四章，上海大学韩璐蓬博士撰写了第五章，华东理工大学郭耘教授和王丽副教授共同撰写了第六章。近年来，具有非规则 3D 空隙结构的泡沫 / 纤维（Foam/Fiber）等新基体的高效催化功能化、传递规律研究以及应用开发日益受到重视且进展明显，相关的成果在第二篇中详细总结介绍。第二篇由第七章 ~ 第十章组成，均由华东师范大学赵国锋副研究员和路勇教授共同主笔。多级孔材料及其工业催化应用研究虽然十分活跃，且有很多综述和专著从不同角度进行了总结，但还未有将其纳入 SCRs 范畴的分析与讨论；本书首次将其个体视为一个反应器在第三篇中总结阐述，重在从反应工程和过程强化的角度引发读者将其视作一种微纳催化剂与反应器的思考，激发人们在重视这类材料的构筑和应用的同时关注其中的传递规律和模拟研究。因而，第三篇在概括性地总结了其一般制备策略和方法后，着重介绍了其在能量转化与存储和环境催化中的应用，以及新观察到的双功能颗粒复合“微纳接触”对合成气和 CO_2 转化反应的催化调控效应，而未涉及其在工业催化的研究与应用工作。该篇包括第十一章～第十四章，北京工业大学的刘雨溪副教授、邓积光教授和戴洪兴教授撰写了第十一、十二章，澳大利亚悉尼大学丁嘉博士和华东师范大学赵国锋副研究员撰写了第十三章，华东师范大学赵国锋副研究员、路勇教授与天津大学巩金龙教授共同撰写了第十四章。

各位赐稿专家以严谨认真、一丝不苟的态度和要求，为本书奉献了系统、翔实的内容。在此，向他们致以崇高的敬意和衷心的感谢！同时，也非常感谢司家奇、蒙超、聂强、孙伟东、柴瑞娟、王嵩、朱坚、张智强、贾迎帅、邓涛、陶龙刚、张鑫、陈鹏静、谭继礼、陈毅芳等为书稿的编校、公式图表的确认和重新绘制所做出的努力和贡献。天津大学李鑫刚教授悉心审阅了书稿，提出了很多修改意见，在此表示诚挚的谢意！本书是国家自然科学基金重大项目课题：高能量密度液体烃类燃料重整制氢（路勇）；“973”计划课题：甲醇制烃类选择性调控的催化基础研究（路勇）；“863”计划专项课题：基于结构化细粒子催化剂的 PEMFC 氢源技术（路勇）；上海市科委基础重点项目：高效低温甲烷氧化偶联催化化学及反应工程与工艺基础研究（路勇）等以及易高（香港）等企业委托开发多项成果的结晶，在此衷心感谢国家自然科学基金委、科技部和上海市科委及相关企业的大力资助。

本书努力做到覆盖较全面、论述较系统、承上启下，既有基础理论分析，又联系实际体系。但限于编著者的水平、学识，内容遗漏、编排和归类存在不妥和不足之处在所难免，恳请有关专家和读者不吝指正。

编著者
2019 年 3 月

目录

第一章　绪论　/ 1

第一篇　规则空隙结构催化剂与反应器　/ 29

第二章　规则空隙结构基体及结构催化剂与反应器　/ 31

第三章　规则空隙结构催化剂与反应器的传递现象 / 65

第三篇　多级孔结构微纳催化剂与反应器 / 355

第十一章　多级孔结构微纳催化剂与反应器及制备 / 357

第十二章　多级孔结构微纳催化剂与反应器的环境催化应用　/ 390

第十三章　多级孔结构微纳催化剂与反应器的能源储存与转化应用　/ 423

第十四章　多级孔结构微纳催化剂的CO_2转化与利用　/ 444

第一章

绪　论

第一节　结构催化剂与反应器（SCRs）的发展历程

随着社会的快速发展和人民生活水平的不断提高，对能源的需求量越来越大，同时排放的污染物也越来越多，造成了严重的环境污染，致使大众普遍认为“化学或化学工业”是环境污染的罪魁祸首。虽然这种观点有失偏颇，但是传统化学工业的确带来了严重的环境污染：频繁的酸雨、短缺的淡水资源、濒临灭绝的珍稀物种[1]。化学已经渗透到了当今社会的方方面面[2]：从基本的衣食住行到高精尖太空探索，从古老的笔墨纸砚到新生的电子器件等，无一不和化学有着密切的联系。农药、塑料、橡胶、涂料、汽油、柴油等都来自化学工业，能源、环境、材料、生命、信息等社会各界普遍关注的热点问题，其产生、发展乃至最终解决，都离不开化学。可以毫不夸张地说，没有化学，现代社会无法前进，没有化学，我们的生活无法想象。但是面对化学工业带来的污染问题，人们也难免要问：“现代化学能否生产出对环境无害的化学品？现代化工能否开发出低污染甚至无污染的工程技术？”

一、化工过程强化与SCRs概念的提出

近年来，我国化学工业确立了十分清晰的发展方向，即通过“高效、安全、环保”的生产方式，最终实现资源及能源的充分利用和“废物的零排放”，以满足“可

持续发展”大框架内的“绿色化工”的要求[3]。要想实现以上目标，需要从化学和化工两方面入手：化学方面，通过创制新型高性能催化剂（如单原子催化剂、团簇催化剂和生物催化剂等）以及寻求新的高效无污染合成路线，将反应物原子全部转化为理想产物，避免使用有毒或危险试剂和溶剂，从源头上减少或消除化工生产对环境的污染；化工方面，通过开发和使用新设备和新工艺，在生产量不变甚至提高的前提下，大大减小设备体积或提高设备生产能力，显著提升能量效率，减少废物排放[4,5]。前者侧重从化学反应本身来充分利用资源、消除环境污染；后者则强调运用新设备和新工艺，强化化工生产，实现节能减排，称为化工过程强化。

何为化工过程？对于化工生产，从原料的输入到产品的产出，要经过一系列化学的和物理的加工处理步骤，其中的每一个处理步骤都称为化工过程[6]。化学工业种类繁多，所用的加工制造方法各不相同，但如果将其制造过程加以整理，则可得到若干应用较广而为数不多的基本化学反应过程（例如氧化、还原、裂解、重整、磺化、硝化、氯化和烷基化等）和基本物理加工过程（例如加热、冷却、混合、吸收、分离、精馏、结晶等）。这些基本化学反应过程和物理加工过程（亦称为单元操作）组成了各种化工产品的生产过程。

何为化工过程强化？荷兰 Delft 科技大学的 Stankiewicz 和 Moulijn 两位教授对此做出了如下描述：化工过程强化包括新设备和新工艺，这些设备和工艺与当今常用的相比，可以显著改进化工过程、大幅提升设备产能、显著提升过程速率（包括传递过程速率和反应过程速率）、降低能耗或废物的产生，最终形成高效、节能、清洁、可持续发展的综合技术[7]。这里提到的“新设备和新工艺”是化工过程强化的核心，以化工原理和反应工程及相关物系平衡特性为基础，靠方法创新和技术创新来实现[6]。“显著提升过程速率”是数倍乃至数十倍的提升，绝非一般技术改造带来的百分之几的提升，这种“提升”本质上是创新性的、革命性的，而非渐进性的。化工过程强化带来的优势是多方面的：设备产能显著提升，能耗显著降低，产品成本大幅下降；设备的微型化大大节省了设备和基建投资以及土地资源；大幅减少化学物质在线存量，提高安全性；反应均匀迅速，副产物大大减少。化工过程强化是解决我国化学工业“高能耗、高物耗和高污染”问题的有效技术手段，有望从根本上变革化学工业的面貌[8]。

化工过程强化技术业已引起国内外化工界和研究人员的高度关注。目前，欧美等发达国家已将化工过程强化列为当前化学工程优先发展的三大领域之一。2000年以来，国内学者对化工过程强化的认识达到了前所未有的高度，发表了大量论文，举办了一系列学术及产学研合作会议，政府和企业也给予了高度关注和大力支持，有力地推动了化工过程强化的研究和应用。目前，研究和发展的 20 多种化工过程强化技术[6,8,9]，如结构催化剂与反应器、超重力和过程耦合等，已经得到工业应用或示范，成效显著。

催化反应过程，尤其是多相催化直接或间接地贡献了世界 GDP 的 20% ～

30%，涉及能源催化、环境催化、精细化工以及特种化工的许多过程。气-固相和气-液-固相催化反应是其中非常重要的反应类型，对催化剂的活性、选择性和稳定性具有很高的要求，因此“催化剂设计和制备技术”是“化工过程强化”的核心内容和重要手段。催化反应是一个表/界面过程，但在反应器宏观尺度下往往受催化剂床层内的流体流动和热/质传递的制约，不仅会导致反应过程效率降低，而且对催化剂活性和选择性甚至稳定性产生负面影响，这在强吸热和强放热以及高通量反应过程中尤为突出[9~11]。一般地，多相催化剂通过提升其催化性能来降低原材料及能量在生产过程中的消耗和副产物的生成。催化性能的提升主要通过催化剂表/界面组成与结构的调控（主要体现在活性位在纳米乃至原子尺度下的构筑），并结合催化剂颗粒尺寸、形状及结构的优化（主要体现在催化剂工程方面，即孔径、孔形状、长度、横截面积和颗粒大小等）来实现。在实验室研究中一般不考虑催化剂的成型问题，但在大规模工业生产中，催化剂成型则是催化剂产业化的关键环节之一。特别指出的是，催化剂成型势必涉及成型颗粒大小的问题，这关系到反应物在孔中的扩散长度，进而关系到同催化剂活性位的有效接触和催化剂的使用效率。因此，出于催化剂粒径对反应速率影响的最小化以及对反应物扩散、产物反扩散对选择性影响的最小化，催化剂应具有小的粒径。然而催化剂颗粒往往不宜太小：对于填充床反应器，颗粒过小会产生显著的压力降，较高压力降会导致能耗明显提高；对于流化床/淤浆床反应器，则易产生物料返混合难以分离等问题[12,13]。例如，在汽车尾气净化器中，压力降过高将会影响引擎的功率输出，导致燃料消耗增加若干个百分点。蛋壳型催化剂的催化活性组分被浓缩负载于具有一定尺寸颗粒的外表层，因此使用蛋壳型催化剂是同时兼顾高催化性能和低压力降的一种有效方法。此外，传统颗粒填充床反应器的一个固有特性是催化剂的随机性和不均匀分布，这主要源于催化剂颗粒在反应器器壁附近的松散装填。这种不均匀分布容易导致[14]：①反应流体流到反应器壁边，降低了床层中心催化剂的利用率，即便初始流体的分布是均匀的；②反应物对催化剂表面的接触不均匀，降低反应过程效率；③流体停留时间极大地偏离设计值；④无法预测放热反应的热点和飞温（特别是三相反应）。再者，催化剂大小及形状的选择主要取决于所使用的反应器类型[12]，即反应器选定之后，催化剂的最佳尺寸及形状则由反应器中的水力学和热/质传递条件来确定。另外，催化剂的使用还需要考虑放大、装卸操作和技术管理等方面的问题[12]。因此，人们一直在思考并积极尝试将催化剂设计（本征催化性能及颗粒内部热/质传递）与反应工程行为优化（反应器内的热/质传递、流体力学和流动状态及压力降等），进行一体化高效协同耦合。

催化剂的结构化设计及应用淡化了传统概念上催化剂和反应器间的界限，相对于传统催化床的随机填充或分布而言，结构化避免了沟流、颗粒团聚等问题，可视为催化反应器的一种强化形式，因而在多相催化领域的研究受到越来越多的关注，逐步形成了结构催化剂与反应器（structured catalysts and reactors, SCRs）的概念，并成为当前催化与反应工程交叉领域的国际热点和前沿。SCRs的优势在于，能对其大小和形状等细节、甚至催化剂周围环境进行精准设计，在调控扩散距离和空隙率等方面表现出高度灵活性[10,15]。SCRs能将传统反应器中彼此耦合的因素（如反应动力学、流体力学和热/质传递等）解耦合，因而可在一定程度上对各因素进行单独优化或调控（图1-1）[16]。SCRs已被广泛证实能显著优化多相催化剂床层的流体力学行为和提高催化剂床层内的热/质传递性能[10,11,15,16]。

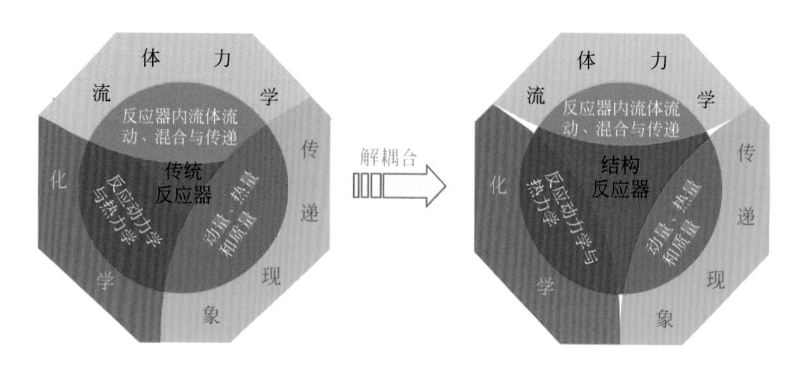

图1-1　结构反应器解耦传统反应器各因素示意图

规整空隙结构蜂窝陶瓷反应器能很好地平衡催化剂利用效率与压力降之间的矛盾（图1-2），已普遍用于汽车尾气净化器、烟气脱硝和催化燃烧，乃至蒽醌加氢等[17]过程，同时在其它催化过程中的应用也在广泛探索中[18~22]。微通道反应器也在费-托合成[23]、气相丙烯双氧水环氧化[24]等过程中实现了应用示范。随着不断涌现的规整结构催化剂的工业化应用和富有前景的研究成果，人们越来越深刻地认识到结构催化剂在多相催化反应中所体现出的优越性能。从20世纪90年代至今，国外以荷兰Delft科技大学工业催化专业为代表的研究人员对结构催化剂与反应器进行了大量研究和探索，涉及更多的催化反应过程，并建立了一些数学模型[25]。以结构催化剂与反应器为主题的“结构催化剂与反应器国际会议”（international conference on structured catalysts and reactors，ICOSCAR；表1-1）也应运而生，于2001年在荷兰召开了第一届会议。该主题国际学术会议已成功举办了五届，其中我国于2013年在北京举办了第四届会议。需要指出的是，首届会议开宗明义，强调催化过程强化应从整体角度来考虑催化剂和反应器，消除催化剂和反应器之间的区别，并提出小至一个催化剂颗粒、大至一个规整结构催化剂个体都是一个反应器[26]，催化剂的设计应在宏观尺度上进行，将催化剂设计与反应器设计结合起来。ICOSCAR会议的发起者之一，荷兰Delft科技大学的Moulijn教授，于首届会议后组织编撰了首部以结构催化剂为主要内容的《结构催化剂与反应器》专著[10]。此后，“结构催化剂与反应器”作为催化与反应工程交叉领域的新方向才得以确立并逐渐得到认可。

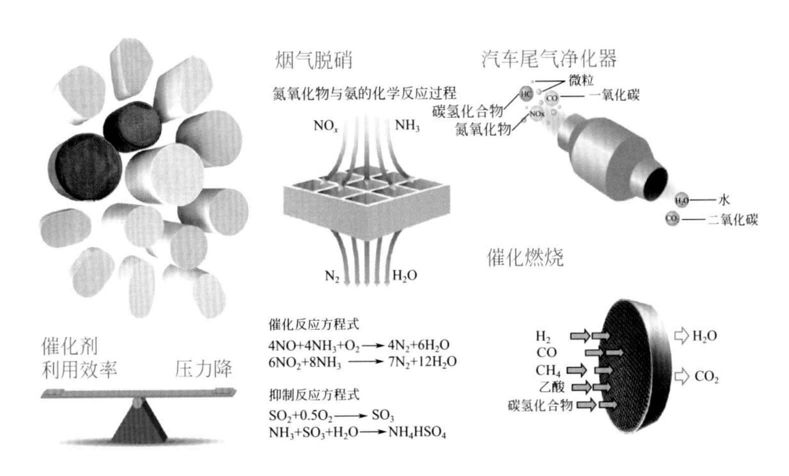

图 1-2　规整空隙结构蜂窝陶瓷反应器及其在汽车尾气净化器、烟气脱硝和催化燃烧中的应用

表1-1　历届结构催化剂与反应器国际会议（ICOSCAR）一览表

时间	地点	主要内容
第一届 2001 年 10 月	荷兰 代尔夫特	从整体角度来考虑催化剂与反应器，消除催化剂与反应器间的区别，并提出小至一个催化剂颗粒、大至一个规整结构催化剂个体都是一个反应器的理念，催化剂设计应在宏观尺度上进行，将催化剂设计与反应器设计结合起来
第二届 2005 年 9 月	荷兰 代尔夫特	获得更高的产品收率、更少的废物排放和能量消耗、更长的催化剂寿命，满足“原料高效利用、节能、环保”等要求
第三届 2009 年 9 月	意大利 伊斯基亚	开发新的结构催化剂与反应器类型及其应用领域
第四届 2013 年 9 月	中国 北京	组织全球结构催化剂与反应器相关领域专家对其制备方法及其在化学、化工、环境工程、能源等各个领域中的应用研究情况进行探讨。会议议题涉及结构催化剂与反应器的多个研究方向，主要包括催化剂和载体制备、表征、反应动力学、流动传递特性、数学模型及工业应用等
第五届 2016 年 6 月	西班牙 圣塞瓦斯蒂安	会议议题涉及结构催化剂与反应器的制备、模型模拟、过程强化及应用等

二、结构催化剂与反应器和传统催化反应器的比较

多相催化反应器是化工生产过程的核心硬件，与整个过程的安全、能耗和生产效率密切相关，典型的有固定床反应器、浆态床反应器、移动床反应器和流化床反

应器[10,12,13]。反应器的选择主要取决于反应特性、催化剂性能、热/质传递限制、流体力学和流动状态、液体持量、压力降等因素，然而还需要在高效剂料接触、高催化剂利用效率、高润湿效率、低结垢/磨损和低压力降之间进行合理权衡。

固定床反应器应用最为广泛。常规固定床反应器是由众多具有一定粒径及形状的催化剂颗粒随机堆积而填充于反应器内，这类床层的最大特征是催化剂颗粒的不均匀分布，导致反应流体的不均匀流动、改变停留时间、降低反应效率，以及产生不希望的局部热点（源于反应放热）或冷点（源于反应吸热）。此外还存在压力降大、不耐灰尘堵塞、整体效率低和催化剂恢复成本高等问题。

浆态床反应器设备简单，催化剂小颗粒（5 ～ 50 μm）具有高的效率因子和热/质传递速率。但是固体催化剂与液体产品的分离则是令人头疼的工程难题，而且连续操作时的返混会降低转化率。

涓流床反应器则不会有上述催化剂分离问题，但是需要用大的催化剂颗粒（>1 mm）以防止较大的压力降。涓流床反应器几乎都是采用顺流操作模式，可以有高的催化剂负荷和较长的停留时间，一般适用于慢反应。由于催化剂床层具有较低的空隙率且空隙通道蜿蜒曲折，以及液体流具有形成沟流或短路的趋势而使其分布不均匀，因而液体流速不可能太大，以避免不流动液体区域的发展，否则将导致非常大的压力降并最终导致液泛。所以，源于对液体流速的限制，涓流床反应器内的催化剂可能发生不完全润湿和传质速率差，因此导致生产效率低。

尽管高活性催化剂不断涌现，但这类催化剂在反应器中会受到严重的内扩散和传热限制。其中传热限制会导致局部冷/热点生成，致使选择性下降和催化剂失活。不言而喻，这些限制从过程经济的角度来看显然是不利的，促使人们研发新型反应器以克服现有反应器的缺点。同时，也需要持续改进催化剂以提高选择性来降低原料的消耗和污染物的排放。

SCRs 兼有催化剂和反应器的特点与功能，能够提高催化剂的活性和选择性[10,14]。首先，SCRs 能够消除催化剂床层内的各种不均匀分布（催化剂结构分布、物料分布、温度分布和压力分布等）导致的反应物对催化剂表面的不均匀接触，强化反应器中的传递过程，降低压力降，减少操作费用。其次，传统颗粒催化剂填充床中的随机流动和混沌特征，使常规反应器的放大、模拟和设计精度受到很大限制。再者，在传统固定床反应器设计中仅有有限的自由度（如催化剂颗粒粒径）。SCRs 能够结合浆态床（或流化床）和固定床反应器的优点同时摒弃它们的缺点，尤其是催化活性组分能够以薄层形式涂覆在结构载体的孔道壁上，成为具有浆态床（或流化床）催化剂特性（细小颗粒）的固定床催化剂，但不存在催化剂磨损和分离问题。此外，SCRs 一般具有大的空隙率（0.7 ～ 0.9），相比之下，传统颗粒填充床的空隙率最高为 0.5。与传统颗粒填充床的极为曲折蜿蜒的流体流动路径相比，SCRs 的流动路径更为通畅（如蜂窝陶瓷催化剂中的直通道）。另外，SCRs 可在不同的水力学流区进行操作，对单相流，流区是层流，没有传统颗粒填料床的涡旋特征；对多相流，虽然存在不同的流区，但此时仍无涡旋。因此，SCRs 的压力降要显著低于颗粒随机填充床的压力降。例如，蜂窝陶瓷催化反应器中的压力降比颗粒填充床的低两到三个数量级。最后，如果催化反应是传质受控，结构催化剂薄层内的短扩散距离将提高催化剂利用效率，从而改进催化剂的活性和选择性。由此可见，SCRs 能够为化学工业的革新提供强有力的工具，特别是在石油化工、煤 / 天然气化工、精细化工和环境催化等较多涉及多相催化反应的领域，日益受到工业界和学术界的重视。

第二节 结构催化剂与反应器的主要特征及分类

一般而言，结构催化剂与反应器（SCRs）是以整装多孔结构填料为基体，通过黏附、化学键合、空间束缚等方法，将纳米催化活性组分牢固地附着其上，实现催化活性组分的“宏 - 微 - 纳”一体化组装（图 1-3）。SCRs 技术的应用希望能在反应器全尺度下优化流场结构，强化反应过程热 / 质传递，降低压力降，提高催化剂的利用效率，提升稳态反应速率和选择性，减缓失活。另外，随着对 SCRs 研究与认识的不断深入，针对特定的应用场景，也应将小至一个催化剂颗粒视为一个反

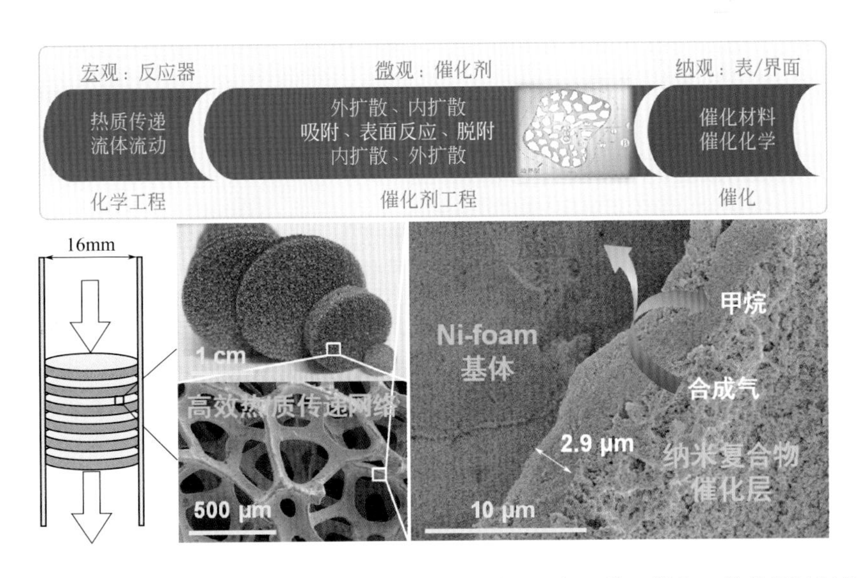

图 1-3　整装泡沫镍（Ni-foam）结构催化剂的“宏 – 微 – 纳”一体化设计制备及其在合成气甲烷化中的“强化热 / 质传递”示意图[9]

应器[26]。这种理念也在首届“结构催化剂与反应器国际会议”（ICOSCAR-Ⅰ）上被提出[27]并得到了催化工程专家的认可。从催化反应工程的角度看，可以将“微孔-介孔、微孔-大孔、微孔-介孔-大孔”等多级孔催化材料视为多级孔结构微纳催化剂与反应器。由于微孔、介孔、大孔的多级组合，不仅包含了每一级孔道结构的优势，而且展现出多级孔道结构的协同性能，大大提高了催化效能。

SCRs 根据结构特征可分为三大类：规则空隙结构催化剂与反应器、非规则三维（3D）空隙结构催化剂与反应器和多级孔结构微纳催化剂与反应器。其中规则空隙结构催化剂与反应器的典型代表为蜂窝陶瓷、微通道催化剂与反应器。此类催化剂发展时间长，基础研究和实际应用较为成熟，已用于多种化工过程。但存在径向传递受限、结构和材质局限性大等问题。非规则 3D 空隙结构催化剂与反应器出现时间较短，基础研究和实际应用相对较少，但是体现出独特的流动与传递行为以及催化功能化灵活高效等特点，因而受到越来越多的关注。这类催化剂的典型代表是非规则 3D 空隙结构 Foam/Fiber（泡沫 / 纤维）催化剂。此外，随着纳米科学和合成技术的发展，人们在多级孔微纳 SCRs 的创制和应用方面也取得了飞速发展，近年来积累形成了大量新颖并有实用价值的成果。事实上，多级孔微纳 SCRs 已在工业实践中得到应用且成效卓著，典型代表是具有多级孔结构的流化催化裂化（FCC）催化剂：其大孔主要提供热量对重质原油大分子进行热裂解，介孔孔道允许较小的热裂解产物自由进入并在其弱酸性的催化作用下进一步裂解为更小的烃类分子，然后在 Y 型分子筛和 ZSM-5 分子筛的微孔内经强酸及择形催化作用下转化生成高品质汽油及低碳烯烃等，很好地展现出多级孔道的协同效能。这无疑契合了首届“结构催化剂与反应器国际会议”（ICOSCAR-Ⅰ）强调的小至一个催化剂颗粒就应该是一个反应器的理念。

一、规则空隙结构催化剂与反应器

规则空隙结构催化剂在许多专著中也被称为规整结构催化剂，通常具有众多相互平行的、规则的直通孔道，催化活性组分以超薄涂层（10 ～ 150 μm）的形式涂覆于孔道内壁。由于规则空隙结构催化剂具有规则直通孔道，因而具有压力降低、强化传质、流场分布均匀、无催化剂磨损、放大简单、操作灵活等优点[9~11]。规则空隙结构催化剂与反应器主要分为以下几种：独居石催化反应器、有序排列催化反应器、微通道催化反应器、膜催化反应器、复合结构填料反应器。

1. 独居石催化反应器（monolithic catalytic reactors）

独居石催化反应器也称为独居石催化剂，具有连续统一的整装结构，内有众多平行或弯曲的通道贯穿其中［图 1-4（a）]，催化活性组分均匀地沉积在整个独居石结构中（整装独居石催化剂）或者沉积一层多孔层在通道的孔壁上（涂层独居石催化剂）。

“独居石”译自希腊语“monolithos”，意思是“由单一整块岩石构成”。然而独居石催化剂高度多孔，贯穿众多（一般成百上千）细通道，具有大的空隙率（0.5 ～ 0.9），因此在反应过程中，流体通过小通道时产生的压力降比颗粒固定床反应器低二至三个数量级［图 1-4（b）］[28]。非常薄的催化活性组分壳层产生的内扩散阻力非常小，因此能够控制很多复杂反应的选择性。需要注意的是，当反应为扩散控制时，需要降低扩散限制而不是增加催化活性组分负载量；当反应为动力学控制时，负载量应该最大化，适合使用挤压成型的独居石催化剂。独居石催化剂还可以带来以下优点：整个催化剂内的流体流动状况基本相同，因此各种分布（反应物分布、生成物分布、温度分布和压力分布等）也基本均匀；独居石各通道的大小和表面特性基本相同，因此避免了颗粒固定床（催化剂颗粒随机装填）内的不均匀

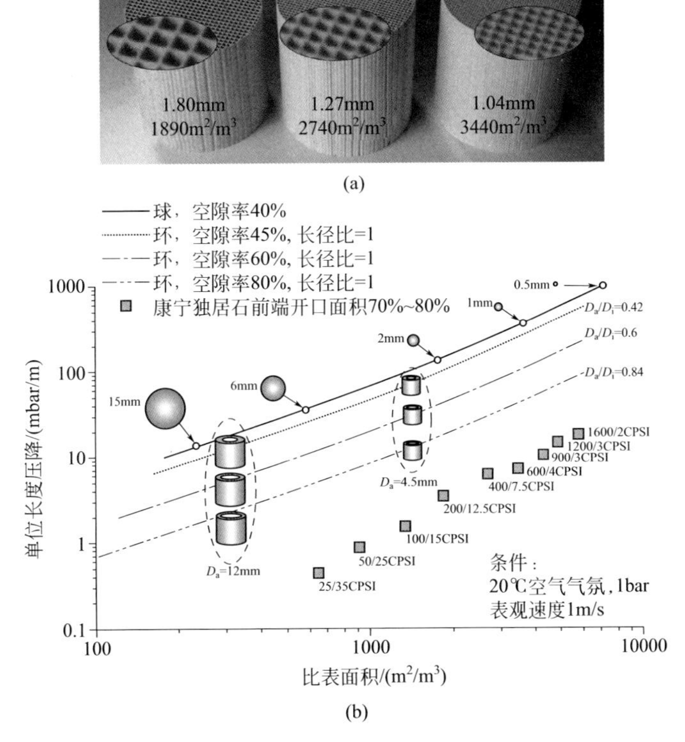

图 1-4 独居石催化剂外观及孔道结构[10]（a）和结构催化剂与颗粒固定床反应器内压降的比较[28]（b）

CPSI (channels per square inch)：每平方英寸横截面上的通道数，即通道密度；1 mbar=100 Pa；1 in²=6.45 cm²

分布带来的诸如沟流等问题。由于规整空隙结构特点，独居石催化剂已广泛用于汽车尾气净化、工厂烟道气净化、催化燃烧和气 - 液 - 固三相催化过程中。

独居石横截面起初很像蜂窝结构，例如汽车尾气净化器普遍使用的就是蜂窝结构独居石。六角形通道比方形通道更有利于涂层的均匀分布，因此六角形通道独居石也已经普遍使用[14]。如今陶瓷独居石制造商能够提供不同尺寸的块体，如有必要还可以再把块体进行堆叠而形成所需要的更大尺寸。

独居石最常用的材料是陶瓷、金属、炭材料。不同的应用所需要的陶瓷材料也不同，如 α- 氧化铝和 γ- 氧化铝、莫来石、二氧化钛、氧化锆、氮化硅、碳化硅等。独居石催化剂在许多场合（如汽车尾气净化器）要经受温度和气流的频繁变化，一般的陶瓷材料因具有高的热膨胀系数而很容易开裂剥落。堇青石（$2MgO \cdot 2Al_2O_3 \cdot 5SiO_2$）的热膨胀系数几乎为零，对温度变化不敏感，加上独居石的先进挤压技术，确保了陶瓷独居石载体的成功商业化应用。金属独居石催化剂的加热时间可以显著缩短，但是其高导热性不利于催化剂点火，并且高温下的物理耐久性也受到限制（金属变脆或变形）。金属的导热性远远高于陶瓷，因此如果需要严格控制反应温度时，金属独居石催化剂是非常理想的选择。堇青石和金属独居石载体由于本身无孔，不适于直接作为催化剂载体，必须在它们的通道孔壁上沉积一层多孔载体。例如 γ- 氧化铝涂覆：对于汽车尾气净化器，γ- 氧化铝在堇青石上的黏附性比较强，可以进行直接涂覆；对于金属独居石，需要含铝的不锈钢材料首先通过氧化处理在其表面原位形成 α- 氧化铝针状晶须，然后附着 γ- 氧化铝涂层。

2. 有序排列催化反应器（arranged catalytic reactors）

独居石催化剂虽然取得巨大成功，但是存在相邻通道之间无传质等缺点，因此发展了有序排列催化剂（也称为有序排列反应器）。有序排列催化剂很难给出确切的定义，只能按照不同类型对其进行分类描述。把颗粒催化剂排列成有序结构（如阵列形式）是有序排列催化剂非常普遍的一种形式［图 1-5（a）、（b）］。还有一类有序排列催化剂［图 1-5（c）］，由薄片重叠而成，重叠前薄片可以先被波纹化，也可以被穿孔，这主要衍生自蒸馏塔、吸收塔等经常使用的结构填料。薄片表面沉积合适的多孔载体，然后再沉积催化活性组分，形成了一种开放错流结构，具有很强的径向混合作用，因此径向传递效率很高。此外，反应流体狭窄的停留时间分布使其在催化剂中的流动非常接近于活塞流；催化剂非常高的空隙率（0.8 ～ 0.9），使得压力降也很低。

颗粒催化剂进行有序排列所构成的有序排列催化反应器主要有两大类［图 1-5（a）、（b）］：平行通道催化反应器和横向流催化反应器。这些反应器需要使用整体式框架，框架含有一定数量的具有开孔的笼，颗粒催化剂装填并限定于这些笼内，并且开孔允许反应物自由地进出笼。在这些反应器中，气体通过直或弯曲的路径在

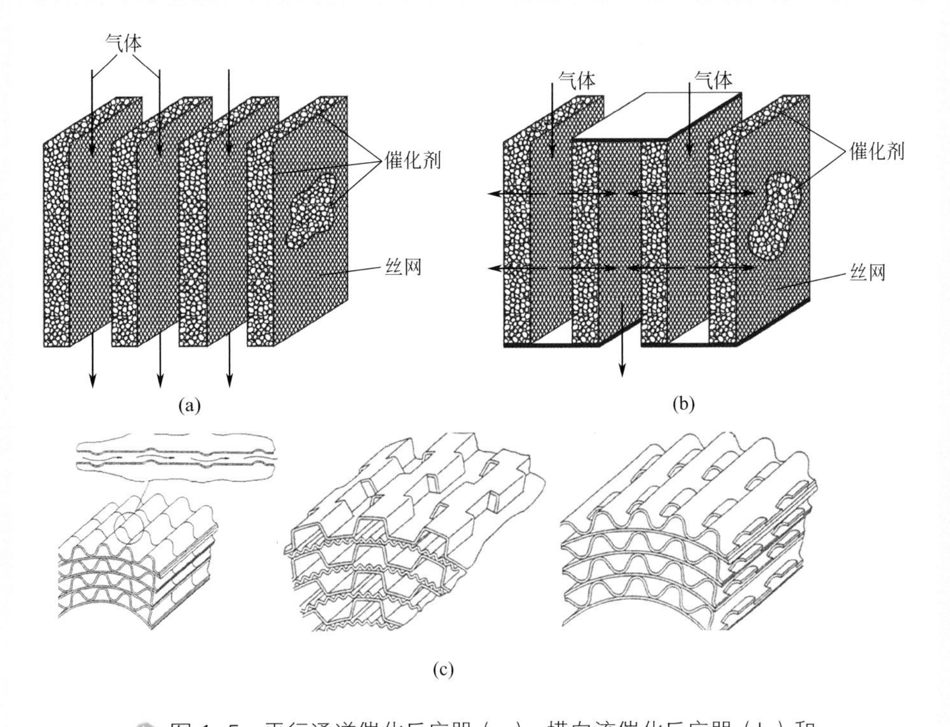

图 1-5　平行通道催化反应器（a）、横向流催化反应器（b）和薄片重叠催化反应器（c）[10]

笼间流动，由于流动阻力非常低，因此压力降远低于常规固定床反应器。需要注意的是，进入笼内的气体移动相当缓慢，这在一定程度上限制了气相和颗粒外表面间的热 / 质传递。所以，这类反应器的使用严格限制在由反应动力学控制的慢反应，如重油馏分加氢脱硫和加氢脱氮。

3. 微通道催化反应器（microchannel catalytic reactors）

微电子技术的发展是 20 世纪最引人注目的发展之一，可将数亿甚至几十亿个晶体管进行高度集成，实现功能的全面微型化和集成化。人们深入分析了微型化和集成化可能带来的化工领域的机会，以期实现化工设计理念的根本变化，微反应技术于是率先由生物化学家在“生物组学”领域展开了研究[29]。到目前为止，微反应技术已经发展成为化工过程强化的重要手段之一，兼具过程强化和小型化的优势。微通道催化反应器是微反应技术的重要组成部分，起源于 20 世纪 90 年代，一般是指通过微加工技术和精密加工技术制造的带有微结构的催化反应设备（图 1-6）[30]，反应器内的流体通道或者反应体系分散尺度为微米级。

化工过程作为“三传一反”的耦合过程，其反应效率受热 / 质传递和流体流动行为的显著影响。根据传热机理，当圆管内物料流动为层流且管壁温度恒定时，努

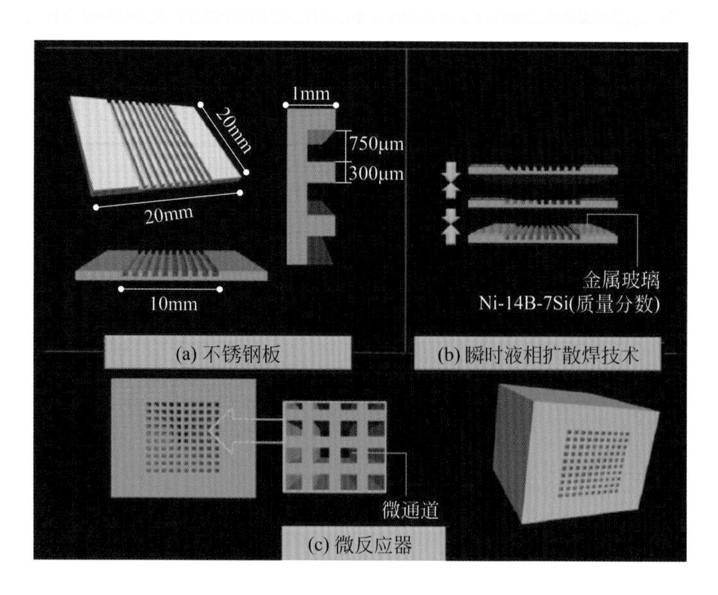

图 1-6 微通道催化反应器[30]

塞尔数（*Nu*，表示对流换热强烈程度的无量纲数）为定值，传热系数与管径成反比，即管径越小，传热系数越大；根据传质机理，传质系数和管径也成反比，即管径越小，传质系数越大。微通道催化反应器特征尺寸（或管径）的微细化可以大大提高反应体系的热 / 质传递效率[31]。此外，微通道催化反应器还有许多内在、独特的优点[31,32]：可以保证反应在接近平推流的条件下操作，实现毫秒级停留时间的精确控制，使得反应选择性提高；传统放大过程存在放大效应，然而微反应器的每一通道相当于一个独立反应器，因此放大过程即是通道数目以及设备单元的简单叠加，可节约时间和成本，降低风险；微通道反应系统是模块结构的并行分布系统，具有便携式的特点，可实现原料或产品的就地转化或生产，使分散资源得到充分合理的利用，还可以根据市场情况增添或关闭部分单元来调节产能，实现分散或柔性生产；微通道反应器的强化传热性能可以实现强放 / 吸热反应的等温操作并对反应温度进行有效控制，提高了复杂反应的选择性和转化率；微通道反应器可实现连续操作，大幅降低生产成本；另外，由于微通道反应器单元体积小、物料持有量低，即使发生危险事故，所造成的危害也极为有限。

微通道催化反应器当然也存在一些问题，例如固体颗粒堵塞微通道和反应体系腐蚀问题。反应器通道特征尺寸的微细化所引起的传递与反应规律以及它们间的协调控制机制等科学问题，还有待深入研究。微通道反应需要稳定的反应流体，这对相关智能控制技术提出了更高的要求。此外，微通道反应器的结构设计、制造、装配、密封、参数测量和系统自动控制技术，以及后续集成、过程模拟、并行放大，还有设备零件标准化设计制造等，仍需要巨大努力去深入研究。

4. 膜催化反应器（membrane catalytic reactors）

独居石骨架如果可渗透的话，催化器则被称为壁流独居石催化反应器或者更多地被称为膜催化反应器（图 1-7）。催化活性组分可沉积在独居石骨架空隙内，也可以沉积在独居石通道壁面上。毫无疑问，通道与通道间的径向传质主要来自可渗透骨架的扩散，因此通量一般不会太大。如果采取强制反应混合物流动的方式，透过骨架的流速则会大大增加。骨架对不同组分具有不同的传输速率和选择性，径向传质的推动力是可渗透骨架中的气体扩散或溶液扩散。

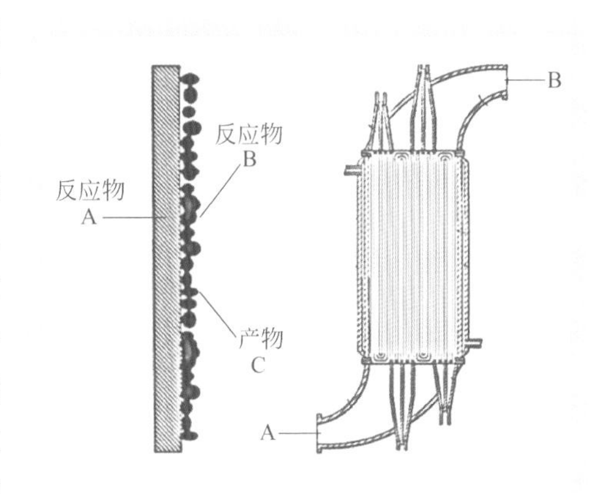

图 1–7　膜催化反应器及结构示意图[10]

膜催化反应器可将分离和反应进行高效耦合，非常适用于受热力学平衡限制的可逆反应。如果其中至少一种产物通过骨架从反应体系中连续移除，则产物收率可以远远大于热力学平衡收率。此外，膜催化反应器还可以提高反应选择性。例如，对于某些氧化反应，精准控制氧的供应能够降低过度氧化，提高产物选择性，还可以降低“飞温”概率，从而提高反应安全性。近几十年来，膜技术已经广泛用于脱盐、生物提纯、天然气开发和加工等领域。

按照所使用的材料，膜催化反应器分为有机膜反应器和无机膜反应器，其中无机膜反应器又分为致密膜反应器和多孔膜反应器。有机膜的主要缺点是热稳定性差，最高操作温度一般小于 180 ℃，因此无法用于高温催化反应；当反应物具有腐蚀性等苛刻条件时，有机膜的使用也大大受限。为了适应高温反应，人们开发了多种高温无机膜，能够耐受较宽的温度及 pH 值变化等机械及化学影响。由于多孔膜孔径较大（4 nm ～ 5 μm），质量通量远比致密膜高得多，但其渗透选择性差，在高温气体分离和作为膜反应器时受到了极大限制。为了增加多孔膜的渗透选择性，可在其上添加无定形硅胶或沸石薄层，也可通过添加反应物质来控制选择性。目前，对膜催化反应器的注意力已经从改进平衡反应向提高中间产物选择性和计量控制透过膜的反应物的量进行转变。膜渗透选择性的改进已取得显著进展，然而机械稳定性仍有待解决。

5. 复合结构填料反应器（composite structured packing reactor）

将常规催化剂颗粒在平行通道内进行垂直有序装填构成了复合结构填料反应器［图 1-8（a）］[33]。由于这种排列非常类似于串起来的有序珠子，所以又称为珠串反应器（bead-string reactor）。复合结构填料反应器压力降很低，使得动量损失可以

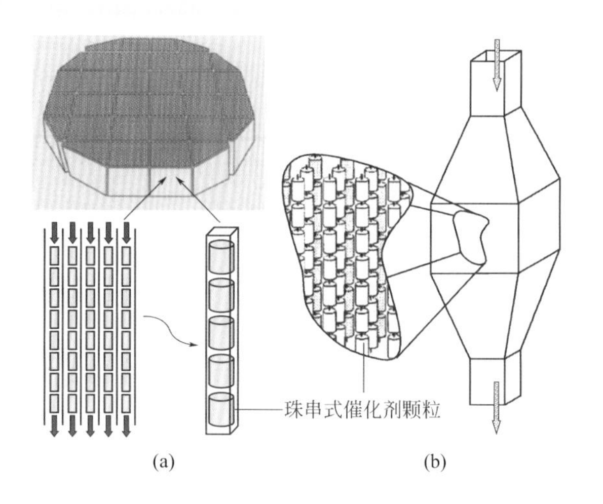

图 1-8 复合结构填料反应器（珠串反应器）示意图 [33,34]

达到最小化；相反，在传统颗粒填充反应器中，流体流动方向的频频改变造成了显著的动量损失。复合结构填料反应器具有横向流反应器的优点，但克服了横向流反应器单元内传质速率低的缺点。复合结构填料反应器的另外一个例子是用丝线将中间有孔的催化剂颗粒进行串联［图 1-8（b）］[34]，这种反应器也称为珠串反应器，虽然存在生产难度大、生产成本高等缺点，但却代表了平行通道反应器的极限。

二、非规则三维（3D）空隙结构催化剂与反应器

相对于以上具有规整空隙的蜂窝陶瓷等催化反应器，还有一类结构催化剂与反应器具有非规则三维（3D）网络空隙结构。严格来讲，它们不符合结构催化剂与反应器的空隙标准（即空隙不规则），但其独特的非规则 3D 开放网络结构和高空隙率使它们在使用过程中具有典型的结构催化剂与反应器的特征，即高通量流体下的低压降、强化的热 / 质传递性能、改善的流体力学行为和均一的各种分布（反应分布、温度分布和压力分布等）[9,11]，因此仍然将它们归于结构催化剂与反应器，并得到了业界的认可。按照所用原材料，主要分为以下几类：以纤维或丝线为原材料，将纤维进行压制 / 烧结或将丝线进行钩织而制得的整装结构基体（即纤维毡、丝网、编织线等），以此为载体制备的结构催化剂与反应器（图 1-9）；将颗粒进行压制 / 烧结或在制造过程中进行发泡制得的整装泡沫基体，以此制备的结构催化剂与反应器（图 1-10）。

纤维和丝线整装结构基体所具有的共同特征是皆由线状材料而制得，然后按照线状材料的直径和制备方法细分为纤维毡、编织线、丝网等基体 [14,35]，原材料

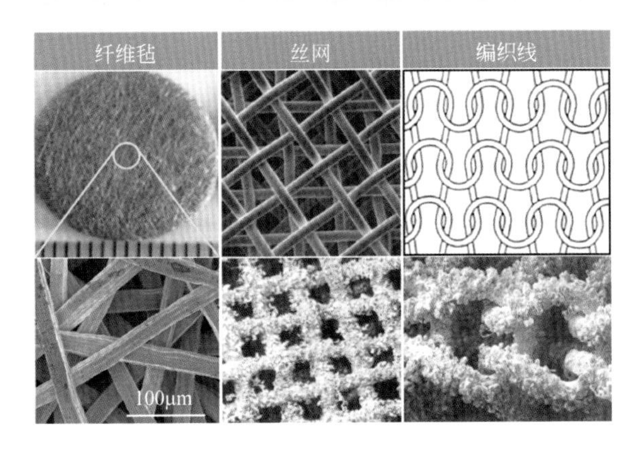

图 1-9 纤维毡[11]、丝网[10]、编织线[10]结构催化剂

图 1-10 泡沫镍结构催化剂[9]

主要包括陶瓷、金属、玻璃和碳材料。基本的纤维基体包括由无序短纤维（长度为毫米至厘米级，直径为 2 ～ 100 μm）烧结或压制而成的纤维毡；由有序长纤维（米级）编织而成的编织线；采用直径为毫米级的线状材料进行钩织而制得的丝网。大型贵金属（Pt、Ru 和 Ag）丝网已经长时间用于硝酸、氢氰酸和甲醛的生产[35]。然而，大型贵金属丝网的应用受到高成本和低表面积的限制，因此仅用于快速催化反应。鉴于金属基体的优越性能，即良好的热 / 质传递、高通量、低压降以及可接受的成本（贵金属除外），人们在金属基体表面涂覆一层高表面积材料涂层以期制得所需的高性能催化剂。这种方法对陶瓷基体较为有效，但是对金属基体却充满挑战，主要是涂层附着不牢固，在使用过程中容易剥落[9~11]。近年来，人们已经开发了多种非涂层技术对金属基体进行催化功能化处理。由纤维和丝线制成的整装材料可以用于许多催化反应，且几何构型设计灵活。纤维丝线催化剂的另一优点是压力降小，因此可作为滴流床三相催化反应器的替代物[14]。

泡沫又称固体海绵[35]，具有非规则 3D 空隙结构，按其相邻空隙是否相互连通，进一步分为开孔泡沫和闭孔泡沫。在催化领域广泛应用的是开孔金属泡沫，因此在后续章节的讨论中也以开孔金属泡沫为主。金属泡沫材料具有低密度、高空隙率、高导热性、高机械强度等特点，现已在机械、电子、航空航天、能源化工等领域得到广泛应用。在催化反应中，金属泡沫结构催化剂的制备、渗透性、热 / 质传递性能等都会对其催化性能产生显著影响。

三、多级孔结构微纳催化剂与反应器

随着材料合成技术的发展，人们可在同一材料中合成出多级孔道结构（图1-11）[36]，这类材料称为多级孔材料。多级孔材料的合成和等级结构的多样性、复杂性和可调性对其应用提供了巨大空间。依据小至一个催化剂颗粒、大至一个规整结构催化剂个体就已经是一个反应器的理念，将“微孔 - 介孔、微孔 - 大孔、微孔 - 介孔 - 大孔”等多级孔材料视为多级孔结构微纳催化剂与反应器，且有针对性地总结其用于催化、能源及环境保护等领域的研究成果[36,37]，以丰富和拓展结构催化剂与反应器的内涵并激发相关领域研究人员的思考与讨论，是十分必要和有意义的。

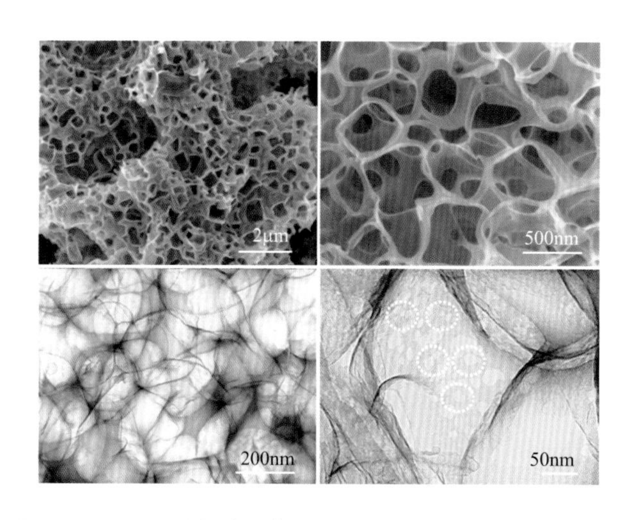

图 1–11　双模板法制备的多级孔结构微纳炭蜂窝材料[36]

以此图示意多级孔结构微纳催化剂与反应器的微孔、介孔、大孔的多级有序组合

多级孔结构微纳催化剂与反应器的多级孔结构和可调变的催化活性中心使其具有较其它催化剂独有的优势[38,39]：微孔的存在大大提高了催化剂的比表面积，增加了多级孔结构微纳催化剂与反应器有效活性中心的数量；大孔和 / 或介孔的有序性及均一性大大提高了反应物和产物客体分子在催化剂主体中的流通扩散性能，不仅有效增强了客体分子与活性位点之间的相互作用，而且很大程度上改善了催化剂的选择性，减少了副产物的生成。因此，相对于单一孔催化剂而言，多级孔结构微纳催化剂与反应器具有更高的催化活性及选择性。根据其主要组分可分为“多级孔分子筛催化剂、多级孔金属氧化物催化剂、多级孔炭催化剂”等，制备方法大体包

括模板法、沉积法、后处理法等[40]。到目前为止，大量多级孔催化剂已被成功制备，并在电化学储能、燃料电池、吸附分离、环境催化、人工光合作用等领域的应用研究越来越活跃[40]。

第三节 结构催化剂与反应器的标志性工业应用与示范例

一、规则空隙结构催化剂与反应器

结构催化剂最早用于氨氧化生产硝酸（短接触时间的快速反应），采用的是铂铑合金丝网催化剂。20 世纪 50 年代，人们制造了规则空隙结构多孔陶瓷用于热交换器等多种场合[41]；Johnson 等描述了未负载催化活性组分的单纯陶瓷在 50 年代后期的应用情况[42]；Anderson 等[43]对规则空隙结构蜂窝陶瓷催化剂（蜂窝陶瓷已负载催化活性组分）用于硝酸尾气脱色进行了总结，这是其第一个重要工业应用；Keith 等[44]则探讨了蜂窝陶瓷催化剂在汽车尾气排放控制方面的应用。

20 世纪 60 年代后期，汽车制造商和大量排放有害气体的工业界开始更加深入地研究规则空隙结构催化剂，主要源于这类催化剂的低压力降，这对汽车后燃器和尾气焚烧非常重要。汽车尾气处理促进了陶瓷规整载体制造技术的发展，从早期的缠绕或层叠构造发展到挤出成型，材质上也发明了适合于高温应用的堇青石[45]，从而有了稳定的规整载体及催化剂工业产品。1975 年，第一辆安装尾气净化器的汽车问世。迄今为止，全球 50 亿辆汽车中超过 27.5 亿辆以及超过 85% 的新车都安装了这类尾气净化规则空隙结构催化剂。

固定源（如电厂、炼厂和化工厂）烟道气含有一氧化碳、未燃烧烃类、氮氧化物（NO_x）、硫氧化物（SO_x）、挥发性有机物（VOCs）和烟尘颗粒等。对于固定源烟道气的排放处理，具有低压力降的独居石催化净化器如今也已经是一个标准单元。因为烟道气的排放压力一般不大，所以需要使用陶瓷或金属独居石催化剂以满足低压力降条件下有效氧化 CO 和未燃烧烃类的要求。此外，烟道气中含有大量烟尘颗粒，较大通道（孔径 3 ～ 6 mm）的独居石催化剂被用于烟道气处理主要为了防止烟尘颗粒阻塞通道。规则空隙结构催化剂在汽轮机、沸腾炉、加热器等的燃料燃烧尾气处理方面的应用也接近商业化。

催化燃烧可在比非催化燃烧低得多的温度下进行，既能保证足够高的反应速率实现完全燃烧，又能保证温度足够低以避免 NO_x 的生成（NO_x 生成温度为 1900℃）。规整空隙结构催化剂的一些特殊性质可使催化燃烧比在颗粒催化剂中容易得多。由于需要处理大量气体，使用颗粒催化剂产生的压力降非常高。独居石催化剂能够为催化燃烧提供很好的机会。独居石催化剂的热稳定性特别重要，氧化锆材料可能是一种选择，其使用温度高达 2300 ℃，在操作中能够保持结构的整体性。催化燃烧广阔的应用前景极大地推动了相关技术的研发，已有独居石催化燃烧的示范工厂。此外机舱内臭氧的分解以及餐厅、酒店和家电排放物的控制也在大量使用规则空隙结构催化剂。

对于许多催化过程（尤其是原料较为昂贵的反应），相比于转化率，人们更加期望得到高的选择性。选择性通常主要取决于床层的实际反应温度。由于陶瓷本身热导率较低，因此陶瓷独居石对于众多化工反应过程并非万能。因此，对于具有强烈热效应并需要严格控制催化剂床层温度的反应来讲，使用具有良好导热性的金属基规则空隙结构催化剂便成为理想选择。例如，甲烷 - 二氧化碳重整制合成气反应（$CH_4 + CO_2 = 2CO + 2H_2$, $\Delta H_{298K} = 247.3$ kJ/mol）具有强烈吸热效应，催化剂低的导热性会在催化剂床层形成局部“冷点”，不仅造成转化率降低，还会引起积炭的快速生成[46]。Johnson Matthey 公司最近报道了一种独特的“褶皱”金属箔基规则空隙结构 Ni 基催化剂用于甲烷 - 水蒸气重整制合成气反应过程（图 1-12），实现了高转化率与热 / 质传递强化和低压力降的高效耦合[47]。

规则空隙结构催化剂在净化汽车尾气和气 - 固相催化反应应用方面的巨大成功，吸引人们围绕排放控制、催化氧化、选择性催化还原和催化燃烧等开展了大量研发工作[41,48]。此外，其在制氢、合成、气化等反应中的应用研究也在积极开展中。20 世纪 80 年代以来，瑞典 Chalmers 科技大学的研究者们就对规则空隙结构催化剂在气 - 液 - 固三相催化反应中的应用展开了研究[22,48]。他们提出的将该技术用于蒽醌加氢的想法，被 EKA 化学公司采纳，进行了工业化开发；在并入 Akzo-Nobel 公司后仍继续研究，最终实现了工业化。这是规则空隙结构催化剂在气 - 液 - 固多相催化反应中实现的第一个工业化应用，现已全部用于 Akzo-Nobel 公司的双氧水生产，

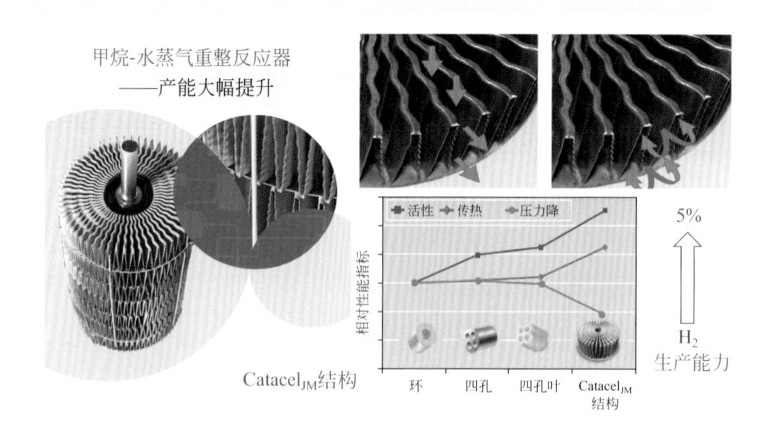

图 1-12 “褶皱”结构 Ni 基催化剂用于甲烷 – 水蒸气重整制合成气[47]

产量约 20 万吨 / 年[49]。此类反应体系同时存在气、液、固三相而且气体和液体同时流动，气体必须通过液体层扩散到固体催化剂表面，因此反应器的结构设计对界面传输的影响十分关键。规则空隙结构催化剂具有高几何表面积、均匀直通的孔道结构、内扩散阻力小的催化剂薄层结构、低压力降等特点，从而表现出特有的流体力学和传递性质。

规则空隙结构催化剂在多相催化反应中的潜在应用也吸引了越来越多化工企业的关注[50]。作为蜂窝陶瓷的发明者和全球此类载体最大的供应商，美国 Corning 公司一直致力于结构催化剂与反应器的研究。世界三大汽车尾气净化催化剂公司 Engelhard、Degussa、Johnson Matthey 也都在紧锣密鼓地利用各自在汽车尾气净化催化剂生产上的技术优势，与大学开展合作并给予资助进行相关方面的研究。而 Johnson Matthey 和 Air Products 早在 2002 年就开始合作，致力于规则空隙结构催化剂加氢反应的商业化应用。

化工过程作为“三传一反”的耦合过程，其反应效率受热 / 质传递和流体流动行为的显著影响。微通道催化反应器通道尺寸的微细化可以大大提高反应体系的热 / 质传递效率，使一些原本在传统反应器中反应过程并不理想的反应顺利进行，大大提高目标产物的收率；另外，由于微通道催化反应器内的流动和传递与反应器尺寸无关，因此仅仅通过简单地增加反应通道数量就可以实现放大（遵循数增放大概念），这在目前已经实现微通道催化反应器工业化示范的“气相丙烯 - 双氧水环氧化制环氧丙烯”和“费 - 托合成”中得到充分体现。图 1-13（a）是用于“气相丙烯 - 双氧水环氧化制环氧丙烯”的微通道催化反应器工业化示范装置，该装置是由德国 Degussa AG 公司承接德国教育与研究部发起的 DEMIS 项目而设计制造的[24]。首先，为了减少双氧水（H_2O_2）的无效分解，在反应器内反应区的下部安装了微通道降膜蒸发器；然后，H_2O_2 蒸气上行进入微通道混合区同丙烯实现充分混合；最后，H_2O_2 蒸气和丙烯经过微通道催化区反应生成环氧丙烷。在丙烯过量、160 ℃、1.5 bar 下，丙烯转化率 5% ～ 20%，环氧丙烷选择性 90%，稳定运转了 250 h，并且具有较宽的操作窗口。图 1-13（b）是用于“费 - 托合成”的微通道催化反应器工业化示范装置[23]。首先采用单通道微反应器（催化剂床层长度 4 ～ 62 cm）测试了牛津催化剂公司（Oxford Catalysts Ltd.）提供的费 - 托合成催化剂，然后在微通道中试反应器（276 个平行通道，通道长度 17 cm）再次测试了该催化剂。在放大过程中，CO 转化率（大于 60%）、产物选择性（甲烷选择性低于 15%）和产物分布在各级规模和各种条件（压力、温度、H_2 : CO 摩尔比）测试中基本一致；C_{5+} 总产量随生产规模的增加（即简单地开放反应通道即可）可从 0.004 t/d 增加至 1.5 t/d，体现出微通道催化反应器良好的柔性生产性能。另外，该反应器良好的导热性可以实现近等温操作。该微通道催化反应器连续稳定运转了 4000 h 并进行了多次再生。

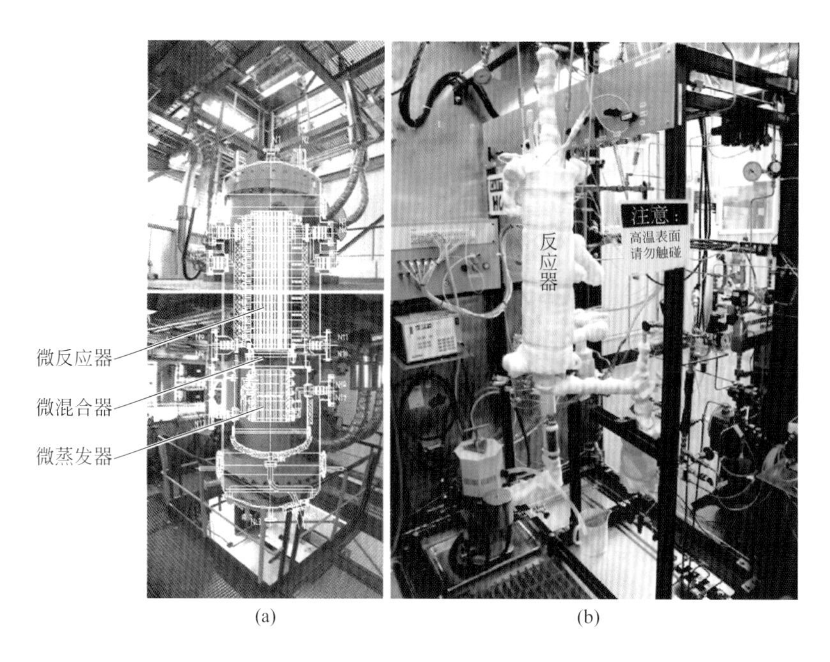

图 1–13 “气相丙烯 – 双氧水环氧化制环氧丙烯”微通道催化反应器工业化示范装置图[24]（a）和“费 – 托合成”微通道催化反应器工业化示范装置图[23]（b）

二、非规则三维（3D）空隙结构催化剂与反应器

要强调的是，虽然基于蜂窝陶瓷和微通道的规则空隙结构催化剂已经得到工业应用或示范，但是具有非规则 3D 空隙结构的泡沫（Foam）和烧结纤维（Fiber）基体，在消除径向扩散限制、涡流混合强化传质 / 传热、规模化制备等方面显示出规则空隙结构的蜂窝陶瓷和微通道难以企及的优势，但高效的 Foam/Fiber 基体 3D 骨架表面催化功能化还面临挑战，极大地制约了其应用。近年来，华东师范大学路勇教授课题组以具有强化热 / 质传递和优化流体结构功能的孔结构工程化的金属 Foam/Fiber 为基体[9,11]，提出了金属 Foam/Fiber“非涂层”原位催化功能化的“自上而下（Top-Down）”逆向设计策略，原创性地构建了湿式化学刻蚀、原电池反应置换活化、分子筛原位生长、介孔 Al_2O_3 同源氧化衍生等的结构催化剂制备新方法和新技术，突破了“涂层技术”通适性差的局限性，将结构催化剂从规则二维（2D）空隙蜂窝陶瓷和微通道拓展到了非规则三维（3D）空隙金属 Foam/Fiber，形成了特色鲜明的反应器（Top，流动与传递）- 催化剂（Down，表 / 界面反应）高效耦合一体化设计新方向，尤其为众多 C_1 能源化工反应过程存在的传质 / 传热限制等问题的解决以及为满足环境催化（VOCs 催化燃烧）和“模块”化工厂等对高通量、低压降等的特殊要求提供了新的技术途径。在合成气甲烷化、甲醇制丙烯、草酸酯

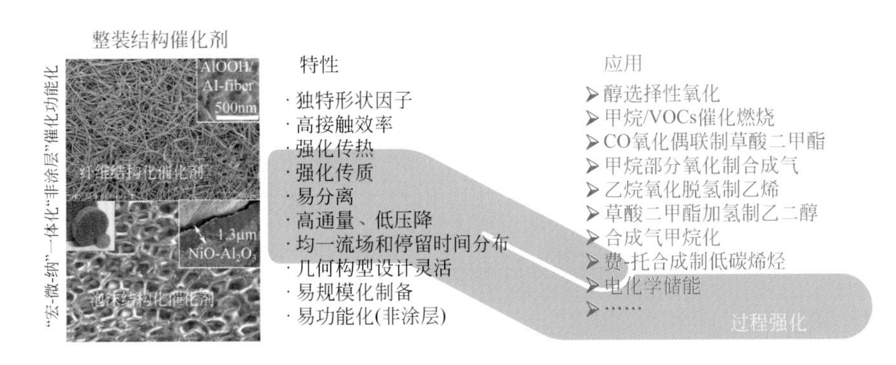

图 1-14　整装 Foam/Fiber 结构催化剂及其多相催化应用[9,11]

加氢制乙二醇、VOCs/CH_4 催化燃烧、气相醇选择氧化、甲烷重整、催化精馏等多个过程的应用中取得良好效果（图 1-14）[9,11]，正在开展技术合作开发，有的技术已进入中试，个别催化剂已实现工业试制。例如，合成气甲烷化技术可用以消除煤炭在一次性能源利用中的严重污染问题，实现煤炭清洁利用，同时也是生物质能源化利用的可行途径。该反应是一个强放热过程，不仅反应热效应十分强烈而且现有催化剂存在明显传质限制，如何实现催化剂催化性能与强化传质 / 传热的统一，实现低能耗、低投资、无循环的一次性通过的反应工艺操作，还面临巨大的挑战。以金属 Ni-foam 为基体，合理利用结构金属基体自身的化学活泼性特点，发展了一步湿法化学刻蚀制备自支撑 Ni-Al_2O_3 催化剂的新方法[51]，开发了传热效率高、催化性能好的整装结构 Ni-Al_2O_3/Ni-foam 甲烷化催化剂，并成功工业化试制，实现了优异的甲烷化催化性能与良好导热性的统一，为发展无循环、高通量、快速移热甲烷化合成天然气（SNG）催化反应器工艺提供了核心技术。目前，编制完成了首套生物质基合成气无循环甲烷化工艺包，已具备商业化实施条件。

三、多级孔结构微纳催化剂与反应器

流化催化裂化（FCC）催化剂是多级孔结构微纳催化剂与反应器最具代表性的应用例。FCC 是我国石油炼化工业的核心加工单元。由 FCC 炼制的原油占比高达 40% 以上，提供了 70% 以上的汽油燃料，同时还是主要的丙烯来源。FCC 催化剂是以 Y 型分子筛为主活性组元、高岭土为惰性载体经硅铝黏结剂黏合制备而成的 20 ～ 100 μm 的微球，具有相互匹配的“大孔 - 介孔 - 微孔”多级孔结构（图 1-15），其大孔主要提供热量对重质原油大分子进行热裂解，介孔孔道允许较小的热裂解产物自由进入并在其弱酸性的催化作用下进一步裂解为更小的烃类分子，然后在 Y 型分子筛和 ZSM-5 分子筛的微孔内经强酸及择形催化作用下转化生成高品质汽油及低碳烯烃等，很好地展现出多级孔道的协同效能。

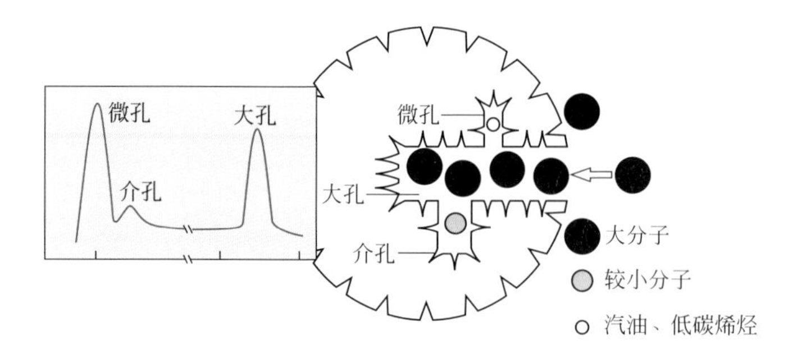

图 1-15 流化催化裂化（FCC）微球催化剂“大孔 - 介孔 - 微孔”多级孔结构示意图

甲醇制丙烯（MTP）作为非石油路线制备烯烃的过程成为当前的研究热点之一。研究表明，MTP 反应遵循烃池机理，涉及脱水、裂解、聚合、氢转移、芳构化等反应步骤。ZSM-5 分子筛催化剂的扩散性能对反应结果影响显著，产物分子快速扩散出微孔能够减少二次反应和积炭的发生。因此，改善 ZSM-5 分子筛的扩散性能是提升丙烯收率与催化剂稳定性的关键之一。构筑多级孔 ZSM-5 分子筛是提升扩散性能的有效方法[52,53]。具有多级孔结构的 MTP 催化剂往往表现出更为优异的催化性能，寿命与选择性均高于常规 ZSM-5 催化剂，显著提高了 MTP 过程的技术水平和经济性。其中，通过碱处理选择性溶除分子筛骨架硅原子获得的开放型介孔结构对扩散性能和催化稳定性的提升尤为明显[54]。最近，全结晶合成技术的开发使得不含黏结剂、具有丰富孔道结构的成型 ZSM-5 催化剂成为可能（图 1-16）[55]。

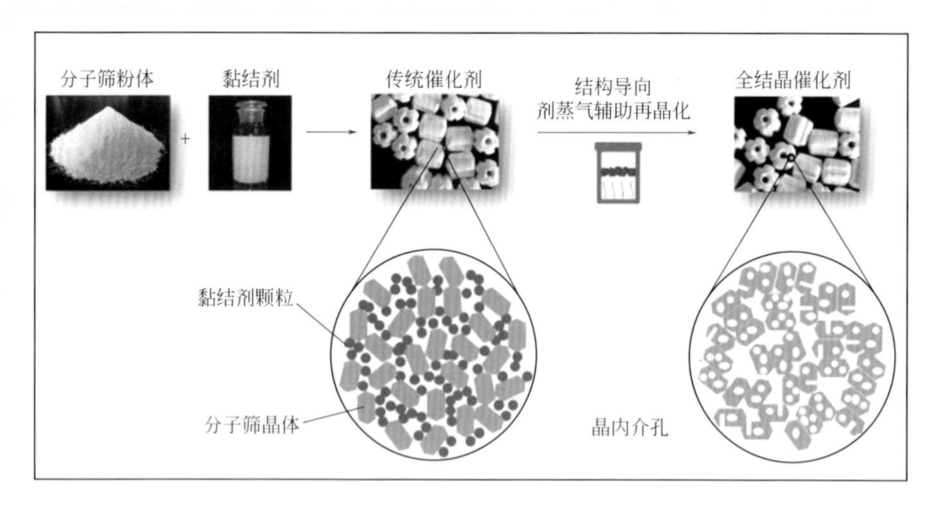

图 1-16 全结晶多级孔 ZSM-5 催化剂合成示意图[55]

工业化反应条件下，该催化剂表现出超高的稳定性，单程寿命达到 2030 h。

异丙苯和乙苯是重要的基础有机化工原料。分子筛催化液相烷基化制异丙苯和乙苯是工业界广泛采用的工艺。在液相催化反应过程中，分子筛的扩散性能对催化结果同样具有非常显著的影响。与骨架结构沿三维方向扩展的常规分子筛相比，二维分子筛具有更大的外表面，孔道更加开放，有利于反应物及产物分子的扩散，吸附和催化过程几乎完全发生在外表面，在烷基化反应中表现出明显的优势。采用有机硅烷化试剂强制层分离和双有机模板剂直接水热合成法得到的二维分子筛纳米片催化材料 SRZ-21 和 SCM-1，具有明显高于常规分子筛的外比表面积，在苯与丙烯、乙烯液相烷基化制异丙苯、乙苯反应中均表现出优异的催化性能[56,57]。目前，以二维分子筛作为催化剂的液相异丙苯成套技术已实现工业化应用，液相烷基化制乙苯催化剂完成了工业化试验。

第四节 结构催化剂与反应器的机遇与挑战

催化剂是催化反应工艺技术的核心。为了充分利用催化剂的本征活性和选择性，要求反应器具有良好的热 / 质传递性能、均一的流体流动和反应物 / 产物停留时间分布和 / 或良好的渗透性。结构催化剂与反应器架起了“表 / 界面催化”和“反应工程”协同耦合设计的桥梁，使催化剂与反应器融为一体。通过精准设计结构催化剂的微观与宏观结构，可以提供充足的表面活性位与优良的孔道结构，强化流动和传递，减少副产物的生成，使设备更加紧凑高效，降低设备与操作成本。因此，其发展和应用正在开启通向低能耗、高效率的“理想”催化反应工艺过程之路，必将对涉及能源、化工、环境保护的催化过程以及生产模式产生积极深远的影响。近年来，各国积极开展结构催化剂与反应器的科学研究与应用推广，大大丰富了结构催化剂的内涵与外延。2008 年 11 月，美国化学工程师学会（AIChE）成立 100 周年纪念活动发起了预测未来 25 年化工领域最具影响的八大技术问卷调查，排名榜首的是“高效过程设备”。当年，荷兰还发起了“过程强化行动计划”，并绘制了“欧洲过程强化路线图”[9]，其中结构催化剂与反应器技术的发展和应用被列为优先方向之一。2016 年 7 月，欧洲催化研究集群发布了“欧洲催化科学与技术路线图”，也将包括微反应器、即插即用式设计等集成型多催化剂 / 多反应器体系列为优先发展方向，以应对催化复杂性带来的挑战[58]。另外，我国也已将“重点发展宏量制备及相关复杂反应体系的介尺度理论与方法，重视化学与化工过程的协同研究”确定为自然科学基金“十三五”规划优先发展领域之一。以上都为结构催化剂与反应器的发展和应用提供了重大机遇，同时也面临着一系列重大挑战。

规则空隙结构独居石催化剂在尾气催化净化等过程中的成功应用是“表 / 界面催化”和“反应工程”协同耦合的一个生动体现，但其面临的普遍问题在于径向传递受限，涂层制备技术复杂、成本高，涂层分布不均匀，并且显著的温度变化容易导致涂层出现断裂和剥落而大大降低催化剂的使用寿命。因此，通过强化独居石催化剂径向传质、提高涂层均匀度和抗剥落性能来延长催化剂寿命是面临的重大挑战。微通道催化反应器也存在一些问题，主要包括固体颗粒堵塞微通道、反应体系腐蚀、径向传递受限、微通道制备复杂成本高等问题，反应器通道特征尺寸的微细化所引起的传递与反应规律以及它们间的协调控制机制等科学问题，还有待深入研究。膜催化反应器潜力巨大，但膜的应用主要受成本和稳定性的限制。无机膜至少比有机膜贵 5 倍，如果无机膜得以宏量应用，制造成本可以降低；膜的稳定性是另一个重要问题，反应过程中的结垢 / 焦以及脱垢 / 焦期间的热应力对膜的损害很大，裂缝和断裂通常发生于膜束与反应器部件的连接处，使膜效率骤降为零。这些问题的解决不仅需要膜领域的研究人员围绕膜材料 - 膜制备方法 - 膜结构 - 膜传质机制 - 膜性能进行全链条创新，系统开展基础理论、共性关键技术到产业应用的贯通式研究，还需要催化、材料和化工研究人员的通力合作。

具有非规则 3D 空隙结构的 Foam/Fiber 等新型整装材料在消除径向扩散限制、涡流混合强化传质 / 传热、规模化制备和几何构型灵活设计等方面显示出的传统蜂窝和微通道结构难以企及的优势，势必为结构催化剂与反应器的发展和应用开辟更广阔的空间。近年来，非规则 3D 空隙结构 Foam/Fiber 基体的“非涂层”催化功能化取得了一系列重要进展，其在涉及能源催化、环境催化、化学品生产、电化学储能、空气净化等领域的多个过程的应用中也得到了有力验证，但工业化应用还有待突破。除已涉及的一些反应体系外，非规则 3D 空隙结构 Foam/Fiber 催化剂还应该在合成气转化（如合成气制取烃类、醇类和酯类等）、烷烃临氧活化与转化（如甲烷氧化偶联、乙烷氧化脱氢等）和烯烃环氧化等反应过程中的应用进行更为深入和广泛的探索。此外，非规则 3D 空隙结构 Foam/Fiber 的催化功能化新方法和新技术研究也还需要重点展开且大有机会，例如，耦合纳米合成以实现 Foam/Fiber 结构化纳米催化剂晶面效应、尺寸效应、合金效应、结构效应和组成效应的精准调控，就值得深入研究。另外，与非规则 3D 空隙结构 Foam/Fiber 催化剂与反应器技术相关的流体力学和流动传递等方面的研究需要加强，并逐步构建起结构催化剂与反应器“先设计 - 后制造”的研发模式。此外，3D 打印技术的快速发展为具有新型复杂空隙结构的结构催化剂的构筑提供了强有力手段。

对多级孔结构微纳催化剂与反应器的等级结构进行精准设计与制备，是近十年来人们孜孜以求的目标。目前，大量多级孔催化剂得以成功开发，并在环境催化、储能等领域取得了具有应用前景的成果。然而，多级孔催化剂的实际推广及应用仍然面临严峻挑战。首先，多级孔催化剂孔道结构的合理设计是决定多级孔催化剂性能的关键。如何有效地发挥多级孔结构的优势，提高反应物 / 产物分子的流通扩散性能，从而提高催化剂活性及选择性，取决于多级孔结构的合理贯通。同时，将多级孔结构与催化活性中心进行高效耦合也是影响多级孔催化剂性能的重要因素。此外，大部分多级孔催化剂以粉末为主，在实际应用中面临剂料分离、高压力降等问题，因此制备具有膜或者整装结构形态的多级孔催化剂是富有挑战性的重要课题。最后，多级孔结构与催化性能提升之间的作用机制有待进一步深入研究，需要从理论研究及实际应用中总结认识、发现规律，进而指导多级孔结构微纳催化剂与反应器的精准设计及制备。

参考文献

[1] [美] Carson R. 寂静的春天 [M]. 吕瑞兰 , 李长生 , 译 . 上海：上海译文出版社 , 2008.

[2] [美] Eubanks L P, Middlecamp C H, 等 . 化学与社会 [M]. 段连运 , 等 , 译 . 北京 : 化学工业出版社 , 2008.

[3] 何鸣元 . 石油炼制和基本有机化学品合成的绿色化学 [M]. 北京 : 中国石化出版社 , 2006.

[4] 张永强 , 闵恩泽 , 杨克勇 , 等 . 化工过程强化对未来化学工业的影响 [J]. 石油炼制与化工 , 2001, 32 (6): 1-6.

[5] 褚秀玲 , 仇汝臣 . 化工过程强化的理论与实践初探 [J]. 化工生产与技术 , 2010, 17 (1): 9-14, 7.

[6] 刘有智 . 化工过程强化 [M]. 北京 : 化学工业出版社 , 2017.

[7] Stankiewicz A I, Moulijn J A. Process intensification: transforming chemical engineering [J]. Chem Eng Prog, 2000, 96 (1): 22-34.

[8] 国家自然科学基金委员会 , 中国科学院 . 化工过程强化 [M]. 北京 : 科学出版社 , 2018.

[9] 赵国锋 , 张智强 , 朱坚 , 等 . 结构催化剂与反应器 : 新结构、新策略和新进展 [J]. 化工进展 , 2018, 38 (4) :1287-1304.

[10] Cybulski A, Moulijn J A. Structured catalysts and reactors[M]. Boca Raton:Taylor & Francis Group, 2006.

[11] Zhao G, Liu Y, Lu Y. Foam/fiber-structured catalysts: non-dip-coating fabrication strategy and applications in heterogeneous catalysis[J]. Sci Bull, 2016, 61:745-748.

[12] 黄仲涛 , 耿建铭 . 工业催化 [M]. 北京 : 化学工业出版社 , 2014.

[13] 陈甘棠 . 化学反应工程 [M]. 北京 : 化学工业出版社 , 2007.

[14] 陈诵英 , 郑经堂 , 王琴 . 结构催化剂与环境治理 [M]. 北京 : 化学工业出版社 , 2016.

[15] Pangarkar K, Schildhauer T J, van Ommen J R, et al. Structured packings for multiphase catalytic reactors[J]. Ind Eng Chem Res, 2008, 47: 3720-3751.

[16] Moulijn J A, Kreutzer M, Kapteijn F. Reactor design 3: a little structure works wonders[J]. TCE, 2005, 768: 32-34.

[17] Berglin T, Herrman W. A method in the production of hydrogen peroxide: EP 102934A2. 1984-04-23.

[18] Kapteijn F, Nijhuis T A, Heiszwolf J J, et al. New non-traditional multiphase catalytic reactors based on monolithic structures[J]. Catal Today, 2001, 66 (2-4): 133-144.
[19] Tronconi E, Groppi G, Boger T, et al. Monolithic catalysts with "high conductivity" honeycomb supports for gas/solid exothermic reactions: characterization of the heat-transfer properties[J]. Chem Eng Sci, 2004, 59 (22-23): 4941-4949.
[20] Pfefferle L D, Pfefferle W C. Catalysis in combustion[J]. Catal Rev, 1987, 29 (2-3): 219-267.
[21] Konig A, Herding G, Hupfeld B, et al. Current tasks and challenges for exhaust aftertreatment research: a viewpoint from the automotive industry[J]. Top Catal, 2001, 16-17 (1-4): 23-31.
[22] Irandoust S, Andersson B. Monolithic catalysts for nonautomobile applications[J]. Catal Rev, 1988, 30 (3): 341-392.
[23] Deshmukh S R, Tonkovich A L Y, Jarosch K T, et al. Scale-up of microchannel reactors for Fischer-Tropsch synthesis[J]. Ind Eng Chem Res, 2010, 49 (21): 10883-10888.
[24] Markowz G, Schirrmeister S, Albrecht J, et al. Microstructured reactors for heterogeneously catalyzed gas-phase reactions on an industrial scale[J]. Chem Eng Technol, 2005, 28 (4): 459-464.
[25] Cybulski A, Moulijn J A. Monoliths in heterogeneous catalysis[J]. Catal Rev, 1994, 36 (2): 179-270.
[26] Moulijn J A. Preface[J]. Catal Today, 2001, 69 (1-4): 1.
[27] 邵潜，龙军，贺振富. 规整结构催化剂及反应器 [M]. 北京：化学工业出版社，2005: 4.
[28] Boger T, Heibel A K, Sorensen C M. Monolithic catalysts for the chemical industry[J]. Ind Eng Chem Res, 2004, 43 (16): 4602-4611.
[29] [荷] Stankiewicz A I, Moulijn J A. 化工装置的再设计-过程强化. 王广全，刘学军，陈金花，译. [M]. 北京：国防工业出版社，2012.
[30] Laguna O H, González Castaño M, Centeno M A, et al. Microreactors technology for hydrogen purification: effect of the catalytic layer thickness on CuO_x/CeO_2-coated microchannel reactors for the PROX reaction[J]. Chem Eng J, 2015, 275, 45-52.
[31] Cao C, Hu J, Li S, et al. Intensified Fischer-Tropsch synthesis process with microchannel catalytic reactors[J]. Catal Today, 2009, 140 (3-4): 149-156.
[32] 陈光文，袁权. 微化工技术 [J]. 化工学报，2003, 54 (4): 427-439.
[33] Dautzenberg F M, Mukherjee M. Process intensification using multifunctional reactors[J]. Chem Eng Sci, 2001, 56 (2): 251-267.
[34] Takács K, Calis H P, Gerritsen A W, et al. The selective catalytic reduction of nitric oxide in the bead string reactor[J]. Chem Eng Sci, 1996, 51 (10): 1789-1798.
[35] Reichelt E, Heddrich M P, Jahn M, et al. Fiber based structured materials for catalytic applications[J]. Appl Catal A, 2014, 476: 78-90.
[36] Zeng H, Wang W, Li J, et al. In situ generated dual-template method for Fe/N/S co-doped

hierarchically porous honeycomb carbon for high-performance oxygen reduction[J]. ACS Appl Mater Interfaces, 2018, 10 (10): 8721-8729.
[37] Aizenberg J, Fratzl P. Biological and biomimetic materials[J]. Adv Mater, 2009, 21 (4): 387-388.
[38] Pérez-Ramírez J, Christensen C H, Egeblad K, et al. Hierarchical zeolites: enhanced utilisation of microporous crystals in catalysis by advances in materials design[J]. Chem Soc Rev, 2008, 37: 2530-2542.
[39] Yang X, Léonard A, Lemaire A, et al. Self-formation phenomenon to hierarchically structured porous materials: design, synthesis, formation mechanism and applications[J]. Chem Commun, 2011, 47: 2763-2786.
[40] 于吉红，闫文付．纳米材料化学：合成与制备（Ⅱ)[M]. 北京：科学出版社，2013: 107-150.
[41] Lachman I M. Monolithic catalyst systems, alumina chemicals [M]. Westerville: The American Ceramic Society Inc, 1990: 617.
[42] Johnson L L, Johnson W C, O’ Brein D L. Progress in applications of structural ceramics [J]. Chem Eng Progr Symp Ser, 1961, 35: 55-67.
[43] Anderson H C, Green W J, Romeo P L. A new family of catalysts for nitric acid tail gases[J]. Technol Bull (Engelhard Industries Inc), 1966, 7: 100.
[44] Keith C, Kenah P, Bair D. A catalyst for oxidation of automobile and industrial fumer: US 3565830. 1969.
[45] Lachman I M, Lewis R M. Cordierite ceramic with low thermal expansion: US 3885977. 1975-05-27.
[46] Li Y H, Wang Y Q, Zhang X W, et al. Thermodynamic analysis of autothermal steam and CO_2 reforming of methane[J]. Int J Hydrogen Energy, 2008, 33: 2507-2514.
[47] Murkin C, Brightling J. Eighty years of steam reforming[J]. Johnson Matthey Technol Rev, 2016, 60: 263-269.
[48] Geus J W, Giezen van J C. Monoliths in catalytic oxidation[J]. Catal Today, 1999, 47 (1-4): 169-180.
[49] Edvinsson Albers R, Nyström M, Siverström M, et al. Development of a monolith-based process for H_2O_2 production: from idea to large-scale implementation[J]. Catal Today, 2001, 69: 247-252.
[50] 邵潜，龙军，贺振富．规整结构催化剂及反应器 [M]. 北京：化学工业出版社，2005: 5.
[51] Li Y, Zhang Q, Chai R, et al. Structured Ni-CeO_2-Al_2O_3/Ni-foam catalyst with enhanced heat transfer for substitute natural gas production by syngas methanation[J]. ChemCatChem, 2015, 7 (5): 1427-1431.
[52] 谢在库，等．新结构高性能多孔催化材料 [M]. 北京：中国石化出版社，2009.

[53] Su B, Sanchez C, Yang X. Hierarchically structured porous materials: from nanoscience to catalysis, separation, optics, energy, and life science [M]. Weinheim: Wiley-VCH Verlag GmbH & Co. KGaA, 2011.

[54] Mei C, Wen P, Liu Z, et al. Selective production of propylene from methanol: Mesoporosity development in high silica HZSM-5[J]. J Catal, 2008, 258, 243-249.

[55] Zhou J, Teng J, Ren L, et al. Full-crystalline hierarchical monolithic ZSM-5 zeolites as superiorly active and long-lived practical catalysts in methanol-to-hydrocarbons reaction[J]. J Catal, 2016, 340, 166-176.

[56] Gao H, Zhou B, Wei Y, et al. Porous zeolite of organosilicon, a method for preparing the same and the use of the same: US 8030508. 2011-10-04.

[57] 杨为民，王振东，孙洪敏，等. 一种分子筛、其制造方法及其应用：201410484573.6[P]. 2017-12-15.

[58] Roadmap on catalysis for Europe. Brussels: EuCheMS, 2016[2016-7-29]. http://www.euchems.eu/roadmap-on-catalysis-for-europe.

第一篇

规则空隙结构催化剂与反应器

第二章

规则空隙结构基体及结构催化剂与反应器

结构催化剂与反应器（structured catalysts and reactors, SCRs）技术已被广泛证实能显著优化固体催化剂床层的流体力学行为和提高催化剂床层内部的热 / 质传递性能，因而受到越来越多的关注，成为当前催化与反应工程交叉领域的研究 热点和国际前沿[1~3]。结构催化剂与反应器主要分为三大类 [规则空隙结构催化剂与反应器、非规则三维（3D）空隙结构催化剂与反应器和多级孔结构微纳催化剂与反应器，详见第一章第二节]，目前主要集中在规则空隙结构催化剂与反应器的研究和应用。规则空隙结构催化剂与反应器包括独居石催化反应器、微通道催化反应器、有序排列催化反应器、膜催化反应器、复合结构填料反应器。结构催化剂与反应器通常由结构基体（或骨架基体）、分散载体、催化活性组分、助催化剂构成。结构基体为第一载体，具有大量宏观尺度上尺寸均一、分布均匀的平行直通道[4]，一般是由陶瓷、金属或碳材料制成的一个整体，起支撑和提供流体通道的作用；分散载体为第二载体，一般为多孔氧化物，如 Al_2O_3、SiO_2、分子筛等，起提高比表面积、分散和负载催化活性组分以及助剂的作用。将分散载体、催化活性组分、助催化剂制成涂覆液，通过湿式涂覆等方法负载在结构基体的通道壁上来实现其制备。本章着重介绍规则空隙结构基体及其所制备的结构催化剂与反应器的种类和结构特点。

第一节 规则空隙结构基体

一、独居石基体

独居石基体的基本结构特征是通道为直通型、轴向相互平行、径向无连通、基体具有较大空隙率（一般为 0.7 ～ 0.95；传统颗粒填充固定床小于 0.5）。独居石基体按其外形可分为圆形、正方形、三角形等，整体外形尺寸从几厘米到几十厘米；按照通道截面形状可分为圆通道、三角通道、四边通道、六边通道等，通道直径从零点几到几毫米；按照材料可分为陶瓷独居石、金属独居石、炭独居石（图 2-1）。结构基体主要发挥支撑和流体通道的作用，因此理想的结构基体应具有低的比热容、高的几何表面积和热导率、优良的耐高温性和抗热震性、高的机械强度以及与分散载体间良好的兼容性[5]。有多种材料可满足上述要求，如 TiO_2、γ-Al_2O_3、ZrO_2、SiO_2、不锈钢、其它含铝铁合金等，但最常用基体是耐高温陶瓷和

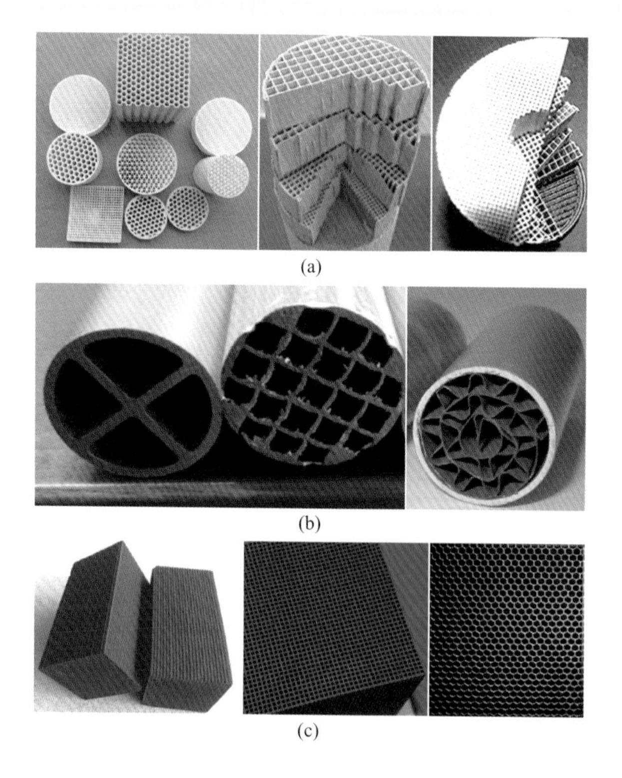

图 2-1　各种外形及通道形状的陶瓷独居石[1]（a）、各种通道形状的金属独居石[1]（b）和各种通道形状的炭独居石（c）

金属独居石，个别反应过程需采用炭独居石。

1. 陶瓷独居石

由于早期制造工艺技术的局限性，陶瓷独居石通道往往是直通道，通道截面总体上呈蜂窝形状，因此陶瓷独居石又称为蜂窝陶瓷。蜂窝陶瓷具有高强度、低膨胀性、耐热震性好、吸附能力强、耐磨损等优点，因此蜂窝陶瓷催化剂是研究最早、最成熟、应用最广泛的结构催化剂。可供商用的陶瓷独居石通道具有不同形状和大小，常见的形状是圆形、三角形、四边形和六边形（图 2-2）。蜂窝陶瓷材质为单一或复合氧化物，如 Al_2O_3、尖晶石等。γ-Al_2O_3 蜂窝陶瓷是由拟薄水铝石和 γ-Al_2O_3 经黏结剂成型的，也可以添加起特殊作用的化合物或前驱体，如镧氧化物前驱体。尖晶石多孔陶瓷的制造过程中，Al_2O_3 和 MgO 的比例有很宽的变化范围，而这个比例对热稳定性的影响很大。通过前驱体共沉淀、醇盐水解等方法制备的尖晶石比表面积较高。高表面积多孔陶瓷具有压力降低、几何表面积大等优点。

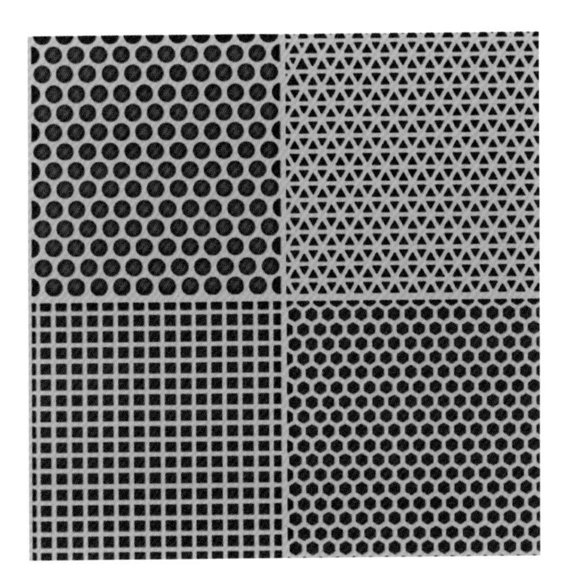

图 2-2　陶瓷独居石通道形状示意图（白线表示独居石骨架，灰色阴影表示通道）

在众多陶瓷材料中，堇青石具有较低的热膨胀系数、良好的抗热冲击和耐火能力（熔点高达 1450 ℃）以及较高的机械强度，因而适用于燃烧等高温过程，也是使用最多的陶瓷材料[6]。康宁玻璃（Corning Glass）公司最初为满足汽车尾气净化器要求催化剂有 1000 ℃以上的抗热冲击性能而专门开发了堇青石蜂窝陶瓷[7,8]，如今已广泛用于汽车尾气净化器。但在更高温度下（1400 ℃以上），堇青石的使用则会受到限制[9]。

随着美国科锐（Cree）公司成功建立碳化硅（SiC）生产线，供应商开始提供商品化的 SiC 材料。泡沫 SiC 具有耐热冲击、耐腐蚀、热导率高、热膨胀系数小和密度低等特性[10]。柴油机引擎尾气含有浮游煤烟，因此对排气系统进行过滤净化处理势在必行。对于这种过滤器，要求耐热和耐热冲击性能良好，同时压力降要低。泡沫 SiC 的优良导热性和低热膨胀系数，使得过滤器能在最短时间内达到反应温度，不会在煤烟燃烧再生时因为局部过热而出现裂纹。同时在柴油机引擎煤烟过滤器上，通常要负载催化剂来提高燃烧煤烟的能力。以泡沫 SiC 作为结构基体，柴油机引擎发动无滞后现象，煤烟可以被快速燃除[11]。

2. 金属独居石

金属独居石与陶瓷独居石相比具有较高的机械强度和空隙率、较薄的通道壁厚、较低的压力降和质量、较高的导热性，当然也存在熔点比陶瓷独居石低、热膨胀系数大（导致金属独居石基体涂覆催化剂壳层及后处理技术要求较高）等缺点。对金属独居石的一个典型应用是填料床反应器反应热的有效移除，把金属独居石用于管式反应器可以精确地控制床温。例如金属铜独居石［图 2-3（a）］的高导热性可使径向传热显著提高。目前可以制造各种形状的商用金属独居石基体［图 2-3（b）］。

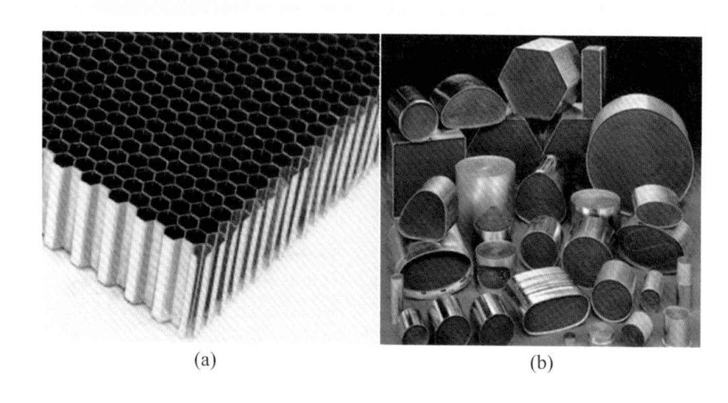

图 2-3　金属铜独居石（a）和各种形状的商用金属独居石基体（b）

20 世纪 60 年代初，美国开发出由金属薄片卷绕制成的第一代金属独居石催化剂。1983 年德国 VDM 公司利用真空硬焊工艺开发出商品化金属独居石基体，促进了规则空隙金属基体的应用进程[12]。金属独居石催化剂最早用于摩托车尾气净化。随着环保法规的逐步严格，汽车在低速、怠速时的污染排放必须加以控制，然而此时发动机的排气温度较低，导致催化净化器效率低下。为此，研究人员开发出耦合式催化净化器：第一级净化器使用金属基体，安装在靠近发动机出口的位置，如奥迪 A6 汽车尾气净化器，通过提高催化剂的低温起燃活性和尾气温度，为第二级主

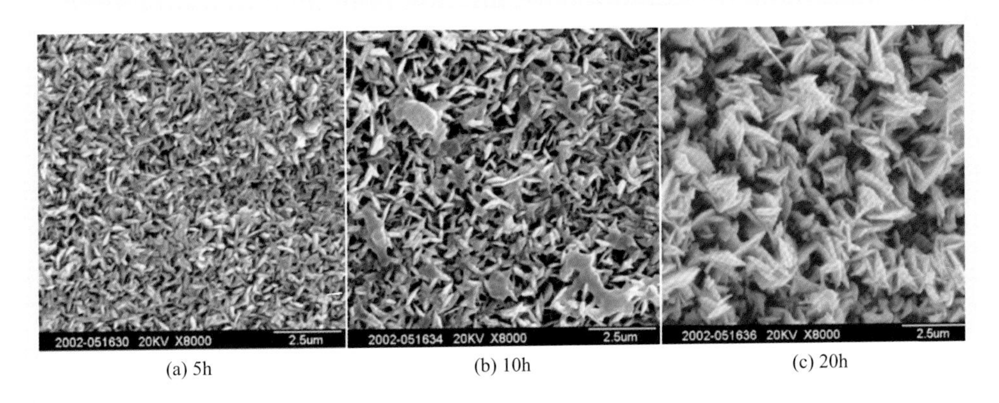

(a) 5h (b) 10h (c) 20h

图 2-4　FeCrAl 合金 950 ℃下焙烧处理后的表面形貌

催化剂提供较高的工作温度，最终提高催化净化器的净化效率[9,13]。20 世纪 90 年代以来，规则空隙金属独居石的探索和应用在催化蒸馏、催化裂解和臭氧分解等领域逐步展开。

最早的金属独居石基体材质一般是不锈钢、FeCrAl 合金以及其它合金。其中，经过特殊处理的FeCrAl合金表面发生铝富集（主要以α-Al_2O_3的形式存在，图2-4），能够改善与分散载体 Al_2O_3 层的黏结性，因此这类耐高温 FeCrAl 合金的使用最为广泛[14]。Jung 等在 FeCrAl 合金片上负载贵金属 Pd 或 Ru 纳米颗粒，并在 CH_4 部分氧化制合成气反应中显示出很高的催化活性和过程强化效能[15]。

随着近年来科学技术和加工制造业的发展，规则空隙金属独居石材质拓展到了镍、铜、铝、锌、镍铜合金、铜锌合金等[16]。与陶瓷相比，金属的优良延展性可使它们的成型更加多样化，除蜂窝型外，还有颗粒型、编织网型和泡沫型等（后续章节将详细介绍）。

二、微通道基体

根据已被广泛接受的微技术定义，微通道一般是指通过微加工和精密加工技术制造的微型流体通道，尺寸在亚微米到亚毫米量级[17]。基于微通道基体构筑的用于化学反应或化工过程的微设备主要包括：微通道混合器、微通道换热器、微通道分离器、微通道反应器，如果微通道内置入催化剂，则称为微通道催化反应器（图2-5）[18,19]。

单晶硅具有良好的机械强度和防渗漏、防腐蚀特性，是首选的一类材料。单晶硅具有不同的晶面取向，采用湿式化学刻蚀进行加工时，不同取向的晶面刻蚀速率不同，可以实现一些基本几何形状微通道的构筑。单晶硅芯片还被用于复杂高温气相微通道催化反应器的制备[20]。此外，在材质受到限制的场合，单晶硅微通道催

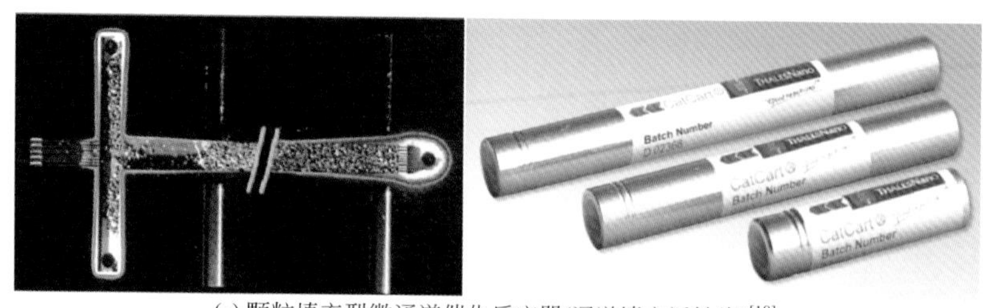

(a) 颗粒填充型微通道催化反应器(通道填充活性炭)[18]

(b) 通道壁面涂覆型微通道催化反应器(壁面涂覆Pt/Al_2O_3催化剂壳层)[19]

图 2-5 微通道催化反应器

化反应器同样适用，如用于含腐蚀性化学物质的反应[21]。因此，当需要小尺度及高精密度的微结构时，单晶硅显然是一种首选材料[17]。玻璃材料具有良好的抗酸腐蚀和生物相容性，因此可以广泛用于含酸反应体系和生化微反应器中。但是，玻璃熔点较低（400 ～ 500 ℃）、易被碱腐蚀，不适用于高温或含碱反应体系；另外，由于玻璃的非晶体性，导致与硅材料的微制造相比，其结构的精密度明显受到限制。不锈钢和其它合金材料具有机械强度高、延展性好、可塑性强、熔点较高（一般大于 1000 ℃）等特点，可采用多种加工工艺制得各种微通道基体。对于个别强腐蚀性反应体系，可在其表面涂覆一层致密氧化膜，大大提高其耐腐蚀性。此外，陶瓷、高分子、导电材料等也可以采用相应加工工艺制得各种微通道基体。例如，$A1_2O_3$/TiN 混合物在很宽的组成范围内都可以保证很好的机械应力，是一种理想材料[22]。通过注模技术得到的微型加热器操作温度可高达 1350 ℃。

三、有序排列结构基体

在介绍有序排列结构基体之前很有必要提及有序排列结构催化剂与反应器的大体类型。有序排列结构催化剂与反应器主要包括：波纹片涂覆催化剂壳层制得的结构催化剂；波纹片形成的规则空隙和丝网形成的规则笼（或空格）对传统催化剂颗粒的有序排列或包裹形成的结构催化剂。因此，有序排列结构基体主要分为两大类：波纹片有序组装基体和丝网有序组装基体。这类基体可以提供均匀的流动分布，具有低压力降、强化传质等优点，其中，气体、液体和催化剂良好的接触是促进其反应性能的重要原因。有序排列结构基体的应用和放大也较为容易。此外，以上基体可以作为新型结构填料，具有高能量效率、高选择性、高生产率、高安全性等优点[1]。

1. 开放错流结构（open cross-flow structure，OCFS）

OCFS 由波纹金属片有序平行堆砌而成，波纹片交替倾斜［图 2-6（a）］，典型特点是低压力降、高空隙率、高几何表面积和有效的径向混合。20 世纪 70 年代，Mellapak 结构基体开始了在化学、石油炼制和吸收等领域的广泛应用。表 2-1 总结了不同类型波纹片基体的几何性质，它们也可以被用作催化剂载体或催化剂。由于波纹片基体良好的径向混合特性，即便初始混合不均匀的反应流体也能在很短的距离内达到均匀分布。在波纹片基体中有三个主要的流体流动路径[23]：首先遵从波纹片中的“谷底”方向，流体从一边的反应器器壁传输到同一层中的对面器壁，并与反应器进行热交换，再从左边折向传输到邻近层的右边［图 2-7（a）］；第二个路径是在基体和反应器器壁间的间隙中流动［图 2-7（b）］；第三个重要的流体流动路径在基体内，自行回绕波纹片的交叉点波动，以确保流体有好的混合并使流体和基体表面间具有良好的传热［图 2-7（c）］。对两相顺流，可能存在三个流区[24]：低液体流速时的环形流区；较高液体流速时的分层波动流区；大液体流速时的气泡流区。如果以不同液体流动速度对气体流动速度作图，则能够说明液体流速对流区的过渡有很大的影响，而气体流速的影响是不大的，只是使过渡时的液体流速稍有减小。对波纹片基体，界面面积有可能远大于几何表面积。“气 - 液”界面面积与几何表面积之比随液体流速的增加而增加，但是有一个极限值[24]。

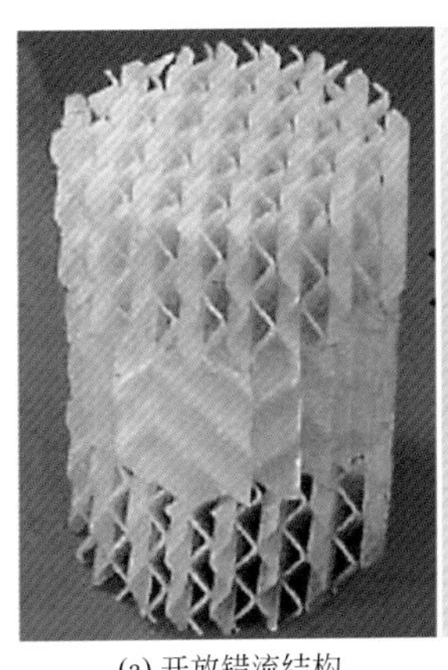

(a) 开放错流结构

(b) 封闭错流结构

图 2-6　有序排列结构基体

表2-1　一些错流结构填料的经典几何性质

填料	型号	表面积 / 体积比 /(m^2/m^3)	空隙率 / %	槽纹角度 /(°)	波纹边高度 / mm	结构
波纹镍基填料	—	820	88	30	5.7	层状，镍片填料
Sulzer	Mellapak 125Y 250Y 500Y	 125 250 500	 98 96 91	 45 45 45	 23 11.5 5.75	层状，凹凸纹和槽型金属片
Sulzer	KataPak	650	85	45	4.0	层状，片填料
Montz	A2	492	83	60	—	层状，编织品
P-X P-Y	类似 Katapak、500X 和 500Y	446 445	93 93	60 45	8.5/6.3 9.82/6.3	层状，光滑不锈钢薄片填料
Gempak	2B	492	83	—	11.0	层状，片状和多孔状
Flexipak	2	233	95	45	18.0	层状，沟槽表面和大孔洞
Sulzer	BX- 填料	492	90	60	8.9/6.4	层状，多孔网
Flexeramic	28	282	70	45	18.0	层状，陶瓷填料
Kalapak-S	270 440	270 440	46 60	45 45	$d_h=6.9$ $d_h=6.4$	形成通道的线网波纹片，内填料固体催化剂
Montz Multipak	Ⅰ Ⅱ	355 325	56 57.5	60 60	$d_h=6.3$ $d_h=7.0$	含催化剂的金属线网的波纹片和板型壳层

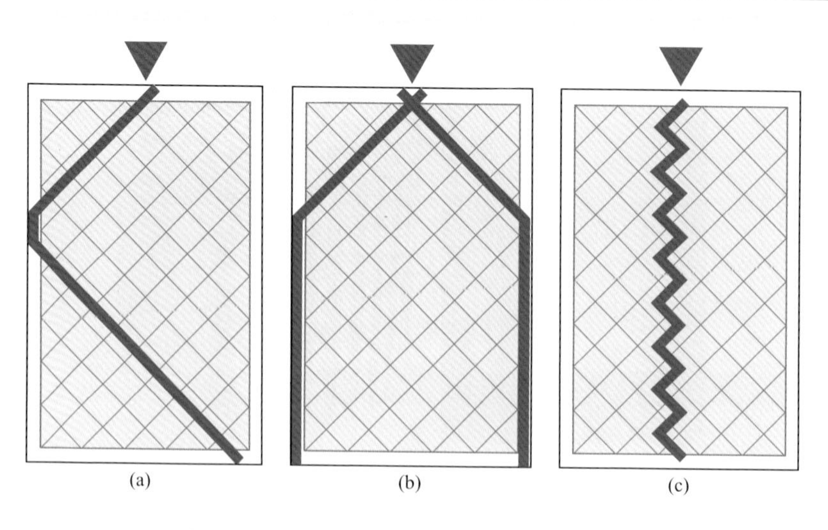

图 2-7　开放错流结构中流体流动路径[23]

2. 封闭错流结构（closed cross-flow structure，CCFS）

CCFS 也是由波纹金属片构成，其排列是边挨着边，通道相对定向，但不同的是在波纹片之间插有金属片［图 2-6（b）］[25]，使得原本开放错流结构内的开放通道转变成与轴倾斜的闭合弯曲三角形通道，形成类似于独居石的结构，这样可使比表面积大大增加。与 OCFS 一样，在 CCFS 上也可以进行催化活性组分的涂覆。CCFS 通道之间无法进行质量交换，因此初始液体分布的重要性与独居石基体一致。其流动形式也与独居石一样，很少有径向返混的问题。该结构之所以如此特别，在于它在反应器器壁上是开放的，由于流体被定向在邻接层中从左向右或从右向左流动，会直接撞击反应器器壁，使器壁上的静止流体层发生扰动。如果通道足够小且“气体 - 液体”流速比在正确范围内，能够产生所谓的 Tayler 流（活塞流）。Tayler 流不仅使传热性能得以改进且压力降也较低，还能够促使高的传质速率[24,26]。通过在两波纹片间插入一平板，“气体 - 气体”相互作用的高能量消耗被能量消耗较低的“气体 - 液体”摩擦所代替。另外，由于流体流动被定向为从 CCFS 通道流向反应器器壁，因此来自 CCFS 通道的流体碰到反应器器壁，能有效地扰动器壁表面上的层流膜并有可能产生湍流，从而使从基体到反应器器壁的传热得以强化。与独居石基体不同，CCFS 对基体表面与器壁的间隙大小不太敏感。实验也证明，波纹片间的平板能够使流体更有效地在反应器器壁内流动，从而提高了总传热系数[24]。

3. 丝网笼结构（mesh cage structure，MCS）

MCS 是由丝网组装而成的整体式框架。框架含有一定数量的具有开孔的笼，颗粒催化剂装填并限定于这些笼内，并且开孔允许反应物自由地进出笼。由于这类丝网笼结构基体自身构型较少，并且主要起包裹催化剂颗粒的作用，所以这类基体将同其所制备的催化剂一并进行介绍（详见本章第四节）。

第二节 独居石结构催化剂与反应器

一、独居石催化剂的基本类型及结构特点

由于早期制造的陶瓷独居石的通道截面总体上呈蜂窝形状，因此陶瓷独居石又称为蜂窝陶瓷，进而将独居石结构简称为“蜂窝结构”。在技术内容上“独居石”有更为广泛的意义，一般是指均一结构的单一整装块体。独居石结构催化剂与反应器是具有催化活性的独居石，最主要的结构特点是具有宏观尺度的蜂窝均匀通道结

构。这些通道一般是平行贯穿、没有弯曲、细小的（直径从零点几到几毫米）开放直通道，几乎没有流体流动障碍，因此压力降很低。通道密度采用每平方英寸的通道数目表示（即 channels per square inch，CPSI）。由于结构催化剂与反应器淡化甚至消除了催化剂和反应器之间的界限，结构催化剂与反应器既可以看作结构催化剂也可以看作结构反应器。因此，在本书中当提及结构催化剂、结构反应器或结构催化反应器时，都是指结构催化剂与反应器。

独居石催化剂按其催化活性组分沉积位置的不同分为涂层独居石催化剂和本体独居石催化剂[27]。涂层独居石催化剂是在独居石惰性基体的通道壁上首先沉积一层分散载体（如 SiO_2、Al_2O_3、ZrO_2、多孔碳材料等）来提高表面积，然后在分散载体上负载一个或多个催化活性组分（如贵金属、过渡金属、过渡金属氧化物等）或其前驱体［图 2-8（a）］[27]。本体独居石催化剂是指整个催化剂全部由催化活性组分直接挤压而成［图 2-8（b）］。需要注意的是，这里的催化活性组分是指仅使用催化活性组分（如 ZSM-5 分子筛、V_2O_5-TiO_2 等）或催化活性组分混合物（如 Cu-ZnO/Al_2O_3、TiO_2/SiO_2、V_2O_5-TiO_2/SiO_2 等，即包含常规催化剂的 Al_2O_3、SiO_2 等载体）。

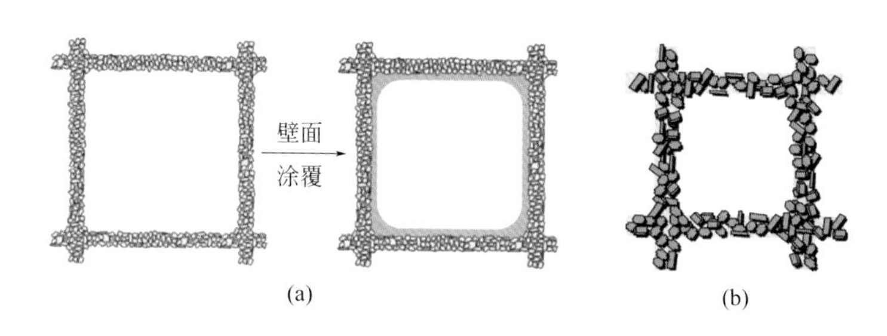

图 2–8　涂层独居石催化剂（a）和本体独居石催化剂（b）[27]

二、独居石催化剂的基本构型及性质

独居石催化剂基本构型和性质通常使用通道几何形状和水力学参数进行描述，包括通道壁边长 L 和通道壁厚度 t[28]。通道大小关系到通道密度（n）、几何表面积（GSA）、前端开口面积（OFA）、水力直径（D_h）、堆积密度（ρ）、热积分系数（TIF）、机械积分系数（MIF）、流动阻力（R_f）、整体热传递（H_s）和起燃系数（LOF），这些参数都影响独居石催化剂的性能和耐用性。

通道一般为四边形，但也可以是三角形、六边形以及其它较为复杂的形状。为增加表面积也可以在通道壁上加翅片（图 2-9）[29]，翅片对流体起稳定作用，在逆流操作时可以防止液泛。为增加独居石通道内液体的湍流，发展出专用性独居石基体，例如为增加径向传输而做成波纹状或通道间相互连接等，因此具有不同的水力

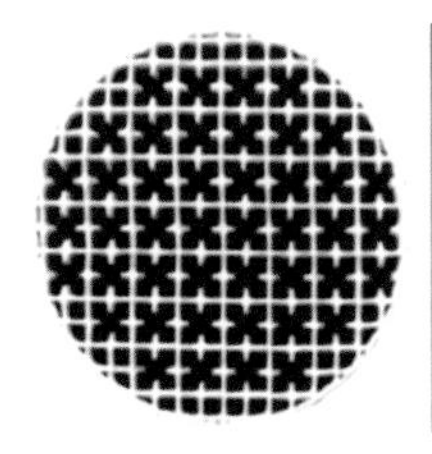

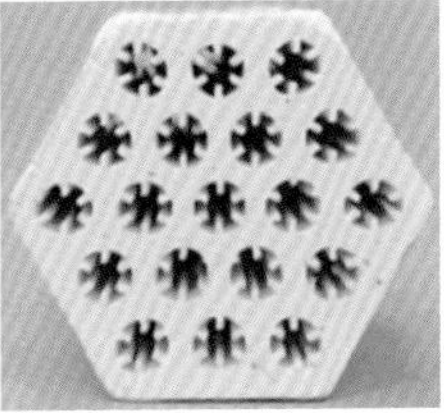

图 2-9　内翅片独居石[29]

学参数。通道密度一般在 200 ～ 1200 CPSI 之间。空隙率（前端开口面积 OFA）在 0.7 ～ 0.95 之间，壁厚一般为 0.06 ～ 0.5 mm。独居石结构特征可以用彼此独立的壁厚和通道密度来表示。与独居石通道形状相关的参数讨论如下。

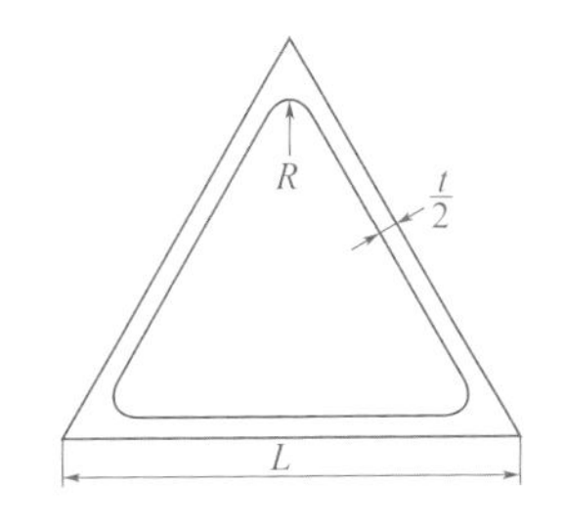

图 2-10　等边三角形孔道参数示意图[28]

（1）等边三角形　基本描述参数如图 2-10 所示，包括等边三角形的孔间距 L、壁厚 t 和圆角半径 R。

几何特征

① 通道密度

$$n=\frac{4/\sqrt{3}}{L^2} \tag{2-1}$$

② 几何表面积 GSA

$$\mathrm{GSA}=3n\left[(L-\sqrt{3}t)-\left(\frac{2\pi}{3}-2\sqrt{3}\right)R\right] \tag{2-2}$$

③ 前端开口面积（点位表面积的开孔面积之和，相当于固定床的空隙分数）

$$\mathrm{OFA}=\frac{1}{L^2}\left[(L-\sqrt{3}t)^2-4\left(3-\frac{\pi}{\sqrt{3}}\pi\right)R^2\right] \tag{2-3}$$

④ 水力直径

$$D_{\mathrm{h}}=4\frac{\mathrm{OFA}}{\mathrm{GSA}} \tag{2-4}$$

⑤ 堆积密度

$$\rho=\rho_{\mathrm{c}}(1-P)(1-\mathrm{OFA}) \tag{2-5}$$

⑥ 热积分系数

$$\mathrm{TIF}=0.82\frac{L}{t}\times\frac{L-\sqrt{3}t-2\sqrt{3}R}{L-\sqrt{3}t} \tag{2-6}$$

⑦ 机械积分系数

$$\mathrm{MIF}=\frac{2t^2}{L(L-\sqrt{3}t-2\sqrt{3}R)} \quad (2\text{-}7)$$

⑧ 流动阻力

$$R_{\mathrm{f}}=1.66\frac{(\mathrm{GSA})^2}{(\mathrm{OFA})^3} \quad (2\text{-}8)$$

⑨ 整体热传递

$$H_{\mathrm{s}}=0.75\frac{(\mathrm{GSA})^2}{(\mathrm{OFA})^2} \quad (2\text{-}9)$$

⑩ 起燃系数

$$\mathrm{LOF}=\frac{(\mathrm{GSA})^2}{4\rho_{\mathrm{c}}C_p(1-P)[\mathrm{OFA}(1-\mathrm{OFA})]}=\frac{(\mathrm{GSA})^2}{4\rho C_p(\mathrm{OFA})} \quad (2\text{-}10)$$

为简化表达，忽略 R，可得相应的简化表达式

$$n=\frac{4/\sqrt{3}}{L^2} \quad (2\text{-}11)$$

$$\mathrm{GSA}=3n\left(L-\sqrt{3}t\right) \quad (2\text{-}12)$$

$$\mathrm{OFA}=\frac{1}{L^2}(L-\sqrt{3}t)^2 \quad (2\text{-}13)$$

$$D_{\mathrm{h}}=L-t \quad (2\text{-}14)$$

$$\mathrm{TIF}=\frac{L}{\sqrt{3}}-t \quad (2\text{-}15)$$

$$\mathrm{MIF}=\frac{2t^2}{L(L-\sqrt{3}t)} \quad (2\text{-}16)$$

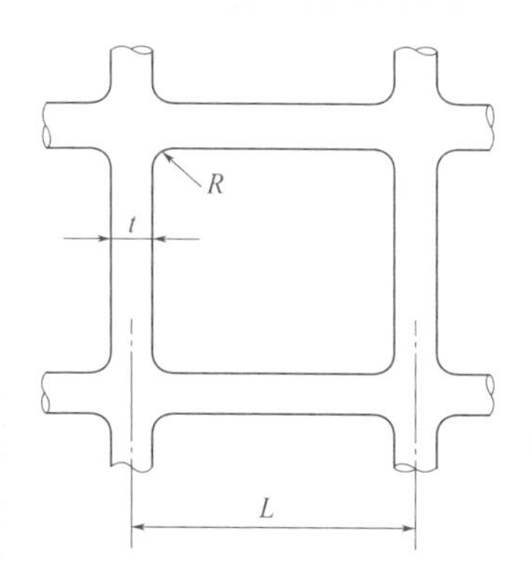

图 2-11　正方形孔道参数示意图[28]

（2）正方形孔道　基本描述参数如图 2-11 所示，包括正方形的空间距 L、壁厚 t 和圆角半径 R。

几何特性

① 通道密度

$$n=\frac{1}{L^2} \quad (2\text{-}17)$$

② 几何表面积 GSA

$$\mathrm{GSA}=4n\left[(L-t)-(4-\pi)\frac{R}{2}\right] \quad (2\text{-}18)$$

③ 前端开口面积（点位表面积的开孔面积之和，相当于固定床的空隙分数）

$$\mathrm{OFA}=n[(L-t)^2-(4-\pi)R^2] \tag{2-19}$$

④ 水力直径

$$D_\mathrm{h}=4\frac{\mathrm{OFA}}{\mathrm{GSA}} \tag{2-20}$$

⑤ 堆积密度

$$\rho=\rho_\mathrm{c}(1-P)(1-\mathrm{OFA}) \tag{2-21}$$

⑥ 热积分系数

$$\mathrm{TIF}=\frac{L}{t}\times\frac{L-t-2R}{L-t} \tag{2-22}$$

⑦ 机械积分系数

$$\mathrm{MIF}=\frac{t^2}{L(L-t-2R)} \tag{2-23}$$

⑧ 流动阻力

$$R_\mathrm{f}=1.775\frac{(\mathrm{GSA})^2}{(\mathrm{OFA})^3} \tag{2-24}$$

⑨ 整体热传递

$$H_\mathrm{s}=0.9\frac{(\mathrm{GSA})^2}{(\mathrm{OFA})^2} \tag{2-25}$$

⑩ 起燃系数

$$\mathrm{LOF}=\frac{(\mathrm{GSA})^2}{4\rho_\mathrm{c}C_p(1-P)[\mathrm{OFA}(1-\mathrm{OFA})]}=\frac{(\mathrm{GSA})^2}{4\rho C_p(\mathrm{OFA})} \tag{2-26}$$

为简化表达，忽略 R 可得相应的简化表达式

$$n=\frac{1}{L^2} \tag{2-27}$$

$$\mathrm{GSA}=4n(L-t) \tag{2-28}$$

$$\mathrm{OFA}=n(L-t)^2 \tag{2-29}$$

$$D_\mathrm{h}=L-t \tag{2-30}$$

$$\mathrm{TIF}=\frac{L}{t} \tag{2-31}$$

$$\mathrm{MIF}=\frac{t^2}{L(L-t)} \tag{2-32}$$

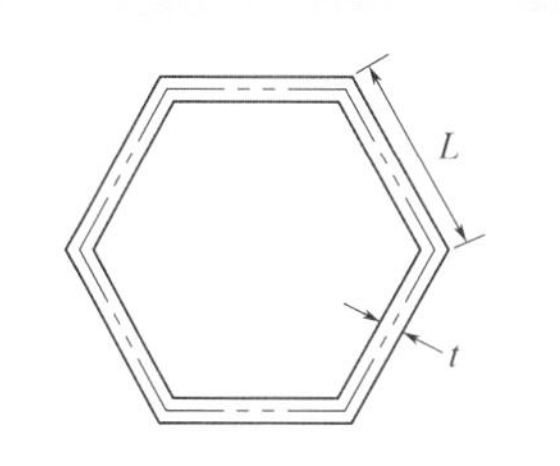

图 2-12 六边形孔道参数示意图 [28]

（3）六边形孔道 基本描述参数如图 2-12 所示，包括六边形的空间距 L、壁厚 t。

几何特性

① 通道密度

$$n=\frac{0.384}{L^2} \tag{2-33}$$

② 几何表面积 GSA

$$\mathrm{GSA}=6n(L-0.577t) \tag{2-34}$$

③ 前端开口面积（点位表面积的开孔面积之和，相当于固定床的空隙分数）

$$\mathrm{OFA}=\frac{(L-0.577t)^2}{L^2} \tag{2-35}$$

④ 水力直径

$$D_{\mathrm{h}}=4\frac{\mathrm{OFA}}{\mathrm{GSA}} \tag{2-36}$$

⑤ 堆积密度

$$\rho=\rho_{\mathrm{c}}(1-P)(1-\mathrm{OFA}) \tag{2-37}$$

⑥ 流动阻力

$$R_{\mathrm{f}}=1.879\frac{(\mathrm{GSA})^2}{(\mathrm{OFA})^3} \tag{2-38}$$

⑦ 整体热传递

$$H_{\mathrm{s}}=0.98\frac{(\mathrm{GSA})^2}{(\mathrm{OFA})^2} \tag{2-39}$$

⑧ 起燃系数

$$\mathrm{LOF}=\frac{(\mathrm{GSA})^2}{4\rho C_p(\mathrm{OFA})} \tag{2-40}$$

三、独居石催化剂的设计[1,30]

独居石催化剂已被广泛用于环境催化等绝热气 - 固相催化反应中，例如汽车尾气净化和煤基发电厂烟道气脱硝。近年来，独居石催化剂在“液 - 固”和“气 - 液 - 固”催化反应中的应用研究十分活跃。人们对独居石催化剂在低压力降、大几何表面积、高热 / 质传递性能等方面已有深入认识，但是对独居石催化剂的物理特性，如通道形状和催化壳层厚度对“气 - 液 - 固”催化反应的影响还未有系统研究。本节对独居石催化剂的优化和设计主要以“气 - 液 - 固”催化反应进行讨论，例如，基于独居石催化剂的通道大小和形状对气体和液体在通道内的流体力学行为的影响，以及通道壁厚对内扩散和反应的影响，优化对给定“气 - 液 - 固”反应的独居石催化剂的设计，最终提供最优独居石催化剂的几何体。显而易见，常规涓流床等“气 - 液 - 固”反应器不能提供像独居石催化剂（或反应器）一样多的自由度来进行催化剂（或反应器）的设计和优化。

1. 模型

独居石催化剂的几何体特征一般是二维、彼此相互独立、对设计可以进行选择的。典型的独居石催化剂通道为正方形（图 2-11），由通道密度 n［式（2-17）］、几何表面积 GSA［式（2-18）］、通道前端开口面积 OFA［式（2-19）］和水力直径 D_h［式（2-20）］四个公式进行描述。虽然上述公式针对正方形通道，但是对任何形状的通道都完全适用。从反应工程角度看，OFA 与床层空隙率相关；而 GSA 类似体积表面积（单位床层体积的外传质表面积）；水力直径类似于床层中的开孔流动路径；而壁厚 t 的 2 倍则与床层的催化剂颗粒大小相似。这里讨论的是“气 - 液 - 固”三相独居石反应器，如图 2-13（a）所示。操作条件类似于工业涓流床反应器：液体界面流速 0.1 ～ 2 cm/s，气体界面速度范围 15 ～ 300 cm/s。在这些条件下，独居石反应器在所谓的“膜流区”进行操作，在独居石通道内的液体反应物呈膜状。气体反应物通过通道的内核流动［图 2-13（b）］。在图 2-13（c）中，给出在膜流条件下每个独居石通道的磁共振成像（magnetic resonance imaging，MRI）。液膜被黏性力和表面张力所稳定，高频（短波长）膜不稳定，仅仅在进口影响明显且液体流速较高时才变得重要。对特定的三相催化反应，选择最优的独居石反应器可以分为两步：首先要确定合适的独居石几何体，包括通道形状、通道前缘特征尺寸（水力半径）和通道壁厚；其次是气液流动，它们在通道内和每个通道的分布，这时独居石需要用合适的分布机理。假设为层流，使用有限元法（finite element method，FEM）解决器，首先解出每个相的完全发展的速度分布，在通道中所存在液体的线速度决定了液膜取不同的形状［图 2-13（b）、（c）］和建立不同的润湿图像，在开始计算时，可以假定在四边形通道中的初始液膜厚度和角上液膜的初始曲度；接着在假设压力降下解动量平衡方程；最后，核对计算获得的速度分布和膜几何体，并与设定的流速比较。差别较大则改变曲度再求解，进行重复的迭代计算。计算流体动力学（computational fluid dynamics，CFD）模拟是按优化路径

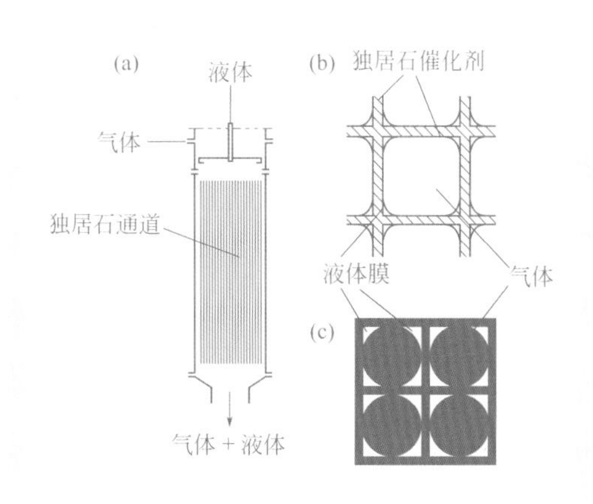

图 2-13　顺流“气 - 液 - 固”独居石反应器示意图 [30]

进行的。最后的收敛解满足每个相的稳态动量和连续性方程。用 CFD 方法在独居石通道中的总流体滞留预测上可以获得与 MRI 测量非常一致的结果。之后的流动计算，对流动 - 反应 - 扩散问题可以借助计算得到的流体速度场进行求解。特别地，对流动 - 扩散问题在流体中求解，而反应 - 扩散问题在固体催化剂上求解。这样就能够给出有关液体如何注入和润湿，以及如何影响独居石反应器每个通道性能的信息。

2. 独居石催化剂的效率因子

首先是要弄清楚独居石催化剂中内传质与本征催化反应动力学之间的相互作用。过去虽然已经认识到，独居石催化剂由于壁薄具有优异的内传质特性，但这不一定是特别选用独居石催化剂的充分理由，尤其对于动力学控制的反应。虽然可以选择厚的催化壳层，但也不宜过厚，因为较长的扩散路径可能导致较低的催化剂使用效率。因此，首先要对该问题进行估计，可以按照表 2-2 中的模型 I 来进行。该模型略去了外扩散影响，在催化剂内的扩散 - 反应问题用配置抛物线偏微分方程（partial differential equation，PDE）严格求解。

表2-2　稳态模型和公式

模型编号	维数 / 复杂性	支配方程	边界条件	延伸目的
Ⅰ	二维，偏微分方程组，有限元法计算	在独居石壁内 $\nabla(D_e\nabla C_s)=r_{cat,V}$	在通道表面： $C_s=C_{bulk}$ 因对称性 $\nabla C_s=0$	独居石催化剂效率因子 η
Ⅱ	一维，一组常微分方程	$u_{L0}\dfrac{dC}{dz}=-r_{app}$ $r_{app}=\eta_c\eta_l(1-OFA)r_{cat,V}$ $r_{cat,V}=k_0\exp\dfrac{-E_e}{RT}C_s^n$ $u_{L0}\dfrac{dT}{dz}=-r_{app}\Delta H_R$	反应器进口： $C=C_{in}$ $T=T_{in}$	独居石反应器性能
Ⅲ	三维，抛物形偏微分方程组，在三维进行有限元 -CFD 计算	$\nabla\bar{u}p=0$ $\mu_F\left(\dfrac{\partial^2 u_{F,z}}{\partial x^2}+\dfrac{\partial^2 u_{F,z}}{\partial y^2}\right)=-\dfrac{dp}{dz}+\rho_F g$ $F=(l,g)$ （结合膜形态用迭代法求解上述方程） 在液体膜中：$u_{L,z}\dfrac{\partial C}{\partial z}=\nabla(D\nabla C)$ 在独居石壁中：$\nabla(D_c\nabla C_s)=r_{cat,V}$ $D_c=\dfrac{D_{Gs}}{\tau}$	气体流进和流出条件，在 G-L 界面速度和剪应力的连续性，壁上无滑落	灌注和润湿

颗粒催化剂是在其凸形表面上吸附反应物然后进行表面反应，但是在独居石催化剂通道中，反应物是在其凹形表面上进行表面反应。不同通道的反应物浓度一般是不相等的。因此，在通道壁内的反应前锋可能重叠，在通道壁内给定点的净反应

物浓度不可能线性相加。为简化分析，先考虑一个通道的中间平面（这样有对称性）。把该条件并入模型Ⅰ中，组成一个“单位通道”。为了研究不同形状独居石催化剂中扩散反应间的相互作用，并与对应的颗粒催化剂相联系，需要确定扩散长度和有关的形状因子。对独居石扩散长度的最合适定义应该是：

$$I_D = \frac{1-\text{OFA}}{\text{GSA}} \tag{2-41}$$

扩散长度选定后，就能够定义独居石催化剂的蒂勒（Thiele）模数。对 n 级反应：

$$\phi = I_D \sqrt{\frac{n+1}{2} \times \frac{k_V C_{\text{bulk}}^{n-1}}{D_e}} = \frac{1-\text{OFA}}{\text{GSA}} \sqrt{\frac{n+1}{2} \times \frac{k_V C_{\text{bulk}}^{n-1}}{D_e}} \tag{2-42}$$

在独居石形状和尺寸以及扩散长度确定后，做平等的比较研究，令 Thiele 模数保持常数。表 2-3 列举了两组不同通道形状的独居石：圆形和四边形。选择合适的单位通道，以使两组独居石的前端开口面积 OFA、几何表面积 GSA 和水力半径相同。“独居石 A”是薄壁独居石，扩散阻力较低，而“独居石 B”是厚壁结构（图 2-14），两种独居石的内扩散长度是恒定的。用模型Ⅰ对这些结构计算的 Thiele 模数分别为 1.0 和 0.42。很显然，厚壁结构的传质阻力较高，因此在壁中有较陡的浓度分布，因此催化剂的利用率降低。还可以发现，圆形和四边形单元通道存在浓度较低的死角。圆形“束”相对差一些，因此单元通道的死角利用比较差而其直通部分利用较好。对于四边形，可能有直壁结构，沿壁的催化剂利用较为均一。关键的问题是独居石通道的形状对于内扩散反应影响。把图 2-14 的计算延伸到独居石的其它几何体和不同水力直径 D_h 及通道壁厚 t 组合，也就是不同的 Thiele 模数。独居石催化剂的内效率因子 η_i 能够被计算，结果示于图 2-15 中，对颗粒催化剂的平板和球形构型也给出了相应的结果。值得指出的是，平板催化剂的效率因子似乎也能够用于独居石催化剂（等温情形）：

表2-3　用于扩散-反应计算的两组有代表性的独居石集合体

独居石指标	D_h/mm	t/mm	OFA/%	GSA/(m^2/m^3)
A 216/13.8, rd	1.50	0.35	59.6	1585
A 170/17.5, sq	1.50	0.44	59.6	1585
B 216/4.2, rd	1.75	0.11	80.5	1842
B 170/7.9, sq	1.75	0.20	80.5	1842

$$\eta_i = \frac{\tan h\phi}{\phi} \tag{2-43}$$

显然，如果要把在独居石上获得的结果用式（2-43）表示，与扩散长度标尺的

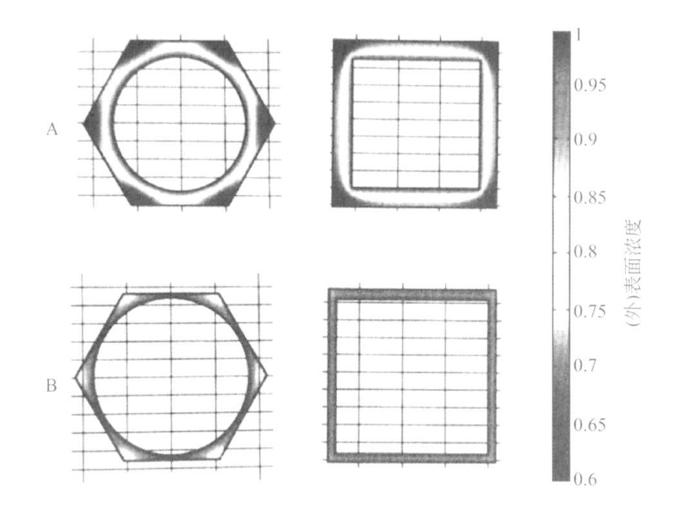

图 2-14　不同形状和大小的独居石通道中的表面浓度（表 2-3 中的 A 和 B）[30]

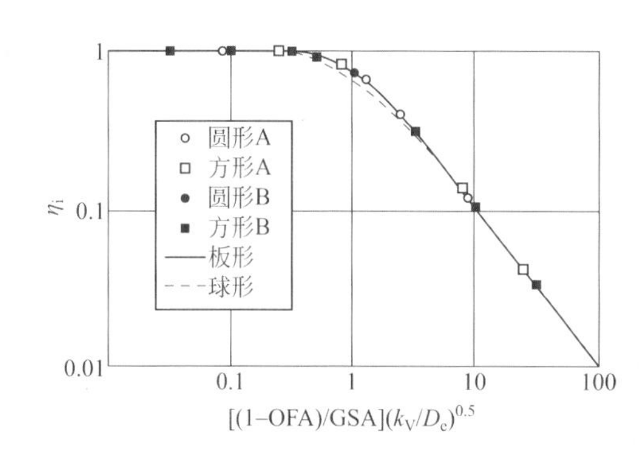

图 2-15　独居石催化剂的效率因子与 Thiele 模数间的关系 [30]

选择［式（2-41）］有极大的关系，因为它确定了 Thiele 模数的大小［式（2-42）］。从这个角度看，可以认为独居石的不同通道形状相当于内扩散不同。如果对除圆形和四边形外的其它形状作分析，得到的是完全相同的结论。

3. 最佳几何体的选择

为了描述独居石几何体对总反应器性能的影响，把效率因子表达式（2-43）加入到一维反应器模型中。为表述总反应器性能，使用反应器体积活性的标准定义：

$$k_{rV(n)}=\frac{\text{LHSV}}{3600}\ln\frac{C_{in}}{C_{out}},\quad n=1$$

$$k_{rV(n)}=\frac{\text{LHSV}}{3600(n-1)}\ln\frac{C_{in}}{C_{out}}\left(\frac{1}{C_{out}^{n-1}}-\frac{1}{C_{in}^{n-1}}\right),\quad n\neq1 \tag{2-44}$$

为选择最佳的独居石几何体形状，把所选用反应的本征动力学加进模型Ⅱ（表

2-2）中，在宽的水力直径和通道壁厚范围内用程序进行计算，比较不同催化剂负荷和催化剂表面积下的反应器性能。由于前端开口面积 OFA 和几何表面积 GSA 已经被精确定义，其组合是可以任意选择的。图 2-16 给出了有代表性的结果，用归一化体积活性表示。

为考虑不同的活性即本征反应速率，通过改变频率因子使反应速率常数分别为慢 k_0=0.3 s^{-1}、中等 k_0=3 s^{-1} 和快 k_0=30 s^{-1}。每一种情况下，最高归一化因子表示有最高体积活性。归一化允许在共同基础上对不同情形做比较。在所有三种扩散反应表面都显示有最大值，也就是说有一个水力直径 D_h 和通道壁厚 t 或 OFA 和 GSA 组合能使催化剂活性最大。当本征反应活性最高时［图 2-16（a）］，最佳移向较薄

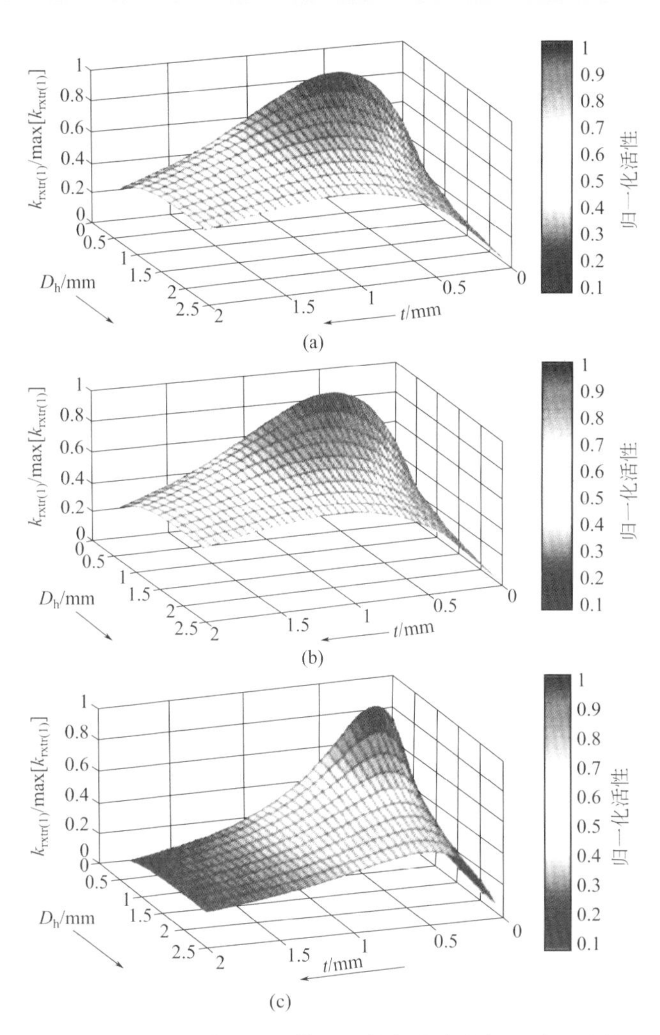

图 2-16 独居石催化剂的体积活性与水力直径和壁厚的关系[30]

的壁；慢反应的计算表面相对平缓［图 2-16（b）］，最佳发生于较厚的壁，体积活性由催化剂的量所确定（催化剂效率因子基本上为 1）。相反，对快反应，体积活性取决于外表面积和薄的独居石壁厚［图 2-16（c）］，较大外表面积和薄的壁厚使催化剂效率因子增大（图 2-15）。我们能够在选定水力直径后选择最佳的扩散反应表面壁厚，反之亦然。流体力学考虑如流体性质和压力降接触模式（顺流或逆流）确定独居石水力直径，因此常常需要对最佳壁厚做出选择。图 2-17（a）是用相对体积活性对本征反应速率所作的图（水力直径为 1 mm），显示最佳性能的最优壁厚与反应本征活性有关。而图 2-17（b）是最佳固体分数［相当于图 2-17（a）的最优壁厚］和最佳几何表面积 GSA 对 k_0 所作的图。很显然，对慢反应而言，低前缘面积 OFA（也就是高固体分数）有利；对快反应，则高 GSA 有利于反应器内的最大体积活性。对于慢反应，在最佳独居石几何体中获得的固体分数（1−OFA）要高于无规则填充床所能够提供的。对用于快反应的独居石催化剂，可以通过最佳壁厚的优化，获得较高几何表面积 GSA 的同时获得高的催化剂效率因子。当颗粒内传质慢并且反应为传质控制时，虽然用细颗粒催化剂可以消除传质限制，但这会使床层的压力降大幅增加；独居石催化剂则能很好地调和这对矛盾，在保持薄壁和高 GSA（高催化剂效率因子和高利用率）的同时不会使压力降有所增加。虽然以上讨论是理论上的，但是实验结果也支持所得的结论。

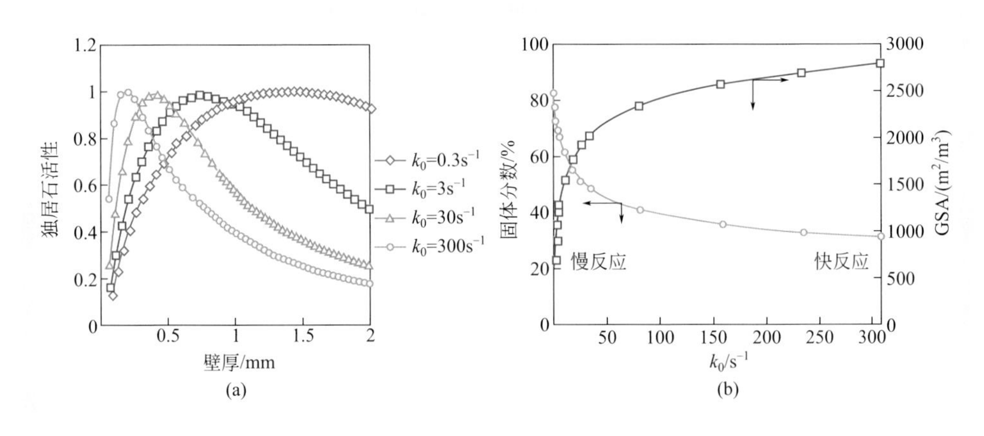

图 2–17　独居石各种参数间的相互关系[30]

总之，独居石催化剂（或反应器）设计首先要考虑合适扩散长度的选择，以综合考虑独居石催化剂的效率因子（与通道形状无关）和内扩散限制。而扩散长度跟水力直径和壁厚有关，也就是与独居石几何体的 GSA 和开放的 OFA 密切相关。因此，在设计中独居石比颗粒催化剂具有更大的灵活性以及在匹配扩散和反应速率方面有更大的弹性。对慢反应可选择低 OFA（高固体分数）独居石以最大利用反应器体积；而对快反应，应该设计独居石有大的几何表面积。对独居石而言外表面的增加并不会像颗粒催化剂那样导致不可接受的压力降的增加。对独居石催化剂完全的液体润湿一般是没有问题的。

四、独居石催化剂的优缺点

总体上，独居石催化剂与传统颗粒催化剂相比具有大的外表面积、低的内扩散阻力（得益于薄的催化剂壳层）、低压力降（得益于大空隙率）。首先，用于固定源气体污染物处理（例如用氨作还原剂选择性催化还原氮氧化物，即 NH_3-SCRs 过程）的独居石催化剂的主要优点是其外表面积较高、耐磨损和满意的空隙率。其次，独居石催化剂几何尺寸与单位体积催化剂的几何表面积成反比，而与对应的特征扩散长度成正比。特别是在通道密度大于 400 CPSI、通道尺寸小于 1.3 mm 时，独居石催化剂具有较高的几何表面积与较短的扩散距离，与常规颗粒催化剂相比，扩散距离约小一个数量级。图 2-18 给出了独居石催化剂与常规固体催化剂的几何表面积和扩散距离。再者，独居石催化剂通道的规则排列阻止了不均匀分布（如颗粒随机填充床），有利于物料与催化剂的均匀高效接触，同时避免了流动不均匀导致的冷/热点的生成。另外，由于独居石催化剂（当然也是所有结构催化剂与反应器）内的流体流动与催化剂尺度无关，当催化剂径向温度分布与反应器尺度无关时，放大就非常简单直接（遵循数增放大概念）[31]。对于传质控制过程，独居石催化剂能够提供更高的活性和生产效率，如 α- 甲基苯乙烯（AMS）催化加氢成异丙基苯[32]。独居石催化剂薄的催化剂壳层以及通道中理想的活塞流动，有助于在连串反应且有副反应发生时提高产物选择性，如苯甲醛选择加氢制苯甲醇[33]。此外，由于独居石催化剂在反应过程中没有物料与催化剂、催化剂与催化剂之间的相互碰撞，可以减

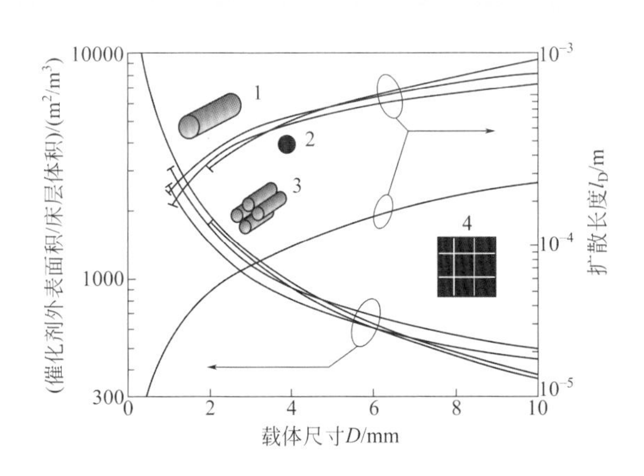

图 2-18 不同几何形状催化剂的几何表面积与扩散距离之间的相互关系

1—圆柱体；2—球形；3—四瓣叶形；4—规整结构

少催化剂磨损和细小粉末的产生，还可以省却催化剂与反应物料的分离，然而剂料分离对于浆态床反应器却十分麻烦。

独居石催化剂的缺点也非常明显[34]：独居石通道壁一般是无孔非渗透性的，邻近通道间的径向传质几乎不可能，径向传热也只能通过通道壁以热传导的方式进行；低热导率的陶瓷独居石的传热性能较低；高低温快速切换可能导致陶瓷独居石开裂；独居石催化剂的设计制备比较复杂、成本高；独居石催化剂的催化活性组分负载量小于相同反应器体积的颗粒催化剂的催化活性组分负载量，虽然这对快速的、受扩散限制的反应无关紧要（例如许多环境催化反应），但是对受动力学控制的反应（例如许多化学合成反应）则极为不利。以上问题可以根据具体反应要求并通过独居石设计得到解决。

金属独居石与陶瓷独居石相比具有以下优点[34]：通道壁较薄，在 0.04 ~ 0.05 mm 之间；尾气流反压（或背压）极小；金属的高热导率可使催化剂快速达到操作温度，减少加热启动时污染物的排放量（该阶段污染物排放量占总体排放量的相当一部分）；机械稳定性和耐久性高；总包体积和负荷较低；比陶瓷独居石有更大的设计弹性和自由度，如在基体形状和通道大小、圆锥形构型、通道内附加结构等，从而增强传质 / 传热性能。但是，金属独居石存在以下不足：高温（一般大于 1300 ℃）热稳定性差，金属容易熔化或腐蚀；金属独居石的催化活性组分负载量低于陶瓷独居石，所以金属独居石催化剂在动力学控制反应中难以应用；金属基质和涂层间的黏附性差导致涂层剥落、耐久性差等。

实际反应过程对独居石催化剂提出了许多要求：低比热容、高机械强度和化学稳定性、耐高温冲击 / 机械震动；催化剂基体的高热导率有助于快速加热催化剂涂层使其快速达到操作温度而获得令人满意的催化活性；能够适应物流组成快速变化仍保持高催化效率；非常重要的是涂层材料的热膨胀系数需要与独居石基体基本相同，以确保涂层与基体间在使用过程中不会产生裂缝。这些要求可以通过优化独居石基体的几何和物理性质［如基体整体形状、通道形状和大小、通道壁厚、空隙率、热膨胀或收缩系数（CTE）、强度、模量等］和催化活性组分涂层的物理性质、厚度以及微结构来达到。其中，陶瓷独居石结构不仅能影响其物理性质（如 CTE、强度、模量），而且也强烈影响基体 / 涂层间的黏附性。CTE、强度和模量对独居石基体的机械和热耐用性有直接影响。最后必须要指出的是，所有物理性质都受基体和 / 或催化活性组分配方、催化活性组分负载量和催化剂加工工艺的影响。

除了以上优缺点，独居石催化剂的应用还要面对以下实际挑战[34]：许多化工过程使用的颗粒催化剂常常是大量资金投入并长期研究的结果，性能一般已经能够满足过程要求，因此采用独居石催化剂替代传统颗粒催化剂需要充分的证据来证明独居石催化剂的优越性能；与环境催化剂容量相比，化工催化剂容量要低数个数量级，因此要研发与环境催化剂有类似本征催化性质的独居石催化剂，在人力以及资金投入上是困难的；在反应器中负载、装填、分封和卸载独居石催化剂的方法与已经成熟的颗粒催化剂是不同的，不能直接借用环境催化剂的经验；独居石催化剂比颗粒催化剂价格高。为了促进独居石催化剂的发展，其制备和性能的实质性改进是极为必要的，相关的研究和应用探索已非常活跃。

第三节 微通道催化反应器

微通道催化反应器一般包括微结构主体和入口及出口部件，微结构主体由外壳或上下盖板、支撑体和微通道元件组成，微通道元件包括腔室和通道等微结构。为了增加微通道催化反应器的处理量，可以通过数个微通道元件的叠加或在同一平板上的平行排列来达到目的。微通道催化反应器不是简单地仅仅集成微催化单元，还集成了微通道混合器和微通道换热器来构成一个完整的系统，甚至需要进一步集成温度传感器来测试并控制反应温度。包含以上单元的典型例子是由杜邦、巴斯夫等公司开发的用于 Andrussov 过程合成 HCN 的微系统，该系统同时包含了微通道混合器、换热器、催化剂结构层和传感器[35]。Ehrfeld 等人已对微通道混合器和微通道换热器的类型、结构及应用进行了详细总结[36]，这里不再赘述。本节仅对微通道催化反应器的结构类型以及催化活性组分的负载方式进行介绍。需要指出的是，由于本节所介绍的几种微通道催化反应器并无明确定义，为方便读者理解，将以各种反应器实际应用举例的方式对其结构及特点进行介绍说明。

一、微通道催化反应器的结构类型

1. 平板式

对于平板式的微通道催化反应器，以用于生产维生素中间体的集静态混合、热交换、反应通道和延时板于一体的微反应器为例进行介绍。该微反应器系统由 5 层不锈钢平板组成，分别是两层进料板、一层反应延时板、一层微混合板以及一层顶盖板。在两层进料板之间插入了 4 片加工有微接触区和微换热通道的不锈钢微结构片，每个微结构片各含有 8 个微反应通道、8 个微冷却通道，该微系统的第三层板为反应延时板，通过它可以将反应时间调整和控制在 1 ~ 10 s 之间。第四层为分叉型微混合器，用于实现反应物与水的混合，以达到终止反应的目的。虽然这步反应也是一个强放热反应，但由于此时反应温度对反应的影响很小，因此，在这一层板中仅设有微混合器，并没有换热装置。其中，反应物料分别由两个进料板，即从不锈钢微结构片两侧进料。两相在刚进入时是不相互接触的，进料段长度为几个微米，宽度为 60 μm。之后随着与入口距离的增加，进料槽的深度逐渐增加，最后形成一个舌形结构，两相通过这样的微结构进行相接触。两相接触后，进入到宽 60 μm、深 900 μm 的微反应通道内。在微反应通道的背面加工有微冷却通道，且这两种微结构通道相互交错重叠。微通道的纵横比例为 15，可以提供很大的传热面积，且由于在微结构内流体层厚度很薄，因此极大地提高了反应器的传热性能。经过冷却区后，这些单股的流动在一个分叉结构中又重新汇合。

2. 堆叠式

乙烯环氧化制环氧乙烷是强放热反应，在等温条件下进行该反应能够避免局部高温的产生，对形成环氧乙烷十分有利。为达到有效控制温度的目的，研究者制造了一个包括微混合和催化反应的微系统 [37]。该系统包括一个含有许多小腔室的中心壳体，这些小腔室用于堆叠很多混合薄片和催化剂薄片。反应物乙烯和氧气通过焊在壳体背面的进料管进入扩散室，然后通过接在扩散室后面的多通道进入堆叠的催化薄片层。由于选择的材料（如不锈钢合金、银和镍）和密封技术（如石墨箔片机械压合）都比较合适，该微反应器可以耐受 360 ℃的高温和 2.5 MPa 的压力。其中催化剂区在扩散室的后面，由含平行直通道的银薄片堆叠而成。另外，德国微技术研究所还开发了一种适于高通量及大规模制造的微混合器，也能很好地说明堆叠式结构的特点。这种微混合器的设计基于一些带星形开孔平板的多层堆叠 [38]，堆叠层包裹在一个套筒结构中，通过套筒顶部施压实现平板的紧密堆叠。

3. 框架式

德国微技术研究所与 Hönicke 和 Zech 等人 [39] 合作开发了一种用于平行分析多相催化剂活性的框架式微通道催化反应器（图 2-19）。反应器框架主要由 35 层不锈钢微结构板构成，在其中可以自由插入含催化剂活性组分的微结构平板，这些平板的结构既可以是利用湿法化学蚀刻得到的微通道阵列结构，也可以是微加工技术制备的小尺寸单通道结构。所选择的平板材料为铝，因为铝材料的表面积可以通过阳极氧化法得到提高，而且氧化层可以利用化学方法进行改性，当然有时也采用薄膜技术或其它沉积技术。反应器的外框架采用表面抛光的高质量材料加工而成以保证高气密性。用于负载催化剂的微结构平板材料则很便宜，可一次性使用。通过充分考虑材料和密封性能，所制备的微通道催化反应器的最高操作温度可以达到 400 ～ 500 ℃。

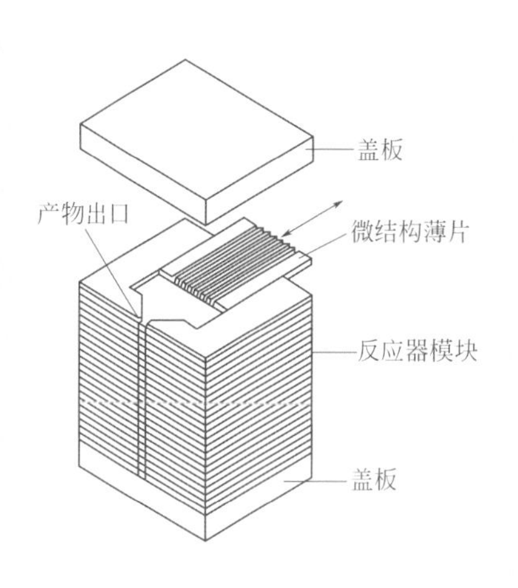

图 2-19 框架式微通道催化反应器模块结构示意图

4. 圆盘式

德国研究者开发了用于甲醇重整的圆盘式微通道催化反应器，该反应器包括圆盘式顶板、底板，其中间有若干块微结构平板[40]。反应区域由 4 块微结构板叠加而成，每块板各含有 80 个微通道，微通道以铝制成，其截面积为 100 μm × 100 μm，长度为 64 mm，通道间由 50 μm 宽的肋片隔开，反应物在其中的停留时间为 0.25 s。反应系统采用电加热方式来提供热量。此外，实验装置还包括蒸发器，用来将液态甲醇气化。反应所采用的催化剂是烧结纳米颗粒，催化剂活性组分为 Pd 和 Cu，ZnO 为助催化剂。

二、催化活性组分负载方式

根据催化活性组分负载方式的不同，可分为微通道填充和微通道壁面构筑两种方式。填充型微通道催化反应器类似于固定床反应器，可将颗粒催化剂直接填充在微通道内。该类反应器具有成本低、易加工以及容易实现催化剂更换等优点；但与壁面构筑型反应器相比，具有压降大、导热性能相对较差等问题。至于微通道壁面构筑，目前较多采用的是壁面涂覆法，即首先在微通道壁面沉积 γ-Al_2O_3 等分散载体，然后负载催化活性组分及助剂。还可以采用其它方式（如电化学沉积、溶胶 - 凝胶法、气相沉积、氧化处理等）在微通道壁面直接构筑催化剂壳层。涂覆法适用于大多数催化活性组分的负载，但是存在涂层剥落、制备复杂且通道易堵塞等问题。壁面构筑法的适用范围较窄，有些方法（如化学气相沉积）成本较高，但是具有催化剂壳层附着力强、不易开裂、制备简单等优点。与颗粒填充型相比，壁面构筑型反应器具有床层压力降低、浓度梯度小、比表面积高、启动时间短及低热容、低热膨胀等优点[41]。人们对微通道催化反应器在费 - 托合成中的应用进行了大量研究，结果显示微通道催化反应器在高空速下可获得较高的活性和较低的 CH_4 选择性，其产率比传统固定床反应器高出十几倍，并能保证不产生“飞温”现象，减缓了催化剂失活[42,43]。

第四节 有序排列结构催化剂与反应器

相对于反应流体在独居石催化反应器通道间的无传质，有序排列结构催化反应器在通道间具有相对较快的质量传递。这类结构反应器有以下几类：催化剂颗粒在有序排列结构基体特定空隙内进行有序排列，主要包括平行通道催化反应器、横向流催化反应器；有序排列结构基体沉积有独居石催化剂一样的催化活性组分，也可以形成有序排列结构催化反应器；如有序排列结构基体无催化活性组分沉积或催化剂颗粒排列，则非常类似于蒸馏和吸收塔和 / 或静态混合器中使用的结构填料。沉积催化活性组分的有序排列结构催化反应器代表了“真正的”结构催化剂与反应器，而平行通道等催化反应器则是常规催化剂颗粒在反应器空间的“结构化”排列。平行通道催化反应器和横向流催化反应器的性能取决于若干因素，其中最重要的是传质和流动的均一性。平行通道催化反应器在20世纪60年代后期被申请专利，然后在70年代初首先用于Shell炉气脱硫过程；横向流催化反应器是平行通道催化反应器的结构改进，在90年代首先用于燃气锅炉尾气脱硝。

一、颗粒排列式催化反应器（particles-arranged catalytic reactors）

1. 平行通道催化反应器（parallel-passage catalytic reactors，PPCR）

PPCR将传统催化剂颗粒包裹在两块平板状平行丝网之间，并形成许多规则排列的催化剂层，催化剂层之间留有供反应流体流过的通道，通道尺寸一般为4～15 mm，其中反应物分子通过扩散从流动相进入催化剂层，产物通过反扩散从催化剂层进入流动相[图2-20（a）]。原理上，PPCR能够组装成不同的几何形状，如

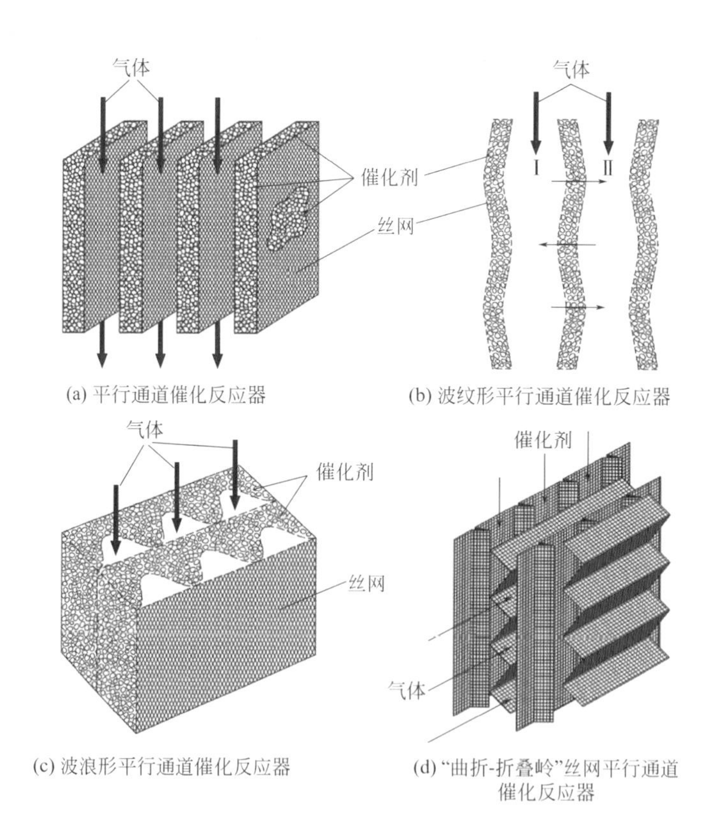

图2-20　催化反应器示意图

使用波纹丝网或波浪丝网装填催化剂颗粒，此时的气体通道是波纹形或波浪形通道［图 2-20（b）、（c）］，增加了流体与催化剂边缘的接触面积。此外，还可以做成更加复杂的形式［图 2-20（d）］，即由曲折丝网和折叠岭丝网装填催化剂颗粒。它除了具有 PPCR 的特点之外，还可以从上方填入催化剂颗粒，让反应流体从侧方通过，进行类似于常规移动床式的操作。

PPCR 属于固定床反应器，由于气体流过的 PPCR 直通道宽度要比常规催化剂颗粒的曲折间隙通道宽阔得多，因此 PPCR 一般具有低压力降，对燃烧气体和其它烟道气（具有前压低、体积大的特点）的末端管道净化尤为适合。PPCR 的直通道还可以防止气体中的烟尘结垢，因此 PPCR 能被用于处理含尘气体。此外，PPCR 能够使用常规固定床反应器使用的颗粒催化剂，因此无需生产专用催化剂的工厂。PPCR 的另一优点是，可以很好地承受热剪应力（在启动或停车期间快速升温或降温时很容易发生），避免了像独居石催化剂一样的碎裂或涂层脱落。

2. 横向流催化反应器（lateral-flow catalytic reactors，LFCR）

LFCR 也是将传统催化剂颗粒包裹在两块平板状平行丝网之间，并形成许多规则排列的催化剂层，催化剂层之间留有反应流体流过的通道，催化剂层厚度一般为 15 ～ 75 mm；但是与 PPCR 不同的是，LFCR 每条通道的一端是封闭的，因此流体流动方向不像 PPCR 那样沿着通道流过，而是被强制通过催化剂层［图 1-5（b）］。

LFCR 也属于固定床反应器，具有很低的床层高度对床层直径比（即方向比），被认为是一个“煎饼”反应器。LFCR 床层薄且有非常大的横截面，因此其压力降远小于常规固定床反应器。当气体中含有烟尘时，LFCR 虽然比 PPCR 容易结垢（与常规固定床类似，烟尘沉积在催化剂表面或颗粒空隙中，导致床层阻塞）；但是，由于 LFCR 催化剂层有大的横截面，阻塞时间远大于传统固定床反应器；此外，可以在 LFCR 中连续或周期取出含烟尘的催化剂层，除去被捕集的烟尘后，催化剂可以循环使用。同 PPCR 一样，LFCR 能够直接使用常规固定床反应器使用的颗粒催化剂，无需生产专用催化剂的工厂，还可以很好地承受热剪应力。

也有尝试将 2 mm 催化剂细颗粒置于波纹封闭错流结构（closed cross-flow structure，CCFS）通道内用以强化热 / 质传递［图 2-21（a）、（b）］。由于流体的快速径向对流，CCFS 中的内部传热阻力可以忽略不计，这种结构催化剂利用了结构化流动路径的优点，例如大的总传热系数（overall heat transfer coefficients，U_{ov}）等，这由透明虚拟二维装置［图 2-21（c）］中的所跟踪的液体流动路径可证明。此外，这种结构催化剂的床层压力降大大降低［图 2-21（d）］。以热 / 质传递受限的费 - 托合成为例，与基准反应器相比时空收率提高了 25%，按催化剂计的时空收率提高 60% 以上[25]。

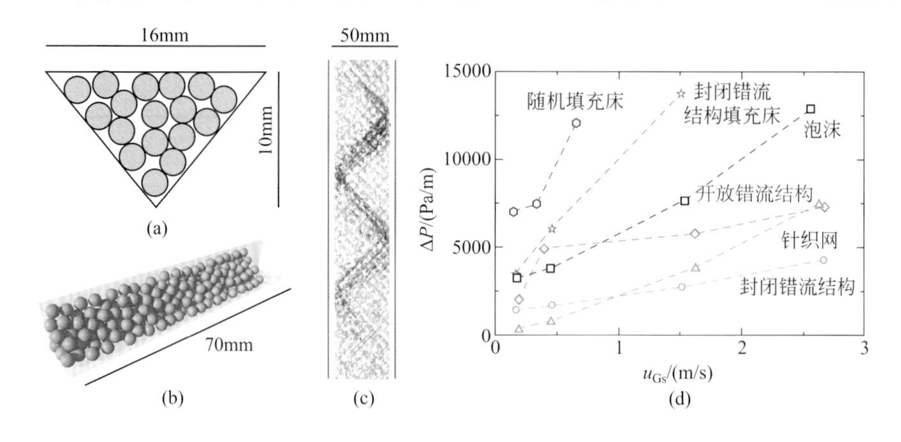

图 2-21 催化剂细颗粒置于波纹三角通道横截面示意图（a）、波纹三角通道内催化剂细颗粒堆积示意图（空隙率 50%）（b）、虚拟二维装置中多相并流操作的液体流动路径（宽 50 mm，高 800 mm，液体流动路径用蓝色描绘）（c）和各种催化剂床层压力降同气体流速关系图（d）[25]

二、活性组分沉积式催化反应器（deposited catalytic reactors）

本章第一节“三、有序排列结构基体”已经详细介绍了有序排列结构基体的基本类型及结构，主要包括金属片或丝网有序排列组装而成的结构基体，例如常见的波纹金属片有序组装基体和波纹丝网有序组装基体。然后在基体表面沉积催化活性组分，沉积方法可借鉴独居石催化剂和微通道催化反应器沉积催化活性组分的方法。沉积催化活性组分的有序排列结构催化反应器代表了“真正的”结构催化剂与反应器，而平行通道等催化反应器则是常规催化剂颗粒在反应器空间的“结构化”排列。

三、烛式催化反应器（candle catalytic reactors）

烛式催化反应器主要用于催化过滤装置，该装置同时具有过滤和催化功能，属于多功能反应器的一种[44]。图 2-22（a）示意了“催化 - 过滤”协同作用过程：一方面去除烟道气（来自废物焚化炉、加压煤流化床燃烧器、柴油发动机、锅炉、生物质气化器等）中的烟尘颗粒，同时可将过滤后的气体通过催化净化以去除氮氧化物、VOCs、焦油和炭质颗粒等。大多数过滤器采用蜡烛式结构［简称烛式结构，图 2-22（b）］，将长度为 1 ～ 2 m 的耐高温催化棒（基体常用材质为 SiC）装入高温袋式除尘器（baghouse），其外观示于图 2-22（c）。烟尘颗粒的过滤发生在烛式高温棒的外表面，并逐渐形成一层尘饼，当压力降高于限定值时，需要采用喷射脉冲技术去除尘饼。喷射脉冲技术可通过空气强脉冲从外部进行清洗，或将惰性气体充入高温棒内部进行脉冲从而引起尘饼的分离。很明显，烛式催化反应器主要适用

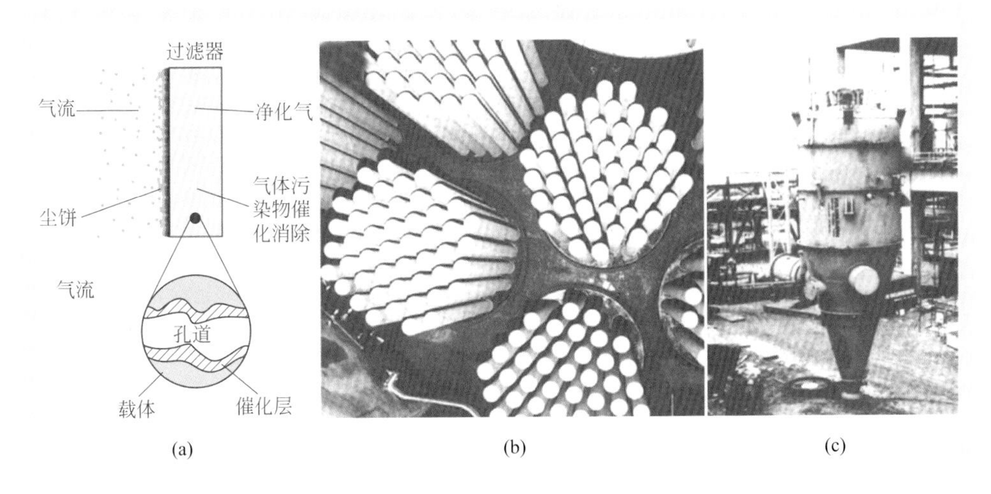

图 2-22 “催化 - 过滤”协同作用过程图（a）、烛式催化反应器内部结构照片（b）和高温袋式除尘器外观照片（c）[44]

于含尘量高、气量大的烟道气的处理。

第五节 膜催化反应器

当反应器通道壁具有多孔性或渗透性时，通道间可进行流体交换，被称为膜催化反应器（图 2-23）[1]。催化活性组分沉积于通道壁上或存在于通道壁内，其径向传质主要通过可渗透壁的孔扩散进行。当反应混合物强制穿过壁流动时，流速和通量可以大大提高。膜反应器的最关键问题是其通量值。在过去几十年中，膜技术已经有了许多应用，从脱盐开始，包括在生物、环境和天然气开发加工等领域。这些应用的范围取决于具有可接受的渗透率、渗透选择性和稳定性膜的可

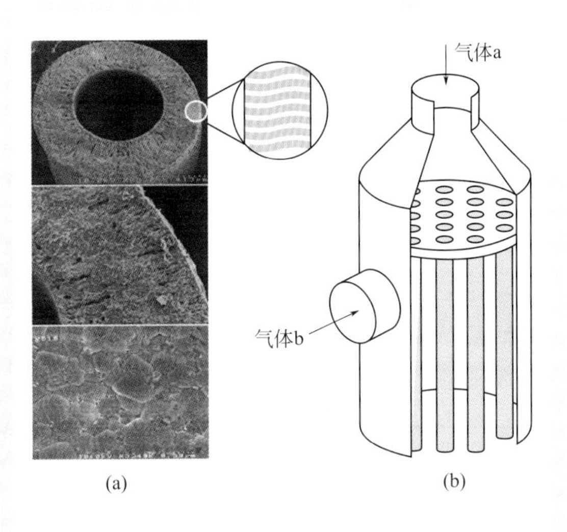

图 2-23 $SrCe_{0.95}Yb_{0.05}O_{2.975}$ 中空纤维膜扫描电镜图（a）[45] 和管式膜催化反应器（b）[1]

利用性。含膜反应器的基本部分是在一个设备中组合了两种功能：分离和反应。因此，膜反应器是一个多功能单元。因为叠加的热力学限制，许多可逆反应不能够达到高转化率。通过通道壁从反应混合物中连续移去至少一种产物，从而显著增加超过平衡转化率的产物收率。许多过程的选择性是由催化剂表面的传输条件确定的。因此，反应与膜分离的组合能够使反应收率增加，改进过程的选择性。

自100年前发现氢气通过钯的渗透现象以来，又发现了更多的无孔技术和合金能够渗透氢气和氧气。钯膜对氢气非常高的渗透选择性有利于中性膜在耦合加氢/脱氢过程中的使用。银膜对氧气是可渗透的。金属膜在苏联（Gryaznov及其同事们是致密膜反应器领域的世界先驱）、美国和日本已经进行广泛研究。但是，除了苏联外，它们没有被广泛地用于工业（虽然在精细化学过程中的应用已经有报道）。这是因为，与微孔金属或陶瓷膜相比，它们的渗透率低且容易被堵塞。

现在市场上有各种无机膜可利用，这些膜由不同的无机材料制成，能够耐受宽的pH值和温度变化。耐热玻璃、氧化铝和氧化锆已被广泛研究。由于孔径较大（从4 nm到5 μm），这些膜的特征是有远比致密膜高得多的质量通量；但是，膜的渗透选择性较低，通过在膜上添加无定形硅胶或沸石做的薄层可以改进其渗透选择性。目前，合成具有分子尺寸孔道的膜（例如小于1 nm，沸石膜、MOF膜，图2-24）也已经取得重要进展[46~49]。为保持这样的膜有合理的渗透率，膜厚度一般应该低于10 μm。这样的膜应该是没有缺陷的、弹性的及化学与热稳定的，就工业膜而言这还没有达到。膜渗透选择性的改进已经取得显著进展，但是，机械稳定性问题还有待解决。与载体的强相互作用可能危害较薄的膜的使用。密封和膜束建立的进展仍然不令人满意。但是，膜催化反应器潜力巨大，许多研究组对此加大

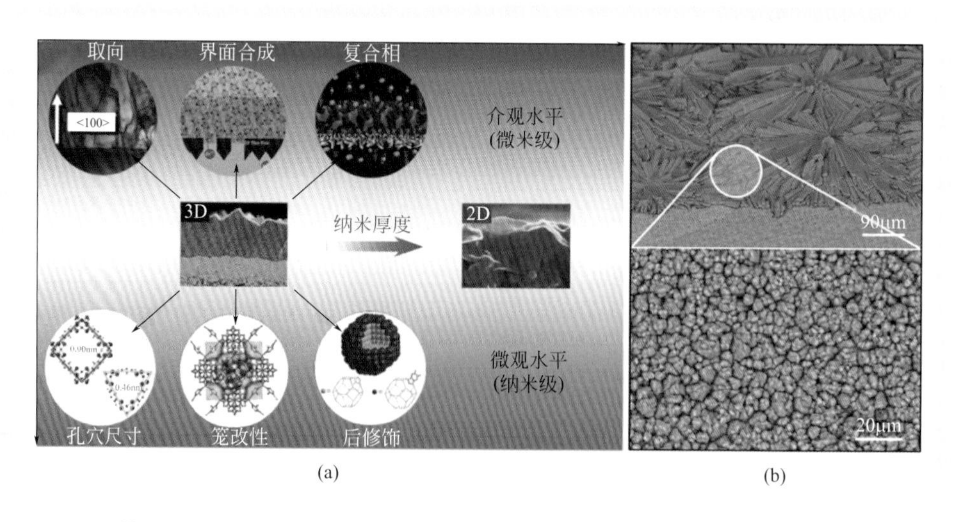

图2-24 MOF膜的“微观－介观”微结构工程示意图（a）[47]和$AlPO_4$-11致密分子筛膜扫描电镜图（b）[49]

了研发力度。最近，孙予罕研究组采用电泳沉积法在多孔不锈钢中空纤维（porous stainless steel hollow fibers，PSSHF）上实现了超薄、无缺陷、坚固的氧化石墨烯（graphene oxide，GO）膜的快速沉积［图 2-25（a）］[50]。所得 GO@PSSHF 复合膜可将 C_2（乙烷、乙烯）和 C_3（丙烷、丙烯）进行精确分离［图 2-25（b）］。另外，由于 GO/ 支撑和 GO/GO 界面处的强相互作用，GO@PSSHF 复合膜具有良好的机械强度。

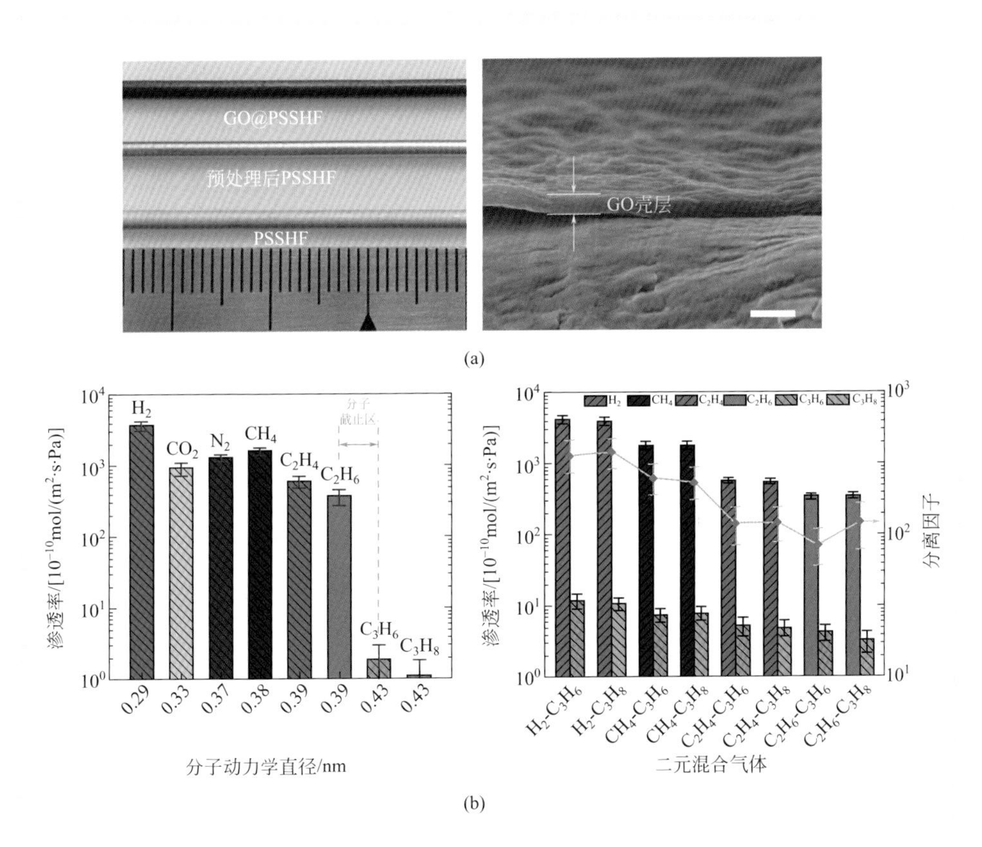

图 2-25　GO@PSSHF 光学照片及扫描电镜图（a）和 GO@PSSHF 对各种气体及其二元混合气体的分离性能（b）[50]

参考文献

[1] Cybulski A, Moulijn J A. Structured catalysts and reactors[M]. Boca Raton：Taylor & Francis Group, 2006.

[2] 赵国锋，张智强，朱坚，等. 结构催化剂与反应器：新结构、新策略和新进展 [J]. 化工进展，2018, 38 (4): 1287-1304.

[3] 国家自然科学基金委员会，中国科学院．化工过程强化 [M]. 北京：科学出版社，2018.
[4] Cybulski A. Catalytic wet air oxidation: are monolithic catalysts and reactors feasible[J]. Ind Eng Chem Res, 2007, 46 (12): 4007-4033.
[5] 龙军，邵潜，贺振富，等．规整结构催化剂及反应器研究进展 [J]. 化工进展，2004, 23 (z1): 925-932.
[6] Nijhuis T A, Beers A E, Vergunst T, et al. Preparation of monolithic catalysts[J]. Catal Rev, 2001, 43 (4): 345-380.
[7] Lachman I M, Lewis R M. Anisotropic cordierite monolith: US 3885977. 1975.
[8] Bagley R. Extrusion method for forming thin walled honeycomb structures: US 3790654. 1974.
[9] 邵潜，龙军，贺振富．规整结构催化剂及反应器 [M]. 北京：化学工业出版社，2005.
[10] 张立同，成来飞，徐永东．新型碳化硅陶瓷基复合材料的研究进展 [J]. 航空制造技术，2003, 1: 24-32.
[11] 敬松．泡沫碳化硅 [J]. 化工新型材料，1993, 1: 38-40.
[12] 陈能展．用于甲烷催化燃烧金属基结构化催化剂制备及性能研究 [D]. 北京：北京化工大学，2005.
[13] 贾同国，王银山，张玉龙．车用三元催化转换器的研究进展及发展趋势 [J]. 长春工程学院学报，2011, 3 (3): 136-140.
[14] Badini C, Laurella F. Oxidation of FeCrAl alloy: influence of temperature and atmosphere on scale growth rate and mechanism[J]. Surf Coat Technol, 2001, 135 (2): 291-298.
[15] Jung H, Yoon W. L, Lee H, et al. Fast start-up reactor for partial oxidation of methane with electrically-heated metallic monolith catalyst[J]. J Power Sources, 2003, 124 (1): 76-80.
[16] Sang L, Sun B, Tan H, et al. Catalytic reforming of methane with CO_2 over metal foam based monolithic catalysts[J]. Int J Hydrogen Energy, 2012, 37 (17): 13037-13043.
[17] [德] 埃尔费尔德 W, 黑塞尔 V, 勒韦 H. 微反应器——现代化学中的新技术 [M]. 骆广生，王玉军，吕阳成，译．北京：化学工业出版社，2014.
[18] Losey M W, Schmidt M A, Jensen K F. Microfabricated multiphase packed-bed reactors: characterization of mass transfer and reactions[J]. Ind Eng Chem Res, 2001, 40 (12): 2555-2562.
[19] Janicke M T, Kestenbaum H, Hagendorf U, et al. The controlled oxidation of hydrogen from an explosive mixture of gases using a microstructured reactor/heat exchanger and Pt/Al_2O_3 catalyst[J]. J Catal, 2000, 191 (2): 282-293.
[20] Veser G, Friedrich G, Freygang M, et al. A modular microreactor design for high-temperature catalytic oxidation reactions[C]//Ehrfeld W. In proceedings of the 3rd international conference on microreaction technology. Berlin: Springer-Verlag, 2000: 674-686.
[21] Ehrfeld W, Hessel V, Löwe H. Extending the knowledge base in microfabrication towards chemical engineering and fluid dynamic simulation[C]//In proceedings of the 4th international

conference on microreaction technology. Atlanta, USA, 2000.
[22] [德] 埃尔费尔德 W, 黑塞尔 V, 勒韦 H. 微反应器——现代化学中的新技术 [M]. 骆广生，王玉军，吕阳成，译 . 北京：化学工业出版社，2014: 32-64.
[23] Gascon J, van Ommen J R, Moulijna J A, et al. Structuring catalyst and reactor—an inviting avenue to process intensification[J]. Catal Sci Technol, 2015, 5 (2): 807-817.
[24] 陈诵英，郑经堂，王琴 . 结构催化剂与环境治理 [M]. 北京：化学工业出版社，2016: 46-47.
[25] Vervloet D, Kapteijn F, Nijenhuis J, et al. Process intensification of tubular reactors: considerations on catalyst hold-up of structured packings[J]. Catal Today, 2013, 216 (6): 111-116.
[26] [荷] Stankiewicz A I, Moulijn J A. 化工装置的再设计——过程强化 [M]. 王广全，刘学军，陈金花，译 . 北京：国防工业出版社，2012: 115.
[27] Moulijn J A, Kreutzer M T, Nijhuis T A, et al. Monolithic catalysts and reactors: high precision with low energy consumption[M]. Advances in catalysis. Elsevier Science & Technology, 2011: 249-327.
[28] Cybulski A, Moulijn J A. Structured catalysts and reactors[M]. Boca Raton: Taylor & Francis Group, 2006: 27-30.
[29] Kalyani P, Tilman J S, J. Ruud van O, et al. Structured packings for multiphase catalytic reactors[J]. Ind Eng Chem Res, 2008, 47 (10): 3720-3751.
[30] 陈诵英，孙彦平 . 催化反应器工程 [M]. 北京：化学工业出版社，2011: 171-177.
[31] [荷] Stankiewicz A I, Moulijn J A. 化工装置的再设计——过程强化 [M]. 王广全，刘学军，陈金花，译 . 北京：国防工业出版社，2012: 95.
[32] 田立顺，刘中良，马重芳 . 规整蜂窝载体几何特性研究 [J]. 化工进展，2007, 7: 25-26.
[33] Nijhuis T A, Kreutzer M T, Romijn A C J, et al. Monolithic catalysts as efficient three-phase reactors[J]. Catal Today, 2001, 66 (2-4): 157-165.
[34] 陈诵英，孙彦平 . 催化反应器工程 [M]. 北京：化学工业出版社，2011.
[35] [德] 埃尔费尔德 W, 黑塞尔 V, 勒韦 H. 微反应器——现代化学中的新技术 [M]. 骆广生，王玉军，吕阳成，译 . 北京：化学工业出版社，2014: 36-97.
[36] Hessel V, Ehrfeld W, Golbig K, et al. High temperature HCN generation in an integrated microreaction system[C]//Ehrfeld W. In proceedings of the 3rd international conference on microreaction technology. Berlin: Springer-Verlag, 2000: 151-164.
[37] [德] 埃尔费尔德 W, 黑塞尔 V, 勒韦 H. 微反应器——现代化学中的新技术 [M]. 骆广生，王玉军，吕阳成，译 . 北京：化学工业出版社，2014: 172-173.
[38] [德] 埃尔费尔德 W, 黑塞尔 V, 勒韦 H. 微反应器——现代化学中的新技术 [M]. 骆广生，王玉军，吕阳成，译 . 北京：化学工业出版社，2014: 68-69.
[39] Zech T, Hönicke D, Lohf A, et al. Simultaneous screening of catalysts in microchannels: methodology and experimental setup[C]//Ehrfeld W. In proceedings of the 3rd international

conference on microreaction technology. Berlin: Springer-Verlag, 2000: 260-266.

[40] Pefeifer P, Fichtner M, Schubert K, et al. Microstructured catalysts for methanol-steam reforming[C]//Ehrfeld W. In proceedings of the 3rd international conference on microreaction technology. Berlin: Springer-Verlag, 2000: 372-382.

[41] 李毅，曹军，应翔，等. 费托合成微反应器研究进展 [J]. 化工进展，2015, 34 (6): 1519-1525.

[42] Deshmukh S R, Tonkovich A L Y, Jarosch K T, et al. Scale-up of microchannel reactors for fischer-tropsch synthesis[J]. Ind Eng Chem Res, 2010, 49 (21): 10883-10888.

[43] Guillou L, Paul S, Courtois V L. Investigation of H_2 staging effects on CO conversion and product distribution for fischer-tropsch synthesis in a structured microchannel reactor[J]. Chem Eng J, 2008, 136 (1): 66-76.

[44] Cybulski A, Moulijn J A. Structured catalysts and reactors[M]. Boca Raton: Taylor & Francis Group, 2006: 553-557.

[45] Liu S, Tan X, Li K, et al. Preparation and characterisation of $SrCe_{0.95}Yb_{0.05}O_{2.975}$ hollow fibre membranes[J]. J Membrane Sci, 2001, 193 (2): 249-260.

[46] Peng Y, Li Y S, Ban Y J, et al. Metal-organic framework nanosheets as building blocks for molecular sieving membranes[J]. Science, 2014, 346 (6215): 1356-1359.

[47] Liu Y, Ban Y, Yang W. Microstructural engineering and architectural design of metal—Organic framework membranes[J]. Adv Mater, 2017, 29 (31): 1606949-1606964.

[48] Yu T W, Liu Y C, Chu W L, et al. One-step ionothermal synthesis of oriented molecular sieve corrosion-resistant coatings[J]. Micropor Mesopor Mater, 2018, 265: 70-76.

[49] Yu T, Chu W, Cai R, et al. In situ electrochemical synthesis of oriented and defect-free AEL molecular-sieve films using ionic liquids[J]. Angew Chem Int Ed, 2015, 54 (44): 13032-13035.

[50] Qi B, He X, Zeng G, et al. Strict molecular sieving over electrodeposited 2D-interspacing-narrowed graphene oxide membranes[J]. Nat Commun, 2017, 8 (1): 825.

第三章

规则空隙结构催化剂与反应器的传递现象

结构催化剂与反应器的内在特征赋予了其良好的流体力学和传递特性，使其不仅在高通量的废气催化净化中得以广泛应用，也将在强化具有强烈热效应的能源化工过程方面发挥积极作用，前景广阔。对于反应器的设计，结构催化剂与反应器能够为压力降、液体滞留量和空隙率提供额外的自由度，例如，液体滞留量和催化剂涂层的厚度不会对压力降产生显著影响。

为了获得最优的结构反应器性能，不仅需要考虑催化剂的涂层，更需要从流体力学和传递规律入手，更好地认识结构反应器的特性以及催化剂与反应器的一体化耦合优势。本章将主要介绍规则空隙结构催化剂与反应器的流体力学和传递现象。首先介绍蜂窝结构催化剂与反应器的气固热/质传递、多相质量传递、多相流体力学，然后扼要介绍有序排列结构和其它结构催化剂与反应器的流动与传递。

第一节　蜂窝结构催化剂与反应器的气固热/质传递

热量和质量传递是结构催化剂与反应器在化学反应工程方面的研究重点，涉及内容十分广泛。当蜂窝结构载体的各相内部或其之间存在浓度差、温度差时，它的内部就会发生热量和质量的传递，尤其是将它们应用于多相催化和环境催化时，各相内部及其之间的动量和能量传递比较复杂，极有必要进行深入地讨论。

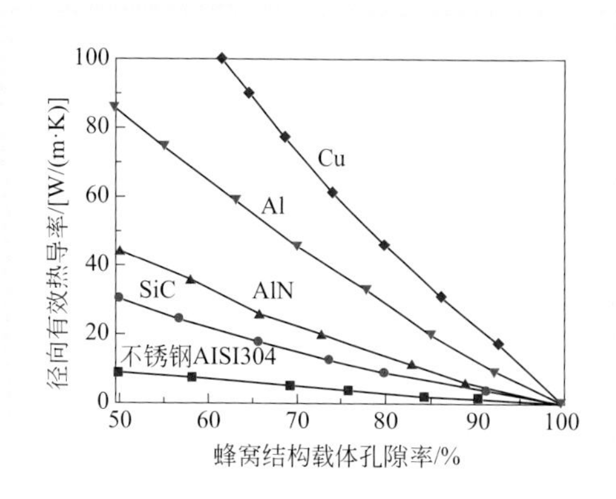

图 3-1　蜂窝结构载体的材质和孔隙率对径向有效热导率的影响[2]

一、热量传递的影响因素

化学反应伴随着吸热或放热，尤其对于强吸 / 放热过程，热量的传递是一个关键的问题。比如合成气甲烷化反应属于强放热过程，反应器内绝热温升高达约 620 ℃，这使得实际生产过程中必须考虑反应器内的热效应[1]。对于结构催化剂与反应器的传热，蜂窝结构载体内的传热速率一般要比常规填料床反应器略低一些。蜂窝结构载体的二维直通平行通道之间没有流体的径向传输，也就是通道之间没有流体的径向传热，在通道内径向热传递以对流传热的形式发生于流动气体和固体壁之间。陶瓷蜂窝结构载体的热导率较低，通常可认为是绝热的。相反，金属蜂窝结构载体有较好的导热性质，其轴向和径向热传导都相当好。图 3-1 给出了不同材质蜂窝载体的径向有效热导率与孔隙率（即空隙率）的关系，可以看出，金属 Cu、Al 的导热性能较好，AlN、SiC、不锈钢 AISI304 的导热性能较差，但都远大于常规填料床材料的热导率 [2 ～ 5 W/(m・K)]。

二、热传导和对流传热

近年来，二维均匀准连续模型已经被证明能够方便地评估蜂窝结构催化剂与反应器的传热性能，与复杂烦琐的离散模型相比，它已经大大简化了计算的难度，而使用该模型进行预测的前提是获得准确的有效轴向和径向热导率。

1. 有效轴向热导率

目前主要有两种方法计算有效轴向热导率：非均匀模型和准均匀模型。

（1）非均匀模型　Groppi 等[3] 根据蜂窝结构载体直通平行通道的形式，提出了一个简单的计算有效轴向热导率的表达式，即：

$$k_{e,a} = k_s(1-\varepsilon) \tag{3-1}$$

式中　$k_{e,a}$——有效（effective）轴向（axial）热导率，W/(m・K)；

k_s——蜂窝结构载体材料（solid）的热导率，W/(m・K)；

ε——孔隙率。

由式（3-1）可见，有效轴向热导率 $k_{e,a}$ 只与蜂窝结构载体的物理性质和几何形状有关，即蜂窝结构载体本身的导热性能越好、孔隙率越低，$k_{e,a}$ 会越大。

此外，式（3-1）还可以用来计算蜂窝结构催化剂的热传导，在考虑蜂窝结构载体本身和催化剂涂层的传热阻力后，能够得到用于计算蜂窝结构催化剂的有效轴向热导率的表达式，即：

$$k_{e,a} = \lambda k_s + \xi k_w \tag{3-2}$$

式中 $k_{e,a}$——有效（effective）轴向（axial）热导率，W/(m・K)；

λ——蜂窝结构载体占蜂窝结构催化剂的体积分数；

k_s——蜂窝结构载体材料（solid）的热导率，W/(m・K)；

ξ——催化剂涂层占蜂窝结构催化剂的体积分数；

k_w——催化剂涂层（washcoat）的热导率，W/(m・K)。

需要指出的是，由于一般情况下催化剂涂层的热导率远小于高热导率的蜂窝结构载体（k_w/k_s<0.01），催化剂涂层的轴向传热可以被忽略。由式（3-1）和式（3-2）可看出，通道的几何形状和涂层分布都不影响 $k_{e,a}$，这是建立在轴向传热不受通道和催化剂涂层影响基础之上的。因此，式（3-1）和式（3-2）仅适用于蜂窝结构载体及催化剂的横截面相同的情况。

（2）准均匀模型 在有效轴向热导率计算中，准均匀模型主要考虑了流体的阻力。一般情况下，蜂窝结构载体、催化剂涂层和流体可视为蜂窝结构催化剂中的三个平行的阻力，由此可以得到整体的有效轴向热导率的表达式，即：

$$k_{e,a} = \lambda k_s + \xi k_w + \phi k_f \tag{3-3}$$

式中 ϕ——流体占蜂窝结构催化剂的体积分数；

k_f——流体（fluid）的热导率，W/(m・K)；

$k_{e,a}$、λ、k_s、ξ、k_w 同式（3-2）。

2. 有效径向热导率

由于径向几何形状呈现多样化特点，准确计算有效径向热导率的方法尚未明确。正方形的直通平行通道是最常见、应用最广泛的形式，这里主要针对正方形通道进行介绍，其它几何形状的通道可参考相关文献[3,4]。

图 3-2 给出了蜂窝结构载体横截面的单通道示意图，由于径向方向的两边存在温度差（$T_2 > T_1$），热量穿过蜂窝壁和流体进行从高温向低温方向的传递。需要指出的是，在常用操作温度下（T < 500 ℃），辐射传热可以被忽略。单通道的有效径向热导率可以根据热阻力的串联、并联或对称模型推导，并利用经典的固体和停滞流体热传导理论进行计算。表 3-1 列出

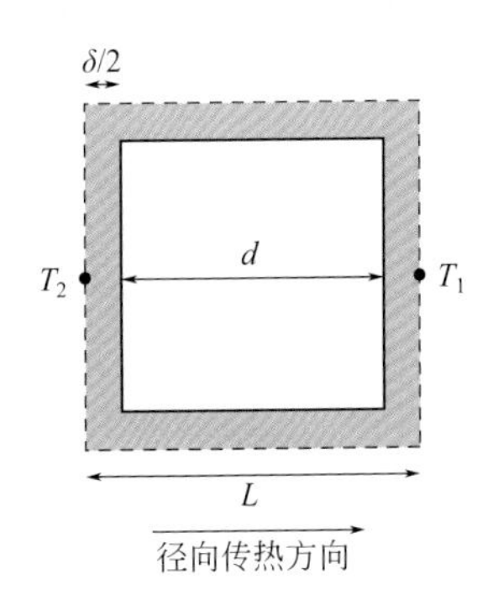

图 3-2 蜂窝结构载体横截面的单通道示意图

δ－壁厚；T－温度（$T_2 > T_1$）；
d－通道边长；L－通道边长＋壁厚

了不同的有效径向热导率的计算模型。Groppi 等[3]首先提出了串联模型，将固体相视为 4 个矩形的热阻力 R_1 和 R_2，流体相阻力为 R_3，认为有效径向热导率 $k_{e,r}$ 只与固体相材料性质 k_s 和几何形状有关，选择高热导率的材料或降低孔隙率能够增大 $k_{e,r}$。Konstandopoulos 等[5]发现 Groppi 等提出的模型不满足正方形单通道结构的对称性，提出了新的平衡串联模型，但是当孔隙率 ε 趋近于零时，该模型仍然不符合正方形单通道结构的对称性。然后 Hayes 等[6]提出了并联模型，与 Groppi 等不同的是，他们减小了阻力 R_1 而增大了 R_2。Visconti 等[7]在前人工作的基础上提出了对称模型，当孔隙率 ε 趋近于零时，该模型仍能够满足正方形单通道结构的对称性。

表3-1 蜂窝结构载体有效径向热导率的计算模型

项目	串联模型	平衡串联模型	并联模型	对称模型
提出人	Groppi 等	Konstandopoulos 等[5]	Hayes 等[6]	Visconti 等[7]
热阻力示意图	R_2 R_1 R_3 R_1 R_2	R_2 R_1 R_3 R_1 R_2	R_2 R_1 R_3 R_1 R_2	R_2 R_1 R_3 R_1 R_2
等价热阻力示意图	R_2 R_1 R_3 R_1 R_2	R_2 R_1 R_3 R_1 R_2	R_2 R_1 R_3 R_1 R_2	R_1 R_2 R_3 R_2 R_1
R_1	$\frac{1}{k_s}\times\frac{\delta/2}{L\times1}$	$\frac{1}{k_s}\times\frac{\delta/2}{(L-\delta/2)\times1}$	$\frac{1}{k_s}\times\frac{\delta/2}{d\times1}$	$\frac{1}{k_s}\times\frac{\delta/2}{(L-\delta/2)\times1}$
R_2	$\frac{1}{k_s}\times\frac{d}{\delta/2\times1}$	$\frac{1}{k_s}\times\frac{(L-\delta/2)}{\delta/2\times1}$	$\frac{1}{k_s}\times\frac{L}{\delta/2\times1}$	$\frac{1}{k_s}\times\frac{(L-\delta/2)}{\delta/2\times1}$
R_3	$\frac{1}{k_f}\times\frac{d}{d\times1}$	$\frac{1}{k_f}\times\frac{d}{d\times1}$	$\frac{1}{k_f}\times\frac{d}{d\times1}$	$\frac{1}{k_f}\times\frac{d}{d\times1}$
$R_c(R_3\to\infty)$	$2R_1+\frac{R_2}{2}$	$2R_1+\frac{R_2}{2}$	$\frac{2R_1R_2}{4R_1+R_2}$	$\frac{R_1+R_2}{2}$
$k_{e,r}/k_s$ $(R_3\to\infty)$	$\frac{1-\sqrt{\varepsilon}}{1+\varepsilon-\sqrt{\varepsilon}}$	$\frac{1-\varepsilon}{2.5\varepsilon-3\sqrt{\varepsilon}+2.5}$	$1-\sqrt{\varepsilon}$	$\frac{1-\varepsilon}{1+\varepsilon}$
R_c	$2R_1+\left(\frac{2}{R_2}+\frac{1}{R_3}\right)^{-1}$	$2R_1+\left(\frac{2}{R_2}+\frac{1}{R_3}\right)^{-1}$	$\left(\frac{2}{R_2}+\frac{1}{2R_1+R_3}\right)^{-1}$	$R_{12}\left[1+R_{12}\left(\frac{R_2R_{13}}{R_2+R_{13}}+\frac{R_2R_{13}}{R_1+R_{23}}\right)^{-1}\right]^{-1}$
R_{ij}	—	—	—	$\frac{R_iR_j+R_jR_k+R_iR_k}{R_k}$

续表

项目	串联模型	平衡串联模型	并联模型	对称模型
$k_{e,r}/k_s$	$\left(1-\sqrt{\varepsilon}+\dfrac{\sqrt{\varepsilon}}{1-\sqrt{\varepsilon}+\sqrt{\varepsilon}k_f/k_s}\right)^{-1}$	无	$1-\sqrt{\varepsilon}+\dfrac{\sqrt{\varepsilon}}{1-\sqrt{\varepsilon}+\sqrt{\varepsilon}k_f/k_s}$	$\dfrac{\dfrac{k_f^2}{k_s^2}\dfrac{(1-\varepsilon)}{(1+\varepsilon)}+\dfrac{k_f}{k_s}\dfrac{(3\varepsilon^2+2\varepsilon+3)}{(1+\varepsilon)^2}+2\dfrac{1-\varepsilon}{1+\varepsilon}}{\dfrac{k_f^2}{k_s^2}\left(\dfrac{1-\varepsilon}{1+\varepsilon}\right)^2+3\dfrac{k_f}{k_s}\dfrac{(1-\varepsilon)}{(1+\varepsilon)}+2}$
渐近阻力示意图（$\varepsilon\to0$）	R_1 R_1	R_2 R_1 R_1 R_2	R_2 R_2	R_1 R_2 R_2 R_1

注：R—热阻力；δ—蜂窝结构载体横截面的壁厚；d—横截面的单通道边长；L—通道边长＋壁厚；k_s—蜂窝结构载体材料（solid）的热导率；k_f—流体（fluid）的热导率；$k_{e,r}$—有效（effective）径向（radial）热导率；ε—孔隙率。

图 3-3 示出了表 3-1 中四种模型预测值和 Fluent 软件计算[7]的 $k_{e,r}/k_s$ 随孔隙率 ε 的变化。由图可见，对称模型的预测值与 Fluent 的计算值最为接近，其平均误差低于 5%，串联和并联模型分别存在较大的正偏差和负偏差，而平衡串联模型在较低孔隙率时，甚至完全偏离计算值，这主要是因为该模型在孔隙率 ε 趋近于零时不符合正方形通道。

当仅考虑蜂窝结构载体本身的径向传热时，即不考虑催化剂涂层时，采用上述的对称模型计算有效径向热导率 $k_{e,r}$ 的公式如下[7]：

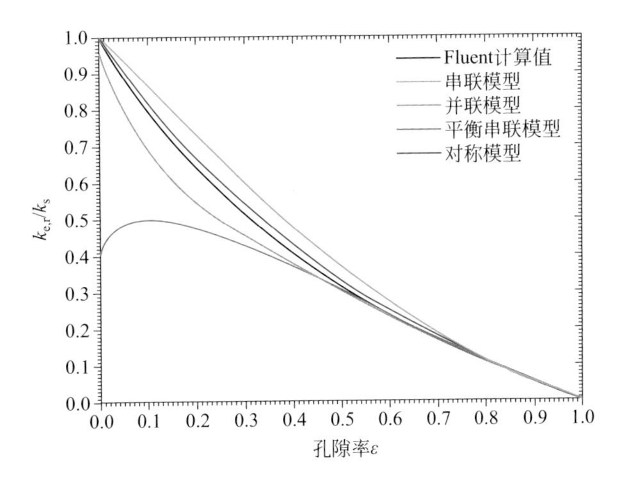

图 3–3　不同模型预测值和 Fluent 软件计算的 $k_{e,r}/k_s$ 随孔隙率 ε 的变化

假设流体的热导率k_f为0 W/(m・K)；$k_{e,r}$为有效径向热导率；k_s为蜂窝结构载体材料的热导率

$$k_{e,r}=\frac{\frac{k_f^2}{k_s^2}\times\frac{1-\varepsilon}{1+\varepsilon}+\frac{k_f}{k_s}\times\frac{3\varepsilon^2+2\varepsilon+3}{(1+\varepsilon)^2}+2\frac{1-\varepsilon}{1+\varepsilon}}{\frac{k_f^2}{k_s^2}\times\left(\frac{1-\varepsilon}{1+\varepsilon}\right)^2+3\frac{k_f}{k_s}\times\frac{1-\varepsilon}{1+\varepsilon}+2} \tag{3-4}$$

式中　$k_{e,r}$——有效（effective）径向（radial）热导率，W/(m・K)；

k_s——蜂窝结构载体材料（solid）的热导率，W/(m・K)；

ε——蜂窝结构载体材料的孔隙率。

当考虑催化剂涂层的径向导热时，采用上述的对称模型计算有效径向热导率 $k_{e,r}$ 的公式如下[7]：

$$k_{e,r}=k_s\frac{\frac{k^2}{k_s^2}\times\frac{1-(\phi+\xi)}{1+(\phi+\xi)}+\frac{k}{k_s}\times\frac{3(\phi+\xi)^2+2(\phi+\xi)+3}{[1+(\phi+\xi)]^2}+2\frac{1-(\phi+\xi)}{1+(\phi+\xi)}}{\frac{k^2}{k_s^2}\times\left[\frac{1-(\phi+\xi)}{1+(\phi+\xi)}\right]^2+3\frac{k}{k_s}\times\frac{1-(\phi+\xi)}{1+(\phi+\xi)}+2} \tag{3-5}$$

其中 k 为

$$k=k_w\frac{\frac{k_f^2}{k_w^2}\times\frac{1-\phi}{1+\phi}+\frac{k_f}{k_w}\times\frac{3\phi^2+2\phi+3}{(1+\phi)^2}+2\frac{1-\phi}{1+\phi}}{\frac{k_f^2}{k_w^2}\times\left(\frac{1-\phi}{1+\phi}\right)^2+3\frac{k_f}{k_w}\times\frac{1-\phi}{1+\phi}+2} \tag{3-6}$$

式中　$k_{e,r}$——有效（effective）径向（radial）热导率，W/(m・K)；

k_s——蜂窝结构载体材料（solid）的热导率，W/(m・K)；

k_f——流体（fluid）的热导率，W/(m・K)；

ξ——催化剂涂层占蜂窝结构催化剂的体积分数；

ϕ——流体占蜂窝结构催化剂的体积分数。

需要指出的是，对于具有催化剂涂层的蜂窝结构催化剂，有效径向热导率的计算与轴向类似，由于一般情况下催化剂涂层的热导率远小于高热导率的蜂窝结构载体（$k_w/k_s < 0.01$），催化剂涂层本身的轴向传热可以被忽略，因此可以直接采用式（3-4）计算蜂窝结构载体和蜂窝结构催化剂的有效径向热导率。

3. 对流传热

对流传热是指蜂窝结构的催化剂涂层与流动气体之间的对流传热过程。通过实验观察与理论分析，流动气体的性质、流动状态、引起气体流动的原因以及蜂窝结构载体通道的形状、尺寸等都会影响对流传热系数 α。通常采用因子分析法评估对流传热系数的不同影响因素，可以得出对流传热系数 α 与努赛尔（Nusselt）数的关联式，即：

$$\frac{\alpha d}{k_g}=Nu \tag{3-7}$$

式中　α——对流传热系数，W/(m·K)；

d——蜂窝结构催化剂单通道的内径，m；

k_g——流动气体的热导率，W/(m·K)；

Nu——努赛尔数。

由式（3-7）可得，通过努赛尔数可以方便求得对流传热系数 α，Shah 和 London 对传热过程进行了深入研究，Young 和 Finlayson 针对蜂窝结构催化剂提出了不同几何通道形状和恒定壁温的稳态对流传热方程。表 3-2 列出了不同几何通道形状的渐近努赛尔数（恒定壁温）[8,9]。

表3-2　不同几何通道形状的渐近努赛尔数

几何形状	Young 和 Finlayson[8]	Shah 和 London[9]
圆形	—	3.657
正方形	2.978	2.976
长方形，b/a=0.5	3.392	3.391
长方形，b/a=0.25	4.441	4.439
等腰三角形	2.491	2.470
正弦曲线	—	2.120

三、有效因子及通道几何构型的优选

蜂窝结构催化剂涂层内的反应速率往往低于本征反应速率，即内扩散的影响可用局部有效因子进行评价，局部有效因子定义为蜂窝结构催化剂涂层内、外表面的平均反应速率的比值：

$$\eta_L=\frac{(R_V)_I}{(R_V)_S} \tag{3-8}$$

式中　η_L——局部有效因子；

$(R_V)_I$——蜂窝结构催化剂涂层内的平均反应速率，mol/(m³·s)；

$(R_V)_S$——蜂窝结构催化剂涂层外表面的平均反应速率，mol/(m³·s)。

考虑到蜂窝结构催化剂涂层的扩散阻力，反应物在通道内呈现一定的浓度梯度分布，此时涂层外表面的反应物浓度会显著低于通道内的平均体相浓度，因此，可定义整体有效因子为蜂窝结构催化剂涂层内的平均反应速率与通道内的平均体相浓度计算的反应速率的比值：

$$\eta_G=\frac{(R_V)_I}{(R_V)_b} \tag{3-9}$$

式中　η_G——整体有效因子；

$(R_V)_l$——蜂窝结构催化剂涂层内的平均反应速率，mol/(m³·s)；

$(R_V)_b$——蜂窝结构催化剂通道内的平均体相浓度计算的反应速率，mol/(m³·s)。

对于简单的动力学模型，局部有效因子取决于无因子的局部西勒（Thiele）模数。对于一级反应动力学，西勒模数可定义为[10]：

$$\phi_L = L_C\sqrt{\frac{k_V}{D_{eff}}} \tag{3-10}$$

式中　ϕ_L——局部西勒模数；

L_C——特征长度，m；

k_V——反应速率常数，mol/(m³·s)；

D_{eff}——蜂窝结构催化剂涂层内的有效扩散系数，m²/s。

其中，特征长度是指蜂窝结构催化剂涂层的体积与流体 / 涂层界面表面积的比值。局部西勒模数和局部有效因子具有以下关系[10]：

$$\eta_L = \frac{\tanh(\phi_L)}{\phi_L} \tag{3-11}$$

对于等温的一级反应，整体有效因子和局部有效因子具有以下关系：

$$\frac{1}{\eta_G} = \frac{1}{\eta_L} + \frac{\phi_L^2}{Bi_m} \tag{3-12}$$

其中，

$$Bi_m = \frac{k_m L_C}{D_{eff}} \tag{3-13}$$

式中　Bi_m——毕渥（Biot）数；

k_m——传质扩散系数，m/s；

L_C——特征长度，m；

D_{eff}——蜂窝结构催化剂涂层内的有效扩散系数，m²/s。

毕渥数是指对流传质和扩散传质的比值。对于非恒温的非一级反应，其质量和能量守恒方程的形式较为复杂，式（3-12）的渐近方程为[10]：

$$\frac{1}{\eta_G} \approx \phi_L + \frac{\phi_L^2}{Bi_m} \tag{3-14}$$

由式（3-8）~式（3-13）可求得局部有效因子、整体有效因子和局部西勒模数，结果如图 3-4 所示。由图可见，当西勒模数较小或较大时，不同几何形状的结构载体或者不同涂层通道的有效因子十分接近，即此时有效因子不随几何形状的改变而改变；而当西勒模数在中间区域时，不同几何形状具有较大差异，可以认为此时蜂窝结构催化剂内的内扩散具有显著差别[10~12]。需要注意的是，相同西勒模数时，圆

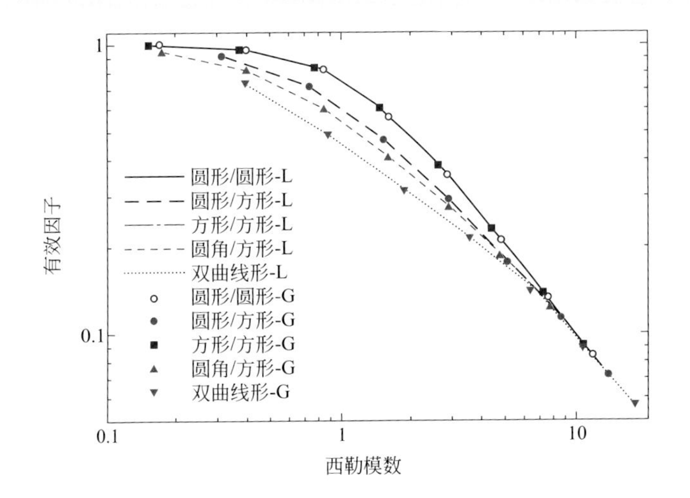

图 3-4 蜂窝结构催化剂局部（L）、整体（G）有效因子与西勒模数的关系[10]

圆形/圆形：圆形涂层在圆形通道内；圆形/方形：圆形涂层在方形通道内；方形/方形：方形涂层在方形通道内；圆角/方形：圆形倒角的方形涂层在方形通道内；双曲线形：涂层为双曲线形

形涂层在圆形通道或方形涂层在方形通道的有效因子最大。

蜂窝结构催化剂的应用还需要考虑涂层的厚度，即反应物在通道内的扩散长度。对于慢反应，蜂窝结构催化剂可选择较厚涂层以最大利用反应器体积，其固体分数可超过传统颗粒状填料最高值的约 60%，同时不会明显增加压力降；对于快反应，选用的蜂窝结构应该有较大的几何表面积和较薄的涂层厚度。因此，蜂窝结构催化剂相比传统颗粒催化剂具有更大的设计灵活性，在匹配扩散和反应速率方面拥有更大的弹性。

四、气固传质

前面通过引入有效因子探讨了蜂窝结构催化剂涂层内部的传质过程，接下来将进一步讨论气体到蜂窝结构催化剂涂层表面的质量传递，该过程的阻力主要是由催化剂涂层表面附近的气膜引起的，其传质系数采用舍伍德数（Sherwood number，Sh）表示。在计算 Sh 的关联式中，最常用的是由 Hawthorm 提出的关联式[13,14]：

$$Sh = Sh_{\infty}[1 + C \times 16P]^{0.45} \tag{3-15}$$

其中，

$$P = \frac{D_{\mathrm{h}} \cdot Re \cdot Sc}{16L} \tag{3-16}$$

式中　Sh——舍伍德数；

Sh_{∞}——浓度边界层已充分发展后的舍伍德数；

C——考虑表面粗糙度的常数，光滑表面 $C = 0.078$，粗糙表面 $C = 0.095$；

P——横向的佩克莱（Peclet）数；

D_h——蜂窝结构催化剂通道的水力学直径，m；

Re——雷诺（Reynolds）数；

Sc——施密特（Schmidt）数；

L——蜂窝结构催化剂通道的轴向长度，m。

为了更准确地计算流动气体到蜂窝结构催化剂涂层表面的传质，West 等引入了傅里叶权重系数 α_1 来修正 Sh。对于通道内完全发展的层流，West 等[15]提出了简化的关联式：

$$Sh(P) = Sh_{\infty} + 1.077(f \cdot Re)^{1/3} P^{1/3} \tag{3-17}$$

式中　$Sh(P)$——给定轴向长度的舍伍德数；

Sh_{∞}——浓度边界层已充分发展后的舍伍德数；

f——摩擦系数；

Re——雷诺（Reynolds）数；

P——横向的佩克莱（Peclet）数。

图 3-5 是式（3-17）计算的 Sh 数随 P 值（横向的 Peclet 数）的变化。由图可见，当 P 值趋近于 0 时，误差较小；当 P 值趋近于无穷大时，误差略微增大，最大的误差在图 3-5 中两条线的交点处。为了进一步减小误差，West 等[15]提出了不同 P 值范围的关联式：

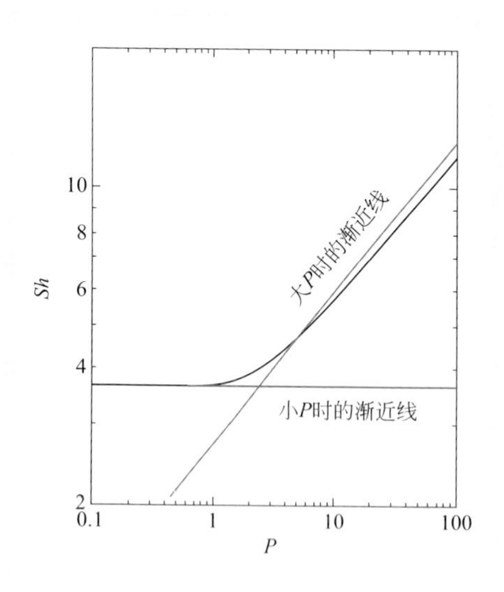

图 3-5　圆形通道中 Sh 与 P 值（横向的 Peclet 数）之间的关系

$$Sh(P) = \begin{cases} 1.077(f \cdot Re)^{1/3} P^{1/3} & 当P > \dfrac{0.8Sh_{\infty}^3}{f \cdot Re}时 \\ Sh_{\infty} & 当P \leqslant \dfrac{0.8Sh_{\infty}^3}{f \cdot Re}时 \end{cases} \tag{3-18}$$

对于常见通道形状的蜂窝结构催化剂与反应器，关联的水力学半径 R_h、浓度边界层已充分发展后的舍伍德数 Sh_{∞}、摩擦系数和雷诺数的乘积 $f \times Re$、傅里叶权重系数 α_1 列于表 3-3[15]中。

表3-3 常见通道形状的水力学半径、浓度边界层已充分发展后的舍伍德数、摩擦系数和雷诺数的乘积、傅里叶权重系数[15]

通道形状	R_h	Sh_∞	$f \cdot Re$	α_1
圆形（直径 $2a$）	a	3.66	16.00	0.8191
正方形（边长 $2a$）	a	2.98	14.23	0.8074
等边三角形（60°，60°，底边 $2a$）	$\frac{a}{\sqrt{3}}$	2.50	13.33	0.7753
矩形（$2a \times a$）	$\frac{2a}{3}$	3.39	15.54	0.7891
正弦形（宽 $2a$，高 $2a$）	$0.77a$	2.97	14.65	0.7872
六边形（$2a$）	$\frac{\sqrt{3}}{2}a$	3.34	15.05	0.8156

注：R_h—通道的水力学半径；Sh_∞—浓度边界层已充分发展后的舍伍德数；$f \cdot Re$—摩擦系数和雷诺数的乘积；α_1—傅里叶权重系数。

五、压力降

蜂窝结构催化剂的压力降代表了流体流经蜂窝结构材料的阻力大小，压力降越大，需要外界额外提供的能量就越多，能耗就越大，这是工业应用中重点关注的问题之一。蜂窝结构催化剂的压力降主要取决于蜂窝结构本身和流体的流动状态。关于压降的研究，Darcy 最早提出了著名的经验公式——Darcy 公式，但是这仅适用于不可压缩的、等温低速流动的牛顿流体，具有一定的局限性，因此人们不断对 Darcy 公式进行修正。对于蜂窝结构催化剂，代表性的压力降关联式为 Darcy-Weisbach 方程[16]：

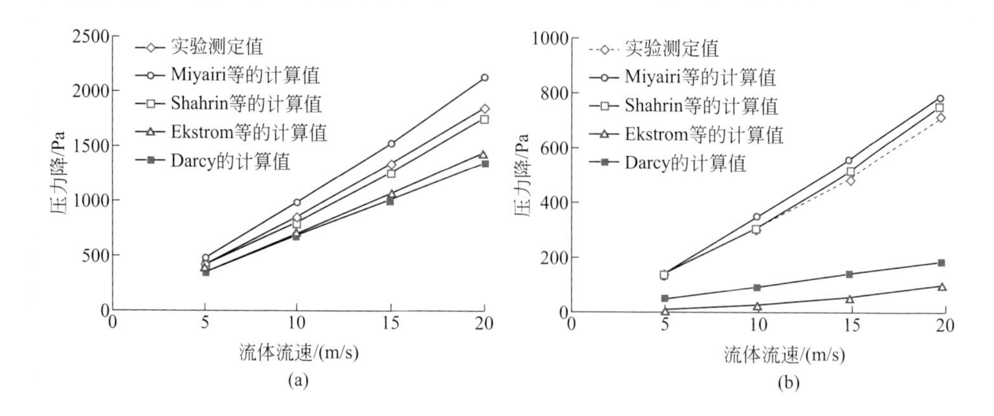

图 3-6　正方形（a）和六边形（b）通道的蜂窝结构催化剂的压力降随流体流速的变化[17]

$$\Delta P = f\frac{\rho v^2}{2} \times \frac{L}{D_h} \tag{3-19}$$

式中　ΔP——压力降，Pa;

f——摩擦系数；

ρ——流体密度，kg/m^3；

v——表观速度，m/s；

L——蜂窝结构催化剂通道的轴向长度，m；

D_h——蜂窝结构催化剂通道的水力学直径，m。

图 3-6 给出了不同压力降关联式的计算值与实验测定值的对比。由图可见，对于六边形和正方形通道的蜂窝结构催化剂，Shahrin 等的计算值与实验值最为接近[17]。需要指出的是，传统填充床中的压力降要比蜂窝结构催化剂高 2 个数量级，并且随着物料或者催化剂碎屑的沉积，填充床的压力降将进一步增加[18]。

第二节　蜂窝结构催化剂与反应器的多相质量传递

一、液固质量传递

液固质量传递是指液体与固体表面之间的传质过程，其传递速率不仅与质量传递的特性因素有关，而且与液体的动力学因素等密切相关。

传质系数包含在舍伍德数（Sherwood number，Sh）中，而 Sh 是格雷茨数（Graetz number，Gz）的函数，根据实验结果获得的关联 Sh 的方程[19]：

$$Sh = 20[1 + 0.003(Gz)^{-0.7}] \tag{3-20}$$

其中，

$$Gz = \frac{\Psi_{\text{slug}}}{Re \cdot Sc} \tag{3-21}$$

式中 Sh——舍伍德数；

Gz——格雷茨数；

Ψ_{slug}——活塞的纵横比（L/d）；

Re——雷诺（Reynolds）数；

Sc——施密特（Schmidt）数。

式（3-20）和式（3-21）仅适用于满足 $1 < \Psi_{\text{slug}} < 16$，$7 < Pr$（普朗特数，Prandtl number）$< 700$，$10 < Re < 400$ 的情况。由式（3-20）和式（3-21）可见，Sh 随着液体黏度的增加而增大，即当液体黏度增大，液固传质会得到强化。同样，当活塞的长度减小，液固传质效率也会提高。

图 3-7 为流体动力学计算（CFD）、实验测定、式（3-20）和式（3-21）得到的 Sh 和 Gz 的对比图。由图可见，这三种方法得到的结果十分一致[19]。

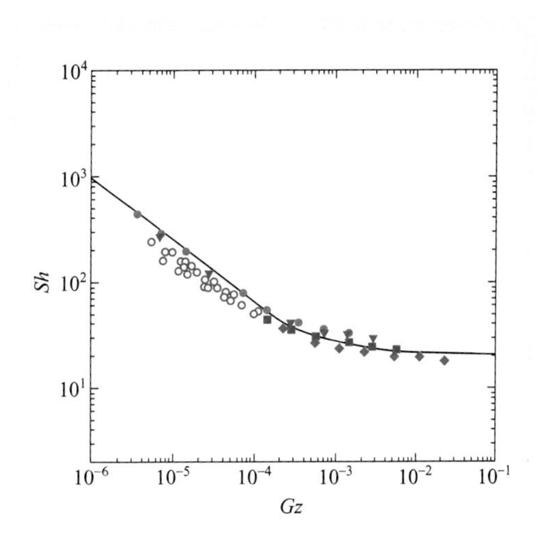

图 3-7　液固传质的 Sh 与 Gz 的关系[19]

实心数据点是由流体动力学计算（CFD）的结果；空心数据点是由Bercic等[20]实验测定的数据；实线是由式（3-20）和式（3-21）计算的结果

二、气液质量传递

气液质量传递是指气体与液体表面之间的传质过程，它需要同时考虑气相内传质和液相内传质，对于气体溶解度较低和存在气相反应组分的情况，液相内的传质过程更为重要。

计算气液传质速率的关键在于获得气液传质系数，而传质系数包含在舍伍德数（Sherwood number，Sh）中。基于实验结果得到的气液传质关联如下[21]：

当 $1 \leqslant Re \leqslant 400$ 时：

$$\frac{Sh-1}{Sc^{1/3}} = \left(1 + \frac{1}{Re \cdot Sc}\right)^{1/3} Re^{0.41} \tag{3-22}$$

当 $100 \leqslant Re \leqslant 2000$ 时：

$$Sh = 1 + 0.724 Re^{0.48} Sc^{1/3} \tag{3-23}$$

式中 Sh——舍伍德（Sherwood）数；

Sc——施密特（Schmidt）数；

Re——雷诺（Reynolds）数。

三、气固质量传递

气固质量传递是指气体与固体表面之间的传质过程。相比于上述的固液、气液质量传递，气固质量传递比较简单，气体反应物通过围绕气栓的薄膜向通道内的涂层进行扩散。通常认为气固传质符合薄膜理论，气固传质系数可关联为[22]：

$$k_{GS} = \frac{D}{\delta_f} \tag{3-24}$$

式中 k_{GS}——气固传质系数，m/s；

D——扩散系数，m^2/s；

δ_f——围绕气栓的膜厚度，m。

由式（3-24）可见，气固传质系数仅仅是扩散系数和围绕气栓的膜厚度的函数，计算气固传质系数的关键是获得围绕气栓的膜厚度，而膜厚度主要取决于液体表面张力和液体扩散速率。图 3-8 是采用不同关联式计算的膜厚度和实验测定的膜厚度

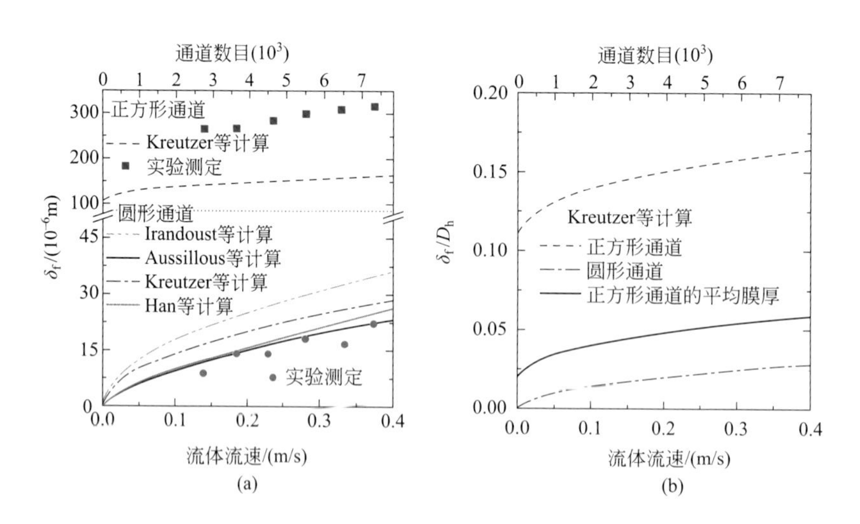

图 3-8 围绕气栓膜厚度（δ_f）的计算值和实验测定值的对比（a）和无量纲膜厚度（δ_f/D_h）的计算值（b）[19,22~25]

实验测定条件：氢气和α-甲基苯乙烯体系，蜂窝结构通道的水力学直径为1.0 mm，压力为1.0 MPa，温度为70℃

的对比。由图可见，对于圆形通道，Aussillous 等 [24] 和 Han 等 [23] 的计算值与实验测定值非常接近；对于正方形通道，Kreutzer 等 [19] 的计算值的偏差较大。需要指出的是，当流体流速增大时，膜的厚度也逐渐增加。

第三节 蜂窝结构催化剂与反应器的多相流体力学

气液固三相反应在石油化工、生物化工及环境保护等领域应用十分广泛。目前工业上使用着不同类型的气液固三相反应器，如填料床和浆态（悬浮）床反应器。对于反应器设计，它的选择决定于催化剂特性、传质 / 传热、反应器制造及使用难易程度等，但这些往往存在不可兼得、需要折中的问题 [26]。如填料床反应器成本低、易放大、催化剂无磨损，然而往往伴随着流体分布不均匀、压降大、传热差导致热 / 冷点、效率低等缺点。浆态床虽然在传递方面有利，但其催化剂分离对后续工艺要求较高。

针对上述问题，许多学者尝试从宏观尺度上斟酌催化剂的开发，将催化剂开发与反应器设计相结合进行共同研究，蜂窝结构催化剂应运而生，它的显著特征是强化传质 / 传热、低压力降、高效率、均匀流动分布，这使反应过程得到有效强化。目前蜂窝结构反应器已经在汽车尾气净化、排放控制（如电厂）、加氢等领域实现了商业应用，例如，它被成功用于蒽醌到氢醌的加氢过程（生产双氧水的关键步骤），这也是蜂窝结构反应器在气液固三相反应中的第一个工业应用 [16]。

选择气液固三相反应器的重要准则之一是选择合适的流体力学指标。除了催化剂的高性能之外，低压力降、没有液泛、操作弹性大、反应物分布均匀等流体力学参数对反应器性能是非常关键的。蜂窝结构反应器涉及的流体力学知识，包括流区、压力降、液体滞留量、停留时间分布、非理想流动模型，下面对其一一介绍。

一、流区

蜂窝结构催化剂中的气液相流动具有高效的气 - 固、气 - 液和液 - 固传质特征，这主要是因为其内部有利的流动状态。如图 3-9 所示，根据气液两相流动状态的不同，两相流的多种流区主要包括气泡流（bubble flow）、泰勒流（Tayler flow）、活塞流（slug flow）、涡流（churn flow）和环流（annular flow）[16,27]。

气泡流中，气体以小气泡的形式分散在连续的液体中，气泡直径通常比通道直径小得多，小气泡会干扰层状流动并强化径向传质。

泰勒流中，液体被大气泡分隔开，气泡直径与通道直径相当，且长度比通道直径大得多，气体在气栓中循环，强化了径向传质，减少了轴向分散，可降低液体的

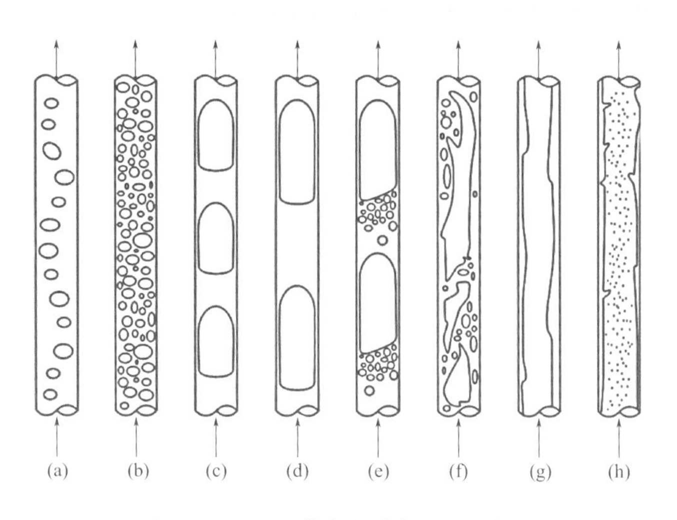

图 3-9　通道内典型流区的示意图

（a）、（b）为气泡流；（c）、（d）为泰勒流；（e）为活塞流；
（f）为涡流；（g）、（h）为环流[27]

返混。气栓和通道壁之间的很薄的液膜层可有效提高气 - 液、液 - 固的传质速率，使气相、液相反应物能够与蜂窝结构催化剂涂层内的反应活性位充分接触[28]。

活塞流中，既有气泡流的小气泡也有泰勒流的大气泡，是介于气泡流与泰勒流之间的流区。

涡流中，气泡形状扭曲且多变，涡流内是混乱、多泡沫的，液体的连贯性可以被气栓所破坏，又能够重新聚集，气体、液体的交替运动是涡流所特有的。

环流中，气体在管路中间流动，液膜分布在管壁上面，如果气体流速较快，气体中会夹带部分小液滴。由于液体全部在管路两侧流动，环流的液体膜比泰勒流更厚。环流使得通道内的传质和停留时间特性较差，仅能在低液体量和高气体量的条件下被观察到。

许多学者研究了通道内不同流区的转变，并尝试对流区的转变进行预测。图 3-10 为通道内二氧化碳 - 水体系不同流区的图片[29]，由图可见，通过改变气相或液相的流动速率，可以获得通道内两相流的不同流区。图 3-11 为不同通道内二氧化碳 - 水体系的流区对比，与 Triplett 等[30]（通道直径为 1097 μm）的预测结果相比，667 μm 和 400 μm 通道内的流区转变与 Triplett 等的预测较为吻合，然而 200 μm 通道内的结果与预测过渡线偏差较大。由此可见，仅仅根据气体、液体的表观速度预测通道内的流区转变具有一定的局限性，还需要同时考虑通道内其它重要因素。

考虑到仅根据气液相表观速度预测流区的局限性，Akbar 等[31]提出采用无量纲的液相韦伯（Weber）数（We_{LS}）和气相韦伯数（We_{GS}）划分两相流的流区。图 3-12 为采用气液相表观速度与气液相韦伯数预测流区的对比图。由图可见，除

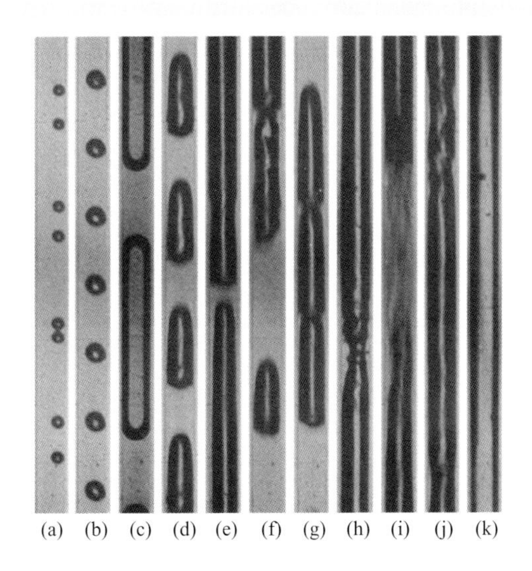

图 3-10　通道（水力学直径为 400 μm）内二氧化碳 - 水体系的不同流区

自左向右，流动观测点在入口3 cm处；

（a）气泡流（气体二氧化碳的表观速度j_G = 0.16 m/s，液体水的表观速度j_L = 1.0 m/s）；

（b）气泡流（j_G = 0.29 m/s，j_L = 1.0 m/s）；

（c）泰勒流（j_G = 0.16 m/s，j_L = 0.04 m/s，无量纲毛细管数目Ca = 0.0028，液体雷诺数Re_L = 80）；

（d）泰勒流（j_G = 1.28 m/s，j_L = 1.0 m/s，Ca = 0.031，Re_L = 913）；

（e）活塞流（j_G = 1.74 m/s，j_L = 0.51 m/s）；

（f）活塞流（j_G = 2.14 m/s，j_L = 0.51 m/s）；

（g）气泡相连的活塞流（j_G = 2.07 m/s，j_L = 1.0 m/s）；

（h）活塞–环流（j_G = 7.51 m/s，j_L = 0.20 m/s）；

（i）涡流（j_G = 12.7 m/s，j_L = 1.0 m/s）；

（j）涡流（j_G = 31 m/s，j_L = 0.51 m/s）；

（k）环流（j_G = 21.5 m/s，j_L = 0.02 m/s）[29]

了 Mishima 等和 Zhao 等的实验数据，其它结果都拟合较好。尽管采用气液相表观速度具有一定合理性，但是气液相韦伯数可能更加准确，因为它是基于微重力（microgravity）的潜在相似性，并且是无量纲的。

Akbar 等[31]采用的液相韦伯数（We_{LS}）和气相韦伯数（We_{GS}）的关联式：

$$We_{LS}=\frac{U_{LS}^2 D_h \rho_L}{\sigma} \tag{3-25}$$

$$We_{GS}=\frac{U_{GS}^2 D_h \rho_G}{\sigma} \tag{3-26}$$

式中　We_{LS}——无量纲的液相韦伯（Weber）数；

We_{GS}——无量纲的气相韦伯（Weber）数；

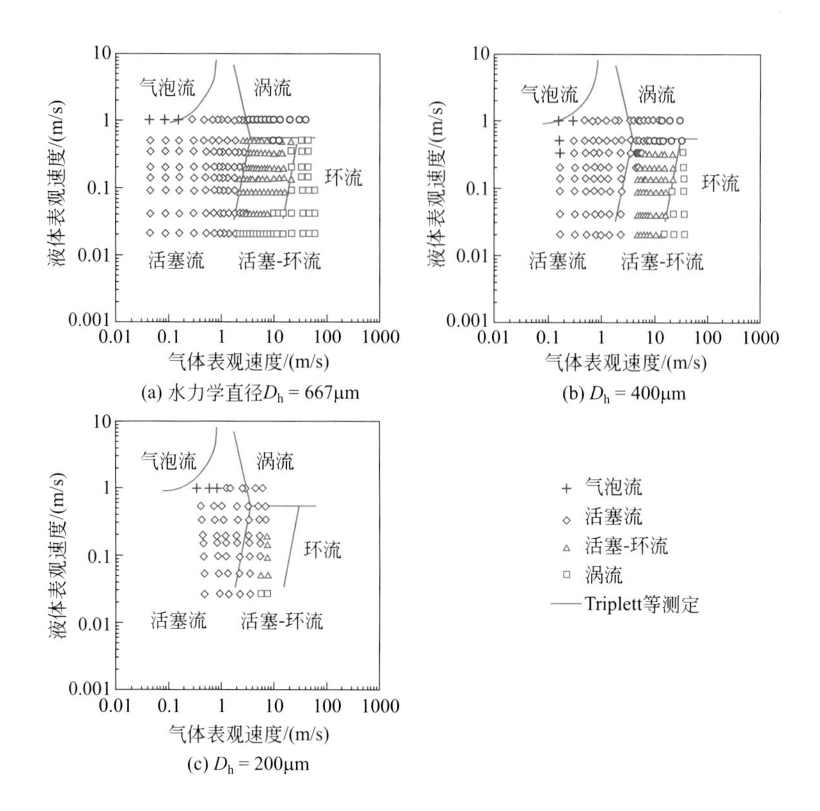

图 3-11　不同通道内二氧化碳 - 水体系的流区分布[29]
与 Triplett 等[30] 实验测定结果的对比

U_{LS}——液体表观速度，m/s；

U_{GS}——气体表观速度，m/s；

D_h——通道的水力学直径，m；

ρ_L——液体密度，kg/m^3；

ρ_G——气体密度，kg/m^3；

σ——表面张力，N/m。

如图 3-12(b)所示，Akbar 等[31] 采用液相韦伯数（We_{LS}）和气相韦伯数（We_{GS}）将两相流划分为四个流区：

① 表面张力主导区（气泡流、活塞流）：$We_{LS} \leqslant 3.0$，$We_{GS} \leqslant 0.11We_{LS}^{0.315}$ 或 $We_{LS} > 3.0$，$We_{GS} \leqslant 1.0$；

② 环流区：$We_{LS} \leqslant 3.0$，$We_{GS} \geqslant 11.0We_{LS}^{0.14}$；

③ 泡沫流区：$We_{LS} > 3.0$，$We_{GS} > 1.0$；

④ 过渡区。

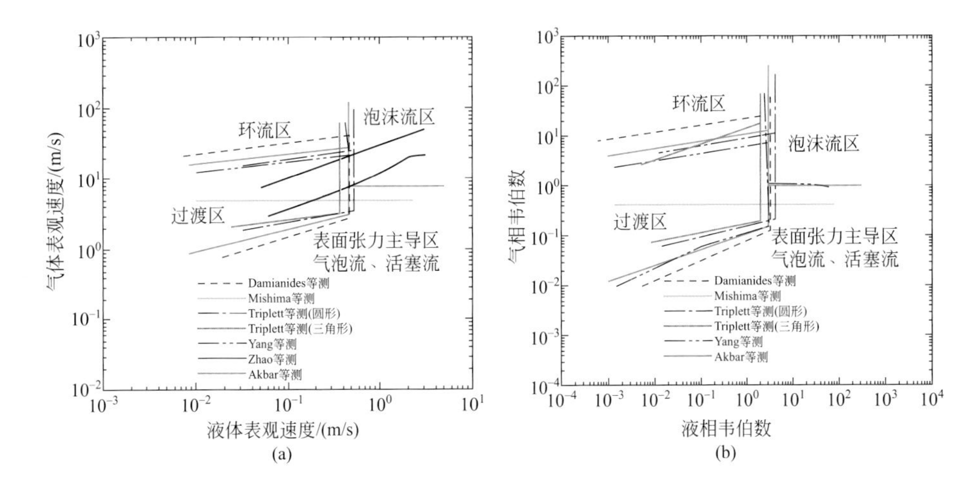

图 3–12　以气液相表观速度（a）和气液相韦伯数（b）为基准的流区分布 [31]

二、压力降

压力降是流体在反应器内的动量损失造成的，高压力降不仅导致了高能耗，还降低了生产效率，而蜂窝结构催化剂由于其低压力降而备受关注。蜂窝结构催化剂中两相流的总压力降是摩擦压力降、静压头和流体加速压力降的总和 [32]。

$$\Delta P = \Delta P_{\mathrm{f}} + \Delta P_{\mathrm{g}} + \Delta P_{\mathrm{a}} \tag{3-27}$$

式中　ΔP——总压力降，Pa；

ΔP_{f}——摩擦（friction）压力降，Pa；

ΔP_{g}——静压（gravitation）头，Pa；

ΔP_{a}——流体加速（acceleration）压力降，Pa。

图 3-13 为两相流的压力降随流区的变化。由图可见，在气泡流和活塞流区时，压力降随气体表观速度的增加而增大；在过渡区时，压力降逐渐降低；在环流区时，压力降逐渐增大。

针对两相流的压力降，已有很多的压力降关联式。考虑到这些关联式应用范围的局限性，Mudawar 等 [33,34] 尝试提出一个通用的关联式，他们首先建立了包含不同条件和不同体系的 7115 个压力降的数据库，发现过去的压力降关联式很难满足压力降数据库的所有数据，大部分偏差大于 30%，有的甚至达到 50% 以上，于是 Mudawar 等尝试加入无量纲的参数获得新的通用关联式。

Mudawar 等 [33] 提出的压力降关联式：

$$\left(\frac{\mathrm{d}P}{\mathrm{d}z}\right)_{\mathrm{F}} = \left(\frac{\mathrm{d}P}{\mathrm{d}z}\right)_{\mathrm{f}} \phi_{\mathrm{f}}^{2} \tag{3-28}$$

其中，

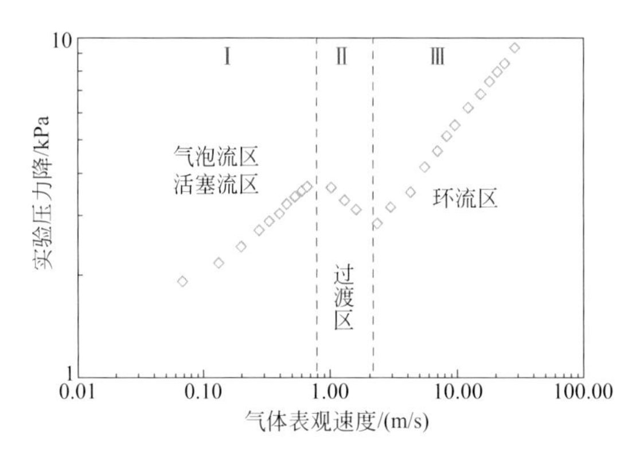

图 3-13　两相流的压力降随流区的变化（通道水力学直径为 322 μm）

$$\phi_{\mathrm{f}}^{2}=1+\frac{C}{X}+\frac{1}{X^{2}} \tag{3-29}$$

$$X^{2}=\frac{(\mathrm{d}P/\mathrm{d}z)_{\mathrm{f}}}{(\mathrm{d}P/\mathrm{d}z)_{\mathrm{g}}} \tag{3-30}$$

$$-\left(\frac{\mathrm{d}P}{\mathrm{d}z}\right)_{\mathrm{f}}=\frac{2f_{\mathrm{f}}\nu_{\mathrm{f}}G^{2}(1-x)^{2}}{D_{\mathrm{h}}} \tag{3-31}$$

$$-\left(\frac{\mathrm{d}P}{\mathrm{d}z}\right)_{\mathrm{g}}=\frac{2f_{\mathrm{g}}\nu_{\mathrm{g}}G^{2}x^{2}}{D_{\mathrm{h}}} \tag{3-32}$$

当$Re_{\mathrm{k}}<2000$时，　$f_{\mathrm{k}}=16Re_{\mathrm{k}}^{-1}$　（3-33）

当$2000\leqslant Re_{\mathrm{k}}<20000$时，　$f_{\mathrm{k}}=0.079Re_{\mathrm{k}}^{-0.25}$　（3-34）

当$Re_{\mathrm{k}}\geqslant 20000$时，　$f_{\mathrm{k}}=0.046Re_{\mathrm{k}}^{-0.2}$　（3-35）

对于层流中的矩形通道，

$$f_{\mathrm{k}}Re_{\mathrm{k}}=24\times(1-1.3553\beta+1.9467\beta^{2}-1.7012\beta^{3}+0.9564\beta^{4}-0.2537\beta^{5}) \tag{3-36}$$

当液相湍流、气相湍流时，$C=0.39Re_{\mathrm{f0}}^{0.03}Su_{\mathrm{g0}}^{0.10}\left(\frac{\rho_{\mathrm{f}}}{\rho_{\mathrm{g}}}\right)^{0.35}$　（3-37）

当液相湍流、气相层流时，$C=8.7\times10^{-4}Re_{\mathrm{f0}}^{0.17}Su_{\mathrm{g0}}^{0.50}\left(\frac{\rho_{\mathrm{f}}}{\rho_{\mathrm{g}}}\right)^{0.14}$　（3-38）

当液相层流、气相湍流时，$C=0.0015Re_{\mathrm{f0}}^{0.59}Su_{\mathrm{g0}}^{0.19}\left(\frac{\rho_{\mathrm{f}}}{\rho_{\mathrm{g}}}\right)^{0.36}$　（3-39）

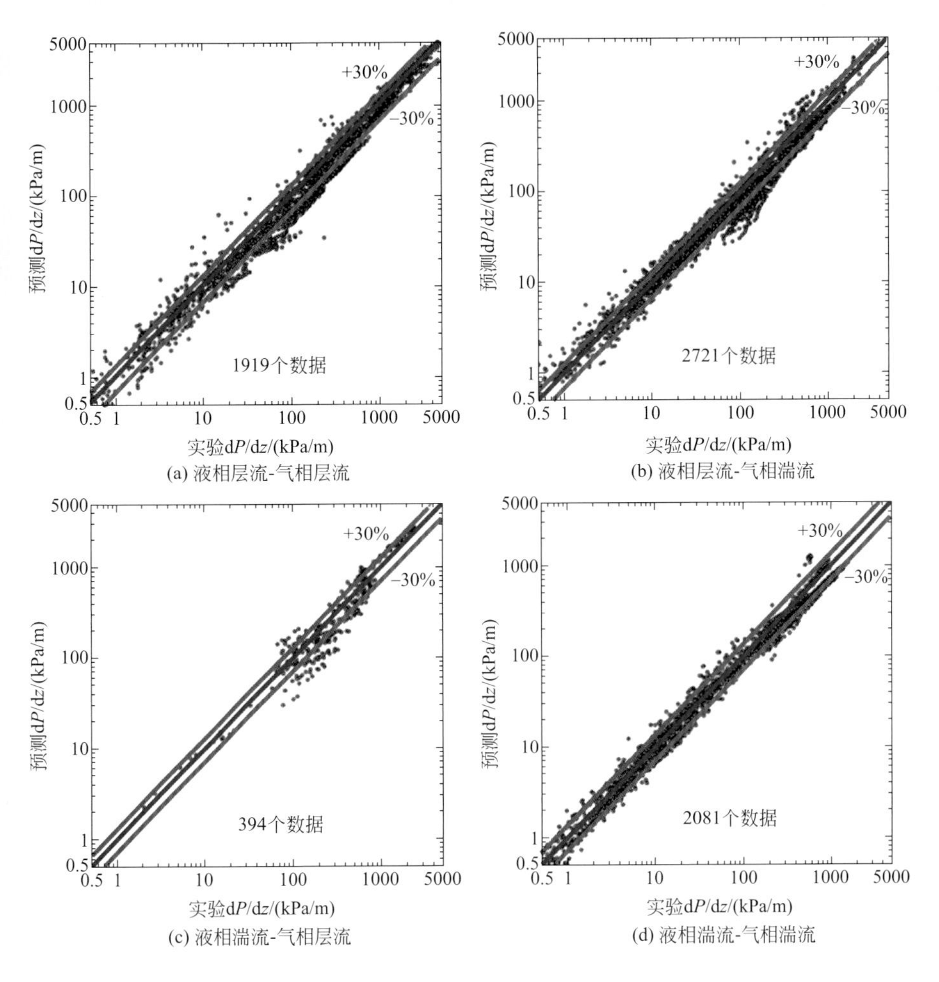

图 3-14 压力降关联式的预测值与 7115 个实验值的对比图 [33]

当液相层流、气相层流时，$C = 3.5 \times 10^{-5} Re_{f0}^{0.44} Su_{g0}^{0.50} \left(\dfrac{\rho_f}{\rho_g} \right)^{0.48}$ （3-40）

图 3-14 为采用 Mudawar 压力降关联式的预测值与 7115 个实验值的对比图。由图可见，所有数据的偏差基本上都低于 30%，表明 Mudawar 压力降关联式具有很好的普适性和通用性 [33]。

三、液体滞留量

液体滞留量（β_L）是蜂窝结构催化剂中液体体积与空体积的比值［式（3-41）］，是研究和设计蜂窝结构反应器极为重要的水力学参数。

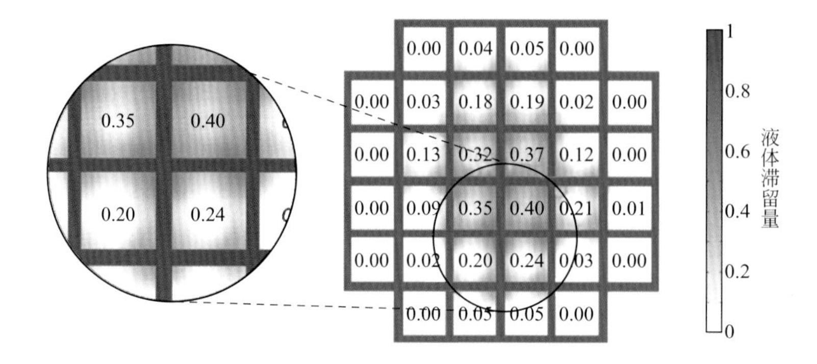

图 3-15 X 射线断层扫描法分析蜂窝结构催化剂内液体滞留量及其分布的示意图
（数字大小和颜色深浅代表液体滞留量的多少）

$$\beta_L = V_L / (V_L + V_G) \tag{3-41}$$

式中 β_L——液体滞留量；

V_L——蜂窝结构催化剂中的液体体积；

V_G——蜂窝结构催化剂中的气体体积。

测量液体滞留量及其分布的实验方法主要有两种：重量法和 X 射线断层扫描法。重量法主要依据床层中的液体质量，X 射线断层扫描法是利用 X 射线断层扫描技术获取液体在蜂窝结构催化剂内的分布。如图 3-15 所示，通过 X 射线断层扫描法，可以直观地分析出蜂窝结构催化剂内液体的滞留量和分布情况。

在一定条件下，通过改变气体和液体的速度，可以调节蜂窝结构催化剂内的液体滞留量。Bauer 等给出的液体滞留量的关联式：

$$\beta_L = 1 - \left[\left(1.2 - 0.2\sqrt{\rho_G / \rho_L}\right)^{-1} u_G / (u_G + u_L)\right] \tag{3-42}$$

对于空气 - 水两相体系，式（3-42）可简化为式（3-43）：

$$\beta_L = 1 - [0.838 u_G / (u_G + u_L)] \tag{3-43}$$

式中 β_L——液体滞留量；

ρ_G——气体密度，kg/m³；

ρ_L——液体密度，kg/m³；

u_G——气体速度，m/s；

u_L——液体速度，m/s。

图 3-16 为液体滞留量的式（3-43）计算值与实验值的对比。由图可见，计算值和实验值基本吻合，并且当液体速度恒定时，气体速度增大会导致液体滞留量逐渐降低，相反地，当气体速度恒定时，液体速度增大会增加液体滞留量。

四、停留时间分布

衡量蜂窝结构反应器内流动现象及物料返混程度最有效的方法是确定物料在反应器内的停留时间分布（residence time distribution，RTD）。由于单位物料在反应器内的停留时间是一个随机过程，对这样的过程需要用概率来描述。考虑到蜂窝结构反应器往往处于泰勒流区，且气相反应物往往超过化学计量比并具有较高扩散速率，下面将主要讨论液体反应物在反应器内的停留时间分布。

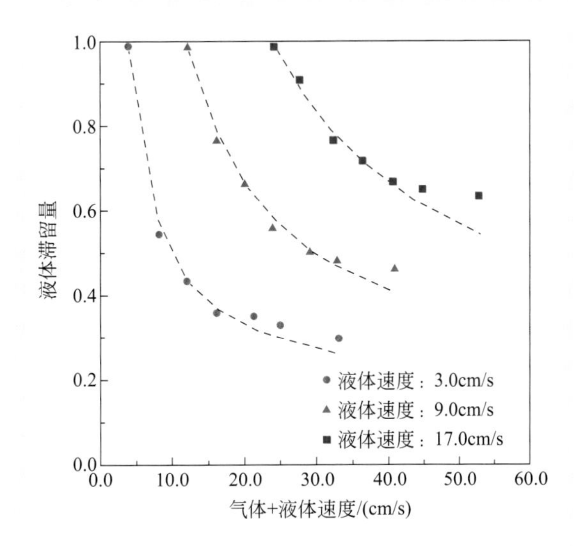

图 3-16　液体滞留量随气体、液体速度变化的实验值与计算值［式（3-43）计算］的对比（蜂窝结构催化剂为每平方厘米 62 个通道）

虚线：计算值；数据点：实验值

蜂窝结构反应器内液体停留时间分布的测定方法一般是示踪法，即在反应器入口处加入示踪剂，然后在反应器出口处检测示踪剂，根据示踪剂在出口的变化规律来确定物料的停留时间分布[35]。图 3-17 为采用示踪法测量蜂窝结构催化剂内液体停留时间分布的曲线。由图可见，多

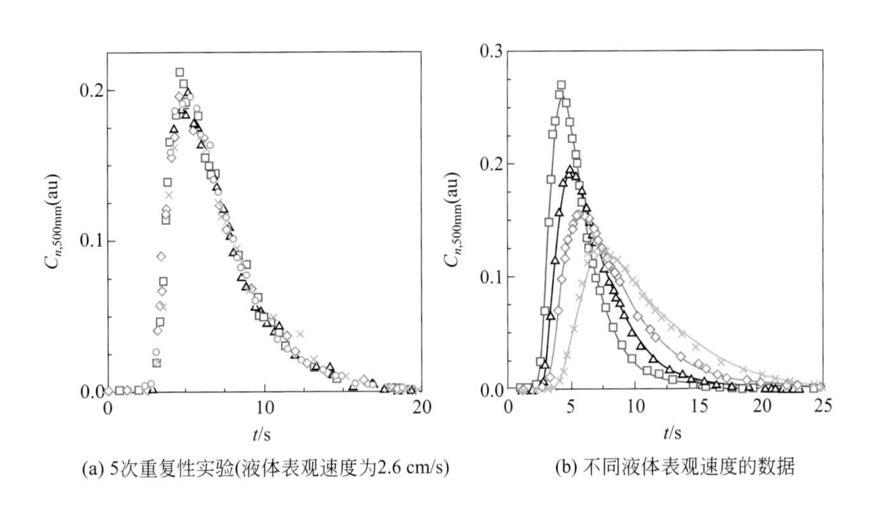

图 3-17　蜂窝结构催化剂中测量停留时间分布的示踪剂响应曲线

□、△、◇和 × 分别代表液体表观速度为3.9 cm/s、2.6 cm/s、2.0 cm/s和1.5 cm/s[36]

次测量的重复性较好，随液体表观速度的降低，停留时间逐渐延长[36]。

蜂窝结构反应器内的停留时间分布可以采用停留时间分布函数 [$F(t)$] 和停留时间分布密度函数 [$E(t)$] 进行定量描述。

停留时间分布函数 [$F(t)$]：

$$F(t)=\frac{N_t}{N_\infty} \tag{3-44}$$

式中 $F(t)$——物料在时间 t 的停留时间分布概率；

N_t——停留时间小于 t 的物料量；

N_∞——流出物料的总量，即在停留时间 0 到无穷大之间的物料量。

停留时间分布密度函数 [$E(t)$]：

$$E(t)=\frac{\mathrm{d}F(t)}{\mathrm{d}t} \tag{3-45}$$

由式（3-44）和式（3-45）可得

$$F(t)=\int_0^t E(t)\mathrm{d}t \tag{3-46}$$

$$F(\infty)=\int_0^\infty E(t)\mathrm{d}t=1 \tag{3-47}$$

根据图 3-17 的实验数据，可获得如下的液体停留时间（θ）分布关联式[36]：

$$E_\theta=4.7\times(3.7\theta+0.03)^{-3.7}\,\mathrm{e}^{[(\theta-0.37)\times13.7]/(3.7\theta+0.03)} \tag{3-48}$$

五、非理想流动模型

物料在反应器内总是存在一定程度的返混。由于对这种非理想流动难以进行准确描述，只能借助于非理想流动模型进行分析。常见的非理想流动模型有轴向扩散模型、多级混合槽模型、凝集流模型等，这些模型也同样适用于蜂窝结构反应器。下面主要就轴向扩散模型进行简单介绍。

轴向扩散模型是模仿分子扩散中的扩散系数，采用假设的“轴向扩散系数”来描述返混情况，认为物料的返混是在理想平推流流动的同时叠加了一个逆向涡流扩散运动造成的。该模型基于以下假设：①流体沿轴向有参数变化，而径向参数均一；②流体主流为理想平推流，但同时叠加一个逆向涡流扩散；③逆向涡流扩散遵循费克定律，并且在整个反应器内轴向扩散系数为一常数。

在设计蜂窝结构反应器时，尽管从理论上认为这种反应器为理想反应器，但是蜂窝结构反应器的停留时间分布表明，其内部存在一定程度的返混[37,38]。因此，无论从液体停留时间分布还是减少非理想流动的角度，设计合适的液体分布器对蜂窝结构反应器是十分必要的。

第四节　有序排列结构催化剂与反应器的流动与传递

将传统的颗粒状催化剂或整装催化剂按照特定的几何形状叠加并有序地排布在反应器中，或者先将其置于特殊的结构中再以一定的几何形状有序地排布在反应器中，都可以形成有序排列结构催化剂与反应器。与传统的颗粒状催化剂或整装催化剂相比，有序排列结构催化剂与反应器并没有发生实质的变化，但通过改变催化剂形状和装填方式，可以强化反应器内的传质和传热，并极大地降低床层的压力降。常见的有序排列结构反应器包括平行通道（parallel-passage）催化剂与反应器、横向流（lateral-flow）催化剂与反应器、壁面催化剂与反应器（wall reactor）和列阵式催化剂与反应器（array reactor），下面将对其内部的流动与传递现象进行一一介绍。

一、平行通道催化剂与反应器

图 3-18 为典型平行通道催化剂与反应器的示意图，气体通过平行通道产生的压力降主要来自流动气体与筛网的摩擦，并遵从常见的 Ergun 方程：

$$\Delta P=\frac{150\mu u}{d_{\mathrm{p}}^{2}}\times\frac{(1-\varepsilon)^{2}}{\varepsilon^{3}}+\frac{1.75\rho u^{2}}{d_{\mathrm{p}}}\times\frac{1-\varepsilon}{\varepsilon^{3}} \tag{3-49}$$

式中　ΔP——压力降，Pa/m；

μ——气体黏度，Pa·s；

d_{p}——颗粒直径，m；

u——气体表观速度，m/s；

ε——平行通道催化剂与反应器的空隙率，%；

ρ——气体密度，kg/m^3。

在平行通道催化剂与反应器中，气体沿通道方向流动，并非与催化剂床层直接接触，因此气体到催化剂活性位的传质将很大程度影响反应活性。如图 3-19 所示，平行通道催化剂与反应器中的总传质阻力主要包括以下 6 个步骤[39]：①从气体主流到筛网外表面的传质；②通过筛网的传质；③从筛网到催化剂颗粒层边缘的传质；④从催化剂颗粒层边缘到催化剂颗粒外表面的传质；⑤通过催化剂颗粒外表面膜的传质；⑥催化剂颗粒内部孔道的传质。其中，仅仅当平行通道有尖锐的边缘时（< 90°，比如三角形通道），步骤①才会影响总传质速率，其余情况下步骤①并非限制步骤；步骤②和③远快于其它步骤；对于平行通道催化剂与反应器，步骤⑥不应该考虑在内，因为该步骤仅与催化剂颗粒本身有关。总之，步骤④和⑤是影响平行通道催化剂与反应器总传质速率的主要因素。

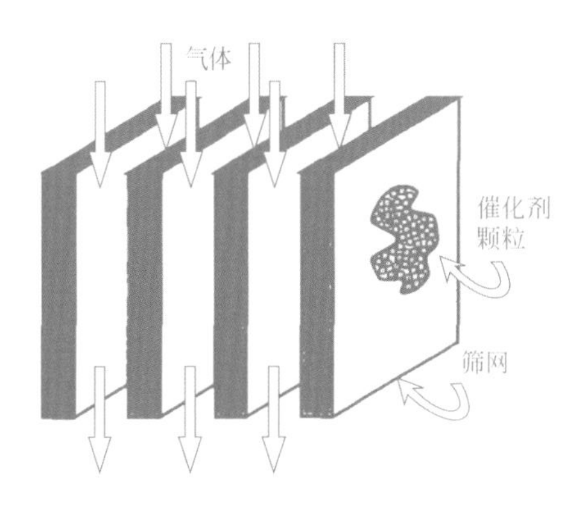

图 3-18 平行通道催化剂与反应器的示意图 [39]

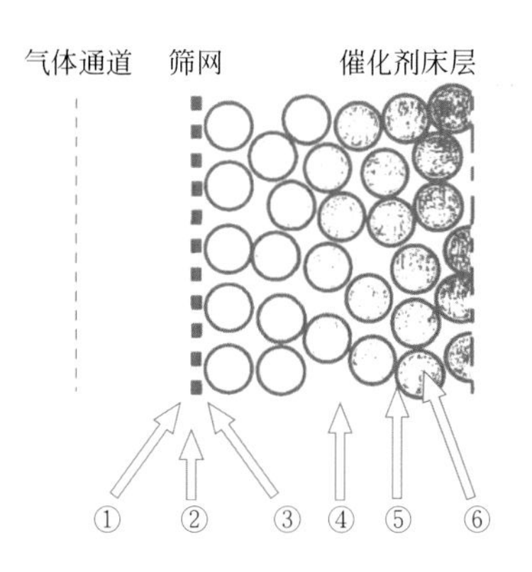

图 3-19 平行通道催化剂与反应器的传质步骤 [39]

如上所述，平行通道催化剂与反应器的传质速率受上述 6 个步骤的影响，这样的传质限制很可能导致催化剂床层的不完全利用。图 3-20 为平行通道催化剂中催化剂床层利用率的研究 [39]。由图可见，装填不同的催化剂（Ⅰ类、Ⅱ类、Ⅲ类）或采用不同的筛网（α 型、β 型）可以显著影响催化剂床层的利用率，其中，将Ⅲ类催化剂装填到 β 型筛网的平行通道催化剂具有最高的催化剂床层利用率。此外，在高雷诺数，即高气体空速的条件下，催化剂床层的利用率最高可达 85%。因此，对于平行通道催化剂与反应器，催化剂床层的利用率是一个重要因素，低的床层利用率意味着需要更多的催化剂和增大反应器空间。

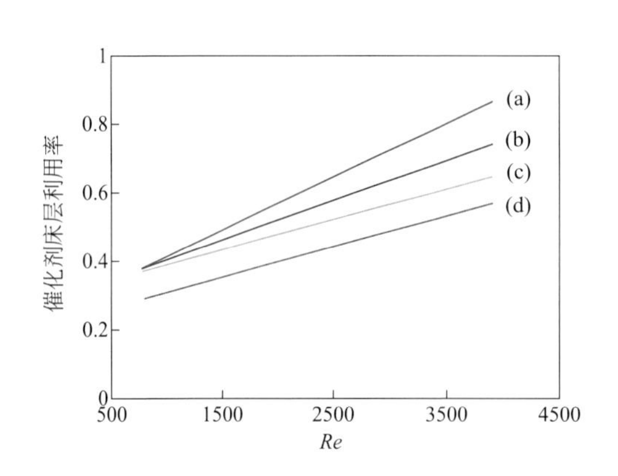

图 3-20 装填不同催化剂和采用不同筛网对催化剂床层利用率的影响 [39]

（a）Ⅰ类催化剂装填到 α 型筛网；（b）Ⅱ类催化剂装填到 α 型筛网；（c）Ⅲ类催化剂装填到 α 型筛网；（d）Ⅲ类催化剂装填到 β 型筛网

二、横向流催化剂与反应器

横向流催化剂与反应器可以看成是长度与横截面积之比非常小的有序排列结构反应器。对于横向流催化剂与反应器，其压力降能够通过常用的 Ergun 方程［式（3-49）］计算。当气体空速较小且保持不变时，气体的表观速度与催化剂床层的厚度成比例。当气体为层流时，单位床层长度的压力降与气体速度成比例；湍流时，单位床层长度的压力降与气体速度的平方成比例。因此，反应器总压力降与床层厚度的二次方（层流时）或三次方（湍流时）成比例。

由于横向流催化剂与反应器的特殊排布，它的压力降一般比常规填料床低几个数量级，但这同时牺牲了气液、气固的传质速率，由此可见，横向流催化剂与反应器将更适用于传质速率不是控制步骤的化学反应[40]。例如重油的加氢，总传质速率决定于催化剂颗粒内部的扩散而不是气液传质。

在常规填料床反应器中，气体流动接近理想活塞流，停留时间分布非常窄，而横向流反应器的情况则完全不同，其床层较薄，气体分子在扩散和气体在催化剂颗粒间隙中流动时的离散会导致停留时间分布变宽，一般采用径向表观扩散率 D_{ap} 来描述，接近理想活塞流反应器的判别依据是：对给定转化率，真实反应器与理想活塞流反应器所需温度的差别小于 1 ℃，下面是其判断表达式[2]。

$$Pe\frac{Lu}{D_{ap,l}} > 8n\ln\frac{1}{1-X} \tag{3-50}$$

式中 Pe——佩克莱（Peclet）数；

L——催化剂床层厚度，m；

$D_{ap,l}$——气体分子扩散系数，m^2/s；

n——反应级数；

X——转化率。

其中，在低气体速度、低压力和高温下，气体分子扩散系数 $D_{ap,l}$ 是式（3-50）的决定性因素。

当处理含固体颗粒的气体时，固体颗粒易沉积在常规填料床反应器的催化剂床层，导致床层压力降迅速增加甚至堵塞催化剂床层。然而对于横向流反应器，气体中的固体颗粒很容易通过大横截面积的催化剂床层，并且大部分固体颗粒会随气流离开反应器。与常规填料床反应器相比，横向流反应器的结垢速率要低两个数量级。例如在低结垢条件下，常规填料床反应器可能在一周内被堵塞，而横向流反应器能够顺利操作一年以上。

虽然横向流反应器具有优异的处理含固体颗粒气体的能力，但固体颗粒依然会影响反应器的性能。如图 3-21 所示，固体颗粒将逐渐沉积在反应器的筛网和催化剂床层，从而导致床层的压力降增大、催化效率降低。当横向流反应器发生严重结垢时，可以将结垢的催化剂

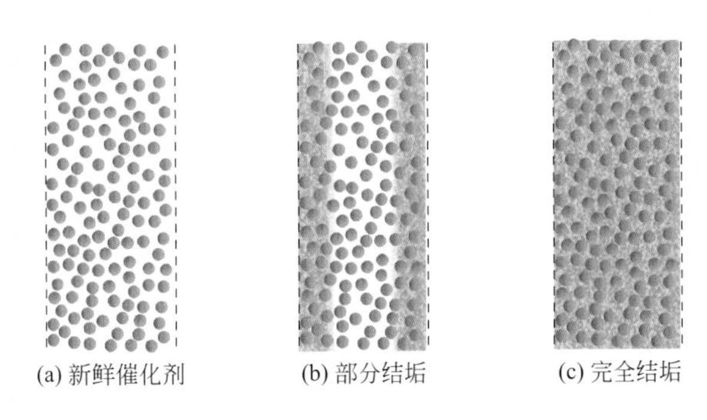
(a) 新鲜催化剂　(b) 部分结垢　(c) 完全结垢

图 3–21　横向流反应器的结垢方式

移出，移去灰尘后再重新装填，或者周期性地使用高气体流速吹扫横向流反应器。需要指出的是，横向流反应器内催化剂的装填和取出是相对容易的，可以依靠重力从底部取出结垢的催化剂，并从顶部直接加入清洁后或新鲜的催化剂。

三、壁面催化剂与反应器

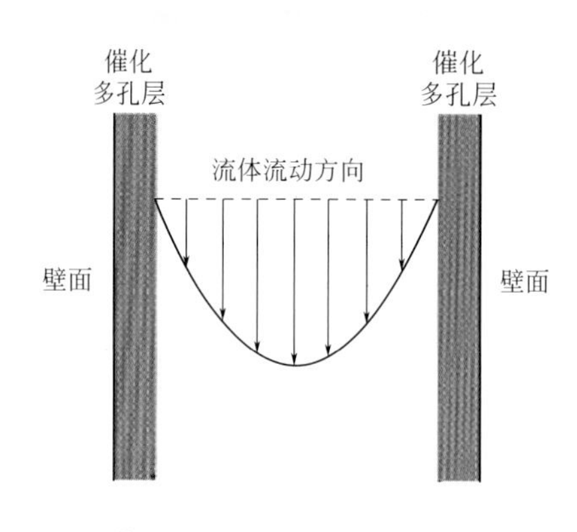

图 3-22 壁面催化剂与反应器的示意图

壁面催化剂与反应器是指仅依靠含有催化多孔层的通道壁面进行反应的反应器，其通道中不含有任何内构件（图 3-22）[41]。壁面催化剂与反应器的压力降来源于流体流动与壁面的摩擦，可以使用常用的 Ergun 方程［式（3-49）］计算。

流动气体到壁面反应器催化多孔层的质量传递是通过催化层表面的气膜扩散进行的，这样的传质过程与常规填料床的气固传质非常相似，其传质系数包含在舍伍德数（Sherwood number，*Sh*）中，可以使用 Hawthorm 关联式［式（3-15）］计算。如图 3-23 所示，只有当雷诺数非常低时，常规填充床的舍伍德数才略低于壁面反应器，当雷诺数较大时，常规填充床的舍伍德数明显比壁面反应器高一个数量级。需要指出的是，在雷诺数较大时，如果壁面反应器的通道水力学直径缩小为 1/3 时，其传质系数将增大为原来的 9 倍[18]。

壁面反应器内的气液相流动存在多种流区，包括气泡流（bubble flow）、泰勒流（Tayler flow）、活塞流（slug flow）、涡流（churn flow）和环流（annular flow）。其中，泰勒流是一种非常有利的流区，这主要是因为其内部较高的传质速率、低径向扩散和窄停留时间分布，泰勒流内的气栓和壁面之间很薄的液体膜具有较高的气 - 液、液 - 固的传质速率，使气相、液相反应物能够与壁面反应器催化剂层充分接触[22]。

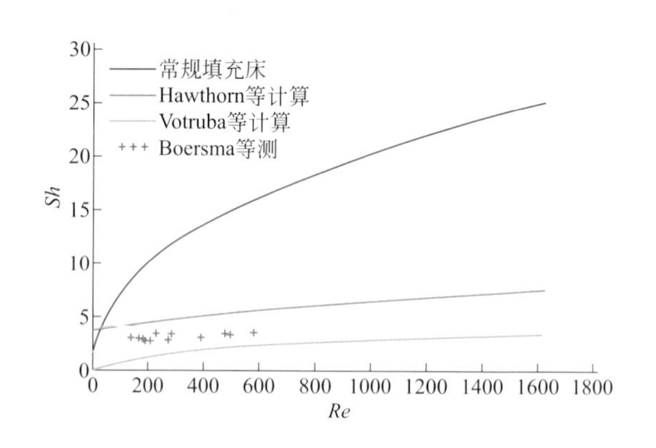

图 3-23 层流中壁面反应器与常规填充床的舍伍德数（*Sh*）对比[18]

两种反应器单位体积内具有相同表面积

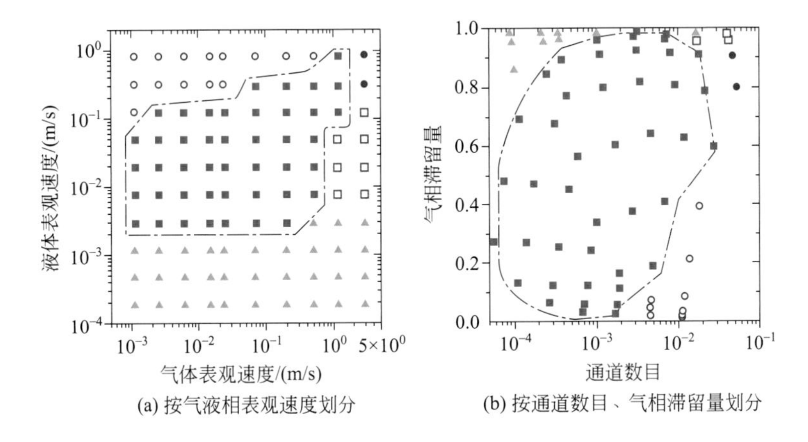

图 3-24 壁面反应器中按照气液相表观速度和通道数目、气相滞留量划分的流区分布[22]

■泰勒流；○气泡流；▲膜流；●涡流；□泰勒-环流

此外，泰勒流可根据实际反应的化学计量比大范围调节气液相的比例，能够在低流体速度下实现高转化率。如图 3-24 所示，在较低的气液相流速下，即可实现泰勒流，并且气相滞留量的调节范围非常大[22]。

尽管壁面反应器有较低的径向扩散，但并不是所有流动状态下的径向扩散都可以被忽略。Berger 等[41]提出了针对所有壁面反应器且其转化率在 10% ～ 80% 之间的忽略径向扩散的判断依据：

$$X < \frac{b}{a + nPe'} \tag{3-51}$$

其中，

$$Pe' < Pe \times \left(\frac{R}{L}\right)^2 = \frac{u_0 L}{D_{\text{Am}}} \times \left(\frac{R}{L}\right)^2 \tag{3-52}$$

式中 X——壁面反应器内的转化率；

a——关于壁面反应器几何构型的常数；

b——关于壁面反应器几何构型的常数；

n——反应级数；

Pe'——修订的佩克莱（Peclet）数；

Pe——佩克莱（Peclet）数；

R——管壁内径，m；

L——壁面反应器的长度，m；

u_0——流体表观速度，m/s；

D_{Am}——反应物 A 的扩散系数，m^2/s。

四、列阵式催化剂与反应器

流体通过列阵式催化剂与反应器的通道产生的压力降来自流体与通道的摩擦，可以使用常用的 Ergun 方程［式（3-49）］计算。流体到列阵式反应器的催化剂层的质量传递通过存在于催化剂表面附近的气膜扩散进行，该传质过程与常规填料床的气固传质非常相似，其传质系数包含在舍伍德数中。Fouad 等[42] 对方形列阵式反应器中的传质进行了深入研究，提出如下关联式：

当 $850 < Sc < 1322$，$1925 < Re < 19200$，$0.044 < S/T < 0.1$ 时，

$$Sh = 0.852 Sc^{0.33} Re^{0.57} \left(\frac{S}{T}\right)^{0.5} \tag{3-53}$$

式中 Sh——舍伍德（Sherwood）数；

Sc——施密特（Schmidt）数；

Re——雷诺（Reynolds）数；

S——列阵式反应器的通道间的间距，m；

T——反应器的当量直径，m。

图 3-25 为列阵式反应器中舍伍德数（Sh）与无量纲的施密特数（Sc）、雷诺数（Re）、通道间距与反应器当量直径的比值（S/T）的关联，由图可见，式（3-53）能够很好地拟合实验数据[42]。

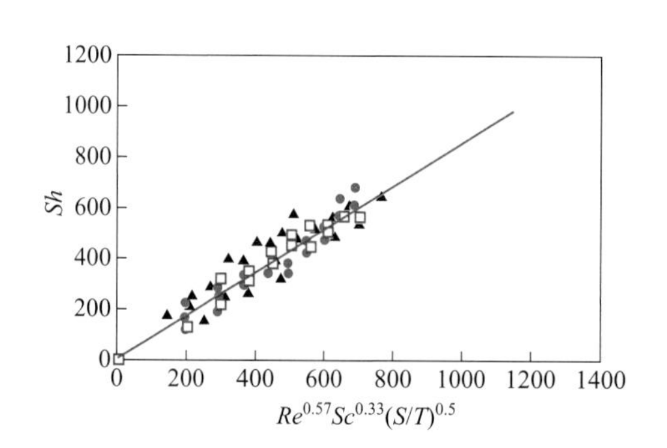

图 3-25 列阵式反应器中传质系数的关联[42]

此外，平行的列管式反应器也是一种列阵式反应器，其内部的传质现象与常见单一管式反应器非常接近，适用于单一管式反应器的关联式都可以直接用来计算具有平行列管的列阵式反应器。

第五节 其它结构催化剂与反应器的流动与传递

1. 流区

对于其它结构催化剂与反应器，通常能够观察到代表性的膜流区和泰勒流区，

膜流区的特点是通道壁上覆盖液体膜，这在气液相低相互作用时容易出现，而泰勒流区的特点是气相和液相顺序通过结构催化剂与反应器的通道，气栓占据整个催化剂通道，气栓与通道壁之间很薄的液体膜具有较高的气 - 液、液 - 固的传质速率，该操作流区对于传质受限的快反应是非常理想的。

2. 压力降和液体滞留量

结构催化剂与反应器的一个重要特征是为压力降和液体滞留量提供了额外的自由度。压力降是确定反应器能量损失、压缩设备大小、液体滞留量、传质系数等的一个关键参数，结构催化剂与反应器可以有很低的压力降，并且其催化剂涂层厚度和液体滞留量不会对压力降产生显著影响。液体滞留量随液体速度和黏度的增加而增大，但随气体速度和黏度的增加而减小。

3. 停留时间分布

结构催化剂与反应器内的真实流动情况介于活塞流和全混流之间，反应物料之间存在一定程度的返混，这种与理想流动之间的偏差是由于流体的逆向混合、不均匀流动、沟流、死区等造成的。物料在反应器内的停留时间分布是完全随机的，需要用概率分布的概念来表示停留时间分布，主要采用停留时间分布函数 [$F(t)$] 和停留时间分布密度函数 [$E(t)$] 进行定量描述。

4. 非理想流动模型

由于返混的发生，结构催化剂与反应器的非理想流动情况十分复杂，需要借助于模型对反应器进行分析，以评估非理想流动与理想流动之间的偏差并试图提高反应器的效率，常见的非理想流动模型有轴向扩散模型、多级混合槽模型、凝集流模型等。尽管结构催化剂与反应器内的轴向和径向浓度差非常小，但通过研究发现，其内部仍然存在一定的轴向离散。因此，不管从降低轴向离散的角度，还是促进液体均匀分布的角度，设计结构反应器入口端的液体分布器都是非常关键的。

参考文献

[1] Rostrup-Nielsen J R, Pedersen K, Sehested J. High temperature methanation: Sintering and structure sensitivity[J]. Appl Catal A, 2007, 330: 134-138.

[2] 陈诵英 , 郑经堂 , 王琴 . 结构催化剂与环境治理 [M]. 北京 : 化学工业出版社 , 2016.

[3] Groppi G, Tronconi E. Continuous vs discrete models of nonadiabatic monolith catalysts[J]. AIChE J, 1996, 42 (8): 2382-2387.

[4] Groppi G, Tronconi E. Honeycomb supports with high thermal conductivity for gas/solid chemical processes[J]. Catal Today, 2005, 105 (3): 297-304.

[5] Konstandopoulos A G, Kostoglou M, Vlachos N, et al. Advances in the science and technology

of diesel particulate filter simulation[J]. Adv Chem Eng, 2008, 33 (7): 213-275.

[6] Hayes R E, Rojas A, Mmbaga J. The effective thermal conductivity of monolith honeycomb structures[J]. Catal Today, 2009, 147: S113-S119.

[7] Visconti C G, Groppi G, Tronconi E. Accurate prediction of the effective radial conductivity of highly conductive honeycomb monoliths with square channels[J]. Chem Eng J, 2013, 223: 224-230.

[8] Young L, Finlayson B. Mathematical models of the monolith catalytic converter: Part Ⅰ. Development of model and application of orthogonal collocation[J]. AIChE J, 1976, 22 (2): 331-343.

[9] Shah R, London A. Thermal boundary conditions and some solutions for laminar duct flow forced convection[J]. J Heat Trans, 1974, 96 (2): 159-165.

[10] Hayes R E, Liu B, Moxom R, et al. The effect of washcoat geometry on mass transfer in monolith reactors[J]. Chem Eng Sci, 2004, 59 (15): 3169-3181.

[11] Hayes R E, Kolaczkowski S T. Mass and heat transfer effects in catalytic monolith reactors[J]. Chem Eng Sci, 1994, 49 (21): 3587-3599.

[12] Hayes R E, Mok P K, Mmbaga J, et al. A fast approximation method for computing effectiveness factors with non-linear kinetics[J]. Chem Eng Sci, 2007, 62 (8): 2209-2215.

[13] Hawthorn R. Afterburner catalysts effects of heat and mass transfer between gas and catalyst surface[J]. AIChE Symp Ser, 1996, 51: 2409-2418.

[14] Joshi S Y, Harold M P, Balakotaiah V. Overall mass transfer coefficients and controlling regimes in catalytic monoliths[J]. Chem Eng Sci, 2010, 65 (5): 1729-1747.

[15] West D H, Balakotaiah V, Jovanovic Z. Experimental and theoretical investigation of the mass transfer controlled regime in catalytic monoliths[J]. Catal Today, 2003, 88 (1-2): 3-16.

[16] 邵潜, 龙军, 贺振富, 等. 规整结构催化剂及反应器 [M]. 北京: 化学工业出版社, 2005.

[17] Shahrin H A, Suzairin M S, Wan S I W S, et al. Pressure drop analysis of square and hexagonal cells and its effects on the performance of catalytic converters[J]. Int J Environ Sci Dev, 2011, 2 (3): 239-247.

[18] Irandoust S, Andersson B. Monolithic catalysts for nonautomobile applications [J]. Catal Rev, 1988, 30 (3): 341-392.

[19] Kreutzer M T, Du P, Heiszwolf J J, et al. Mass transfer characteristics of three-phase monolith reactors[J]. Chem Eng Sci, 2001, 56 (21): 6015-6023.

[20] Bercic G, Pintar A. The role of gas bubbles and liquid slug lengths on mass transport in the Taylor flow through capillaries[J]. Chem Eng Sci, 1997, 52 (21-22): 3709-3719.

[21] Said I, Sylvie E, Bengt A. Gas-liquid mass transfer in Taylor flow through a capillary[J]. Can J Chem Eng, 2010, 70 (1): 115-119.

[22] Haase S, Murzin D Y, Salmi T. Review on hydrodynamics and mass transfer in minichannel

wall reactors with gas-liquid Taylor flow[J]. Chem Eng Res Des, 2016, 113: 304-329.

[23] Han Y, Shikazono N. Measurement of the liquid film thickness in micro tube slug flow[J]. Int J Heat Fluid Flow, 2009, 30 (5): 842-853.

[24] Aussillous P, Quéré D. Quick deposition of a fluid on the wall of a tube[J]. Phys Fluids, 2000, 12 (10): 2367-2371.

[25] Irandoust S, Andersson B. Liquid film in Taylor flow through a capillary[J]. Ind Eng Chem Res, 1989, 28 (11): 1684-1688.

[26] Prieto G, Schüth F. The yin and yang in the development of catalytic processes: Catalysis research and reaction engineering[J]. Angew Chem Int Ed, 2015, 54 (11): 3222-3239.

[27] Kreutzer M T, Kapteijn F, Moulijn J A, et al. Multiphase monolith reactors: Chemical reaction engineering of segmented flow in microchannels[J]. Chem Eng Sci, 2005, 60 (22): 5895-5916.

[28] Duduković M P, Larachi F, Mills P L. Multiphase catalytic reactors: A perspective on current knowledge and future trends[J]. Catal Rev, 2002, 44 (1): 123-246.

[29] Yue J, Luo L, Gonthier Y, et al. An experimental investigation of gas-liquid two-phase flow in single microchannel contactors[J]. Chem Eng Sci, 2008, 63 (16): 4189-4202.

[30] Triplett K A, Ghiaasiaan S M, Abdel-Khalik S I, et al. Gas-liquid two-phase flow in microchannels Part I: Two-phase flow patterns[J]. Int J Multiphase Flow, 1999, 25 (3): 377-394.

[31] Akbar M K, Plummer D A, Ghiaasiaan S M, On gas-liquid two-phase flow regimes in microchannels[J]. Int J Multiphase Flow, 2003, 29 (5): 855-865.

[32] Kawahara A, Sadatomi M, Nei K, et al. Experimental study on bubble velocity, void fraction and pressure drop for gas-liquid two-phase flow in a circular microchannel[J]. Int J Heat Fluid Flow, 2009, 30 (5): 831-841.

[33] Kim S, Mudawar I. Universal approach to predicting two-phase frictional pressure drop for adiabatic and condensing mini/micro-channel flows[J]. Int J Heat Mass Tran, 2012, 55 (11-12): 3246-3261.

[34] Kim S, Mudawar I. Universal approach to predicting two-phase frictional pressure drop for mini/micro-channel saturated flow boiling[J]. Int J Heat Mass Tran, 2013, 58 (1-2): 718-734.

[35] Trachsel F, Günther A, Khan S, et al. Measurement of residence time distribution in microfluidic systems[J]. Chem Eng Sci, 2005, 60 (21): 5729-5737.

[36] Heibel A K, Lebens P J M, Middelhoff J W, et al. Liquid residence time distribution in the film flow monolith reactor[J]. AIChE J, 2005, 51 (1): 122-133.

[37] Aubin J, Prat L, Xuereb C, et al. Effect of microchannel aspect ratio on residence time distributions and the axial dispersion coefficient[J]. Chem Eng Process: Process Intensif, 2009, 48 (1): 554-559.

[38] Wörner M. Approximate residence time distribution of fully develop laminar flow in a straight

rectangular channel[J]. Chem Eng Sci, 2010, 65 (11): 3499-3507.

[39] Calis H P, Everwijn T S, Gerritsen A W, et al. Mass transfer characteristics of parallel passage reactors[J]. Chem Eng Sci, 1994, 49 (24): 4289-4297.

[40] Van Hasselt B W, Calis H P A, Sie S T, et al. Gas-liquid mass transfer characteristics of the three-levels-of-porosity reactor[J]. Chem Eng Sci, 2001, 56 (2): 531-536.

[41] Berger R J, Kapteijn F. Coated-wall reactor modeling-criteria for neglecting radial concentration gradients. 1. Empty reactor tubes[J]. Ind Eng Chem Res, 2007, 46 (12): 3863-3870.

[42] Fouad Y O, Malash G F, Zatout A A, et al. Mass and heat transfer at an array of vertical tubes in a square stirred tank reactor[J]. Chem Eng Res Des, 2013, 91 (2): 234-243.

第四章

规则空隙结构催化剂与反应器的制造技术

规则空隙结构催化剂与反应器一般是指具有众多相互平行的、规则的直通孔道，催化活性组分以超薄涂层（10 ～ 150 μm）的形式涂覆于孔道内壁的一类催化反应器。由于其规则的通道结构，因而具有压力降低、床层分布均匀、强化传质、操作灵活等优点。蜂窝陶瓷催化剂与反应器是最为成熟和常用的规则空隙结构催化反应器，广泛应用于汽车尾气净化（移动源）以及电厂、化工厂等烟道气的净化（固定源）。金属蜂窝对蜂窝陶瓷有很强的互补性，基于金属蜂窝的规则空隙结构催化剂与反应器的研发应用也取得了长足发展。本章侧重介绍蜂窝结构基体及其催化剂制备技术。

第一节 蜂窝陶瓷结构基体的制造

一、概述

蜂窝陶瓷是一种多孔性的工业用陶瓷，其内部结构是许多贯通的蜂窝形状平行通道，这些蜂窝体单元由格子状的薄间壁分割而成；由于流体可通过蜂窝陶瓷的间壁上的贯穿上下表面的孔结构，所以可利用蜂窝陶瓷的间壁进行热交换和化学反应。目前，蜂窝陶瓷广泛应用于催化剂载体、建材工业的消声材料和窑炉的隔热材料[1,2]。

汽车废气排放标准的实施，加速了蜂窝陶瓷的发展。1975 年美国 Corning 公司用挤出法实现了批量生产薄壁堇青石质蜂窝陶瓷；1996 年，Honda 公司生产出孔密度为 600 目 /in^2(1 in=0.0254 m) 的产品。目前以美国、日本生产的蜂窝陶瓷质量最优，尤其是美国 Corning 公司在生产规模和技术上均处于领先地位。

从生产技术和设备来看，生产厂家已普遍采用了塑性挤出成型、连续化微波干燥、自动切割、自动检测等工艺设备，而且实现了堇青石与载体烧成一次完成的烧成工艺。在生产过程中的核心工序是挤压成型，而挤出成型模具则是挤压成型的核心技术。

二、挤压成型工艺

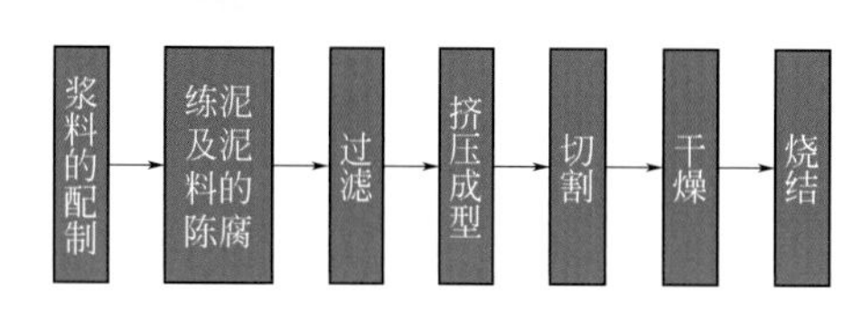

图 4–1　挤压成型工艺流程

挤压成型也称挤出成型，是利用泥料可塑性的特点，将真空炼制过的泥料通过挤出模具成型为一定形状制品的过程。利用挤压成型工艺制造蜂窝陶瓷的流程可分为浆料的配制、练泥及泥料的陈腐、过滤、挤压成型、切割、干燥及烧结等步骤，如图 4-1 所示，其中关键步骤为浆料的配制、挤压成型、干燥和烧结。

1. 原料组成和浆料配制

堇青石是一种常用的蜂窝陶瓷原料，化学式为 $2MgO \cdot 2Al_2O_3 \cdot 5SiO_2$（简写为 $M_2A_2S_5$），其中 MgO、Al_2O_3 和 SiO_2 的质量分数分别为 13.78%、34.86% 和 51.36%。堇青石属六方晶系，密度为 2.50 ～ 2.52 g/cm^3，其 a、b 晶轴方向的膨胀系数为正值，而 c 轴方向为负值，因此具有良好的抗热震性能。

自然界的堇青石中 Fe_2O_3 的浓度高，因此很少直接用于陶瓷或耐火材料制造；而不含铁的堇青石（$2MgO \cdot 2Al_2O_3 \cdot 5SiO_2$）需由人工合成。堇青石合成工艺分为原位合成和粉料合成。原位合成是将合成堇青石所需要的原料和制造陶瓷或耐火材料的原料统一设计成单一的配方，在制品烧成过程中在坯体内生成符合设计要求的堇青石，最后成为堇青石制品。粉料合成即在制造堇青石制品之前先制备具有各种粒度的堇青石粉料，再同其它原料混合、成型、烧成，做成符合要求的陶瓷或耐火材料制品。

通常采用高岭土（黏土）、氧化铝（铝矾土）以及滑石、菱镁矿或水镁石作为合成堇青石的原料。如采用纯度高的苏州土（高岭土）、滑石和工业氧化铝粉为原料，通常配比范围是黏土 30% ～ 45%、滑石 30% ～ 45%、氧化铝 10% ～ 30%。为了扩展烧结温度范围和降低堇青石合成温度，可在原料内添加矿化剂，常用的矿化剂有钾长石、$BaCO_3$、$PbSO_4$ 等。某些杂质，如 CaO、Fe_2O_3、TiO_2 和 Na_2O 或 K_2O，能与原料中主晶相形成固溶体或熔融相，有利于堇青石的形成，降低合成温度并加速合成反应进行。如用黏土、滑石和氧化铝为原料合成堇青石，原料中一些杂质应该控制在：CaO 为 2.2% ～ 2.7%，TiO_2 为 1.0% ～ 1.5%，Fe_2O_3 为 0.8%，$Na_2O+K_2O \leqslant 0.9\%$，这些低浓度的杂质有助于堇青石的合成和材料的抗热震性的提高。

2. 挤出成型

挤出成型利用挤出机绞龙（螺旋叶片）或者液压油缸提供机械外力，将由料斗加入挤出筒内的可塑性陶瓷泥料向前输送，进入挤出机前端连接的模具，通过模具进料口进行物料分布，然后经过模具出料口的芯块缝隙挤出。

① 挤出成型物料塑性：制备蜂窝陶瓷首先就要制备可塑性的泥料，泥料组成不仅包含原料粉体，还需要加入液相辅助原料作为固相颗粒的分散介质，使得二者的混合体具有一定的塑性。可塑性泥料具有宾汉（Bingham）型流体的流变特性，其表观黏度 η_a 与剪切应力 τ、剪切应变速率 γ 三者之间的关系可表达为：

$$\tau-\tau_y = \eta_a\gamma$$

式中，τ_y 为屈服剪切应力。

除黏土类矿物具有良好的塑性外，还可以加入长链型高分子有机物的水溶液或者有机液体溶液以提高泥料的塑性；常用的塑化剂如表 4-1 所示。

表4-1　不同类型塑化剂在挤出成型陶瓷制品中的应用[3]

塑化剂名称		用途
无机塑化剂	黏土（膨润土、苏州土、紫木节等）	胶黏剂
有机塑化剂	聚乙烯醇 聚乙二醇 甲基纤维素 羟甲基纤维素钠 油酸 桐油	胶黏剂
	甘油	增塑剂

颗粒形貌也是影响挤出泥料塑性的关键因素，采用粒径较小的球形颗粒制成泥料的塑性更高。颗粒粒径越小，其表面吸附能力越高从而提高泥料的可塑性。影响挤出成型泥料塑性的另一关键因素是水含量，泥料水含量与陶瓷原料种类、粉体颗粒粒径密切相关。分散性能良好的球形粉体颗粒所制泥料的水含量较低（10% ～ 13%）；而纳米粉体所制泥料的水含量高，如挤出蜂窝脱硝催化剂的泥料，其水含量可高达 28% ～ 32%。水含量影响泥料的挤出性能、挤出坯体干燥收缩率以及变形情况。

② 挤出速率分布与坯体应力：挤出成型时，泥料受力包括，a. 向前旋转运动的绞龙或液压驱动的活塞提供的推力；b. 泥料与机筒壁之间的摩擦力；c. 挤出模具的

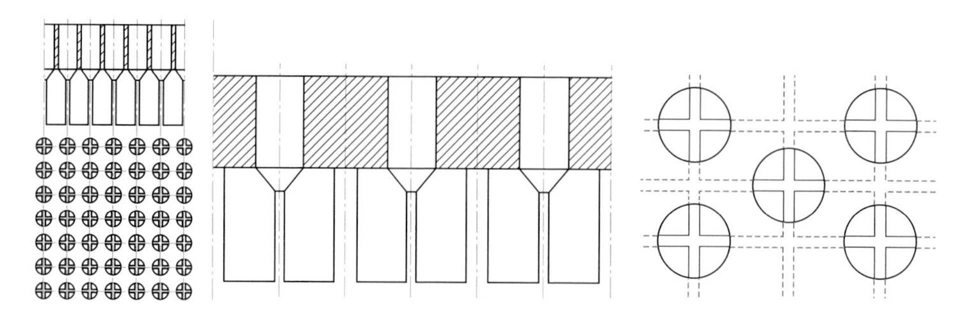

图 4-2　挤出成型模具设计[3]

阻力；d. 泥料与挤出模具通孔壁面的摩擦力；e. 泥料与模具定型段壁面的摩擦力。泥料与壁面的摩擦力是造成轴向速率在径向位置分布不均的原因；通常挤出坯料在靠近中心轴线部位的轴向速率高，而靠近边壁的轴向速率低。这种泥料运动速率的差异，会导致成型坯体的密度在轴向和径向上都存在分布不均，从而造成坯体变形甚至开裂。

③ 挤出成型模具设计：挤压成型法的关键技术与模具的设计和泥料的可塑性密切相关。挤出模具为通孔结构，其中进料端采用有序排布的圆形或其它形状通孔进行物料均布，出料端设计则需满足最终制品的结构要求。可以通过控制挤压口的长度、锥度，定型段长度，以及模具的进料、出料结构排布方法，尽可能降低中心与边壁的轴向速率差。

在生产设计中，为得到整齐排列的直通孔结构，对挤出成型模具进行了设计，如图 4-2 所示。设计的挤出成型模具结构由圆形的导泥孔层面和十字形的出料槽层面构成，两者的中心线保持在同心上。将混合后塑炼好的、具有可塑性的泥料在活塞式挤出机或螺旋式挤出机上连续挤出，通过该模具可挤制出尺寸精确、形状规整、间壁厚度均匀的坯体。

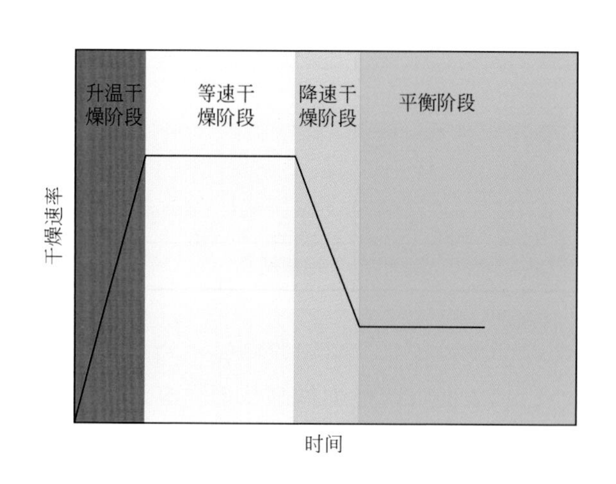

图 4-3　典型的坯体干燥曲线[3]

3. 蜂窝陶瓷坯体的干燥

成型后的陶瓷生坯中通常含有 2% ～ 30% 的水分，在焙烧之前需对其进行干燥处理。干燥过程主要受水分在表面的汽化速率和内部的扩散速率控制：当水分的汽化速率大于内部水分的扩散速率时，表面层收缩过快，坯体内产生应力，发生变形、开裂现象；因此坯体干燥工艺的重点是控制坯体表面水分汽化速率和内部水分扩散速率，以及坯体传热过程。坯体干燥过程的规律如图 4-3 所示。

常用的蜂窝陶瓷坯体干燥方法有热空气、过热蒸汽、远红外和微波干燥。热空气干燥是一种传统的干燥方法，采用热空气作为干燥介质，利用热空气的对流传热作用，将热量传给坯体，实现坯体水分蒸发干燥，主要以室式干燥器和隧道式干燥器为主。如果热空气干燥的介质流速小于 1 m/s，对流传热阻力大，干燥速度慢；而对流干燥的气流速度达到 10 ～ 30 m/s，则可有效提高干燥速度。

过热蒸汽干燥技术以过热蒸汽作为干燥介质，将坯体置入封闭的干燥室中，然后引入蒸汽。蒸汽在密室中膨胀降压，形成过热蒸汽。过热蒸汽与坯体表面接触，通过对流及在坯体表面的冷凝将蒸汽热量及凝结潜热传递给坯体，使坯体迅速升温、内部水分汽化蒸发。过热蒸汽干燥技术的优点是传热传质效率高、干燥坯体品质好，缺点是坯体表面易产生结露现象，坯体平衡水分高。

远红外干燥技术是一种内热源加热技术，它利用红外辐射发射元件发出红外线，坯体内部分子在经过红外线辐射作用后，吸收了红外线辐射能量并将其直接转变为热能，从而实现坯体的加热干燥。坯体中的水是红外敏感物质，在远红外线的作用下水分子振动吸收的能量与偶极矩变化的平方成正比，因此可有效吸收辐射能，加热效率很高。

微波干燥的原理是采用微波加热技术实现坯体的加热干燥，是向被加热材料内部辐射微波电磁场，通过被加热体内部偶极分子的高频往复运动，产生内摩擦热，使微波场能转化为热能，从而实现被加热材料的加热。微波加热具有材料内外部同时加热、升温和加热速度快且均匀的优点。微波加热具有选择性，与被加热物质的介电特性相关；通常介电常数大的介质适合采用微波加热。微波干燥设备示意图如图 4-4 所示。

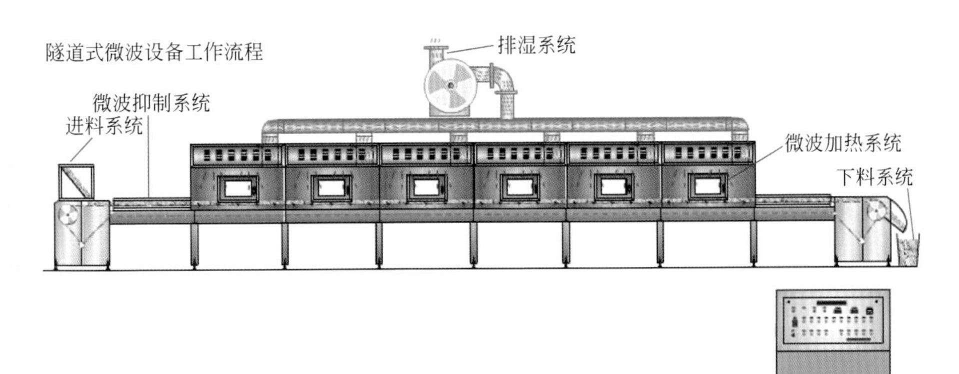

图 4-4　微波干燥设备示意图 [3]

采用微波加热实现陶瓷干燥可有效避免由于坯体表面与内部温度差造成的蒸发、扩散速率不一致而导致的应力、变形、开裂等问题。同时，由于微波干燥水分排出速率高，因此可用于坯体的干燥定型。

4. 蜂窝陶瓷的烧成

陶瓷烧成是将干燥后的坯体在一定条件下进行预处理，使坯体实现陶瓷化的过程。陶瓷烧成决定最终制品的物相组成、显微结构以及材料性能。陶瓷烧成包括烧结技术选择和烧成制度的确定。陶瓷烧结是指陶瓷坯体在高温下致密化的过程和现象的总称。随着温度升高和时间的延长，陶瓷坯体中具有高表面能的固体颗粒，向降低表面能的方向变化，颗粒间发生键联，使坯体成为具有一定强度的致密的瓷体，其传质主要通过扩散或蒸发凝聚完成。其扩散传质是一种固相传质，在高温下，挥发性小的陶瓷原料物质主要通过扩散进行传递。扩散传质过程的动力是颗粒表面上的空位浓度与内部浓度之差。当晶体的晶格中空位浓度存在差异时，物质就会由缺陷浓度高的部位定向扩散到浓度低的部位。由于在颈部、晶界表面和晶粒间存在空位浓度梯度，烧结过程中空位在体内移动，则物质通过体扩散、表面扩散和晶界扩散向颈部做定向传递，实现传质过程。

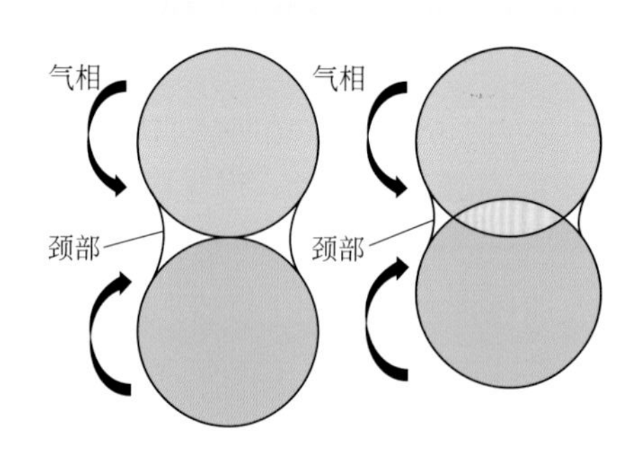

图 4-5　蒸发 – 凝聚机理示意图 [3]

蒸发凝聚传质过程的动力是颗粒表面不同位置的蒸气压差。烧结过程中，颗粒表面不同位置以及颗粒间颈部位置的表面曲率存在差异，造成各部分蒸气压不同，物质会从蒸气压较高的凸表面蒸发，通过气相传递，在蒸气压较低的凹表面（颗粒间颈部区域）发生凝聚（如图 4-5 所示），从而使颗粒间形成紧密结合，坯体逐步致密化。蒸发 - 凝聚是一种气相传质过程。

温度烧成制度是指烧成各阶段的升温速率、降温速率、最高烧成温度和保温时间等。烧成过程温度变化主要分为以下几个阶段，如表 4-2 所示。

在有大量水分或气体排出以及出现相变和晶型转变的阶段，需降低升温速率，以避免物化反应过于激烈，导致坯体开裂；在相对较为稳定的高温阶段，则可适当提高升温速率，抑制晶粒长大；而在冷却的初始阶段，则需采用较低的降温速率，以减少应力产生。提高烧成温度有助于提高颗粒表面蒸气压、空位扩散速率，有助于烧结过程进行；但过高的烧成温度则导致坯体变形，同时还可能促进二次再结晶，使制品性能恶化。保温时间一方面决定了物理化学反应的程度，使制品组织结构更趋均一，同时也是控制晶粒尺寸的关键。

表4-2　烧成过程温度变化阶段[3]

温度变化阶段	温度范围	主要变化	
		制品结构及性能变化	发生的物理 - 化学变化
低温阶段	室温～300 ℃	质量减小，气孔率增大	排除机械水、吸附水
氧化分解或热解阶段	300 ～ 950 ℃	质量急剧减小； 气孔率进一步增大； 硬度和机械强度增加； 体积稍有变化	结晶水排除； 盐类分解； 有机物氧化； 炭素氧化； 有机物热解； 晶型转变等
高温阶段	950 ℃～最高烧成温度	强度增加； 气孔率降低； 体积收缩，密度增大	继续氧化、分解或热解； 形成液相； 固相发生熔融； 形成新结晶相等
保温阶段	最高烧成温度	坯体结构进一步均匀致密	液相量增多； 晶界移动、晶粒长大； 发生扩散、蒸发 - 凝聚等反应
冷却阶段	最高烧成温度～室温	硬度、机械强度增大； 出现应力	晶界移动； 液相结晶； 液相过冷

第二节　金属蜂窝结构基体的制造

金属蜂窝是金属骨架和蜂窝孔相间的一种新型多功能复合材料，因其内部结构含有大量蜂窝状线形直通孔而得名。金属蜂窝具有高的比强度、延展性和抗震动性能，不易发生脆裂，具有更持久的机械使用寿命；但耐热性能和抗高温氧化性能不如蜂窝陶瓷材料。金属蜂窝载体与蜂窝陶瓷载体的结构和性能参数比较见表 4-3[4]。

表4-3　金属蜂窝与蜂窝陶瓷的结构和性能参数

参　　数	金属蜂窝载体	蜂窝陶瓷载体
孔数 /(pore/in^2)	400　500	400
壁厚 /mm	0.04	0.2　0.15
开孔率 /%	91.6　90.6	67.1　76.0

续表

参　　数	金属蜂窝载体	蜂窝陶瓷载体
比表面积 /(m^2/dm^3)	3.2　3.6	2.4　2.79
载体重量 /(g/dm^3)	620　690	690　550
比热容 /[kJ/(kg・K)]	0.5	1.05
热导率 (20 ℃)/[W/(m・K)]	14	1.0
热导率 (600 ℃)/[W/(m・K)]	20	0.8
每立方米载体从 0 ℃加热到 100 ℃所需热量 /10^3 kJ	31	63
抗压强度 /MPa	200 ～ 250	20 ～ 25

金属蜂窝的研究虽然很早，但直到使用真空硬焊工艺来连接金属薄片以及基体与外壳，才解决了金属蜂窝载体的固定问题。德国的 VDM 和 Emitec 公司于 20 世纪 70 年代开始研究金属蜂窝载体，在 20 世纪 90 年代初，Emitec 公司的研究人员相继研制出 S 型和 SM 型的金属蜂窝载体，实现了金属蜂窝在治理汽车尾气方面的实用化 [5]。目前研发和生产金属蜂窝的机构有德国的 Emitec 公司、美国 Delphi、芬兰 Kemira 公司和日本新日铁等。

一、金属蜂窝的结构特征

1. 金属蜂窝的组成

Al、Fe、不锈钢、Ni、NiCr 以及其它抗氧化的合金等先后被研究用作金属基体，但在实际应用中都存在问题。直至 FeCrAl 合金的发明和研究使金属基体有了新的发展。用于制作汽车尾气净化器的金属蜂窝载体 FeCrAl 不锈钢箔材的厚度只有 30 ～ 50 μm，这就要求 FeCrAl 不铸钢锭 / 坯具有良好的塑性才能可靠保证成材率和产品表面质量。FeCrAl 合金具有较好的抗高温氧化性能，主要原因是在其表面可选择性地形成氧化铝膜。氧化铝膜的均匀性、内应力以及它与基体的附着性能好坏是决定 FeCrAl 合金在高温条件下使用寿命的重要因素。Al 的含量必须高于 3% 才能获得优异的抗高温氧化性能；随着 Al 含量的增加，凝固组织变差，合金的加工脆性就会加剧，严重降低了铸锭的加工成型性能；因此一般都把这种合金的铝含量控制在 6%（质量分数）以内，如表 4-4 所示。

表4-4　金属蜂窝材料的组成[6]　　单位：%

合金	Fe	Cr	Al	Ti	La	Zr	Y	Ce	Hf
Aluchrom	其余	20.6	5.4	0.010		0.170	0.006		
Aluchrom YHF	其余	20.3	5.6	0.010		0.054	0.046		0.31

续表

合金	Fe	Cr	Al	Ti	La	Zr	Y	Ce	Hf
FeCrAl	其余	20.3	5.4	0.084		0.080	0.045		
FeCrAl JA13	其余	16.3	5.0	0.010		0.050	0.320		
Kanthal AF	其余	21.1	5.2	0.094		0.058	0.034		
Kanthal APM	其余	21.1	5.9	0.026		0.110			
Nisshin Steel	其余	19.9	5.0		0.120				
Ugine Saoie 12178	其余	19.9	5.0		0.009			0.019	
Ugine Saoie 12179	其余	20.0	5.0		0.014			0.030	

注：Aluchrom：德国蒂森克虏伯公司生产；Kanthal：瑞士康泰尔公司生产；Nisshin Steel：新日铁，日本金属公司生产；Ugine Saoie：法国优劲不锈钢 & 合金。

高温下，合金中 Al_2O_3 膜生长速度过快，从而导致合金过早地发生破坏性的 CrFe 氧化[7~9]；这对于制备高孔密度［1600 CPSI（channels per square inch）］的新型超薄壁（20 μm）金属蜂窝尤其重要。除了主要成分铬（17% ～ 22%）和铝（5% ～ 8%）外，其它少量稀土元素的存在可提高表层氧化铝薄膜的致密性和附着性，从而提高其使用寿命。如 Y、Pr 等分布在 Al_2O_3 膜的晶界上，可阻碍合金基体内的铝向金属表面的扩散和外部气氛中氧化晶界向合金基体内部的扩散，从而减缓 Al_2O_3 的生长速度。Fukuda 等研究了含有活性元素（La、Zr 和 Hf）的 FeCrAl 合金中氧化薄膜的生长机理[10]。干净金属表面被氧化生成含有 Fe 和 Cr 的薄氧化铝层（约 0.5 μm），该薄层是由等轴晶粒组成，氧气可通过晶界向金属内部扩散，由于氧分压不高导致仅金属铝被氧化。合金中的铝氧化成圆柱状的氧化铝晶粒的动力学符合拟抛物线形式。当合金含有活性元素时，氧化过程较慢并且氧化铝薄膜更黏着。活性元素集中在氧化铝的晶界处，可作为晶粒间的黏合剂，减少透氧性能，从而提高氧化铝层稳定性。

但是 FeCrAl 合金中微量元素所起的作用更为复杂。在含钇的合金中加入钛对于在氧化循环过程中保持氧化铝薄膜的黏着性至关重要。同时，应将碳和氮等杂质元素保持在最低水平，以防止由于在氧化铝薄膜中加入碳、氮沉淀物而导致的氧化增强。合金中硫迁移到基体与氧化膜的界面上是氧化膜剥落的主要原因[11]，通过添加牺牲剂，在高温下生成硫化物从而抑制硫向基体与氧化膜界面的迁移，有利于提高氧化膜与基体的附着性。

FeCrAl 合金表面 Al_2O_3 膜的形成是由于外部氧向合金内部扩散和内部 Al 向表面扩散共同作用的结果。增加合金中对抗氧化性起主要作用的 Al 的含量、减缓内部 Al 的扩散；增强氧化膜与基体合金的附着性，避免氧化膜的剥落等也是提高 FeCrAl 合金使用寿命必须重视的因素。

2. 金属蜂窝的结构参数

金属蜂窝的主要结构参数有孔径、孔型（正六边形、正方形、正三角形等）、孔壁厚度、孔隙率、开口度、孔密度等。根据应用目的来选择金属蜂窝物理性能的结构参数。蓄热性能主要与孔径、孔隙率及孔型有关；渗透性能主要与孔隙率、孔表面光洁度、孔径大小有关[12]。对于金属蜂窝载体而言：气体流过产生的气阻小以减少发动机背压差；而高比表面积有利于活性成分的分散，提高催化反应活性。因此，金属蜂窝载体尽可能减小孔壁厚度，可提高整体蜂窝的开孔率；增加孔密度提高载体的比表面积。对于典型的孔型，其相应的结构参数如表 4-5 所示。

表4-5　三种典型孔型的整体蜂窝结构参数

孔穴几何形状	孔密度 n/mm^{-2}	开口度 ε/%	小孔面积 S/mm^2	比表面积 S_v/(m^2/dm^3)
正方形	$1/(D+t)^2$	$D^2/(D+t)^2$	D^2	$4Dn$
正三角形	$2.3/(D+1.73t)^2$	$D^2/(D+1.73t)^2$	$0.43D^2$	$3Dn$
正六边形	$0.38/(D+0.58t)^2$	$D^2/(D+0.58t)^2$	$2.6D^2$	$6Dn$

注：D 为内孔穴边长；t 为蜂窝壁厚；孔密度 n 为单位面积上的孔数；开口度 ε 为单位面积上的开孔面积；小孔面积 S 为每个小通孔的面积；比表面积 S_v 为单位体积中的表面积。

对于三种典型孔穴几何形状的整体蜂窝，在内孔穴边长 D 为 1 mm、1.5 mm，壁厚 t 为 0.1 mm、0.2 mm 时的结构参数进行计算：正方形孔穴蜂窝的开口度及表面积等结构参数值较高；三角形孔穴蜂窝的开口度在 55% ～ 80%、比表面积为 3 ～ 5 m^2/dm^3；六边形孔穴蜂窝的开口度在 80% 以上，但比表面积仅为 1 ～ 3 m^2/dm^3。从模具设计及加工的复杂性方面考虑，正方形孔穴模具比正六角形和正三角形简单、易于加工。

二、金属蜂窝结构基体的设计和制造

目前可以制备金属蜂窝结构材料的方法主要有：波纹板焊接法、气体 - 金属共晶定向凝固法、粉末增塑挤压法。其中波纹板焊接法是目前制备金属蜂窝最典型的方法，一些知名的公司都是采用这种方法制备金属蜂窝。而气体 - 金属共晶凝固法和粉末增塑挤压法仍处于小规模的开发应用研究阶段。

1. 波纹板焊接法

波纹板焊接法制备金属蜂窝的工艺是将压制成波纹状的金属箔与平板金属箔叠

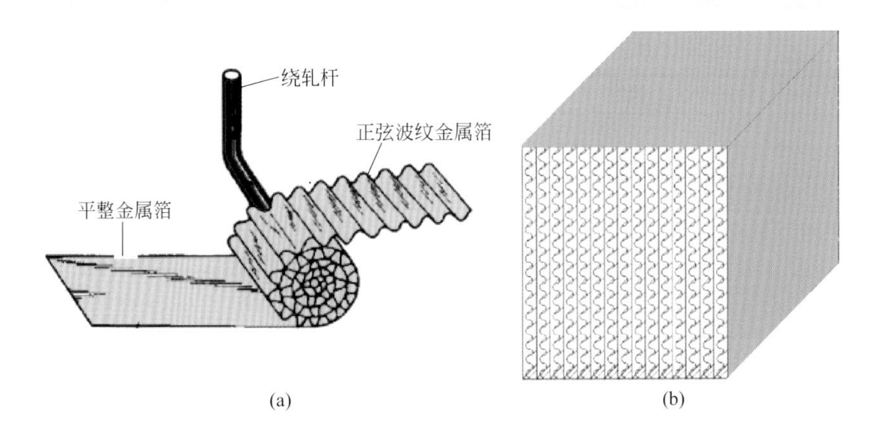

图 4-6　金属蜂窝载体卷制（a）和堆积成型（b）的结构[13]

合焊接，卷成一定形状后与外壳焊接得到整体金属型载体。金属蜂窝载体的主要成型方式有卷制和堆积两种（图 4-6）。交替卷制是在一对辊子上进行，辊子带正弦曲线或者三角形曲线的齿，通过辊子将卷曲的薄片和平整的薄片结合达到合适的直径后，焊接到外表层。通过改变波纹板正弦曲线和三角曲线倾斜角度和宽度，可改变金属蜂窝载体的孔密度[13~17]。使用过程中脉动流和震动不可避免会导致金属蜂窝结构变化，这就需要焊接平板和波纹板以加强二者的结合。

为了避免伸缩现象和延伸缺陷，波纹型和平面型的薄片交替沿着两个轴心以相反方向缠绕，随后将获得的装配物插入一定形状的外壳中。金属薄片的末端与外壳表面钎焊连接。这些层与外层成一定夹角，并且曲线向中心方向，使得其在此方向上承受额外的压力而引起结构上产生扭曲变形。后来，“SM 型”设计使用了三个中心轴，无规则的横截面形状很好地满足了要求。

除了要考虑金属蜂窝载体的抗热和抗机械冲击能力，还要考察通道内的流动情况。金属蜂窝载体通道内流动情况主要有两个特征：①通道内流体流动主要是线形的，流体和通道壁上的催化剂的质量和热量传递系数较低。②各个通道之间是独立的，径向之间没有流动汇，入口处原料分配不均无法在通道之间传递得到补偿。

针对上述问题，提出在波纹板上增加切口，连接相邻的通道。这不但增加了径向流动，还可补偿原料入口分布不均匀的问题。通过增加流体扰动来加强传递的另一方法就是在平板和波纹板上，于垂直于通道方向上增加一些微型结构（图 4-7）。微型结构和各个通道相互连接，虽然催化剂床层内单位长度的压降增加，但是由于传递增强，最后平衡的结果是得到更紧凑和更轻的催化剂载体。

另外，还可以减少金属薄片的平面部分，通过卷起两片具有一定倾斜角度的金属波纹薄片来增加孔道、强化湍流；还通过金属薄片形成“人”字形波纹并且以

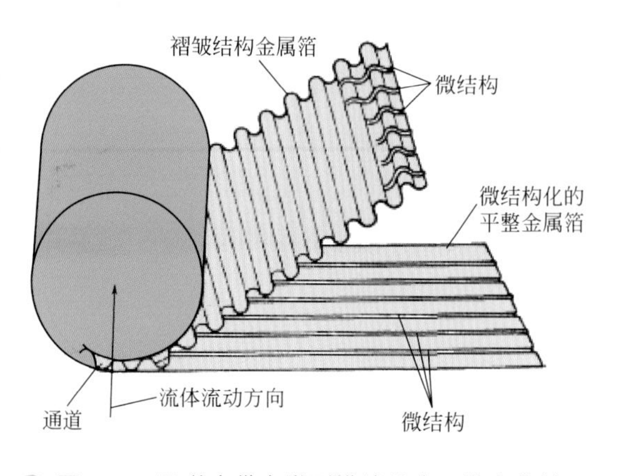

图 4-7　通道内带有微型横线的金属蜂窝载体 [17]

"Z"字形折叠来避免金属薄片发生啮合。对于平行六边形的金属蜂窝，用一根细的金属丝网或者框架代替金属平面薄片，可有效保证通道内的接触。对于管道半径的突然增加而导致的金属蜂窝入口处的流体分布不均问题，在金属蜂窝入口处采用锥形蜂窝孔道，可进一步提升金属蜂窝的效率。

2. 金属-气体共晶定向凝固法

金属-气体共晶定向凝固（GASAR）是一种制备气孔定向排布的规则多孔金属（gasarite）的新工艺 [18~20]。1993 年由乌克兰科学家 Shapovalo 最先提出，并成功制备出由圆柱形气孔规则定向排列于金属基体中的新型结构材料。

许多金属能与氢气构成二元共晶反应相图［图 4-8（a）］，如 Fe-H，Ni-H，Co-H，Cr-H，Mn-H，Al-H 等，在高温区都存在由一个单一液相分解为一个固相和一个气相的三相平衡反应 $L=\alpha(S)+H_2$。根据相图，将不会形成氢化物的金属或者合

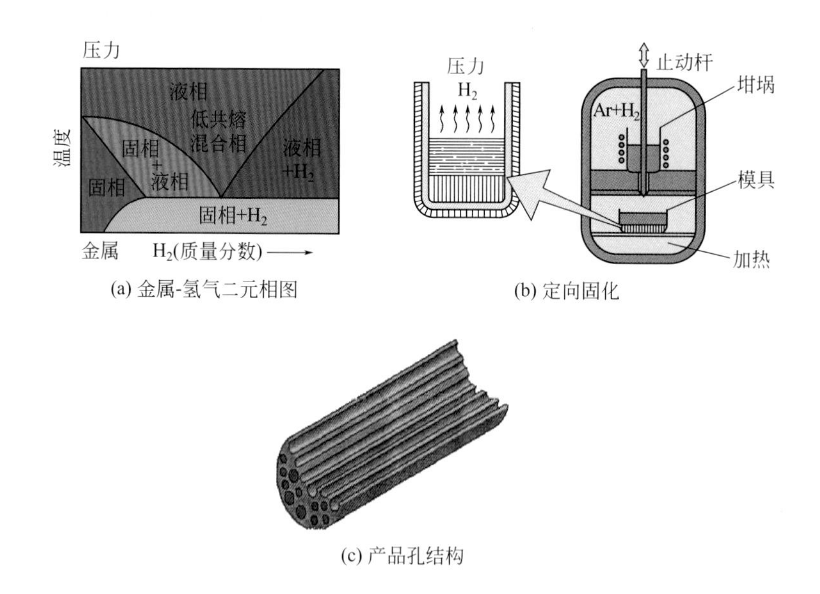

(a) 金属-氢气二元相图　(b) 定向固化

(c) 产品孔结构

图 4-8　气体－金属共晶定向凝固法制备金属蜂窝

金，在高压容器中熔化后注入高压氢气（0.5 ～ 1.0 MPa），然后将含饱和氢气的金属液体注入模具，在定向冷却过程中金属与氢气通过共晶反应凝固形成金属蜂窝材料，其制备工艺如图 4-8（b）和图 4-8（c）。Gasarite 除了具有传统的烧结型或发泡技术制成的多孔金属所共有的各种性能外，还具有独特的力学性能和热学性能；但该方法对设备要求高，凝固过程较难控制，很难获得结构满意的金属蜂窝。

3. 粉末增塑挤压法

粉末增塑挤压（powder extrusion forming，PEF）是在金属铸坯和高聚物加工的挤压工艺基础上发展起来的一种新技术[21~23]，是把金属粉末挤压成蜂窝制品的加工方法。其工艺过程分为以下几步：①首先将金属粉末或金属氧化物粉末和黏结剂混合均匀制成预挤压坯；②将预挤压坯放入挤压筒，坯料经多孔分流挤压模具成型为蜂窝结构；③将挤压成型的蜂窝材料放入干燥箱进行低温干燥；④在烧结炉中烧结成型。烧结除了脱除挤压坯中的增塑剂外，重要的是使生坯的金属颗粒间形成冶金结合，获得外形规整、无缺陷的三维蜂窝多孔结构。由于挤压坯脱除增塑剂后残留了较多的孔洞，因此其烧结收缩比普通粉末冶金压制坯大，所以对烧结条件要求较高，烧结过程中温度和时间对烧结体宏观结构的影响显著。

PEF 虽源于挤压工艺，但就其工艺技术本质而言，与挤压工艺仍存在很多差异。由松散的粉末体压缩，再经拉伸流变而成型，较之其它挤压工艺，挤压物料形变大，挤出工艺参数不同；粉末混合料挤压工艺需采用黏结剂及其它种类的助剂来实现顺利挤出。因此，与高聚物、金属坯料的挤压相比，它多出了黏结剂脱除等工序，而且对粉末成分的控制也更加严格[24~27]。

近年来，国外将粉末增塑挤压成形技术用于制备金属蜂窝取得较大的进展。美国 Cochran 和 McDowell 教授研究小组[28]，将金属氧化物粉末（如 Fe_2O_3、Cu_2O、NiO）与添加剂混合，通过挤压 - 烧结还原制备金属蜂窝制品。首先需要在不同还原温度下进行去除黏结剂、将金属氧化物还原成金属、1300 ℃烧结得到合金；为了引入碳并避免金属粉化还需要在 1000 ℃、CO/CO_2 气氛下进行碳化才能得到薄壁的金属蜂窝。美国Corning公司采用粉体挤压烧结技术制备镍基和铜基金属蜂窝，用于做燃料电池极板和热交换反应器；日本 Kamakura 公司[29] 也采用粉末增塑挤压成型技术，直接用金属粉与黏结剂混合，通过挤压 - 烧结制备金属蜂窝，主要研究的材料体系是铝、铁、铜。410L 不锈钢粉末与增塑剂质量配比在 70% ～ 80%，挤压力为 9.5 ～ 11 MPa，通过增塑挤压制备了不锈钢金属蜂窝，其中烧结温度对蜂窝的结构参数的影响显著，最佳烧结条件为 1235 ℃下 25 min。蜂窝屈服强度与表观密度密切相关；径向压缩为单一层状屈服；轴向压缩变形为多变形带屈服[30]。通过添加 Al_2O_3 粉，1100 ℃真空下烧结 2 h 使得 Al_2O_3 呈颗粒和团絮状分布在基体晶粒界面和孔隙，有利于提高 Al_2O_3/430 L 不锈钢蜂窝材料表面与催化活性涂层的结合度、抗氧化性能和抗压强度[31]。

第三节 炭蜂窝结构基体的制造

活性炭是一种具有发达孔隙结构和高比表面积的多碳材料，由石墨状微晶和将它们连接在一起的碳氢化合物组成。其微孔是活性炭微晶结构中弯曲和变形的芳环层或带之间具有分子大小的间隙，孔形状复杂，正是这些复杂的微孔结构赋予了活性炭特有的吸附功能。由于活性炭具有高度发达的孔隙结构和比表面积、吸附能力强、化学稳定性好等特点，广泛应用于化学工业、食品加工、医疗卫生等领域。

具有蜂窝结构的活性炭，可以从含碳原料出发，通过挤压成型方法得到。与陶瓷载体相比，炭蜂窝结构基体的机械强度较差，可抗机械压力仅在 0 ～ 30 MPa；但是比表面积可达到 400 ～ 1000 m^2/g，远高于陶瓷载体（1 ～ 20 m^2/g）。为了利用碳材料的高比表面积，增加其机械强度，可通过在低比表面积、高强度的蜂窝陶瓷基体上涂渍炭层，而制备得到炭蜂窝结构的载体。

一、整体炭蜂窝的制备

整体炭蜂窝的制备方法和蜂窝陶瓷的制备过程相似，通常使用挤压法制造；制备工序包括有混合、挤压、干燥/固化、碳化和活化等步骤。将含碳原料、黏结剂、增塑剂捏合制成塑性泥料，在模具中进行挤压成型，经过干燥和碳化得到蜂窝状活性炭。为了进一步增加其孔隙率和比表面积，需进行活化处理。活化处理与碳的来源密切相关，其中以酚醛树脂、焦炭或者木质纤维素为含碳原料时，通常需要进行后续的活化处理；相反当以活性炭为原料时则不需要进行后续的活化处理过程。

通常使用的黏结剂有无机黏结剂和有机黏结剂之分；无机黏结剂有黏土、高岭土、堇青石、硅酸钠等。高温下，无机黏结剂颗粒烧结，形成连续的陶瓷相，从而提高蜂窝状活性炭的机械强度。对于有机黏结剂，如酚醛树脂、羟基纤维素或聚呋喃醇，常温下可以使含碳原料黏合在一起，从而提高物料的成型能力。在碳化过程中，有机黏结剂会分解、挥发，从而在蜂窝体内部形成孔隙，进而促进质量传递并降低扩散阻力。

整体蜂窝陶瓷制备中的碳化和活化处理与制备活性炭的碳化和活化过程本质上一致，都会影响最终的材料属性。碳化的定义为：一种形成材料的过程，通常是通过热解完成，其中有机物质的碳含量增加。在碳化过程中，官能团和杂原子的去除结果是碳含量增加和微孔的形成。碳化温度影响最终活性炭的孔结构和机械强度。

炭的活化是通过空气、二氧化碳、蒸汽或其混合物在氧化气氛中，通过部分气化、燃烧来增加炭的孔体积，形成的孔的大小取决于活化剂的类型、活化温度和烧尽程度。活化剂类型的选择取决于其反应性和活化所需的伴随温度。氧的活化性能远高于蒸汽和二氧化碳，其活化温度低（300 ℃）；而二氧化碳和蒸汽活化的活化温度通常高于 800 ℃。此外，催化剂的加入可以增加燃烧的速率，可在较温和的条件下通过不同反应机理形成孔。

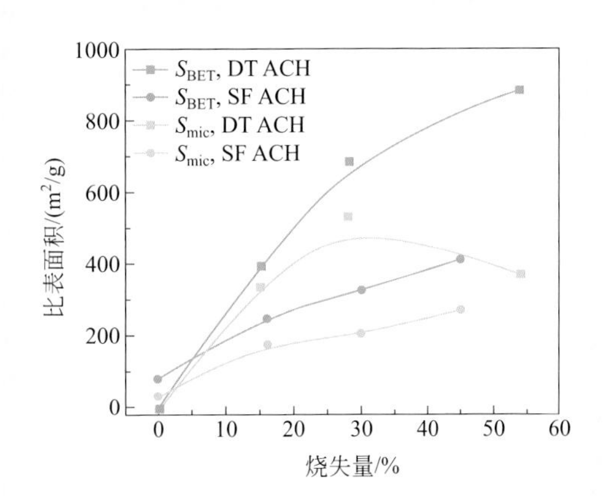

图 4-9　活性炭蜂窝陶瓷烧失量与比表面积的关系 [32]

DT—大同；SF—神府

以具有流动性能较好的酚醛树脂为高分子聚合物原料，在有机溶剂的作用下发生部分交联从而生成具有热固性的树脂，这种树脂具有足够的塑性从而可进行后续加工。热固树脂在加热过程中过度固化不利于炭的生成；而在固化前加热使之熔化则有利于其成型，因此控制树脂交联的程度是制备炭蜂窝的一个重要因素。将部分交联树脂研磨并筛分，研磨过程中使得部分颗粒烧结从而形成部分大孔结构。在碳化过程中，收缩显著，如何控制三维收缩成为其制备的关键因素。通过添加黏结剂、淀粉等可以提高制备炭蜂窝的机械强度。制备炭蜂窝陶瓷的高分子聚合物原料仅限于高含碳量的热固性树脂，如酚醛树脂和聚呋喃醇（碳化时的重量损失分别为约 50% 和 30% ～ 70%）；而线型聚合物如聚乙烯、聚苯乙烯在碳化过程中发生脱聚而无法得到炭。

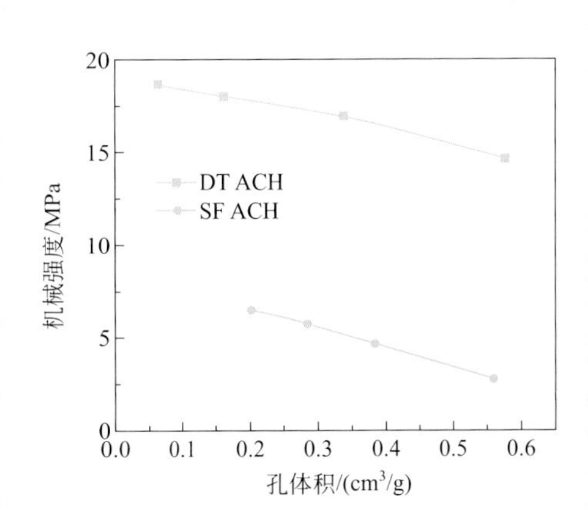

图 4-10　活性炭蜂窝陶瓷孔体积与机械强度之间的关系 [31]

DT—大同；SF—神府

如以不同产地（大同、神府）的烟煤作为炭蜂窝原料，通过挤压方法制备炭蜂窝。烧失量（BO 值）与活性炭蜂窝陶瓷（ACH）的比表面积（S）之间的详细关系如图 4-9 所示；二者制备的蜂窝活性炭比表面积随着烧失量呈现单调增加的趋势；但是微孔比表面积则呈现出不同的趋势。在活化初期，水蒸气与炭的活化反应，使半焦中闭塞的微孔开放，也伴有新微孔的生成，导致比表面积的增加；而微孔比表面积的减少则是由于过度活化导致的微孔宽化和塌陷所致。

图 4-10 显示了活性炭蜂窝的机械强度与其总孔体积的关系。煤制蜂

窝活性炭的机械强度随着总孔体积的增加而降低；但是以大同产地的烟煤为原料制备得到的活性炭蜂窝不仅具有较高的比表面积，而且具有较高的机械强度。结合二者的孔结构特点可知：微孔对蜂窝活性炭的机械强度的影响远低于中孔和大孔；进一步分析表明孔径尺寸大于 17 nm 的孔是造成蜂窝活性炭机械强度降低的主要原因。

通过扫描电镜对不同煤制蜂窝碳化物的表面进行形貌分析，认为不同煤制蜂窝活性炭的机械强度与蜂窝半焦内的宏观空隙相关。其中一部分空隙是由于煤粉颗粒在混合过程不规则堆积形成，另外一部分是在碳化过程中挥发分逸出形成的，这两部分空隙的总量与煤制蜂窝半焦的机械强度密切相关，而与蜂窝半焦内的最大空隙的宽度关系不明显。降低煤粉颗粒的粒度、颗粒之间的空隙，并采用具有黏结性的原煤，对于制备高强度的蜂窝活性炭更为有利。

二、炭涂层蜂窝陶瓷制备

对于负载型蜂窝活性炭的制备工艺，与其负载的含碳原料密切相关，常用的制备方法有浸泡涂覆法、熔融法和化学气相沉积法（CVD）。浸泡涂覆法的含碳原料通常是树脂类聚合物，而熔融法使用的含碳原料为煤焦沥青。浸涂或熔融方法都是通过将含碳的前驱体渗透到整体结构的多孔网络中，将涂层固定到结构上，从而在碳化时形成连续的涂层。浸泡涂覆法需要确保含碳前驱体和陶瓷基体的完全接触，而熔融方法中的含碳前驱体需要先熔化后才能扩散到陶瓷基体表面。熔融方法优点在于仅需要单一的步骤就可得到炭涂层；相反浸涂方法需要工序多、处理时间长。通过化学气相沉积方法生成结构致密、无孔的炭，因此具有高比表面积的基体适合采用化学气相沉积法；此外，所使用碳氢化合物的反应性能和碳沉积的动力学特性也会导致在通道轴向上覆盖度的差异。

Valdés[33] 开发了制备活性炭蜂窝陶瓷的步骤如下：用聚合物溶液浸渍陶瓷基体，通过旋转方法除去过量的聚合物溶液；对基体进行固化或干燥后进行碳化；通

(a) 气吹　　(b) 旋转浸渍

图 4–11　涂覆碳蜂窝陶瓷的 SEM 图 [33]

过蒸气或 $ZnCl_2$ 进行活化。通过 SEM 表征（图 4-11）可知旋转法可有效消除积聚在孔道中的过量聚合物溶液，且负载的 85% 炭都存在于孔道内壁上。

与空白基体相比，炭涂覆的基体的轴向机械抗压强度增加 58%。活化方法显著影响负载型陶瓷基体炭涂层的孔结构，蒸汽活化可有效增加活性炭涂层微孔体积（0.5 m^3/g）和比表面积（1500 m^2/g）；而使用 $ZnCl_2$ 的化学活化仅增加了炭产率，未对微孔体积增加产生影响[34]。

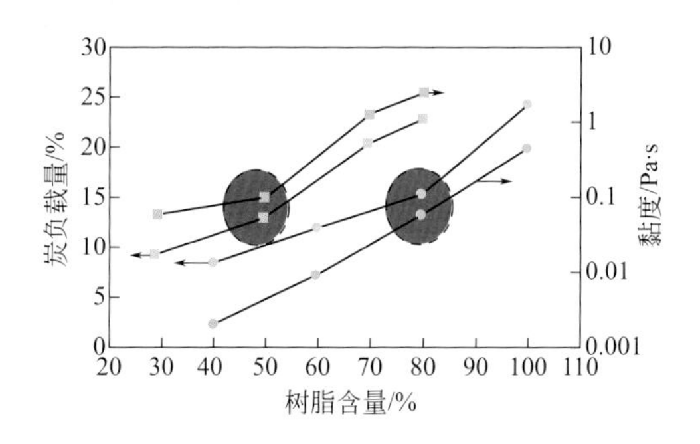

图 4-12　呋喃树脂和酚醛树脂在不同比例和炭负载量下的黏度（虚线圆圈代表最佳黏度）[34]

—●—呋喃树脂；—■—酚醛树脂

浸涂方法制备负载型炭蜂窝时，含碳的前驱体、料液的黏度和碳化温度都对浸涂的效果产生影响。图 4-12 考察了以酚醛树脂和呋喃树脂两种不同含碳前驱体料液黏度和炭负载量之间的关系。随着料液中碳含量的增加，其黏度和最终炭负载量也相应增加；以呋喃树脂为含碳的原料时重复性更好，这是由于溶剂不容易蒸发所致。在碳化过程中呋喃树脂中碳的损失率也低于酚醛树脂。

以糠醛树脂为含碳原料，通过在等时间间隔内加入硝酸进行预处理后，添加造孔剂（聚乙二醇 6500）和黏结剂（吡咯），经过交联固化、碳化以及氧化气氛活化后，制备得到具有微孔和中孔为主的负载型蜂窝活性炭，中孔率高达 65%。由于对树脂进行了酸处理，使得大量的酸性官能团暴露在活性炭表面[35]。

为了进一步高效优化制备工艺，可将基于 Box-Behnken 设计的响应面法用于优化生产介孔负载型炭涂层的最佳合成条件[36]；其中造孔剂聚乙二醇的浓度、分子量和碳化温度决定了最终炭涂层的孔分布和孔体积，中孔和大孔的孔体积受操作条件的影响显著。以糠醇树脂、聚乙二醇 600 为原料制备的炭涂层主要由中孔和少量微孔组成，而不添加聚乙二醇则得到是具有发达微孔的炭涂层。

熔融法适用于熔融含碳的前驱体，例如煤焦油沥青。由氧化铝、堇青石或黏土制成的陶瓷结构与煤焦油沥青一起在惰性气氛中加热。在加热时，沥青熔化并渗入陶瓷结构的孔隙。为了使煤焦油沥青碳化，一般将复合物加热至 800 ～ 1000 ℃。

通过化学气相沉积法，可实现碳纳米管（CNTs）在蜂窝陶瓷上生长，其操作步骤如下：在惰性气氛下将碳氢化合物通过蜂窝陶瓷，在高温和催化剂的作用下，碳氢化合物分解生成炭沉积于蜂窝陶瓷表面。为获得均匀的碳纳米管层，蜂窝陶瓷通道壁通常会负载 γ- 氧化铝涂层。因此生长碳纳米管的结构由催化剂、反应条件、载体和涂层的性质共同决定。

由于乙烯比甲烷活泼，在催化剂作用下更有利于 CNTs 快速生长。CNTs 层厚度和长度受催化剂颗粒大小影响显著；对均匀分布于涂层上小尺寸的催化剂颗粒，在蜂窝陶瓷通道形成的是薄（1 μm）的 CNTs 层；而对大颗粒催化剂，生长 CNTs 的时间较长，可导致涂层与堇青石分离。催化剂颗粒大小和分布的控制以及烃类的选择应该以不危及 CNTs 层在蜂窝陶瓷上的生长为标准。

温度决定了 CNTs 的生长速率，也影响其机械强度，得到的复合物的 CNTs 层厚度及其一些性质见表 4-6[37]。随着反应温度的增加，可有效地增加 CNTs 的负载量，使得 CNTs 的涂层厚度增加；但是 CNTs 过度生长超出涂层范围，也会导致蜂窝陶瓷体的崩解。

表4-6　在复合蜂窝陶瓷上涂层的CNTs特性[37]

生长温度/℃	（CNTs/蜂窝陶瓷）/%（质量分数）	（CNTs/氧化铝）/%（质量分数）	平均涂层厚度/μm	CNTs 直径/nm	复合机械强度/MPa
600	13.2	2.4	2.2	5 ～ 10	35
650	16	3.0	4	10 ～ 30	30
700	17.8	3.3	4	10 ～ 30	—

第四节　蜂窝陶瓷结构催化剂与反应器的制造

对于蜂窝陶瓷结构的催化剂制备工艺，其制备方法与普通催化剂的制备方法没有显著差别，但是整体式催化剂的制备需要根据所选催化剂和其应用的条件进行（图 4-13）。

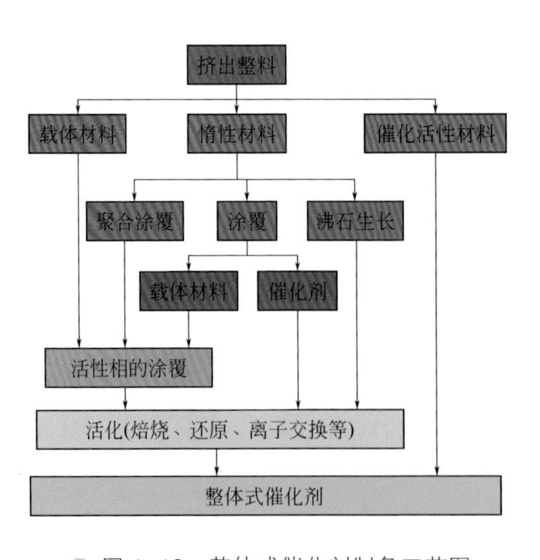

图 4-13　整体式催化剂制备工艺图

对于不需要基体的整体式催化剂，如分子筛整体式催化剂，可以直接在基体上涂覆或者原位合成。把催化活性组分和载体材料同时浸涂在蜂窝陶瓷结构基体上容易达到所要求的孔隙率、机械强度，同时有利于催化活性组分的分散。如果催化剂的基体组成与催化剂载体组成一致，则可将活性组分直接沉积在基体上；反之则需要在基体上负载载体涂层后再上载活性组分。载体涂层的负载方式可以通过胶体、浆料和聚合物等方式引入；而活性组分的上载则与普通催化剂活性组分的上载方法一致。

一、蜂窝陶瓷结构上载体层的沉积

堇青石蜂窝陶瓷的比表面积小（< 2 m^2/g），不利于活性组分的分散，且成型后的蜂窝载体由于表面较平滑，使得活性组分很难结合在载体上。为了解决上述问题，需对陶瓷基体表面进行涂覆处理，即在蜂窝陶瓷基体上涂覆具有较大比表面积的载体层，其主要作用是增加载体的比表面积、紧密联系载体和活性组分、降低活性组分的脱落。为此，涂层应具有良好的热稳定性、吸附能力和黏结性。目前常用的整体式催化剂的涂层材料主要有金属氧化物、分子筛和碳材料，金属氧化物由Al_2O_3、TiO_2、CeO_2、ZrO_2或者它们的混合氧化物构成。由于基体和涂层膨胀系数的不同，导致高温下涂层脱落，所以涂层除了需具备高的比表面积和合适的孔径结构以外，还要求基体骨架和涂层之间有较强牢固度和较好的热稳定性，从而使催化剂在高温条件下，仍能够保持良好的催化活性。

1. 浸涂法

浸涂法是通过孔填充使得基体与涂层之间存在强相互作用，这是由于大部分涂层溶液是固定在基体的孔内，而不是附着在蜂窝通道的外表面上[38]。这种方法是通过使用待沉积材料的溶液（或溶胶）或通过粒径较小的胶体溶液对基体涂覆。以胶体溶液为原料对堇青石基体进行上载涂层，通过扫描电镜观察不到堇青石基体上涂层的界面、基体的分层结构。胶体溶液是一种悬浮液；而通过溶胶-凝胶制备时，是将基体浸入到溶液中，这样更有利于其在基体中孔内扩散。将拟薄水铝石、尿素和硝酸按照质量比 2∶1∶5，可制备得到黏度为 20 mPa•s 的稳定溶胶，通过浸涂的方法可均匀负载 10% Al_2O_3，其比表面积可达 250 m^2/g 涂层。

2. 原位合成法

原位合成法是通过在基体表面发生化学反应，生成一种或者几种能牢固附着在基体表面的物质，涂层和基体间的黏附力比较强。利用这种方法来制备陶瓷涂层，克服了陶瓷和金属氧化物表面之间的润湿度不高、黏附性小等缺点，还简化了操作过程，具有良好的前景。

原位合成法使得涂层与载体的黏附性更强，且有助于获得优先取向，以促进反应物在沸石孔内的扩散[39,40]。例如，MFI 沸石分子筛仅沿 *a* 轴和 *b* 轴方向生长，因此与 *c* 轴取向生长的分子筛膜相比，*a* 或 *b* 轴取向生长有利于与反应分子接触。通道的共生晶体比随机取向通道的沸石膜具有更大的可接触性。在制备沸石膜过程中经常出现优先取向，并且晶体的取向似乎不仅取决于载体的特性，而且取决于晶体生长的条件。在商业堇青石蜂窝体上原位生成 MFI 型沸石分子筛过程中，引入低浓度的 Al，可缩短晶化时间，这是由于 Al 的引入加速溶胶层的形成，但会阻碍溶胶层中成核和沸石化过程。通过固态原位结晶不仅可在堇青石蜂窝体上原位合成 ZSM-5 薄膜，也可合成多层 ZSM-5 分子筛膜。合成过程中对 H_2O/SiO_2 比例研究发现，水的稀释作用可有效抑制致密膜的生成、修饰分子筛的形貌并抑制晶化分子筛粉末化。通过直接水热合成或者晶种生长方法可使得 ZSM-5 沸石负载重量达到 30%。

3. 浆料涂覆法

浆料涂覆的方法，是将部分浆液先被蜂窝陶瓷基体多孔通道壁吸附形成滤饼层，其厚度与蜂窝陶瓷基体的孔隙率和尺寸、浆液性质和通道充满速率有关；用空气吹去多余的浆液，涂层负载量与使用空气的速度相关；浆液性质，如固体颗粒的性质、溶剂的性质和浆液中固体的含量，对涂层质量有重要影响；这是因为上述变量会导致浆料的 pH 值、黏度和 zeta 电位发生变化。

颗粒的化学和结构性质对浆液浸泡过程有重要影响。实验结果表明，载体涂层的黏附性主要取决于沉积粉末的颗粒大小。在环境催化应用的苛刻操作条件下涂层有可能发生脱落，所以，对涂层黏附性的要求非常高。然而对载体涂层膜与蜂窝陶瓷基体间黏附质量问题的研究却非常少。在粉末特性和工艺参数对蜂窝陶瓷基体上涂渍氧化铝、氧化锆和氧化钛层影响的研究中也进行了氧化物涂层与蜂窝陶瓷通道壁间黏附性的研究[41]。蜂窝陶瓷壁和氧化铝粉末间的黏附主要通过物理力[42]，浆料颗粒的尺寸决定了涂层的脱落率，而与涂层材料自身的化学组成无关。对于分子筛而言，黏附稳定性与沸石类型有关，其中：ZSM-5 > 丝光沸石 > 镁碱沸石。为了改善分子筛涂层的黏附性，通常可以加入黏结剂，如硅或者铝等。

浆料中的溶剂决定了浆料的最终黏度和分散性，其中浆料的 pH 值尤其重要。浆料的 pH 值与浆料的流动性能相关，即浆液流动性确定涂层厚度：浆料为准牛顿流体时，其黏度与剪切力无关；相反，浆液转变成非牛顿流体，黏度随剪切力增加而增加，因此涂层上载量与浆料的 pH 值存在最佳关系。浆料的 zeta 电位高，在强酸（pH 值 <3.5）或者强碱（pH 值 >9.5）的条件下可分散稳定。以 ZrO_2 粉体为例，其等电点 pH 值为 6.0。通过加入絮凝剂（非调节 pH 值）有利于浆料的稳定性并降低其黏度。加入 0.2%（质量分数）NH_4-PMA 絮凝剂时，ZrO_2 浆料的 pH 由 7.0 增加到 8.5；而加入 1.0%（质量分数）NH_4-PMA 絮凝剂时，zeta 电位向较低方向偏移，此时其等电点变成为 4。抗絮凝剂 NH_4-PMA 是一种碱性物质，可将浆料的 pH 值增加到 8.5，从而有利于聚电解质解离，促进了可在粉末表面吸附的阳离子的生成。增加的负电荷导致粉体的等电点降低，使其在更广泛 pH 区域内 zeta 电位提高，促进浆料的分散[43]。

在蜂窝陶瓷基体上沉积涂层的上载量是涂覆过程中一个重要的指标，而涂层的主要特征尺度分别是边角上的最小和最大厚度。在浸涂过程中沉积量和特征尺寸与浆液中固含量和浸涂次数相关。固含量（体积分数）可以通过颗粒的密度和浆料的

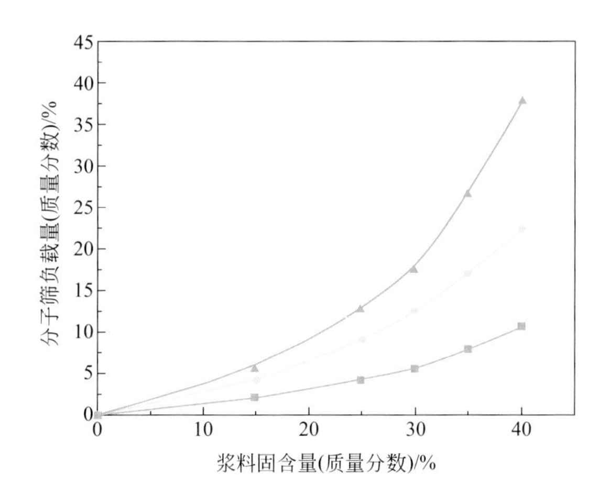

图 4-14 浆料浓度对涂层中分子筛负载的影响 [44]

■一次沉浸；●两次沉浸；▲三次沉浸

浓度计算得到，相对黏度和浆料的固含量之间的关系如图 4-14 所示。高的固含量和细的粉体颗粒可导致高黏度浆料 [44]。

二、蜂窝陶瓷载体催化活性组分的负载

对不同蜂窝陶瓷载体和不同种类的催化活性组分，负载方法主要有：浸渍、离子交换、沉积沉淀等；选择何种方法引入活性组分与活性组分的性质和加工工艺相关。这是由于浸渍液的表面张力能够引起催化活性组分在蜂窝陶瓷通道中的分布所致。对催化活性组分或其前驱物在蜂窝陶瓷通道壁上的分布，可能有四种模式：均匀型、蛋壳型、蛋白型、蛋黄型，如图 4-15 所示。

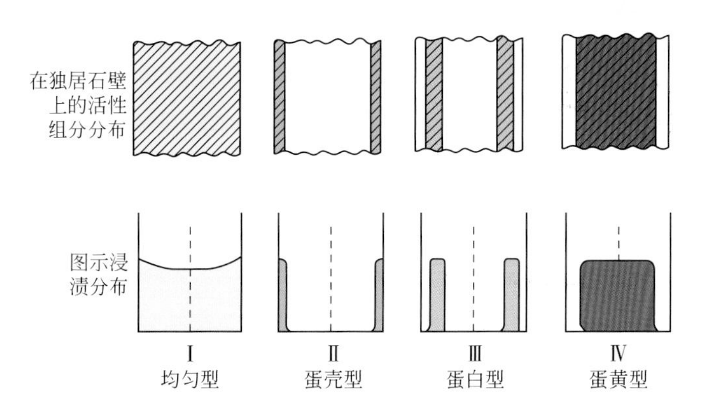

图 4-15 在蜂窝陶瓷壁上活性组分分布模型 [45]

浸渍是一种常用的负载活性组分的方法。浸渍过程中，操作过程与常规催化剂一致；与常规小尺寸的催化剂载体浸渍相比，对于大尺寸结构载体浸渍，则相对复杂一些。这是由以下原因导致的：浸渍液在毛细管力的作用下沿轴向流动，由于流动距离长会导致浸渍液无法达到载体的中间部分，且其外壁面含有过量的液体；在干燥的过程中，在整体式的两个端口处溶剂蒸发速度快，使得大部分活性金属都位于端口处。

当在蜂窝陶瓷特定区域进行选择性浸渍时，需确定载体中不同组分的等电点。在低于颗粒载体等电点的 pH 值时带正电荷，因此有吸附溶液中阴离子物种的趋势；反之亦然。因而通过测定涂层的等电点和前驱体盐类的离子物种的性质，就可实现选择性浸渍[46]。

在载体上沉积金属的另一种常用方法是通过离子交换。将载体加入含有某种金属盐的溶液中，金属离子一般是以带正电或带负电的配合物的形式存在，它们可吸附在载体的表面基团上（或与之反应）。利用离子交换法将氯铂酸（H_2PtCl_6）中的 Pt 交换到氧化铝载体上；由于载体表面的羟基量远高于与 $PtCl_6^{2-}$ 络合物交换所需要的羟基量，导致铂吸附速度快[47]。对于常规催化剂载体，这将导致蛋壳型金属分布；对于整体式载体，这导致大部分铂沉积在通道入口处。可添加竞争性吸附酸，如盐酸，由于竞争吸附的影响有助于 Pt 的均匀分布。离子交换的优点是金属与载体相互作用，在干燥过程中不容易发生金属再分布。

沉积 - 沉淀也是常用的引入活性组分的方法，其优点是不溶性金属盐沉积在载体后，在干燥步骤中不发生迁移。沉积 - 沉淀可通过以下两种方式实现：第一种是将催化剂基体放入金属盐溶液中，然后缓慢加入沉淀剂；第二种方法是将溶解度较差的金属盐和沉淀剂溶液同时加入含有催化剂载体的溶液中，在上述操作过程中，液体采用循环流动的方式，以避免在外壁面和通道的入口端的活性组分高的现象。

为了进一步提高活性组分的均匀分布，可通过将可溶性金属盐和沉淀剂溶解于同一溶液中，缓慢且均匀地加热浸于上述溶液的整体式载体，使得液体达到过饱和，将活性金属沉积在载体上。这种方法不需要液体快速流动；但是浸渍用的容器体积与整体式载体的体积相当，以防止整体式载体的外壁面上沉积过量的活性组分。如果金属的溶解度不高，则需要多次重复上述过程以达到所需要的负载量[48]。

第五节 金属蜂窝结构催化剂与反应器的制造

金属载体自身有很多优势，如抗机械冲击能力高、热容量低、容易加工、壁薄、开孔率高等，尤其在强吸热、强放热反应中，金属载体催化剂具有不可比拟的优势。与陶瓷催化剂载体相比，金属载体材料的研究时间较短，面临的问题多，如载体材料的抗高温氧化性能有待提高，载体材料的成型工艺过于复杂，载体材料与涂层的结合牢固性较差等。金属蜂窝催化剂的制备工艺与蜂窝陶瓷催化剂的制备工艺基本相同，都包含有涂层的上载、活性组分的引入、焙烧；为了解决金属与涂层的结合牢固性较差的问题，通常采用金属预处理和电化学的手段，增加氧化物的过渡层或者直接引入氧化物溶胶层。对于活性组分的引入方法、原理可借鉴蜂窝陶瓷催化剂的相关内容。

金属在加工过程中，表面粘有油污等，需要用酸、碱或丙酮等对金属表面进行处理，以去除金属表面的杂质。如果表面清理不干净，会导致后序工艺中表面斑点的生成，从而导致金属表面生成的氧化物膜不均匀平整，影响负载涂层的牢固度。表面清理之后，通过表面处理，在金属表面生成一层氧化物，增大金属基体表面的粗糙度。

FeCrAl 合金是金属蜂窝陶瓷的标准材料，表面生成的氧化铝层保护合金不被氧化，但并不具有作为催化剂载体的性质。因此，在金属表面需要引入氧化铝或其它氧化物层，以实现其作为载体的功能。通过洗涤浸涂的方法引入氧化物涂层时，金属表面的粗糙度具有重要作用：粗糙表面有利于形成较厚的涂层，并促进粗糙表面和涂层之间的相互作用，以降低涂层的脱落率。无规则定向的氧化铝长须更适合浆液浸涂，氧化铝形貌与氧化处理时间、温度如图 4-16 所示[49]。

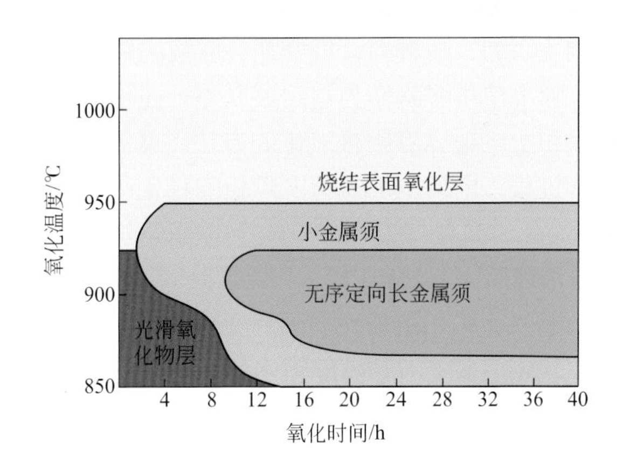

图 4-16　FeCrAlY 合金在空气中氧化的氧化区域与氧化处理时间和温度的关系

低温、短时间预处理生成的光滑氧化物层，不适合浸涂；高温度预处理虽然有利于氧化物的生成，但是氧化铝表面发生明显的烧结；而在中间区域得到无规则的长须，在浸涂过程中可有效保留浆料，且焙烧增加二者之间的相互作用，保证了涂层的牢固性。无规则长须的形貌如图 4-17 所示。目前对合金适宜的预处理条件是 1200 ℃下 0.5% 氧气（氮气）中处理 5 min[50]。

为了在金属基体上得到牢固的氧化铝涂层，需要在金属基体表面上首先负载一层氧化铝溶胶过渡涂层。氧化铝溶胶过渡涂层的前驱物 AlOOH 溶胶的性质直接影响到涂层的质量，因此稳定单分散溶胶的制备十分关键。AlOOH 溶胶制备的原料主要有有机醇铝（丁醇铝、异丙醇铝）、无机铝盐（氯化铝、硝酸铝等）和金属铝、纳米氧化铝、拟薄水铝石和氢氧化铝乳胶单体等。在溶胶凝胶法中，要得到高质量的涂层，所用溶胶必须有良好的流动性和稳定性。对于 1.0 mol/L 的 AlOOH，$[H^+]$/

图 4-17 FeCrAl 合金箔空气中氧化后表面氧化铝须的 SEM 照片[50]

[Al^{3+}] 在 0.08 ～ 0.09 之间最稳定，铝溶胶颗粒的平均粒径小、粒径分布范围窄。实际生产中铝溶胶常具有触变性，即体系的黏度是时间的函数，在剪切应力作用下体系的黏度降低，应力除去后体系的结构又逐渐恢复。氧化铝溶胶的触变性直接影响了体系的触变性，触变性越明显，体系越不稳定；胶液的触变性与浆料的固含量之间的关系为：随着固含量增加，胶液的触变性变得明显。

除了使用溶胶作为过渡层以外，还可以通过电化学的方法引入氧化铝层，如电泳沉积、电镀或者阳极氧化的方法。电泳沉积（EPD）是一个应用直流电场的胶体化学过程，电场施加在荷电颗粒的稳定悬浮液上，使带电粒子向带有相反电荷的电极移动。涂层的厚度取决于两个电极间的距离（约 10 mm）、直流电压（10 ～ 300 V）、悬浮液性质（例如 pH 值）和涂层时间。EPD 可以在基体上沉积 100 ～ 120 μm 的铝，然后进一步氧化形成比表面积 12 m^2/g 的多孔氧化铝线。在电泳沉积期间也可以使用氧化铝溶胶 (由异丙醇铝水解制备) 作为颗粒悬浮液，干燥和焙烧后，得到比表面积高达 450 m^2/g 的规则的铝氧化物层。

电镀也称“电化学沉积”，就是利用电解原理在某些金属表面上镀上一薄层其它金属或合金的过程，是利用电解作用使金属或其它材料制件的表面附着一层金属膜的工艺。电镀时，镀层金属或其它不溶性材料作阳极，电镀待镀的工件作阴极，镀层金属的阳离子在待镀工件表面被还原形成镀层。Yasaki[51] 在 FeCrAl 合金表面电镀一层铝，将其在高温真空下熔融，通过调控负载不同粒径 Al_2O_3 浆料的涂覆次数，可控制得到不同厚度的氧化铝涂层。

参考文献

[1] Nie L, Zheng Y, Yu J. Efficient decomposition of formaldehyde at room temperature over Pt/honeycomb ceramics with ultra-low Pt content[J]. Dalton Trans, 2014, 43 (34): 12935-12942.

[2] Wang J, Zhang H, Meng X, et al. Promotion of the alginate gelling method for preparing Al_2O_3

honeycomb ceramics[J]. Adv Appl Ceram, 2017, 116 (8): 434-438.
[3] 唐婕 . 环保陶瓷生产与应用 [M]. 北京 : 中国建筑工业出版社 , 2018.
[4] Nonnenmann M. Metal supports for exhaust gas catalysts[R]. SAE Technical Paper, 1985.
[5] Reek A, Bergmaon A, Kaiser F W, et al. Metallic substrates and hot tubes for catalytic converters in passenger cars, two and three wheelers[R]. Detroit, Michigan: Society of Automotive Engineers, 1996, SAE Paper 962474.
[6] Nicholls J R, Quadakkers W J. Materials issues relevant to the development of future metal foil automotive catalytic converters[M]. Materials Aspects in Automotive Catalytic Converters. Bode H (Eds). Weinheim: Wiley-VCH Verlag GmbH & Co KGaA, 2003: 31-48.
[7] Mahboubi S, Jiao Y, Cook W, et al. Stability of chromia (Cr_2O_3)-based scales formed during corrosion of austenitic Fe-Cr-Ni alloys in flowing oxygenated supercritical water[J]. Corrosion, 2016, 72 (9): 1170-1180.
[8] Liu L, Wu S, Dong Y, et al. Effects of alloyed Mn on oxidation behaviour of a Co-Ni-Cr–Fe alloy between 1050 and 1250 ° C[J]. Corros Sci, 2016, 104: 236-247.
[9] Cueff R, Buscail H, Caudron E, et al. Oxidation behaviour of Kanthal A1 and Kanthal AF at 1173 K: effect of yttrium alloying addition[J]. Appl Surf Sci, 2003, 207 (1-4): 246-254.
[10] Fukuda K, Takao K, Hoshi T, et al. Improvement of high temperature oxidation resistance of rare earth metal-added Fe-20% Cr-5% Al alloys by pre-annealing treatment[J]. Mater High Temp, 2003, 20 (3): 319-326.
[11] Bergmann A, Brück R, Kruse C, et al. Design Criteria of Metallic Substrates for Future Catalyst applications: Part Ⅲ [R]. SAE Technical Paper, 1997.
[12] 杨宇 . 金属蜂窝夹层结构的力学性能分析 [D]. 哈尔滨 : 哈尔滨工业大学 , 2013.
[13] Stoll M O, Grobelny T J, Taylor M S. Rf node welding of corrugated honeycomb core: WO 2015095736. 2015-6-25.
[14] Nirupama G, Reddy V D, Krishnaiah G. Design and fabrication of spot welded corrugated panel under three point bending by FEM[J]. Procedia Eng, 2014, 97: 1282-1292.
[15] Jatkar A D. A new catalyst support structure for automotive catalytic converters[R]. SAE Technical Paper, 1997.
[16] Pflug J, Verpoest I. Half closed thermoplastic honeycomb, their production process and equipment to produce: US 8795806. 2014-8-5.
[17] Boiko L V. Formation of porous structures in metal-hydrogen systems[J]. Mater Sci, 2002, 38 (4): 544-549.
[18] Shapovalov V, Hammetter W. New porous materials-gasars-for hydrogen and solar energy 8th International Energy Forum.Las Vegas: 2000.
[19] Lyudmyla B. Truetural features and properties of gasars-new porous composite metals for industry[C]. Missouri. 2000 TMS Fall Meeting on State of the Art in Cast Metal Matrix Composites in the Next Millenium, 2000.

[20] Du M, Zhang H, Li Y, et al. Fabrication of a hierarchical trimodal structure with nano-cellular Cu_2O, nano-porous Cu and micro-porous Gasar Cu[J]. Mater Lett, 2016, 164: 583-586.

[21] Shi X I, Shao G Q, Duan X L, et al. Powder extrusion molding of nanocrystalline WC-10Co composite cemented carbide[J]. J Wuhan Univ Technol (Materials Science Edition), 2006, 21 (1): 46-48.

[22] Zhou J, Huang B, Wu E. Extrusion moulding of hard-metal powder using a novel binder system[J]. J Mater Process Technol, 2003, 137 (1-3): 21-24.

[23] Arias-Serrano B I, Sotomayor M E, Várez A, et al. High-performance Ni-YSZ thin-walled microtubes for anode-supported solid oxide fuel cells obtained by powder extrusion moulding[J]. RSC Adv, 2016, 6 (23): 19007-19015.

[24] Liu W, Cai Q, Ma Y, et al. Fabrication of 93W-Ni-Fe alloy large-diameter rods by powder extrusion molding[J]. Int J Refractory Metals and Hard Mater, 2014, 42: 233-239.

[25] Chen Z, Ikeda K, Murakami T, et al. Fabrication of composite pipes by multi-billet extrusion technique[J]. J Mater Process Technol, 2003, 137(1-3): 10-16.

[26] Wang M, Hoshino M. Research on the influence of vertical ironing to bonding pressure within multi-billet extrusion for inner ribbed tube[J]. Mater Today: Proc, 2015, 2 (10): 4794-4801.

[27] Wang H, Han J. Fabrication of laminated-metal composite tubes by multi-billet rotary swaging technique[J]. Int J Adv Manuf Technol, 2015, 76 (1-4): 713-719.

[28] Cochran J K, Lee K J, McDowell D L, et al. Multifunctional metallic honeycombs by thermal chemical processing[J]. Processing and properties of lightweight cellular metals and structures (TMS), 2002: 127-136.

[29] Takano Y, Masai T, Seko H, et al. Development of the lightweight large composite-honeycomb-sandwich central cylinder for the next generation satellites[J]. Aerosp Technol Japan, 2011, 10: 37-42.

[30] 左孝青，周芸，梅俊，等．不锈钢金属蜂窝的制备、组织结构及力学性能研究 [J]. 粉末冶金技术，2006, 24 (5): 353-358.

[31] 杨一群，李和汀，孙亚东，等．粉末增塑挤压制备 Al_2O_3/430L 复合型蜂窝材料的组织与性能 [J]. 材料科学与工艺，2017, 25 (3): 19-25.

[32] Liu L, Liu Z, Huang Z, et al. Preparation of activated carbon honeycomb monolith directly from coal[J]. Carbon, 2006, 8 (44): 1598-1601.

[33] Valdés S T, Marbán G, Fuertes A B. Preparation of microporous carbon-ceramic cellular monoliths[J]. Micropor Mesopor Mater, 2001, 43 (1): 113-126.

[34] García-Bordejé E, Kapteijn F, Moulijn J A. Preparation and characterisation of carbon-coated monoliths for catalyst supports[J]. Carbon, 2002, 40 (7): 1079-1088.

[35] Hosseini S, Khan M A, Malekbala M R, et al. Carbon coated monolith, a mesoporous material for the removal of methyl orange from aqueous phase: Adsorption and desorption studies[J]. Chem Eng J, 2011, 171 (3): 1124-1131.

[36] Choong T S Y, Chuah T G, Yunus R, et al. Development of polymer derived carbon coated monolith for liquid adsorption application by response surface methodology[J]. Can J Chem Eng, 2009, 87 (4): 591-597.

[37] López A J, Rico A, Rodríguez J, et al. Tough ceramic coatings: Carbon nanotube reinforced silica sol-gel[J]. Appl Surf Sci, 2010, 256 (21): 6375-6384.

[38] Nijhuis T A, Beers A E W, Vergunst T, et al. Preparation of monolithic catalysts[J]. Catal Rev, 2001, 43 (4): 345-380.

[39] Ulla M A, Mallada R, Coronas J, et al. Synthesis and characterization of ZSM-5 coatings onto cordierite honeycomb supports[J]. Appl Catal A, 2003, 253 (1): 257-269.

[40] Öhrman O, Hedlund J, Sterte J. Synthesis and evaluation of ZSM-5 films on cordierite monoliths[J]. Appl Catal A, 2004, 270 (1-2): 193-199.

[41] Agrafiotis C, Tsetsekou A, Leon I. Effect of slurry rheological properties on the coating of ceramic honeycombs with yttria-stabilized-zirconia washcoats[J]. J Am Ceram Soc, 2000, 83 (5): 1033-1038.

[42] Agrafiotis C, Tsetsekou A, Ekonomakou A. The effect of particle size on the adhesion properties of oxide washcoats on cordierite honeycombs[J]. J Mater Sci Lett, 1999, 18 (17): 1421-1424.

[43] Agrafiotis C, Tsetsekou A, Leon I. Effect of slurry rheological properties on the coating of ceramic honeycombs with yttria-stabilized-zirconia washcoats [J]. J Am Ceram Soc, 2000, 83 (5):1033-1038.

[44] Agrafiotis C, Tsetsekou A. The effect of processing parameters on the properties of γ-alumina washcoats deposited on ceramic honeycombs[J]. J Mater Sci, 2000, 35 (4): 951-960.

[45] Irandoust S, Cybulski A, Moulijn J A. The use of monolithic catalysts for three-phase reactions[M]. Marcel Dekker: New York, 1998.

[46] Lee S Y, Aris R. The distribution of active ingredients in supported catalysts prepared by impregnation[J]. Catal Rev Sci Eng, 1985, 27 (2): 207-340.

[47] Addiego W P, Lachman I M, Patil M D, et al. High surface area washcoated substrate and method for producing same: US 5212130. 1993-5-18.

[48] Knijff L M, Bolt P H, Yperen van R, et al. Production of nickel-on-alumina catalysts from preshaped support bodies[M]. Stud Surf Sci Catal, Elsevier, 1991, 63: 165-174.

[49] Briggs S A, Edmondson P D, Field K G, et al. Complementary techniques for quantification of α phase precipitation in neutron-irradiated Fe-Cr-Al model alloys[J]. Microscopy and Microanalysis, 2016, 22: 1470.

[50] Ejenstam J, Thuvander M, Olsson P, et al. Microstructural stability of Fe-Cr-Al alloys at 450-550 ℃ [J]. J Nucl Mater, 2015, 457: 291-297.

[51] Yasaki S, Yoshino Y, Ihara K, et al. Method of manufacturing an exhaust gas purifying catalyst: US 5208206. 1993-5-4.

第五章

规则空隙结构催化剂与反应器的工业催化应用

规则空隙结构催化剂与反应器已成为反应过程强化的重要手段之一。例如，蜂窝陶瓷反应器能很好地平衡催化剂利用效率与压力降之间的矛盾，已普遍用于汽车尾气催化净化、烟气脱硝和催化燃烧，相关研究与应用已有众多论述和专著发表[1,2]，故不再赘述。同时，人们也一直致力于规则空隙结构催化剂与反应器在化工领域的研发与应用，蜂窝陶瓷反应器已在蒽醌加氢等[3]过程中得到应用，微通道反应器在费-托合成[4]、气相丙烯双氧水环氧化[5]等过程中实现了应用示范，在其它催化过程中的应用也在广泛探索中[6~10]。本章主要介绍规则空隙结构催化剂与反应器的工业催化应用。

第一节 催化氧化

一、乙烷氧化脱氢

乙烯是重要的有机化工原料，其生产主要依赖石脑油蒸汽裂解[11~13]，不仅石油的重质化和劣质化导致源于石油加工路线的石脑油资源日益稀缺，而且还面临石油对外依存度高而带来的能源安全挑战。乙烷广泛存在于天然气和页岩气中，因而乙烷氧化脱氢制乙烯的生产技术备受关注。

Santander 等[14]以奥氏体不锈钢（AISI 430）为基体制备了结构催化剂用于乙

烷氧化脱氢反应。他们将不锈钢基体在 940 °C 热处理 60 min，得到表面富 Cr 的粗糙氧化层，该氧化层具有较好的均一性和黏附度；然后利用浸涂法将 Ni-Nb 氧化物负载于整装载体上制成结构催化剂。该结构催化剂在 400 ℃时乙烷转化率为 14.7%，乙烯选择性为 75.8%，并且稳定运行了 170 h。

Brussino 等 [15] 考察了不同制备方法对堇青石结构化的 15Ni/Al_2O_3 催化剂催化乙烷氧化脱氢性能的影响。方法 1 是将 γ-Al_2O_3 纳米颗粒悬浮液涂覆于堇青石上，然后用浸涂法将 Ni 负载于 γ-Al_2O_3 涂覆层上制得结构催化剂；方法 2 是将混有微米和纳米颗粒的 γ-Al_2O_3 的悬浮液涂覆于堇青石上，然后用浸涂法将 Ni 负载于 γ-Al_2O_3 涂覆层上制得结构催化剂；方法 3 是用 γ-Al_2O_3 纳米颗粒悬浮液作为黏结剂将制备好的 Ni/Al_2O_3 催化剂涂覆于堇青石上制得结构催化剂。如图 5-1 所示，方法 1 制得的催化剂，纳米 γ-Al_2O_3 颗粒存在于堇青石的大孔中，活性组分 Ni 也有一部分存在于大孔内部，导致其无法与反应物接触；催化剂外层的 Ni 颗粒与 γ-Al_2O_3 有较好的相互作用，因此其催化活性较好。方法 2 制得的催化剂，γ-Al_2O_3 微米颗粒将堇青石的大孔封堵，导致纳米 γ-Al_2O_3 和 Ni 颗粒大部分存在于外表面，其与反应物更容易接触，且 Ni 与 γ-Al_2O_3 之间存在较好的相互作用，因此其催化活性较好。方法 3 制得的催化剂，微米催化剂可以较均匀地分散于载体孔道内，但是催化剂表面存在一些 γ-Al_2O_3 纳米颗粒，其覆盖了 Ni 活性位且增加了 Lewis 酸和 Brönsted 酸位的数量，其对催化活性不利。在方法 2 制备的催化剂上，500 ℃时乙烷转化率为 29%，乙烯选择性为 65.8%。随后 Brussino 等 [16] 采用方法 2 制备了堇青石结构化的 Ni-Ce/γ-Al_2O_3 催化剂用于乙烷氧化脱氢反应，最佳催化剂在 450 ℃时，乙烷转化率约为 35%，乙烯选择在 50% 左右。

Santander[17] 等用阳极氧化以及水热的方法在铝基体表面得到粗糙的氧化铝层，然后用浸涂法将 Ni-Nb 负载于结构载体上。为了得到均匀和牢固的涂层，需要 SiO_2 胶体作为黏结剂。SiO_2 颗粒的引入降低了催化剂表面 Ni 的浓度，且提高了 NiO 的还原温度，导致催化活性降低，但并不影响乙烯的选择性。该催化剂在 400 ℃时，乙烷转化率为 56.7%，乙烯选择性高达 81.8%。

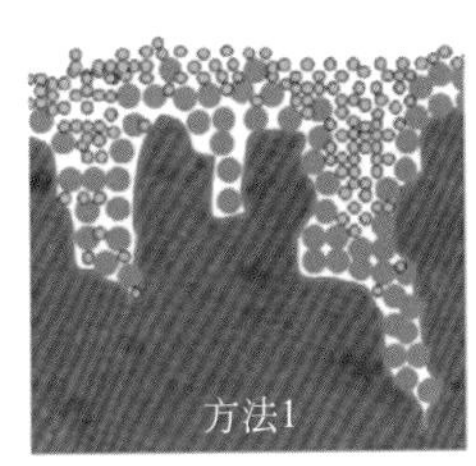

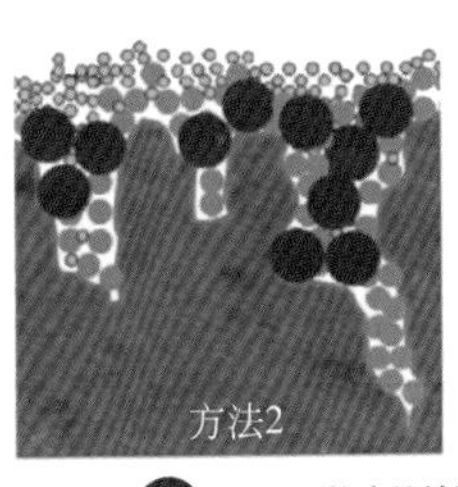

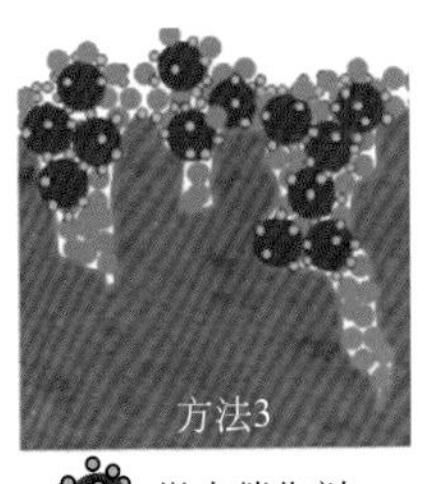

Ni颗粒　Al_2O_3纳米颗粒　Al_2O_3微米颗粒　微米催化剂

图 5-1　不同方法制备的堇青石结构催化剂的 γ-Al_2O_3 和 Ni 颗粒分布

二、选择性氧化

1. 乙烯环氧化

环氧乙烷的世界年产量超过 2000 万吨，是世界上生产量较多的化学品。工业上采用乙烯选择性氧化法制环氧乙烷。该反应强放热，放热量为 105 kJ/mol，伴生的完全燃烧生成 CO_2 的放热量更高达 1327 kJ/mol，因此提高工业催化剂的传热性能，对于提高催化剂的选择性和安全性十分重要。Ramírez 等 [18] 将微波辐射和结构催化剂相结合用于乙烯环氧化反应的过程强化。与传统的加热过程相比，该过程能耗更低且能量效率更高。微波辐射选择性地加热催化剂和整装催化剂外壁，使得气流温度较低，反应温度为 225 ℃时，气 / 固温度梯度约为 70 ℃。

Kestenbaum 等 [19] 开展了微通道反应器用于乙烯环氧化反应的研究。微通道反应器结构如图 5-2 所示，上方有混气单元，之间有 1 mm 的扩散路径，底部是 Ag 催化剂，乙烯和氧气分别从两侧通入，通过特殊的孔道结构到达扩散路径。银箔催化剂包含 9 个 500 μm 宽、50 μm 高以及 9.5 mm 长的孔道。通过助剂改性，Ag 催化剂的环氧乙烷选择性可达 70%。添加 1,2- 二氯乙烷或者以 α-Al_2O_3 作为载体，选择性能够增加 15%。

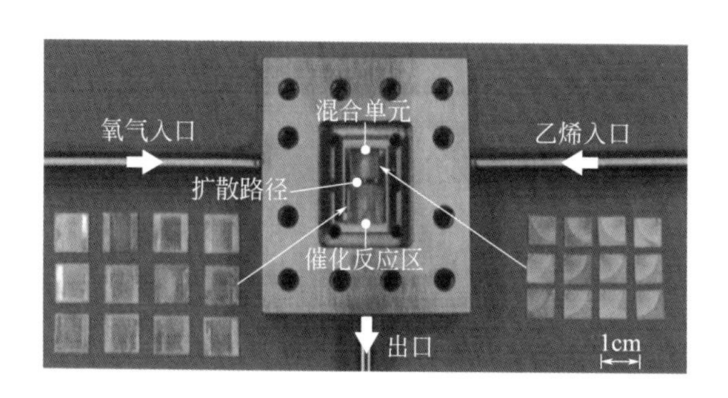

图 5-2　微通道反应器结构

Hernández Carucci 等 [20] 将 Ag/α-Al_2O_3 催化剂涂覆于不锈钢微通道反应器内用于乙烯环氧化反应，但是其环氧乙烷的选择性较低，只有不到 29%。应用纯银的微孔反应板可以得到 51% 的选择性。Salmi 等 [21] 在等温微反应器上研究了纯银微孔反应板的乙烯环氧化反应的动力学，结果表明氧气的反应级数接近 1，乙烯的反应级数约为 0.5；还发现用乙烯对纯银微孔反应板预处理 12 h 可明显增加催化剂的稳定性和活性。

2. 醇选择性氧化

Rodrigues 等 [22,23] 用涂覆法制备了堇青石结构化的 Co_3O_4/γ-Al_2O_3 和 Ni/γ-Al_2O_3 催化剂，用于乙醇部分氧化反应。具有平行孔道的蜂窝结构有利于气相反应，乙醛是主要产物；在高温和高的氧气 / 乙醇摩尔比的条件下有利于气相分解反应，导致较多的甲烷生成。含水乙醇提高了乙醇的转化率并有利于 H_2 的选择性。

Wang 等[24]设计了一种锚定 Au 的毛细管柱反应器，用于醇选择性氧化反应。毛细管连接两个连续的 T 型混合器，从而产生一个双相的反应物液体流，接下来与氧气混合发生反应。在停留时间为 90 s、50 ～ 70 ℃的条件下，研究了苄基醇、脂肪醇、烯丙基醇氧化反应，各种反应物均能完全转化且相应的醛或酮收率为 89% ～ 99%。对于苯甲醇选择氧化，用锚定的 Au/Pd 催化剂代替 Au 催化剂可以提高收率，并在 96 h 的活性测试中，没有发现催化性能的降低和 Au/Pd 的流失。

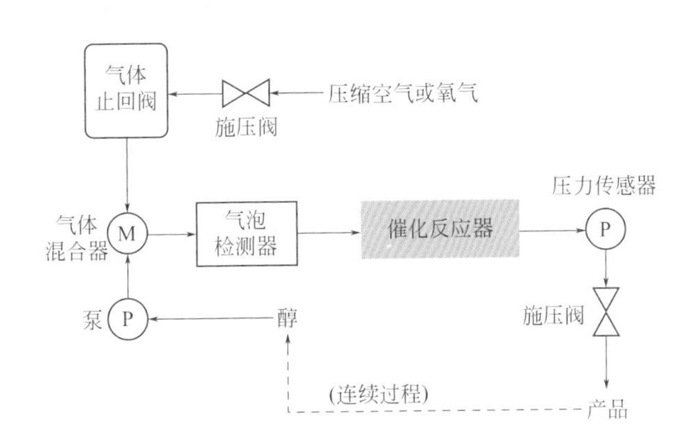

图 5-3　XCube™ 流动反应器流程图

Zotova 等[25]采用一种新的商业 XCube™ 流动反应器（图 5-3）用于 Ru/Al_2O_3 催化醇选择氧化制醛 / 酮反应，可以实现 95% 以上的苄醇转化以及 65% 以上的脂肪伯 / 仲醇转化。除了脂肪伯醇的转化率适中、选择性较差外，其它各种伯醇和仲醇均能转化为相应的醛和酮，并且收率和选择性良好。用空气代替氧气不会明显降低催化活性。产物和副产物（水）对反应速率有抑制作用，但是可以通过提高氧气分压来弥补。该系统能够在较高的氧气分压下安全地运行，并且转化频率和时空收率都优于其它流动反应器。该系统的另一个优点是维护方便，并且可以通过蒸发溶剂的方法获得收率较高的分析纯产品而不污染催化剂或反应物。

Cao 等[26]采用微填充床反应器用于苯甲醇氧化反应，该微结构反应器是一种硅片基反应器，反应孔道（0.6 mm× 0.3 mm× 190 mm）里填充 $Au\text{-}Pd/TiO_2$ 催化剂（图 5-4）。在 120 ℃和 0.5 MPa 的反应条件下，苯甲醇转化率可达 95%，苯甲醛的选择性为 78%。用 MgO 作为催化剂载体，抑制了苯甲醇歧化反应生成甲苯，苯甲醛的选择性显著提高至 94%，但是活性有所下降[27]。

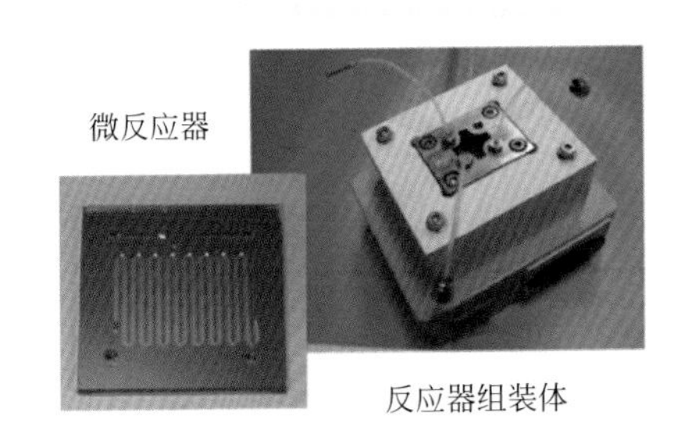

图 5-4　硅片基微反应器及其组装图

3. 硫化氢选择性氧化

硫化氢选择性氧化生成硫单质，不仅可以消除有毒气体硫化氢，而且可以得到有价值的硫单质，具有较高的实际应用价值。Palma 等[28,29]用浸涂法制备了堇青石结构化的 $V_2O_5/CeO_2\text{-}ZrO_2$ 催化剂用于硫化氢选择性氧化反应，具有与粉末催化剂相似的催化活性且稳定性良好，硫化氢转化率可达 92%，S 的选择性高达 98%。

三、其它催化氧化

1. CO氧化脱除

Martínez 等[30]用 AISI 304 不锈钢蜂窝对 Al_2O_3 和 CeO_2 负载的 Au 催化剂进行了结构化制备。结构化的 1% Au-CeO_2 催化剂性能最佳。Milt 等[31]用涂覆法制备了不锈钢蜂窝（AluchromYHf）结构化的 Au/TiO_2 催化剂，如图 5-5 所示。首先，用“直接阴离子交换法”制备了 Au/TiO_2 粉末催化剂，然后制成悬浊液用来涂覆整装载体。Au/TiO_2 粉末催化剂的 Au 原子平均粒径为 3 ～ 4 nm，但是在制备结构催化剂过程中，悬浊液的 Au 粒径增加至 9 nm。经过催化剂的活化，整装金属载体的 Ni 和 Mn 元素扩散至催化剂层，起到了助催化的作用，因而获得了高于粉体催化剂的催化活性。

2. CO优先氧化脱除

CO 优先氧化反应（preferential oxidation, PROX）可用于质子交换膜（proton exchange membrane, PEM）燃料电池中 H_2 的纯化[32,33]。Barbato 等[34]用浸涂法制备了堇青石结构化的 Cu/CeO_2 催化剂用于 PROX 反应，详细考察了整装载体的单元密度和壁导热率对反应性能的影响。高 CO 转化率时，粉末催化剂普遍存在内扩散限制，而结构催化剂消除了内扩散限制，提高了活性相的利用率。此外，反应器内部温度分布对于 PROX 性能的影响十分明显。CO 转化率主要受结构反应器内部最高温度影响，CO_2 选择性则主要受温度分布的影响。增加单元密度可以提高催化剂的负载量，在较低的预热温度下，即可获得高的 CO_2 选择性（即便原料气中存在 CO_2 和水）。增加壁热导率，反应器温度分布均匀，CO_2 选择性增加；但是，在相同的 CO 转化率下需要较高的预热温度。最佳的反应器构型应当具备较高的单元密

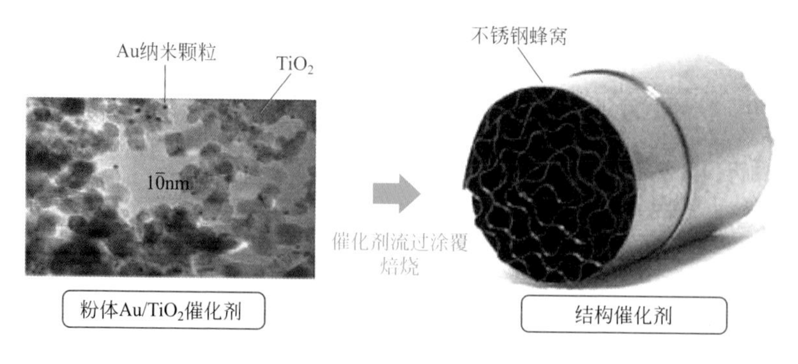

图 5-5　不锈钢蜂窝（AluchromYHf）结构化 Au/TiO_2 催化剂的制备过程

度和高热导率，这种构型可以更好地实现过程强化和温度控制，SiC 整装载体是较好的选择。Landi 等[35]用改良的浸涂法制备了堇青石结构化的 Cu/CeO_2 催化剂用于 PROX 反应，详细考察了涂覆悬浊液的制备对涂层黏附度以及催化性能的影响。相比于干磨 CeO_2 颗粒，湿磨 CeO_2 颗粒制备悬浊液并添加 CeO_2 纳米胶体可以显著提高涂层黏附度，原因是涂层部分进入堇青石的大孔中。此外，悬浊液中纳米颗粒的存在改变了涂层的比表面积和孔径分布。改进后的悬浊液制备的样品 Cu 分散度更高，比表面积更大，CO_2 选择性更高。

Laguna 等[36]用涂覆法制备的微通道 CuO_x/CeO_2 催化剂，由 100 个微通道组成，并分别涂覆 150 mg 和 300 mg 的催化剂（分别命名为 MR150 和 MR300），用于 PROX 反应。MR150 催化剂的催化活性高于 MR300 以及粉末催化剂。MR150 催化剂的催化层厚度比较理想，约为 10 μm，其较好的催化性能主要归功于传热性能的提高，使得催化剂具有最佳的控温能力，从而导致催化剂低温下（<160 ℃）活性提高，并抑制了原料气中 O_2/CO 摩尔比的变化。当 H_2O 和 / 或 CO_2 存在时，该催化剂具有更好的抗失活能力。此外，适宜的涂层厚度可以减少传质 / 传热限制，从而提高催化性能[37]。

3. 甲烷氧化偶联

发展从甲烷（页岩气、天然气、可燃冰和煤层气的主要成分）资源合成低碳烯烃新路线，是兼具重要学术意义和重大应用价值的战略课题。甲烷氧化偶联（OCM）反应可一步将甲烷转化成乙烯和丙烯，因而备受关注。但 OCM 是强放热反应，传统负载型催化剂容易产生热点，导致目标产物深度氧化，较大的床层压降更加剧了深度氧化。孙思等[38]用涂覆法制备了 FeCrAl 金属基载体结构化的 Ce-W-Mn/SBA-15 催化剂用于 OCM 反应。结构催化剂上除发生 OCM 反应外，还伴随明显的甲烷部分氧化生成合成气反应，其中 3Ce-5Na_2WO_4-2Mn/SBA-15/FeCrAl 结构催化剂的活性较好，甲烷转化率可达 28.9%，C_2 烃、CO 和 H_2 选择性分别为 22.0%、60.3% 和 21.6%。FeCrAl 金属基整装结构催化剂可以有效抑制床层热点的产生，床层温升效应较小，目标产物可快速脱离反应体系，从而降低了其深度氧化程度。唐晶晶[39]用涂覆法制备了 Ce-W-Mn/ 硅溶胶 / 堇青石陶瓷基结构催化剂用于 OCM 反应。在 4Ce-5Na_2WO_4-2Mn/ 硅溶胶 / 堇青石结构催化剂上，甲烷转化率可达 31.9%，C_2 烃和 CO 选择性分别为 50.1% 和 23.0%。

汪文化等[40]将 5Na_2WO_4-2Mn/SiO_2 颗粒催化剂和 FeCrAl 结构化的 3Ce-5Na_2WO_4-2Mn/SBA-15/Al_2O_3 催化剂组合，构建了颗粒 - 结构催化剂组合床 OCM 催化反应器，在烷∶氧体积比为 3∶1 和反应温度 800 ℃的条件下，获得了 33.2% 的甲烷转化率，C_2 烃选择性可达 67.6%。甲烷的转化率和 C_2 烃的选择性比单独颗粒催化剂分别提高了 6.8% 和 3.1%，比单独结构催化剂分别提高了 10.8% 和 46.3%，并且伴有一定量的 H_2 产生，CO_2 的生成得到有效抑制。

第二节 催化加氢

一、炔烃半加氢制烯烃

乙烯主要来自石脑油裂解，裂解过程难免会产生少量的乙炔，但是乙炔的存在会使乙烯聚合的 Ziegler-Natta 催化剂快速失活，从而降低聚合产物的质量。炔烃半加氢制乙烯是强放热反应，具有强烈的反应热效应，寻求有效解决途径也一直备受关注。Edvinsson 等[41]研究了蜂窝状 α-Al_2O_3 结构化的 Pd 催化剂用于液相乙炔加氢过程，液相反应可以吸收放热反应放出的大量热。用平均孔径为 0.08 μm 的整装载体制备的催化剂具有较大的孔和较好的传质性能，因此选择性最佳。在 113 h 的稳定性测试中，最初的 60 h 里活性和选择性逐渐降低，转换频率（turnover frequency, TOF）从 3 s^{-1} 降到 1 s^{-1}，选择性从 80% 降到 55%，之后趋于平稳。

侯宁等[42]采用浸涂法将自制的介孔空心 SiO_2 纳米粉体涂覆到堇青石基体上，然后采用微波法负载活性组分 Pd 和助剂 Ni 制备了堇青石结构化催化剂，并将其用于乙炔选择性加氢制乙烯反应。在 54 ℃、0.1 MPa 和空速 3800 h^{-1} 的条件下，在 Ni 与 Pd 原子比为 4 ∶ 1、涂层增重质量分数为 6% 的催化剂上，当乙炔接近完全转化时，乙烯选择性可达 40.9%。

朱秋锋等[43]采用多次浸涂法制备了堇青石结构化的 Pd 基催化剂，用于乙炔选择性加氢反应，其中 Pd 基蛋壳型 SiO_2 纳米催化剂为涂层，铝溶胶为无机黏合剂。该结构催化剂具有较高的比表面积和蜂窝状的孔道结构，提高了活性组分的分散性并降低了气体的扩散阻力，在乙炔转化率接近 100% 时，乙烯选择性可达 47.5%，且稳定性良好。

石脑油裂解的 C_8 组分含有大量的苯乙烯，具有很好的商业价值，但是裂解产物里少量存在的苯乙炔是聚合抑制剂和交联剂，导致苯乙烯很难被利用。简单的精馏方法很难从苯乙烯当中分离苯乙炔，苯乙炔选择性催化加氢制苯乙烯是有效的工艺路线[44]。Vergunst 等[45]对苯乙炔加氢结构反应器进行了模拟，结果表明孔密度和涂层厚度对反应器的尺寸和产物分布有显著影响。当涂层厚度一定时，高孔密度有利于反应，因为较高的孔密度具有较高的几何表面积和孔隙率。由于催化反应和扩散均在催化层内进行，增加涂层厚度会导致副产物乙苯的增加。依据优化准则可以得到两个最优的条件：其一是反应器体积的最小化，其二是副产物的最小化。涂层厚度随反应速率常数和其它参数的变化而变化，涂层厚度为 80 μm 的反应器体积最小，与动力学和扩散限制之间的转换计算相一致。薄的涂层厚度（<20 μm）可以减少副产物，但是反应器体积将会很大。同时他们发现在一个复杂反应体系中想

要得到较高的中间产物选择性，适当地增加 H_2 分压有利于中间产物的选择性。

二、烯烃和芳烃选择性加氢

Méndez 等[46]用涂覆法制备了铝整装载体和铝泡沫结构化的 Ni-Pd/CeO_2-Al_2O_3 催化剂用于富 1-丁烯中的 1,3-丁二烯的液相选择性加氢消除反应。铝泡沫结构催化剂的活性高于整装铝基体催化剂，主要是因为泡沫结构具有更好的传质和传热性能。此外，催化涂层的厚度影响反应的选择性，较厚的催化涂层存在扩散限制，会产生较多的副产物。他们还发现反应物传质到催化剂表面的扩散过程比在催化剂床层内部的扩散更重要。

周永华等[47]利用微乳液浸渍法制备了粉状及整装 α-Al_2O_3 负载的 Pd 催化剂，并在浆态床与结构反应器中考察了 1,5- 环辛二烯催化加氢制环辛烯反应性能。结构催化剂在消除内扩散、强化外部传质方面可达到浆态床粉状 Pd 催化剂的效果，而且前者稳定性远高于后者。

苯选择性加氢制环己烯的反应过程主要是传质控制，传质效率直接决定最终收率。传统粉末催化剂只有通过减小颗粒尺寸和增设强力搅拌来提高传质效率，由此使得催化剂的磨损、黏壁导致转化率、选择性迅速下降的问题比较突出；另外，颗粒催化剂与反应液分离也很困难。周瑾等[48]发明了一种用于苯加氢制环己烯的结构催化剂，即以堇青石蜂窝或金属蜂窝为载体，涂有占蜂窝载体质量的 1% ～ 50% 的助剂，以及占蜂窝载体质量 0.05% ～ 10% 的活性组分。助剂为 Al_2O_3、SiO_2、TiO_2、ZrO_2、La_2O_3、Fe_2O_3、ZnO、Cr_2O_3、GaO、CuO、BaO、CaO 中的一种或几种；活性组分为贵金属 Ru、Pt、Pd 或 Rh。制得的结构催化剂活性组分不易流失，减少了贵金属的用量，且能获得较高的环己烯收率和选择性。

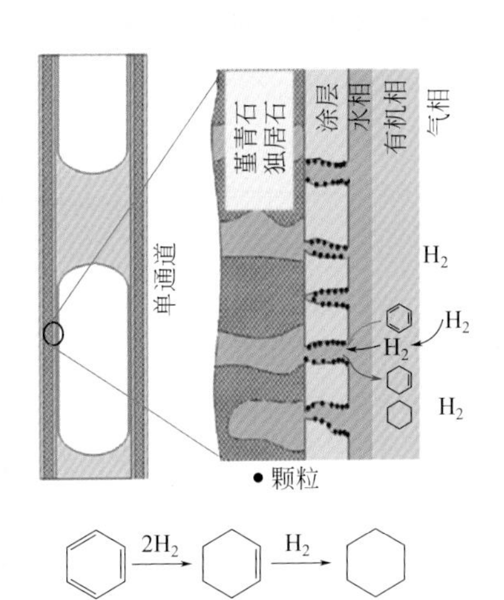

图 5-6　结构催化剂上苯加氢反应流程

Zhao 等[49]用涂覆法制备了堇青石结构化的 Ru 基催化剂，用于苯选择性加氢制环已烷。与颗粒粉体催化剂相比，结构催化剂的选择性更高。用 ZrO_2-Al_2O_3 作为涂层比 Al_2O_3 涂层的活性更高，在相对较低的空速下可以得到 30% 的环已烷收率。如图 5-6 所示，结构催化剂涂覆层的活性组分呈蛋壳结构分布，涂覆层存在较多的大孔，孔道内的泰勒流型分布是催化剂活性和选择性较高的重要原因。

Guo 等[50]用涂覆法制备了堇青石结构化的分子筛（MCM-41、SBA-15、Beta 和

MCM-22）负载的 Pd 催化剂，用于 2- 乙基蒽醌加氢制 2- 乙基 -9,10- 蒽二酚的反应。堇青石结构化的 0.8Pd/MCM-41 催化剂具有最高的 H_2O_2 收率（7.54 g/L）和选择性（85.3%），其 Pd 效率（每克 Pd 每小时产 1573g H_2O_2）远高于商业催化剂（每克 Pd 每小时产 500 g H_2O_2）。结构催化剂的传质系数是粉末催化剂的 5 ～ 20 倍，体现出过程强化独特的优势。结构 Pd/MCM-41 催化剂的活化能为 27.54 kJ/mol，表明该反应是一个快反应，气 - 液传质是速控步骤。

三、醛/酮、酸和酯选择性加氢

Zhu 等 [51] 制备了堇青石结构化的碳纳米纤维 CNF/TiO_2 催化剂用于肉桂醛选择性加氢制苯丙醛。首先将 TiO_2 涂覆在堇青石上，然后在其表面生长 CNF，再用浸渍法制备 Pd/CNF/TiO_2/ 堇青石结构催化剂。CNF/TiO_2/ 堇青石结构材料的比表面积为 31 m^2/g，大孔和介孔占整个材料孔体积的 93%，表面含碳量为 94%；TiO_2 和 CNF 涂层提高了其织构和抗酸性质。尽管氮气高温处理过的 Pd/CNF/TiO_2/ 堇青石催化剂的比表面较小，Pd 的分散度仅为 15%，但苯丙醛的选择性高达 90%，肉桂醛的转化率为 95%，与 Pd/CNF 粉末催化剂转化率（93%）相近，高于没有经过高温氮气处理的 Pd/CNF/TiO_2/ 堇青石催化剂（82%）。较高的活性和选择性归因于酸性含氧官能团的去除以及结构催化剂内扩散限制的消除。

Aumo 等 [52] 用涂覆法制备了堇青石结构化的 Ni/Al_2O_3 催化剂，用于柠檬醛加氢反应。在 80 ℃和 0.5 MPa 的条件下，香茅醛的选择性约为 93%；反应温度升至 100 ℃，香茅醛选择性降至 65%。在 100 ℃和 4 MPa 的条件下，香茅醛的选择性只有 1.4 %，完全加氢产物 3,7- 二甲基辛醇的选择性高达 93%。

Yue 等 [53] 用浸渍涂覆的方法制备了堇青石结构化的 Cu/SiO_2 催化剂，用于草酸二甲酯加氢制乙二醇反应。首先 Cu/SiO_2 催化剂用蒸氨法制得，该制备方法可以得到层状硅酸铜，具有较高的 Cu 分散度。然后将 Cu/SiO_2 催化剂涂覆于堇青石载体上制得结构催化剂。该结构催化剂具有较高的催化活性，草酸二甲酯转化率可达 100%，乙二醇选择性高于 95%，乙二醇时空收率显著高于颗粒状和圆柱状催化剂。理论计算表明颗粒和圆柱状催化剂存在内扩散限制。此外，结构催化剂具有规则的孔道结构和均匀的流体分布，拥有较好的导热性能。

吴勇等 [54] 用涂覆法制备了堇青石结构化的 Cu/SiO_2 催化剂，用于乙酸甲酯加氢制乙醇反应。经过自然干燥、450 ℃焙烧制备的涂层负载量为 32.1% 的结构催化剂上，乙酸甲酯转化率可达 99.8%，乙醇选择性约 95%，乙醇的时空收率较挤条成型的柱状催化剂高约 20%。该结构催化剂良好的活性归因于催化剂涂层良好的结构和表面性质，有利于反应物扩散到涂层活性位以及产物从孔道内扩散离开催化剂表面，避免复杂的传质路径带来副产物的增加。

Pérez-Cadenas 等 [55] 考察了三种整装载体负载的 Pd 催化剂，用于脂肪酸甲酯选择性加氢反应。第一种整装载体为经典的正方形孔道堇青石（HPM），其经过 α-Al_2O_3 改性后封堵了堇青石的大孔，并且使得孔道横截面变成圆形，然后通过聚糠醇的碳化在其表面生成一层均匀的炭层。其它两种载体是炭和陶瓷的复合材料，一种是微孔材料，另一种是介孔材料。Pd/HPM 结构催化剂选择性明显好于后两者，在相近的双键加氢性能时，Pd/HPM 结构催化剂生成较少的反式双键产物。较好的选择性主要归因于该催化剂只存在反应物扩散至几乎无孔的炭层的外部扩散，因此拥有理想的反应物供应以及产物脱附效率。

四、杂官能团选择性加氢

生物质热解产物的气相加氢需要催化反应器满足高空速和低压降的要求。González-Borja 等[56] 在镍铁铬合金表面原位生长了碳纳米纤维（CNFs），然后浸渍催化活性组分（Pt、Sn 和双金属 Pt-Sn）。该催化剂用于愈创木酚和苯甲醚（木质素的热解产物）的加氢脱氧反应，主要产物为苯和苯酚。双金属 Pt-Sn 催化剂比单金属 Pt 和 Sn 催化剂具有更高的活性和稳定性。

Du 等[57] 以 Pd/Al_2O_3/ 堇青石为催化剂，硝基苯与氢气为原料，系统地考察了氧化铝涂层量、氢气流速、反应温度以及液时空速对硝基苯气液固三相加氢反应性能的影响。较高的涂层量导致较大 Pd 颗粒的生成，反而获得较高的反应活性；氢气流速对反应并无明显的影响，表明反应器内的流型处于膜状流；反应的表观活化能为 6.1 kJ/mol，外扩散过程对反应的影响很大；硝基苯转化率随着液时空速的增加而不断下降，通过计算不同液时空速下的总传质系数，并与硝基苯的转化率进行关联，发现总传质系数与硝基苯转化率呈良好的线性关系。

五、其它催化加氢

1. CO_2 加氢制甲醇

Park 等[58] 用涂覆法制备了蜂窝载体结构化的 CuO-ZnO 催化剂，用于 CO_2 加氢制甲醇反应。进行涂覆之前，先对载体进行热处理和酸处理。随着反应温度的增加，CO_2 转化率升高，但是甲醇选择性下降。最适宜的反应条件为 250 ℃、2 MPa，最大甲醇收率为 5.1%。

Arab 等[59] 应用列管式反应器（工业规模），通过对颗粒催化剂和结构催化剂进行传质 / 传热过程的模拟，研究了两种催化剂对 CO_2 加氢制甲醇反应性能的影响。结果表明，压降是填充床反应器技术的主要缺点。在较低的气时空速下（GHSV = 10000 h^{-1}），两种反应器的性能相似。由于填充床反应器技术更容易制造、成本更低、操作方便且应用广泛，因此填充床反应器技术更适合低空速操作。然而在高空速时（25000 h^{-1}），填充床反应器压降较高，结构反应器压降可以忽略且性能较高，因此更适于高空速操作。

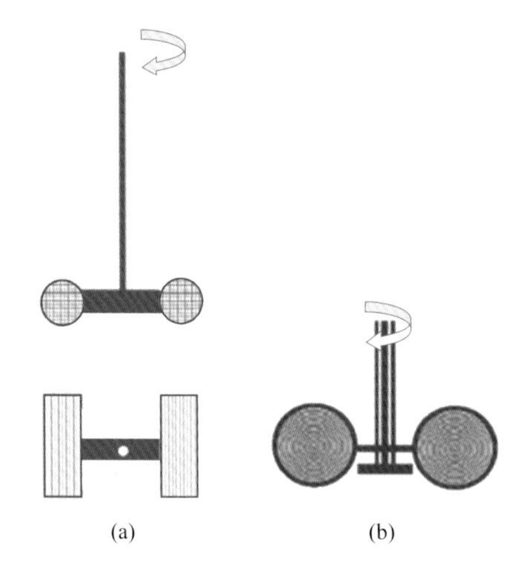

图 5-7 结构催化剂搅拌器

2. 油脂加氢

Jhon 等[60]分别以堇青石和 FeCrAl 合金为基体，用涂覆的方法制备了结构化的 Pd/Al_2O_3 催化剂用于葵花油加氢。如图 5-7（a）所示，将结构催化剂固定在搅拌桨上，直接进行搅拌反应。在同样的反应条件和转化率时，结构催化剂比粉末催化剂生成较少的反式异构体。三次连续的测试之后，堇青石结构催化剂的活性和选择性均无变化，而 FeCrAl 结构催化剂的活性下降 10%，活性下降可能是催化剂的损失所致。此外，Jhon 等[61]用纯铝整装基体，通过阳极氧化的方法在其表面生长氧化铝并负载 Pd，同样用于葵花油加氢反应［图 5-7（b）］，具有较高的催化活性，反应 30 min 后，转化率为 50%。进行连续测试六次后，活性下降了 80%，活性下降可能归因于积炭的产生。

Waghmare 等[62]在振荡结构反应器上研究了堇青石结构化的 Pd/Al_2O_3 催化剂的豆油部分加氢催化性能，反应器构造如图 5-8 所示。反应在 0 ～ 17.5 Hz 振荡频率、2.5 mm 振幅、110 °C 和 0.41 MPa 的 H_2 压力下进行。在 17.5 Hz 振荡频率下，

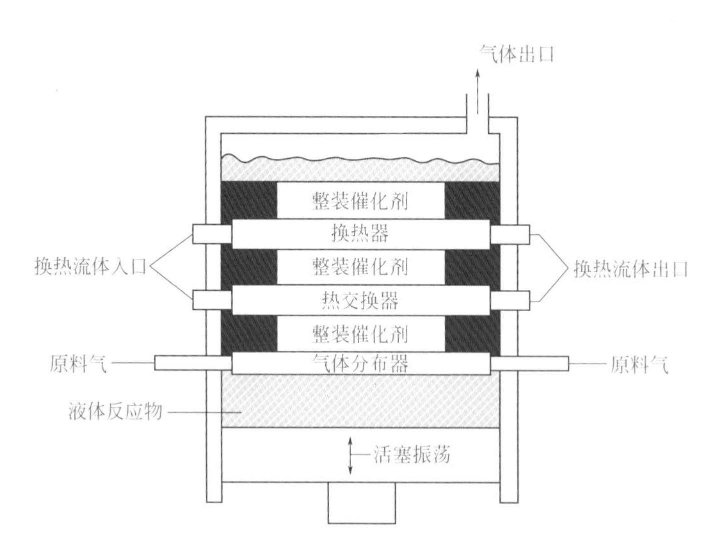

图 5-8 振荡结构反应器示意图

催化性能提高了 1.2 倍。对比搅拌釜反应器，振荡结构反应器在同等功率下单位体积的活性更高，得益于对内 / 外扩散速率的提高。与搅拌釜反应器相比，振荡结构反应器拥有同等或是更好的串行反应选择性，然而会产生较多的反式脂肪酸。

3. 加氢脱硫

郭亚男等[63]用共浸渍法制备了 Ni_2P/SBA-15，再通过二次浸渍引入助剂 Mo 制得 Mo-Ni_2P/SBA-15，最后将其调制成活性胶后均匀涂覆于预处理后的堇青石蜂窝载体通道表面，干燥焙烧后在氢气流中进行程序升温还原，制得了一系列堇青石结构化的 Mo-Ni_2P/SBA-15 催化剂。以二苯并噻吩为模型反应物，考察了催化剂的加氢脱硫性能。其中负载 4.2%（质量分数）的 Mo 且 $n(Mo)/n(Ni+Mo) = 0.18$ 时，催化剂的活性最高，低温时以直接脱硫机理为主，高温时以加氢脱硫机理为主；在 380 ℃和液时空速 1.9 h^{-1} 的条件下，二苯并噻吩转化率可达 99% 以上。

吴平易等[64]用涂覆法制备了堇青石结构化的 La-Ni_2P/SBA-15 催化剂，用于二苯并噻吩加氢脱硫反应。助剂 La 的加入提高了催化剂的比表面积和孔体积，具有较高的加氢脱硫活性。堇青石结构化的 Ni_2P/SBA-15 催化剂在 300 ℃和 380 ℃时，二苯并噻吩转化率分别为 27.2% 和 91.3%。添加 1.5%（质量分数）的 La 时，堇青石结构化的 La-Ni_2P/SBA-15 催化剂加氢脱硫活性最好，在 300 ℃和 380 ℃时，二苯并噻吩转化率分别为 36.8% 和 96.3%。堇青石结构化的 La-Ni_2P/SBA-15 催化剂上直接脱硫和加氢脱硫同时存在，但以直接脱硫为主。

第三节 合成气转化

一、甲烷化：合成天然气

合成气甲烷化技术由于可实现煤炭的清洁利用，同时也是生物质能源化利用的有效途径，因而受到关注。甲烷化反应具有强烈的热效应，其绝热温升高达约 620 ℃，如何快速移热成为关注的焦点。针对于此，有研究进行了结构化催化剂的尝试。

Jarvi 等[65]分别制备了堇青石结构化的 Ni/$A1_2O_3$ 催化剂和颗粒状 Ni/$A1_2O_3$ 催化剂用于 CO 甲烷化反应，发现结构催化剂的活性和选择性均优于颗粒状催化剂。在低转化率下，结构化的 Ni 催化剂的比活性是球状和挤压成型催化剂的 2 ～ 5 倍。与颗粒 Ni 催化剂相比，结构催化剂具有较高的 Ni 负载量、较低的分散度以及较弱的金属 - 载体相互作用和粒径效应，因此活性较高。在高转化率、高空速和 Ni 负载量相当的条件下，结构催化剂的活性比颗粒状 Ni/$A1_2O_3$ 和商业球状催化剂高

20% ～ 100%，其主要原因是结构催化剂具有较小的孔扩散阻力以及较高的传质速率。在高转化率和高空速时，孔扩散和膜传输限制的影响比较明显，结构催化剂的甲烷选择性显著优于球状颗粒催化剂。对于结构催化剂和球状催化剂，高压均有利于增加甲烷化速率，从而提高甲烷收率。在所考察的温度和压力范围内，结构化 Ni 催化剂的活性和选择性均优于球状催化剂，结构催化剂不必在很苛刻的温度和压力条件下进行催化反应。结构催化剂较高的活性和选择性以及其在高空速下较低的压降，使其成为高通量合成气甲烷化的理想催化剂。

列管式反应器和板壳式反应器也可用于甲烷化反应。列管式反应器将催化剂锚定于列管内部，甲烷化反应在管内进行，通过管间的移热介质水或导热油移走反应热；板壳式反应器采用喷涂在金属板壳基体上的雷尼镍催化剂，利用金属板壳的优良导热性避免“热点”效应，通过介质外循环或 / 和部分产品气循环移走反应热[66]。

二、费 - 托合成

费 - 托合成是非常重要的煤间接液化技术，是以合成气（CO 和 H_2）为原料合成以石蜡烃为主的液体燃料的工艺过程。费 - 托反应是强放热反应（ΔH = −165 kJ/mol），绝热温升可达 1480 ℃。从强化热质传递的视角出发，费 - 托合成催化剂的整装结构化引起了研究者的极大兴趣。

Kapteijn 等[67]制备了堇青石结构化的 17Co/0.1Re/Al_2O_3 催化剂用于费 - 托反应，其中 Al_2O_3 涂层的厚度为 20 ～ 110 μm。涂层厚度大于 50 μm 时，结构催化剂存在内扩散限制，CO 转化率下降，表观活化能降低。存在扩散限制时，由于 H_2 的扩散速率比 CO 快，催化床层内的 H_2/CO 增加，导致催化剂表面物种更容易加氢，因此甲烷选择性增加。薄涂层催化剂表现出更好的传输性能，反应产物 α- 烯烃更容易从催化剂表面逃出，因此烯烃含量更高。研究还表明，二次反应影响烯烃 / 烷烃的比值从而偏离 ASF 产物分布。涂层较厚时，烯烃重新吸附在催化剂上的机会增加，碳链长度增加。Hilmen 等[68]分别用堇青石、γ-Al_2O_3 和不锈钢整体材料作为载体，制备了 Co/Re 费 - 托合成催化剂。堇青石和不锈钢载体涂覆 20Co/1Re/γ-Al_2O_3 催化剂，γ-Al_2O_3 整装载体直接浸渍 12%（质量分数）的 Co 和 0.5%（质量分数）的 Re 制成催化剂。当堇青石负载较少量的催化剂时，涂层厚度大约为 4 ～ 5 μm，其活性和 C_{5+} 选择性与粉末催化剂相当；增加涂层厚度会增强传质限制从而导致 C_{5+} 选择性下降。不锈钢载体制备的催化剂的活性和 C_{5+} 选择性低于粉末催化剂和堇青石结构催化剂，原因可能是涂层催化剂没有被完全利用。γ-Al_2O_3 整装载体制备的催化剂的选择性和粉末催化剂相当，但活性较低、导热性差、易碎且孔道结构不完美。

费 - 托反应器设计应考虑选择性、移热、压降、催化剂耐磨和分离等。如图 5-9 所示，整装环流反应器可以有效解决这些问题。Deugd 等[69]采用堇青石结构化的 17Co/0.1Re/γ-Al_2O_3 催化剂用于整装环流反应器，并考察了其费 - 托反应性能。低

H_2/CO 摩尔比（如等于 1）会导致较低的活性和更高的碳链增长概率；高 H_2/CO 摩尔比（如等于 3）时，虽然活性相当但是甲烷和其它轻烃选择性增加。对于不同的进气组成，烯烃含量均较高，与短扩散长度多孔催化剂的“反应 - 扩散”模型相一致。催化剂反应 200 h 后活性仅降低 7%，反应 300 h 后活性降低了 76%；要指出的是，最后 100 h 的测试中 CO 是过量的，这导致催化剂更容易失活。

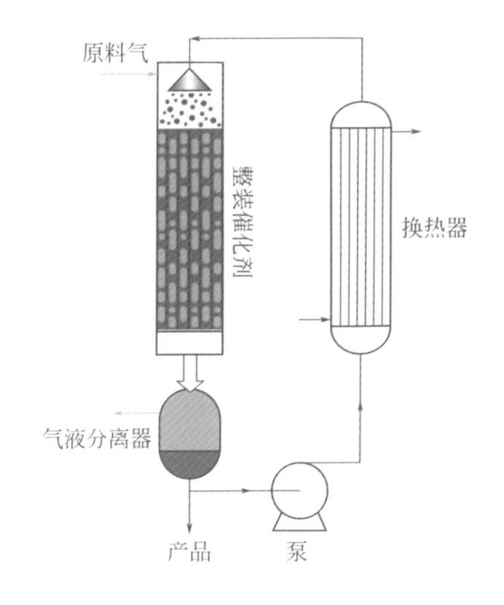

图 5-9　整装环流反应器的结构

Liu 等[70]用涂覆法制备了堇青石结构化的 $Co/Re/Al_2O_3$ 催化剂用于费 - 托反应，发现会有蜡相产物生成，这主要是由于滞留的液体发生二次反应引起的。然而通过在陶瓷整体和反应器内壁之间填充黏合剂，可以形成直流通道，具有直流孔道的结构催化剂的死体积较小，对流液体会快速地将液体产物冲刷掉，因此蜡相产物减少并能移除。此外，他们认为费 - 托反应主要受流道内的气液流体力学性质影响，通过减小催化剂干燥表面，可以降低甲烷选择性。

Guillou 等[71]将 Co/SiO_2 活性催化剂层固载在不锈钢制成的带有气室的微通道反应器上用于费 - 托反应。在常压、氢碳摩尔比为 2、停留时间为 1 s 的条件下，当温度由 171 ℃升高至 220 ℃时，CO 转化率由 1.03% 提高到 24.1%，C_1 ～ C_4 产物选择性从 45.2% 升至 85.5%，而 C_{10+} 产物从 28.9% 降至 0.1%。连续运转 520 h，产物分布一直很稳定，并未观察到催化剂失活现象。通过与传统的固定床反应器对比，发现带有气室的微通道反应器在费 - 托反应中可以显著提高反应物转化率和目标产物选择性。随后通过设置多个 H_2 进料口，研究了 H_2 进料口位置和数目的设置对费 - 托反应性能的影响。结果表明，C_{5+} 产物的选择性随 H_2 进料口数目的增多而增大；同时，在流体流动方向将 H_2 分段通入微通道反应器中（原料气总量的 11% 由第一个进料口通入，22% 通过第二个进料口通入，而 66% 则由第三个进料口通入），可使出口处 C_5 ～ C_9 浓度从 22.3% 升至 33.2%，而 C_1 ～ C_4 浓度则从 64.3% 降低至 50.5%[72]。Liang 等[73]研究了微通道构型对费 - 托合成的强化作用，包括 omega 型、直通道型、zigzag 型（如图 5-10）。FeCo-Re 催化剂使用溶胶 - 凝胶法封装在微通道中，CO 转化率从高到低依次为：omega 型 > zigzag 型 > 直通道型。实验结果与作者提出的 Markov 链式模型预测相一致，omega 型的微通道反应器的平均停留时间最长，而直通道型最短，除了 CO 转化率，omega 型更大的比表面积和更长的停留时间有助于烃的链增长。

Merino 等[74]用 FeCrAl 合金以及纯铝自制了具有平行孔道、孔密度为 280

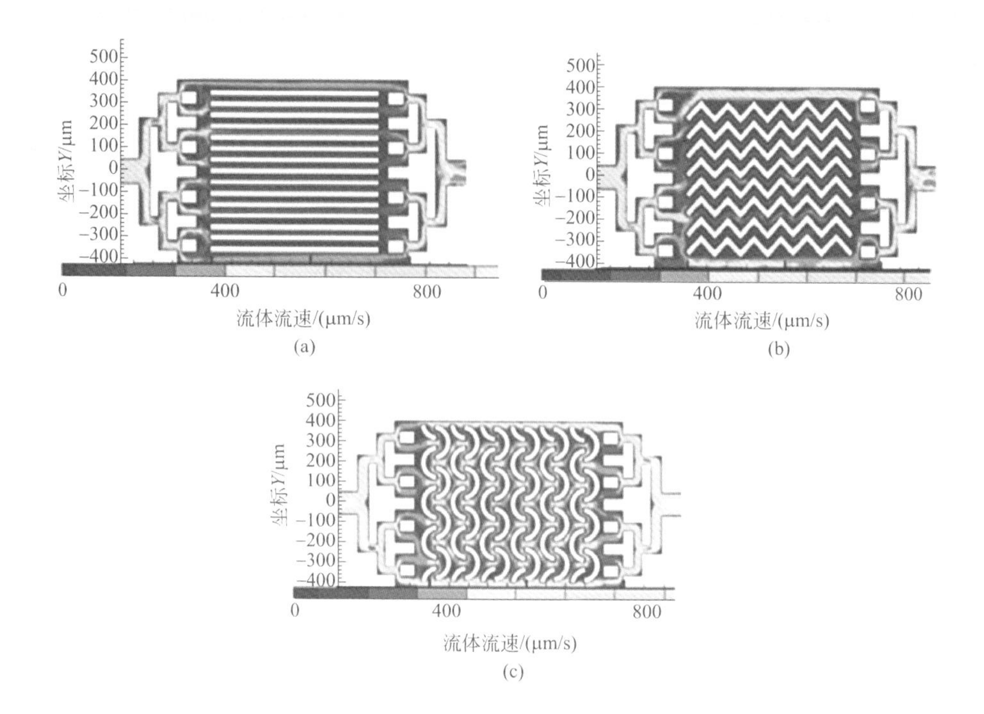

图 5-10　不同通道构型的微通道反应器俯视图

（a）直通道型；（b）zigzag型；（c）omega型

CPSI 和 2300 CPSI（channels per square inch，每平方英寸横截面上的孔道数）的整装载体，采用涂覆法制备了结构化的 $20Co/0.5Re/Al_2O_3$ 催化剂用于费 - 托反应，并研究了涂层厚度和热导率对产物选择性的影响。涂层厚度小于 50 μm 时，所有的结构催化剂具有相似的选择性。一般而言，增加催化剂的涂层厚度导致甲烷选择性增加和 C_{5+} 组分减少。对于具有较低孔密度的 FeCrAl 合金结构催化剂，涂层厚度为 70 μm 时，其甲烷选择性显著增加，并产生“飞温”。然而，对于具有相同孔密度的（280 CPSI）铝整装催化剂，涂层厚度在 90 μm 以内，其产物选择性与涂层厚度具有较好的线性关系。两种整装载体不同的热导率导致两种结构催化剂选择性的显著差别。与低孔密度的结构催化剂相比，高孔密度的（2300 CPSI）结构催化剂具有更好的导热性能。此外，高孔密度的整装载体具有更大的几何比表面积，因此催化剂的负载量更高，可以使催化剂涂层厚度保持在 50 μm 以下。当反应温度从 220 ℃增加至 250 ℃时，整装铝载体结构催化剂（甚至孔密度较低时）的 C_{5+} 的产率增加 4 倍，且甲烷选择性没有明显改变。

三、甲醇合成及甲醇转化

煤基合成气制甲醇已经实现工业化，该反应是强放热反应（$\Delta H = -90.8$ kJ/mol），传统颗粒催化剂和颗粒填充床反应器很难实现等温操作且压降较高。Phan 等 [75] 将两步共沉淀法制得的高分散的 $CuO/ZnO/Al_2O_3$ 催化剂涂覆于 FeCrAl 整装载体上，制得结构催化剂用于合成气制甲醇反应。反应速率和活化能计算表明，涂层厚度为 80 μm 时，催化剂可以被完全利用。该结构催化剂与组成和结构相似的颗粒催化剂的性能相当，其优异的性能归因于较好的导热性，转化率升至 30% 时，催化剂床层温度基本保持恒温。

甲醇制烃（methanol to hydrocarbon, MTH）是复杂的串行反应过程，催化剂床层的流场以及停留时间分布可以显著影响中间产物的选择性。模拟计算结果表明，结构化设计的 ZSM-5 催化剂用于甲醇制丙烯（methanol to propene, MTP）反应时，低碳烯烃选择性可以提高至 71%，其中丙烯选择性可以高达 49%[76]。

Huang 等 [77] 用涂覆法制备了堇青石结构化的 HZSM-5 催化剂用于 MTP 反应。结构催化剂具有更高的甲醇转化速率和较少的副产物，而且当甲醇和烯烃共进料时效果更加突出。当甲醇和丁烯共进料时，结构催化剂使甲醇转化速率提高了 6.66 倍，烷烃和芳烃选择性下降 90%。模拟计算表明，在六段结构反应器中用乙烯和 C_4 ～ C_6 烯烃循环，空速可以达到 5.27 g(MeOH)/[g(cat) • h]，是传统填充床反应器的 7 倍。丙烯选择性高达 81.6%，显著高于工业的 61.6%，证实了用结构催化剂替代工业挤条催化剂提高 MTP 性能的可行性。另外，减少涂层厚度和提高孔隙率也有利于丙烯选择性的提高。黄寻等 [78] 采用涂覆法制备了堇青石结构化的高硅铝比 HZSM-5 催化剂，用于甲醇和丁烯共进料制丙烯反应。结果表明 HZSM-5 含量与涂覆量、涂覆次数成正比；堇青石载体的吸水率越高，涂覆量越大；添加硅溶胶可以降低浆料的黏度，提高涂层强度。在浆料中 HZSM-5 含量为 20%（质量分数）、硅溶胶含量为 2%（质量分数）、载体吸水率为 31% 时，经 3 ～ 4 次涂覆，催化剂的涂覆量可以达到 25% ～ 35%（质量分数），涂层厚度为 50 ～ 250 μm。在 480 ℃、甲醇和丁烯分压为 10 kPa 的条件下，结构化 HZSM-5 催化剂甲醇的转化速率是传统颗粒状催化剂的 12 倍左右，在相同甲醇转化率下副产物的选择性仅为颗粒状催化剂的 1/4。

Antia 等 [79] 用涂覆法制备了堇青石结构化的 ZSM-5 分子筛催化剂用于 MTP 反应。高纯度和高结晶度的分子筛可以涂覆于堇青石上，催化剂的负载量可以达到 31%。结构催化剂的甲醇转化率和产物分布可以与固定床和流化床相媲美。独特的整装反应器结构兼具固定床和流动床反应器的优点，不存在催化剂磨损和压降的问题。晶粒尺寸为 5 ～ 7 μm 时，构型扩散决定了转化率的水平。Chen 等 [80] 提出当颗粒在亚微米尺寸下，分子筛晶粒表面的活性位数量决定了催化活性。然而在较小的尺寸下，表面反应发挥主要作用，而分子筛的“择形”效应被削弱。Ali 等 [81] 在蜂窝载体的边缘和孔道内部涂覆了硅铝酸盐纳米分子筛用于 MTP 反应。该结构催化剂的热稳定性高于随意填充的粉末球状催化剂，使得甲醇可以在较低的温度下主要转化为丙烯，副产物 C_2 烷烃、高碳烯烃和高碳烷烃的选择性较低。

陆彦彬等[82]采用涂覆法制备了堇青石结构化的HZSM-5催化剂用于甲醇制汽油（methanol to gasoline, MTG）反应。选择孔径大的堇青石载体、固含量高的浆液和乙醇作为溶剂可以提高HZSM-5的单次负载量，但降低了HZSM-5的牢固度。添加硅溶胶黏结剂可以大幅度提高分子筛涂层的牢固度。该结构化的HZSM-5催化剂在380 ℃时汽油收率达到30.5%。

拜冰阳等[83]采用涂覆法制备了不同HZSM-5负载量的HZSM-5/堇青石结构催化剂用于MTO（methanol to olefins）反应。催化剂的比表面积、孔体积随着HZSM-5负载量的增加而增加。HZSM-5负载量为22.5%时具有最好的催化性能，在380 ℃、气时空速为820 mL/(g・h)的条件下，乙烯的选择性为35.2%，丙烯的选择性为31.0%。

四、其它反应过程

煤经合成气制乙二醇是重要的碳一化工过程，主要包含：① CO与亚硝酸甲（乙）酯偶联生成草酸二甲（乙）酯；②草酸二甲（乙）酯加氢制乙二醇。二者均为强放热反应，且选择性高、温度窗口窄，因此寻求结构催化剂与反应器的解决策略引起了人们的关注。Gao等[84]用涂覆的方法制备了堇青石结构化的Pd-Fe/α-Al_2O_3催化剂用于CO偶联亚硝酸乙酯制DEO（草酸二乙酯）。Al_2O_3涂层厚度为15 μm的Pd基催化剂展现了较好的催化活性和选择性。该结构催化剂的催化性能依赖于氧化铝溶胶的颗粒尺寸、Al_2O_3涂层厚度、孔结构、载体的表面酸度以及活性金属组分的分散度。在温和的反应条件下，CO转化率为32%，DEO的时空收率为429 g/(L•h)。结构催化剂表面的Pd分散度较高，Pd效率[DEO(g)/Pd(g)/h]可达274 h^{-1}，显著高于颗粒催化剂的46 h^{-1}。

Hu等[85]用涂覆法制备了FeCrAlY毡结构化的Rh-Mn/SiO_2催化剂，用于CO加氢制C_2含氧化合物。该结构催化剂使得CO加氢强放热反应可以实现等温操作，从而得到较高的产率。将其置于微通道反应器可以使合成气在较高的空速下转化为醇，并且得到较高的产物时空收率。

第四节　烃或含氧烃重整制合成气

一、甲烷重整

甲烷部分氧化制备合成气反应过程具有速率快、能耗低以及产物H_2与CO摩尔比适用于合成甲醇及费 - 托合成等优点，是一种有希望替代传统水蒸气重整的方法。马迪等[86]用涂覆的方法制备了堇青石结构化的助剂（Na、Sr、La、Ce）改性 Ni/γ-Al_2O_3 催化剂，用于甲烷部分氧化制合成气反应。在 100000 h^{-1} 的高空速下，可以得到最高的甲烷转化率。Ce 和 La 等助剂的添加对 Ni/γ-Al_2O_3 的晶相结构没有影响，但是提高了催化剂的可还原度和活性。

Stutz 等[87]对甲烷部分氧化制合成气绝热整装结构反应器进行了数值模拟研究。当进气体积流速和单位涂层体积催化剂的量一定时，最佳涂层厚度为 70 μm，此时氢气收率最大。涂层较薄时，催化剂的量受限，导致甲烷转化率较低；涂层较厚时，由于恒定的体积流量的限制，停留时间的减少是主要的限制因素，而不是扩散阻力的增加。王大文等[88]用涂覆法制备了堇青石结构化的 MgO 改性的 Ni 基催化剂，用于甲烷水蒸气催化重整反应。结果表明，添加 MgO 不仅提高了 NiO 的分散，而且增强了 NiO 与载体之间的相互作用。10Ni/5MgO/Si-Al/D（D 代表堇青石）催化剂具有较好的甲烷水蒸气催化重整性能，在 800 ℃、空速 27000 mL/(g·h)、$V_{H_2O}/V_{CH_4}=2$ 的反应条件下，甲烷转化率为 98.3%，CO 选择性为 78.6%，$n(H_2)/n(CO)$ 为 3.6。此外，他们还以堇青石为基体制备了不同 La_2O_3 含量的 Ni 基催化剂，La_2O_3 助剂的添加促进了 Ni 物种的分散，同时降低了 NiO 与载体之间的相互作用，从而提高了 NiO 的还原度。该结构催化剂具有最佳的甲烷水蒸气催化重整性能，反应温度为 800 ℃时，甲烷转化率和 CO 选择性分别为 98.3% 和 82.5%[89]。

二、低碳烷烃重整

Bodke 等[90]用浸渍法制备了整装 Al_2O_3 结构化的 Rh 催化剂，用于短接触时间（约 5 ms）正丁烷氧化重整制合成气反应。结构催化剂的氢气选择性高达 95%，然而 Rh/Al_2O_3 粉末催化剂 H_2 的选择性只有 70%。他们还发现减小孔径或者用 ZrO_2 代替 Al_2O_3 作为载体可以增加合成气的选择性，并降低烯烃的选择性。

Aartun 等[91]用浸渍法制备了 Al_2O_3 泡沫和金属微通道结构化的 Rh 催化剂，用于短接触时间丙烷部分氧化和蒸汽 - 氧化重整制富氢合成气反应。当反应炉温度高于 700 ℃时，结构催化剂上方发生气相燃烧反应，降低了氢气的选择性。对于微通道催化剂，降低停留时间（<10 ms）可以增加合成气的选择性，这可能是由于较高的线速度抑制了气相反应的发生。与微通道催化剂相比，Al_2O_3 泡沫结构化的 Rh 催化剂具有较高的初始合成气选择性，但是容易失活，尤其加入水蒸气后。

三、石脑油重整

Iranshahi 等[92]将吸热反应的石脑油重整和放热反应的硝基苯加氢制苯胺进行耦合，通过多功能热交换器实现过程强化。为了得到较高的热效率和较小的耦合反应

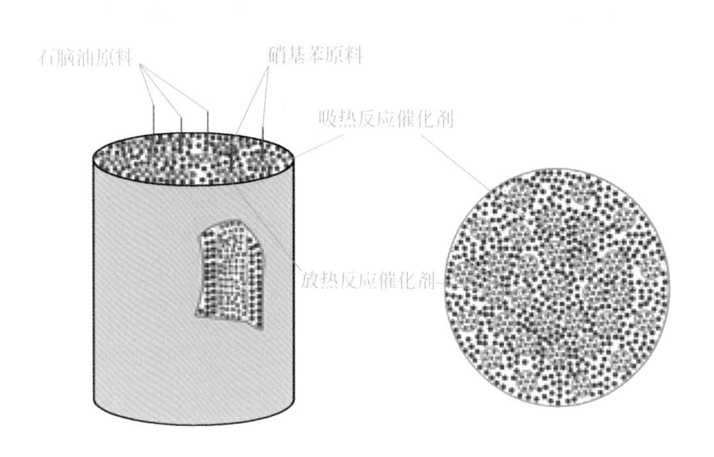

图 5-11　耦合反应器示意图

器体积，耦合反应器的管隙进行石脑油重整吸热反应，管内进行硝基苯加氢放热反应（图 5-11）。研究发现，并流式反应器的性能优于逆流式耦合反应器。与传统的列管反应器相比，并流和逆流耦合反应器上均获得了高的石脑油重整芳烃产物量，分别可达 18.73% 和 16.48%，而且逆流耦合反应器的 H_2 摩尔流率提高了 5 kmol/h。

四、醇类重整

Lindström 等 [93] 用涂覆法制备了堇青石结构化的 Cu-Zn(Zr) 催化剂，用于甲醇重整制氢反应。Zr 掺杂的催化剂活性略低于 Cu-Zn 催化剂，但是整个反应温度区间 CO_2 的选择性更好。结构化的 Cu_{60}/Zn_{40} 催化剂在 210 ℃时 H_2 收率最高，H_2 浓度高于 60%，CO 浓度低于 1%。

Echave 等 [94] 考察了不同涂覆方法对 $FeCr_{22}Al_5$ 整装载体结构化的 Pd-Zn 催化剂甲醇重整制氢反应性能的影响。首先采用初湿浸渍法制备了 Pd/ZnO 催化剂，然而将其涂覆于整装载体上，然而该结构催化剂的活性低于 Pd/ZnO 粉末催化剂。用水分散催化剂来制备涂覆液会降低催化剂的比表面积和 Pd 的分散度，因此活性和稳定性降低。当用醇分散催化剂时，直接分散 ZnO 可以得到较好的黏附度，但是活性仍然较低。用水分散 ZnO 和 Pd 前驱体盐制得的涂覆液，使催化剂制备和涂覆过程合二为一，所制结构催化剂不仅黏附度高，而且具有更好的活性和稳定性。

López 等 [95] 制备了堇青石结构化的 Rh-Pd/CeO_2 催化剂，用于乙醇蒸汽重整制氢反应。首先将 CeO_2 涂覆于堇青石载体上，然后用初湿浸渍法制得结构化的 Rh-Pd/CeO_2 催化剂，其 Rh-Pd 纳米颗粒粒径小于 5 nm。该结构催化剂在 417 ℃的反应温度下，可以实现乙醇完全转化，乙醛、丙酮、乙烷等副产物量可忽略不计。催化剂在 667 ℃、0.15 MPa、空速 0.22 μL(liq)/[mg(cat) • min] 的条件下，每摩尔乙醇可生成 3.4 mol H_2，另外产生 8.1% 的 CH_4 和 8.2% 的 CO。如图 5-12 所示，Casanovas[96] 考察了不同整装载体结构化的 Co_3O_4 催化剂用于乙醇蒸汽重整制氢反应，其中包括传统蜂窝陶瓷（孔道宽度 0.9 mm）、微通道载体（通道尺寸 0.15 mm）和硅基微米通道载体（通道尺寸 3 ～ 4 μm）。Co_3O_4 催化剂通过二维层状氢氧化钴原位热分解的方法负载于载体通道内部，分散均匀且机械强度良好。蜂窝陶瓷和微通道结构催化剂的最大乙醇转化率分别为 70% 和 90%。硅基微米通道结构催化剂具有可观的产氢速率，大于 52000 mL(H_2)/[mL(feed,l)・cm^3(R)]，乙醇转化率为 42%，停留时间为毫秒级，氢气的选择性很高，CO 和 CH_4 的选择性较低，并且反应 80 h 未观察到失活迹象。

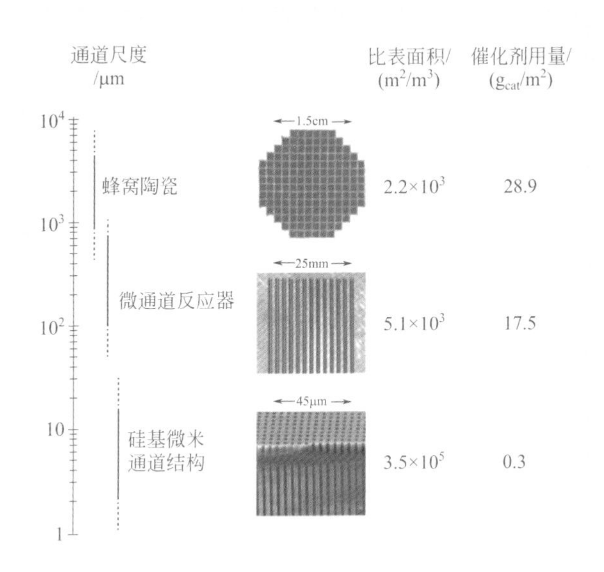

图 5-12　微结构反应器结构及孔道尺寸

五、自热重整

对于小型燃料电池辅助 / 后备电源系统的商业化，汽油自热重整是重要的产氢手段。Qi 等 [97] 用柠檬酸辅助法分别制备了具有钙钛矿结构的 $La_{0.8}Ce_{0.2}NiO_3$ 球状粉末催化剂以及堇青石结构化的催化剂。两者均具有较高的热稳定性和活性，氢收率达到理论最大值，甲烷的含量很少，并且具有较好的抗硫能力，当正辛烷含 5×10^{-4}%（质量分数）的噻吩时，催化活性基本不受影响，但是较高的硫浓度仍然导致催化剂严重中毒。堇青石结构化的 $La_{0.8}Ce_{0.2}NiO_3$ 催化剂与 $La_{0.8}Ce_{0.2}NiO_3$ 球状粉末催化剂活性和稳定性相当，而且在 650 ～ 800 ℃温度范围内与堇青石结构化的 0.3Rh/CeO_2-ZrO_2 贵金属催化剂活性相当。无论是粉末还是结构化催化剂，活性位点均是原位还原的 Ni^0，钙钛矿晶体结构使其处于高分散与稳定的状态。Ce 增加了 $La_{0.8}Ce_{0.2}NiO_3$ 催化剂的氧流动性，从而比 $LaNiO_3$ 催化剂具有更好的热稳定性以及抗积炭和抗硫中毒能力。

此外，Qi 等 [98] 还用涂覆法制备了堇青石结构化的 0.3Rh/3MgO/20CeO_2-ZrO_2 催化剂。该催化剂在 650 ～ 800 ℃、O_2/C 摩尔比为 0.38 ～ 0.45 和 H_2O/C 摩尔比为 2.0 的条件下，烷烃（例如辛烷）完全转化为甲烷含量很少的重整产品，芳香族化合物（例如甲苯）在高温时转化为不含甲烷的重整产品。由于结构催化剂强化了重整过程，因此与球状粉末催化剂相比，具有等量活性组分的结构催化剂具有更高的活性和选择性。如果原料中含硫（噻吩），会降低催化剂的氢气选择性，然而该催化剂具有很好的硫中毒恢复能力。将该催化剂用于 1 kW 汽油燃料处理器进行放大测试，（H_2 + CO）生成速率可达 0.9 ～ 1.0 m^3/h，汽油转化率 100%，氢气选择性约 90%，并成功运行 60 h。催化剂硫中毒加速了催化剂的烧结和积炭，从而导致催化剂逐渐失活。堇青石基体导热性较差以及催化部分氧化和蒸汽重整反应速率的不协调加速了催化剂的烧结。

Villegas 等[99] 详细考察了堇青石结构化 Ni 催化剂的制备条件对异辛烷自热重整反应性能的影响。相比于用勃姆石作为涂覆前驱体，用适当颗粒大小的 γ-Al_2O_3

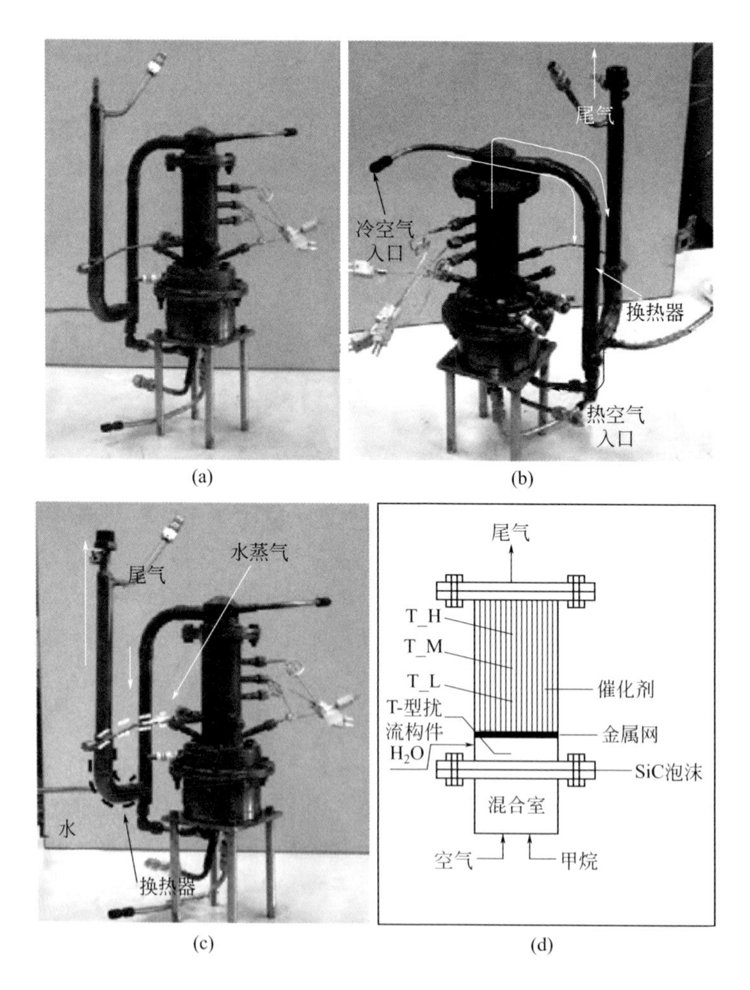

图 5-13　自热重整反应器（a）、空气预热（b）、液体水预热（c）和反应器示意图（d）

悬浊液可以实现较快的氧化铝负载，且涂覆层与堇青石的结合性能更好。干燥方法显著影响 Ni 的分布，宏观尺度下微波干燥和室温干燥后 Ni 的分布更加均匀，而微观尺度下，无论哪种干燥方法 Ni 均会在涂层表面富集。催化剂的 Ni 主要以 Ni-Al 尖晶石相存在，另外也存在一些较大的 Ni 金属颗粒（10 ～ 20 nm），尤其微波和烘箱干燥的结构催化剂上较大的金属 Ni 颗粒更多。烘箱干燥的催化剂失活较快，其它催化剂失活较慢。反应后催化剂表面存在无定形炭膜和炭须，然而催化剂失活并不与积炭量相关，而是与炭的种类与微观（Ni 颗粒大小）和宏观（孔道内轴向 Ni 的分布）Ni 的分散相关。

Ciambelli 等 [100] 用蜂窝陶瓷和开孔泡沫为载体制备了 Ni 催化剂，用于甲烷自热重整反应。首先将商业的 CeO_2-Al_2O_3 悬浊液涂覆于载体表面，然后用浸渍法负载 Ni 制得结构催化剂。甲烷自热重整反应在 kW 级别的自热重整反应器中进行，产氢速率 5 m^3/h。如图 5-13 所示，反应器整合了两个热交换器用于空气和给水的预热，以满足自热运行而不需要额外热源。泡沫结构催化剂的活性高于蜂窝陶瓷结构催化剂，原因是泡沫结构催化剂具有均一的温度分布和较低的平均温度。

Liu 等 [101] 探索了将 BASF 公司的 Pt 和 Rh/Pt 双层堇青石结构催化剂用于甘油自热重整反应。BASF 双层自热重整反应器如图 5-14 所示，催化部分氧化的催化剂层在外部，蒸汽重整催化剂在内部，并与整装载体相接触。在气时空速约 10^4 h^{-1} 的条件下，甘油完全转化，产物中 H_2、CO、CO_2 和 CH_4 几乎达到平衡浓度。还考察了喷雾嘴与催化剂的距离对催化性能的影响，发现最优距离为 2 ft（1 ft=0.3048 m）。生成最高 H_2、CO 收率和 H_2/CO 摩尔比约为 2 的操作条件为常压、O_2/C 摩尔比为 0.15、H_2O/C 摩尔比为 0.8、反应温度为 650 ℃。

Liu 等 [102] 制备了堇青石结构化的 ZnO-$ZnCr_2O_4$/CeO_2-ZrO_2 催化剂用于甲醇自热重整反应。该催化剂具有较高的选择性和稳定性，稳定运行了 1000 h。Ce/Zr 摩

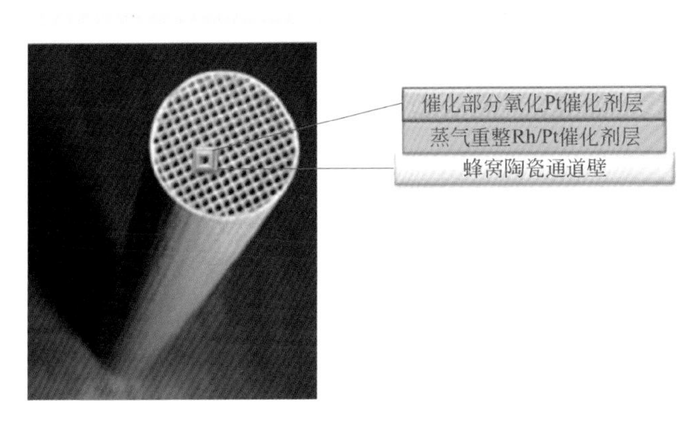

图 5-14　BASF 双层自热重整反应器

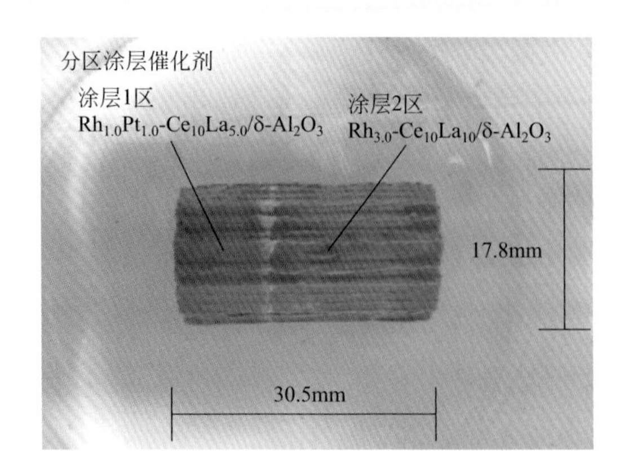

图 5-15　整装分区催化剂

尔比影响催化剂的氧化还原性能，是决定 Zn-Cr 催化剂稳定性的重要因素。最优的 Ce：Zr 摩尔比是 4：1，CeO_2-ZrO_2 复合氧化物降低了 Zn-Cr 氧化物的晶粒尺寸。

Karatzas 等 [103] 制备了堇青石结构化的单金属 Rh 和双金属 Rh-Pt 催化剂，用于柴油自热重整制氢反应。单金属涂层 Rh 负载量为 0.5%、1.0%、3.0%（质量分数），双金属涂层 Rh：Pt 质量比为 1：1。如图 5-15 所示，该结构催化剂为“分区”催化剂，即包含两种涂层，每一涂层的长度在结构催化剂的轴向上是一定的。首先用初湿浸渍法制备以 δ-Al_2O_3 为载体的催化剂，然后用涂覆法将催化剂沉积到 400 CPSI 堇青石载体上。在 $n(H_2O)/n(C) = 2.5$、$n(O_2)/n(C) = 0.49$、GHSV = 17000 h^{-1} 和常压的条件下，以低硫柴油为原料，具有 $Rh_{1.0}Pt_{1.0}$-$Ce_{10}La_{5.0}$/δ-Al_2O_3 和 $Rh_{3.0}$-$Ce_{10}La_{10}$/δ-Al_2O_3 双涂层的“分区”催化剂的转化率和产氢率最高。另外，“分区”催化剂的稳定性测试在工业反应器中进行，用低硫柴油和费 - 托柴油作为原料，反应条件分别为 $n(H_2O)/n(C) = 2.5$、$n(O_2)/n(C) = 0.49$、GHSV = 10800 h^{-1}、常压和 $n(H_2O)/n(C) = 2.4$、$n(O_2)/n(C) = 0.39$、GHSV = 10200 h^{-1}、常压。结果表明，两种原料均能实现较高的转化率和产氢能力。温度测量和产物气体分析确定了主反应发生的顺序是先部分氧化然后蒸汽重整。

六、其它重整

Ledesma 等 [104] 制备了堇青石结构化催化剂用于二甲醚重整制氢反应。首先将 CeO_2、ZrO_2 或 $Ce_{0.5}Zr_{0.5}O_2$ 涂覆于堇青石载体上，然后用初湿浸渍法制备 Pd 改性的 Cu、Zn 或 Cu-Zn 结构催化剂。结构化的 Cu-Pd/ZrO_2 催化剂具有最佳的活性以及 H_2 和 CO_2 选择性，但其失活较快。结构化的 Cu-Zn/ZrO_2 催化剂活性较低，但其选择性和稳定性较好。在反应条件下，结构化的 Cu-Zn/ZrO_2 催化剂表面具有活性

甲酸盐物种以及 Cu^0-Cu^+ 物种，然而 Cu-Pd/ZrO_2 催化剂主要存在活性较差的甲氧基、氧化铜以及残留碳物种。此外，还将 CeO_2、ZrO_2、$Ce_{0.5}Zr_{0.5}O_2$、MnO_2、SnO_2、Al_2O_3、WO_3、WO_3-ZrO_2 涂覆于堇青石载体上，然后用初湿浸渍法负载 1%（质量分数）的 Pd 制得结构催化剂，用于二甲醚蒸汽重整制氢反应。结构化的 Pd/Al_2O_3、Pd/ZrO_2、Pd/CeO_2、Pd/WO_3 活性较高，Pd/ZrO_2 催化剂氢气收率最高且甲烷的含量最低。催化剂的活性与载体的酸性和 Pd 的颗粒大小没有直接关系，Pd 与载体的相互作用是关键影响因素。ZrO_2 和 Pd/ZrO_2 催化剂上甲醇 / 二甲醚吸附红外和程序升温脱附研究表明，两种催化剂上甲醇和二甲醚均生成了甲氧基物种，其进一步转化为甲酸盐物种并降解生成 CO_2 和 H_2，Pd 的加入促进了该过程的进行[105]。

第五节　其它应用

一、裂解反应

Yi 等[106]用涂覆法制备了堇青石结构化的 Pt 催化剂，用于煤油燃料 RP-3 的裂解反应。相比于热裂解反应，整装 Pt/CeO_2-Al_2O_3/La-Al_2O_3 催化剂气相的裂解产物量增加了 39.7%。添加 BaO 和 SrO 助剂，气相产物的量分别增加了 25.6% 和 37%。同时加入 BaO 和 SrO 助剂，催化性能显著提高，总的气相产物增加了 96.5%。BaO 和 SrO 助剂抑制了积炭的发生，两者的协同作用提高了裂解反应活性。

Lv 等[107]制备了堇青石结构化的 Ni 催化剂用于焦油裂解反应。首先将堇青石载体用 30%（质量分数）沸腾的草酸进行预处理，然后用真空浸渍法制备结构化的 Ni 催化剂。草酸处理后，堇青石载体比表面积可达 159 m^2/g，孔体积最大有 0.0987 cm^3/g，孔径在 2 ～ 4 nm。负载活性组分后，催化剂的比表面积和孔体积不足草酸预处理堇青石的一半，然而催化剂的活性与比表面积不呈线性关系。当堇青石载体涂覆 5 次活性组分时，催化剂活性最佳，焦油的转化率可达 87.4%，6 h 稳定性测试后，焦油转化率降至 81.3%，反应前后催化剂物相结构未发生变化，表现出良好焦油裂解活性和稳定性。

Lv 等[108]用真空浸渍法制备了堇青石结构化的 Ni-Co 催化剂用于焦油裂解反应。结构催化剂不存在 $NiAl_2O_4$ 或 $CoAl_2O_4$ 相，可能生成了 Ni-Co 合金相。双金属催化剂的催化活性优于单金属催化剂。通过考察 Ni/Co 的摩尔比，发现 Ni_3Co/ 堇青石催化剂的催化性能最好，在重时空速 1.4 h^{-1} 的条件下，焦油转化率为 96.4%，气体收率为 1.21 Nm^3/kg。

二、水煤气变换反应

Özyönüm 等[109]制备了堇青石结构化的 1.4Au0.2Re/CeO_2 催化剂用于水煤气变换（water-gas shift, WGS）反应。首先将 CeO_2 胶体涂覆于堇青石表面，然后用沉积沉淀法负载 Au 和 Re 制得结构催化剂。结构化的 Au/CeO_2 催化剂 CO 转化率（63%）比颗粒催化剂（92%）的活性差，但是添加助剂 Re 后，CO 转化率提高至 83%（CO 平衡转化率为 95%）。为了模拟现实的进料情况，单独或共同通入 10% 的 CO_2 和 25% 的 H_2，CO 转化率降低至 32%（平衡转化率为 57%）。

Du 等[110]用涂覆法制备了堇青石结构化的 Pt(Re)/$Ce_{0.8}Zr_{0.2}O_2$ 催化剂用于 WGS 反应。用微乳液法制备 $Ce_{0.8}Zr_{0.2}O_2$ 涂层，堇青石负载 50%（质量分数）的涂层并负载 0.68%（质量分数）的 Pt 可以减少 CO 的含量至约 1%。经过 Re 改性后的 0.11Re/0.34Pt/50$Ce_{0.8}Zr_{0.2}O_2$ 堇青石结构催化剂的性能最佳，平稳运行了 80 h，稳定性良好。该结构催化剂三次暴露氧气之后，活性没有明显下降，然而商业的 CuZnAl-O 催化剂暴露一次氧气，活性便降低 17%。

三、合成氨

Yu 等[111]首先用原位碳化的方法在堇青石上负载碳纳米管（carbon nanotubes, CNTs），然后用硝酸处理 CNTs/ 堇青石，再负载 Ru 活性组分制成结构催化剂，用于合成氨反应。硝酸处理 CNTs/ 堇青石改变了载体表面 Mg、Si、Al 和含氧官能团的量，从而影响复合材料的比表面积和孔径分布。用硝酸适当地处理 CNTs/ 堇青石，增加了比表面积和微孔的数量，一些介孔消失。如果处理条件过于严苛，复合材料的稳定性降低。适当的硝酸处理可以引入更多亲水的表面结构和大量的含氧官能团，从而提高 Ru 的分散度和合成氨活性。CNTs/ 堇青石用硝酸在 30 ℃处理 4 h 并用 Ba 助剂改性，活性可以增加 30%。相反地，严苛的处理条件导致堇青石载体 Mg 和 Al 的流失量和羧酸基团的增加，活性明显下降。

王建梅等[112]制备了稀土氧化物改性的 Ru-Ba 蜂窝堇青石结构催化剂，用于合成氨反应。La_2O_3 呈"虫卵状"聚集在堇青石表面，而 CeO_2 均匀地覆盖在堇青石表面，Ru 粒子呈"孤岛状"均匀地分散在铈改性的堇青石载体表面。堇青石经 CeO_2 改性后，催化剂的比表面积、比孔体积以及中、微孔数量均有所提高，孔径分布也得到了明显改善。适量的稀土金属氧化物均能促进 Ru-Ba 堇青石结构催化剂的活性，其中 CeO_2 的改性效果最好，在 10 MPa、475 ℃、5000 h^{-1} 的条件下，CeO_2 改性的 Ru-Ba 堇青石结构催化剂的转化率达到 9.9%。

参考文献

[1] Ehrfeld W. 微反应器技术——现代化学中的新技术 . 蔡丽朋 , 译 . 北京 : 化学工业出版社 ,

2000.
[2] 邵潜 . 规整结构催化剂及反应器 . 北京 : 化学工业出版社 , 2005.
[3] Berglin T, Herrmann W. A method in the production of hydrogen peroxide: EP 0102934 A2. 1984.
[4] Deshmukh S R, Tonkovich A L Y, Jarosch K T, et al. Scale-up of microchannel reactors for Fischer-Tropsch synthesis[J]. Ind Eng Chem Res, 2010, 49: 10883-10888.
[5] Markowz G, Schirrmeister S, Albrecht J, et al. Microstructured reactors for heterogeneously catalyzed gas-phase reactions on an industrial scale[J]. Chem Eng Technol, 2005, 28: 459-464.
[6] Kapteijn F, Nijhuis T A, Heiszwolf J J, et al. New non-traditional multiphase catalytic reactors based on monolithic structures[J]. Catal Today, 2001, 66 (2-4): 133-144.
[7] Tronconi E, Groppi G, Boger T, et al. Monolithic catalysts with 'high conductivity' honeycomb supports for gas/solid exothermic reactions: characterization of the heat-transfer properties[J]. Chem Eng Sci, 2004, 59: 4941-4949.
[8] Pfefferle L D, Pfefferle W C. Catalysis in combustion[J]. Catal Rev, 1987, 29 (2-3): 219-267.
[9] Konig A, Herding G, Hupfeld B, et al. Current tasks and challenges for exhaust aftertreatment research. A viewpoint from the automotive industry[J]. Top Catal, 2001, 16: 23-31.
[10] Irandoust S, Andersson B. Monolithic catalysts for nonautomobile applications[J]. Catal Rev Sci Eng, 1988, 30 (3): 341-392.
[11] Corma A, Melo F V, Sauvanaud L, et al. Light cracked naphtha processing: Controlling chemistry for maximum propylene production[J]. Catal Today, 2005, 107-108 (44): 699-706.
[12] Galvis H M T, Jong K P D. Catalysts for production of lower olefins from synthesis gas: A review[J]. ACS Catal, 2013, 3 (9): 2130-2149.
[13] 范以宁 , 赵世永 , 许波连 , 等 . 一种丙烷脱氢制丙烯的整体式催化剂制备方法 [P]: 201010144282.4. 2011-10-12.
[14] Santander J A, López E, Tonetto G M, et al. Preparation of NiNbO/AISI 430 ferritic stainless steel monoliths for catalytic applications[J]. Ind Eng Chem Res, 2014, 53 (28): 11312-11319.
[15] Brussino P, Bortolozzi J P, Milt V G, et al. Alumina-supported nickel onto cordierite monoliths for ethane oxidehydrogenation: Coating strategies and their effect on the catalytic behavior[J]. Ind Eng Chem Res, 2016, 55 (6): 1503-1512.
[16] Brussino P, Bortolozzi J P, Milt V G, et al. NiCe/γ-Al_2O_3 coated onto cordierite monoliths applied to oxidative dehydrogenation of ethane (ODE)[J]. Catal Today, 2016, 273: 259-265.
[17] Santander J A, Boldrini D E, Pedernera M N, et al. NiNbO catalyst deposited on anodized aluminum monoliths for the oxidative dehydrogenation of ethane[J]. Can J Chem Eng, 2017, 95 (8): 1554-1561.
[18] Ramírez A, Hueso J L, Mallada R, et al. Ethylene epoxidation in microwave heated structured reactors[J]. Catal Today, 2016, 273: 99-105.

[19] Kestenbaum H, Oliveira A L D, Schmidt W, et al. Silver-catalyzed oxidation of ethylene to ethylene oxide in a microreaction system[J]. Ind Eng Chem Res, 2002, 41 (4): 710-719.

[20] Carucci J R H, Halonen V, Eränen K, et al. Ethylene oxide formation in a microreactor: From qualitative kinetics to detailed modeling[J]. Ind Eng Chem Res, 2010, 49 (21): 10897-10907.

[21] Salmi T, Carucci J H, Roche M, et al. Microreactors as tools in kinetic investigations: Ethylene oxide formation on silver catalyst[J]. Chem Eng Sci, 2013, 87: 306-314.

[22] Rodrigues C P, Silva V D, Schmal M. Partial oxidation of ethanol over cobalt oxide based cordierite monolith catalyst[J]. Appl Catal B, 2010, 96 (1): 1-9.

[23] Rodrigues C P, Schmal M. Nickel-alumina washcoating on monoliths for the partial oxidation of ethanol to hydrogen production[J]. Int J Hydrogen Energy, 2011, 36(17): 10709-10718.

[24] Wang N, Matsumoto T, Ueno M, et al. A gold-immobilized microchannel flow reactor for oxidation of alcohols with molecular oxygen[J]. Angew Chem Int Ed, 2009, 121 (26): 4838-4840.

[25] Zotova N, Hellgardt K, Kelsall G H, et al. ChemInform Abstract: Catalysis in flow: The practical and selective aerobic oxidation of alcohols to aldehydes and ketones[J]. Chemin Form, 2011, 42 (14): 2157-2163.

[26] Cao E, Sankar M, Firth S, et al. Reaction and Raman spectroscopic studies of alcohol oxidation on gold-palladium catalysts in microstructured reactors[J]. Chem Eng J, 2011, 167 (2-3): 734-743.

[27] Cao E, Sankar M, Nowicka E, et al. Selective suppression of disproportionation reaction in solvent-less benzyl alcohol oxidation catalysed by supported Au-Pd nanoparticles[J]. Catal Today, 2013, 203 (4): 146-152.

[28] Palma V, Barba D. H_2S purification from biogas by direct selective oxidation to sulfur on V_2O_5-CeO_2, structured catalysts[J]. Fuel, 2014, 135 (11): 99-104.

[29] Palma V, Barba D, Gerardi V. Honeycomb-structured catalysts for the selective partial oxidation of H_2S[J]. J Clean Prod, 2016, 111: 69-75.

[30] Martínez T L M, Frías D M, Centeno M A, et al. Preparation of Au-CeO_2, and Au-Al_2O_3/AISI 304 austenitic stainless steel monoliths and their performance in the catalytic oxidation of CO[J]. Chem Eng J, 2008, 136 (2-3): 390-397.

[31] Milt V G, Ivanova S, Sanz O, et al. Au/TiO_2, supported on ferritic stainless steel monoliths as CO oxidation catalysts[J]. Appl Sur Sci, 2013, 270 (14): 169-177.

[32] López I, Valdés-Solís T, Marbán G. An attempt to rank copper-based catalysts used in the CO-PROX reaction[J]. Int J Hydrogen Energy, 2008, 33 (1): 197-205.

[33] Chunlei Gu, Suhong Lu, Jie Miao, et al. Meso-macroporous monolithic CuO-CeO_2/γ/α-Al_2O_3, catalysts for CO preferential oxidation in hydrogen-rich gas: Effect of loading methods[J]. Int J Hydrogen Energy, 2010, 35 (12): 6113-6122.

[34] Barbato P S, Benedetto A D, Landi G, et al.CuO/CeO_2, based monoliths for CO preferential oxidation in H_2-rich streams[J]. Chem Eng J, 2015, 279: 983-993.

[35] Landi G, Barbato P S, Benedetto A D, et al. Optimization of the preparation method of CuO/CeO_2, structured catalytic monolith for CO preferential oxidation in H_2-rich streams[J]. Appl Catal B, 2016, 181 (8): 727-737.

[36] Laguna O H, Castaño M G, Centeno M A, et al. Microreactors technology for hydrogen purification: Effect of the catalytic layer thickness on CuO_x/CeO_2-coated microchannel reactors for the PROX reaction[J]. Chem Eng J, 2015, 275 (4): 45-52.

[37] Cruz S, Sanz O, Poyato R, et al. Design and testing of a microchannel reactor for the PROX reaction[J]. Chem Eng J, 2011, 167 (2-3): 634-642.

[38] 孙思，季生福，王开，等．W-Mn/SBA-15/FeCrAl 催化剂制备及其甲烷氧化偶联反应性能[J]. 石油与天然气化工，2008, 37 (6): 453-458.

[39] 唐晶晶．甲烷氧化偶联整体式催化剂的制备及反应性能的研究 [D]. 北京：北京化工大学，2009.

[40] 汪文化，季生福，潘登，等．颗粒 - 金属基整体式催化剂组合反应器中甲烷氧化偶联反应性能 [C]. 中国石油学会石油炼制学术年会，2010.

[41] Edvinsson R K, Holmgren A M, Irandoust S. Liquid-phase hydrogenation of acetylene in a monolithic catalyst reactor[J]. Ind Eng Chem Res, 1995, 34 (1): 94-100.

[42] 侯宁，付瑶，朱秋锋，等．Ni-Pd 纳米涂层整体式催化剂加氢性能研究 [J]. 中国粉体技术，2011, 17 (4): 20-24.

[43] 朱秋锋，付瑶，文利雄，等．空心纳米 SiO_2 为涂层的整体式催化剂的制备及催化性能 [J]. 北京化工大学学报 (自然科学版), 2010, 37 (4): 17-23.

[44] Goede R V, Stork M M, Weiden M J V D, et al. Selective hydrogenation of phenylacetylene from a C_8-naphtha fraction in a monolith reactor and separation into styrene, ethylbenzene and xylenes[J]. Appl Sci, 1997.

[45] Vergunst T, Kapteijn F, Moulijn J A. Optimization of Geometric Properties of a Monolithic Catalyst for the Selective Hydrogenation of Phenylacetylene[J]. Ind Eng Chem Res, 2001, 40 (13): 2801-2809.

[46] Méndez F J, Sanz O, Montes M, et al. Selective hydrogenation of 1,3-butadiene in the presence of 1-butene under liquid phase conditions using structured catalysts[J]. Catal Today, 2016, 289: 151-161.

[47] 周永华，叶红齐，金一粟．微乳液浸渍法制备粉状与整体式 Pd 催化剂及其催化加氢性能 [J]. 石油学报 (石油加工), 2008, 24 (6): 635-639.

[48] 周瑾，王树东，赵玉军．用于苯加氢制环己烯的整体催化剂及其制备方法 [P]: 200710064614.6. 2007-03-21.

[49] Zhao Y, Zhou J, Zhang J, et al. Monolithic Ru-based catalyst for selective hydrogenation of

benzene to cyclohexene[J]. Catal Commun, 2008, 9 (3): 459-464.

[50] Guo Y, Dai C, Lei Z. Hydrogenation of 2-ethylanthraquinone with monolithic catalysts: An experimental and modeling study[J]. Chem Eng Sci, 2017, 172: 370-384.

[51] Zhu J, Jia Y, Li M, et al. Carbon nanofibers grown on anatase washcoated cordierite monolith and its supported palladium catalyst for cinnamaldehyde hydrogenation[J]. Ind Eng Chem Res, 2013, 52 (3): 1224-1233.

[52] Aumo J, Mikkola J P, Bernechea J, et al. Hydrogenation of citral over Ni on monolith[J]. Int J Chem React Eng, 2005, 3 (1): 108-122.

[53] Yue H, Zhao Y, Li Z, et al. Hydrogenation of dimethyl oxalate to ethylene glycol on a Cu/SiO_2/cordierite monolithic catalyst: Enhanced internal mass transfer and stability[J]. AIChE J, 2012, 58 (9): 2798-2809.

[54] 吴勇，周明明，岳海荣 . 醋酸甲酯加氢制乙醇整体式 Cu-SiO_2/cordierite 催化剂的制备与性能研究 [J]. 应用化工，2017, 46 (2): 206-210.

[55] Pérez-Cadenas A F, Kapteijn F, Zieverink M M P, et al. Selective hydrogenation of fatty acid methyl esters over palladium on carbon-based monoliths: Structural control of activity and selectivity[J]. Catal Today, 2007, 128 (1-2): 13-17.

[56] González-Borja M Á, Resasco D E. Anisole and guaiacol hydrodeoxygenation over monolithic Pt-Sn catalysts[J]. Energy Fuel, 2011, 25 (9): 4155-4162.

[57] Du B, Su H, Min S, et al. Three-phase hydrogenation of nitrobenzene to aniline over monolith palladium supported catalyst[J]. Chem React Eng Technol, 2014, 30 (6): 499-505.

[58] Park C M, Ahn W J, Jo W K, et al. Nanosized CuO and ZnO catalyst supported on honeycomb-typed monolith for hydrogenation of carbon dioxide to methyl alcohol[J]. J Nanosci Nanotechnol, 2015, 15 (1): 570-574.

[59] Arab S, Commenge J M, Portha J F, et al. Methanol synthesis from CO_2, and H_2, in multi-tubular fixed-bed reactor and multi-tubular reactor filled with monoliths[J]. Chem Eng Res Des, 2014, 92 (11): 2598-2608.

[60] Jhon F S M, Bello O J G, Montes M, et al. Pd/AlO-cordierite and Pd/AlO-Fecralloy monolithic catalysts for the hydrogenation of sunflower oil[J]. Catal Commun, 2009, 10 (10): 1446-1449.

[61] Jhon F S M, Boldrini D E, Tonetto G M, et al. Palladium catalyst on anodized aluminum monoliths for the partial hydrogenation of vegetable oil[J]. Chem Eng J, 2011, 167 (1): 355-361.

[62] Waghmare Y G, Bussard A G, Forest R V, et al. Partial hydrogenation of soybean oil in a piston oscillating monolith reactor[J]. Ind Eng Chem Res, 2010, 49 (14): 6323-6331.

[63] 郭亚男，曾鹏晖，季生福，等 . Mo 助剂含量对 Mo-Ni_2P/SBA-15/ 堇青石整体式催化剂加氢脱硫性能的影响 [J]. 催化学报，2010, 31 (3): 329-334.

[64] 吴平易，王景艳，兰玲，等. La-Ni_2P/SBA-15/ 堇青石整体式催化剂及加氢脱硫性能 [J]. 工业催化，2014, 22 (4): 272-276.

[65] Jarvi G A, Mayo K B, Bartholomew C H. Monolithic-supported nickel catalysts: I. methanation activity relative to pellet catalysts[J]. Chem Eng Commun, 1980, 4 (1-3): 325-341.

[66] 王光永，徐绍平. 煤制替代 / 合成天然气技术的研究进展 [J]. 石油化工，2016, 45 (1): 1-9.

[67] Kapteijn F, Deugd R M D, Moulijn J A. Fischer-Tropsch synthesis using monolithic catalysts[J]. Catal Today, 2005, 105 (3-4): 350-356.

[68] Hilmen A M, Bergene E, Lindvåg O A, et al. Fischer-Tropsch synthesis on monolithic catalysts of different materials[J]. Catal Today, 2001, 69 (1): 227-232.

[69] Deugd R M D, Kapteijn F, Moulijn J A. Using monolithic catalysts for highly selective Fischer-Tropsch synthesis[J]. Catal Today, 2003, 79-80 (3): 495-501.

[70] Liu W, Hu J, Wang Y. Fischer-Tropsch synthesis on ceramic monolith-structured catalysts[J]. Catal Today, 2009, 140 (3): 142-148.

[71] Guillou L, Balloy D, Supiot P, et al. Preparation of a multilayered composite catalyst for Fischer-Tropsch synthesis in a micro-chamber reactor[J]. Appl Catal A, 2007, 324 (5): 42-51.

[72] Guillou L, Paul S, Courtois V L. Investigation of H_2, staging effects on CO conversion and product distribution for Fischer-Tropsch synthesis in a structured microchannel reactor[J]. Chem Eng J, 2008, 136 (1): 66-76.

[73] Liang Yu, Raja Nassar, Ji Fang, et al. Investigation of a novel microreactor for enhancing mixing and conversion[J]. Chem Eng Commun, 2008, 195 (7): 745-757.

[74] Merino D, Sanz O, Montes M. Effect of the thermal conductivity and catalytic layer thickness on the Fischer-Tropsch synthesis selectivity using structured catalysts[J]. Chem Eng J, 2017, 327: 1033-1042.

[75] Phan X K, Bakhtiary-Davijany H, Myrstad R, et al. Preparation and performance of Cu-based monoliths for methanol synthesis[J]. Appl Catal A, 2011, 405 (1-2): 1-7.

[76] Guo W, Wu W, Luo M, et al. Modeling of diffusion and reaction in monolithic catalysts for the methanol-to-propylene process[J]. Fuel Process Technol, 2013, 108 (4): 133-138.

[77] Huang X, Li X G, Li H, et al. High-performance HZSM-5/cordierite monolithic catalyst for methanol to propylene reaction: A combined experimental and modelling study[J]. Fuel Process Technol, 2017, 159: 168-177.

[78] 黄寻，李慧，肖文德. HZSM-5/ 堇青石规整催化剂的制备及其在甲醇制丙烯反应中的应用 [J]. 石油化工，2016, 45 (2): 156-162.

[79] Antia J E, Govind R. Conversion of methanol to gasoline-range hydrocarbons in a ZSM-5 coated monolithic reactor[J]. Ind Eng Chem Res, 1995, 34 (1): 140-147.

[80] Chen N Y, Garwood W E, Dwyer F G. Shape selective catalysis in industrial applications[M].

Marcel Dekker, 1989.
[81] Ali M A, Ahmed S. Honeycomb monolith structure loaded with nanozeolites for enhanced propylene selectivity in methanol conversion: US 20160184812. 2016-06-30.
[82] 陆彦彬, 马彪, 张伟辰. HZSM-5/整体式催化剂的制备及其在甲醇制汽油反应中的应用[J]. 辽宁石油化工大学学报, 2015, 35 (1): 12-15.
[83] 拜冰阳, 贾志刚, 季生福, 等. HZSM-5/ 堇青石整体式催化剂的制备及催化性能 [J]. 北京化工大学学报 (自然科学版), 2011, 38 (5): 29-34.
[84] Gao X, Zhao Y, Wang S, et al. A Pd-Fe/α-Al_2O_3/cordierite monolithic catalyst for CO coupling to oxalate[J]. Chem Eng Sci, 2011, 66 (15): 3513-3522.
[85] Hu J, Wang Y, Cao C, et al. Conversion of biomass-derived syngas to alcohols and C_2, oxygenates using supported Rh catalysts in a microchannel reactor[J]. Catal Today, 2007, 120 (1): 90-95.
[86] 马迪, 梅大江, 李璇, 等. 稀土等碱性助剂对甲烷部分氧化制合成气整体式 Ni/γ-Al_2O_3 催化剂性能的影响 [J]. 中国稀土学报, 2006, 24 (3): 293-297.
[87] Stutz M J, Poulikakos D. Optimum washcoat thickness of a monolith reactor for syngas production by partial oxidation of methane[J]. Chem Eng Sci, 2008, 63 (7): 1761-1770.
[88] 王大文. 甲烷水蒸气重整的 Ni 基整体式催化剂的制备和表征 [J]. 天然气化工 (C_1 化学与化工), 2009, 34(6): 27-30.
[89] 王大文. La改性的Ni基整体式催化剂上甲烷水蒸气催化重整性能研究[J]. 天然气化工(C_1化学与化工), 2010, 35 (3): 17-20.
[90] Bodke A S, Bharadwaj S S, Schmidt L D. The effect of ceramic supports on partial oxidation of hydrocarbons over noble metal coated monoliths[J]. J Catal, 1998, 179 (1): 138-149.
[91] Aartun I, Silberova B, Venvik H, et al. Hydrogen production from propane in Rh-impregnated metallic microchannel reactors and alumina foams[J]. Catal Today, 2005, 105 (3-4): 469-478.
[92] Iranshahi D, Pourazadi E, Bahmanpour A M, et al. Iranshahi D P E, Bahmanpour A M, et al. A comparison of two different flow types on performance of a thermally coupled recuperative reactor containing naphtha reforming process and hydrogenation of nitrobenzene[J]. Int J Hydrogen Energy, 2011, 36 (5): 3483-3495.
[93] Lindström B, Pettersson L J. Steam reforming of methanol over copper-based monoliths: the effects of zirconia doping[J]. J Power Sources, 2002, 106 (1): 264-273.
[94] Echave F J, Sanz O, Montes M. Washcoating of microchannel reactors with PdZnO catalyst for methanol steam reforming[J]. Appl Catal A, 2014, 474 (1): 159-167.
[95] López E, Divins N J, Anzola A, et al. Ethanol steam reforming for hydrogen generation over structured catalysts[J]. Int J Hydrogen Energy, 2013, 38 (11): 4418-4428.
[96] Casanovas A, Domínguez M, Ledesma C, et al. Catalytic walls and micro-devices for generating hydrogen by low temperature steam reforming of ethanol[J]. Catal Today, 2009,

143 (1-2): 32-37.

[97] Qi A, Wang S, Fu G, et al. La-Ce-Ni-O monolithic perovskite catalysts potential for gasoline autothermal reforming system[J]. Appl Catal A, 2005, 281 (1-2): 233-246.

[98] Qi A, Wang S, Ni C, et al. Autothermal reforming of gasoline on Rh-based monolithic catalysts[J]. Int J Hydrogen Energy, 2007, 32 (8): 981-991.

[99] Villegas L, Masset F, Guilhaume N. Wet impregnation of alumina-washcoated monoliths: Effect of the drying procedure on Ni distribution and on autothermal reforming activity[J]. Appl Catal A, 2007, 320 (3): 43-55.

[100] Ciambelli P, Palma V, Palo E. Comparison of ceramic honeycomb monolith and foam as Ni catalyst carrier for methane autothermal reforming[J]. Catal Today, 2010, 155 (1-2): 92-100.

[101] Liu Y, Farrauto R, Lawal A. Autothermal reforming of glycerol in a dual layer monolith catalyst[J]. Chem Eng Sci, 2013, 89 (4): 31-39.

[102] Liu N, Yuan Z, Wang S, et al. Characterization and performance of a $ZnO-ZnCr_2O_4/CeO_2-ZrO_2$, monolithic catalyst for methanol auto-thermal reforming process[J]. Int J Hydrogen Energy, 2008, 33 (6): 1643-1651.

[103] Karatzas X, Dawody J, Grant A, et al. Zone-coated Rh-based monolithic catalyst for autothermal reforming of diesel[J]. Appl Catal B, 2011, 101 (3-4): 226-238.

[104] Ledesma C, Llorca J. Dimethyl ether steam reforming over $Cu-Zn-Pd/CeO_2-ZrO_2$ catalytic monoliths. The role of Cu species on catalyst stability[J]. J Phys Chem C, 2011, 115 (23): 11624-11632.

[105] Ledesma C, Ozkan U S, Llorca J. Hydrogen production by steam reforming of dimethyl ether over Pd-based catalytic monoliths[J]. Appl Catal B, 2011, 101 (3-4): 690-697.

[106] Yi J, Jia W, Qin L, et al. Kerosene cracking over supported monolithic Pt catalysts: Effects of SrO and BaO promoters[J]. Chin J Catal, 2013, 34 (6): 1139-1147.

[107] Lv P M, Lu M, Yuan Z H, et al. Nickel-based monolithic catalyst for tar cracking of biomass pyrolysis[C]. Second International Conference on Mechanic Automation and Control Engineering. IEEE, 2011: 7472-7475.

[108] Min L, Lv P M, Yuan Z H, et al. The study of bimetallic Ni-Co/cordierite catalyst for cracking of tar from biomass pyrolysis.[J]. Renew Energy, 2013, 60 (4): 522-528.

[109] Özyönüm G N, Yildirim R. Water gas shift activity of Au-Re catalyst over microstructured cordierite monolith wash-coated by ceria[J]. Int J Hydrogen Energy, 2016, 41 (12): 5513-5521.

[110] Du X, Gao D, Yuan Z, et al. Monolithic $Pt/Ce_{0.8}Zr_{0.2}O_2$/cordierite catalysts for low temperature water gas shift reaction in the real reformate[J]. Int J Hydrogen Energy, 2008, 33 (14): 3710-3718.

[111] Yu X, Lin B, Gong B, et al. Effect of nitric acid treatment on carbon nanotubes (CNTs)-

cordierite monoliths supported ruthenium catalysts for ammonia synthesis[J]. Catal Lett, 2008, 124 (3-4): 168-173.
[112] 王建梅, 王榕, 谢峰, 等. 稀土金属氧化物改性整体式钌基氨合成催化剂的制备和性能的研究 [J]. 中国稀土学报, 2006, 24 (6): 666-670.

第六章

规则空隙结构催化剂与反应器的环境催化应用

经济快速发展在导致能源消费快速增加的同时，也排放出大量的“三废”（废气、废水、废物），对环境和生态系统造成了严重的污染。如20世纪40年代初美国洛杉矶由机动车尾气排放造成的光化学烟雾事件，1952年因燃煤导致的英国伦敦的“雾都劫难”等。污染物按其排放形式，主要分为固定污染源和移动污染源。固定污染源指的是位置固定，如发电、钢铁、石油化工、化肥和农药等工业生产，取暖等生活性活动，及固体废弃物（工业废物、城市垃圾、农业废物等）的焚烧和处理等所排放的污染物。移动污染源主要是指位置可移动，如汽车、船舶、工程机械等在工作过程中排放的污染物。为减少污染物排放对环境和生态的影响，可以通过采用清洁能源和能源利用新技术，在源头降低污染物的排放。但是，对于在使用中不可避免要排放的污染物，则必须采取相应的措施来减少或消除其排放，以满足人们对环境质量的要求。

本章主要介绍在机动车尾气净化、固定源脱硝以及VOCs/甲烷催化燃烧等方面有关催化剂的研究成果。

第一节 机动车尾气净化

一、概述

机动车主要包括汽车、摩托车和拖拉机等，其中汽车所占比例最高，根据其所采用的燃料又可分为汽油车、柴油车和燃气汽车等。目前全球汽车保有量超过10亿辆，截止到2016年我国的机动车保有量达到2.95亿辆，其中汽车保有量约占70%。

由汽车造成的大气污染主要来自三个方面：①曲轴箱污染，指发动机曲轴箱内，从发动机活塞环切口泄漏出来的未完全燃烧的可燃性气体，目前标准已不允许发动机曲轴箱内有废气排向大气环境。②燃油蒸发污染，主要指车辆油箱、燃油滤清器和油路等部件组成的供油系统散发出的燃油蒸气。目前主要采用燃油蒸发控制系统（evaporative emission system）来防止燃油蒸气的泄漏，同时收集汽油蒸气并适时送入进气管，与空气混合后进入发动机燃烧室。③汽车排气污染，主要指从汽车发动机排气管排出的废气，根据汽车种类不同，其污染物的成分不同，主要有CO、HC、NO_x和颗粒物（PM）。其中CO、HC和PM主要来自燃油的不完全燃烧，NO_x主要源于燃烧过程中空气中的N_2与O_2在高温下的反应。除了通过发动机技术的进步来降低尾气污染物排放外，采用尾气净化催化剂是控制污染物排放的最有效方法，即在催化剂的作用下将尾气排放的HC、CO、NO_x和PM等，通过氧化或者还原反应转化为无害的H_2O、CO_2和N_2。

根据发动机和燃油种类的不同，所采用催化剂的组成和作用也有显著差异。目前应用于机动车尾气净化的催化剂产品种类繁多，并且不同的国家或地区也会根据当地的法规、油品、技术水平等实际情况采用不同的后处理技术路线。表6-1为汽油车和柴油车的尾气净化催化剂的种类及作用。从中可以看出，柴油车尾气净化较汽油车更为复杂，对于摩托车、压缩天然气（CNG）汽车等的尾气净化目前采用

表6-1　汽油车和柴油车尾气净化催化剂的种类及作用

汽油车		柴油车	
催化剂	作用	催化剂	作用
三效催化剂（three way catalyst，TWC）	用于HC、NO_x和CO催化净化	柴油氧化催化剂（diesel oxidation catalyst，DOC）	HC、CO催化净化，PM部分净化，以及NO氧化
紧密耦合催化剂（closed couple catalyst，CCC）	用于HC、NO_x和CO催化净化	颗粒物氧化催化剂（particulate oxidation catalyst，POC）	HC、CO和部分PM氧化
汽油车颗粒物捕集器（gasoline particulate filter，GPF）	PM的净化	柴油车颗粒物捕集器（diesel particulate filter，DPF）/催化型颗粒物捕集器（catalytic diesel particulate filter，CDPF）	PM捕集和净化
NO_x储存还原（lean NO_x trap，LNT）	NO_x净化	NO_x选择性催化还原（selective catalytic reduction，SCR）	NO_x净化
		LNT	NO_x净化

与汽油车类似的三效催化剂（TWC），但基于摩托车和CNG汽车等的尾气排放特点，其采用的净化催化剂在组成和功能上也有所不同。如对于CNG汽车，其尾气排放的HC中主要为CH_4，因此要求净化催化剂应具有优异的低浓度CH_4氧化（燃烧）性能。

二、汽油车尾气净化

1. 三效催化剂（three-way catalyst，TWC）的原理与结构

汽油车尾气催化始于20世纪60年代，70年代中期开始安装基于Pt-Pd的氧化型催化剂，主要用于HC和CO的氧化。1978年美国Englhard公司（后被BASF收购）首先提出了能同时净化CO、HC和NO_x的Pt/Pd/Rh贵金属三效催化剂，从此TWC技术得到大规模使用。随着排放法规的进一步严苛，对TWC的活性和稳定性也提出了更高的要求。在三效催化剂的作用下，可同时将CO、HC和NO_x通过氧化和还原反应，转化为CO_2、H_2O和N_2，包含的主要反应有：

氧化反应：

$$CO+O_2 \longrightarrow CO_2$$

$$HC+O_2 \longrightarrow CO_2+H_2O$$

还原反应：

$$NO_x+CO \longrightarrow CO_2+N_2$$

$$NO_x+HC \longrightarrow CO_2+N_2+H_2O$$

$$H_2+NO_x \longrightarrow H_2O+N_2$$

蒸汽重整反应：

$$HC+H_2O \longrightarrow CO+H_2$$

水煤气变换反应：

$$CO+H_2O \longrightarrow CO_2+H_2$$

典型三效催化剂的工作原理和结构如图6-1所示，主要由三部分组成：

（1）活性金属　主要为Pt、Pd和Rh等贵金属。Pt和Pd的主要作用是催化氧化CO和HC，同时对NO_x有一定的催化还原能力。如20世纪90年代中期，成功开发出了单Pd三效催化剂。Rh基催化剂虽对于CO和HC的催化氧化活性较低，但可在较低温度下选择性地催化还原NO_x为N_2。此外，Rh对于CO的氧化以及HC的蒸汽重整反应也有重要作用。根据汽油车的排放工况、排放标准以及贵金属的价格，可以选择不同的贵金属组成方案，如可同时采用Pt、Pd和Rh为活性组分，也可采用Pd-Rh、Pt-Rh双金属催化剂。

（2）载体　Corning公司率先开发出具有直通孔结构的蜂窝陶瓷载体，其组成为堇青石（$2MgO \cdot 2Al_2O_3 \cdot 5SiO_2$）。随着排放法规的进一步加严，蜂窝陶瓷载体

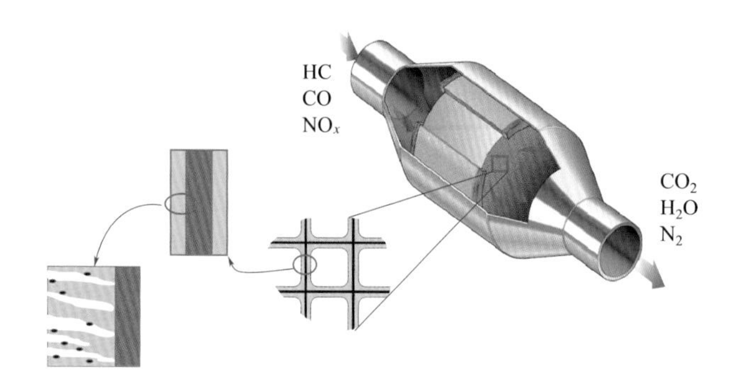

图 6-1　汽车尾气净化催化剂的工作原理和结构示意图

向高孔密度、薄壁等方向发展。金属因良好的机械加工性能、优异的导热性能等，可用于制备金属基蜂窝载体，也在尾气净化催化剂中得到广泛的应用。

（3）催化剂涂层　因为所采用的堇青石或金属载体的比表面积小，不足以实现活性金属的高分散，因此需在载体上涂覆活性涂层，主要由 γ-Al_2O_3 和稀土储氧材料等组成。涂层的使用不仅可实现活性金属的高分散，同时还具有提高活性金属的热稳定性、修饰活性金属的化学状态以及利用储放氧性能来调节催化剂性能等重要作用。

2. 三效催化剂涂层关键材料的发展

目前，利用先进的发动机燃烧控制和汽车制造技术，结合先进的尾气排放控制技术，已经可以制备出超低排放的整车。但是三效催化剂的制造技术还是不断地受到日益严格的排放法规、贵金属资源和价格等的挑战。关于汽油车尾气净化三效催化剂的研究热点主要有：

（1）高温稳定的氧化铝涂层材料　活性 Al_2O_3 由于具有较高的比表面积、多孔性和良好黏结吸附等特点，被广泛用于三效催化剂涂层材料。在实际过程中，排气温度有时可超 1000 ℃，易导致活性 Al_2O_3 发生相变转为 α-Al_2O_3，从而导致催化活性迅速衰减。因此，Al_2O_3 的高温稳定性对于三效催化剂的稳定性尤为重要。一般而言，提高 Al_2O_3 的热稳定性有两种手段：一种是通过加入添加剂（La_2O_3、BaO 等）改性来实现；另一种是通过采用适宜的制备方法或改进制备条件来实现。图

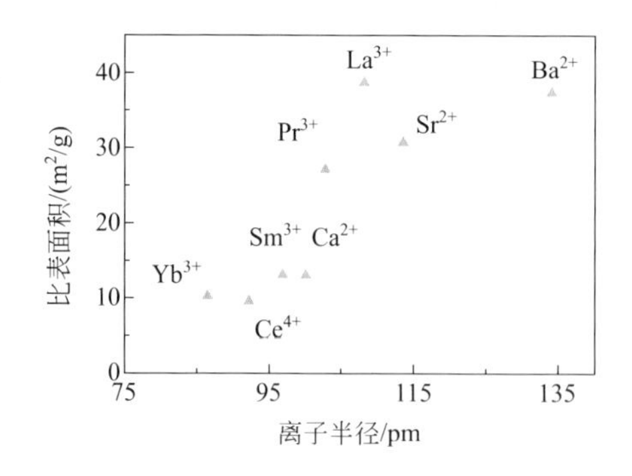

图 6-2　1200 ℃焙烧 4 h 后改性氧化铝比表面积与稀土（碱土）离子半径间的关系 [1]

6-2 为稀土（碱土）元素改性 Al_2O_3 经 1200 ℃焙烧 4 h 后，比表面积与稀土（碱土）离子半径之间的关系[1]，从中可以看出，La 改性的效果最佳，目前最常用的氧化铝涂层材料即为 La_2O 改性的 Al_2O_3。有研究者[2] 认为，La^{3+} 的引入在 Al_2O_3 表面形成了 $LaAlO_3$ 层，阻止了 γ- 氧化铝由于表面扩散而引起的烧结。Matsuda 等[3] 认为是产生的高温固相反应产物 La/β-Al_2O_3（La_2O_3 • $11Al_2O_3$）稳定了 Al_2O_3。Haack 等[4,5] 的研究表明，$LaAlO_3$ 的形成条件取决于 La 的含量，当 La/Al 原子比小于 0.1 时，$LaAlO_3$ 即使在高温下也不会生成。因此低含量时对氧化铝热稳定性起作用的主要是 La/β-Al_2O_3。

高热稳定 Al_2O_3 基复合氧化物的制备方法对其性能也有显著的影响。目前常用的制备方法有共沉淀法、溶胶 - 凝胶法、机械混合法、浸渍法、纤维素模板剂法、热溶解合成法、微乳液法等。如 Zarur 等[6] 利用反相微乳液作介质控制钡和铝的醇盐的水解和缩聚，成功合成了纳米级六铝酸钡，经 1300 ℃焙烧后，比表面积仍能保持在 100 m^2/g 以上。Ni 等[7] 采用 $AlCl_3$ • $6H_2O$ 和硝酸镧为前驱体，采用低温固相反应制备了高温稳定的 La-Al_2O_3，其中 2.5%La-Al_2O_3 经 1100 ℃焙烧 10 h 后，未检测到 α-Al_2O_3 的生成，比表面积可达 106 m^2/g。

（2）高性能储放氧材料 三效催化剂的净化效率在理论空燃比附近（14.6 左右）最高，如图 6-3 所示。但在实际行驶过程中会因为路况、驾驶人习惯等复杂情况导致空燃比窗口发生波动，使得净化效率降低。CeO_2 具有储放氧的性能，在富燃（rich burn）条件下释放氧气（$Ce^{4+} \rightarrow Ce^{3+} + O_2$），促进 CO、HC 完全氧化；在稀燃（lean burn）条件下吸附储存 O_2（$Ce^{3+} + O_2 \rightarrow Ce^{4+}$），促进 NO_x 完全还原。但 CeO_2 在高温下易发生烧结、颗粒长大、比表面积减小等，从而导致储放氧能力降低。

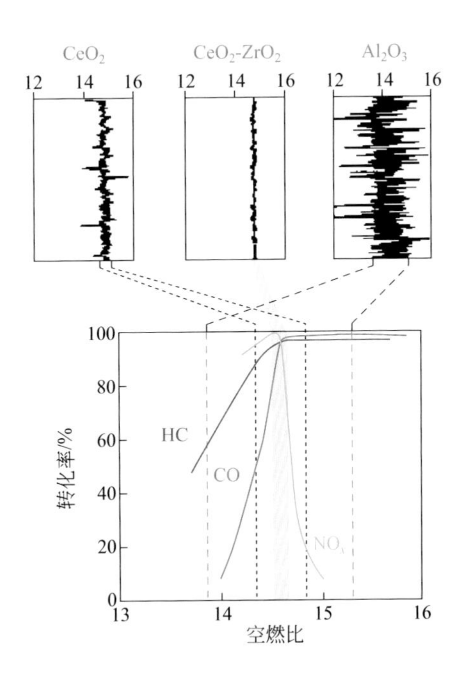

图 6-3 空燃比和储氧材料对三效催化剂性能的影响

CeO_2 和 ZrO_2 可在较大范围内形成固溶体，从而提高 CeO_2 的高温稳定性和低温活性，同时还可起到促进贵金属在催化剂表面的分散、促进水煤气转换和水蒸气重整反应等作用。铈锆固溶体的储放氧性能主要表现在两个方面：①总储放氧能力（total oxygen storage capacity，Total OSC 或 OSC），也称为储放氧容量；②动态储放氧能力（Dynamic OSC）。总的储放氧能力是指固溶体被完全还原后所释放 / 消耗的氧量，或者固溶体先经完全还原再进行氧化时所吸收的氧量，主要受体相氧迁移的影响，即与体相结构的关联较大。动态储放氧性能受比表面积影响较大，提高比表面积和减小晶粒有助于提高动态储放氧性能。Li[8] 和 Wang[9] 等利用密度泛函方法（DFT+U）在基本 1×1×1 晶胞模型结构上，研究了铈锆固溶体优异储放氧性能的发生机理，研究发现：①在铈锆比 1∶1 时，铈锆固溶体具有最低的氧空穴形成能。②铈锆固溶体内氧空穴形成能可以分解为键能和结构弛豫能两部分（图 6-4），其中键能主要体现为原子间的静电吸引能，而结构弛豫能是影响氧空穴生成变化趋势的关键因素，其大小由氧空穴邻近的拓扑结构决定。据此提出了以计算体相氧空穴相关的成键强度和结构弛豫程度为手段来理解和定量分析材料储放氧性能的理论模型。

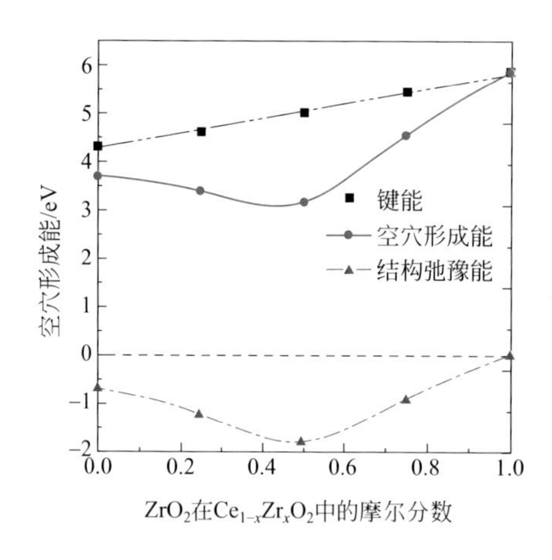

图 6-4　空穴形成能、键能及结构弛豫能随铈锆固溶体中 ZrO_2 摩尔分数的变化关系图[5]

通过掺杂一种或多种元素对铈锆固溶体进行掺杂改性，可进一步提高其热稳定性和储放氧性能，并且随掺杂元素的不同，其对稳定性和储放氧性能的促进机制也不同。如：在 CeO_2-ZrO_2 固溶体（CZ）中引入 Al_2O_3 后（ACZ）可形成扩散障碍层（图 6-5），阻止高温下固溶体的聚集和长大，从而显著提高热稳定性[10]；La_2O_3 掺杂进入固溶体的晶格后，可提高储放氧性能和结构稳定性；离子半径较大的 Nd^{3+} 进入晶格后可钉扎在晶界处，抑制晶界迁移和晶粒生长，同时 Nd^{3+} 掺杂还能抑制高温下固溶体的相分裂；掺杂离子半径较小的 Y^{3+} 进入晶格后，可产生较大的空隙也有助于 O^{2-} 的传输。由于过渡金属元素自身具有催化活性，所以掺杂合适的过渡金属不仅有

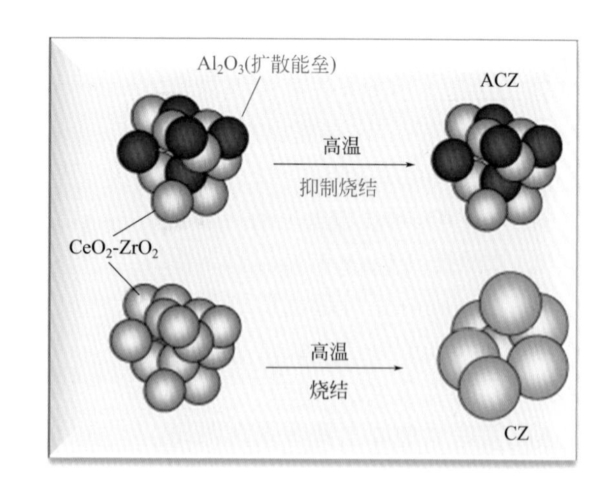

图 6-5　Al_2O_3 扩散障碍提高铈锆固溶体稳定性的示意图[10]

利于提高储放氧性能，同时也有助于提高铈锆固溶体本身的催化性能。此外还可掺杂碱土金属，如 Ca^{2+}、Sr^{2+} 和 Ba^{2+} 等。

（3）提高贵金属的活性和稳定性，并降低贵金属用量 满足超低排放限值要求的重点是冷启动阶段污染物的排放。在冷启动阶段，一方面发动机处于富油工况，导致燃料不完全燃烧；另一方面此时催化剂的温度比较低，不能使 HC 发生氧化反应，因此 60% ～ 80% 的 HC 排放发生在冷启动阶段[11]。

降低冷启动阶段 HC 排放的措施主要有两类：一是机内措施，通过改善冷启动过程中燃料的燃烧；二是机外措施，主要通过密偶催化剂（closed couple catalyst，CCC）来缩短起燃时间、开发高活性的催化剂以降低起燃温度和采用 HC 捕集技术等来减少 HC 排放，其中采用两级催化剂（密偶催化剂 + 底盘催化剂）是目前通用的技术。

随着密偶催化剂的应用，以及延长使用寿命的诉求，对催化剂的稳定性提出了更高的要求。此外，在保证性能的前提下，减少贵金属的用量也是目前尾气净化催化剂的研发重点。自 1978 年，Tauster[12] 首次在贵金属 -TiO_2 体系发现了金属 - 载体强相互作用（strong metal support interaction，SMSI）以来，利用贵金属和载体间的相互作用来提高催化剂的活性和稳定性得到了广泛的关注。Pt、Pd 等贵金属和 CeO_2 之间具有强的相互作用，Nagai 等 [13] 研究发现，Pt/CeO_2 催化剂在空气中 800 ℃老化处理后，Pt 仍保有较高的分散度，而相同条件下处理后的 Pt/Al_2O_3 则发生了严重的烧结。Machida 等 [14] 利用 Rh 纳米粒子和金属磷酸盐间存在的强相互作用，使得催化剂经 1000 ℃高温焙烧后 Rh 粒子仍具有很好的稳定性，不仅有效抑制了 Rh 粒子的烧结，同时减少了 Rh 的用量。

通过设计具有核壳结构（core@shell）的催化剂，即在纳米金属内核外包裹一层氧化物、炭或者其它金属外壳，可进一步强化金属 - 载体相互作用，抑制贵金属纳米粒子的迁移、聚集生长，从而提高其热稳定性。Yin[15] 报道了利用介孔二氧化硅包裹的 Pt 纳米粒子（$Pt@mSiO_2$）在 750 ℃的空气中保持稳定。Rodríguez 等 [16] 设计了“反向负载催化剂”（inverse catalyst），将氧化物沉积到金属表面上，来增强金属氧化物载体相互作用，利用金属 - 氧化物的界面来提高催化剂的催化性能及稳定性。

利用具有特定结构的载体，也可提高贵金属的热稳定性。Nishihata 等 [17] 率先将贵金属引入钙钛矿结构，制得了 $LaFe_{0.57}Co_{0.38}Pd_{0.05}O_3$“智能”催化剂，在汽车尾气的氧化 / 还原气氛的循环过程中，Pd 物种可以“进出”钙钛矿的结构，从而显著抑制了 Pd 物种的烧结。然而钙钛矿的比表面积一般较低，金属离子在钙钛矿结构中的扩散距离较短，从而限制了再分散过程的发生（图 6-6）。Onn 等 [18] 的工作表明，提高钙钛矿的比表面积有利于贵金属颗粒的再分散。如以 $MgAl_2O_4$ 为载体负载高比表面积的 $LaFeO_3$，可促进 Pd 物种的再分散。

通过制备方法的优化，也可提高贵金属的活性和稳定性。如，北京工业大

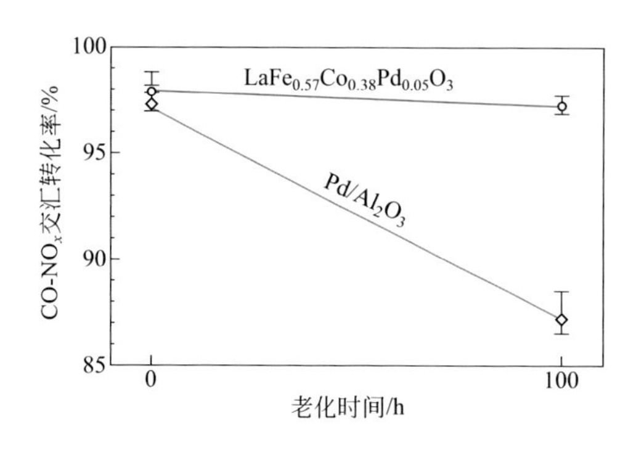

图 6-6 $LaFe_{0.57}Co_{0.38}Pd_{0.05}O_3$ 和浸渍法制备的 Pd/Al_2O_3 催化剂 CO-NO_x 交汇转化率随老化时间的关系图 [17]

学的何洪教授利用超声膜扩散法（ultrasonic assistant membrane reduction, UAMR）[19~21] 制备了系列纳米贵金属（合金）催化剂，对三效模型反应（CO 氧化、HC 氧化、NO+CO 和 NO+HC+O_2 反应）在保持活性不下降的前提下，该制备策略可使催化剂 Rh 用量减少 66% 以上 [22]。

3. 三效催化剂的制备

三效催化剂的性能除了与涂层材料、贵金属组成等密切相关外，制备工艺以及催化剂的涂层结构对其反应性能和稳定性也有显著的影响。三效催化剂的生产通常包括 3 个步骤：①涂层浆液的制备，即根据产品需要将如 γ-Al_2O_3、储氧材料、贵金属盐等及其它化学助剂与去离子水均匀混合成悬浊液，通过控制浆液中的固体颗粒的粒径分布、浆液的 pH 值、黏度等参数，最终制成均匀、稳定的悬浊液体系；②利用专门的涂覆设备将涂层浆液均匀涂覆到蜂窝载体上，准确控制浆液的涂覆量并保证载体孔道的畅通，这是整个催化剂生产过程最核心的工艺步骤；③涂覆浆液后催化剂的热处理，即在一定的温度和气氛条件下，在热设备中将催化剂烘干并焙烧得到成品。与堇青石蜂窝载体不同，使用 Fr-Cr-Al 等金属载体时，为了提高涂层的附着牢固度，在浆液涂覆前，一般都先将金属载体在 500 ～ 1000 ℃的高温下进行预处理，使载体表面生长一薄层 Al_2O_3 晶须，然后再上载活性涂层。

图 6-7 为常见的涂覆工艺示意图。其中，定量涂覆工艺因可实现活性涂层的定量上载，不会造成浆液浪费，且涂覆量的偏差较低，被广泛用于三效催化剂的生产。

此外，为了提高三效催化剂的净化效率和稳定性，还开发了双层涂覆（double layer）、分区涂覆（zone-coating）等催化剂制备技术。分区涂覆技术 [23,24] 则是基于在催化剂不同区域内温度和反应物浓度分布等的不同，在载体内部的不同区域涂覆不同的活性组分，来实现净化效率的最大化。采用双层涂覆制备的三效催化剂，通常 Rh 层是位于催化剂的上部，而 Pt 或 Pd 则位于催化剂的底部，可显著抑制在高温氧化条件下 Pt/Pd 与 Rh 形成合金，并降低 Rh 的用量（图 6-8）[25]。

4. 氮氧化物储存还原（NO_x storage reduction, NSR）

NO_x 储存还原技术，也称为 LNT（Lean NO_x Trap），最早由日本 Toyota（丰田）

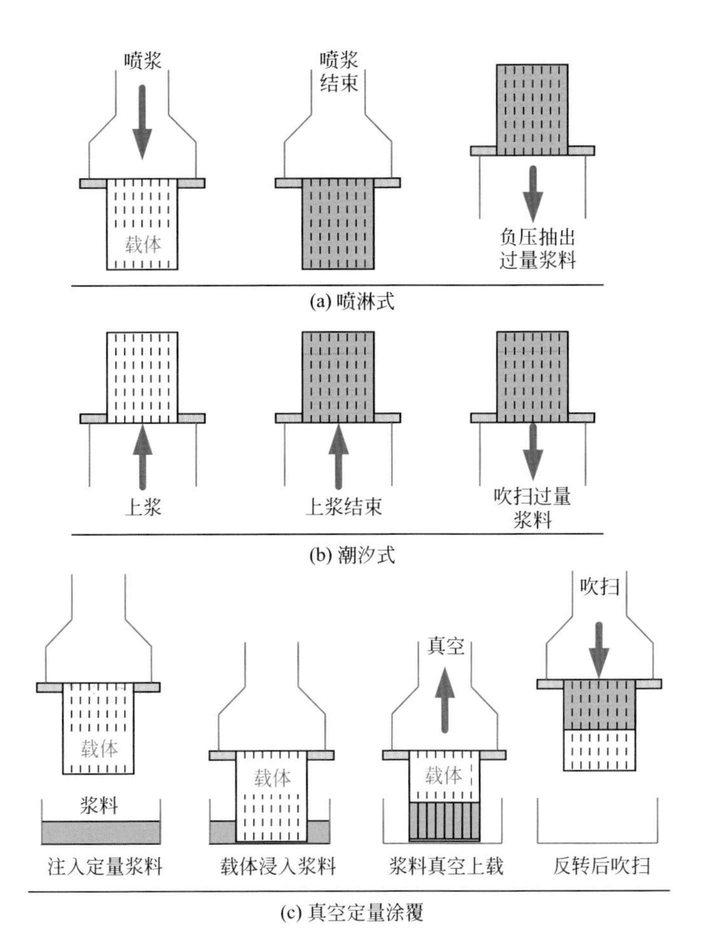

图 6-7　常见催化剂涂覆工艺示意图

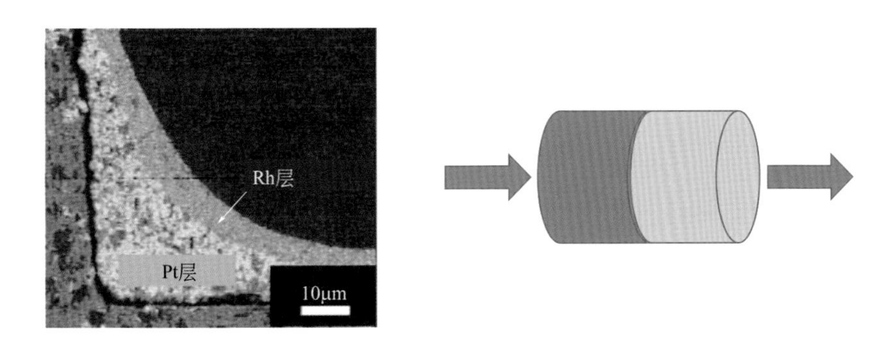

图 6-8　双层催化剂的 SEM 图和分区涂覆的示意图 [25]

公司提出，主要用于稀燃（lean burn）发动机 NO_x 的排放控制，其原理是采用发动机稀燃和富燃（rich burn）周期性交替工作的方式，在稀燃周期内氧化吸附 NO_x，

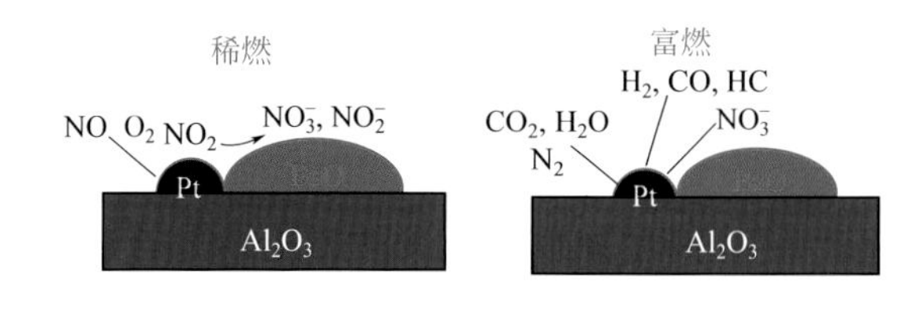

图 6-9　NSR 的反应机理示意图

在富燃周期内催化还原表面存储的 NO_x。

目前的 NSR 催化剂主要分为贵金属型和钙钛矿型两大类，研究最多的 NSR 催化剂体系为 $Pt/BaO/Al_2O_3$，其中 BaO 为 NO_x 存储组分，其反应的原理如图 6-9 所示，包括以下主要步骤：① NO 在 Pt 上吸附氧化生成 NO_2，这一步是决定催化剂存储能力的关键；②所生成的 NO_2 以 NO_3^- 或 NO_2^- 的形式存储于 BaO 表面；③ NO_x 吸附饱和后，发动机的工况由稀燃切换到富燃，吸附的 NO_x 被还原剂（CO、H_2、HC 等）还原，此时需要催化剂有较高的活性和选择性，减少副产物的形成。但 Pt/BaO/$A1_2O_3$ 催化剂抗硫性能较弱，且经过热处理后易失活。有研究表明，使用 CeO_2/BaO/Al_2O_3 等复合氧化物不仅具有更高的储 NO_x 能力，也可使催化剂具备更好的抗高温老化性能。

三、柴油车尾气净化

柴油车采用压燃式发动机，其尾气排放的污染物主要有 CO、HC、NO_x 和 PM（颗粒物），其中 PM 主要由炭烟（soot）、可溶性有机物（SOF）和硫酸盐等组成。此外，柴油车尾气排放还具有温度较低、O_2 含量高等特点，传统的 TWC 催化剂不能用于柴油车尾气污染物的催化净化。与汽油车相比，柴油车尾气排放控制技术更为复杂，主要包括用于 CO、HC 等净化的柴油氧化催化剂（DOC）、用于 PM 净化的颗粒物 / 催化型颗粒物捕集器（DPF/CDPF），以及用于 NO_x 净化的选择性催化还原（SCR）催化剂等。

柴油车尾气两大特征污染物 NO_x 与 PM 之间存在“此消彼长”（trade-off）的关系，即通过机内调整，在降低 NO_x 排放的同时，会增加 PM 的排放，反之亦然。由于柴油车尾气净化技术的复杂性，需结合油品的品质、发动机技术水平、后处理整车布置及成本等因素，采用不同的技术路线来满足排放标准。如，针对国五（欧Ⅴ）标准，轻型柴油车（总车质量≤ 3.5 t）采用 DOC+DPF/CDPF 的技术路线，中、重型柴油机采用 DOC+SCR 技术路线。而对于即将实施的国六标准，则需采用 DOC+CDPF/DPF+SCR+AOC（氨氧化）的技术路线。

1. 柴油氧化催化剂（diesel oxidation catalyst，DOC）

DOC 结构与 TWC 类似，采用堇青石或金属材质的蜂窝载体，活性组分为 Pt、Pd 等贵金属。主要用于氧化尾气中的 CO、HC 和 PM 中的 SOF。此外，作为上游催化剂，DOC 还具有将 NO 氧化为 NO_2 的作用，以提高下游 SCR 和 CPDF 的净化效率。

DOC与TWC有很多相似之处，关于提高催化剂的活性和稳定性、降低贵金属的用量等，可参考上节的相关部分。关于非贵金属DOC催化剂，近年来也是研究的热点之一。Kim等[26]研究表明，在实际尾气条件下$La_{1-x}Sr_xCoO_3$钙钛矿具有比Pt基商用DOC催化剂更强的NO氧化能力（图6-10），而$La_{0.9}Sr_{0.1}MnO_3$基LNT催化剂具有和Pt基催化剂相当的NO_x还原能力，认为Sr^{2+}对La^{3+}的取代造成了电荷的不平衡，使得La-Sr-Co体系具有更多的氧空穴，La-Sr-Mn体系具有更多的氧空穴和Mn^{4+}，这种结构的变化可以显著促进氧化反应的进行。Wang等[27]发现多铝红柱石$GdMn_2O_5$和$SmMn_2O_5$具有良好的NO氧化能力，在300 ℃时NO氧化能力高出Pt催化剂约64%，催化剂所含Mn-Mn二聚体是催化剂高活性的原因。添加Ce可以促进O_2的吸附解离，并向Mn-Mn二聚体提供活性氧物种，从而进一步促进了催化剂性能。

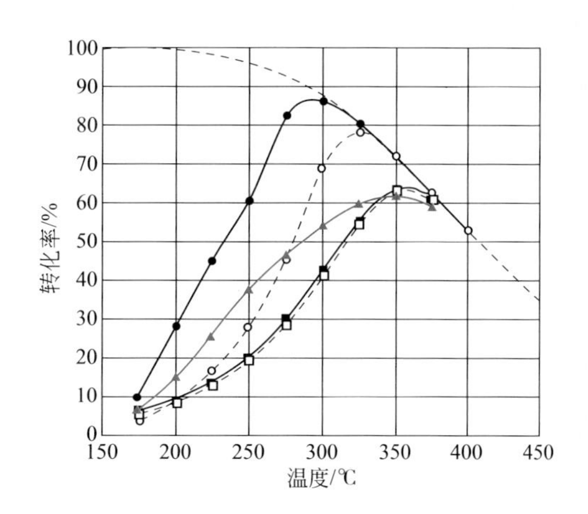

图6-10　$La_{1-x}Sr_xCoO_3$催化剂NO氧化活性图[26]

但在提高DOC催化氧化性能的同时，也会促进SO_2的氧化反应，进而导致硫酸盐的形成和沉积，不仅会恶化PM排放状况，还会引起催化剂失活。因此，在不影响污染物转化效率的前提下，如何抑制SO_2的氧化是DOC涂层设计的另一个挑战。

2. 柴油车颗粒物捕集器（diesel particulate filter，DPF）

DPF是目前最有效的柴油车PM排放控制技术，对PM的捕集率高达99%。DPF的材料形式有堇青石、碳化硅、钛酸铝、泡沫陶瓷、编织陶瓷纤维、金属丝网、金属纤维毡等，流体形式有壁流式、直通式和部分流等。其中最常用的是壁流式堇青石或碳化硅材质的DPF产品，其剖面结构和工作原理如图6-11所示。

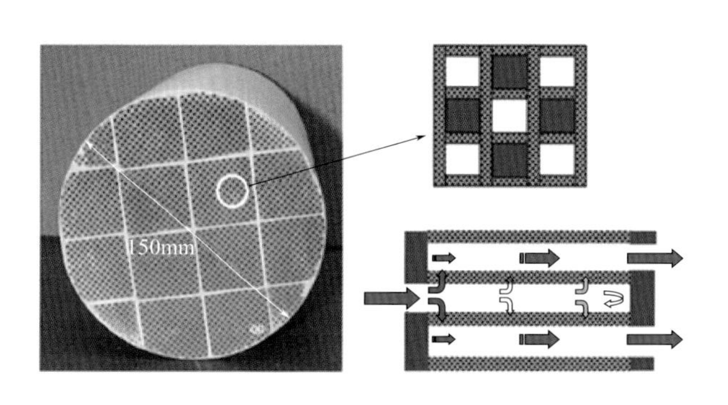

图6-11　柴油车颗粒物捕集器

当DPF中炭烟积聚到

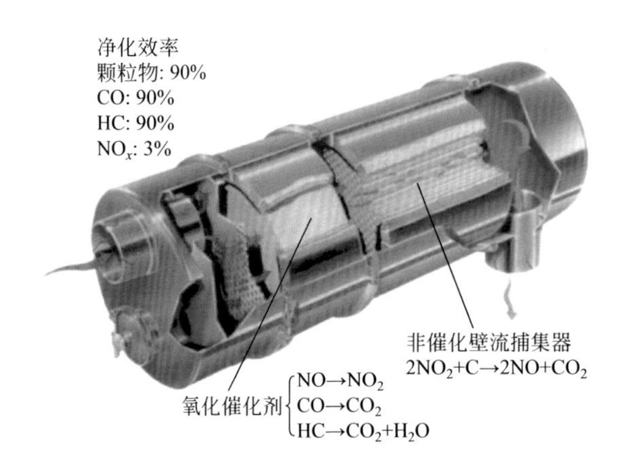

图 6-12　Johnson Matthey 公司开发的 CRT 技术

一定量时，会使排气背压过高，此时就需要更换 DPF 或进行再生处理。DPF 的再生方法分为主动再生和被动再生两大类：①主动再生是利用外加能量（如：电加热器、燃油喷射或发动机操作条件的改变以提高排气温度）使 DPF 内部的温度达到炭烟的燃烧温度而进行的再生；②被动再生指利用柴油车排气本身所具有的热量实现炭烟燃烧的再生。但由于炭烟的燃烧温度一般约为 600 ℃，显著高于排气温度，因此需在催化剂的帮助下才能在排气温度下实现捕集器的再生。

Johnson Matthey 公司开发了连续再生过滤（CRT）技术，如图 6-12 所示。该技术是在 DPF 前放置 DOC，排气中的 NO 经氧化后变成 NO_2，利用 NO_2 的强氧化性将炭颗粒氧化成 CO_2，从而降低炭烟颗粒的起燃温度，实现 DPF 的连续再生。但若排气温度高于 400 ℃时，由于热力学平衡的限制，难以产生足量的 NO_2，而导致再生效率显著降低。

在 DPF 上涂覆催化剂涂层，即催化型颗粒物捕集器（CDPF），可使捕集的 PM 在更低温度下发生催化燃烧，实现在排气温度范围内的 DPF 连续再生。炭烟颗粒催化燃烧是典型的气 - 固 - 固三相反应，不仅需要催化剂具有良好的氧化还原性能，同时还要促进炭烟和催化剂之间的接触。目前，关于柴油机尾气炭烟颗粒物氧化催化剂的研究已有大量的文献报道，按照反应机理分类主要有氧转移机理和电子转移机理，按其活性组分种类大致可分为贵金属催化剂和非贵金属催化剂。

负载型贵金属催化剂，如 Pt、Rh、Pd 和 Au 等，均可用于柴油车尾气炭烟颗粒的催化燃烧，所使用的载体有 Al_2O_3、CeO_2、TiO_2、SiO_2 和 ZrO_2 等氧化物或复合氧化物，其中负载 Pt 催化剂通常具有更优异的炭烟燃烧性能。同时，反应气氛中 NO_x 的存在可进一步促进炭烟的燃烧，特别是在松散接触条件下也可以表现出较高活性。Oi-Uchisawa 等[28] 的研究表明，Pt 首先将 NO 氧化为 NO_2，然后具有强氧化性的 NO_2 将炭烟颗粒氧化生成 NO 和 CO_2，进而在非直接接触条件下显著提高了炭烟燃烧的反应速率。进一步的研究发现，增加催化剂表面酸性，以及反应气氛中存在 SO_2 和 H_2O，均有利于炭烟颗粒的燃烧。Weng 等[29] 通过比较 Pt/H-ZSM-5 和 Pt/Al_2O_3 的催化活性，认为 H-ZSM-5 的强酸性抑制了 NO_2 在催化剂上的吸附，使得其更加倾向于吸附在炭颗粒表面，从而促进炭烟的燃烧。碱金属或者碱土金属的引入，同样可以提高负载 Pt 催化剂上炭烟的燃烧活性。Castoldi 等[30]发现 Pt-Ba/Al_2O_3 催化剂在 NO_x 的存在下，不仅可提高炭烟颗粒的燃烧活性，同时部分 NO_x 可被还原为 N_2，认为储存在 Ba 位点上的硝酸盐物种是 NO_x 还原的关键物种。通过比较 Pt-Ba/Al_2O_3 和 Pt-K/Al_2O_3 的性能，发现含钾催化剂具有更突出的炭烟颗粒氧化能力，而含 Ba 催化剂更有利于稳定 Pt 的化学状态。

非贵金属催化剂由于成本较低，也是炭烟颗粒燃烧的常用催化剂。Cu、Mn、Co、Fe、Cr、Ce 等元素形成的氧化物以及 V、Mo 等元素形成的熔盐等，由于具有可变的价态、良好的氧化性能或较低的熔点、容易的表面流动性等，都具有良好的催化活性。Mul 等[31]认为对于 Cr_2O_3、Co_3O_4 和 Fe_2O_3，反应按表面氧化还原机理进行，只有表面晶格氧参与反应；对于 MoO_3、V_2O_5 和 K_2MoO_4，反应按典型氧化还原机理进行，体相晶格氧也具有活性，而 K_2MoO_4 上的氧物种按“push-pull”模式进行反应，即其在不含气相氧时不会被碳还原。Shang 等[32]以具有阴离子传导性能和低熔点的 Bi_2O_3 对 Co_3O_4 进行掺杂改性，利用两者之间的强相互作用，显著削弱了 Co—O 键的强度，促进了表面氧空穴的形成，并提高了晶格氧物种由体相向表面的迁移速率，从而显著增强了催化剂上炭烟催化燃烧的活性，同时提高了催化剂抗热冲击、耐水和耐硫稳定性（图 6-13）。

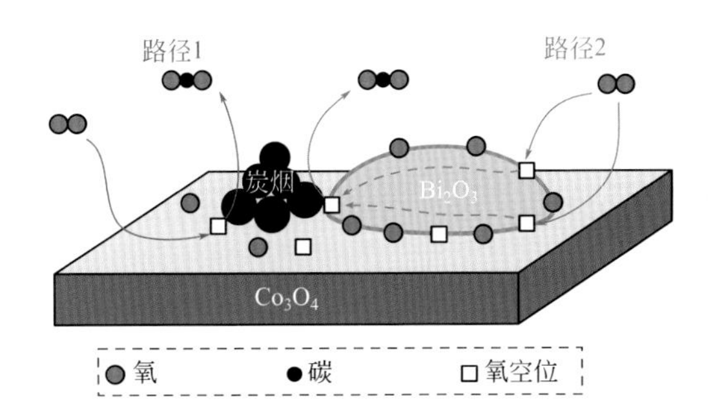

图 6-13　Bi_xCo 催化剂上的炭烟颗粒催化燃烧的反应路径[32]

由于铈基催化剂在汽油机三效催化体系中的成功应用，其对于柴油机尾气中 NO_x/炭烟颗粒的消除性能也引发了广泛关注。Atribak 等[33]的研究表明，以萤石结构存在的 CeO_2 不仅可促进 NO 向 NO_2 的转化，同时具有将 CO 氧化为 CO_2 的能力，从而显示高的炭烟氧化活性和选择性。通过掺杂其它元素如 Cr、Co、Mn、Fe、Zr、Cu 等，形成固溶体或复合氧化物，可降低氧空穴形成能，提高晶格氧的流动性和氧化还原性能，进而提高了 CeO_2 基催化剂的活性。Liang 等[34]的研究表明，Mn^{x+} 可进入 CeO_2 晶格形成固溶体，导致大量氧空穴的产生，从而促进了表面氧的化学吸附；对于 Cu 掺杂 CeO_2，Cu_xO 颗粒高度分散在 CeO_2 表面，Cu-Ce 之间的相互作用则促进了 CeO_2 晶格氧在还原气氛中的释放。Wu 等[35]发现通过添加 Al_2O_3 可增强催化剂的结构稳定性，促进 CuO 和 CeO_2 的分散，进而在降低炭烟起燃温度的同时，提高了消除 NO_x 的活性。

碱金属/碱土金属元素形成的化合物可直接作为催化剂或添加剂/催化助剂促进炭烟颗粒氧化反应的活性，而这种促进作用在松散接触条件下尤为明显。

Castoldi 等[36]发现碱金属 / 碱土金属在与碳“充分接触”条件下具有如下活性顺序：Cs > K > Ba > Na > Ca > Mg，这与它们的电负性正相关，而在松散接触条件下则不存在这种关联，此时活性组分的表面移动能力支配反应。在碱金属 / 碱土金属中，K 是研究最为广泛的一种元素，关于 K 催化作用的报道也不尽相同。多数学者认为 K 可以增加催化剂表面活性氧物种的流动性，改善与炭烟的接触性能。Jiménez 等[37]则发现 K 可以弱化“金属 - 氧”的键强度，增加活性氧物种的形成和移动能力。Sun[38]和 Shang[39]等对 K/Co_3O_4 催化剂上炭烟燃烧的研究表明，K 在催化剂中有两种存在状态，分别为具有高流动性能的“自由”K 物种（碳酸盐等）和微量锚定于 Co_3O_4 表面或次表面的“稳定”K 物种。其中“自由”K 物种可显著改善催化剂与炭烟颗粒物的接触状态，从而促进其炭烟燃烧的反应性能；而“稳定”K 物种则增加 Co_3O_4 表面 Co^{3+} 和氧空穴含量，削弱了 Co—O 键的强度，提高了氧物种的活性和移动性。但 K 作为活性物种易流失，严重制约了其在实际柴油机尾气条件下的应用，因此稳定性的提升是该类催化剂亟需解决的问题。Kimura 等[40]报道了系列通过分子筛与钾的相互作用来稳定 K 物种的工作，以笼状硅铝酸盐分子筛方钠石作为载体，K 可以通过离子交换引入到方钠石结构中，从而表现出良好的活性和稳定性。

具有诸如钙钛矿（ABO_3）、类钙钛矿（A_2BO_4）和尖晶石（AB_2O_4）等结构的复合氧化物也是常见的炭烟燃烧催化剂。通过 A/B 位离子的取代掺杂，调控掺杂离子的价态、半径以及取代位置等，可使催化剂形成更多的氧缺陷，并调变相关离子的化学价态，增强其氧化还原性能，可进一步提高其炭烟燃烧的活性。如 A 位掺杂 K 和 B 位掺杂 Cu，可显著促进 $LaCoO_3$ 催化剂上炭烟燃烧性能[41]。上官文峰等[42]考察了碱金属（Li、Na、K、Cs）部分取代的 $CuFe_2O_4$ 尖晶石催化剂对 NO_x 和炭烟同时消除的性能，其中 K 对提高催化剂活性和选择性的作用最为显著。

由于炭烟颗粒燃烧属于气 - 固 - 固反应，反应受接触效率影响较大，除了通过提高催化剂的 NO 氧化生成 NO_2 能力，利用 NO_2 的强氧化性来加速炭烟燃烧外，制备具有特殊形貌结构的催化剂也是提高催化剂炭烟燃烧性能的有效途径。赵震

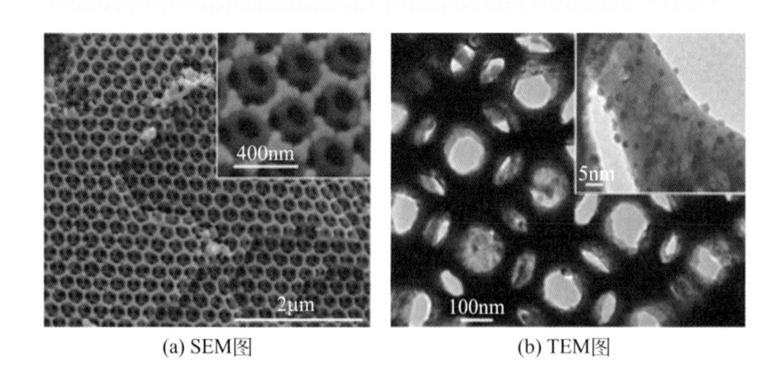

(a) SEM图　　(b) TEM图

图 6-14　3DOM $Au_{0.04}/LaFeO_3$ 催化剂的 SEM 和 TEM 图[43]

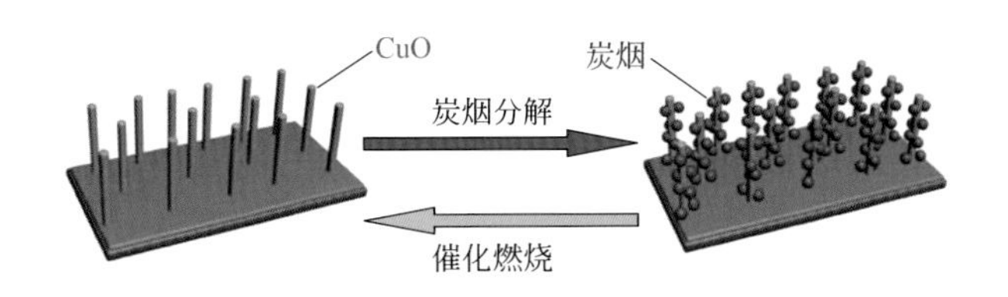

图 6-15 草坪状 CuO 基纳米棒阵列在重力接触条件下的炭烟燃烧过程示意图[45]

等[43,44]制备了具有三维有序大孔（3DOM）结构的催化剂（图 6-14），其所具有的大孔孔径略大于炭烟颗粒物的直径，同时孔道间相互连通，可以有效地增加催化剂与炭烟颗粒的接触面积，并促进炭颗粒在孔内的移动，从而提高催化剂的炭烟燃烧性能。孟明等[45]制备了具有草坪状结构的 CuO 基纳米棒阵列（图 6-15），以这种结构作为载体通过化学浴沉积法负载 CeO_2 后，在“重力接触”条件下表现出比普通浸渍型 CeO_2/CuO 催化剂更为突出的炭颗粒氧化活性。

3. 柴油车尾气氮氧化物（NO_x）的选择性催化还原消除

NO_x 是柴油车尾气中另一特征污染物，但由于柴油车尾气中的氧含量高，在汽油车尾气净化中广泛应用的 TWC 不适用于柴油车尾气 NO_x 的净化。对于 NO_x 的消除，主要有 NO_x 的催化分解和催化还原，其中催化分解是指将 NO_x 直接分解为 N_2 和 O_2，所采用的催化剂主要有贵金属（Pt/ZrO_2、Pd/Al_2O_3 等）、金属氧化物（$LaCoO_3$ 等）以及分子筛（Cu-ZSM-5 等）等。但气氛中的 O_2 以及分解所产生的 O_2，均显著抑制 NO_x 的分解。同时该反应受动力学影响，活化能高达 364 kJ/mol。因此该反应在富氧条件下的性能较低，且需要在高温下进行，至今还没有实际应用的报道。目前选择性催化还原（selective catalytic reduction，SCR）是实现柴油车尾气 NO_x 消除的最有效方法。根据所采用的还原剂的种类，主要可分为碳氢化合物选择性催化还原（HC-SCR）和 NH_3 选择性催化还原（NH_3-SCR）等。

（1）碳氢化合物选择性催化还原（HC-SCR） 1990 年，Iwamoto[46] 和 Held[47] 分别报道了在富氧条件下，Cu-ZSM-5 催化剂上烷烃和烯烃能选择性还原 NO_x，由此引发了对 HC-SCR 的广泛关注。对 HC-SCR，从 CH_4 到长链烃均可作为还原剂。一般情况下，不饱和 HC 可以在更低的温度下被活化，还原性高于饱和 HC。同时直链烃的还原性能优于支链烃，且直链烃的还原性随着碳原子数目的增加而升高。

对于 HC-SCR 反应的催化剂，按其组成主要可以分为分子筛催化剂 [如 ZSM 系列、丝光沸石（MOR）、磷酸硅铝分子筛（SAPO）、Y 型分子筛等；常用的活性金属为 Cu、Co、Fe 等]，金属氧化物（如 Al_2O_3、ZrO_2、TiO_2、稀土氧化物等负载的氧化物催化剂），以及贵金属催化剂（Pt、Pd、Rh 等）三大类，并且根据 HC 种

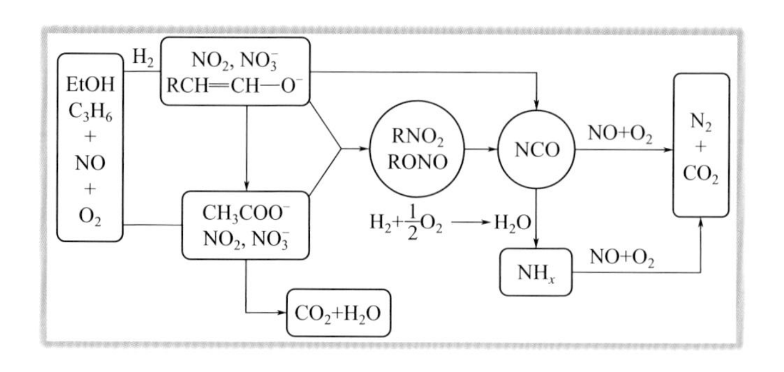

图 6-16 Ag/Al_2O_3 催化剂上 HC-SCR 的反应机制[49]

类不同，其所适用的催化剂也有所不同。一般而言，贵金属催化剂具有较高的低温活性，但其操作温度范围较窄，对 N_2 的选择性不高，有明显的 N_2O 生成。对分子筛催化剂，其水热稳定性较差，提高水热稳定性、开发具有低温活性高的分子筛催化剂是该方向的研究热点。

Miyadera 等[48]率先发现 Ag/Al_2O_3 催化剂具有优异的 HC-SCR 活性，同时还具有一定的抗硫中毒的能力。中科院生态中心贺泓课题组深入研究了 Ag/Al_2O_3 催化剂上乙醇等含氧化合物、乙烯、丙烯和丙烷等小分子碳氢化合物为还原剂的 SCR 反应，认为表面烯醇式物种（enolic species）是反应的关键中间体，氧化态的银及其与载体的接触边界是表面烯醇式物种形成的活性中心。同时还考察了反应气中 H_2 的存在以及碳氢化合物的结构对烯醇式物种形成的影响，提出了如图 6-16 所示 Ag/Al_2O_3 催化剂上 HC-SCR 的反应机制[49,50]。目前，HC-SCR 技术虽可利用尾气中未完全燃烧的碳氢化合物为还原剂选择性还原 NO_x，达到 NO_x 和 HC 同时去除的目的，但整体而言，尾气排放的 HC 的种类与分布、温度、H_2O 和 SO_2 等均显著影响 SCR 的效率，现有的催化剂体系普遍存在受 HC 种类的影响大，活性温度窗口窄，因积炭与耐水、耐硫性能差所导致的催化剂失活等缺陷，距离实际应用还有一定的距离。

（2）NH_3 选择性催化还原（NH_3-SCR） 利用氨为还原剂选择性还原 NO_x 不仅已在固定源烟气脱硝中得到广泛应用，同时也是柴油车尾气 NO_x 净化的最有效技术。由于氨水或者液氨的储运限制，在柴油车尾气净化中常将质量分数为 32.5% 的尿素水溶液作为氨的来源（一分子尿素水解可生成两分子 NH_3 和一分子 CO_2）。NH_3-SCR 所涉及的反应主要有：

$$4NH_3+4NO+O_2 \longrightarrow 4N_2+6H_2O$$

$$4NH_3+2NO+2NO_2 \longrightarrow 4N_2+6H_2O$$

$$4NH_3+3NO_2 \longrightarrow \frac{7}{2}N_2+6H_2O$$

$$4NH_3+6NO \longrightarrow 5N_2+6H_2O$$

对于 NH_3-SCR 反应，很多具有可变价态的过渡金属氧化物都具有活性，包括 V_2O_5、Fe_2O_3、MnO_x、CeO_2 和 CuO 等，通常可负载在 TiO_2、Al_2O_3、SiO_2、ZrO_2 和活性炭（active carbon，AC）等载体上。自从 20 世纪 60 年代发现 V_2O_5 具有优良的 NH_3-SCR 催化性能以来，以 V_2O_5 为活性组分的 NH_3-SCR 催化剂得到快速发展，如 V_2O_5-WO_3/TiO_2、V_2O_5-MoO_3/TiO_2 等，其中 V_2O_5-WO_3/TiO_2 催化剂具有较宽的活性温度窗口，尤其是在中温段（200 ～ 450 ℃，与柴油车尾气的排放温度相近）具有选择性好、稳定性高、抗碱金属中毒和抗硫中毒性能强等优点，是满足现阶段柴油车国五排放标准最常用的 SCR 催化剂。

该催化剂中 V_2O_5 是活性组分，其在表面的存在状态随负载量的差异而不同，并表现出不同的 SCR 活性。在低负载量时，表面存在的主要是孤立的、正四面体配位的表面钒物种；随着 V_2O_5 量的增加，钒物种在催化剂表面聚集，形成聚合态的钒物种。继续增加 V_2O_5 的含量，超过 V_2O_5 的单层覆盖度时，可形成 V_2O_5 微晶。Went[51] 等的研究发现，聚合态的 V 物种具有更高的活性，而 Amiridis[52] 的研究认为催化剂的 TOF 值（转换频率；用以表征催化剂本征活性，值越大本征活性越高）随着表面氧化钒覆盖度的增加而增加，在覆盖度约为单层覆盖度的一半时，催化剂的 TOF 值达到最大。同时 V_2O_5 含量对 NH_3-SCR 性能的影响也与反应温度密切相关，如增加 V_2O_5 的含量有利于提高催化剂的低温活性，但在高温区微晶相 V_2O_5 可促进 NH_3 氧化，降低 N_2 选择性。同时，提高 V_2O_5 含量还可促进尾气中的 SO_2 氧化为 SO_3，并进一步与 NH_3 反应形成 NH_4HSO_4，从而在催化剂表面沉积，堵塞孔道，加速催化剂失活。因此 V_2O_5 的含量必须结合柴油车的排放工况控制在适当的范围。

作为不可或缺的重要助剂，WO_3 的引入可产生新的 B 酸位，增强催化剂的表面酸性，从而显著提高 V 基催化剂的活性和温度窗口。WO_3 的引入还可以影响活性 V 物种在表面的存在状态，如 Wang[53] 等研究发现，当 V_2O_5 含量较低时无定形的 WO_3 可促进二维钒物种的形成和分散；增加 V_2O_5 的含量，表面无定形的 WO_3 则促进表面 V 物种的聚合。同时 WO_3 的引入可抑制 SO_2 向 SO_3 的氧化，并提高催化剂的抗碱金属性能。此外，WO_3 还可起到结构助剂的作用，抑制锐钛矿 TiO_2 的烧结和向金红石相的转变。进一步采用其它氧化物（如 CeO_2、ZrO_2、SiO_2 等）对其掺杂改性，可显著提高 V_2O_5-WO_3/TiO_2 催化剂的反应性能和稳定性。

关于钒基催化剂上 NH_3-SCR 反应机理的研究表明，NH_3-SCR 主要遵循两种机理：eley-rideal（E-R）机理和 langmuir-hinshelwood（L-H）机理。其中 E-R 机理认为反应是吸附在催化剂表面的 NH_3 和气相中 NO 之间的反应，而 L-H 机理认为是吸附在催化剂表面相邻活性中心上的 NH_3 和 NO 之间的反应。目前关于 NH_3-SCR 的反应机理尚有争论，并且即使同一催化剂体系，由于反应条件的不同，反应机理也可能有所不同。Ramis 等 [54] 通过对 V_2O_5/TiO_2 催化剂上 NH_3-SCR 的研究，提出了 L 酸机理，即 NH_3 吸附在 L 酸位上并被活化形成 NH_2（amide），此中间物种接着和气相 NO 反应，形成 NH_2NO（nitrosamide）物种，然后分解为 N_2 和 H_2O，被

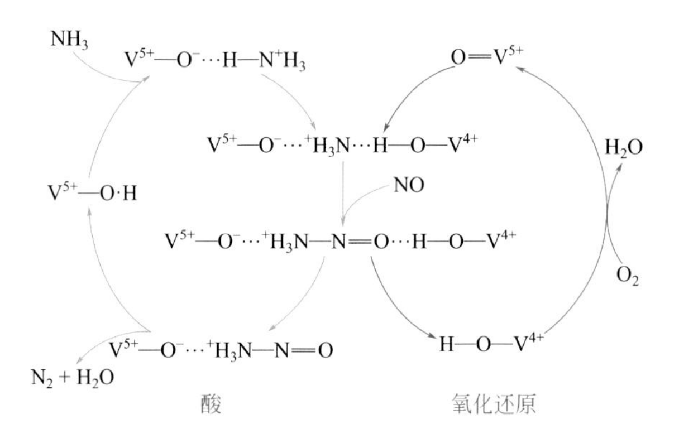

图 6-17 Topsoe 等提出的 V_2O_5/TiO_2 催化剂的 NH_3-SCR 反应循环[55]

还原的活性位点在气相 O_2 下再生。Topsoe 等[55]提出了如图 6-17 所示基于 B 酸的反应机理。但无论是哪种机理，目前普遍认为 NH_3 首先吸附在催化剂表面的酸性位上，然后被适当活化脱氢是反应的关键步骤，而吸附的 NH_3 与氧化程度和活性位的氧化还原性能密切相关。因此 NH_3-SCR 活性取决于 NH_3 在催化剂表面的吸附和催化剂的氧化还原性能，通过调控催化剂表面酸性和氧化还原性能，可以提高催化剂的 SCR 性能。

钒基催化剂虽在国五阶段柴油车尾气 NO_x 净化方面已得到了规模应用，但其低温 SCR 性能相对较低。同时钒具有生物毒性，在高温下容易挥发，从而带来二次污染。因此，极大地制约了钒基 SCR 催化剂在柴油车尾气净化中进一步的应用，开发非钒基 SCR 催化剂成为研究的热点之一。贺泓研究组先后开发了 Ce-TiO_x[56]、Ce-W-TiO_x[57]、$CeWO_x$[58] 复合氧化物催化剂，其中 $CeWO_x$ 催化剂具有较 Ce-TiO_x 和 Ce-W-TiO_x 更加优异的活性和耐高空速的能力。同时 $CeWO_x$ 催化剂还具有优异的热稳定性（图 6-18），经 800 ℃老化 1 h 后，在 250000 h^{-1} 空速下，其低温活性显著高于 7%Fe-ZSM-5 催化剂，同时比 4.5%V_2O_5-10%WO_3/TiO_2 催化剂具有更高的 N_2 选择性，显示了良好的应用前景。

分子筛具有高的比表面积、规则的孔道结构、丰富且可调的表面酸性位以及离子交换性能等，也被广泛用于 NH_3-SCR 反应。分子筛的结构、硅铝比、Cu 或 Fe 的含量以及反应气组成等均对催化剂的 SCR 活性有显著的影响。早期研究较多的催化剂为 ZSM-5 和 Beta 分子筛，金属活性中心主要是 Cu 和 Fe。一般认为，Cu-ZSM-5(Beta) 具有良好的低温 SCR 活性，而 Fe-ZSM-5(Beta) 则具有优异的高温活性。但该类催化剂在高温水蒸气的存在下会发生明显的失活，且容易发生 HC 中毒等。如，Cu-Beta 分子筛经 800 ℃水热处理 3 h 后，活性铜物种的价态分布发生改变，NO 和 NH_3 的氧化能力下降，SCR 性能明显劣化；Cu-ZSM-5 分子筛经相同的

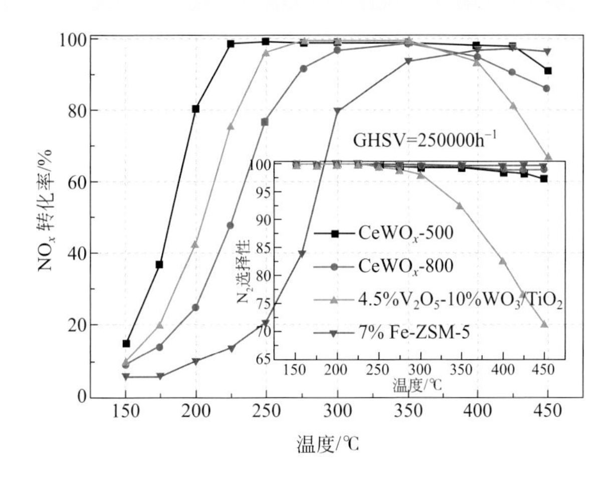

图 6-18 CeWO$_x$ 催化剂经 500 ℃和 800 ℃焙烧后与 V_2O_5-WO_3/TiO_2 和 Fe-ZSM-5 催化剂的 NH_3-SCR 性能对比（反应空速 250000 h^{-1}）[58]

水热处理后，骨架坍塌，铜物种失去活性。

与之相对比，具有小孔结构的 CHA 型菱沸石分子筛（SSZ-13、SAPO-34 等）不仅 SCR 性能优异，同时水热稳定性好、抗 HC 中毒能力强，因而成为柴油车尾气 NH_3-SCR 的研究热点。Kwak 等对比了 Cu-Beta、Cu-ZSM-5 及 Cu-SSZ-13 分子筛，结果表明 Cu-SSZ-13 催化剂经过水热处理后，低温 SCR 活性几乎不受影响[59]。同属 CHA 结构的 Cu-SAPO-34 催化剂也具有很好的催化活性和水热稳定性，经水热处理后 Cu-SAPO-34 的催化活性甚至稍有提升[60]。2010 年，CHA 构型的铜基小孔分子筛首次在北美柴油车尾气后处理系统中得到应用。

CHA 分子筛具有如图 6-19 所示的六棱柱和 CHA 笼交替排列而成的三维有序笼形结构，其中 CHA 笼由 8 圆环构成，尺寸接近 0.73 nm×1.2 nm，六棱柱孔口尺寸为 0.38 nm×0.38 nm。CHA 构型的分子筛小的开口尺寸不仅可有效限制 HC 化合物进入孔道沉积，同时还可抑制骨架脱铝产物脱除孔道，并在温度降低后重新融回骨架，从而具有良好的水热稳定性和抗 HC 中毒的能力。分子筛催化剂中活性金属主要有 Cu 或 Fe。以 Cu-SSZ-13 为例，

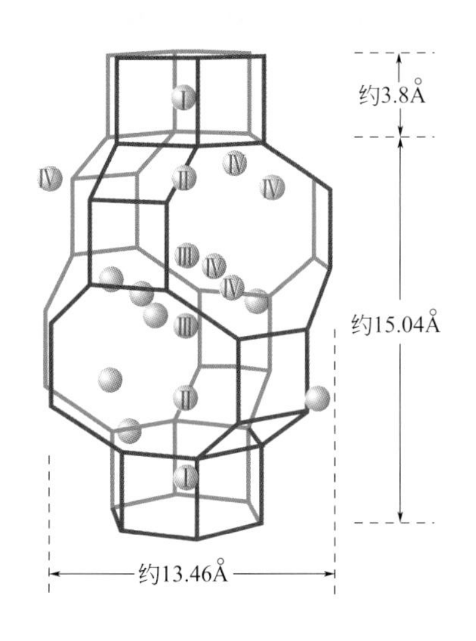

图 6-19 CHA 骨架结构示意图[61]

1Å=10^{-10} m

其具有 4 种活性金属的可交换位，分别为：在双六元环中的Ⅰ位、接近六元环笼的Ⅱ位、三维轴的Ⅲ位和接近 8 元环的Ⅳ位；活性金属 Cu 的存在形式有：用于电荷平衡的孤立单核离子（Cu^{2+}），用于电荷平衡的双核离子（如：$[Cu—O—Cu]^{2+}$ 双聚体）以及孔道外多核簇化合物。

活性组分的含量也可直接影响活性组分的存在状态[62]。以 Cu-SSZ-13 为例，一般认为活性金属离子优先占据Ⅰ位，随着 Cu 含量的增加，位置Ⅰ逐渐饱和后，Cu^{2+} 开始占据位置Ⅳ。继续增加 Cu 含量（交换度高于 78%）时，Cu^{2+} 间会键合形成双聚体。同时，H_2O、NH_3 和温度等可显著影响 Cu 物种的存在状态，进而影响 Cu^{2+} 物种的氧化还原性能和 SCR 反应性能。如 H_2O 的存在会削弱 Cu^{2+} 和骨架氧的相互作用，使 Cu^{2+} 脱离原来的离子位而移动到 CHA 笼内；同时 H_2O 还可促进 $[Cu—O—Cu]^{2+}$ 双聚体的解离，但这种作用是可逆的；NH_3 和 Cu^{2+} 较强的相互作用也会削弱 Cu^{2+} 和骨架氧的相互作用，从而改变 Cu^{2+} 的位置和配位环境。此外，处于不同位置和状态的 Cu 物种也表现出不同的反应性能。有研究表明，在低温下 SCR 反应的活性中心主要为 $[Cu—O—Cu]^{2+}$ 双聚体，而在高温下单态 Cu^{2+} 则为主要 SCR 反应中心[63]。

Cu-CHA 分子筛（特别是 Cu-SSZ-13）催化剂目前已进入商业化应用阶段。关于该催化体系的研究，目前集中于揭示反应机理和构效关系，提升催化剂反应性能，开发相适应的 SCR 反应系统。此外，Cu-SSZ-13 分子筛的合成成本较高，为降低成本，研究者使用了一种价格相对低廉的铜氨络合物（Cu-TEPA），作为合成可变硅铝比的 Cu-SSZ-13 分子筛的模板剂[64]，可直接将铜物种引入到菱沸石的笼结构中，也可以在堇青石上直接原位水热合成 Cu-SSZ-13，如图 6-20 所示[65]。

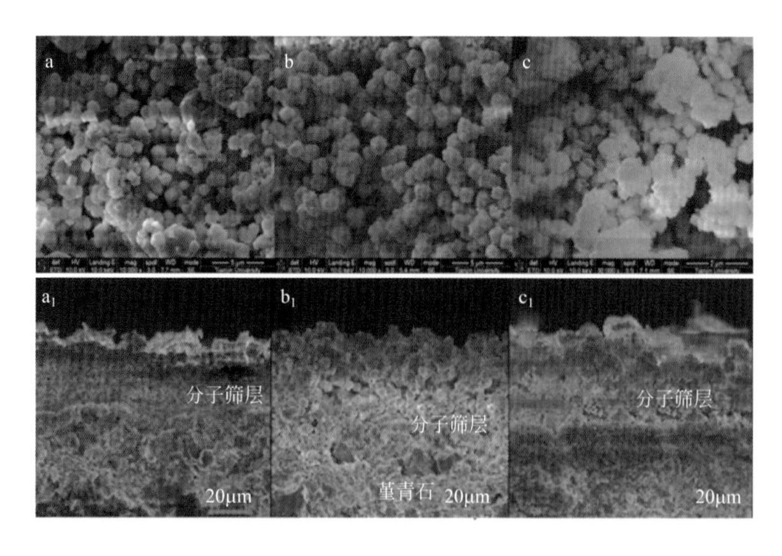

图 6-20　不同晶化时间所得 Cu-SSZ-13/ 堇青石催化剂的 SEM 照片[65]

第二节 固定源NO_x的脱除

一、概述

在固定源的燃料消耗中，燃煤所占比重最大，其在燃烧过程产生大量的污染物，主要有CO、SO_x、NO_x及可吸入颗粒物（PM）等。对于CO去除，可以通过控制燃烧过程中的空燃比、燃烧温度和燃烧时间，使燃料和空气混合均匀并充分燃烧，可将CO浓度控制在排放限值以下。对于PM去除的除尘技术，则随着排放限值的日益严格，从机械除尘、水膜除尘向电除尘、袋式除尘和电袋复合除尘技术发展。对于SO_x的脱除，则有干法脱硫、半干法脱硫和湿法脱硫，其中石灰石-石膏湿法脱硫是应用最多的脱硫技术，其脱硫效率可超过98%。此外，随着2017年8月16日首个旨在控制和减少全球汞排放的国际公约《关于汞的水俣公约》正式生效，燃煤电厂的汞排放控制也将面临巨大的压力。

对于固定源NO_x排放控制技术，可分为燃烧过程控制和尾气处理控制两大类。其中燃烧过程控制技术通过优化燃料燃烧的条件、提高燃料质量等减少NO_x的生成。尾气处理控制技术则主要是采用吸附、吸收、催化等方法，对已产生的NO_x进行净化处理。通常在实际运行中，通常是通过两种控制技术的组合以达到高效脱除NO_x的效果。本节主要介绍用于固定源NO_x净化的氨选择性催化还原（NH_3-SCR）技术。

二、氧化钒基脱硝催化剂

对于燃煤工业窑炉的尾气净化，根据SCR装置布设的位置，对催化剂的性能也提出了不同的要求：①对于高温高尘布置[图6-21（a）]，烟气中所含有的飞灰和SO_2等均要通过SCR催化剂的床层，温度多在300～400℃，此时要求催化剂不仅具有高的转化效率，同时应具有较强的抗阻塞、抗冲刷、抗碱金属中毒、抗SO_2中毒等性能；②对于低粉尘布置，高温烟气首先通过静电除尘器，然后再通过催化剂床层，同样需要催化剂仍具有较强的抗SO_2中毒能力，但常规静电除尘器无法在300～400℃正常运行，需要高温静电除尘器，因此很少被采用；③对于尾部布置工艺，SCR反应器在脱硫工序之后[图6-21（b）]，虽可避免高粉尘和高SO_2的影响，但烟气温度显著降低（低于100℃），因此需要开发具有低温特性的SCR催化剂。目前高温高尘布置的应用最为广泛，所采用的通常为钒基催化剂。

钒基催化剂主要由活性组分、催化助剂和催化剂载体三部分构成。五氧化二钒（V_2O_5）是反应的活性组分，载体主要为锐钛矿相的TiO_2。按照催化剂助剂的使用

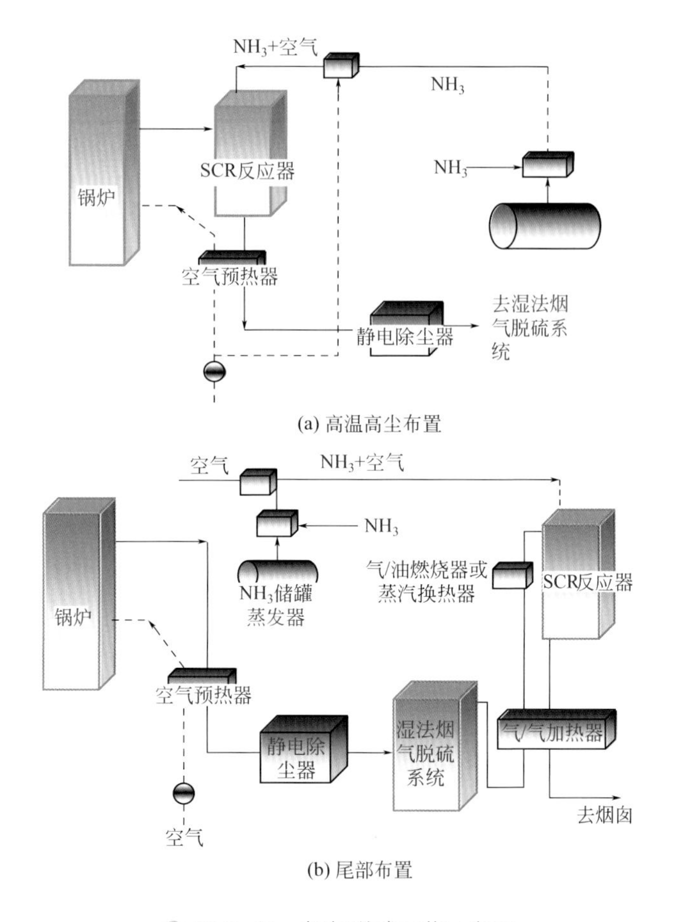

图 6-21 烟气脱硝工艺示意图

不同，主要有钒钨钛（V_2O_5/WO_3-TiO_2）催化剂及钒钼钛（V_2O_5/MoO_3-TiO_2）催化剂。关于 V_2O_5/WO_3-TiO_2 催化剂已在柴油车尾气净化一节中有较为详细的介绍，此处不再赘述。

为了进一步提高 V_2O_5/WO_3-TiO_2 催化剂的热稳定性和低温 SCR 活性，扩大操作温度窗口等，开展了大量的催化剂改性研究工作。如 Chen 等 [66] 的研究表明，适量 CeO_2 的引入，由于 Ce 与 V、W 物种之间存在协同作用，提高了 NO 氧化为 NO_2 的能力，同时产生了更强的 Brönsted 酸性位，从而促进了低温 SCR 性能，并扩大了操作窗口。适量 SiO_2[67]、ZrO_2[68] 等的引入，可增加催化剂的比表面积，有利于 V_2O_5 在载体表面的分散，同时增强了催化剂的表面酸性和热稳定性。

与 V_2O_5/WO_3-TiO_2 催化剂相比，V_2O_5/MoO_3-TiO_2 具有更优异的低温 SCR 性能。为了进一步满足非电力行业的工业锅（窑）炉烟气和工艺过程废气净化对低温 SCR 催化剂的要求，北京工业大学何洪等利用 Bi、Sb、Si、Nd、Ce 和 Pr 等

对 V_2O_5/MoO_3-TiO_2 的载体材料进行掺杂改性，来调控催化剂的氧化还原性能；以 F^- 和 SO_4^{2-} 等阴离子对 SCR 催化剂表面进行修饰和改性，来调控催化剂的表面酸性和酸中心浓度，以提高 SCR 催化剂对 NH_3 的吸附储存能力。同时，他们还发现稀土元素（Ce 和 Pr）的引入，可显著降低 NH_4HSO_4 在 V_2O_5/MoO_3-TiO_2 催化剂上的分解温度，为低温 SCR 催化剂实现原位再生提供了条件。开发的 V_2O_5/MoO_3-TiO_2 基低温 SCR 催化剂已在多家企业得到成功应用，在烟气温度为 160 ℃时，NO_x 的净化效率可超过 90%。其中宝钢湛江焦炉烟气低温脱硫脱硝工程最具有代表性（图 6-22），该项目单套净化装置的处理烟气量为 517000 Nm^3/h，工况空速 7800 ～ 8150 h^{-1}，运行温度为 180 ～ 200 ℃，自 2015 年 12 月初开始至今仍稳定运行，NO_x 排放满足特别地区的排放限值，被认为是世界首套焦炉烟气低温脱硫脱硝工业化装置。

图 6-22　宝钢湛江焦炉烟气低温脱硫脱硝装置

除了 NO_x 的排放外，对于燃煤锅炉还面临着 Hg 排放控制的难题。煤炭中含汞物质在燃烧过程中会经过分解和挥发等进入烟气从而造成污染。在烟气中 Hg 的存在形式主要有三种：Hg^0、Hg^{2+} 和 Hg^P（Hg^0 通过物理吸附、化学吸附和化学反应途径，被残留的炭颗粒或其它飞灰颗粒表面吸收所形成的颗粒）。一般而言，Hg^0 具有熔点低、挥发性高、难溶于水等特点，与 Hg^{2+} 相比更难脱除。因此，促进 Hg^0 氧化生成 Hg^{2+} 是燃煤烟气控制领域中的重要方向。钒基 SCR 催化剂除了具有优异的脱硝性能外，还具有良好的 Hg 氧化活性。有研究表明，随着钒含量的增加，其氧化 Hg 的活性也随之增加[69]。但在低 HCl 浓度的条件下，催化剂的氧化能力并不高，同时烟气中存在的 SO_2 和 NH_3 也会抑制 Hg 的氧化[70]。为了在不影响 SCR 性能的前提下，提高 Hg^0 的氧化性能，可对催化剂进行掺杂改性，如引入 RuO_2、具有良好氧化性能的过渡金属氧化物（如 CuO 等）和稀土氧化物（CeO_2 等）[71]。

与柴油机 / 车尾气 SCR 不同，对于燃煤锅炉烟气脱硝，特别是高灰布置工艺，催化剂长期在高温、高尘的环境中工作，会出现堵塞、磨蚀、碱金属 / 碱土金属中毒、重金属中毒等，从而导致催化剂的性能下降。因此需要更换新的催化剂或者是对催化剂进行再生处理。关于催化剂再生，则需要根据催化剂失活的原因选择适当的再生技术。

① 催化剂的堵塞：主要是由于飞灰或者脱硝过程中产生的铵盐沉积和覆盖在

催化剂表面，严重时可导致孔道堵塞。可采用声波吹灰、蒸汽吹灰等方法，去除覆盖在催化剂表面的灰尘。而对于铵盐沉积所导致的堵塞，则可通过调节气流分布，选择合理的催化剂间距和单元空间，使进入 SCR 反应器的烟气温度维持在铵盐沉积温度之上，从而有效防止催化剂堵塞。

② 碱金属 / 碱土金属中毒：烟气中的碱金属 / 碱土金属会与催化剂表面的酸性位结合，显著减少催化剂表面酸性位数量和对氨的吸附量，从而导致催化剂失活。采用水洗或酸溶液清洗，可去除表面沉积的碱金属离子，使失活催化剂的活性得以恢复或大部分恢复。也可以采用 SO_2 酸化热再生，其原理与酸溶液清洗类似，将失活催化剂用去离子水清洗，经干燥后于 350 ～ 420 ℃含 SO_2 的气氛中焙烧，然后再冷却至室温，即可实现催化剂活性的部分再生。

③ 砷中毒和有效组分的流失：燃煤组分复杂，烟气中含有少量的砷等重金属。烟气中砷以气态 As_2O_3 等形式存在，可通过扩散进入催化剂的孔道中，并与活性组分钒结合而导致催化剂失活。同时，催化剂在长期运行过程中活性组分的流失，也可导致催化剂性能的逐渐衰减。由砷所导致的催化剂中毒，一般很难再生。可通过控制催化剂的孔分布减少“毛细冷凝”，或者引入“牺牲剂”（如可与气相 As_2O_3 反应的 MoO_3 等）来延缓催化剂的失活。对于活性组分流失所带来的催化剂失活，则可通过二次负载的方法增加活性组分的含量，从而使得活性得以恢复。

④ 催化剂磨蚀或破损：由于烟气中飞灰的冲刷或者安装与使用过程中造成的催化剂机械破损都可造成催化剂失活。此时，需要在制备过程中提高催化剂的强度，特别是催化剂边缘的强度，来提高催化剂的抗冲刷能力。同时对催化净化装置的流场分布进行优化，也可显著降低飞灰磨蚀。对于破损的催化剂，也可以循环再利用。

三、非钒基脱硝催化剂

钒基催化剂虽具有优异的抗硫稳定性和 NO_x 净化效率，但钒所具有的生物毒性是大家所诟病的，因此开发非钒基脱硝催化剂成为研究的热点。在柴油车尾气净化部分已有关于非钒基 SCR 催化剂的介绍，如 Ce-TiO_x、CeWO_x 复合氧化物催化剂，Cu/Fe交换的分子筛催化剂等，但这些系列催化剂的耐硫稳定性都还需进一步提高。中科院长春应用化学研究所杨向光课题组研发成功了非钒基稀土脱硝催化剂，表现出与 V_2O_5/WO_3-TiO_2 催化剂相近的 SCR 活性，具有无毒、良好的高温稳定性以及更强的耐碱、耐砷中毒能力；同时还开发了整体式稀土脱硝催化剂的成型工艺，所生产的催化剂在山东旗开重型机械有限公司等得到了成功应用（图 6-23），对于高含硫的烟气（0.1% ～ 0.2%），NO_x 净化效率可超过 90%。

目前的商业 SCR 催化剂的工作窗口主要集中在 300 ～ 450 ℃，从而使得脱硝主要采取如图 6-21（a）所示的“脱硝 + 除尘 + 脱硫”的高温高尘布置工艺。但对于如图 6-21（b）所示的低温 SCR 尾部布置工艺，即“除尘 + 脱硫 + 脱硝”工艺时，则需要开发具有优异低温性能的SCR催化剂。Mn基催化剂由于具有良好的低温NH_3-SCR催化性能而引起广泛的关注。纯MnO_x就可以直接作为NH_3-SCR反应的催化剂，如唐幸福等[72]制备的无定形相和高比表面积的MnO_x催化剂，在80～150℃范围内NO_x的转化率将近100%。此外MnO_x的结构和价态等也对SCR性能有显著的影响。尽管纯MnO_x具有较好的低温SCR催化性能，但是在高温下NH_3容易发生非选择性氧化，生成较多的副产物N_2O，导致催化性能下降。

图6-23　稀土脱硝催化剂的应用

采用过渡金属（Fe[73]、Cu[74]、Co[75]等）氧化物、稀土（Ce[76]等）氧化物等对其进行修饰和掺杂，或者制备负载型的MnO_x基催化剂[77]，可进一步提高其NH_3-SCR催化性能和抗水抗硫稳定性。Meng等[78, 79]研究了Sm的引入对MnO_x催化剂上SCR性能的影响（图6-24），结果表明，适量Sm的添加虽未改变MnO_x催化剂上的SCR反应机理，但可有效增加催化剂的比表面积，促进气相反应物分子在催化剂表面的吸附和活化，加快催化剂表面亚硝酸盐向硝酸盐转变的速率，从而显著提高了催化剂的SCR活性和抗水抗硫性能。

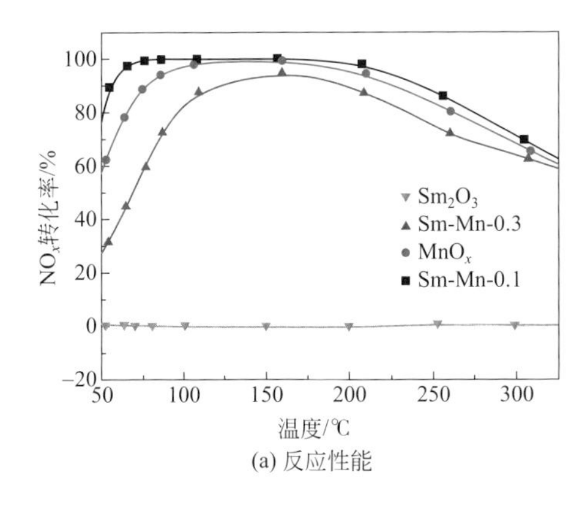

(a) 反应性能

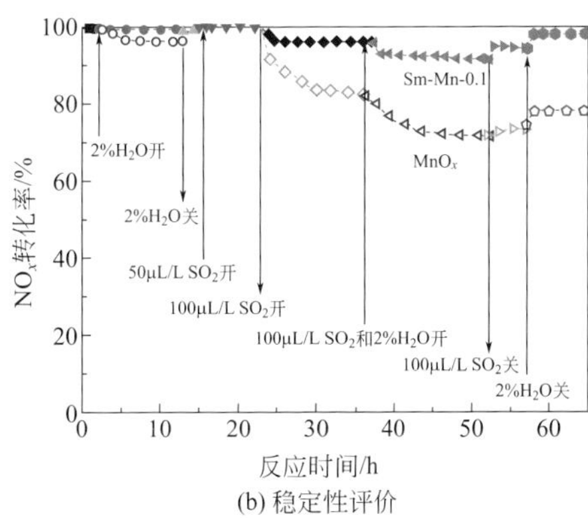

(b) 稳定性评价

图6-24　Sm_2O_3、MnO_x、Sm-Mn-0.1及Sm-Mn-0.3催化剂的NH_3-SCR反应性能（a）及Sm-Mn-0.1的稳定性评价（b）[76]

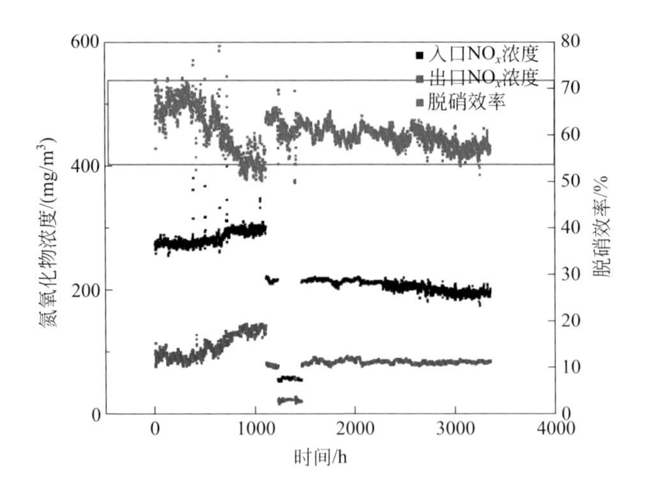

图 6-25 铁锰铈铝为低温 SCR 催化剂工业测线试验结果

南京大学董林课题组开发了以铁锰铈铝为主要成分的低温 SCR 催化剂及其产业化技术，并在新疆天富南热电有限公司开展了工业测线试验（图 6-25）。烟气经脱水后连续运行了 3000 h，在温度为 100 ℃、空速为 1000 h^{-1} 、NO 浓度为 200 mg/m^3 的条件下，NO_x 净化效率超过 55%，显示出了良好的应用前景。

四、脱硝催化剂的结构与反应器设计

目前商业 SCR 催化剂按其外观主要可分为三种类型（图 6-26）：①蜂窝式催化剂，又可分为涂覆型和整体型两类，其中涂覆型催化剂的生产与机动车尾气净化催化剂的生产过程类似；而整体型催化剂的生产过程见图 6-27（a），其本体均为催化剂，采用这种形式时，当催化剂表面遭到灰分等的破坏磨损后，仍然能保持原有的催化性能，目前市场占有份额最高。主要生产厂家国外有德国 BASF、日本日立、美国 Cormetech、奥地利 Ceram、日本触媒化成和韩国 SK 公司等，国内主要有江苏龙源、东方凯特瑞、重庆远达、山东三融等。②平板式催化剂，主要以金属板网为骨架，采取双侧挤压的方式将催化材料（如 V_2O_5/WO_3-TiO_2、V_2O_5/MoO_3-TiO_2 等）与金属板网结合成型［图 6-27（b）］。与蜂窝式催化剂相比，该形式的催化剂具有更强的抗腐蚀和防堵塞特性，适合在含灰量高及灰黏性较强的烟气环境下使用。主要生产厂家国外有日本日立、德国 Argillon 公司等，国内主要有大唐南京环保等。③ 波纹板式催化剂，以玻璃纤维或陶瓷纤维作为骨架，涂覆催化剂而制成。其单位体积的催化效率与蜂窝式催化剂相近，一般多用于含灰量较低的烟气环境，如燃气机组，所占市场份额较低。生产厂家主要有丹麦的 Topsoe。

脱硝催化剂和反应器是 SCR 系统的主要组成部分，催化剂的结构、形状应该

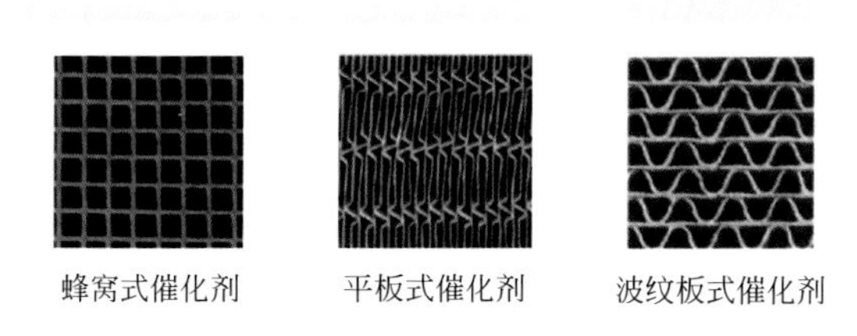

图 6-26　常见 SCR 催化剂的结构

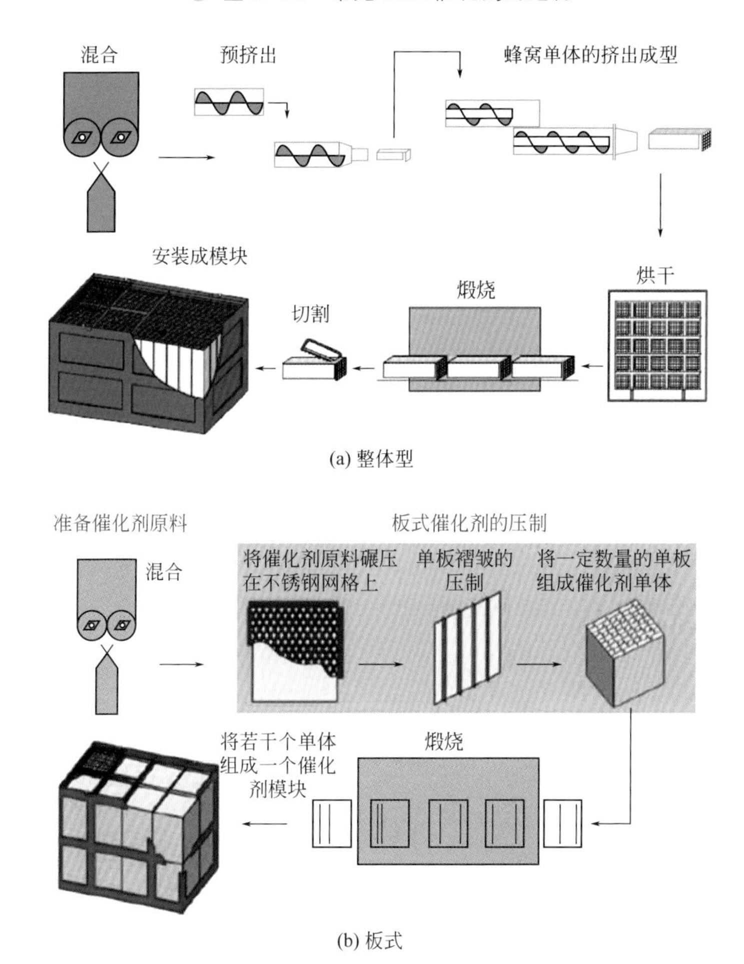

图 6-27　整体型蜂窝和板式 SCR 催化剂制备流程示意图

随其使用环境而变化。在高灰分的烟气条件下，为避免被颗粒堵塞，催化剂部件应采用强度高、容易清理的大孔径蜂窝状部件。为将被飞灰堵塞的可能性减到最小，反应器应根据烟道情况，采用垂直放置的方式，使烟气由上而下流动。通过对 SCR 系统催化反应器的入口处烟气和氨的合理分布，也可以有效防止由于各部位的温度常偏离设计温度而导致脱硝率的改变。

第三节 VOCs/甲烷催化燃烧脱除

一、概述

挥发性有机物（volatile organic compounds，VOCs）通常是指室温下饱和蒸气压大于 133.3 Pa、沸点在 50 ～ 260 ℃的易挥发性的有机化合物。我国的《石油化学工业污染物排放标准》（GB 31571—2015）和美国 ASTM D3960—98 标准将其定义为能参加大气光化学反应的有机化合物。VOCs 的种类繁多、排放源分布广泛，涉及基础有机化工原料、聚烯烃、石油炼制等石油化工行业，以及喷涂、印刷等行业。鉴于 VOCs 对环境和人体健康的危害，美国早在 1970 年就制定了《清洁空气法》，并于 1990 年进行了修订，对 VOCs 排放提出了明确限制。日本于 2006 年 4 月实施了《大气污染防治法》。欧盟在 2008 年制订了《欧洲环境空气质量与清洁空气指令（2008/50/EC）》，限制 VOCs 排放。

VOCs 排放控制技术可分为物理回收和化学降解两大类（图 6-28），其中每种技术均有各自的优缺点，且具有不同的应用范围。如：物理回收技术主要适用于高浓度 VOCs 的排放控制，或者用于罐区、加油站等严禁加热和用电的区域。对于没有回收价值的 VOCs，则通过降解技术将其转化为 CO_2 和 H_2O 等。其中催化燃烧是在催化剂的作用下使 VOCs 发生完全氧化反应，具有处理废气浓度范围广、无二次污染等特点，是工业源 VOCs 净化的有效方法。

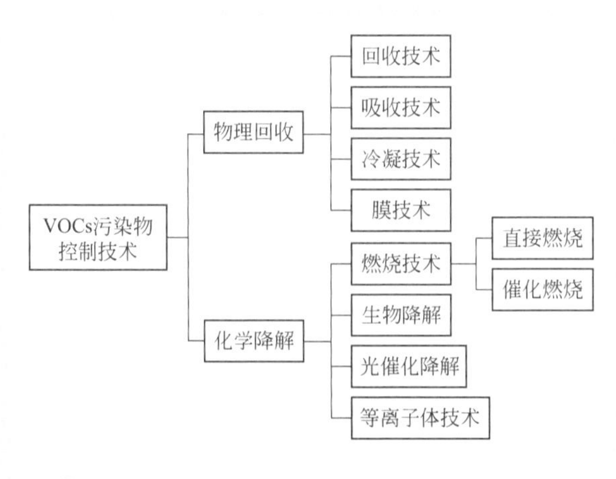

图 6-28　常见的 VOCs 污染物排放控制技术

根据 VOCs 排放工况（浓度、种类、温度、风量等）可以选择不同的催化净化技术，如适应于中、高浓度 VOCs 净化的直接催化燃烧和蓄热式催化燃烧（RCO），适用于低浓度 VOCs 的吸附 - 浓缩 - 催化燃烧技术（图 6-29），其关键在于高性能的催化剂。国外 VOCs 净化催化剂的生产厂家主要有 Johnson Matthey、BASF、Süd-Chemie(被 Clariant 收购)、Topsoe 等。如：BASF 公司开发的陶瓷载体的 VOCat 系列和金属载体的 Camet 系列催化剂。

二、VOCs催化燃烧催化剂

工业源 VOCs 净化的风量一般较大，所需催化剂用量较大，为了减少床层压力降，多采用与机动车尾气净化催化剂相似的整体式催化剂，根据其基体也可以分为陶瓷基或金属基催化剂。但与机动车尾气净化催化剂不同，VOCs 催化燃烧一般采用方形的催化剂结构，以便于安装和维护。从催化剂的活性组分来看，主要可分为两类：① 负载型贵金属催化剂，主要以 Pd、Pt 应用最多[80]；②复合氧化物催化剂，

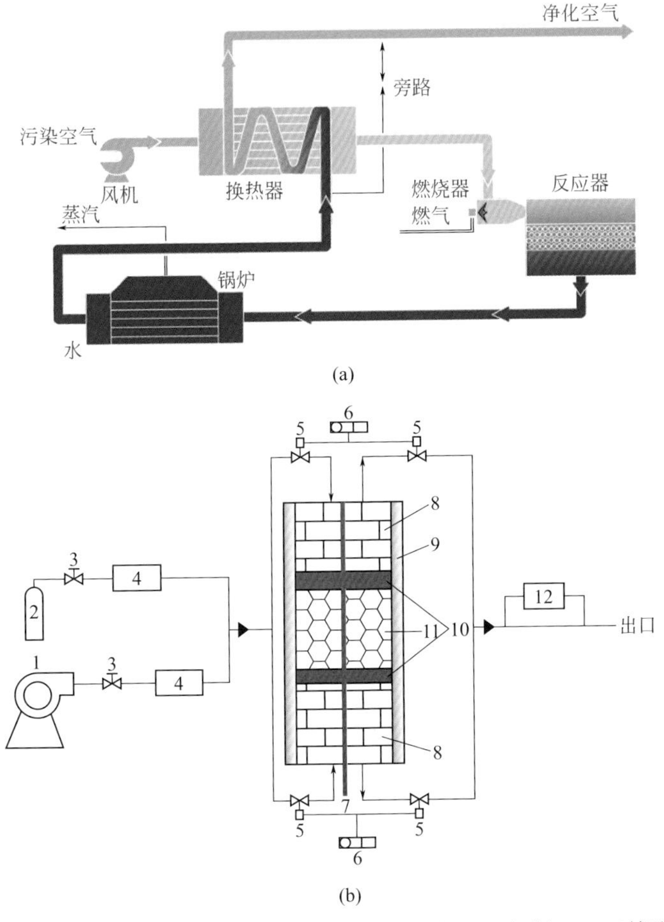

1—空气压缩机；2—污染物气体；3—加压阀；4—流量计；5—电磁阀；6—时间继电器；7—热电偶束；8—蓄热体；9—反应器壁；10—电阻丝；11—催化剂；12—在线检测

图 6-29

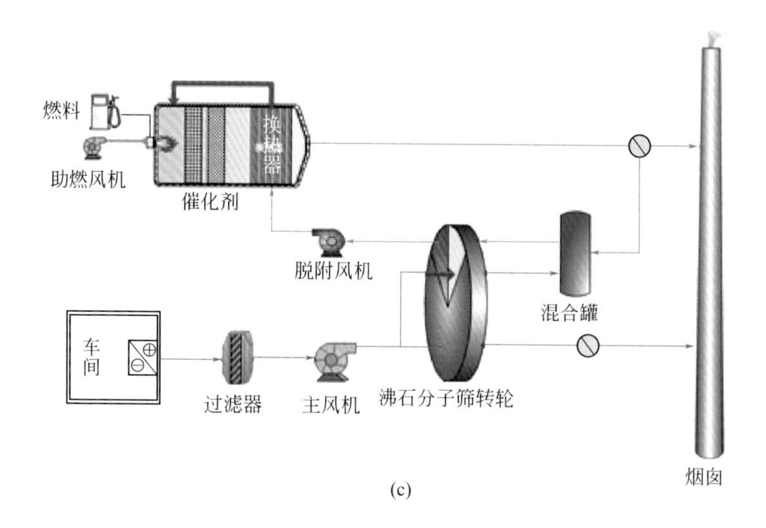

图 6-29 直接催化燃烧（a）、蓄热式催化燃烧（RCO）（b）和吸附－浓缩－催化燃烧法（转轮）（c）的原理图

包括 MnO_x 基催化剂、钙钛矿型催化剂等。相比而言，贵金属催化剂具有更加优异的活性和适用范围，但其成本较高；复合氧化物催化剂虽成本较低，对个别反应物也具有较贵金属催化剂更优异的反应性能，但总体而言，其活性和环境适应性不如贵金属催化剂。

与醛、酸和酯类等含氧 VOCs 以及芳香烃类相比，烃类化合物，特别是丙烷等小分子饱和烷烃的催化燃烧难度更大。同时，含杂原子 VOCs（如含氯 VOCs）是另一类难降解的污染物。本节主要介绍关于丙烷和含氯 VOCs 催化燃烧方面的研究进展。

三、丙烷等的催化燃烧

对丙烷的催化燃烧，同样根据活性组分的不同，主要可分为贵金属催化剂和过渡金属氧化物催化剂两类。对于贵金属催化剂，研究最多的是 Pt 和 Pd 基催化剂。一般认为，对 CO、CH_4 和烯烃的氧化，Pd 催化性能优于 Pt；对芳香族有机物的氧化，两者相当；对 C_3 以上直链烷烃的氧化，Pt 催化性能优于 Pd。对于贵金属催化剂，贵金属的负载量、颗粒大小和存在状态、载体种类及其与贵金属之间的相互作用、助催化剂等均可显著影响催化剂的活性及稳定性。

对于贵金属催化剂，常用的载体有 SiO_2、Al_2O_3、CeO_2、TiO_2、MgO、钙钛矿和分子筛等，载体与贵金属之间的相互作用可显著影响贵金属的化学状态和反应性能。如图 6-30，Hu 等[81]分别以 CeO_2 纳米棒、纳米立方体和纳米八面体为载体制

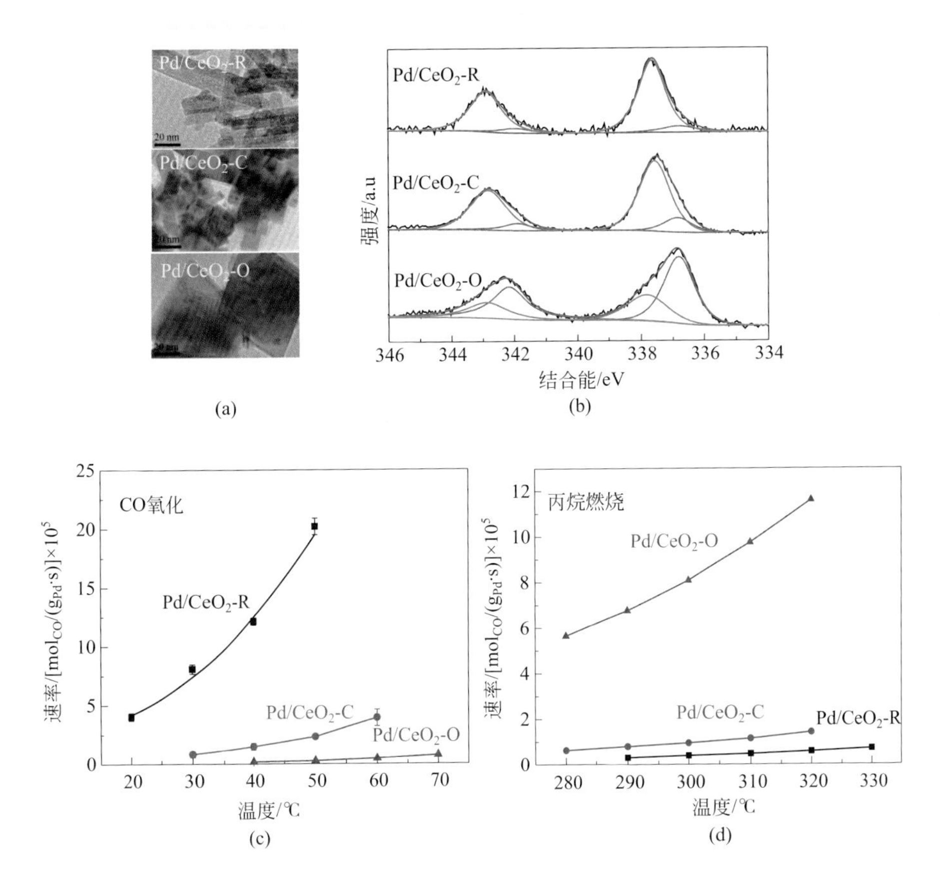

图 6-30 不同形貌 CeO_2 负载 Pd 催化剂上 Pd 的化学状态及 CO 氧化和丙烷催化燃烧性能[81]

备了负载 Pd 催化剂，其中 Pd 在 CeO_2 纳米棒上主要以 $Pd_xCe_{1-x}O_{2-\sigma}$ 固溶体的形式存在，更有利于 CO 氧化；而在 CeO_2 纳米八面体上主要以 PdO_x 纳米颗粒的形式存在，可显著提升 C—H 键的活化能力，因而具有最高的丙烷燃烧活性。

合适助剂的引入可提高贵金属的分散度和催化剂的氧化还原性能，从而提升其催化活性。如对于 Pt 催化剂而言，V、W 和 Mo 等是常用的助催化剂。Wu 等[82]认为 W 的引入使得 Pt 以具有电子缺陷的 $Pt^{\delta+}$ 亚稳态的形式存在，可加速丙烷在催化剂表面的解离吸附；所制备的 $Pt/WO_x/Al_2O_3$ 催化剂上，丙烷催化燃烧的 T_{50} 降低约 60 ℃。Zhu 等[83]关于 W 修饰 Pt/ZSM-5 催化剂的研究表明，Pt 与 WO_x 之间的强相互作用，不仅可以促进 Pt 在催化剂表面的高度分散，而且可以抑制金属态 Pt 的氧化，从而使 Pt-5W/ZSM-5 催化剂反应速率和 TOF 较未改性的 Pt/ZSM-5 催化剂高一个数量级。对于 Pd 催化剂，适量 W 的引入同样可以促进丙烷的催化燃烧。Taylor 等[84]的研究表明，W 引入后可使 Pd/TiO_2 上的 Pd 物种以 Pd^{2+} 的形式存在，

WO_x 对 PdO_x 和 TiO_2 界面的修饰作用，提高了催化剂对丙烷的燃烧活性。载体的酸碱性也可影响催化剂上丙烷催化燃烧的活性。Avila 等 [85] 认为 TiO_2 具有较多的酸性位吸附丙烷，从而使得 Pt/TiO_2 催化剂具有最高的丙烷催化燃烧活性。Garetto 等 [86] 的研究表明，分子筛（Beta、ZSM 和 HY）对丙烷良好的吸附能力使得 Pt/ 分子筛上丙烷燃烧活性显著高于 Pt/Al_2O_3。

近年来的研究还发现负载 Ru 催化剂在 HC 催化燃烧中也表现出高的催化活性。Okal 等 [87] 采用浸渍法制备了 Ru/Al_2O_3 催化剂，在 200 ℃左右就可使丙烷完全氧化，认为表面部分氧化形成 Ru_xO_y 的 Ru 金属纳米颗粒是主要的活性中心。另外，小颗粒 Ru 因表面更容易氧化形成高活性的 Ru@Ru_xO_y，而具有更高的丙烷燃烧活性。Guo 等 [88] 对比了 Ru/Al_2O_3 和 Ru/CeO_2 催化剂，发现载体 CeO_2 自身可吸附和活化丙烷，而且可提供更多的表面氧参与丙烷催化燃烧反应，为丙烷催化燃烧提供了额外的反应路径，因而 200 ℃时 Ru/CeO_2 的 TOF 约是 Ru/Al_2O_3 的 3 倍，且显著提高了抗水性能。

与贵金属相比，过渡金属氧化物的成本相对较低。Co_3O_4 是目前活性最高的丙烷燃烧催化剂之一。Zhu 等 [89] 研究了制备方法对 Co_3O_4/ZSM-5 活性的影响，发现由水热法制备的催化剂具有更多的 Co^{3+}、更好的还原能力和更快的晶格氧流动性，从而具有高的催化活性。Solsona 等 [90] 通过固相反应法制备了大比表面积的 Co_3O_4，该催化剂较小的晶粒尺寸使表面暴露出更多的活性位，从而使丙烷在不到 200 ℃即可实现全转化，且在 30 h 内活性保持稳定。

过渡金属氧化物中 MnO_x 也具有良好的活性，由于 Mn 的价态和晶型较多，因此制备方法对 MnO_x 催化剂的活性具有很大的影响。Xie 等 [91] 的研究表明，催化剂的活性与晶体结构密切相关，在 α-MnO_2、β-MnO_2、γ-MnO_2 及 δ-MnO_2 中，α 型 MnO_2 具有最好的丙烷催化燃烧活性，认为 C_3H_8 在 MnO_2 表面的吸附和活化是影响催化活性的关键因素。Piumetti 等 [92] 通过溶液燃烧法分别制备了具有介孔结构的 Mn_2O_3、Mn_3O_4 和 Mn_xO_y，其中 Mn_3O_4 具有最高的丙烷燃烧活性。此外，适当的第二组分的引入，如 Ni[91]、Cu[93]、Fe[94]、La[95] 等，由于其与 Mn 之间的协同作用可进一步增强催化剂对丙烷的燃烧活性。但 MnO_x 催化剂的热稳定性一般较低，较高的焙烧温度容易引起比表面积下降、结晶度增大、易烧结等现象，从而导致催化剂的活性显著降低。

钙钛矿型（ABO_3）催化剂具有可变组成和良好的热稳定性，在 VOCs 催化燃烧中也有广泛的应用。目前研究较多的是，A 位为 La，B 位是 Mn、Co、Fe 等，并可通过对 A、B 位的取代或部分取代来提高钙钛矿表面的缺陷位数量或者氧化还原性能，从而提高催化剂的活性。Merino 等 [96] 对 $LaCoO_3$ 催化剂的 A 位掺杂碱金属 Ca，当 A 位取代量为 50% 时，催化剂在 400 ℃下就可使丙烷完全燃烧；而当 A 位取代量少于 50% 时，在较低温度下丙烷会被部分氧化脱氢生成烯烃。Alifanti 等 [97] 对 $La_{1-x}Sr_xM_{1-y}M_y'O_{3-\delta}$（M 和 M′ 均为过渡金属）钙钛矿催化剂的 B 位掺杂过渡金属，结果表明，当掺杂元素为Mn、Co或Fe时，催化剂具有较高的氧迁移能力，从而具有较高的丙烷催化燃烧活性。关于钙钛矿结构组成、结构的可调变性及其对催化反应性能的影响的研究已相当深入，这方面已有多篇综述[98,99]。但是钙钛矿催化剂的成矿温度较高，导致其比表面积较低，从而给活性的提高带来不利的影响。随着纳米介孔材料制备技术的发展，可以有效地减小晶粒的尺寸、提高催化剂的比表面积、增加表面配位不饱和原子的数目等，进而增强钙钛矿型催化剂的反应性能。

四、含氯VOCs的催化燃烧

含氯挥发性有机物（CVOCs）按其结构主要可分为氯代脂肪烃和氯代芳香烃，具有高的化学稳定性和热稳定性，在大气中存在周期长、不易被生物降解，同时具有强的生物毒性和较高的“三致”（致癌、致畸、致突变）效应。此外，CVOCs易激发生成自由基，破坏臭氧层导致温室效应，CVOCs的GWP（全球变暖潜能值）为10～1800。因此，各国均对CVOCs的排放制定了严格的标准。我国《烧碱、聚氯乙烯工业污染物排放标准》（GB 15581—2016）规定氯乙烯企业的氯乙烯、二氯乙烷排放限值分别为10 mg/m^{3}和5 mg/m^3，《生活垃圾焚烧污染控制标准》（GB 18485）规定二噁英类的污染物限值为0.1 ng TEQ/m^{3}等。在CVOCs众多后处理方法中，催化燃烧法被认为是可行、经济、高效的方法之一。

相较于常规VOCs，CVOCs中含有杂原子Cl，不仅会导致催化剂发生氯中毒而失活，而且还可能产生含氯副产物，因而开发高活性、高选择性和高稳定性的催化剂是CVOCs催化燃烧的一大挑战。目前用于CVOCs催化燃烧的催化剂主要有固体酸类催化剂、贵金属催化剂和复合氧化物催化剂。

① 固体酸类催化剂：分子筛具有特殊的孔道结构和丰富的酸性中心，有利于CVOCs的吸附与活化，但其低的氧化能力导致对完全氧化产物CO_2以及HCl/Cl_2的选择性低，易生成多氯副产物。为提高分子筛的催化性能，一般利用金属（如Cr、Mn、Cu、Fe、Co和Ce等）或其金属氧化物对分子筛进行改性，提高其对CVOCs的深度氧化性能和增强催化剂的抗积炭性能。浙江大学周仁贤课题组系统研究了CrO_x-CeO_2-USY/ZSM-5催化剂上CVOCs催化燃烧的反应性能。结果表明，在CeO_2-USY/ZSM-5催化剂上掺杂适量的Cr等，能增强铬铈之间的相互作用，促进活性物种在USY/ZSM-5分子筛表面的分散，提高催化剂上活性氧物种的流动性，有利于CVOCs降解过程中的过渡物种和副产物的直接氧化，从而抑制含氯副产物的生成；同时，活性氧物种的高流动性抑制了积炭的生成，有利于活性组分的稳定而防止其流失，并提高了分子筛载体的抗氯腐蚀性，从而显著提高了催化剂的耐受性[100,101]。

② 贵金属催化剂：常用的贵金属催化剂是以Pd、Ru和Pt等为活性组分，以

单一氧化物（如 Al_2O_3、SiO_2、ZrO_2、TiO_2 等）、分子筛、复合氧化物等为载体。负载型贵金属催化剂对C—C键、C—H键、C—O键以及C—Cl键有较高的活化性能，因此具有高的CVOCs催化降解性能。一般而言，负载Pt催化剂对于氯代芳烃的催化燃烧活性要高于Pd催化剂；但对于氯代烷烃和氯代烯烃（如二氯甲烷和三氯乙烯）来说，Pd催化剂的活性则高于Pt催化剂。但贵金属催化剂存在氯代反应活性高、易生成多氯副产物，以及高温流失而导致失活等问题。Krzan等[102]的研究表明，Pt/Al_2O_3 具有高的氯苯催化燃烧活性，但在反应过程中所生成的Pt(O)Cl化合物可使吸附的氯苯被氯化，而产生副产物多氯苯。Taralunga等[103]对Pt/H-FAU5催化剂上氯苯催化燃烧的研究表明，副产物二氯苯的生成与Pt的化学状态有关，Pt^0 的比例越高，越容易发生氯化反应；Pt^{4+} 物种的增多，则促进了脱氯反应的发生。Pitkäaho等[104]研究了负载Pt、Pd和Rh催化剂上二氯甲烷的催化燃烧，发现贵金属种类可显著影响反应副产物的分布，如Pt催化剂上副产物主要是 CH_3Cl，Rh催化剂的副产物主要是CO，而Pd催化剂上的主要副产物是少量的CO和 CH_2O。

③ 复合氧化物催化剂：研究较多的有Cr、Cu、V、Mn、Co等单金属氧化物、复合金属氧化物，以及以 Al_2O_3、ZrO_2 和 TiO_2 等为载体的负载型氧化物催化剂。华东理工大学王幸宜和戴启广首先提出了 CeO_2 作为主催化材料在CVOCs催化燃烧中的应用。研究发现以硝酸铈为前驱体通过热分解所制备的 CeO_2 对三氯乙烯（TCE）、二氯甲烷（DCM）、二氯乙烷（DCE）、四氯化碳（CTC）、四氯乙烯（PCE）等均表现出优异的燃烧活性（图6-31）。但在反应中生成的无机氯物种可强吸附在活性位上，从而引起 CeO_2 的中毒失活[105,106]。

利用过渡金属（如Mn、Co、Fe、Ni、Cu等）进行掺杂改性，可提高 CeO_2 的

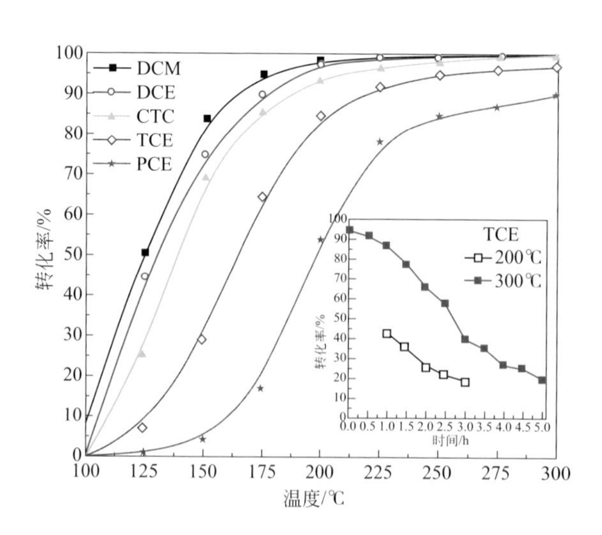

图6-31 不同CVOCs在热分解法制备的 CeO_2 上催化燃烧曲线

储氧性能和表面氧的移动性，减弱 CVOCs 分解所产生的 Cl 物种在表面的吸附强度，可促进表面无机氯物种的移除，从而提高了 CeO_2 的活性和稳定性[107]。还可利用具有良好 Deacon 反应活性以及抗氯化性能的 Ru 对 CeO_2 进行改性，将强吸附在活性位上的氯物种以 Cl_2 的形式移除，进而提高 CeO_2 的低温稳定性。如所制备的 1%Ru/Ti-CeO_2 催化剂具有高的氯苯燃烧活性和低温操作稳定性，并显著抑制了多氯副产物的形成[108]。此外，还可通过 V、Mo、W、PO_x 等负载引入新的酸性位，使氯物种主要以 HCl 形式移除，提高 CeO_2 在低温下的抗氯稳定性[109,110]。

五、甲烷催化燃烧催化剂

我国天然气、煤层气和油田伴生气等的储量巨大，其主要组成 CH_4 具有非常稳定的正四面体结构，C—H 键难以活化。甲烷催化燃烧作为一种环境友好的能量获取方式，与火焰燃烧相比，具有燃烧效率高、燃烧稳定、污染物（CO、NO_x 和 HC 等）超低排放等优点，在发电、工业锅炉和民用燃具等方面有着巨大的应用前景。

对于甲烷催化燃烧反应，催化剂按其活性组分，主要可以分为贵金属催化剂和非贵金属催化剂两大类，其中贵金属催化剂具有优异的甲烷催化燃烧低温活性，但同时也具有高温易挥发、价格较贵等缺点。非贵金属催化剂通常具有高温稳定性好、价格低廉等优点，但是其低温活性相对较差。通常非贵金属催化剂又可具体分为金属氧化物催化剂、钙钛矿型催化剂和六铝酸盐型催化剂等。

1. 贵金属催化剂

甲烷催化燃烧贵金属催化剂主要包括 Pd、Pt、Ru 和 Rh，一般认为贵金属 Pd 具有相对最高的甲烷催化燃烧的活性。关于负载 Pd 催化剂已有大量的研究，但对机理和活性相关方面的认识还存在争议。如，Hicks 等[111]研究发现小颗粒的 Pd 上的反应速率比大颗粒 Pd 的反应速率高出两个数量级。但 Ribeiro 等[112]的实验表明，当 Pd 颗粒在 1 ～ 10 nm 之间时，反应活性与颗粒大小之间没有直接关系。Fujimoto[113]等认为甲烷燃烧反应的 TOF 值随着 Pd 颗粒的增大而提高，但反应的表观活化能基本不变。同时，反应气氛和反应温度可影响贵金属的化学状态，进而也可显著影响其甲烷催化燃烧性能。很多研究表明 Pd 基催化剂上甲烷催化燃烧反应的主要活性位是 PdO[114,115]，也有人认为该反应的活性位是金属态的 Pd 或是混合价态的 Pd^0/PdO_x[116]。Matam[117]等发现对于 Pd/Al_2O_3 催化剂上甲烷催化燃烧，在不同的温度下 Pd 的活性物种有显著的区别：当温度低于 677 ℃时，PdO 是反应的活性物种，而随着温度的升高，金属态的 Pd 同样具有一定的催化活性。

载体不仅是活性金属的支撑体，同时载体的酸碱性、氧化还原性及其与贵金属之间的相互作用等均可显著影响催化剂的反应性能，常用的载体有 Al_2O_3、SiO_2 和 CeO_2 等单氧化物、复合氧化物和分子筛等。Yoshida[118]等研究了载体及助剂的酸碱性对 Pd 的状态及活性的影响，发现随着载体酸强度的降低，催化剂中 Pd 的价态升高，提高了催化剂的活性。

CeO_2 因具有优异的储放氧性能，也常用作负载 Pd 催化剂的载体。Xiao 等 [119] 制备的 2%（质量分数）Pd/CeO_2 催化剂，活性显著高于 Pd/Al_2O_3，认为 Pd 物种的价态、载体 CeO_2 表面氧空穴数目以及 Pd-CeO_2 界面的活性氧物种是影响 Pd/CeO_2 催化剂活性的主要因素。Colussi 等 [120] 的研究表明，Pd-CeO_2 界面上存在 Pd—O—Ce 表面超晶结构，并且 CeO_2 (110) 面会发生表面重构生成低配位的氧物种，从而稳定 PdO 物种的高分散，并提高催化剂的反应活性。Ma[121] 等发现在 Pd/CeO_2 催化剂中 Pd 物种有两种状态，分别是以 Pd^{2+} 形式存在于 CeO_2 表面的 PdO 颗粒和以 $Pd^{\delta+}$（$2<\delta \leqslant 4$）形式存在于 Pd-CeO_2 界面上的 $Pd_xCe_{1-x}O_2$ 物种。其中 PdO 是 CH_4 催化燃烧的活性中心，其含量和催化剂的活性呈线性正相关，$Pd_xCe_{1-x}O_2$ 物种则起到提供活性氧传输通道的作用。

Cargnello[122] 等设计制备了兼具低温活性和高温稳定性的 Pd@CeO_2/Si-Al_2O_3 催化剂（图 6-32），CeO_2 优异的氧化还原性能可以稳定 PdO 的化学状态，使得该催化剂具有优异的甲烷燃烧活性和稳定性，在 400 ℃时即可实现 CH_4 的完全氧化，并且 850 ℃高温反应后催化剂仍未失活。采用同样方法所制备的 Pd@ZrO_2/Si-Al_2O_3 不仅具有高的催化活性，而且表现出优异的抗水稳定性 [123]。

除了氧化物外，分子筛也可以用作 Pd 催化剂的载体，包括 MFI（如 ZSM-5）、MOR、SAPO 系列等。由于分子筛一般具有大的比表面积，因此 Pd/分子筛催化剂通常可以实现 Pd 物种的高度分散，从而使催化剂具有良好的活性。Lou 等 [124] 采用

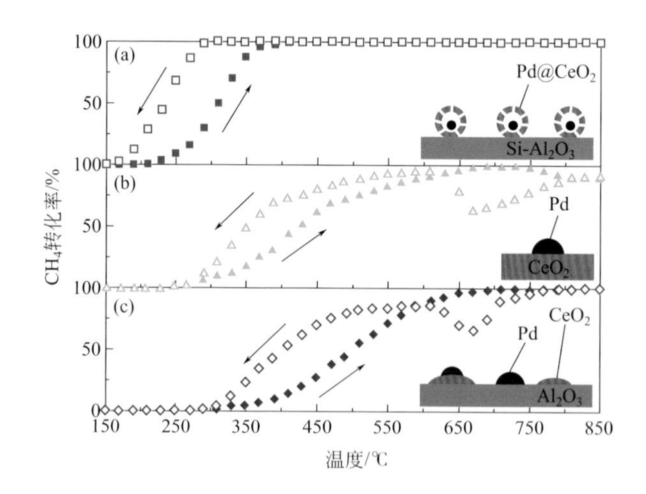

图 6-32　不同催化剂的升降温反应活性曲线 [122]

(a) Pd@CeO_2/Si-Al_2O_3；(b) Pd/CeO_2-IWI；(c) Pd/CeO_2/Al_2O_3-IMP

沉积法制备了Pd/H-ZSM-5催化剂，认为Pd物种可以通过酸碱作用锚定在H-ZSM-5表面的Brönsted酸性位上，同时表面Brönsted酸性位可有效修饰Pd物种的电子和配位结构，其中低配位的Pd物种更有利于催化甲烷燃烧反应。Pd物种带来的强Lewis酸性位和PdO_x物种提供的碱性位均可以促进C—H键的活化。但分子筛催化剂的高温热稳定性和水热稳定性相对较差，通过引入其它组分（如La、Ce、Zr等）调节分子筛的结构与Si/Al比等，均可有效提高催化剂的热稳定性。

贵金属Pt也可用于甲烷催化燃烧催化剂，Pt颗粒的尺寸、化学状态、载体的性质及其与Pt之间的相互作用等同样可显著影响Pt催化剂的甲烷催化燃烧活性。如Beck[125]等通过研究系列高分散且颗粒尺寸分布均匀的Pt/γ-Al_2O_3催化剂，发现其甲烷催化燃烧反应的TOF值随着Pt颗粒大小呈先增大后减小的变化趋势，当Pt颗粒大小在2 nm时，TOF值达到最高。Jones等[126]利用CeO_2与Pt之间的强相互作用，在高温热处理CeO_2和Pt/La-Al_2O_3混合物的过程中，Pt金属粒子会发生迁移并被CeO_2表面捕获，从而制备出了单原子Pt催化剂（图6-33）。

此外，还可通过制备Pd-Pt双金属催化剂以提高催化剂的反应性能。Persson[127]等的研究表明，在Pd/Al_2O_3催化剂中引入Pt，可以促进PdO颗粒的部分还原，使PdO、Pd之间的相互转化更容易，从而提高了催化剂的氧化还原性能。Goodman[128]等制备了系列形貌、尺寸可控的Pd-Pt/Al_2O_3双金属催化剂，发现随着Pt含量的增加，Pd-Pt的配位数显著增加，PdO物种的含量降低，导致催化剂甲烷催化燃烧反应的性能下降，但是引入适量的Pt可以提高PdO的稳定性，其中Pd-Pt/Al_2O_3（Pt：Pd=1：4）催化剂具有最好的抗水稳定性（图6-34）。

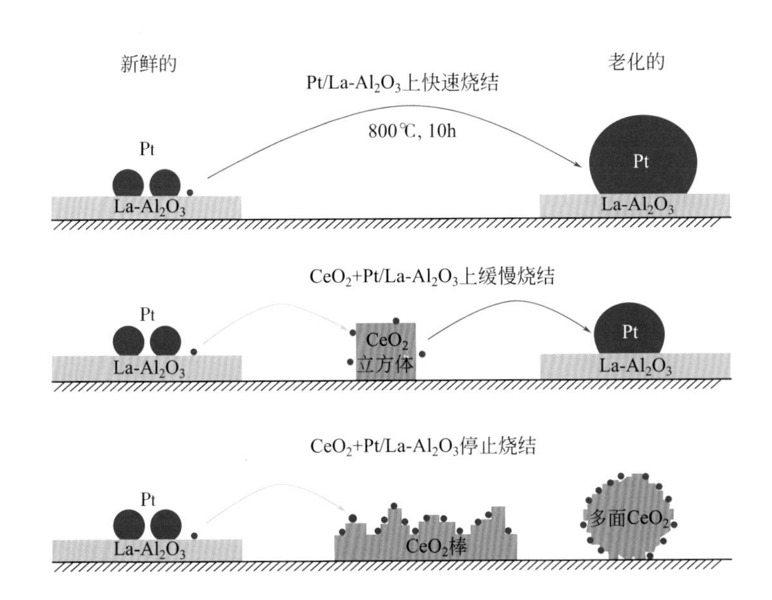

图6-33　Pt/La-Al_2O_3催化剂中Pt颗粒的烧结和CeO_2捕获Pt原子的示意图[126]

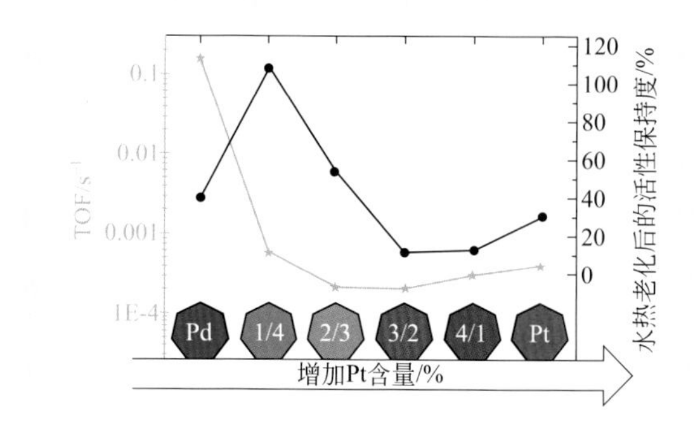

图 6-34　不同 Pt/Pd 比对 Pd-Pt/Al_2O_3 催化剂在 265 ℃时的甲烷催化燃烧的 TOF 值及稳定性的影响[128]

2. 金属氧化物催化剂

由于过渡金属往往具有两个或更多的价态，因此在反应过程中不同价态之间互相转化，可起到提供和储存活性氧的作用。与贵金属催化剂相比，金属氧化物不仅储量大，而且种类繁多，可以针对不同的反应需求设计和制备具有不同效用的氧化物催化剂。本节主要介绍甲烷催化燃烧性能较好的 CuO 基、Co_3O_4 基、MnO_x 基以及 CeO_2 基催化剂。

CuO 基和 MnO_x 基催化剂虽具有良好的氧化活性，但在高温下易发生烧结而导致催化剂失活。通过选择合适的载体或者引入第二组分可提高催化剂的活性和稳定性。如，Aguila[129] 等研究了载体（ZrO_2、Al_2O_3 和 SiO_2）对负载 CuO 催化剂甲烷催化燃烧活性的影响，结果表明 ZrO_2 可促进 CuO 颗粒的分散，从而使 CuO/ZrO_2 催化剂表现出最高的活性。在 MnO_x 中引入 Fe、Co、Ni、Ag、Ba、Zr、Ni 等过渡金属，也可提高其甲烷催化燃烧性能。Zhang[130] 等的研究表明，Mn-Ni 之间的强相互作用可在界面处形成 Mn-Ni-O 固溶体，从而抑制 NiO 的团聚，提高 MnO_x-NiO 催化剂的活性。

Co_3O_4 具有尖晶石结构，不仅具有优异的 CO 低温氧化性能[131]，同时也表现出良好的甲烷催化燃烧活性。Hu[132] 等的研究表明，Co_3O_4 的形貌也显著影响甲烷催化燃烧的活性，其中优先 [112] 晶面的 Co_3O_4 纳米片的活性高于暴露 [001] 和 [011] 晶面的纳米带和纳米立方体。通过选择合适的载体或者利用其它过渡金属氧化物对其进行掺杂改性，可进一步调节 Co_3O_4 的催化性能。如 Mn 的引入可以增加 Co_3O_4 的晶格缺陷，提高催化剂的活性[133]。Co-Ce 之间的相互作用不仅可提高催化剂的活性，还可提高催化剂的热稳定性[134]。

CeO_2 基催化剂由于其优异的氧化还原性能和储放氧性能，而受到广泛的关注，关于 CeO_2 的形貌、掺杂元素的组成等对储放氧性能和催化性能的影响等已有大量研究。Choi 等[135] 采用沉淀法制备的尺寸在 5 nm 左右的 CeO_2 纳米晶体，其甲烷催化燃烧活性显著高于普通的 CeO_2。Nabih[136] 等采用反相微乳液法制备了具有介孔结构、高比表面积的 CeO_2 纳米催化剂，400 ℃焙烧后比表面积仍达 158 m^2/g，并具有高的甲烷催化燃烧活性。在 CeO_2 中引入其它金属离子，也可以调控 CeO_2 表面氧空穴的数量，提高其储放氧性能，其中掺杂金属的价态、离子半径以及自身的氧化还原性能等均可影响 CeO_2 基氧化物的储放氧性能和催化性能。Li[137] 等制备了

花瓣状的 CeO_2，并进一步通过 La、Pr 掺杂改性，制得了具备介孔结构和高比表面积的催化剂，具有优异的甲烷催化燃烧反应性能。

3. 钙钛矿型催化剂

钙钛矿，分子通式为 ABO_3，具有高的热稳定性和 A/B 位离子可调等特性，从而在甲烷催化燃烧中也得到了广泛的关注。研究较多的钙钛矿型催化剂中，A 位离子一般是稀土或碱土元素，B 位离子通常使用的是 Mn、Co、Fe 等，B 位离子对其催化性能的影响较大。Olivia[138] 等的研究表明，在 $La_{1-x}Sr_xMnO_3$ 催化剂中，Mn^{4+} 的浓度会提高催化剂的电子流动性，从而促进甲烷催化燃烧 MvK 机理的进行。Machocki[139] 等在 $LaMnO_3$ 催化剂中引入 Ag 后会削弱 Mn—O 键，提高催化剂的氧流动性，同时 Ag 在 La 位的取代可以生成氧空穴，增加 Mn^{4+} 的含量，进而提高了催化剂的活性。此外，反应温度和反应气氛也可显著影响钙钛矿的结构和反应性能。Zhao 等 [140] 对 $LaCoO_3$ 催化剂上煤层气脱氧反应［原料气的组成（体积分数）为 50% CH_4、6% O_2、N_2 为平衡气］的研究表明（图 6-35），随着反应温度的升高，$LaCoO_3$ 逐渐经 La_2CoO_4 转变为 Co/La_2O_3，当 Co 物种以 Co_3O_4、La_2CoO_4 或者 $LaCoO_3$ 的形式存在时，CH_4 发生完全氧化生成 CO_2 和 H_2O；当 Co 物种以金属态的形式存在时（Co/La_2O_3），优先发生部分氧化，主要生成 CO 和 H_2。Tzimpilis[141] 等发现水热处理可以活化 $La_{0.91}Mn_{0.85}Ce_{0.24}Pd_{0.05}O_z$ 和 $La_{1.034}Mn_{0.966}Pd_{0.05}O_z$ 催化剂，Pd 物种从钙钛矿晶胞中析出并在表面形成 PdO，进而提高催化剂的活性。

4. 六铝酸盐型催化剂

六铝酸盐可以表示为 $MAl_{12}O_{19}$（或 $MO \cdot 6Al_2O_3$），具有优异的热稳定性和抗烧结性能，其中 M 可以是碱金属、碱土金属或稀土金属。六铝酸盐的结构类型与 M 离子的半径和 / 或价态有关，当 M 为碱金属或钡时，六铝酸盐为 β-Al_2O_3 型；当 M 为非钡碱土金属或稀土金属时，六铝酸盐则为磁铅石型。六铝酸盐催化剂虽然

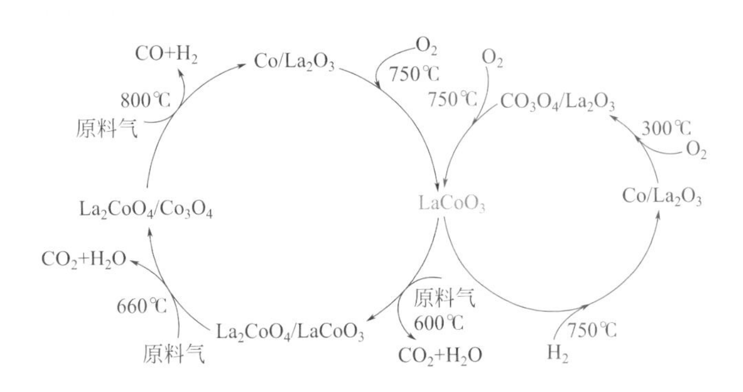

图 6-35　$LaCoO_3$ 催化剂上煤层气脱氧反应过程中的结构变化示意图 [140]

具有优异的高温稳定性，但其催化活性相对较差，通过掺杂引入合适的过渡金属来取代 Al^{3+}，可提高其催化活性，其中常用的过渡金属可以是 Cr、Mn、Fe、Co、Ni 和 Cu 等。除此之外，还可通过制备方法的改进来提高六铝酸盐催化剂的比表面积，以改善其催化活性。Jiang[142] 等使用双非离子表面活性剂，通过反相微乳液法制备了系列不同形貌的 La 掺杂的纳米六铝酸盐型催化剂，经过乙醇超临界干燥和高温焙烧处理后，显现出优异的甲烷催化燃烧活性。

随着环保领域技术水平的提高和应用领域（如室内空气净化、水污染物降解、催化传感器等）的拓展，对催化技术的研究也提出了更高的要求。在环境领域采用的催化剂多为规整催化剂，且多涉及大空速、高温、非稳态等苛刻工况。因此，从催化剂的组成 - 结构 - 性能之间的构效关系入手，通过对催化材料表面性能的调控作用，设计和制备具有多种功能集成的高性能催化剂，是目前发展的趋势。随着材料科学和表征技术的快速发展，可以实现从纳米颗粒到单位点催化剂的构筑，并由此发现和发展新结构的催化剂，这正是环境催化材料发展的趋势和机遇。

参考文献

[1] Church J S, Cant N W, Trimm D L. Stabilisation of aluminas by rare earth and alkaline earth ions[J]. Appl Catal A, 1993, 101: 105-116.

[2] Schaper H, Amesz D J, Doesburg E B M, Reijen van L L. The influence of high partial steam pressures on the sintering of lanthanum oxide doped gamma alumina[J]. Appl Catal, 1984, 9: 129-132.

[3] Kato A, Yamashita H, Kawagoshi H, Matsuda S. Preparation of Lanthanum β-Alumina with high surface by coprecipitation[J]. J Am Ceram Soc, 1987, 70(7): C157-C159.

[4] Haack L P, DeVries J E, Otto K, Chattha M S. Characterization of lanthanum-modified γ-alumina by X-ray photoelectron spectroscopy and carbon dioxide absorption[J]. Appl Catal A, 1992, 82: 199-214.

[5] Haack L P, Peters C R, DeVries J E, Otto K. Characterization of high-temperature calcined lanthanum-modified alumina by X-ray photoelectron spectroscopy and X-ray diffraction[J]. Appl Catal A, 1992, 87: 103-114.

[6] Zarur A J, Ying J Y. Reverse microemulsion synthesis of nanostructured complex oxides for catalytic combustion[J]. Nature, 2000, 403: 65-67.

[7] Ni H, Guo Y, Wang L, Guo Y L, et al. Facile synthesis of highly thermal-stable doped alumina with high surface area by low temperature solid-state reaction[J]. Powder Technol, 2017, 315: 22-30.

[8] Li H Y, Wang H F, Gong X Q, et al. Multiple configurations of the two excess 4f electrons on defective $CeO_2(111)$: Origin and implications[J]. Phys Rev B, 2009, 79(19): 193401-193404.

[9] Wang H F, Guo Y L, Lu G Z, et al. Maximizing the localized relaxation: origin of the outstanding oxygen storage capacity of κ-$Ce_2Zr_2O_8$[J]. Angew Chem Int Ed, 2009, 48: 8289-8292.

[10] Morikawa A, Kikuta K, Suda A. Enhancement of oxygen storage capacity by reductive treatment of Al_2O_3 and CeO_2-ZrO_2 solid solution nanocomposite[J]. Appl Catal B, 2009, 88: 542-549.

[11] Shelef M, McCabe R W. Twenty-five years after introduction of automotive catalysts: what next[J]. Catal Today, 2000, 62: 35-50.

[12] Tauster S J, Fung S C, Garten R L. Strong metal-support interactions. Group 8 noble metals supported on titanium dioxide[J]. J Am Chem Soc, 1978, 100: 170-175.

[13] Nagai Y, Hirabayashi T, Dohmae K. Sintering inhibition mechanism of platinum supported on ceria-based oxide and Pt-oxide-support interaction[J]. J Catal, 2006, 242: 103-109.

[14] Machida M, Murakami K, Hinokuma S. $AlPO_4$ as a support capable of minimizing threshold loading of Rh in automotive catalysts[J]. Chem Mater, 2009, 21: 1796-1798.

[15] Yin Y, Rioux R M, Erdonmez C, et al. Formation of hollow nanocrystals through the nanoscale kirkendall effect[J]. Science, 2004, 304: 711-714.

[16] Rodríguez J A, Hrbek J, Tio M. Inverse oxide/metal catalysts: A versatile approach for activity tests and mechanistic studies[J]. Surf Sci, 2010, 604: 241-244.

[17] Nishihata Y, Mizuki J, Akao T. Self-regeneration of a Pd-perovskite catalyst for automotive emissions control[J]. Nature, 2002, 418: 164-167.

[18] Onn T M, Monai M, Dai S, et al. Smart Pd catalyst with improved thermal stability supported on high-surface-area $LaFeO_3$ prepared by atomic layer deposition[J]. J Am Chem Soc, 2018, 140: 4841-4848.

[19] He H, Dai H X, Zi X H. Apparatus and process for metal oxides and metal nanoparticles synthesis. US 8133441 B2. 2012-03-13.

[20] Liu L C, Wei T, Guan X, Zi H X, He H, Dai H X. Size and morphology adjustment of PVP-stabilized silver and gold nanocrystals synthesized by hydrodynamic assisted self-sssembly[J]. J Phys Chem C, 2009, 113: 8595-8600.

[21] Liu L C, Wei T, Zi H, He H, Dai H X. Research on assembly of nano-Pd colloid and fabrication of supported Pd catalysts from the metal colloid[J]. Catal Today, 2010, 153: 162-169.

[22] Liu L C, Guan X, Li Z M, Zi X H, Dai H X, He H. Supported bimetallic AuRh/γ-Al_2O_3 nanocatalyst for the selective catalytic reduction of NO by propylene[J]. Appl Catal B, 2009, 90: 1-9.

[23] Inoda S, Nomura Y, Ori H, Yabuzaki Y. Development of new coating technology optimized for each function of coated GPF[A]. SAE Technical Paper, 2017, 2017-01-0929.

[24] Yamada K, Tanaka H, Matsuura S. Durability of three-way catalysts with precious metals

loaded on different location[J]. SAE Paper, 1996: 960795.

[25] Aoki Y, Yoshida T, Tanabe T. Development of double-layered three-way catalysts[J]. Transactions of Society of Automotive Engineers of Japan, 2009, 40: 459-463.

[26] Kim C H, Qi G, Dahlberg K, et al. Strontium-doped perovskites rival platinum catalysts for treating NO_x in simulated diesel exhaust[J]. Science, 2010, 327: 1624-1627.

[27] Wang W, Mccool G, Kapur N. Mixed-phase oxide catalyst based on Mn-mullite (Sm, Gd) Mn_2O_5 for NO oxidation in diesel exhaust[J]. Science, 2012, 337: 832-835.

[28] Oi-Uchisawa J, Obuchi A, Enomoto R. Catalytic performance of Pt supported on various metal oxides in the oxidation of carbon black[J]. Appl Catal B, 2000, 26: 17-24.

[29] Liu S, Wu X, Weng D. Roles of acid sites on Pt/H-ZSM5 catalyst in catalytic oxidation of diesel soot[J]. ACS Catal, 2015, 5: 909-919.

[30] Castoldi L, Matarrese R, Lietti L, et al. Simulatenous removal of NO_x and soot on Pt-Ba/Al_2O_3 NSR catalysts[J]. Appl Catal B, 2006, 64: 25-34.

[31] Mul G, Kapteijn F, Doornkamp C. Transition metal oxide catalyzed carbon black oxidation: A study with $^{18}O_2$[J]. J Catal, 1998, 179: 258-266.

[32] Shang Z, Sun M, Chang S, et al. Activity and stability of Co_3O_4-based catalysts for soot oxidation: The enhanced effect of Bi_2O_3 on activation and transfer of oxygen[J]. Appl Catal B, 2017, 209: 33-44.

[33] Atribak I, Such-Basáez I, Bueno-López A. Comparison of the catalytic activity of MO_2 (M=Ti, Zr, Ce)for soot oxidation under NO_x/O_2[J]. J Catal, 2007, 250: 75-84.

[34] Liang Q, Wu X, Weng D. Oxygen activation on Cu/Mn-Ce mixed oxides and the role in diesel soot oxidation[J]. Catal Today, 2008, 139: 113-118.

[35] Wu X, Lin F, Weng D. Simultaneous removal of soot and NO over thermal stable Cu-Ce-Al mixed oxides[J]. Catal Commun, 2008, 9: 2428-2432.

[36] Castoldi L, Matarrese R, Lietti L. Intrinsic reactivity of alkaline and alkaline-earth metal oxide catalysts for oxidation of soot[J]. Appl Catal B, 2009, 90: 278-285.

[37] Jiménez R, Garcia X, Cellier C. Soot combustion with K/MgO as catalyst[J]. Appl Catal A, 2006, 297: 125-134.

[38] Sun M, Wang L, Feng B, et al. The role of potassium in K/Co_3O_4 for soot combustion under loose contact[J]. Catal Today, 2011, 175: 100-105.

[39] Shang Z, Sun M, Che X, et al. The existing states of potassium species in K-doped Co_3O_4 catalysts and their influence on the activities for NO and soot oxidation[J]. Catal Sci Technol, 2017, 7: 4710-4719.

[40] Kimura R, Wakabayashi J, Elangovan S P, et al. Nepheline from K_2CO_3/nanosized sodalite as a prospective candidate for diesel soot combustion[J]. J Am Chem Soc, 2008, 130: 12844-12845.

[41] Li Z, Meng M, Zha Y. Highly efficient multifunctional dually-substituted perovskite catalysts $La_{1-x}K_xCo_{1-y}Cu_yO_{3-\delta}$ used for soot combustion, NO_x storage and simultaneous NO_x-soot removal[J]. Appl Catal B, 2012, 121-122: 65-74.

[42] Shangguan W F, Teraoka Y, Kagawa S. Promotion effect of potassium on the catalytic property of $CuFe_2O_4$ for the simultaneous removal of NO_x and diesel soot particulate[J]. Appl Catal B, 1998, 16: 149-154.

[43] Wei Y, Liu J, Zhao Z, et al. Highly active catalysts of gold nanoparticles supported on three-dimensionally ordered macroporous $LaFeO_3$ for soot oxidation[J]. Angew Chem Int Ed, 2011, 123: 2326-2329.

[44] Wei Y, Zhao Z, Liu J. Design and Synthesis of 3D Ordered Macroporous CeO_2-Supported Pt@$CeO_{2-\delta}$ Core-Shell Nanoparticle Materials for Enhanced Catalytic Activity of Soot Oxidation[J]. Small, 2013, 9: 3957-3963.

[45] Yu Y, Meng M, Dai F. The monolithic lawn-like CuO-based nanorods array used for diesel soot combustion under gravitational contact mode[J]. Nanoscale, 2013, 5: 904-909.

[46] Iwamoto M. Selective reduction of NO by lower hydrocarbons in the presence of O_2 and SO_2 over cupper ion-exchanged zeolites[J]. Shokubai, 1990, 32: 430-433.

[47] Held W, Konig A, Rihter T. Catalytic NO_x reduction in net oxidizing exhaust gas[J]. SAE Trans, 1990, 99: 209-216.

[48] Miyadera T. Alumina-supported silver catalysts for the selective reduction of nitric oxide with propene and oxygen-containing organic compounds[J]. Appl Catal B, 1993, 2: 199-205.

[49] He H, Zhang X, Wu Q. Review of Ag/Al_2O_3-reductant system in the selective catalytic reduction of NO_x[J]. Catal Surv Asia, 2008, 12: 38-55.

[50] Liu F, Yu Y, He H. Environmentally-benign catalysts for the selective catalytic reduction of NO_x from diesel engines: Structure-activity relationship and reaction mechanism aspects[J]. Chem Commun, 2014, 50: 8445-8463.

[51] Went G T, Leu L J, Rosin R R. The effects of structure on the catalytic activity and selectivity of V_2O_5/TiO_2 for the reduction of NO by NH_3[J]. J Catal, 1992, 134: 492-505.

[52] Amiridis M D, Wachs I E, Deo G. Reactivity of V_2O_5 Catalysts for the selective catalytic reduction of NO by NH_3: Influence of vanadia loading, H_2O, and SO_2[J]. J Catal, 1996, 161: 247-253.

[53] Wang C, Yang S, Chang H. Dispersion of tungsten oxide on SCR performance of $V_2O_5WO_3$/TiO_2: Acidity, surface species and catalytic activity[J]. Chem Eng J, 2013, 225: 520-527.

[54] Ramis G. Fourier transform-infrared study of the adsorption and coadsorption of nitric oxide, nitrogen dioxide and ammonia on vanadia-titania and mechanism of selective catalytic reduction[J]. Appl Catal, 1990, 64: 259-278.

[55] Topsoe N Y, Topsoe H, Dumesic J A. Vanadia/Titania catalysts for selective catalytic reduction

(SCR) of nitric-oxide by ammonia: I. Combined temperature-programmed in-situ FTIR and on-line mass-spectroscopy studies[J]. J Catal, 1995, 151: 226-240.

[56] Shan W, Liu F D, He H. The remarkable improvement of a Ce-Ti based catalyst for NO_x abatement, prepared by a homogeneous precipitation method[J]. ChemCatChem, 2011, 3: 1286-1289.

[57] Shan W, Liu F, He H. A superior Ce-W-Ti mixed oxide catalyst for the selective catalytic reduction of NO_x with NH_3[J]. Appl Catal B, 2012, 115-116: 100-106.

[58] Shan W, Liu F, He H. Novel cerium-tungsten mixed oxide catalyst for the selective catalytic reduction of NO_x with NH_3[J]. Chem Commun, 2011, 47: 8046-8048.

[59] Kwak J H, Tran D, Burton S D. Effects of hydrothermal aging on NH_3-SCR reaction over Cu/zeolites[J]. J Catal, 2012, 287: 203-209.

[60] Zhang L, Wang D, Liu Y. SO_2 poisoning impact on the NH_3-SCR reaction over a commercial Cu-SAPO-34 SCR catalyst[J]. Appl Catal B, 2014, 156-157: 371-377.

[61] Zhang L, Wang D, Liu Y. Excellent activity and selectivity of Cu-SSZ-13 in the selective catalytic reduction of NO_x with NH_3[J]. J Catal, 2010, 275: 187-190.

[62] Kwak J H, Zhu H, Lee J H. Two different cationic positions in Cu-SSZ-13[J]. Chem Commun, 2012, 48: 4758-4760.

[63] Gao F, Washton N M, Wang Y L. Effects of Si/Al ratio on Cu/SSZ-13 NH_3-SCR catalysts: Implications for the active Cu species and the roles of Brønsted acidity[J]. J Catal, 2015, 331: 25-38.

[64] Ren L, Zhu L, Yang C. Designed copper-amine complex as an efficient template for one-pot synthesis of Cu-SSZ-13 zeolite with excellent activity for selective catalytic reduction of NO_x by NH_3[J]. Chem Commun, 2011, 47: 9789-9791.

[65] Wang J, Peng Z, Chen Y. In-situ hydrothermal synthesis of Cu-SSZ-13/cordierite for the catalytic removal of NO_x from diesel vehicles by NH_3[J]. Chem Eng J, 2015, 263: 9-19.

[66] Chen L, Li J, Ge M. Promotional effect of Ce-doped V_2O_5-WO_3/TiO_2 with low vanadium loadings for selective catalytic reduction of NO_x by NH_3[J]. J Phys Chem C, 2009, 113: 21177-21184.

[67] Liu X, Wu X, Xu T. Effects of silica additive on the NH_3-SCR activity and thermal stability of a V_2O_5/WO_3-TiO_2 catalyst[J]. Chin J Catal, 2016, 37: 1340-1346.

[68] Shi A, Wang X, Yu T. The effect of zirconia additive on the activity and structure stability of V_2O_5/WO_3-TiO_2 ammonia SCR catalysts[J]. Appl Catal B, 2011, 106: 359-369.

[69] Stolle R, Koeser H, Gutberlet H. Oxidation and reduction of mercury by SCR $DeNO_x$ catalysts under flue gas conditions in coal fired power plants[J]. Appl Catal B, 2014, 144: 486-497.

[70] Kamata H, Ueno S, Naito T. Mercury oxidation over the $V_2O_5(WO_3)$/TiO_2 commercial SCR catalyst[J]. Ind Eng Chem Res, 2008, 47: 8136-8141.

[71] Zhao L, Li C T, Zhang J, et al. Promotional effect of CeO_2 modified support on V_2O_5-WO_3/TiO_2 catalyst for elemental mercury oxidation in simulated coal-fired flue gas[J]. Fuel, 2015, 153: 361-369.

[72] Tang X F, Hao J, Xu W. Low temperature selective catalytic reduction of NO_x with NH_3 over amorphous MnO_x catalysts prepared by three methods[J]. Catal Commun, 2007, 8: 329-334.

[73] Chen Z, Wang F, Li H. Low-temperature selective catalytic reduction of NO_x with NH_3 over Fe-Mn mixed-oxide catalysts containing $Fe_3Mn_3O_8$ phase[J]. Ind Eng Chem Res, 2012, 51: 202-212.

[74] Fang D, Xie J, Mei D. Effect of $CuMn_2O_4$ spinel in Cu-Mn oxide catalysts on selective catalytic reduction of NO_x with NH_3 at low temperature[J]. RSC Adv, 2014, 4(49): 25540-25551.

[75] Meng D, Xu Q, Jiao Y L. Spinel structured $Co_aMn_bO_x$ mixed oxide catalyst for the selective catalytic reduction of NO_x with NH_3[J]. Appl Catal B, 2018, 221: 652-663.

[76] Qi G, Yang R T. Performance and kinetics study for low-temperature SCR of NO with NH_3 over MnO_x-CeO_2 catalyst[J]. J Catal, 2003, 217: 434-441.

[77] Thirupathi B, Smirniotis P G. Co-doping a metal (Cr, Fe, Co, Ni, Cu, Zn, Ce, and Zr)on Mn/TiO_2 catalyst and its effect on the selective reduction of NO with NH_3 at low-temperatures[J]. Appl Catal B, 2011, 110: 195-206.

[78] Meng D, Zhan W, Guo Y, et al. A highly effective catalyst of Sm-MnO_x for the NH_3-SCR of NO_x at low temperature: promotional role of Sm and its catalytic performance[J]. ACS Catal, 2015, 5: 5973-5983.

[79] Meng D, Zhan W, Guo Y, et al. A highly effective catalyst of Sm-Mn mixed oxide for the selective catalytic reduction of NO_x with ammonia: Effect of the calcination temperature[J]. J Mol Catal A, 2016, 420: 272-281.

[80] Kamal M S, Razzak S A, Hossain M M. Low temperature catalytic oxidation of volatile organic compounds: a review[J]. Catal Sci Technol, 2015, 5: 2649-2669.

[81] Hu Z, Liu X, Meng D. Effect of ceria crystal plane on the physicochemical and catalytic properties of Pd/Ceria for CO and propane oxidation[J]. ACS Catal, 2016, 6: 2265-2279.

[82] Wu X, Zhang L, Weng D. Total oxidation of propane on Pt/WO_x/Al_2O_3 catalysts by formation of metastable $Pt^{\delta+}$ species interacted with WO_x clusters[J]. J Hazard Mater, 2012, 225-226: 146-154.

[83] Zhu Z, Lu G, Guo Y. High Performance and Stability of the Pt-W/ZSM-5 catalyst for the total oxidation of propane: The role of tungsten[J]. ChemCatChem, 2013, 5: 2495-2503.

[84] Taylor M N, Zhou W, Garcia T, et al. Synergy between tungsten and palladium supported on titania for the catalytic tobal oxidation of propane[J]. J Catal, 2012, 285: 103-114.

[85] Avila M S, Vignatti C I, Apesteguía C R. Effect of support on the deep oxidation of propane

and propylene on Pt-based catalysts[J]. Chem Eng J, 2014, 241: 52-59.
[86] Garetto T F, E Rincón, Apesteguía C R. Deep oxidation of propane on Pt-supported catalysts: drastic turnover rate enhancement using zeolite supports[J]. Appl Catal B, 2004, 48: 167-174.
[87] Okal J, Zawadzki M, Tylus W. Microstructure characterization and propane oxidation over supported Ru nanoparticles synthesized by the microwave-polyol method[J]. Appl Catal B, 2011, 101: 548-559.
[88] Hu Z, Wang Z, Guo Y, et al. Total oxidation of propane over a Ru/CeO_2 catalyst at low temperature[J]. Environ Sci Technol, 2018, 52: 9531-9541.
[89] Zhu Z, Lu G, Zhang Z. Highly Active and stable Co_3O_4/ZSM-5 catalyst for propane oxidation: effect of the preparation method[J]. ACS Catal, 2013, 3: 1154-1164.
[90] Solsona B E, Garcia T, Jones C. Supported gold catalysts for the total oxidation of alkanes and carbon monoxide[J]. Appl Catal A, 2006, 312: 67-76.
[91] Xie Y, Yu Y Y, Gong X Q. Effect of the crystal plane figure on the catalytic performance of MnO_2 for the total oxidation of propane[J]. Cryst Eng Comm, 2015, 17: 3005-3014.
[92] Piumetti M, Fino D, Russo N. Mesoporous manganese oxides prepared by solution combustion synthesis as catalysts for the total oxidation of VOCs[J]. Appl Catal B, 2015, 163: 277-287.
[93] Solsona B, Garcia T, Agouram S. The effect of gold addition on the catalytic performance of copper manganese oxide catalysts for the total oxidation of propane[J]. Appl Catal B, 2011, 101: 388-396.
[94] Baldi M, Escribano V S, Amores, Gallardo J M. Characterization of manganese and iron oxides as combustion catalysts for propane and propene[J]. Appl Catal B, 1998, 17: L175-L182.
[95] Xie Y, Guo Y, Guo Y L, Wang L. A highly-efficient La-MnO_x catalyst for propane combustion: the promotional role of La and the effect of the preparation method[J]. Catal Sci Technol, 2016, 6: 8222-8233.
[96] Merino N A, Barbero B P, Grange P. $La_{1-x}Ca_xCoO_3$ perovskite-type oxides: preparation, characterisation, stability, and catalytic potentiality for the total oxidation of propane[J]. J Catal, 2005, 231: 232-244.
[97] Alifanti M, Kirchnerova J, Delmon B. Methane and propane combustion over lanthanum transition-metal perovskites: role of oxygen mobility[J]. Appl Catal A, 2004, 262: 167-176.
[98] Zhu H, Zhang P, Dai S. Recent advances of lanthanum-based perovskite oxides for catalysis[J]. ACS Catal, 2015, 5: 6370-6385.
[99] Royer S, Duprez D, Can F. Perovskites as substitutes of noble metals for heterogeneous catalysis: Dream or reality[J]. Chem Rev, 2014, 114: 10292-10368.
[100] Yang P, Xue X, Meng Z. Enhanced catalytic activity and stability of Ce doping on Cr supported HZSM-5 catalysts for deep oxidation of chlorinated volatile organic

compounds[J]. Chem Eng J, 2013, 234: 203-210.

[101] Huang Q, Meng Z, Zhou R. The effect of synergy between Cr_2O_3-CeO_2 and USY zeolite on the catalytic performance and durability of chromium and cerium modified USY catalysts for decomposition of chlorinated volatile organic compounds[J]. Appl Catal B, 2012, 115-116: 179-189.

[102] Brink van den R W, Krzan M, Feijen-Jeurissen M M R, et al. The role of the support and dispersion in the catalytic combustion of chlorobenzene on noble metal based catalysts[J]. Appl Catal B, 2000, 24: 255-264.

[103] Taralunga M, Mijoin J, Magnoux P. Catalytic destruction of chlorinated POPs-Catalytic oxidation of chlorobenzene over PtHFAU catalysts[J]. Appl Catal B, 2005, 60: 163-171.

[104] Pitkäaho S, Nevanper T, Matejova L. Oxidation of dichloromethane over Pt, Pd, Rh, and V_2O_5 catalysts supported on Al_2O_3, Al_2O_3-TiO_2 and Al_2O_3-CeO_2[J]. Appl Catal B, 2013, 138-139: 33-42.

[105] Dai Q, Wang X, Lu G. Low-temperature catalytic destruction of chlorinated VOCs over cerium oxide[J]. Catal Commun, 2007, 8: 1645-1649.

[106] Dai Q, Wang X, Lu G. Low-temperature catalytic combustion of trichloroethylene over cerium oxide and catalyst deactivation[J]. Appl Catal B, 2008, 81: 192-202.

[107] Li H F, Lu G Z, Dai Q G. Efficient low-temperature catalytic combustion of trichloroethylene over flower-like mesoporous Mn-doped CeO_2 microspheres[J]. Appl Catal B, 2011, 102: 475-483.

[108] Dai Q, Bai S, Wang J. The effect of TiO_2 doping on catalytic performances of Ru/CeO_2 catalysts during catalytic combustion of chlorobenzene[J]. Appl Catal B, 2013, 142-143: 222-233.

[109] Dai Q, Yin L L, Bai S X. Catalytic total oxidation of 1, 2-dichloroethane over VO_x/CeO_2 catalysts: Further insights via isotopic tracer techniques[J]. Appl Catal B, 2016, 182: 598-610.

[110] Dai Q, Zhang Z, Yan J. Phosphate-functionalized CeO_2 nanosheets for efficient catalytic oxidation of dichloromethane[J]. Environ Sci Technol, 2018, 52: 13430-13437.

[111] Hicks R F, Qi H H, Young M L. Effect of catalyst structure on methane oxidation over palladium on alumina[J]. J Catal, 1990, 122: 295-306.

[112] Ribeiro F H, Chow M, Dallabetta R A. Kinetics of the complete oxidation of methane over supported palladium catalysts[J]. J Catal, 1994, 146: 537-544.

[113] Fujimoto K I, Ribeiro F H, Avalos-Borja M. Structure and reactivity of PdO_x/ZrO_2 catalysts for methane oxidation at low temperatures[J]. J Catal, 1998, 179: 431-442.

[114] Burch R, Urbano F J, Loader P K. Methane combustion over palladium catalysts: The effect of carbon dioxide and water on activity[J]. Appl Catal A, 1995, 123: 173-184.

[115] Eyssler A, Mandaliev P, Winkler A. The effect of the state of Pd on methane combustion in Pd-Doped $LaFeO_3$[J]. J Phys Chem C, 2010, 114: 4584-4594.

[116] Lyubovsky M, Pfefferle L. Methane combustion over the α-alumina supported Pd catalyst: Activity of the mixed Pd/PdO state[J]. Appl Catal A, 1998, 173: 107-119.

[117] Matam S K, Aguirre M H, Weidenkaff A. Revisiting the problem of active sites for methane combustion on Pd/Al_2O_3 by operando XANES in a lab-scale fixed-bed reactor[J]. J Phys Chem C, 2010, 114: 9439-9443.

[118] Yoshida H, Nakajima T, Yazawa Y. Support effect on methane combustion over palladium catalysts[J]. Appl Catal B, 2007, 71: 70-79.

[119] Xiao L H, Sun K P, Xu X L. Low-temperature catalytic combustion of methane over Pd/CeO_2 prepared by deposition-precipitation method[J]. Catal Commun, 2005, 6: 796-801.

[120] Colussi S, Gayen A, Camellone M F. Nanofaceted Pd-O sites in Pd-Ce surface superstructures: Enhanced activity in catalytic combustion of methane[J]. Angew Chem Int Ed, 2009, 48: 8481-8484.

[121] Ma J, Lou Y, Cai Y, et al. The relationship between the chemical state of Pd species and the catalytic activity for methane combustion on Pd/CeO_2[J]. Catal Sci Technol, 2018, 8: 2567-2577.

[122] Cargnello M, Jaen J J D, Garrido J C H. Exceptional activity for methane combustion over modular Pd@CeO_2 subunits on functionalized Al_2O_3[J]. Science, 2012, 337: 713-717.

[123] Chen C, Yeh Y H, Cargnello M. Methane oxidation on Pd@ZrO_2/Si-Al_2O_3 is enhanced by surface reduction of ZrO_2[J]. ACS Catal, 2014, 4: 3902-3909.

[124] Lou Y, Ma J, Hu W, et al. Low-temperature methane combustion over Pd/H-ZSM-5: Active Pd sites with specific electronic properties modulated by acidic sites of H-ZSM-5[J]. ACS Catal, 2016, 6: 8127-8139.

[125] Beck I E, Bukhtiyarov V I, Pakharukov I Y. Platinum nanoparticles on Al_2O_3: Correlation between the particle size and activity in total methane oxidation[J]. J Catal, 2009, 268: 60-67.

[126] Jones J, Xiong H, Delariva A T. Thermally stable single-atom platinum-on-ceria catalysts via atom trapping[J]. Science, 2016, 353: 150.

[127] Persson K, Ersson A, Jansson K. Influence of molar ratio on Pd-Pt catalysts for methane combustion[J]. J Catal, 2006, 243: 14-24.

[128] Goodman E D, Dai S, Yang A C. Uniform Pt/Pd bimetallic nanocrystals demonstrate platinum effect on palladium methane combustion activity and stability[J]. ACS Catal, 2017, 7: 4372-4380.

[129] Aguila G, Gracia F, Cortes J. Effect of copper species and the presence of reaction products on the activity of methane oxidation on supported CuO catalysts[J]. Appl Catal B, 2008, 77: 325-338.

[130] Zhang Y, Qin Z, Wang G. Catalytic performance of MnO_x-NiO composite oxide in lean methane combustion at low temperature[J]. Appl Catal B, 2013, 129: 172-181.

[131] Xie X, Li Y, Liu Z Q. Low-temperature oxidation of CO catalysed by Co_3O_4 nanorods[J]. Nature, 2009, 458: 746.

[132] Hu L, Peng Q, Li Y. Selective synthesis of Co_3O_4 nanocrystal with different shape and crystal plane effect on catalytic property for methane combustion[J]. J Am Chem Soc, 2008, 130: 16136-16137.

[133] Li J, Liang X, Xu S. Catalytic performance of manganese cobalt oxides on methane combustion at low temperature[J]. Appl Catal B, 2009, 90: 307-312.

[134] Li H F, Lu G Z, Qiao D S. Catalytic methane combustion over Co_3O_4/CeO_2 composite oxides prepared by modified citrate sol-gel method[J]. Catal Lett, 2011, 141: 452-458.

[135] Choi H J, Moon J, Shim H B. Preparation of nanocrystalline CeO_2 by the precipitation method and its improved methane oxidation activity[J]. J Am Ceram Soc, 2006, 89: 343-345.

[136] Nabih N, Schiller R, Lieberwirth I. Mesoporous CeO_2 nanoparticles synthesized by an inverse miniemulsion technique and their catalytic properties in methane oxidation[J]. Nanotechnology, 2011, 22: 135606.

[137] Li H, Lu G, Wang Y. Synthesis of flower-like La or Pr-doped mesoporous ceria microspheres and their catalytic activities for methane combustion[J]. Catal Commun, 2010, 11: 946-950.

[138] Olivia C, Allieta M, Scavini M, et al. Electron paramagnetic resonance analysis of $La_{1-x}M_xMnO_{3+\delta}$ (M=Ce, Sr) perovskite-like nanostructured catalysts[J]. Inorg Chem, 2012, 51: 8433-8440.

[139] Machocki A, Ioannides T, Stasinska B. Manganese-lanthanum oxides modified with silver for the catalytic combustion of methane[J]. J Catal, 2004, 227: 282-296.

[140] Zhao Z Z, Wang L, Ma J, et al. Deoxygenation of coal bed methane on $LaCoO_3$ perovskite catalyst: the structure evolution and catalytic performance[J]. RSC Adv, 2017, 7: 15211-15221.

[141] Tzimpilis E, Moschoudis N, Stoukides M. Preparation, active phase composition and Pd content of perovskite-type oxides[J]. Appl Catal B, 2008, 84: 607-615.

[142] Jiang Z, Hao Z, Su J. Water/oil microemulsion for the preparation of robust La-hexaaluminates for methane catalytic combustion[J]. Chem Commun, 2009, 22: 3225-3227.

第二篇

非规则三维（3D）空隙结构催化剂与反应器

第七章

非规则 3D 空隙结构催化剂与反应器

如前篇所述，具有规则空隙结构的蜂窝和微通道催化剂与反应器在废气催化净化等过程中得到了成功应用，但其存在径向传递受限、催化功能化方法单一、结构和材质局限性大等瓶颈问题。具有非规则 3D 开放网络空隙结构的泡沫 / 纤维（Foam/Fiber）等新型整装材料的出现，以其在消除径向扩散限制、涡流混合强化传质 / 传热、规模化制备和几何构型灵活设计等方面显示出的传统蜂窝和微通道结构难以企及的优势，势必为结构催化剂与反应器的发展和应用开辟更广阔的空间，但其高效催化功能化还面临挑战，近年来相关的研究与开发日益受到重视且进展明显[1,2]。

整装 Foam/Fiber 结构催化剂扩散路径短、几何表面积大、空隙率高，既有高的催化剂效率因子，又能满足低压力降的要求。纤维烧结或压制而成的纤维毡可以制成任意几何构型的结构填料或催化剂用于催化反应、催化蒸馏、吸附分离等过程，其中纤维催化过滤器已经得到工业应用，碳纤维光催化吸附反应器对废水净化处理也在快速发展中。然而纤维结构催化剂的催化活性组分负载量有限，纤维基体的机械性质也限制了纤维结构催化剂的应用。泡沫基体（尤其是金属泡沫）可在一定程度上克服以上问题。一方面泡沫骨架可对反应流体进行切割，并且所切割的流体在之后的泡沫空腔中进行有效混合，极大地强化了传质 / 传热；另一方面，金属泡沫的连续骨架结构使其具有良好的机械强度和整体传热性能。其中，通过对泡沫镍（Ni-foam）的整装构件化设计和助剂改性，研制了传热效率高、催化性能好的甲烷化泡沫镍结构催化剂，基于该催化剂的无循环一次性通过合成气甲烷化新工艺技术也在开发中[3,4]。本章将侧重总结介绍整装 Foam/Fiber 结构基体的类型和结构特点，分析其应用面临的机遇与挑战。

第一节　非规则3D空隙结构基体

纤维、丝、线基体在大多数文献中并未给出明确的定义和区别，但是纤维、丝、线不仅直径不同，而且基于不同的直径所制得的整装基体也不同，因此很有必要对其进行区分。由于纤维、丝、线的直径并无明确定义，这里将按照使用习惯、其它领域的直径定义以及目前纤维、丝、线产品的直径划分，对其所制整装基体进行粗略分类。

首先，虽然“纤维”及其直径无明确定义，但是按照日常使用习惯，纤维的直径应该最小；其次，“丝”是机械加工常用的长度单位，具有明确定义，1 丝为 10 μm；另外，“线”的定义是“用棉、麻、丝、毛等材料捻成的细缕”，虽然无明确的直径尺寸，但由此可以推知，线的直径应该最大。目前，纤维、丝、线制成的商用整装基体主要有纤维毡、针织布、针织丝网、编织线网等。由于纤维直径较细，可以采用烧结或压制技术将纤维进行成型为具有良好的机械强度的纤维毡[1,2][图 7-1（a）、（b）]。纤维也可以进行编织成型[图 7-1（c）]。但是，丝、线具有较大的直径，很难通过烧结或压制进行成型。由于丝的直径小于线的直径，因此金属丝或陶瓷丝比金属线或陶瓷线具有更好的可编织性[5][图 7-1（d）]，甚至可进行针织成型[5][图 7-1（e）]。线的直径最大，一般情况下难以进行针织，通常通过编织成型[图 7-1（f）]。目前纤维毡基体所用纤维直径一般为几微米到几十微米，整装丝网中丝的直径大概为几十微米到几百微米，整装线网中线的直径一般大于几

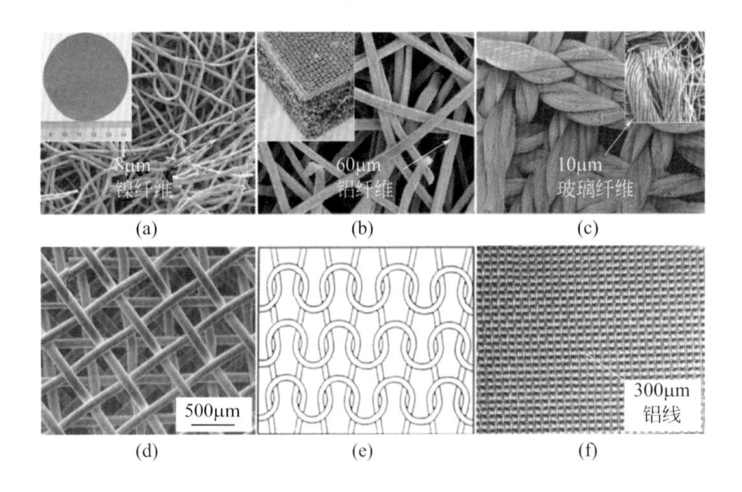

图 7-1　烧结镍纤维毡[1,2]（a）、压制铝纤维毡[1,2]（b）、编织玻璃纤维毡（c）、编织铂 - 铑丝网[5]（d）、针织铂 - 铑丝网图案[5]（e）和编织铝线网（f）

百微米。

纤维材料主要包括金属纤维、陶瓷纤维、碳纤维，它们的某些性质如机械和热性质的定性比较列于表7-1[6]中。铂-铑金属丝网能够以不同的方式进行编织[图7-1(d)]和针织[图7-1(e)]。由于铂-铑金属丝网使用贵金属，因此应用有限。近些年来，用非贵金属、炭和玻璃制成的纤维催化剂同样能够用于多种场合。

表7-1　不同纤维材料性质的定性比较

材料	张力强度	张力模量	层间剪切强度	抗温阻力
金属纤维	高	高	高	一般
陶瓷纤维	高	低	高	一般
碳纤维	一般	一般	一般	高

一、纤维基体

1. 金属纤维

金属纤维具有高热导率，并且由金属短纤维烧结或压制而成的金属纤维毡具有高的机械强度。有相当一部分纤维本身具有催化活性，如铜纤维（Cu-fiber）对醇具有催化脱氢性能[7]，因此金属纤维被广泛用作催化剂载体或催化剂，用于强放/吸热反应。为了提高纤维基体的表面积，可涂覆类似于独居石催化剂所采用的高比表面积分散载体（如Al_2O_3、SiO_2等）。但是，在金属独居石催化剂中普遍使用的涂覆法难以适用于纤维材料，主要由于几十微米厚的催化壳层很难高强度地附着于直径仅为几十微米的纤维基体表面，即便能够附着，也存在壳层分布极为不均匀等问题。因此，探索金属纤维基体催化功能化的新策略和新方法势在必行，但极具挑战性。

目前，用于烃类加工的Raney镍和Raney铁的热喷雾沉积（thermal spray deposition，TSD）技术可用于金属纤维基体的催化功能化，可使基体与分散载体之间黏结良好[8]。但是，采用此法获得的分散载体比表面积很低（仅0.4～1.0 m^2/g）；可以通过溶胶继续处理分散载体来增加其表面积。还可以采用电泳沉积（electrophoretic deposition，EPD）在纤维表面涂覆ZSM-5等分子筛壳层（图7-2）[9]。以上方法在

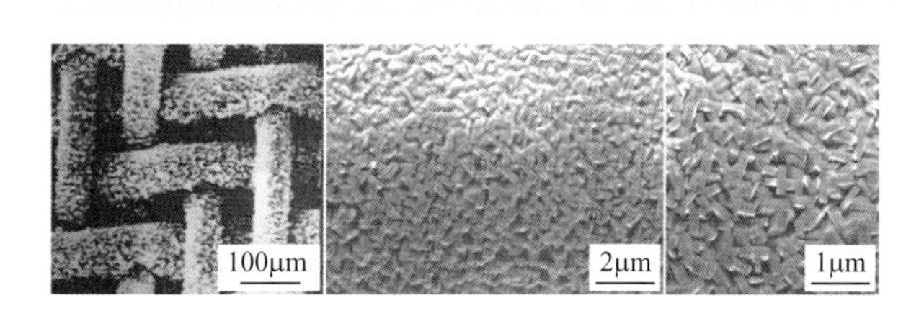

图7-2　不锈钢丝网表面电泳沉积ZSM-5分子筛[9]

一定程度上大大提高了分散载体的均匀性和黏结强度，然而仍然存在易剥落、制备复杂、宏量制备困难和适用范围窄等问题。近几年，华东师范大学在金属纤维（以及金属泡沫）基体的"非涂层"原位催化功能化的结构催化剂制备方面取得了重要进展，发展形成了湿式化学刻蚀、原电池反应置换、分子筛原位生长、介孔 Al_2O_3 等的同源衍生和偶联剂辅助自组装等整装结构催化功能化新方法和新技术（详见第九章），突破了"涂覆技术"通适性差的局限性[1,2]。

2. 陶瓷纤维

玻璃纤维是一种非常典型的陶瓷纤维，因为其化学惰性，常用作催化剂载体以避免不利的"催化活性组分 - 载体"之间的相互作用。工业生产的常规玻璃纤维表面光滑无孔，因此表面积较小。为增加其表面积，一般使用刻蚀的方法，即把玻璃纤维表面的非硅组分溶除。例如可以对工业玻璃纤维进行酸或碱处理，以获得合适的比表面积来分散纳米颗粒，图 7-3 是盐酸处理的玻璃纤维负载的 Pd-Cu 纳米颗粒，颗粒尺寸为 2 ～ 10 nm[10]；也可以对含纤维素、聚硅酸和聚硅铝酸盐组分的玻璃纤维进行 600 ～ 950 ℃的高温处理，烧去有机组分来造孔而获取合适的比表面积，根据不同的处理温度，比表面积范围为 80 ～ 160 m^2/g。这类多孔玻璃纤维基体无需进一步处理即可直接作为催化剂载体，可用传统的离子交换或浸渍法沉积催化活性组分。然而需要注意的是，过度刻蚀或增加孔隙率会降低玻璃纤维的强度，因此应该把握好刻蚀或造孔的力度。另外，可以用氧化铝、氧化钛、氧化锆等对刻蚀玻璃纤维进行改性来增加其热稳定性，然后可作为水热稳定性良好的载体分散纳米颗粒。

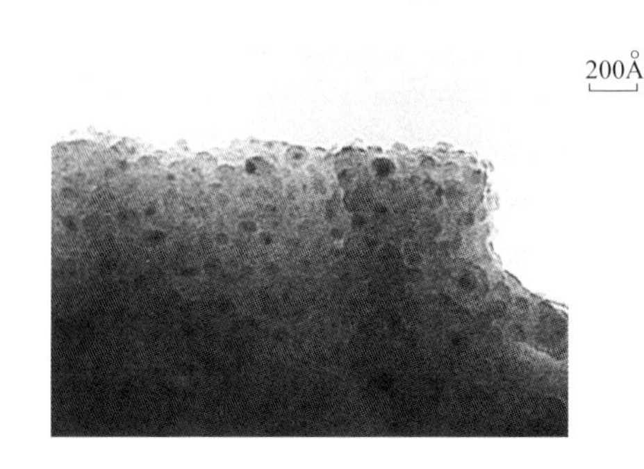

图 7-3　盐酸处理玻璃纤维负载 Pd-Cu 纳米颗粒透射电镜图 [10]

除玻璃纤维之外，还有其它多种陶瓷材料，主要包括莫来石纤维、碳化硅纤维。可以使用不同的方法在以上载体上生长各种分子筛。例如在氧化硅纤维上生长 A 型分子筛、在莫来石纤维上生长钛硅分子筛 TS-1、在商用石英棉上无需前驱体凝胶的原位合成 ZSM-5 分子筛、在玻璃纤维上生长 A 型及 SAPO-5 等分子筛[1,2,5,11]，但是这些材料的耐用性、热稳定性、传热性能较差。

3. 碳纤维

碳纤维是一种新型多孔碳材料，具有很高的比表面积（1500 ～ 3000 m^2/g），

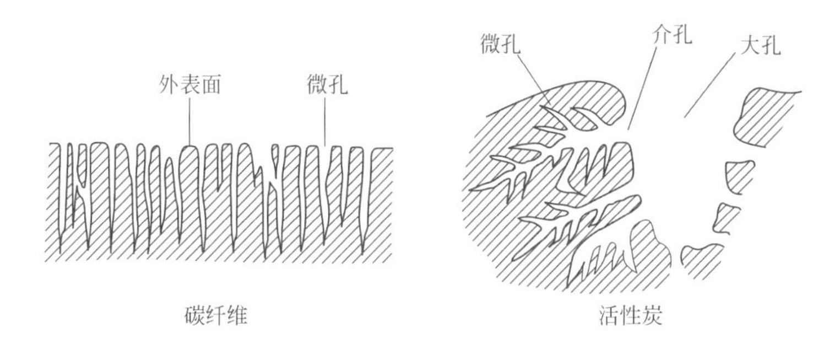

图 7–4　碳纤维和颗粒活性炭孔结构示意图 [12]

对气体或液体的吸附容量和吸附速率很高。碳纤维的孔结构极为独特：常规活性炭包含大孔、介孔和微孔；碳纤维几乎只包含直接开孔向外的微孔（图 7-4），并且容易通过制备或后处理来调节孔的大小，例如可以通过适当的预活化浸渍磷酸或硼酸以产生一些介孔。

商品化碳纤维有多种形式：短纤维、纤维布、纤维纸、纤维毡、纤维垫等。最早使用的碳纤维基体来自碳纤维生产中的短丝废料，由于表面积很小，为了用作催化剂载体，需要在控制气氛下进行适度的氧化处理，在表面形成开口向外的微孔（图 7-4）[12]。20 世纪 80 年代末至 90 年代初，出现了活性碳纤维，可通过碳纤维毡商品进行氧化或直接用纤维“碳化 - 氧化”而制得，表面积为 1500 ～ 3000 m^2/g，由于其优越的吸附性能而被广泛用作吸附材料。活性碳纤维可以做成多种形式，如绳、布、纸、垫、带等，都已实现商业化生产。

二、丝网基体

丝网的编织形式分为平板、卷曲和卷筒状，如果未负载催化活性组分，则可作为结构填料广泛用于蒸馏过程；如果负载催化活性组分或丝网本身具有催化活性，则可用于催化精馏过程 [13]。对低表面张力的液体，用丝网基体可以同时获得低压力降和良好的润湿性。由于细丝的毛细作用可使液体分散良好并与气体充分接触，因此在低压力降条件下具有很高的传输效率。贵金属 Pt 丝编织成的丝网材料是最早使用的丝网结构催化剂，大约在 100 年前用于催化氨氧化制备硝酸。70 年前用 Pt-Rh 合金取代纯 Pt，因为 Rh 可以增加金属丝网的机械强度。另外，Ag 网结构催化剂可用于甲醇氧化到甲醛、乙醇氧化到乙醛等催化选择性氧化过程。

近年来，人们越来越多地发现使用计算机控制针织技术要比传统机织技术更加优越。图 7-1（d）、（e）说明了编织和针织网的差异，图 7-5 比较了针织和编织丝网使用后的表面结构。相比于编织丝网，针织丝网不易碎，而且在破碎前具有较好的拉伸性。几何计算显示，针织丝网暴露表面积比为 93%，编织丝网则大约为

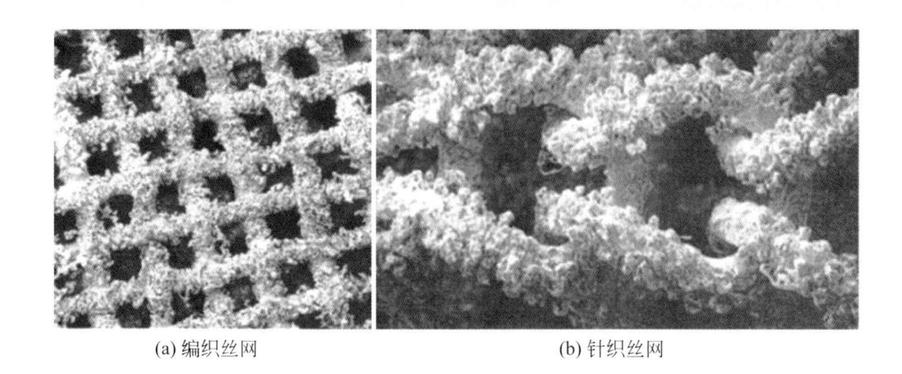

图 7–5　铂 – 铑丝网使用后的表面形貌 [5]

83%。针织丝网的寿命也比传统编织丝网要长，即金属损失降低。针织丝网表面捕集的固体沉积颗粒较少，因此铁污染物在表面的沉积也较少。

三、编织线基体

由于线的直径一般大于几百微米，有的甚至为毫米级，因此单根线的机械强度较高，既不能进行烧结或压制成型，也不能进行针织成型，一般采用编织技术成型（图 7-6）。按编织模式可分为两种（图 7-7）[14]：平纹网，线连续交替、上下覆盖，线密度越大，覆盖面越大而渗透性越小；斜纹网，跨越两条或多条线进行编织。编织线网具有如下参数：网厚度、线密度、单位面积的编织线数（编织数）、空隙率、单位面积开孔数。以上参数决定了流体流动以及传质 / 传热系数、特征扩散长度，进一步影响了线网结构催化反应器的性能。从上述参数可以确定其它特征参数，如前端开口面积（OFA）、几何表面积（GSA）、水力直径（D_h）和特征扩散长度（l_D），这些参数对确定线网结构催化反应器的性能很重要。线网基体可进一步做成不同形状的结构催化剂或催化填料，以满足所要求的床层内传输速率。近年来，使用计算机设计并控制的针织或编织技术得到快速发展，大大提高了线网结构催化剂的性能 [15]。

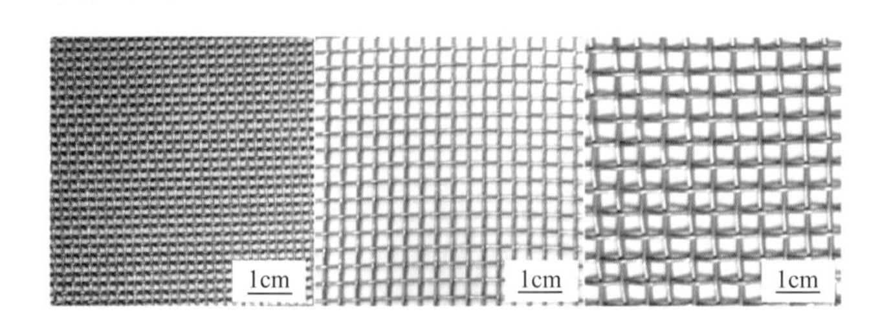

图 7–6　各种直径的铝线编织成型的铝网

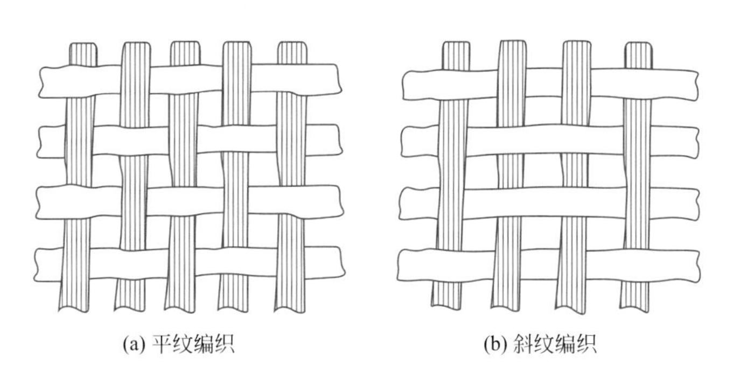

图 7-7　线网主要编织模式[14]

四、泡沫

泡沫又称固体海绵，是多孔材料家族里的一种新型材料，具有密度低、空隙率高等特点，现已广泛用于机械、电子、航空航天、能源化工等领域[16]。按其相邻空隙是否相互连通可进一步分为开孔泡沫和闭孔泡沫[16]，其中开孔泡沫具有轴向及径向相互连通的、非规则 3D 空隙的海绵结构（图 7-8）[17]；按照泡沫所用材质则分为金属泡沫、陶瓷泡沫和炭泡沫（图 7-8）。对于不同的反应过程，泡沫基体的选择十分重要，这取决于反应特点和材质特性的良好匹配。在使用过程中泡沫基体

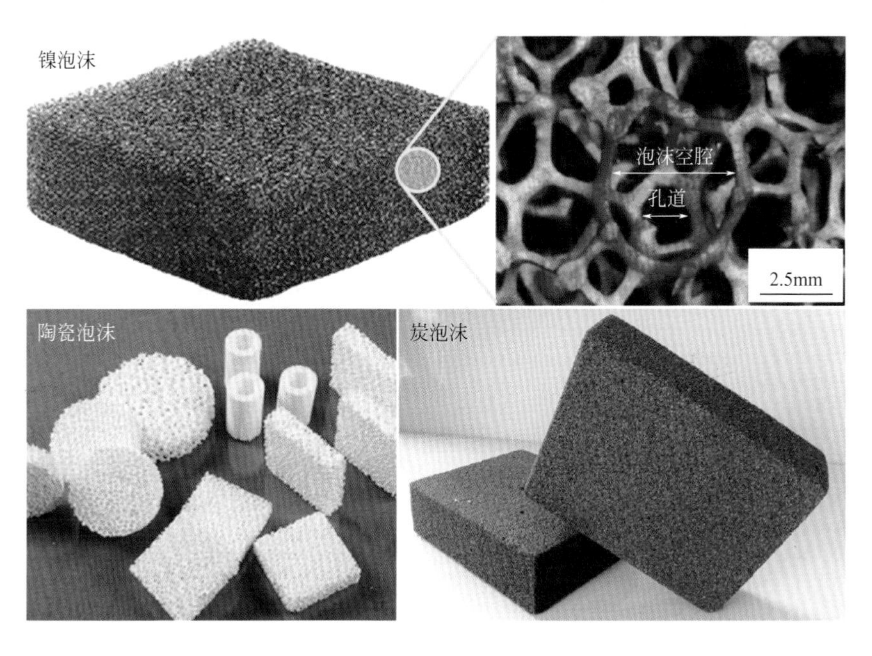

图 7-8　镍泡沫[17]、陶瓷泡沫和炭泡沫照片

要保持自身的稳定性，然而陶瓷和金属的使用上限温度是不同的，金属的上限温度为 1200 ～ 1400 ℃，陶瓷为 1200 ～ 1600 ℃，所以从热稳定性方面来讲，陶瓷材料更具优势。陶瓷和金属的热传导性能也不同，金属的热传导性一般比陶瓷高约 2 个数量级，能够显著降低催化剂床层的温度梯度[18~20]。基于开孔金属泡沫的低密度、高空隙率、高传质 / 传热性能、高机械强度等优点[16]，金属泡沫在催化领域的应用前景广阔。

一方面，金属泡沫骨架对流体的迎面切割以及所切割流体在之后泡沫空腔中的对冲式及湍流式混合，极大地破坏了流体边界层，增强了反应流体的混合及径向传质 / 传热与均匀分布；另一方面，尽管具有较高的空隙率，但是金属泡沫的连续骨架结构使其具有良好的机械强度和轴向及径向传热性能。因此，金属泡沫作为催化剂载体用于固定床反应器，引起了人们越来越多的关注[1~3]，尤其对于高空速和 / 或具有强烈吸 / 放热效应的反应（例如烃类催化燃烧、甲烷 - 二氧化碳重整、醇选择性催化氧化、合成气甲烷化），金属泡沫可以减少局部热 / 冷点的产生并提高抗热冲击性能。此外，开孔金属泡沫还被广泛用作多功能换热器[21]和微电子器件散热器[22]，还可以用作静态混合器用于活塞流微反应器[23]。

在实际应用中，金属泡沫及金属泡沫结构催化剂的制备、渗透性、传质 / 传热性能等都会对金属泡沫结构催化剂的催化性能产生重要影响。目前国内外已经开发了多种金属泡沫的制备方法，按照制备工艺主要分为四种方法[24~26]：发泡法、铸造法、烧结法、金属沉积法。不同的制备方法制得的金属泡沫的基本特征各不相同，而内部结构特征是决定其性能的关键。准确获得金属泡沫复杂的三维网状结构是十分困难的，虽然采用 X 射线计算机层析成像技术能获取金属泡沫的真实结构，但在实际应用中也很难直接使用，因此常采用以下参数来表征金属泡沫的基本特征：空隙率、孔密度、孔径、胞径、柱径、比表面积、相对密度。表 7-2 列出了这些参数的详细描述及常见范围[26,27]。随着新型制造技术的发展，电子束选区熔化

表7-2　金属泡沫的主要表征参数

参数	描述	常见范围
空隙率	内部空隙占总体积的比例	60% ～ 98%
孔密度	每英寸的孔数量，以 PPI①表示	5 ～ 100
孔径	孔道平均直径	0.1 ～ 10 mm
胞径（cell diameter）	内部单个网胞的平均直径	0.3 ～ 10 mm
柱径（strut diameter）	泡沫骨架的平均直径	0.05 ～ 1 mm
比表面积	单位体积泡沫所具有的总面积	500 ～ 10000 m^2/m^3
相对密度	泡沫与基底密度的相对值	0.02 ～ 0.6

① PPI：pores per inch，每英寸孔数。

（selective electron beam melting，SEBM）和激光选区熔化（selective laser melting，SLM）有望能够生产具有明确的3D周期性开放孔结构（periodical open cellular structure，POCS）的金属泡沫基体。对于这种材料，人们可以采用一种系统的、高度可重复的方式进行制造[28,29]，可对其形态和几何参数进行精确控制。除了用作系统研究的代表性模型外，以上新型制造技术还可以为特定应用而采用程序精确设计的三维几何金属泡沫实现专门定制，以达到事先所设计并预期的优化性能。这种“先理论设计-后精确制造”的催化剂载体在化学工业过程中有着巨大的应用潜力，但在充分挖掘其潜力之前，必须建立合适的模型和相互关系。

第二节 机遇与挑战

随着社会的快速发展，能源和环境问题日益引起人们的重视，且某些问题亟待解决[1,2,5,6]。这些问题的解决亟需高效催化反应器的创制和应用，同时提出了多方位、多角度的一系列要求：例如环境治理中大量的废气处理，需要催化剂具有高空隙率，使其在高气体空速下具有较低压力降；合成气转化制备燃料和化学品过程中，许多反应属于强放热、快速反应，因此需要催化剂具有良好的热 / 质传递性能，以避免局部热点的生成和传质受限等问题；此外，为了进一步改善反应选择性等，需要催化剂宏尺度床层内具有良好的流体力学行为，因此催化剂需要具有良好的轴向及径向整体传质和渗透性能。基于蜂窝陶瓷和微通道的规则空隙结构催化剂与反应器在环境治理（例如汽车尾气净化和烟道气脱硝等）和化工过程（例如蒽醌加氢、费 - 托合成、气相丙烯 - 双氧水环氧化等）虽已得到工业应用或示范，但仍然存在以下问题：不同平行通道之间虽然可进行一定程度的传热（传热速率取决于通道间的热导率），但是通道之间无法进行传质；如果某些通道在某一点上被堵塞，整条通道将失效；催化活性组分的负载实施难度大、成本高。而整装 Foam/Fiber 等结构基体具有非规则 3D 空隙结构（图 7-1，图 7-8），在消除径向扩散限制、骨架快速传热（尤其对于金属 Foam/Fiber）、涡流混合强化传热 / 传质、规模化制备等方面显示出蜂窝陶瓷和微通道难以企及的优势，作为整装结构催化剂载体，可提供“理想”的“流体力学和热 / 质传递”性能[1,2,30]。

然而，高效的 Foam/Fiber 基体 3D 骨架表面催化功能化还面临挑战。目前应用最广泛的湿式涂覆技术仍然存在涂覆量低、使用黏结剂、技术成本高、实施难度大等问题。更重要的是，泡沫骨架的非规则形状对涂层产生很大的应力，导致催化剂在使用过程中容易发生裂纹、甚至剥落。近年来，华东师范大学路勇教授课题组以具有强化热 / 质传递和优化流体流动的孔结构工程化的金属 Foam/Fiber 为基体，提出了金属Foam/Fiber“非涂层”原位催化功能化的“自上而下（top-down）”逆向设计策略，原创性地构建了湿式化学刻蚀、原电池反应置换活化、分子筛原位生长、介孔Al_2O_3同源氧化衍生等的结构催化剂制备新方法和新技术，突破了“涂层技术”通适性差的局限性，将结构催化剂从规则二维空隙蜂窝陶瓷和微通道拓展到了非规则3D空隙金属Foam/Fiber，为诸如C_1能源化工等众多反应过程中存在的强烈热/质传递限制等问题的解决，以及为满足环境催化和“模块”化工厂等对高通量、低压降等的特殊要求提供新的思路和技术支撑。在合成气甲烷化[3,31,32]、甲醇制丙烯[33~43]、草酸酯加氢制乙二醇[44~46]、VOCs/CH_4催化燃烧[47~50]、气相醇选择氧化[7,51~64]、甲烷重整[65~72]、催化精馏[13,73]等多个过程的应用中取得了良好效果（图1-14）。尽管如此，整装Foam/Fiber催化功能化新方法和新技术研究还需要进一步展开，例如，耦合纳米合成以实现Foam/Fiber结构化纳米催化剂晶面效应、尺寸效应、合金效应、结构效应和组成效应的精准调控，就值得深入研究[44~70,74~77]。此外，除已涉及的一些反应体系外，整装Foam/Fiber结构催化剂在合成气转化（如合成气制取烃类、醇类和酯类等）、烷烃临氧活化与转化（如甲烷氧化偶联、乙烷氧化脱氢等）和烯烃环氧化等反应过程中的应用还有待更广泛的探索和深入研究[78~83]。

另外，整装金属Foam/Fiber结构基体也有其局限性，如Ni-foam/Ni-fiber结构催化填料在高温（>600 ℃）富氧环境下会深度氧化，不适于需要频繁高温烧炭再生的反应体系，FeCrAl-foam/-fiber等结构虽然具有良好的化学惰性，但其结构的高效催化功能化新方法还有待探索。再有，与非规则3D空隙结构催化剂与反应器技术相关的流体力学和流动传递等方面的研究需要加强，并需要与3D打印等新技术结合，来逐步构建起结构催化剂与反应器“先设计-后制造”的先进研发模式。

参考文献

[1] Zhao G, Liu Y, Lu Y. Foam/fiber-structured catalysts: non-dip-coating fabrication strategy and applications in heterogeneous catalysis[J]. Sci Bull, 2016, 61: 745-748.

[2] 赵国锋，张智强，朱坚，等．结构催化剂与反应器：新结构、新策略和新进展[J]. 化工进展，2018, 38 (4): 1287-1304.

[3] Li Y, Zhang Q, Chai R, et al. Structured Ni-CeO_2-Al_2O_3/Ni-foam catalyst with enhanced heat transfer for substitute natural gas production by syngas methanation[J]. ChemCatChem, 2015, 7 (9): 1427-1431.

[4] 路勇，李亚坤，柴瑞娟，等．一种金属相载体负载型催化剂及其制备方法和用途[P]: 201410018008.0. 2014-04-30.

[5] Cybulski A, Moulijn J A. Structured catalysts and reactors[M]. Boca Raton: Taylor & Francis Group, 2006.

[6] 陈诵英，郑经堂，王琴．结构催化剂与环境治理 [M]. 北京：化学工业出版社，2016: 52.

[7] Zhao G, Hu H, Deng M, et al. Au/Cu-fiber catalyst with enhanced low-temperature activity and heat transfer for the gas-phase oxidation of alcohols[J]. Green Chem, 2011, 13 (1): 55-58.

[8] Ahlströ A F. Thermally sprayed wire-mesh catalysts for the purification of flue gases from small-scale combustion of bio-fuel catalyst preparation and activity studies[J]. Appl Catal A, 1997, 153 (1): 177-201.

[9] 陈诵英，郑经堂，王琴．结构催化剂与环境治理 [M]. 北京：化学工业出版社，2016: 53.

[10] Yu M M, Barelko V, Yuranov I, et al. Cloth catalysts for water denitrification: Ⅱ . Removal of nitrates using Pd-Cu supported on glass fibers[J]. Appl Catal B, 2001, 31 (4): 233-240.

[11] Shen K, Qian W, Wang N, et al. Fabrication of *c*-axis oriented ZSM-5 hollow fibers based on an in situ solid-solid transformation mechanism[J]. J Am Chem Soc, 2013, 135 (41): 15322-15325.

[12] Mochida I, Korai Y, Shirahama M, et al. Removal of SO_x and NO_x over activated carbon fibers[J]. Carbon, 2000, 38 (2): 227-239.

[13] Deng T, Li Y K, Zhao G, et al. Catalytic distillation for ethyl acetate synthesis using microfibrous-structured Nafion-SiO_2/SS-fiber solid acid packings[J]. React Chem Eng, 2016, 1 (4): 409-417.

[14] Gerharts, Y S. Ullmann’s encyclopedia of industrial chemistry[M]. New York: Wiley-VCH Verlag GmbH & Co. KGaA, 1988: 553-605.

[15] Horner B T. Knitted platinum alloy gauzes. Catalyst development and industrial application[J]. Platin Met Rev, 1993, 37 (2): 76-85.

[16] Banhart J. Manufacture, characterization and application of cellular metals and metal foams [J]. Prog Mater Sci, 2001, 46 (6): 559-632.

[17] Gascon J, Ommen J R V, Moulijn J A, et al. Structuring catalyst and reactor—an inviting avenue to process intensification[J]. Catal Sci Technol, 2015, 5 (2): 807-817.

[18] BP 公司 . BP 2035 世界能源展望 [R]. 2015.

[19] Zhen W L, Li B, Lu G X, et al. Enhancing catalytic activity and stability for CO_2 methanation on Ni@MOF-5 via controlling active species dispersion[J]. Chem Commun, 2015, 51 (9): 1728-1731.

[20] Liu J, Li C M, Wang F, et al. Enhanced low-temperature activity of CO_2 methanation over highly dispersed Ni/TiO_2 catalyst[J]. Catal Sci Technol, 2013, 3 (10): 2627-2633.

[21] Haack D P, Butcher K R, Kim T, Lu T J. Novel lightweight metal foam heat exchangers[D]. New York: NY United States, 2001: 141-147.

[22] Banhart J. Manufacture, characterisation and application of cellular metals and metal foams[J]. Prog Mater Sci, 2001, 46 (6): 559-632.

[23] Hutter C, Zenklusen A, Lang R, et al. Axial dispersion in metal foams and stream wise-

periodic porous media[J]. Chem Eng Sci, 2011, 66 (6): 1132-1141.

[24] 陈雯, 刘中华, 朱诚意, 等. 泡沫金属材料的特性、用途及制备方法 [J]. 有色矿冶, 1999, 1: 33-36.

[25] 胡海, 肖文浚, 上官文峰. 泡沫金属的制备、性能及其在催化反应中的应用 [J]. 工业催化, 2006, 14 (10): 55-58.

[26] 付全荣. 泡沫金属填充管换热器内流体流动和传热研究 [D]. 太原 : 太原理工大学 , 2010.

[27] 卢新伟. 基于宏观和孔尺度模型的多孔泡沫金属强化换热数值模拟 [D]. 广州 : 华南理工大学 , 2014.

[28] Klumpp M, Inayat A, Schwerdtfeger J, et al. Periodic open cellular structures with ideal cubic cell geometry: effect of porosity and cell orientation on pressure drop behavior[J]. Chem Eng J, 2014, 242 (8): 364-378.

[29] Inayat A, Freund H, Zeiser T, et al. Determining the specific surface area of ceramic foams: the tetrakaidecahedra model revisited[J]. Chem Eng Sci, 2011, 66 (6): 1179-1188.

[30] Bianchi E, Heidig T, Visconti C G, et al. An appraisal of the heat transfer properties of metallic open-cell foams for strongly exo-/endo-thermic catalytic processes in tubular reactors[J]. Chem Eng J, 2012, 198-199 (4): 512-528.

[31] Li Y, Zhang Q, Chai R, et al. Metal-foam-structured Ni-Al_2O_3 catalysts: Wet chemical etching preparation and syngas methanation performance[J]. Appl Catal A, 2016, 510: 216-226.

[32] Li Y, Zhang Q, Chai R, et al. Ni-Al_2O_3/Ni-foam catalyst with enhanced heat transfer for hydrogenation of CO_2 to methane[J]. AIChE J, 2015, 61 (12): 4323-4331.

[33] Ding J, Jia Y, Chen P, et al. Microfibrous-structured hollow-ZSM-5/SS-fiber catalyst with mesoporosity development dependent lifetime improvement for MTP reaction[J]. Micropor Mesopor Mater, 2018, 261: 1-8.

[34] Ding J, Chen P, Zhao G, et al. High-performance thin-felt SS-fiber@ HZSM-5 catalysts synthesized via seed-assisted vapor phase transport for methanol-to-propylene reaction: Effects of crystal size, mesoporosity and aluminum uniformity[J]. J Catal, 2018, 360: 40-50.

[35] Ding J, Zhang Z, Meng C, et al. From nano-to macro-engineering of ZSM-11 onto thin-felt stainless-steel-fiber: steam-assisted crystallization synthesis and methanol-to-propylene performance[J]. Catal Today, 2018, DOI: 10.1016/j.cattod.2018.02.058.

[36] Ding J, Chen P, Fan S, et al. Microfibrous-structured SS-fiber@ meso-HZSM-5 catalyst for methanol-to-propylene: steam-assisted crystallization synthesis and insight into the stability enhancement[J]. ACS Sustainable Chem Eng, 2017, 5 (2): 1840-1853.

[37] Ding J, Fan S, Chen P, et al. Vapor-phase transport synthesis of microfibrous-structured SS-fiber@ZSM-5 catalyst with improved selectivity and stability for methanol-to-propylene[J]. Catal Sci Technol, 2017, 7 (10): 2087-2100.

[38] Ding J, Chen P, Zhu J, et al. Synthesis of microfibrous-structured SS-fiber@ beta composite

by a seed-assisted dry-gel conversion method[J]. Micropor Mesopor Mater, 2017, 250: 1-8.

[39] Wen M, Ding J, Wang C, et al. High-performance SS-fiber@ HZSM-5 core-shell catalyst for methanol-to-propylene: A kinetic and modeling study[J]. Micro Meso Mater, 2016, 221: 187-196.

[40] Wen M, Wang X, Han L, et al. Monolithic metal-fiber@ HZSM-5 core-shell catalysts for methanol-to-propylene[J]. Micro Meso Mater, 2015, 206: 8-16.

[41] Ding J, Han L, Wen M, et al. Synthesis of monolithic Al-fiber@ HZSM-5 core-shell catalysts for methanol-to-propylene reaction[J]. Catal Commun, 2015, 72: 156-160.

[42] Jiang J, Yang C, Lu Z, et al. Characterization and application of a Pt/ZSM-5/SSMF catalyst for hydrocracking of paraffin wax[J]. Catal Commun, 2015, 60: 1-4.

[43] Wang X, Wen M, Wang C, et al. Microstructured fiber@ HZSM-5 core-shell catalysts with dramatic selectivity and stability improvement for the methanol-to-propylene process[J]. Chem Commun, 2014, 50 (48): 6343-6345.

[44] Han L, Zhao G, Chen Y, et al. Cu-fiber-structured La_2O_3-PdAu (alloy)-Cu nanocomposite catalyst for gas-phase dimethyl oxalate hydrogenation to ethylene glycol[J]. Catal Sci Technol, 2016, 6 (19): 7024-7028.

[45] Han L, Zhang L, Zhao G, et al. Copper-fiber-structured Pd-Au-CuO_x: preparation and catalytic performance in the vapor-phase hydrogenation of dimethyl oxalate to ethylene glycol[J]. ChemCatChem, 2016, 8 (6):1065-1073.

[46] Zhang L, Han L, Zhao G, et al. Structured Pd-Au/Cu-fiber catalyst for gas-phase hydrogenolysis of dimethyl oxalate to ethylene glycol[J]. Chem Commun, 2015, 51 (52): 10547-10550.

[47] Zhang Q, Zhao G, Zhang Z, et al. From nano-to macro-engineering of oxide-encapsulated-nanoparticles for harsh reactions: One-step organization via cross-linking molecules[J]. Chem Commun, 2016, 52 (80): 11927-11930.

[48] Zhang Q, Wu X P, Li Y, et al. high-performance PdNi nanoalloy catalyst in situ structured on Ni foam for catalytic deoxygenation of coalbed methane: experimental and DFT studies[J]. ACS Catal, 2016, 6 (9): 6236-6245.

[49] Zhang Q, Li Y, Chai R, et al. Low-temperature active, oscillation-free PdNi (alloy)/Ni-foam catalyst with enhanced heat transfer for coalbed methane deoxygenation via catalytic combustion[J]. Appl Catal B, 2016, 187: 238-248.

[50] Zhang Q, Wu X P, Zhao G, et al. High-performance PdNi alloy structured in situ on monolithic metal foam for coalbed methane deoxygenation via catalytic combustion[J]. Chem Commun, 2015, 51 (63): 12613-12616.

[51] Zhao G, Fan S, Pan X, et al. Reaction-induced self-assembly of CoO@Cu_2O nanocomposites in-situ onto SiC-foam for gas-phase oxidation of bioethanol to acetaldehyde[J]. ChemSusChem,

2017, 10 (7): 1380-1384.

[52] Deng T, Ding J, Zhao G, et al. Catalytic distillation for esterification of acetic acid with ethanol: promising SS-fiber@ HZSM-5 catalytic packings and experimental optimization via response surface methodology[J]. ChemCatChem, 2018, 93 (3): 827-841.

[53] Zhao G, Wu X P, Chai R, et al. Tailoring nano-catalysts: Turning gold nanoparticles on bulk metal oxides to inverse nano-metal oxides on large gold particles[J]. Chem Commun, 2015, 51 (27): 5975-5978.

[54] Zhang Q, Li Y, Zhang L, et al. Thin-sheet microfibrous-structured nanoporous gold/Al fiber catalysts for oxidative coupling of methanol to methyl formate[J]. J Catal, 2014, 317 (317): 54-61.

[55] Zhang Q, Li Y, Zhang L, et al. Structured nanoporous-gold/Al-fiber: Galvanic deposition preparation and reactivity for the oxidative coupling of methanol to methyl formate[J]. Green Chem, 2014, 16 (6): 2992-2996.

[56] Zhao G, Li Y, Zhang Q, et al. Galvanic deposition of silver on 80-μm-Cu-fiber for gas-phase oxidation of alcohols[J]. AIChE J, 2014, 60 (3): 1045-1053.

[57] Zhao G, Hu H, Jiang Z, et al. NiO-doped Au/Ti-powder: A catalyst with dramatic improvement in activity for gas-phase oxidation of alcohols[J]. Appl Catal A, 2013, 467 (10): 171-177.

[58] Zhao G, Deng M, Jiang Y, et al. Microstructured Au/Ni-fiber catalyst: Galvanic reaction preparation and catalytic performance for low-temperature gas-phase alcohol oxidation[J]. J Catal, 2013, 301 (5): 46-53.

[59] Zhao G, Huang J, Jiang Z, et al. Microstructured Au/Ni-fiber catalyst for low-temperature gas-phase alcohol oxidation: Evidence of Ni_2O_3-Au^+ hybrid active sites[J]. Appl Catal B, 2013, 140-141 (8): 249-257.

[60] Zhao G, Hu H, Chen W, et al. Ni_2O_3-Au^+ hybrid active sites on NiO_x@Au ensembles for low-temperature gas-phase oxidation of alcohols[J]. Catal Sci Technol, 2013, 3 (2): 404-408.

[61] Zhao G, Hu H, Deng M, et al. Microstructured Au/Ni-fiber catalyst for low-temperature gas-phase selective oxidation of alcohols[J]. Chem Commun, 2011, 47 (34): 9642-9644.

[62] Zhao G, Hu H, Deng M, et al. Galvanic deposition of Au on paperlike Cu fiber for high-efficiency, low-temperature gas-phase oxidation of alcohols[J]. ChemCatChem, 2011, 3 (10): 1629-1636.

[63] Deng M, Zhao G, Xue Q, et al. Microfibrous-structured silver catalyst for low-temperature gas-phase selective oxidation of benzyl alcohol[J]. Appl Catal B, 2010, 99 (1-2): 222-228.

[64] Mao J, Deng M, Chen L, et al. Novel microfibrous-structured silver catalyst for high efficiency gas-phase oxidation of alcohols[J]. AIChE J, 2010, 56 (6): 1545-1556.

[65] Chai R, Fan S, Zhang Z, et al. Free-standing NiO-MgO-Al_2O_3 nanosheets derived from layered double hydroxides grown onto FeCrAl-fiber as structured catalysts for dry reforming

of methane[J]. ACS Sustainable Chem Eng, 2017, 5 (6): 4517-4522.

[66] Chai R J, Li Y K, Zhang Q F, et al. Foam-structured NiO-MgO Al_2O_3 nanocomposites derived from NiMgAl-LDHs in situ grown onto Ni-foam: A promising catalyst for high-throughput catalytic oxy-methane reforming[J]. ChemCatChem, 2017, 9: 268-272.

[67] Chai R, Zhang Z, Chen P, et al. Ni-foam-structured NiO-MO_x-Al_2O_3 (M= Ce or Mg) nanocomposite catalyst for high throughput catalytic partial oxidation of methane to syngas[J]. Micropor Mesopor Mater, 2017, 253: 123-128.

[68] Chai R, Zhang Z, Chen P, et al. From nano-to macro-engineering of LDHs-derived nanocomposite catalysts for harsh reactions[J]. Int J Hydrogen Energy, 2017, 42 (44): 27094-27099.

[69] Chai R, Chen P, Zhang Z, et al. Thin-felt NiO-Al_2O_3/FeCrAl-fiber catalyst for high-throughput catalytic oxy-methane reforming to syngas[J]. Catal Commun, 2017, 101: 48-50.

[70] Chai R, Zhao G, Zhang Z, et al. High sintering-/coke-resistance Ni@SiO_2/Al_2O_3/FeCrAl-fiber catalyst for dry reforming of methane: One-step, macro-to-nano organization via cross-linking molecules[J]. Catal Sci Technol, 2017, 7 (23): 5500-5504.

[71] Chai R, Li Y, Zhang Q, et al. Monolithic Ni-MO_x/Ni-foam (M = Al, Zr or Y) catalysts with enhanced heat/mass transfer for energy-efficient catalytic oxy-methane reforming[J]. Catal Commun, 2015, 70: 1-5.

[72] Chen W, Sheng W, Cao F, et al. Microfibrous entrapment of Ni/Al_2O_3 for dry reforming of methane: Heat/mass transfer enhancement towards carbon resistance and conversion promotion[J]. Int J Hydrogen Energy, 2012, 37 (23): 18021-18030.

[73] Deng T, Ding J, Zhao G, et al. Catalytic distillation for esterification of acetic acid with ethanol: promising SS-fiber@ HZSM-5 catalytic packings and experimental optimization via response surface methodology[J]. Chem Technol Biotechnol, 2018, 93 (3): 827-841.

[74] Wang C, Ding J, Zhao G, et al. Microfibrous-Structured Pd/AlOOH/Al-Fiber for CO coupling to dimethyl oxalate: effect of morphology of AlOOH nanosheet endogenously Grown on Al-fiber[J]. ACS Appl Mater Interfaces, 2017, 9 (11): 9795-9804.

[75] Wang C, Han L, Chen P, et al. High-performance, low Pd-loading microfibrous-structured Al-fiber@ns-AlOOH@Pd catalyst for CO coupling to dimethyl oxalate[J]. J Catal, 2016, 337: 145-156.

[76] Wang C, Han L, Zhang Q, et al. Endogenous growth of 2D AlOOH nanosheets on a 3D Al-fiber network via steam-only oxidation in application for forming structured catalysts[J]. Green Chem, 2015, 17 (7): 3762-3765.

[77] Tao L, Zhao G, Chen P, et al. Thin-felt microfibrous-structured Au-α-Fe_2O_3/ns-γ-Al_2O_3/Al-fiber catalyst for high-throughput CO oxidation[J]. Appl Catal A, 2018, 556: 180-190.

[78] Han L, Wang C, Zhao G, et al. Microstructured Al-fiber@ meso-Al_2O_3@ Fe-Mn-K Fischer-

Tropsch catalyst for lower olefins[J]. AIChE J, 2016, 62 (3): 742-752.

[79] Han L, Wang C, Ding J, et al. Microfibrous-structured Al-fiber@ ns-Al_2O_3 core-shell composite functionalized by Fe-Mn-K via surface impregnation combustion: As-burnt catalysts for synthesis of light olefins from syngas[J]. RSC Adv, 2016, 6 (12): 9743-9752.

[80] Wang P, Zhao G, Wang Y, et al. $MnTiO_3$-driven low-temperature oxidative coupling of methane over TiO_2-doped Mn_2O_3-Na_2WO_4/SiO_2 catalyst[J]. Sci Adv, 2017, 3 (6): e1603180.

[81] Wang P, Zhao G, Liu Y, et al. TiO_2-doped Mn_2O_3-Na_2WO_4/SiO_2 catalyst for oxidative coupling of methane: Solution combustion synthesis and $MnTiO_3$-dependent low-temperature activity improvement[J]. Appl Catal A, 2017, 544: 77-83.

[82] Zhang Z, Ding J, Chai R, et al. Oxidative dehydrogenation of ethane to ethylene: A promising CeO_2-ZrO_2-modified NiO-Al_2O_3/Ni-foam catalyst[J]. Appl Catal A, 2018, 550: 151-159.

[83] Zhang Z, Zhao G, Chai R, et al. Low-temperature, highly selective oxidative dehydrogenation of ethane over monolithic Nb_2O_5-NiO/Ni-foam catalyst[J]. Catal Sci Technol, 2018, 8: 4383-4389.

第八章

非规则 3D 空隙结构催化剂与反应器的传递现象

结构催化剂与反应器（structured catalysts and reactors，SCRs）为空隙率、压力降、热 / 质传递等的灵活调变提供了较之传统颗粒催化剂填充床更高的自由度。具有非规则 3D 空隙结构的泡沫 / 纤维（Foam/Fiber）结构基体不仅导热性好、面积体积比大，而且在消除径向扩散限制、涡流混合强化传热 / 传质、提高接触效率、几何构型灵活设计等方面显示出传统规则空隙蜂窝和微通道结构难以企及的优势，其多相催化应用的研究与开发日益受到重视且进展明显[1,2]。其中，对 Foam/Fiber 结构催化剂与反应器内的流体流动与热 / 质传递的研究极其重要且富有挑战性。Foam/Fiber 等多孔材料的固体骨架有多种不同结构形式，这些结构的空隙通道都具有弯曲性、无定向性和随机性特点，流体质点在泡沫 / 纤维中不停地发生掺混和分离，流速的大小和方向也在不停地改变，使得流体的流动阻力大幅度增加。流体在 Foam/Fiber 中的流动与热 / 质传递受到多种效应的联合控制，其影响因素不仅包括压力、温度，还包括流体的组成、物性、浓度及相态，固体骨架结构及性质，空隙大小及形状，流体通道尺寸及弯曲程度等，即流体在 Foam/Fiber 等多孔材料中的流动与传递过程非常复杂，因此对这方面的研究还远不及蜂窝陶瓷等规则空隙结构催化剂成熟和深入。目前，流体在 Foam/Fiber 结构中的流动与热 / 质传递研究取得的主要进展集中在“气 - 固”反应体系；另外，纤维包结细颗粒结构催化剂（简称为纤维包结细颗粒催化剂，fiber entrapped micronic-particulates catalysts，FEPCs）是纤维结构催化剂中非常重要的一类，对该类催化剂的流体流动与热 / 质传递的研究也比较深入。本章主要总结 Foam/Fiber 结构催化剂在“气 - 固”反应中的流体流动与热 / 质传递的研究成果，也简要介绍其在含液相反应过程中的流体流动与热 / 质传递研究进展。

第一节 多孔材料内的流体流动

一、多孔材料内流体流动机理

流体在多孔材料中宏观流动的推动力可由“机械”作用力和“非机械”作用力产生[3]。“机械”作用力又可分为外加压力、重力及表面张力等。由压差引起的流体在多孔材料中的流动，称为渗流；由表面张力控制的多孔材料中的流动，称为毛细流；由重力效应控制的流动，称为一般流动。“非机械”作用力是在一定条件下的温度梯度、浓度梯度、电势梯度促成流体在多孔材料中的流动。流体在多孔材料中的流动阻力有黏性阻力、形状阻力以及高流速时的惯性阻力。黏性阻力是流体流动中受到多孔材料孔隙侧壁表面的摩擦阻力；形状阻力即固体骨架垂直于流体流向的迎风阻力；惯性阻力是流体非定常流动（流体的流动状态随时间的改变而改变）所引起的阻力。

流体在多孔材料中流动的一个很重要的特点则是存在弥散效应[4]。流体动力弥散是一个非稳定的不可逆过程，造成这种现象的原因有[5]：作用于流体的外力、孔隙系统的复杂形状、由示踪剂浓度梯度所引起的分子扩散、流体密度和黏度等的变化对流动的影响，以及液固相间的相互作用等。在流体的动力弥散现象中同时包含着两种基本的输运现象：对流和分子扩散。弥散现象的存在，使多孔材料中的流动与热 / 质传递表现出很多独有的复杂特点，并对流体的流动与传递产生重要影响，即出现所谓的弥散效应。它使黏性耗散增强，特别当流速较高时，流动阻力很大[6]，但却能使得多孔材料中的传热得到明显强化[7]，后者称为热弥散。

二、多孔材料内的流动类型

流体流经多孔材料的流动一般包括分子流和黏性流。当多孔材料的孔径极小或气体的绝对压力很低，以致孔径与气体分子平均自由程可以相比拟甚至更小时，流动为分子流；否则为黏性流，黏性流又有层流和湍流之分，是实际应用流经多孔材料的一般性状态。随着压力和流速的提高，各状态间的转变都是相当缓慢的，其中介于分子流和层流之间的叫滑动流，介于层流和湍流之间的叫过渡流。

① 滑动流动：当压力较低和流体较稀薄，致使多孔材料空隙通道尺寸接近流体分子平均自由程，在多孔固体骨架壁面上产生滑流现象时，渗透率与压力产生明显的函数关系，这种现象称为 Klinkenbery 效应。渗透率可表示成：

$$K_p = K_{p,\infty}\left(1+\frac{b}{p}\right) \tag{8-1}$$

式中，$K_{p,\infty}$ 为不可压缩流体的渗透率；b 为表征气体和多孔材料特性的系数。由上式可知，当压力 p 足够高时，Klinkenbery 效应消失，滑流现象也可忽略[8]。在压力特别低时，流体流动变成分子流，从而宏观流动过程变成分子扩散过程。

② 层流流动：当流体在较小的压差作用下以较低的流速通过多孔材料时为层流流动。在工程中经常遇到的主要流型就是层流流动，流体在流过多孔材料的细孔道时流速一般比较低，因此探讨其层流条件下流体的透过规律就极具实际意义。早在 1856 年法国水利工程师亨・达西（Henry Darcy）曾对法国 Dijon 城的地下水源进行研究，提出了著名的适用于层流条件下多孔材料中流体流动的 Darcy 定律［（式 8-2）］[9,10]。Darcy 定律描述了各向同性、均匀多孔材料中，考虑压力、黏性力和重力对流体流动的作用情况下，通过多孔材料单位截面上的不可压缩流体体积流量（即比流量，j_{f}）与流体流动方向上的水力梯度 $\partial\phi/\partial x$ 的线性关系，即：

$$j_{\mathrm{f}}=-\frac{K_p\rho g}{\mu}\times\frac{\partial\phi}{\partial x} \tag{8-2}$$

式中，ρ 和 μ 分别为流体密度与动力黏度；g 为重力加速度；K_p 为多孔材料渗透率，仅与固体骨架的性质和结构有关。

从多孔材料的宏观控制体元出发，导出 Darcy 定律的宏观表达式：

$$j_{\mathrm{f}}=\frac{Q}{A}=-\frac{K_p}{\mu L}[(p_1-p_2)+\rho gL] \tag{8-3}$$

式中，Q 为流体的体积流量；L 为路径长度；A 为多孔材料控制体横截面积，作用在多孔材料进出口流体上的压差为 p_1-p_2。

Darcy 定律的表达式可以由各向同性、均匀多孔材料控制体内稳态一维流动动量守恒方程推导出来，但其中包含了必须由实验确定的系数，故 Darcy 定律的宏观表达式是经验定律表达式。

③ 湍流流动：流速不断增大，会使流体在多孔材料中流动的惯性效应逐渐增强，当流体雷诺数高于临界雷诺数时，层流就会转变为湍流。这种转变对于多孔材料来说是缓慢的过渡过程。研究表明[11]，若取平均粒径为定性尺寸，则当颗粒雷诺数为 1 ～ 10 时，流体服从 Darcy 定律（即流量与流体驱动力成线性关系）的线性层流流动；当颗粒雷诺数为 10 ～ 100 时，流体进入过渡区，流体受惯性效应的影响加剧，偏离 Darcy 定律；当颗粒雷诺数大于 100 时，流体发展到湍流流动。对于过渡区和湍流区，Darcy 定律的宏观表达式都已不适用。其它研究表明[12]，雷诺数为 2 ～ 3 时，流动从层流转变为过渡流，而当雷诺数大于 60 时，发展为完全湍流。湍流发生时对应的临界雷诺数值变化如此之大，其中所采用的定性尺寸不同可能是重要原因。由于研究者较少，实验工况覆盖的雷诺数范围较小，同时多孔材料的几何特性对于流动形式也有重要影响，因此目前对于多孔材料中湍流流动发生的临界雷诺数判别标准并没有统一认识。

第二节 纤维/泡沫（Foam/Fiber）结构催化剂“气-固”反应的渗透性能

一、多孔材料的渗透性能方程

研究人员针对多孔材料中的非 Darcy 流动阻力特性进行了大量研究，在理论上对多孔材料中的流动进行合理简化[13~16]，提出了毛细管模型和阻力模型，对 Darcy 渗透公式进行了修正，提出了许多经验和半经验的渗透性预测方程[17,18]，表 8-1 总结了一些比较重要的方程[18]。其中，影响较大的有 Forchheimer、Kozeny-Carman 和 Ergun 方程。

表8-1 多孔材料的渗透性预测方程[18]

研究者	关系式	使用范围
Forchheimer 1901	$\dfrac{\Delta P}{L}=\dfrac{1}{k_1}\mu u+k_2\rho u^2$	单相、Darcy 流
Blake 1922	$\dfrac{\Delta P}{L}=\dfrac{k\mu a}{g}\times\dfrac{G^2}{g_c\rho}\times\dfrac{a}{\varepsilon^3}$	单相、Darcy 流、非 Darcy 流
Kozeny 和 Carman 1952	$\dfrac{\Delta P}{L}=5\dfrac{a^2(1-e)^2}{e^3}\mu u_f$	单相，$Re_c<2$
Leva 1947	$\dfrac{\Delta P}{L}=\dfrac{k(1-\varepsilon)}{g_c\varepsilon^3}\dfrac{\mu^2\lambda^{1.1}}{\rho d_p^3}\left(\dfrac{d_pG}{\mu}\right)^{1.9}$	单相、Darcy 流、非 Darcy 流
Ergun 1952	$\dfrac{\Delta P}{L}=150\dfrac{(1-\varepsilon)^2}{\varepsilon^3d_p^2}\mu u_f+1.75\dfrac{1-\varepsilon}{\varepsilon^3d_p}\rho u_f^2$	单相，$\dfrac{Re_{mg}}{1-\varepsilon}=1\sim2000$
Larkins 和 White 1961	$\lg\dfrac{\Delta P_1/L}{\Delta P_1/L+\Delta P_g/L}=\dfrac{0.416}{(\lg x)^2+0.666}$ $x=\left(\dfrac{\Delta P_l}{L}/\dfrac{\Delta P_g}{L}\right)^{0.5}$	气 - 液两相流、均匀流或者非均匀流
Ford 1960	$\dfrac{\Delta P_1}{L}=\dfrac{0.0407g\rho_1\mu_1^2}{\mu_g}Re_1^{0.29}Re_g^{57}$	气 - 液两相流，d_p=1 mm，d_c=4.52 cm
Turpin 和 Huntington 1967	$\dfrac{\Delta P_1}{L}=\dfrac{2\rho_g\mu_f^2}{D_eg_c}f_1$ $\ln f_1=8-1.12\ln Z-0.0769(\ln Z)^2+0.0152(\ln Z)^3$ $Z=Re_g^{1.167}/Re_1^{0.767}$	两相流动 $\left(\dfrac{L}{G}\right)^{0.24}=1\sim5$ $Re_g^{1.167}/Re_1^{0.767}=0.1\sim1000$

续表

研究者	关系式	使用范围
Aerov 和 Tojec 1968	$f_e = \frac{\varepsilon^3}{1-\varepsilon} \times \frac{\rho d_p}{3G^2} \times \frac{\Delta P}{L} = \frac{36.4}{Re_g} + 0.45$	单相，Re_c<2000
Comiti 和 Renaud 1989	$\frac{\Delta P}{L} = 2\tau^2 \phi\mu A_{vd} \frac{(1-\varepsilon)^2}{\varepsilon^3} u_f + 0.0968\rho\tau^3 A_{vd} \frac{1-\varepsilon}{\varepsilon^3} u_f^2$	单相，层流
Khan 和 Varma 1997	$\frac{\Delta P_l}{L} = \frac{u_{fl}^2 \rho_l}{2d_p} f$ 气泡流：$f = 3\times10^7 Re_g^{0.38} Re_l^{-1.7} \left(\frac{dp}{d\tau}\right)^{1.5}$ 脉冲流：$f = 2.36\times10^7 Re_g^{0.26} Re_l^{-1.7} \left(\frac{dp}{d\tau}\right)^{1.5}$ 喷雾流：$f = 3.91\times10^5 Re_g^{1.12} Re_l^{-1.82} \left(\frac{dp}{d\tau}\right)^{1.5}$	两相流，气泡、脉冲和喷雾流态
Seguin 1998	$\frac{\Delta P}{L} = \frac{\mu^2 (1-\varepsilon)^2 a^3 \tau}{2\rho\varepsilon^3} (Re_p + 0.0121 Re_p^2)$	单相、层流或湍流
Jiang 2003	$f_e = \frac{\varepsilon_m^3}{1-\varepsilon_m} \times \frac{\rho d_p}{3G^2} \times \frac{\Delta P}{L} = \frac{117.9}{Re_g} + 0.63$	单相，Re_c<800，烧结颗粒多孔层，颗粒尺寸 1.0 ～ 2.0 mm
Jamialanhmadi 和 Muller-Steinhangen 2005	单相：$\frac{\Delta P}{L} = \frac{f}{2} \times \frac{6(1-\varepsilon)}{d_p e^3} \rho u_f^2$ $\frac{f}{2} = \frac{25}{Re_f} + 0.292$ 两相：$\frac{\Delta P_l}{L} = \frac{f_l}{2} \times \frac{6(1-\varepsilon)}{d_p \varepsilon^3} \rho_g u_f^2$ $\frac{f_l}{2} = 94 \times \left(\frac{Re_l^{1.11}}{Re_g^{1.8}}\right) + 4.4$	Re_c<10

多孔材料的研究方法包括实验研究、理论分析和数值模拟，研究对象从宏观水平逐渐到微观和分子水平，提出了各种各样的多孔材料渗透性预测模型，这些模型可以归纳为以下几类[19]：①实验方程；②毛细管束几何模型；③统计模型；④ Navier-Stokes 方程模型；⑤骨架浸渍绕流模型。例如，Ergun 在研究了 640 组不同直径的砂子和煤粒的阻力实验数据的基础上，于 1952 年提出了 Ergun 方程[20]：

$$\frac{\Delta P}{L} = 150 \frac{(1-\varepsilon)^2}{\varepsilon^3 d_p^2} \mu u_f + 1.75 \frac{1-\varepsilon}{\varepsilon^3 d_p} \rho u_f^2 \tag{8-4}$$

式中，$\Delta P/L$ 是流体流经多孔材料的单位厚度压力降；ε 是空隙率；d_p 是圆形颗粒直径；u_f 是流体表观流速；ρ 和 μ 分别是流体密度和动力黏度。

基于定性尺寸 d_p 的颗粒雷诺数为：

$$Re = \frac{\rho u_{\mathrm{f}} d_{\mathrm{p}}}{\mu} \tag{8-5}$$

Ergun 方程在雷诺数为 0.4 ～ 1000 时，对圆形颗粒填充床内单相流体流动阻力的预测非常有效。另一个应用比较广泛的多孔材料流动阻力模型是 Kozeny-Carman 方程 [18]：

$$\frac{\Delta P}{L} = 5\frac{a^2(1-\varepsilon)^2}{\varepsilon^3}\mu u_{\mathrm{f}} \tag{8-6}$$

该方程基于多孔材料的毛细管束模型，将多孔材料的几何结构近似成毛细管束，流体在多孔材料内的流动为毛细管内的环流，适合雷诺数小于2的层流流动。式中a为Kozeny常数，包含了单位体积孔表面积、孔隙形状和尺寸以及孔隙的弯曲程度的影响。

针对不同形状颗粒（圆形、圆柱、纤维、砂子等）制得的多孔材料，Macdonald[21] 等提出了多孔材料的流动阻力方程：

$$\frac{\Delta P}{L} = A\frac{(1-\varepsilon)^2}{\varepsilon^3 d_{\mathrm{p}}^2}\mu u_{\mathrm{f}} + B\frac{1-\varepsilon}{\varepsilon^3 d_{\mathrm{p}}}\rho u_{\mathrm{f}}^2 \tag{8-7}$$

对非球形颗粒 $d_{\mathrm{p}} = 6/a_{\mathrm{vs}}$，$a_{\mathrm{vs}}$ 为颗粒的实际表面积与假设球体表面积之比。式（8-7）中 $A = 180$，B 与颗粒壁面粗糙度有关，其值介于圆滑颗粒的 1.8 和粗糙颗粒的 4.0 之间。

Comiti 和 Renaud[19] 在毛细管束模型的基础上，考虑多孔材料床层内的弯曲因子、颗粒重叠和壁面粗糙度影响的条件下，提出了流动阻力预测的方程：

$$\frac{\Delta P}{L} = 2\tau^2\phi\mu A_{\mathrm{vd}}\frac{(1-\varepsilon)^2}{\varepsilon^3}u_{\mathrm{f}} + 0.0968\rho\tau^3 A_{\mathrm{vd}}\frac{1-\varepsilon}{\varepsilon^3}u_{\mathrm{f}}^2 \tag{8-8}$$

式中，ϕ 为空隙形状因子；A_{vd} 为颗粒动态比面；τ 为弯曲因子，定义为流体流过弯曲毛细管通道的平均有效路径长度与多孔材料厚度之比。

对不同类型的多孔材料填充床，基于床层空隙率，可以用下面的简单方程预测弯曲因子：

$$\tau = 1 + p\ln\frac{1}{\varepsilon} \tag{8-9}$$

方程满足$\varepsilon = 1$、空管条件下，$\tau = 1$。p是受颗粒形状和平均流向影响的参数，对球形颗粒，$p = 0.49$；对纤维状圆柱体，$p = 1.55$比较合适。

Mauret 和 Renaud[22] 在层流和湍流条件下检验了基于毛细管束模型的式（8-8）用于纤维床和颗粒流化床的大空隙率床层的有效性。结果发现毛细管束模型适用于低空隙率床层，但在高雷诺数下，要考虑流体流型的影响；在低雷诺数下，毛细管束模型不适用于空隙率大于 0.7 ～ 0.8 的床层，这是由于高空隙率层流下，流体在多孔材料空隙中的流动已经不是管流，而要受颗粒搅动的强烈影响，所以毛细管束模型预测阻力并不理想；但在高雷诺数湍流下，颗粒的搅动作用减弱，流体又形成了管流，即使对高空隙率床层的流动阻力预测也很好。

Donald 等[23,24]基于毛细管束模型，考虑层流时的黏性阻力损失，以及湍流时的内部阻力损失，提出了适合全空隙率范围的纤维包结细颗粒复合材料的渗透性预测（porous material permeability，PMP）方程［式（8-10）］：

$$\frac{\Delta P}{L}=72\frac{\tau^2}{\cos^2\theta}\times\frac{\mu\upsilon_0}{g_c}\times\frac{(1-\varepsilon)^2}{\varepsilon^3}\left[\left(\sum\frac{X_i}{\phi_i D_i}\right)^2+X_{FD}\sum\frac{X_i}{(\phi_i D_i)^2}\right]u_f+$$

$$6\frac{\tau^3}{\cos^3\theta}\times\frac{\rho\upsilon_0^2}{2g_c}\times\frac{1-\varepsilon}{\varepsilon^3}\left(C_f+C_{FD}\frac{\varepsilon}{4}\right)\sum\frac{X_i}{\phi_i D_i} \tag{8-10}$$

式中，θ 为流体流过床层的流向角，是可调参数，在 0° ～ 45° 之间；X_i、ϕ_i 和 D_i 分别是复合材料中各固体组分所占体积分数、各组分的形状因子和特征直径；$X_{FD}=\varepsilon^2/[12(1-\varepsilon)]$ 是形状阻力因子；$C_f=0.2$，湍流摩擦因子；$C_{FD}=C_D-C_f$，湍流中颗粒的形状阻力因子，$C_D=0.6$，湍流中颗粒阻力系数；$\tau=1+(1-\varepsilon)/2$，弯曲因子由复合材料假设成均匀的立方体纤维骨架中包含颗粒模型推出。然而，该方程对纤维包结细颗粒的复合材料在低流速和低空隙时才有较好的阻力预测效果。

需要指出的是，整装泡沫 / 纤维（Foam/Fiber）结构基体内部复杂的非规则三维（3D）空隙结构，流体在流经 Foam/Fiber 时被分割为多个支流，而各支流又可随机交汇，因此很难建立严格或准确的物理和数学模型来描述 Foam/Fiber 内的流体流动状态。目前普遍采用的是建立在各种简化模型上的经验或半经验公式，而这些经验或半经验公式都有一定的适用范围及误差，距离建立系统完善的多孔材料渗透理论还有一定距离，因此继续开展 Foam/Fiber 渗透性的研究，深入了解 Foam/Fiber 的渗透性，对于高性能结构催化剂与反应器的设计以及实际工业操作具有重要意义。Foam/Fiber 的渗透性研究主要分为三个方面[25~27]：实验研究、理论研究、模拟计算研究。其中实验研究最直观准确，但没有扩展性且测定范围受实验设备的限制；理论研究适用性广，但模型推导比较困难；模拟计算研究简单方便，无条件限制，但对物理模型有一定要求且有一定误差。华东师范大学路勇教授课题组围绕 Foam/Fiber 结构催化剂渗透性研究开展了积极探索，以下总结主要基于李剑锋[28]和李亚坤[29]的博士学位论文，并结合近期国内外的最新研究成果整理而得。

二、纤维结构催化剂的渗透性

1. 渗透性测试装置及实验流程

测试装置如图 8-1 所示。实验流程如下：实验段放置直径 20 mm、厚度不同的纤维包结细颗粒结构催化剂；压差测量采用三个并联的 Dwyer2000 型压差计，量程分别为 60 Pa、250 Pa 和 500 Pa，最大测量相对误差 2.0%。

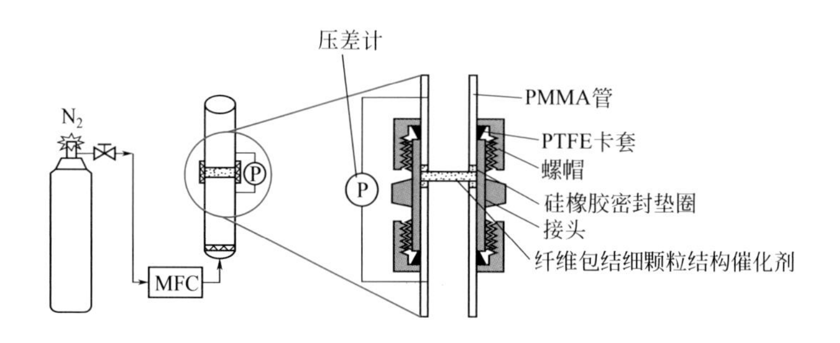

图 8–1　渗透性测试装置示意图

2. 渗透性测试

制备烧结金属镍纤维（Ni-fiber，直径 8 μm）基体和镍纤维包结 SiO_2 和 Al_2O_3 细颗粒复合材料 [$SiO_2(Al_2O_3)$/Ni-fiber][28]，采用表 8-2 中所列公式计算各参数。对 Ni-fiber 基体，由所测试的重量（W）和体积（V），通过金属 Ni 的密度（ρ_{Ni}）计算出 Ni-fiber 所占体积、Ni-fiber 体积分数及其空隙率（ε），其中 ε 按式（8-11）计算可得。对 $SiO_2(Al_2O_3)$/Ni-fiber，分离出 SiO_2 或 Al_2O_3 并称重，可得到催化剂中细颗粒的质量分数（$W_{particle}$）和 Ni-fiber 的质量分数（W_{Ni}），并由所测得的催化剂重量（W）和体积（V），通过金属 Ni 的密度（ρ_{Ni}）和细颗粒的颗粒密度（$\rho_{particle}$）计算出复合材料的 Ni-fiber 体积分数［V_{Ni}，式（8-12）］、颗粒体积分数［$V_{particle}$，式（8-13）］和催化剂空隙率［ε，式（8-14）］，以及 Ni-fiber 所占固体骨架的体积分数［X_{Ni}，式（8-15）］和细颗粒所占固体骨架的体积分数［$X_{particle}$，式（8-16）］。取等效细颗粒直径为定性尺寸，则催化剂中流体的等效细颗粒雷诺数和直径计算公式为式（8-17）和式（8-18）：d_{pe} 为等效细颗粒直径；X_i 为任意形状固体组分占固体骨架的体积分数；ϕ_i 为任意形状固体组分的形状因子；D_i 为各任意形状固体组分的特征尺寸；u_{0f} 为流体的空管流速；μ_f 为流体的运动黏度。

表8–2　各参数计算公式

参数	计算公式
空隙率	$\varepsilon = 1 - \dfrac{W/\rho_{Ni}}{V}$　（8-11）
Ni-fiber 体积分数	$V_{Ni} = \dfrac{WW_{Ni}}{\rho_{Ni}V}$　（8-12）
颗粒体积分数	$V_{particle} = \dfrac{WW_{particle}}{\rho_{particle}V}$　（8-13）
催化剂空隙率	$\varepsilon = 1 - V_{particle} - V_{Ni}$　（8-14）

续表

参数	计算公式
Ni-fiber 所占固体骨架体积分数	$X_{Ni}=\frac{V_{Ni}}{V_{Ni}+V_{particle}}$ （8-15）
细颗粒占固体骨架体积分数	$X_{particle}=\frac{V_{particle}}{V_{particle}+V_{Ni}}$ （8-16）
等效细颗粒雷诺数	$Re_p=\frac{\rho_f u_{0f} d_{pe}}{\mu_f}$ （8-17）
等效细颗粒直径	$\frac{1}{d_{pe}}=\sum\frac{X_i}{\phi_i D_i}$ （8-18）

图 8-2 是纯 Ni-fiber 基体空隙率对渗透性的影响关系。可以看出，空隙率从 89.4% 升高到 97.1%，对应的单位厚度压力差却降低至 1/8，可见空隙率对纯 Ni-fiber 基体的渗透性影响非常大。

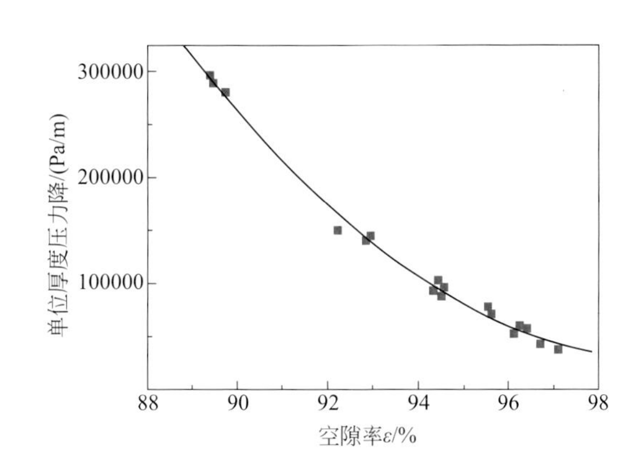

图 8-2　纯 Ni-fiber 基体空隙率对渗透性的影响

对比了 SiO_2/Ni-fiber 与相同直径的 SiO_2 细颗粒填充床的渗透性，SiO_2/Ni-fiber 与 SiO_2 细颗粒堆积床结构模型示意图如图 8-3 所示。在不同 N_2 流速下，用 Ergun 方程［式（8-4）］计算出 60 ～ 80 目细颗粒不同堆积形式床层的渗透性，与纤维包结细颗粒复合材料的实验结果进行了对比，如图 8-4 所示。纤维包结细颗粒复合材料在相同气体流速下的单位厚度压力差高于理想的细颗粒立方堆积床层，远小于普通堆积床和紧密堆积床。立方堆积形式在细颗粒填充床中具有最高的空隙率（约 47.7%），渗透性很好，但难以实现。细颗粒紧密堆积和普通堆积床层由于空隙率的减小，单位厚度压力差大幅升高，渗透性能很差。纤维包结细颗粒复合材料具有很大的空隙率，细颗粒之间的空隙明显大于立方堆积形式，但由于颗粒间大量微米级 Ni-fiber 表面摩擦增加了流动的摩擦阻力，以及微米级 Ni-fiber 网络和细颗粒在流体中原位振动所引起的扰动作用，增强了流体流动的黏性耗散作用，增加了材料内流体流动的黏性阻力，使其渗透性差于立方堆积床，但远优于普通堆积床和紧密堆积床。

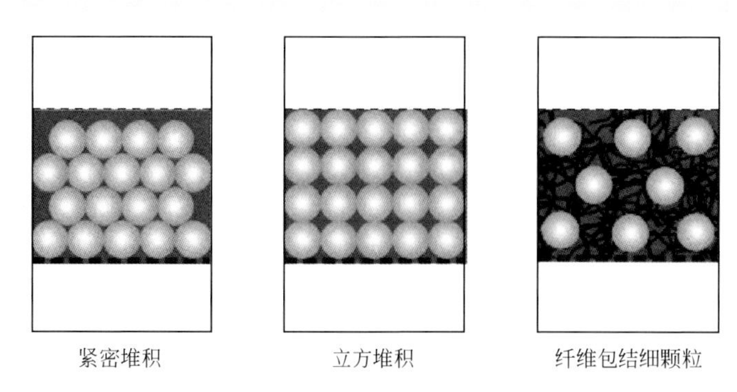

图 8-3　细颗粒堆积床和纤维包结细颗粒复合材料的模型结构示意图

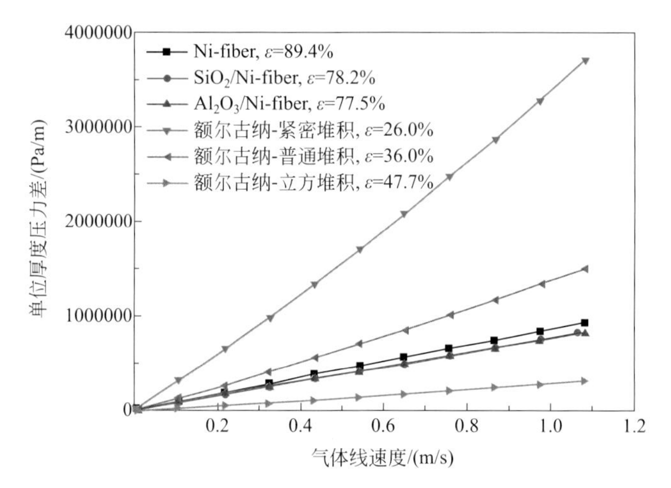

图 8-4　细颗粒堆积床与纤维包结细颗粒复合材料渗透性对比

Ergun为土耳其化学工程师Sabri Ergun（萨布里・额尔古纳）

3. 纤维包结细颗粒复合材料的渗透性方程修正

Tatarchuk 等 [23,24] 虽然建立了用于预测纤维包结细颗粒复合材料渗透性的 PMP（porous material permeability）方程［式（8-10）］，但该方程仅在低流速和低空隙时有较好的阻力预测效果。李剑锋 [30] 在毛细管束模型基础上，综合分析了纤维包结细颗粒复合材料流体流动的层流流型，引入了新的弯曲因子公式和扰动因子定义，经过大量渗透性实验验证，建立了更符合纤维包结细颗粒复合材料的修正 PMP 渗透性预测方程：

$$\frac{\Delta P}{L} = A'\nu_0 \tag{8-19}$$

$$A' = 72 \times \frac{\tau'^2}{\gamma^2} \times \frac{\mu(1-\varepsilon)^2}{\varepsilon^3} \times \left[\left(\sum \frac{X_i}{\phi_i D_i} \right)^2 + X_{\mathrm{FD}} \sum \frac{X_i}{(\phi_i D_i)^2} \right] \tag{8-20}$$

方程中单位厚度压力差与流体流速成正比，符合纤维包结细颗粒复合材料中层流流型的 Darcy 定律表达式。渗透性常数 A' 可以从纤维和细颗粒的结构性质预测，如纤维和细颗粒的特征直径 D_i、形状因子 ϕ_i、所占体积分数 X_i，以及空隙率 ε、总弯曲因子 τ' 和扰动因子 γ 等。方程中各物理量均采用国际单位制。$X_{FD} = \varepsilon^2/[12(1-\varepsilon)]$ 为形状阻力因子，表征均匀的各向同性多孔材料中黏性形状阻力损失与黏性表面摩擦阻力损失的比率。$\tau' = \tau_p + \tau_f - 1$ 是复合材料的总弯曲因子，其中 τ_p 和 τ_f 分别为细颗粒组分弯曲因子和纤维组分弯曲因子，计算式分别为[31]：

$$\tau_p = 1 + 0.49\ln\frac{1}{1-(1-\varepsilon)X_p} \tag{8-21}$$

$$\tau_f = 1 + 1.55\ln\frac{1}{1-(1-\varepsilon)X_f} \tag{8-22}$$

$\gamma = 2.220\varepsilon^2 - 4.575\varepsilon + 2.932$，为扰动因子，表征纤维和细颗粒的原位振动产生流体搅动对流动阻力的影响，空隙率适用范围为 $0.447 < \varepsilon < 0.971$。用修正后的 PMP 方程对纤维包结细颗粒复合材料的流动阻力进行预测，计算结果与渗透性实验结果比较吻合，相对偏差在 10% 以内；空隙率 ε 减小，纤维体积分数 X_{Ni} 增大，相同 N_2 气速下，单位厚度压力差增加，流动阻力变大。

4. 纤维包结细颗粒复合材料内流体流动模拟

李剑锋等[28]利用计算流体力学（computational fluid dynamics，CFD）软件 Fluent 数值模拟平台中的多孔材料模型联合，得到了纤维包结细颗粒复合材料流动阻力的渗透性方程，并对流体流动进行了数值模拟。用 Fluent 软件的 Gambit2.2[32] 模块对渗透性测试装置建立三维物理模型，如图 8-5（a）所示，以 N_2 为流动工质，流通管内径 14 mm，所测试材料厚度 10 mm，进出口管长均为 50 mm。Fluent 软件采用有限体积元（finite volume element，FVE）计算法对物理模型进行网格划分[图 8-5（b）]，网格全部由正六面体组成，材料放置区在厚度的方向上减小网格高度进行网格加密，最小体积约为 5.447×10^{-10} m³，最大体积约为 1.304×10^{-9} m³，计算域网格总数约 1.7 万个。

对边界条件的设置包括速度入口边界、压力出口边界和壁面边界、多孔材料放置区参数设置，以及流动模拟求解模型选择。*AB* 圆面为速度入口边界，气体流速根据实验条件进行调整，入口气体温度为常数（27 ℃）。*EF* 圆面为压力出口边界，模型出口距离多孔材料放置区较远，出口管压力降很小，所以把出口相对压力设定为零，出口无回流。*ABCH*、*CDGH*、*DEFG* 圆柱面为缺省的壁面边界，温度为 27 ℃，绝热壁面，没有热通量和质量通量；假定壁面无滑移条件，壁面上速度为零。多孔材料的空隙率与实验条件下的复合材料空隙率相同。Fluent 软件中多孔材料模型为各向同性均匀，其流动阻力计算方程为：

$$S_i = \frac{\mu}{\alpha}u_i + C_2 \frac{1}{2}\rho|u_i|u_i \tag{8-23}$$

式中，α 为黏性阻力系数；C_2 为内部阻力系数。单相流体通过各向同性、均匀多孔材料的层流流动，压力差和速度成正比，内部阻力系数 C_2 为零。根据纤维包结细颗粒复合材料的修正渗透性方程［式（8-19）和式（8-20）］，从复合材料中纤维和细颗粒的特征直径、形状和体积分数对层流流动阻力进行预测，并联合 Fluent 软件中多孔材料模型的流动阻力计算方程，可以得到复合材料放置区需设置的黏性阻力系数 $1/\alpha = A'/\mu/\mathrm{m}^{-2}$；内部阻力系数 $C_2 = 0\ \mathrm{m}^{-1}$。流动模拟计算选择三维稳态隐式分离求解器，关闭能量守恒方程，流体流型选择层流模型，流体物性选择实验工质为 N_2［密度 1.138 $\mathrm{kg/m^3}$，黏度 $1.663\times10^{-5}\ \mathrm{kg/(m \cdot s)}$］，不考虑重力加速度的影响。

以镍纤维包结 Al_2O_3 细颗粒复合材料（Al_2O_3/Ni-fiber）为模拟样品，N_2 流速 0.6496 m/s 为模拟工况，介绍流体流动数值模拟过程中各物理量的变化趋势。复合材料模型设置的黏性阻力系数 $1/\alpha = 2.43334\times10^{10}\ \mathrm{m}^{-2}$，内部阻力系数 $C_2 = 0\ \mathrm{m}^{-1}$，空隙率 0.7727。图 8-6（a）和（b）为模拟工况下管内流体流场的轴向截面速度矢量和等高线图，可以看出，气体流速在进出口空管的轴向截面上为同心圆的对称分布，中间流速最大，在壁面流速为 0，并且沿流动方向，空管中心流速逐渐增大，符合空管内的层流流动特征；Al_2O_3/Ni-fiber 的流体流速在轴向和径向都相同，流速大小与入口平均流速相等，这是因为复合材料内各向同性，空隙结构分布均匀。图 8-6（c）和（d）为模拟工况下管内流体流场的轴向截面压力等高线图和轴向压力变化曲线，由图可见，进出口空管内无流动阻力，压力分布相等；Al_2O_3/Ni-fiber 放

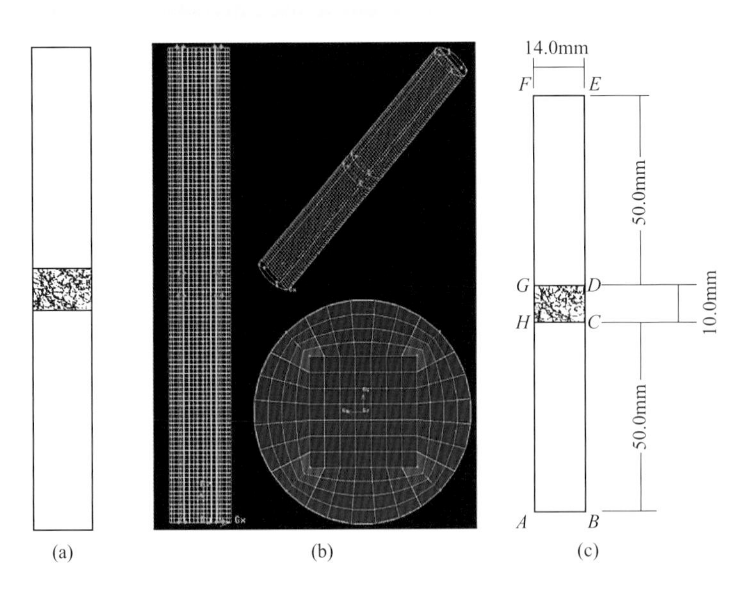

图 8-5　流动模拟物理模型（a）网格划分（b）和边界条件设置（c）

置区由于流动阻力的不断增大，其压力沿流动方向逐渐降低，呈线性减小。图 8-7 是 Al_2O_3/Ni-fiber 样品在不同 N_2 流速下单位长度压力差的实验值和 Fluent 软件模拟值的对比结果，从图中可见，Al_2O_3/Ni-fiber 流动阻力的渗透性实验结果与 Fluent 软件模拟结果比较一致。

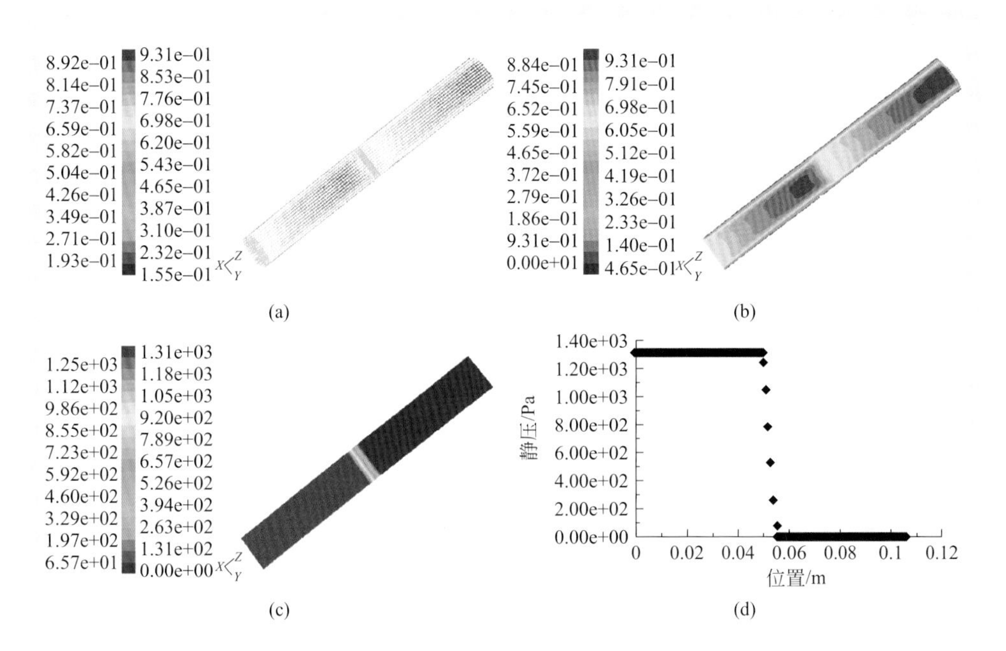

图 8-6　轴向截面速度矢量图（a）、轴向截面速度等高线图（b）、轴向截面压力等高线图（c）和轴向压力变化曲线（d）

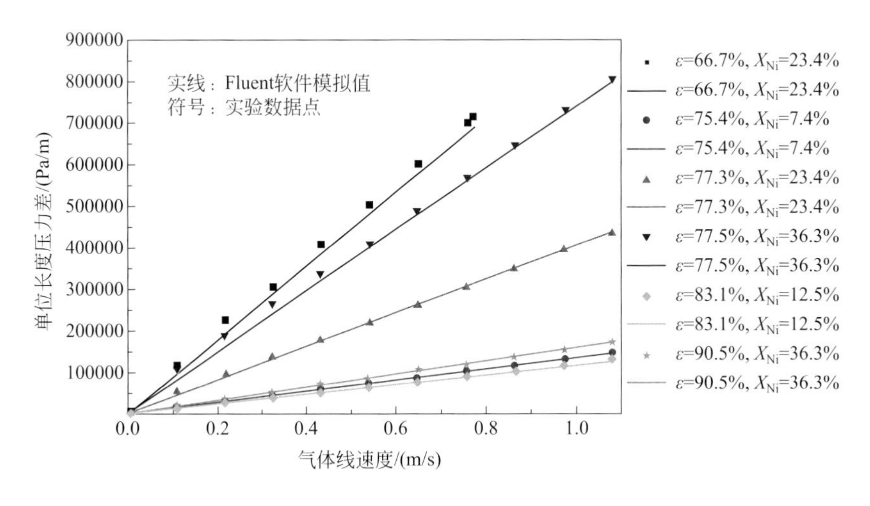

图 8-7　Al_2O_3/Ni-fiber 的渗透性实验值和 Fluent 软件模拟值对比

三、泡沫结构催化剂的渗透性

Plessis 等[33]研究了高空隙率金属泡沫的压力降问题，结果表明在 Darcy 区域及非 Darcy 区域，恒温牛顿流体的实验结果都和理论模型结果十分吻合，同时提出了代表单元（representative unit cell，RUC）的概念，此概念无论对高空隙率还是低空隙率，金属泡沫的理论模型研究都十分方便。Suleiman 等[34]利用计算流体力学（computational fluid dynamics，CFD）软件在介观尺度对开孔金属泡沫的渗透

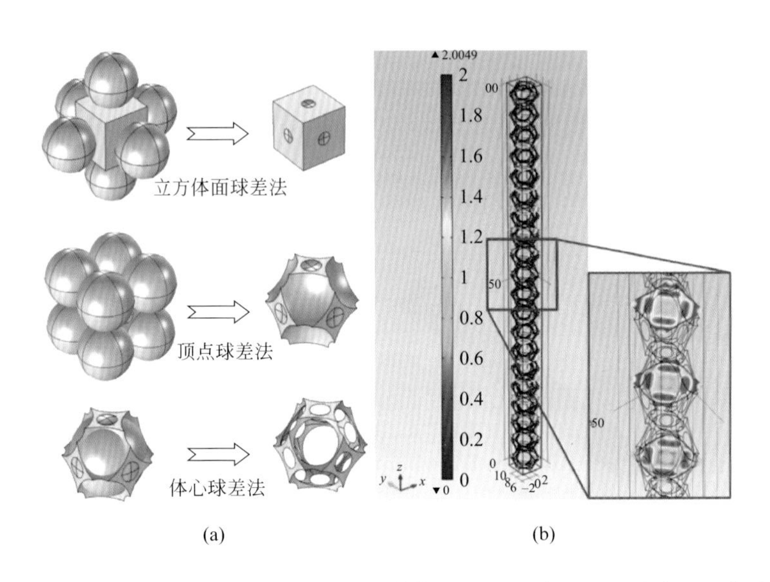

图 8-8　计算模型建模过程（a）和入口速率 1.18 m/s 条件下的速度场分布（b）[34]

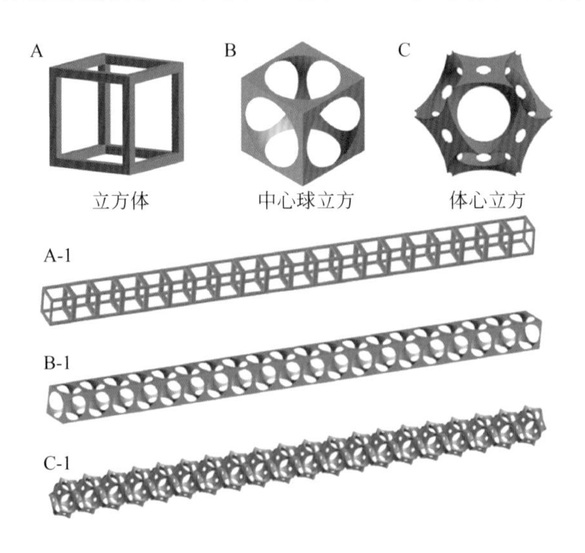

图 8-9　基元结构及计算模型图

性进行了研究，图 8-8（a）为计算模型建模过程，图 8-8（b）为入口速率 1.18 m/s 时的速度场分布情况。对比模拟结果和实验结果，发现模拟值在低流速（<1.2 m/s）时与实验值吻合良好，而在高流速（>1.2 m/s）时与实验值发生偏离，且流速越大，偏离越大。

华东师范大学李亚坤[29]同样利用 CFD 软件 Fluent 对金属泡沫在空气中的渗透性进行了研究。首先考察了计算模型［立方体模型（cube cell model，CC）、中心球立方模型（centric ball cube model，CBC）、体心立方模型（body center cube model，BCC）］的影响（图 8-9）。为了便于同文献结果[34]进行对比，在模拟计算中选取同文献相同的泡沫结构（孔密度 10 PPI，空隙率 91.2%），结果显示中心球立方模型结果和实验结果完全符合，而体心立方模型结果明显高于实验值，立方体模型则略低于实验值（图 8-10）。

以中心球立方模型为基础考察了金属泡沫结构参数的影响。图 8-11 是孔密度为 10 PPI 时空隙率（80% ～ 96%）对压力降的影响。由图可见，单位床层压力降

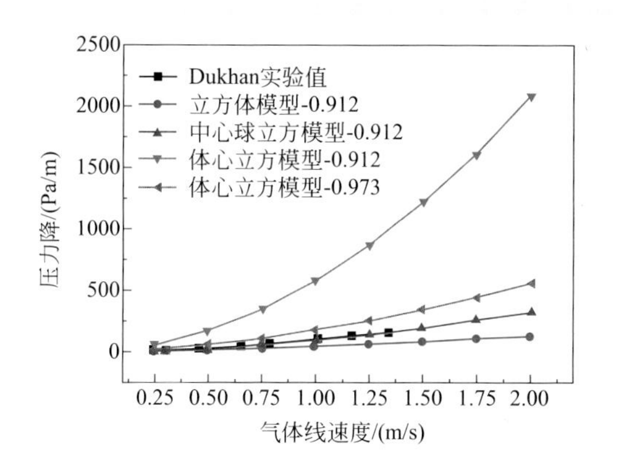

图 8–10　不同模型压力降计算结果

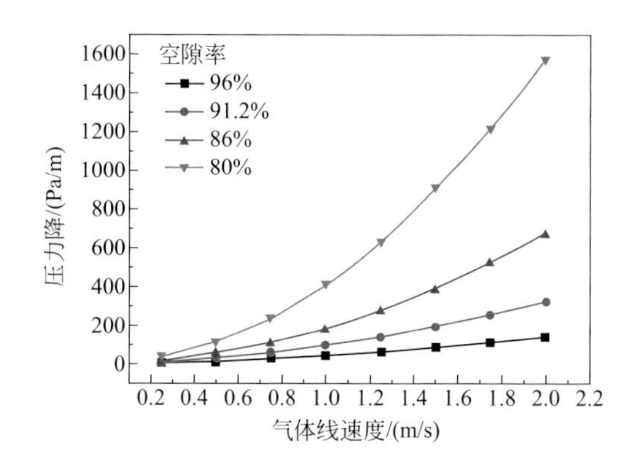

图 8–11　空隙率对压力降的影响（孔密度为 10 PPI）

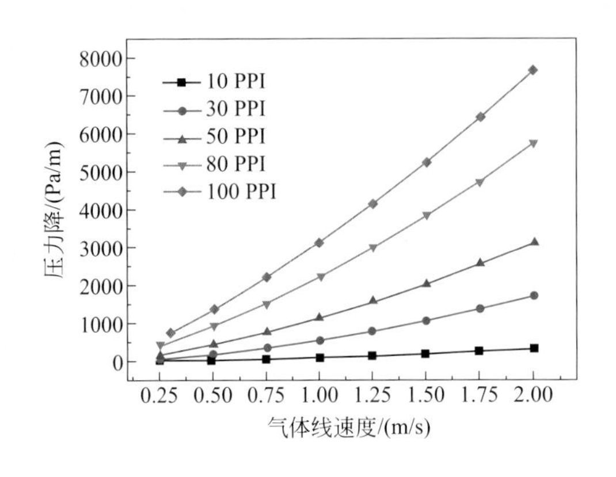

图 8–12 孔密度对压力降的影响（空隙率为 91.2%）

随空隙率增加而迅速降低，且降幅逐渐减小。在低空隙率下（小于 91.2%），单位床层厚度压力降和流体流速之间呈非线性关系，但随着空隙率的增加，单位床层厚度压力降和流体流速之间逐渐变为线性关系。图 8-12 是空隙率为 91.2% 时孔密度对压力降的影响。由图可见，孔密度同样对金属泡沫单位床层厚度压力降影响显著。随孔密度增加，单位床层厚度压力降迅速升高：例如当流体线速度为 2.00 m/s 时，金属泡沫床层压力降从 10 PPI 时的 326 Pa/m 增加到 100 PPI 时的 7698 Pa/m。另外，在考察的孔密度范围内，单位床层厚度压力降和流体线速度之间一直呈近似线性关系。

基于上述数值模拟计算结果，可进一步建立金属泡沫材料的渗透性方程。根据范宁摩擦因子定义式（8-24），计算孔密度为 100 PPI、空隙率为 91.2% 的金属泡沫材料的范宁摩擦因子，并将其与雷诺数进行关联，结果如图 8-13 所示。由图可见，范宁摩擦因子随雷诺数升高而迅速下降，当雷诺数大于 50 后降幅趋于平缓，与文献报道值相同[34]。将范宁摩擦因子和雷诺数数据进行曲线拟合，得到关系式（8-25）。

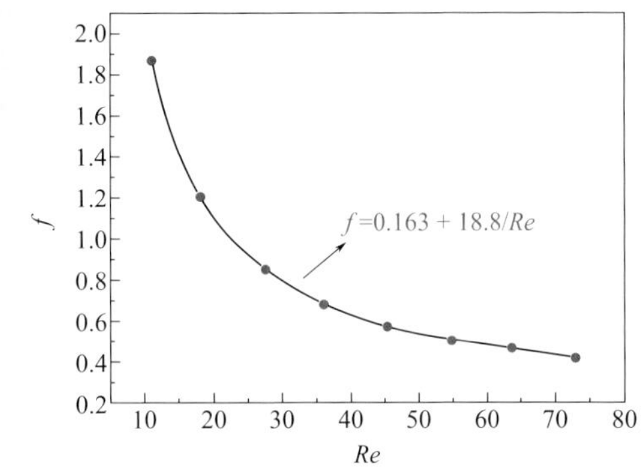

图 8–13 范宁摩擦因子 f 与雷诺数 Re 关系（孔密度 100 PPI、空隙率 91.2%）

$$f=\frac{\Delta P/L}{2\rho u^2}D_{\mathrm{p}} \tag{8-24}$$

$$f=0.163+18.8/Re \tag{8-25}$$

第三节 纤维/泡沫结构催化剂“气-固”反应的传热性能

多孔材料空隙中含有液体或气体或两者均有时，热量传递既可以通过固体骨架的导热、也可以借助流体的导热和对流传热，以及高温时的辐射传热。根据流体流速、相态、组分及物性的不同，多孔材料固体骨架性质、空隙率、弯曲率的不同，以及流体与固体骨架温度的高低，可以形成多孔材料内传热的各种过程[35]：①固体骨架之间存在或不存在接触热阻时的导热过程；②流体的导热和对流传热过程；③流体与固体骨架之间的对流传热过程；④固体骨架之间、固体骨架与空隙流体之间的辐射传热过程。一般来说，当多孔材料的温度不太高时，多孔材料中的辐射换热可以忽略不计。但对高温多孔材料，如高温多孔元件冷却、高温烟气的多孔材料能量回收，辐射换热必须考虑。下面主要介绍多孔材料中起主要作用的导热和对流换热过程，对辐射换热过程也略加介绍。

1. 导热过程

当多孔材料的固体骨架紧密连接且不移动，多孔材料的温度不太高、无相变，且空隙中流体处于静止状态或流动甚微，并有 $Gr \cdot Pr=Ra$（雷利数，判断自然对流中边界层中的流动特性）$< 10^3$，即相当于颗粒平均直径不超过 4 ～ 6 mm 或空隙当量直径小于 5 mm 的条件下，多孔材料内的传热过程是由固体与流体的微观粒子运动而引起的热量传递，即导热过程控制[3]。多孔材料内的纯导热过程比单一均质物体中的导热要复杂得多，一般包括：①固体骨架的导热过程；②多孔材料空隙中流体，以及固体颗粒内的微孔隙中流体的导热过程；③固体骨架之间存在接触热阻时的导热过程。研究表明[36]，由于固体骨架与流体物性的不同，骨架与流体对导热的贡献也不同，一般来说，固体骨架对多孔材料的导热性能的影响不占主导地位，尤其是那些非金属多孔骨架；若流体为气体时，气体对多孔材料的导热性能起着重要作用，而固体颗粒内的微孔隙中的气体对导热过程也有相当影响；正常压力下，固体颗粒之间存在气体时的接触热阻可以忽略不计，但在低压或中等温度下，接触热阻不可忽略。多孔材料的有效热导率主要受空隙率、孔隙形状和尺寸分布、固体颗粒直径的影响，除了可以用实验方法取得外，用理论方法进行计算预测也具有十分重要的意义。曾有许多学者进行过理论计算方面的研究，提出过各种各样的多孔材料有效热导率的计算式，较为著名的有 Russell 和 Loeb 等公式[37,38]。将多孔材料看成由相互平行的圆柱形通道分布在固体中，流体在通道中流动，如果热量传递方向平行于多孔材料孔隙，通过固体骨架的导热和通过流体的导热同时发生，假设固体骨架和流体之间没有热交换，则其有效热导率为[3]：

$$k_e = \varepsilon k_f + (1-\varepsilon)k_s \tag{8-26}$$

式中，k_e 为有效热导率；k_f 和 k_s 分别为流体和固体骨架的热导率；ε 为多孔材料空隙率。若热量传递方向与多孔材料空隙垂直，则流体与固体骨架之间有热量传递，有效热导率为：

$$k_e = \frac{k_s k_f}{\varepsilon k_s + (1-\varepsilon)k_f} \tag{8-27}$$

2. 对流换热

多孔材料空隙中流体流动产生的固体骨架和流体间的热量交换，导致对流换热的发生，既包括大团流体运动与混合的对流作用，也包括流体分子运动的热量传递作用[3]。多孔材料中的对流换热可以分为强迫对流换热和自然对流换热，在外力如外部压力作用下形成的对流换热称为强迫对流换热；由多孔体内不同部分流体的温度、浓度或密度差异产生的对流换热，称为自然对流换热。对多孔材料中的对流换热做定量分析，先要根据能量守恒定律，列出固相、气相和 / 或液相的能量微分方程，再加上边界条件、初始条件、状态方程以及流动、传质本构方程就组成了多孔材料内对流换热问题的数学描述。文献 [39] 对烧结锡青铜颗粒的多孔材料薄板进行对流换热实验，多孔材料内的对流换热包括了流体和固体骨架间复杂的热交换，对物理模型进行一定假设，得到简化的数学模型；控制方程采用局部体积平均的方法，写出固体骨架和流体的能量方程；考虑多孔材料内弥散效应对传热的影响，写出轴向热弥散热导率计算式；根据实验的初始条件和边界条件，先假设一个对流换热系数，根据物理模型的几何尺寸、物性、流量，测得进口流体和固体温度及出口固体温度，可以根据方程的解析得到流体的出口温度，调整对流换热系数值，使计算得到的流体出口温度和实验值相符合，即得到一定实验条件下的多孔材料对流换热系数值。文献 [39] 还指出，由于颗粒直径比较小，锡青铜颗粒热导率很大，固体骨架的导热热阻可以忽略，对流换热可采用集总参数法分析，即根据固体骨架和流体间的热平衡关系求得一定实验条件下的对流换热系数值，对比了数值模拟方法得到的平均对流传热系数和实验数据，直接用集总参数法处理得到的结果，两者相差在 10% 以内。

3. 辐射换热

多孔材料辐射换热分为多孔材料内辐射换热和多孔材料外表面辐射换热。前者是多孔材料内部固体骨架温度较高时出现的，如烧蚀材料、核反应棒、化工填充床等；后者发生在高温多孔材料外表面向外界传热过程中。多孔层内辐射换热是多孔材料孔壁间热量的吸收、发射和散射，在工程上一般将辐射换热折算成“对流”换热的形式，即将其转化为确定辐射当量换热系数的问题。如圆形孔隙内的辐射传热系数 h_{rd} 可表示为[40]：

$$h_{rd} = 4\sigma\varepsilon_e n^2 T^3 R \tag{8-28}$$

式中，σ 为 Stefan-Boltzmann 常数；ε_e 为孔壁表面发射率；n 为气体折射率；T 为多孔材料温度；R 为孔隙平均尺寸。

一、多孔材料强化传热

多孔材料由于有许多相互连通的微细孔道而使流体流动受到随机性掺混，呈现出动量和热量的弥散效应，其作用与湍流中的涡流相似，能使流体分子团产生径向掺混，使径向温度分布均匀平坦化，从而使多孔材料内的对流换热得到显著增强[41]。多孔材料引发的弥散效应强化对流换热与多孔材料的空隙率、多孔体的形状与尺寸以及通道的形状与尺寸等因素有关。同时，高热导率的多孔材料固体骨架作为热量快速传导载体，有利于整个多孔床层的温度均匀，将热量尽快传递到流体内部。

Zeigarnik[42]、Hwang[43]和司广树[44]等对充满堆积金属颗粒或非金属颗粒的水平通道中的对流换热进行研究发现，多孔材料可使换热系数提高 5 ～ 12 倍。李勐[45]等对空气和水流经烧结青铜颗粒水平多孔槽道表面上的对流换热系数进行研究，结果表明，与空槽道换热相比，填充多孔材料后，水流过实验段的平均对流换热系数可提高 7 ～ 9 倍，空气可提高 3 ～ 30 倍；烧结颗粒多孔材料的强化换热能力大于非烧结的堆积床。但多孔材料在强化换热的同时，会增加压力损失。姜培学[46,47]等用切割方法构造了微细板翅结构多孔体，并与相近空隙率的烧结颗粒多孔材料进行了比较：与空槽道相比，微细板翅结构使水的对流换热系数提高 10 倍以上，空气的对流换热系数提高 16 ～ 40 倍，大大强化了换热；与相同空隙率的烧结多孔材料相比，微细板翅结构的流动阻力相近，而对流换热系数却增大。

Megerlin 等[48]用直径 0.1 mm 的不锈钢丝编织成网状和刷状内插物进行了管内强化换热研究。实验和计算结果表明，网状内插物的换热强度提高了 900%，刷状提高了 500%，两种多孔体的空隙率大约是 80%。两种内插物都明显增强了换热，但阻力系数却提高了 60 倍。许多关于多孔材料的换热研究结果[49]表明，多孔材料引发的弥散效应能强化换热，但在研究的空隙率（小于 80%）范围内，流阻增加却更明显。文献 [50] 用 1 mm 左右的金属丝按一定规律编织成大空隙率（> 95%）的绕花丝多孔体强化管内换热。花丝多孔体插入换热管后，由于花丝金属丝的变形和三个线圈间的相互缠绕，使花丝在管内形成复杂通道。流体在花丝形成的通道中流动，就如在一大空隙率多孔材料中流动一样。这些曲折的通道使流体微团不断碰撞、转向，从而形成螺旋运动和径向位移相叠加的复杂流动，使径向温度分布均匀平坦化，而使管内对流换热得到强化。华东师范大学路勇教授课题组在 Foam/Fiber 结构催化剂传热性能方面也开展了积极的研究探索，以下对 Foam/Fiber 结构催化剂传热性能的研究进展总结，主要基于李剑锋[28]和李亚坤[29]的博士学位论文，并结合近期国内外的最新研究成果整理而得。

二、纤维结构催化剂的传热性能

1. 传热测试装置及实验流程

测试装置如图 8-14 所示。传热实验段放置直径 20 mm、厚度 5 mm 的纤维结构催化剂；对于 60 ～ 80 目的 SiO_2 细颗粒，称重后用 100 ～ 120 目的不锈钢网上下包夹成直径 20 mm、厚度 5 mm 的圆柱置入传热实验段；阻力实验设计在冷态下

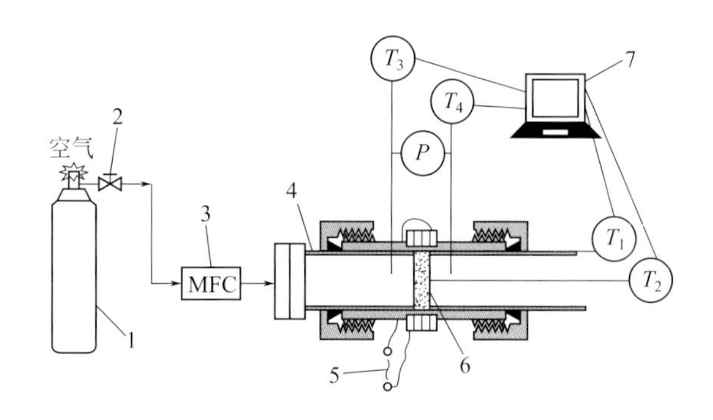

图 8-14　传热和阻力测试装置示意图

1—空气钢瓶；2—减压阀；3—质量流量控制器；4—测试区；5—电加热器；6—多孔材料床层；7—多通道温度记录仪；P—进出口压差；T_1—管内壁温度；T_2—多孔材料中心温度；T_3—进口温度；T_4—出口温度

测量流动阻力损失，即不同流量下的进出口压差，压差测量采用 Dwyer2000-500PA 型压差计，最大相对误差 2.0%；电加热器为直径 0.1 mm 的镍铬合金加热丝（外面包有耐高温的绝缘橡胶层），将合金加热丝均匀螺旋缠绕在管体外面，通电后电压稳定时产生的热量能均匀地传给实验段管体，形成管外壁恒热流的边界条件；热传导实验是在电加热器功率一定、无空气流量下，从室温开始给多孔材料加热，记录升温过程每个时刻的管内壁和多孔材料中心的温度；对流换热实验是在电加热器功率一定、不同的空气流量时记录空气进出口温度和对应的管内壁和多孔材料中心温度，对实验数据进行处理得到多孔材料的对流换热系数。

2. 数据处理方法

热传导实验中，无空气流动，多孔材料内流体和固体骨架间的对流换热可以忽略，而通过固体骨架和流体的导热同时发生，假设固体和流体之间没有热交换，多孔材料的体积平均有效热导率为[51]：

$$k_{\text{eff}} = X_{\text{f}} k_{\text{f}} + X_{\text{SiO}_2} k_{\text{SiO}_2} + X_{\text{Ni}} k_{\text{Ni}} \tag{8-29}$$

式中，X_{f}、X_{SiO_2} 和 X_{Ni} 分别为多孔材料内流体、SiO_2 细颗粒和镍纤维（Ni-fiber，直径 8 μm）的体积分数；k_{f}、k_{SiO_2} 和 k_{Ni} 分别为对应的热导率。镍纤维包结 SiO_2 细颗粒复合材料（SiO_2/Ni-fiber）中 SiO_2 细颗粒的直径很小，且 Ni-fiber 的三维网络热导率非常大，因此可将固体骨架的导热热阻忽略，即可以用集总参数法进行分析[52]。对流换热实验中的热平衡关系可以写为：

$$h_{\text{sf}} A(T_{\text{w}} - T_{\text{f}}) = \rho_{\text{f}} C_{p\text{f}} V_{\text{f}} \frac{\mathrm{d}T_{\text{f}}}{\mathrm{d}\tau} \tag{8-30}$$

$$h_{\text{sf}} = \frac{\rho_{\text{f}} C_{p\text{f}} V_{\text{f}} (T_{\text{out}} - T_{\text{in}})}{A(T_{\text{w}} - T_{\text{f}})} \tag{8-31}$$

式中，h_{sf} 为多孔材料的平均对流换热系数；ρ_f 为流体密度；C_{pf} 为流体等压热容；V_f 为流体流量；T_{out}、T_{in}、T_f 分别为流体在出口、进口和多孔材料内的温度；T_w 为管内壁温度；A 为总传热面积。

由于实验段样品比较薄，T_f 采用进出口流体的平均温度。对于镍纤维包结细颗粒复合材料，则有：

等效雷诺数
$$Re_e = \frac{\rho_f u_{0f} d_e}{\mu_f} \tag{8-32}$$

等效阻力系数
$$f_e = \frac{2d_e}{\rho_f u_{0f}^2} \times \frac{\Delta P}{L} \tag{8-33}$$

等效努赛尔数
$$Nu_e = \frac{\bar{h}_{sf} d_e}{k_f} \tag{8-34}$$

等效水力学直径
$$d_e = \frac{2d_{pe}\varepsilon}{6(1-\varepsilon)} \tag{8-35}$$

等效细颗粒直径
$$\frac{1}{d_{pe}} = \sum \frac{X_i}{\phi_i D_i} \tag{8-36}$$

式中，X_i 为任意形状固体组分占固体骨架的体积分数；ϕ_i 为任意形状固体组分的形状因子；D_i 为各任意形状固体组分的特征尺寸；u_{0f} 为流体的空管流速；μ_f 为流体的运动黏度；ΔP 为流体流经多孔材料的压差；L 为多孔材料厚度；k_f 为流体热导率。对 SiO_2/Ni-fiber 复合材料，$D_{Ni} = 0.0000076\ m$，$\phi_{Ni} = 1.5$，$D_{SiO_2} = 0.000165\ m$，$\phi_{SiO_2} = 0.72$。

3. 传热性能测试

按照文献方法制备镍纤维（Ni-fiber）基体和镍纤维包结 SiO_2 细颗粒复合材料

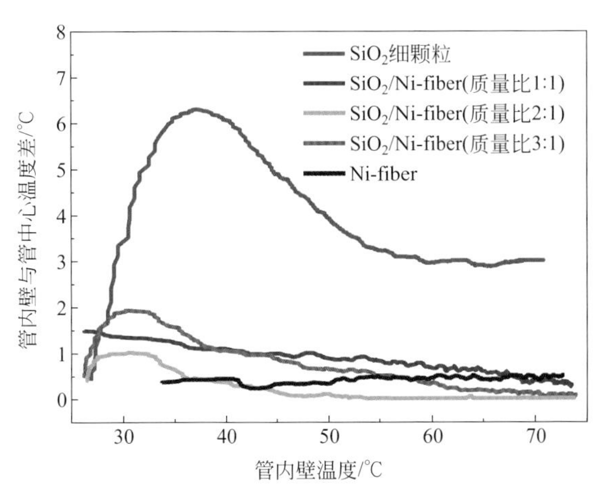

图 8-15　管内壁与管中心温度差随管内壁温度升高的变化

(SiO_2/Ni-fiber) [28]。首先测试了无空气流动的热传导条件下，实验管内壁与各样品中心温差随内壁温度升高的变化趋势（图 8-15）。由图可见，在管内壁温度不断升高的动态传热过程中，SiO_2 细颗粒堆积床的内壁与中心温差先迅速变大，然后逐渐减小趋于稳定，在内壁温度为 38 ℃时，最大温差可高达 6.3 ℃，说明 SiO_2 细颗粒堆积床热传导效率很差，热量不能迅速从内壁传至中心，存在明显的延迟。而 SiO_2/Ni-fiber 床层的热量传递延迟则大大减小，最大温差仅 2.0 ℃。在内壁温度 72 ℃以上的稳态传热条件下，SiO_2 细颗粒堆积床层的温差达到 3 ℃，是 SiO_2/Ni-fiber 床层的 6 倍以上。以上结果表明，Ni-fiber 网络大大提高了 SiO_2/Ni-fiber 床层的体积平均有效热导率，是 SiO_2 细颗粒堆积床的 30 ～ 50 倍，成为热量迅速传递的“延伸体”，使整个床层的温度更加均匀，温差很小。

然后测试了实验管外壁有稳定热流条件下，实验段平均对流换热系数随空管流速的变化规律。从图 8-16 可以看出，SiO_2/Ni-fiber 的加入大大增强了实验段的平均对流换热效果，是空管空气平均对流换热系数的 10 ～ 30 倍。随着空管流速的增加，SiO_2/Ni-fiber 的平均对流换热系数变化不大，而 SiO_2 细颗粒堆积床的平均对流换热系数随流速的增加迅速增大，其 0.4 m/s 的高流速下的对流换热系数与 SiO_2/Ni-fiber 相当，但低流速下却小于 SiO_2/Ni-fiber。这是由于，一方面 Ni-fiber 作为热量快速传递载体，使整个床层骨架的温度更均匀；另一方面微米级 Ni-fiber 以及束缚在纤维网络中的 SiO_2 细颗粒在气流冲击下在原位振动，这种振动会引起材料空隙中流体的扰动，不仅会减小“气 - 固”对流换热的边界层厚度，同时也会提高低流速下流体流动的湍流程度，从而提高低流速下的对流换热。随着流速的增加，流体湍流程度不断增强，Ni-fiber 的扰动作用相对减弱，SiO_2/Ni-fiber 和 SiO_2 细颗粒堆积床的对流换热系数趋于相同。纯 Ni-fiber 床层由于纤维体积分数的增加大大强化了整

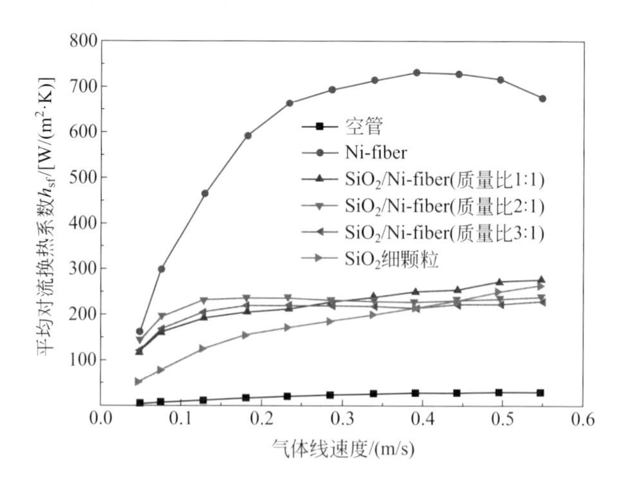

图 8-16　平均对流换热系数随空管流速的变化

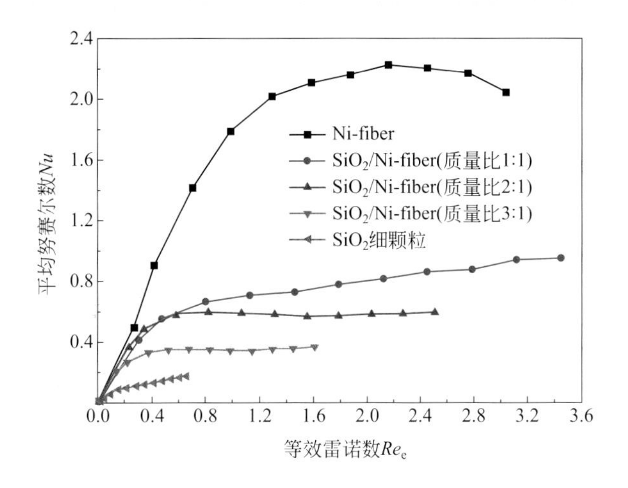

图 8-17　平均 *Nu* 数与等效雷诺数的关系

个床层的热传导，同时 SiO_2 细颗粒的缺少也使微米级纤维的扰动随流速的增加更为显著，所以其平均对流换热系数大幅增加。

图 8-17 给出了在相同等效雷诺数下空气在不同多孔材料床层中的平均 *Nu* 数。由图可见，空气在纤维包结 SiO_2 细颗粒复合材料的对流换热能力强于 SiO_2 细颗粒堆积床，尤其是纯 Ni-fiber，更有利于将壁面热量尽快传递到流体内部，充分发挥热量传递的延伸体作用。在已有研究中[53,54]，流体流经较大颗粒的摩擦阻力系数和等效雷诺数的关系式为：

$$f_e = \frac{36.4}{Re_e} + 0.45 \tag{8-37}$$

SiO_2/Ni-fiber 的摩擦阻力要大于经验式（8-37）的计算值，而 SiO_2 细颗粒堆积床的摩擦阻力小于经验式计算值，这可能是由于细颗粒堆积床的空隙率很低，等效空隙水力学直径非常小，空气在这样的条件下流动需要考虑稀薄气体效应[55]；而 SiO_2/Ni-fiber 大的摩擦阻力主要来源于纤维和细颗粒振动所引起的气流扰动。图 8-18 给出了不同等效雷诺数下空气在不同床层中的对流换热系数（h_{sf}）和等效摩擦阻力系数（f_e）的比值。SiO_2 细颗粒堆积床有最差的对流换热效果和非常低的摩擦阻力，所以对流换热系数和等效摩擦阻力系数的比值比纤维复合材料大得多。但综合考虑换热与流动阻力，SiO_2/Ni-fiber 中 SiO_2 细颗粒的体积分数越高，综合性能越好。

三、铜纤维包结细颗粒 Ni 催化剂在甲烷干重整中的传热性能

甲烷干重整（dry reforming of methane，DRM）反应是一个强吸热过程（ΔH_{298}= 247 kJ/mol）[56]，传统颗粒催化剂填充床因为颗粒催化剂的低传热效率而产生冷点。

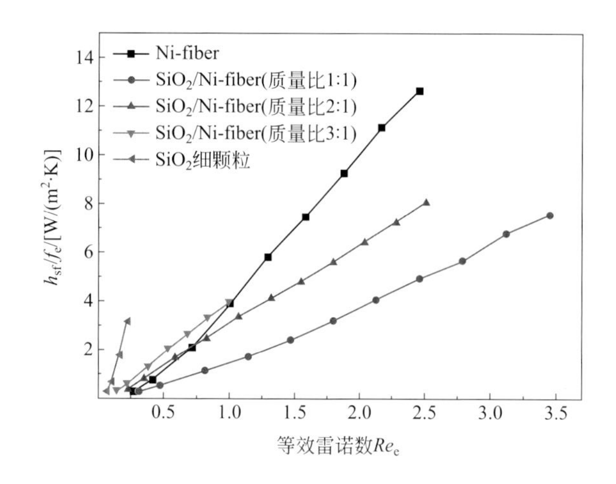

图 8-18 空气流过不同床层的综合性能

DRM 积炭热力学分析表明，积炭反应更易于发生在低温区域[57,58]，因此冷点容易导致积炭。减小催化剂颗粒尺寸虽然能提高填充床的导热性能，并且有利于气体在颗粒内的扩散。但减小粒径也会产生更大的压力降。可见，在传统颗粒填充床内难以同时优化温度、压力降、扩散等因素。华东师范大学陈炜的硕士学位论文研究表明铜纤维包结细粒子 Ni 催化剂用于 DRM 反应显示良好的强化传热效果[59]。

1. 计算流体力学模拟

陈炜[59]对铜纤维包结细颗粒 Ni 催化剂在 DRM 反应中的传热性能进行了计算流体力学（computational fluid dynamics，CFD）软件 Fluent 模拟。图 8-19 示意了模拟对象的物理模型，该模型尺寸与实际反应器相同，采用二维轴对称形式。反应器外径 20 mm，壁厚 2 mm，管壁材料为 SiO_2（石英相）。流体区宽 16 mm，长 120 mm，中间 30 mm 处（此由实际测量电炉内恒温区长度得到，以模拟电炉的有效控温区段）。催化剂放置在恒温区的中间，厚度为 5 mm，相当于 0.52 g 粒径

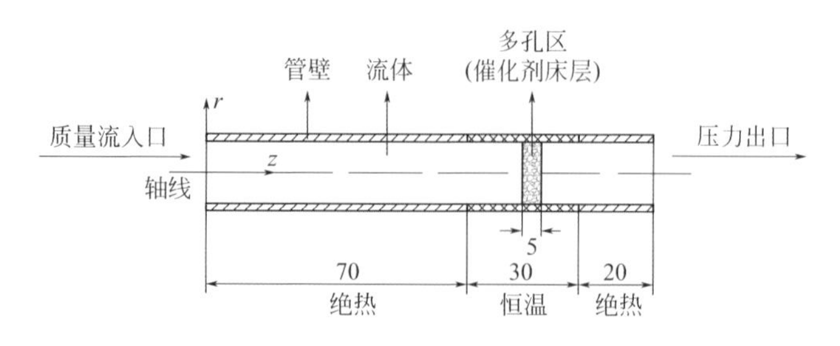

图 8-19 模拟对象的物理模型示意图（单位：mm）

0.15 ～ 0.18 mm 的 Ni/Al_2O_3 颗粒催化剂或 4 片 Ni/Al_2O_3/Cu-fiber 结构催化剂。前 70 mm 和后 20 mm 处管壁均设置为绝热壁，热量来自于管壁和流体的热传导以模拟电炉的保温效果。CH_4/CO_2 摩尔比为 1、总质量流量为 2.05×10^{-6} kg/s 的反应气经预混、预热后（230 ℃）进入流体区，并被管壁加热。空管计算表明，在不放置催化剂的情况下，气体在进入到反应区之前已经被管壁加热到 800 ℃。气体在管道内流动的雷诺数约为 5（管道内 $Re<2000$ 为层流，$Re>4000$ 为湍流），即黏滞力对流场的影响远大于惯性力，因而选择层流流动，同时靠近管壁处的流体区网格需加密。当气体接触到多孔区的催化剂后立刻发生反应。由于 DRM 反应为体积扩大的反应，因此产生的 CO 和 H_2 会有一定程度的返流。随着气体流经催化剂床层，反应物浓度降低，反应速率逐渐减小，离开反应区后反应立即停止。实验表明，在与此模拟条件相同的实验条件下，Ni/Al_2O_3/Cu-fiber 和 Ni/Al_2O_3 上的 CH_4 转化率均在 89% 左右。忽略体系中 RWGS 反应后，CO_2 的转化率也可假设为 89%。在反应区内的颗粒雷诺数远小于 1（$Re_p \approx 0.005$），因此也是层流流动。区域出口处压力控制为常压。

在流体力学的三大守恒方程中，质量守恒和动量守恒分别采用 Euler 连续性方程和标准 Navier-Stokes 方程[60,61]，在一般流体力学专著中都有详细介绍，此处不再赘述。以下详细叙述与纤维床特性及 DRM 反应速率密切相关的几个控制方程。需要指出的是，以下方程所涉及的符号及其含义已在文献 [62] 中进行介绍，在此也不再赘述。式（8-38）为能量守恒方程，只涉及热传导和热对流，省略了热辐射：

$$\frac{\partial}{\partial t}[\varepsilon_b \rho_f E_f + (1-\varepsilon_b)\rho_s E_s] + \nabla \cdot [\boldsymbol{u}(\rho_f E_f + p)] = \nabla \times \left[k_e \nabla T - \sum_i h_j J_j + (\overline{\overline{\tau_f}} \times \boldsymbol{u}_f) \right] + S_f \tag{8-38}$$

其边界条件如下：

在 $z = 0$ 处，$T_f(r, z) = T_{inlet}$；

从 $z = 70$ 至 $z = 100$ 处，$T_{wall} = 800$ ℃

$$\left.\frac{\partial T_f(r,z)}{\partial r}\right|_{r=0} = \left.\frac{\partial T_b(r,z)}{\partial r}\right|_{r=0} = 0$$

$$k_{e,r} \left.\frac{\partial T(r,z)}{\partial r}\right|_{r=R} = h_w[T_w - T_f(R,z)]$$

式中，k_e 为多孔区的有效热导率。在 Fluent 中，k_e 为多孔区中固体骨架热导率和流体热导率的体积平均值，如式（8-39）所示。纤维床在导热上存在各向异性[63]：径向热导率 k_r 是轴向热导率 k_z 的 5 倍左右。这可能是由于在材料制备过程中，金属纤维大多在 x-y 平面上伸展，只有少数纤维平行于 z 方向，并且实验室测试的纤维床层由多层纤维填料铺叠而成，而非完全的整体式纤维床层。

$$k_e = \varepsilon_b k_f + (1-\varepsilon_b) k_s \tag{8-39}$$

在能量守恒方程［式（8-38）］中，左边第一项是体系中能量随时间的累积，当体系稳态运行时，能量状态不随时间变化，该项为零；左边第二项是流体主体流动引起的热对流，是流动体系中能量交换的主要形式；右边括号中的三项依次表示热传导、组分扩散及黏性耗散引起的能量变化，又因为管内流动的是气体，黏度很小，所以黏性耗散引起的能量变化可以忽略；最后一项 S_f 表示化学反应热引起的能量变化，其数值大小由反应速率和反应焓变决定，其表达式为式（8-40）。由该式可知，热量变化与床层内反应速率（R_j）直接相关，而 R_j 又和床层内有效热导率密不可分。

$$S_f = \sum_{j'} \left(\frac{h_j^0}{M_j} + \int_{T_{ref,j}}^{T_j} C_p \mathrm{d}T \right) R_j \tag{8-40}$$

式（8-41）为组分守恒方程：

$$\frac{\partial}{\partial t}(\rho_f Y_j) + \nabla \cdot (\rho_f u_f Y_j) = -\nabla \cdot \boldsymbol{J}_j + R_j \tag{8-41}$$

边界条件如下：

从 $z = 0$ 到 $z = 85$：$Y_{CH_4} = Y_{CH_4,in}$；$Y_{CO_2} = Y_{CO_2,in}$

从 $z = 90$ 到 $z = 120$：$Y_{CH_4} = Y_{CH_4,out}$；$Y_{CO_2} = Y_{CO_2,out}$；$Y_{CO} = Y_{CO,out}$；$Y_{H_2} = Y_{H_2,out}$

其中，各组分的密度 ρ_i 根据理想气体定律计算得到；质量组成 Y_j 由实验测得。

方程中左边的第一项是组分随时间的变化量，在稳态条件下可以被忽略；左边第二项是主体流动的组分变化；右边第一项是组分浓度梯度引起的组分扩散，符合 Fick 第一扩散定律 $\boldsymbol{J}_i = -\rho D_{i,m} \nabla Y_i$，扩散系数 D 由 Edward 方法[64]计算得到。

2. 压力降方程

压力降是设计反应器必须考虑的重要参数之一，而压力降主要产生在催化剂床层内，也就是模拟体系的多孔区。在 Fluent 中，多孔区的压力损失计算方程为式（8-42）。

$$\frac{\Delta P}{L} = -\left(\frac{\mu_f}{\alpha} u_f + C_2 \frac{1}{2} \rho_f |u_f| u_f \right) \tag{8-42}$$

方程右边第一项为黏性损失项，是由流体黏性引起的动量损失，其中分母 α 称为材料的渗透率，其值越大，材料透过性越好；第二项为惯性损失项，是流体在多孔区内流动造成的涡旋引起的动量损耗。根据 Darcy 定律［式（8-2）］[9,10]，当多孔材料的颗粒雷诺数 Re_p 小于 10 时，多孔材料中流体主体流动方向上的压力降与流体的流速和黏度成正比，即流体的压力降基本由黏性损失所引起。

当细颗粒雷诺数在 0.4 ～ 1000 范围内时，Ergun 方程［式（8-43）］[65]对圆形颗粒填充床内单相流体流动阻力能作出很好的预测。对颗粒填充床而言，在压力降测量范围内的颗粒雷诺数均小于 10，因此根据 Darcy 定律，Ergun 方程中的二次项可以忽略，李剑锋[28]的工作亦证明了这点。

$$\frac{\Delta P}{L}=C_1\frac{(1-\varepsilon_b)^2}{\varepsilon_b^3 d_p^2}\mu_f u_f+C_2\frac{1-\varepsilon_b}{\varepsilon_b^3 d_p}\rho_f u_f^2 \tag{8-43}$$

李剑锋[66]对 Cahela 等[23]的工作进行了改进后，提出了纤维床压力降的计算方法［式（8-44）］:

$$\frac{\Delta P}{L}=C_1\frac{\tau^2}{\gamma^2}\times\frac{\mu(1-\varepsilon)^2}{\varepsilon^3}\left[\left(\sum\frac{X_i}{\phi_i D_i}\right)^2+X_{FD}\sum\frac{X_i}{(\phi_i D_i)^2}\right]u_f \tag{8-44}$$

于是，式（8-43）和式（8-44）可以分别用来计算颗粒填充床和纤维床的渗透率 α，以用于 Fluent 中的压力降计算。李剑锋[28]已经用实验和计算的比对证明了这两个方程的有效性。

对于涉及化学反应的流体流动，反应速率模型的建立是牵涉组分含量变化的重要环节。Fluent 可对发生在均相、器壁表面或颗粒表面的反应进行计算。众所周知，“气 - 固”催化反应为表面反应，涉及表面活性位浓度、表面吸脱附过程、孔道内扩散、表面基元反应等因素。然而基于目前对 DRM 反应及催化剂的认识，难以准确地模拟催化剂表面的反应过程。若将催化剂床层多孔区看作气相反应区域，则可将表面反应简化为均相有限速率反应进行近似计算。在 Fluent 中有限速率模型又能分为层流有限速率模型、湍流耗散模型和广义湍流耗散模型三种计算方法。其中层流有限速率模型用 Arrhenius 公式计算化学源项，忽略了湍流扩散的影响。对于化学反应速率缓慢、雷诺数很小的层流流动，这种近似处理是可以接受的。而对大部分燃烧反应，整体反应速率是由湍流混合控制的，化学反应动力学速率往往可以忽略。由实验结果可知[29]，800 ℃下 DRM 反应达到 90% 以上的转化率时，反应气体与催化剂的接触时间要在 0.2 s 以上，在 20000 mL/(h • g) 空速下的细颗粒雷诺数 Re_p 仅为 0.005，为典型的低流速慢反应，因此应用层流有限速率模型本身并无较大偏差。忽略 RWGS 反应和 DRM 逆反应后，DRM 反应速率可以简单地用 Arrhenius 公式表示为：

$$R=k(F_{CH_4})^{n_{CH_4}}(F_{CO_2})^{n_{CO_2}}=A\exp\frac{-E_a}{RT}(F_{CH_4})^{n_{CH_4}}(F_{CO_2})^{n_{CO_2}} \tag{8-45}$$

$$\ln R=\ln A+\frac{-E_a}{RT}+n_{CH_4}\ln F_{CH_4}+n_{CO_2}\ln F_{CO_2} \tag{8-46}$$

通过计算可得[59]：E_a = 61.95 kJ/mol，$n_{CH_4}=n_{CO_2}=0.36$，与 Bradford[67]总结的动力学结果接近。将以上参数代入式（8-45）后就可算出催化剂床层内任意处的反应速率以及其它流场参数。图 8-20 为 CFD 计算所得的纤维床和颗粒填充床在稳态时的温度分布。床层内的温度最低点（冷点）均出现在床层的迎风面，这是由于原料气刚接触到床层时反应速率最大，吸热效应最为明显。随着反应的进行，原料气浓度不断下降，反应速率和热效应也不断减小。同时这也是积炭往往出现在

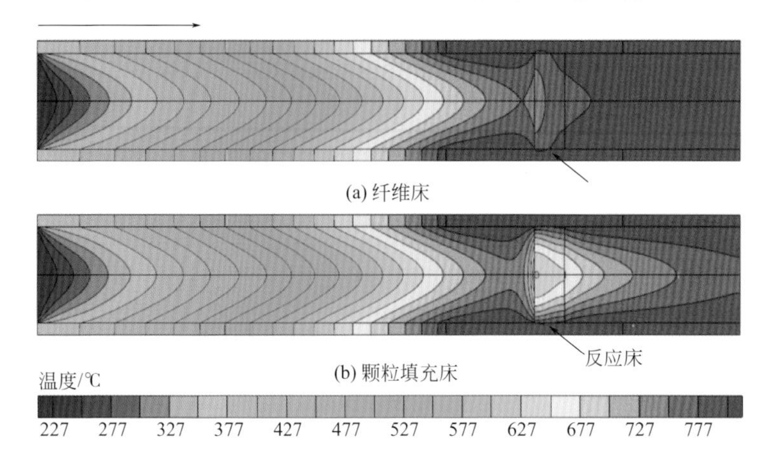

图 8-20　反应状态下纤维床和颗粒填充床的温度分布

催化剂床层迎风面的原因。对比两个床层，颗粒填充床中冷点的温度为 627 ℃左右，比纤维床冷点温度（736 ℃）低 109 ℃。而就床层的整体平均温度而言，填充床（691 ℃）比纤维床（766 ℃）低 75 ℃，与实验得到的纤维床强化效果比较吻合。根据 Sheng 等的实验测定 [63]，Cu 纤维床导热性是存在各向异性的，在径向上的有效热导率是 Al_2O_3 细颗粒填充床的 9.3 倍，在轴向上约为 2 倍，这或是由于实验所用的纤维床并非完全均匀的整体，而是由纤维结构催化剂薄片铺叠而成的缘故；且由于制备所采用的纸页成型技术，使得金属纤维多在径向平面内伸展，没有在轴向上大范围贯穿，进而造成了平面方向的导热性高于轴向。基于此点，图 8-21

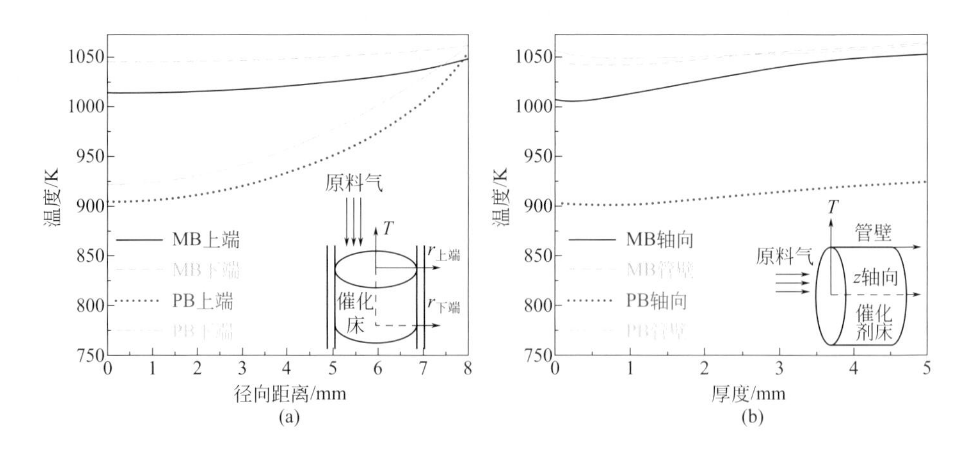

图 8-21　反应状态下纤维床（MB）和颗粒填充床（PB）正反面温度沿径向的变化（a）和反应状态下纤维床和颗粒填充床温度沿轴向的变化（b）

更详细地描绘了纤维床和颗粒填充床温度沿各个方向的变化情况。在床层半径方向[图 8-21（a）]，纤维床中的梯度明显小于颗粒填充床中的温度梯度。在接近管壁处，纤维床中的径向温度梯度只有颗粒填充床的 1/3 左右。在轴向上[图 8-21(b)]，二者的温度梯度相差不大，纤维床略高 20% 左右。这就是纤维床各向异性的导热性所产生的效果，即径向温度梯度的消除更为明显。

根据实验事实推得，在床层体积、反应物转化率相同的情况下，单位时间内床层吸收的热量也应相同，即床层外表面所形成的封闭表面上的总热通量相同。根据傅里叶定律，$q = k\,\Delta T$，即热通量等于热导率与通量方向上温度梯度的乘积。则在两种床层热导率相差较大的情况下，只有在热导率较小的床层内建立起较大的温度梯度，才能产生相似的热通量。换言之，纤维床内均匀的温度分布和较高的床层平均温度恰恰是高导热性产生的效果。

3. 纤维结构催化剂强化传热及反应特性

陈炜等[59]制备了六种催化剂用于 DRM 反应（图 8-22）。对比催化剂 A 和 B 可发现，粒径 0.15 ～ 0.18 mm 的细颗粒催化剂明显优于工业尺寸（2.5 ～ 3.0 mm）催化剂，说明催化剂颗粒越小，越能减弱气体内扩散对反应速率的限制。因此从促进传质而言，纤维床内使用的细颗粒催化剂有利于 DRM 反应。催化剂 C 是由催化剂 B 被载体颗粒稀释近一倍后得到，即单位体积床层内活性组分量减少至一半。进而在转化率接近的情况下，单位体积床层内产生的热效应也减至一半。因此，催化剂 C 内的最大温差将小于催化剂 B。但从反应结果看，各温度下的活性差距甚微。这或是由于 Al_2O_3 颗粒的稀释虽减小了床层热效应的强度，但并未改变床层的有效热导率，因此也无法从根本

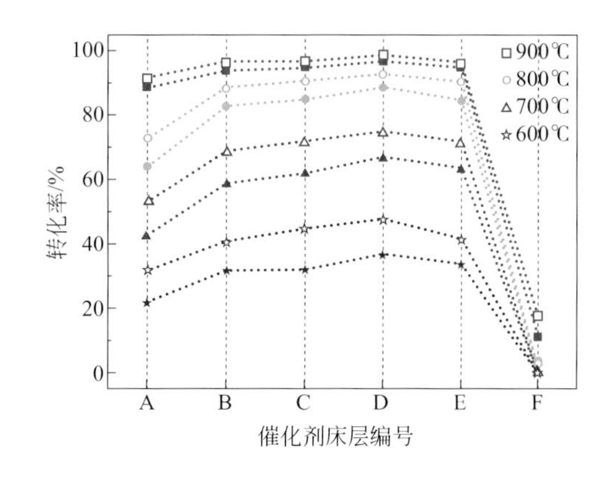

图 8-22　催化剂在 900 ℃、800 ℃、700 ℃和 600 ℃时 CH_4（实心）和 CO_2（空心）的转化率

原料气CH_4/CO_2摩尔比为1/1，总流量100 mL/min，床层直径16 mm。催化剂A：Ni/Al_2O_3（粒径2.5～3.0 mm，0.30 g，床层厚约2.7 mm）；催化剂B：Ni/Al_2O_3（粒径0.15～0.18 mm，0.30 g，床层厚约2.6 mm）；催化剂C：Ni/Al_2O_3（粒径0.15～0.18 mm，0.30 g）-γ-Al_2O_3（粒径0.15～0.18 mm，0.43 g）混合物（床层厚约4.9 mm）；催化剂D：Ni/Al_2O_3/Cu-fiber（0.51 g，其中Ni/Al_2O_3占0.30 g，床层厚约5.2 mm）；催化剂E：粒径为0.15～0.18 mm的Ni/Al_2O_3催化剂细颗粒的上下两端各放置两片直径16.5 mm的Cu-Fiber，呈三明治夹心状放置（总重0.50 g，其中颗粒重0.30 g，总厚度约5.1 mm）；催化剂F：Cu-Fiber（0.20 g，厚约2.5 mm）

上改变床层的温度分布。催化剂D的体积与催化剂C相同，催化剂颗粒含量与催化剂B相同。实验结果表明，除了在900 ℃下，催化剂D的活性均比催化剂B高6% ～ 7%，这可能是因为连接催化剂颗粒的Cu纤维起到了类似于导热管的作用，将从管壁处的热量通过Cu纤维网络快速传至床层内部的催化剂颗粒表面，及时有效地提供了反应所需要的热量。换言之，Cu纤维提高了床层整体的有效热导率，起到了强化传热的作用，减小了床层内部与管壁处的温差。此外，Cu纤维将原本紧密堆积的催化剂颗粒彼此隔开，减小了床层气阻。同时，流场在大空隙率床层内的分布更为均匀，可以改善气体在颗粒间的流动，避免了因床层内堆密度不均而造成的局部沟流，提高了催化剂颗粒的使用效率，起到了强化传质的作用。催化剂E中催化剂颗粒和Cu纤维的含量均与催化剂D相同，但装填方式不同。Cu纤维和催化剂各处于不同层段，彼此分离，各自发挥作用。因此催化剂颗粒上方的Cu纤维仅起到了预热气体、均匀流场的作用，在反应过程中并没发挥直接的强化传热作用。因此催化剂E的活性表现与催化剂B、C很接近。这从另一个角度证明了催化剂D中Cu纤维与颗粒的这种包结缠绕的组合方式确实起到了过程强化的作用。其中催化剂F的反应物转化率相当低，当反应温度低于800 ℃时催化活性几乎可以忽略，证明了Cu纤维在反应中只起到过程强化的作用，本身并没有显著活性。

为了考察纤维结构催化剂的稳定性，陈炜等[59]对纤维结构催化剂Ni/Al_2O_3/Cu-fiber和颗粒催化剂Ni/Al_2O_3在800 ℃下进行了250 h的稳定性测试。纤维床和颗粒床均表现出较好的稳定性，在250 h测试期间均未出现明显的活性下降，且产物H_2/CO比始终比较稳定，无明显波动。对比颗粒床，纤维床原料转化率高3% ～ 5%，且CH_4和CO_2转化率差距较小，相应的H_2/CO比也更接近1。倘若仅从转化率的角度看，纤维床起到的强化效果并不明显。然而反应后的催化剂扫描电镜（SEM）分析（图8-23）直观清晰地证明了纤维床对积炭抑制的效果：纤维床中的须状积炭无论数量还是长度都要明显小于颗粒床。正因如此，纤维床中积炭对床层造成的机械破坏程度也要远小于颗粒床。热重分析（TGA）测试表明，250 h内纤维床上的积炭速率为1.68×10^{-3} g/[g(cat)·h]（基于颗粒质量计算），不足颗粒床{3.68×10^{-3} g/[g(cat)·h]}的一半。

四、泡沫结构催化剂的传热性能

对于解决小空间内强放热效应过程的移热问题，金属泡沫材料由于金属材质的高导热性而表现出优异的移热性能，已引起研究者的广泛关注。金属泡沫内的传热过程主要包括：①泡沫内金属骨架的自身导热；②泡沫与流体的对流换热；③流体本身的导热与对流换热；④泡沫内金属骨架及流体的热辐射。金属泡沫传热研究的方法和渗透性一致，也分为实验研究、理论研究、模拟计算研究三种。目前关于泡沫金属内的导热和对流换热的研究相对较多[68~71]，而关于热辐射的研究相对较少。

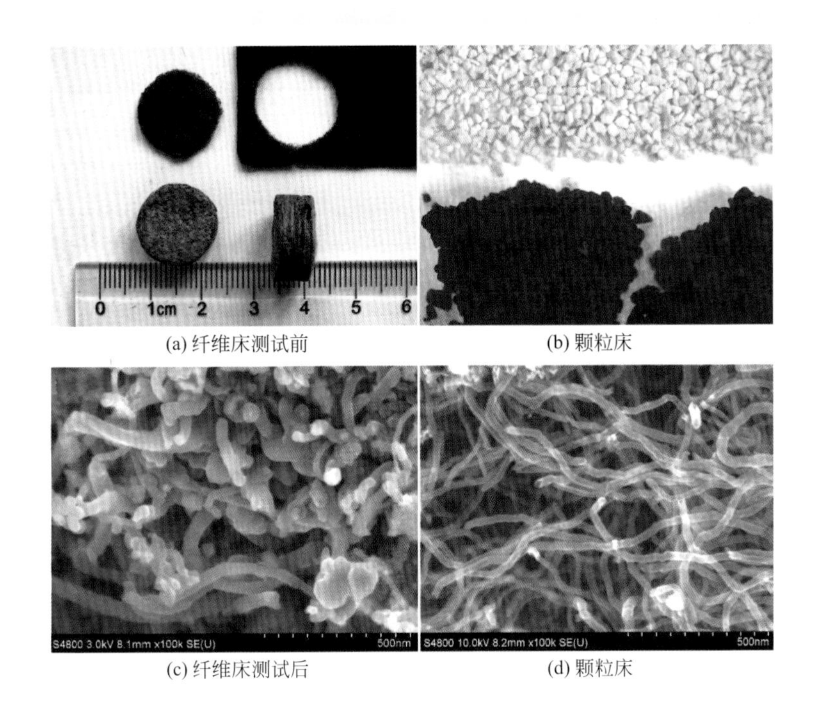

(a) 纤维床测试前　(b) 颗粒床

(c) 纤维床测试后　(d) 颗粒床

图 8–23　纤维床和颗粒床在 250 h 甲烷干重整反应稳定性测试前后的光学照片及测试后催化剂颗粒表面积炭的扫描电镜（SEM）图

1. 金属泡沫内热传导

鉴于金属泡沫内部随机分布的非规则三维（3D）空隙结构，其热导率的直接求解十分困难，一种简单有效且普遍采用的做法是将金属泡沫看作一种各向同性的均匀介质，利用有效热导率的概念来表征泡沫材料的热传导性能。与固体材料热导率的定义相似，金属泡沫材料的有效热导率定义为：

$$k_{\mathrm{eff}}=\frac{Q_{\mathrm{total}}/A_{\mathrm{eff}}}{\Delta T/H} \tag{8-47}$$

式中，k_{eff} 为有效热导率，W/(m·K)；Q_{total} 为通过金属泡沫的总热流，J/s；A_{eff} 为泡沫金属横截面积，m^2；ΔT 为金属泡沫两侧温差，K；H 为金属泡沫样品厚度，m。常见测试装置如图 8-24 所示。目前预估多孔材料有效热导率广泛应用的方法是将各组分的热导率按体积分数简单相加［式（8-48）］：

$$k_{\mathrm{eff}}=(1-\varepsilon)k_{\mathrm{s}}+\varepsilon k_{\mathrm{f}} \tag{8-48}$$

式中，k_{s} 为多孔材料固体骨架的热导率；k_{f} 为流体的热导率。当多孔材料和流体热导率相近时上述关联式相对误差较小，但是多孔材料和流体热导率相差较大时上述关联式相对误差较大。

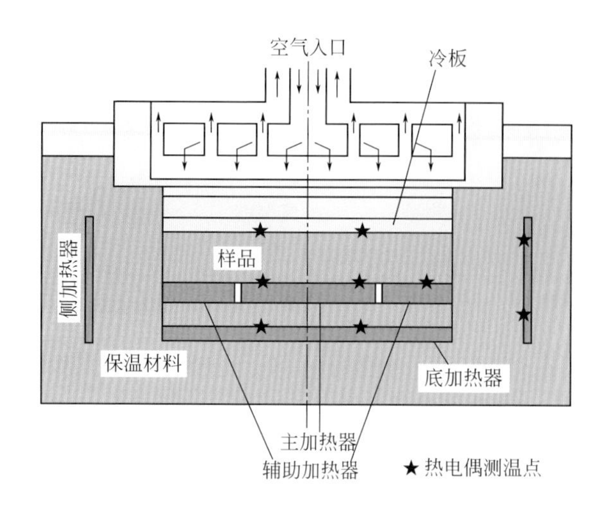

图 8-24　导热性测试装置剖面图

Zhao 等 [72] 利用图 8-24 装置研究了温度（27 ～ 527 ℃）、气氛（真空或空气）、孔隙尺寸及空隙率对开孔 FeCrAl-Y 不锈钢泡沫（stainless steel foam，SS-foam）有效热导率的影响。结果表明，SS-foam 的有效热导率随温度迅速升高，尤其是在高温范围（227 ～ 527 ℃）内，例如 527 ℃下的有效热导率是 27 ℃下有效热导率的 3 倍；在真空条件下有效热导率随空腔的增加而增加，随空隙率的减小而增加；空气条件下的有效热导率是真空条件下的 2 倍，说明自然对流对热传导有明显的促进作用。Calmidi 等 [73] 分别从实验和模型计算两方面对高空隙率铝泡沫（Al-foam）有效热导率进行了研究。经过对实验数据的分析拟合，得到了有效热导率的经验公式：

$$\frac{k_{\text{eff}}}{k_{\text{f}}}=\varepsilon + A(1-\varepsilon)^{n}\frac{k_{\text{s}}}{k_{\text{f}}} \tag{8-49}$$

其中 A 和 n 都是常数，对于 Al-foam 来说，n 的最佳估值是 0.763。对于不同流体，A 取值不同，例如流体为空气时，A 为 0.181；流体为水时，A 为 0.195。

误差分析表明此经验式的相对误差仅为 2.5%。随后以六边形模型推导了一维下金属泡沫有效热导率的解析表达式：

$$k_{\text{eff}}=\frac{\sqrt{3}}{2}\left(\frac{rx}{k_{\text{f}}+(1+x)(k_{\text{s}}-k_{\text{f}})/3}+\frac{(1-r)x}{k_{\text{f}}+\frac{2}{3}x(k_{\text{s}}-k_{\text{f}})}+\frac{\frac{\sqrt{3}}{2}-x}{k_{\text{f}}+\frac{4r}{3\sqrt{3}}x(k_{\text{s}}-k_{\text{f}})}\right)^{-1} \tag{8-50}$$

其中 r 和 x 是金属泡沫的结构参数。

计算发现式（8-50）解析式求解的有效热导率与实验结果十分接近，证明了模型的可靠性。与此类似，Boomsma 等 [74] 以十四面体模型对高空隙率 Al-foam 的有效热导率进行了模型推导，结果表明 Al-foam 的有效热导率主要由 Al-foam 基体的热导率控制，而受流体有效热导率的影响较小。Bhattacharya 等 [75] 的研究也得出了同样的结论。Krishnan 等 [76] 利用计算流体力学（computational fluid dynamics，CFD）软件 Fluent 对金属泡沫内的热传导过程进行了直接模拟，并比较了体心立方模型（body center cube model，BCC）、面心立方模型（face center cube model，FCC）和 A15 三种不同的计算模型对结果的影响。由图 8-25 可见，A15 及 BCC 模型的计算结果和文献报道的实验结果及理论模型结果相近（尤其在高空隙率时），在低空隙率时 BCC 模型的误差变大。Ranut 等 [77] 将高分辨率 X 射线断层摄影技术和 CFD 相结合，同时研究了 Al-foam 内的流动和热传导。高分辨率 X 射线断层摄

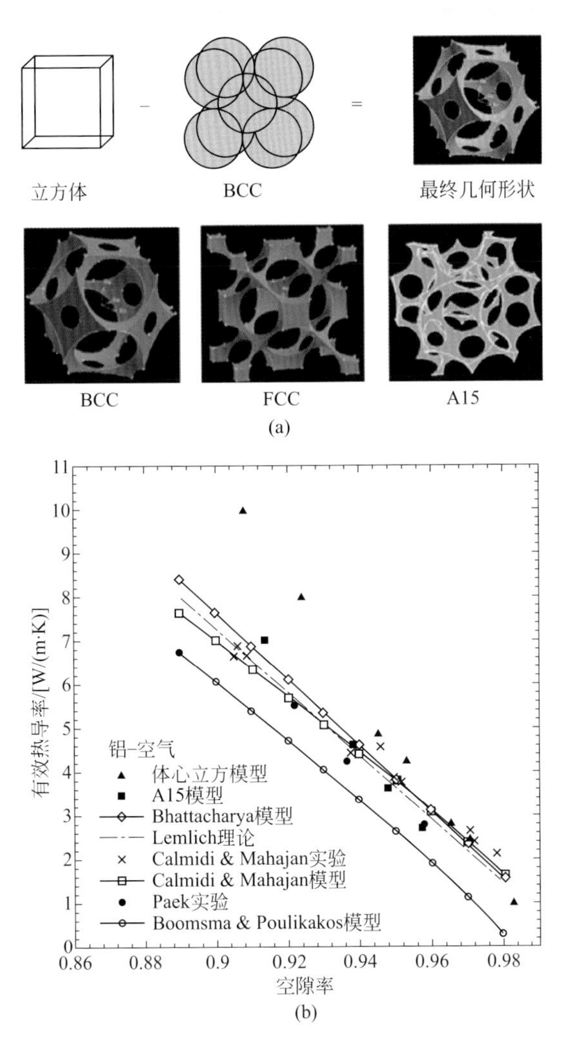

图 8-25　三种计算模型及相应计算结果

影技术可精确获取金属泡沫材料的内部细节，而不再需要简单的几何模型。流动及传热计算结果表明，30 PPI（pores per inch）的 Al-foam 各向同性，而 10 PPI、20 PPI 的 Al-foam 则各向异性。综上所述，尽管金属泡沫拥有较高的空隙率，但其有效热导率主要受金属基体的热导率控制，另外泡沫材料的微观结构也会对其热导率产生明显影响。

2. 金属泡沫内对流换热

Gräf 等[78] 利用平推流反应器（图 8-26）考察了泡沫结构催化剂用于苯加氢反应时催化剂床层的温度分布。选取苯加氢的原因是因为该反应的床层温度可控、产物单一、无副反应。实验采用了 108 根热电偶记录反应床层温度，结果发现孔密度对床层温度分布影响不大，其原因是反应过程中流速较小，雷诺数小于 80，因此对流传热的影响可以忽略。在孔密度不变时，空隙率对催化剂传热性能影响较大。尽管泡沫材料的热导率明显高于传统颗粒材料，但两者的床层温度分布并没有表现出明显差异（图 8-26）。Edouard 等[79] 同样利用实验装置收集了催化剂床层在强制对流条件下的轴向及径向温度分布，并由此提出了 2D 拟均相模型。Bianchi 等[80] 则利用 2D 拟均相模型估算了金属泡沫的轴向 / 径向热导率和壁面传热系数，另外他们还以 X 射线显微层析成像技术（X-Ray microscopic tomography technique，XRMTT）构建了金属泡沫模型，利用数值模拟的有限体积法（finite volume method，FVM）分析了壁面处的传热过程，结果表明壁面传热热阻主要由泡沫几何形态及流体导热性控制，而流体流速则影响不大。关于金属泡沫传热，目前普遍认可的结论是金属泡沫的有效热导率可由静态热导率和动态热导率两部分组成，其中动态热导率随流体流速线性增长，并在高雷诺数时逐渐占据主导地位。

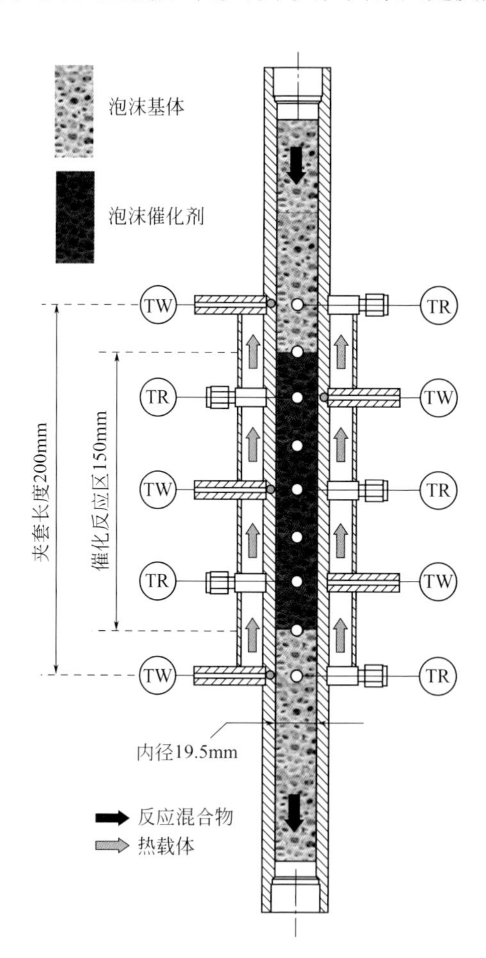

图 8-26　苯加氢泡沫催化剂的平推流反应器结构示意图

3. 金属泡沫内热辐射

当金属泡沫置于高温条件下，必须考虑热辐射的影响。而金属泡沫内的热辐射过程比较复杂，因为涉及散射、吸收和发射等过程。相应地，在热辐射研究中，比较重要的参数有散射系数、发射系数及吸收系数。目前为止，专门针对泡沫材料热辐射的研究依然较少，为了搞清泡沫材料内的辐射机理，还需要更多的实验、理论及数值模拟研究。剑桥大学 Zhao 课题组[68,81,82]曾就金属泡沫的热辐射开展了详细研究。他们首先利用波长 2.5 ～ 50 μm 的红外线测试了不锈钢泡沫（SS-foam）的透射率及反射率，并以此计算得到了泡沫材料的吸光系数和发射率。结果表明，泡沫材料的吸光系数随泡沫空腔的减小而增加，随温度增加而增加。然后他们根据几何光学、衍射理论及金属泡沫的微观结构建立了理论分析模型，金属泡沫空腔及空隙率是其中最重要的两个参数[81]。但是后续研究发现之前建立的模型过于复杂，不适用于工业应用，因此对上述模型进行了修正[82]。修正后的模型相对简单，且同样与实验结果吻合良好。分析表明，泡沫材料的发射率对热辐射的贡献高达 50%，而温度梯度的作用相对较小。Contento 等[83]基于 Zhao 等[82]的前期工作提出了新的辐射传热模型，该模型建立在更真实的泡沫结构上，而非简单的几何模型，因此模型结果与实验结果高度吻合。Mendes 等[84]基于两种不同均相模型，采用数值模拟的方法研究了泡沫材料的热辐射，并利用实验检验了模拟值，尽管两种模型比较简单，但都提供了相对可靠的结果。

五、泡沫镍结构催化剂在CO甲烷化中的传热性能

1. 泡沫镍结构催化剂甲烷化反应物理模型及网格划分

由于甲烷化反应过程中反应器内的流动、化学反应及传递过程较为复杂，为了减小计算量，在甲烷化反应模拟中做了一些适当的简化和假设。首先，将管式反应器简化成二维轴对称体系，物理模型如图 8-19 所示。该模型尺寸与实际反应器尺寸相同，其中外径 20 mm，内径 16 mm，反应管长 180 mm（小于实际反应管长度）。由于实验过程中催化剂装填在反应管恒温区，因此将反应管分为三部分，左右两部分为绝热段，中间为恒温段（模拟反应管恒温区），绝热段的热量来自恒温段管壁和流体的热传导。其次，将催化剂床层设置为多孔材料（即采用拟均相模型），并假设泡沫镍（Ni-foam，100 PPI）结构催化剂各向同性、均匀连续。另外，忽略热辐射的影响。最后，流体流动及传热过程设为稳态。采用四边形网格对模型进行网格划分，为了提高计算精度，在催化剂床层及其前后对网格进行加密处理，共生成 48175 个网格，其中网格的最小体积为 1.26×10^{-11} m^3，最大体积为 3.54×10^{-9} m^3，经网格无关性检验发现此网格密度可满足模拟要求。

2. 泡沫镍结构催化剂甲烷化反应过程数学模型

Ni-foam 结构催化剂甲烷化反应过程中遵循质量、动量、能量及组分守恒。关于以上守恒在文献 [28,29] 中已有详细论述。甲烷化反应热利用有限速率体积反应模型，反应速率定义如下：

$$R_{CH_4} = \frac{X}{W / F_i} = A\exp\left(-\frac{E_a}{RT}\right)P_i^a P_{H_2}^b P_{CH_4}^c P_{H_2O}^d \qquad (8\text{-}51)$$

式中，X 为转化率；W 为催化剂质量；F_i 为组分 i 入口摩尔流率，mol/s；A 为指前因子；E_a 为反应活化能，kJ/mol；i 为 CO 或 CO_2；a、b、c、d 分别为对应的反应级数。

按照文献 [85] 方法测得反应活化能为 151.3 kJ/mol，与文献中报道的结果相近（75 ～ 128 kJ/mol，Ni/SiO_2 催化剂）[86]。按文献 [87] 方法测定反应级数时，考虑到原料气中不含甲烷和水，且 CO 转化率较低（小于 10%），$P_{CH_4}^c$ 和 $P_{H_2O}^d$ 可认为恒定；另外，如果只改变 CO 分压而保持 H_2 分压不变，则 $P_{H_2}^b$ 也可认为恒定，对速率方程取对数后可得 $\ln R = a\ln P_{CO} + \ln k$；同样，如果只改变 H_2 分压而保持 CO 分压不变，可得到相似的公式。因此，设计两组反应气（60% H_2，12% ～ 40% CO；20% CO，40% ～ 80% H_2，平衡气均为氮气），在 260 ℃、15000 h^{-1} 条件下测得 CO 和 H_2 反应级数分别为 −0.998 和 0.975，和文献报道结果一致 [88]。

由于催化剂床层为 Ni-foam 结构催化剂，流体流经催化剂床层的压力降损失主要为黏性损失和惯性损失。而根据流体线速度计算得到的雷诺数小于 5，可认为流体流经催化剂床层时的流动形式为层流。根据泡沫材料渗透性能的讨论可知，金属泡沫镍结构催化剂的床层压力降公式为 $f = 0.163 + 18.8/Re$ [式（8-25）]。

3. 物性参数、边界条件及求解方法设定

甲烷化反应模拟计算的求解过程如下：①首先将划分的网格导入 Fluent 6.3 中并进行网格检验、单位变换；②然后设定求解器，采用压力求解器及隐式算法，轴对称的定常流动；③开启能量方程，选择层流模型及有限速率体积反应模型；④定义物性参数和边界条件；⑤最后设置计算方法为压力及速度场耦合的 SIMPLE 算法，二级迎风格式离散。设置迭代次数及收敛条件，初始化并开始计算直至收敛。

需要注意的是，物性参数和边界条件对模拟计算结果的精确性至关重要。在甲烷化反应模拟计算中，所有流体的物性参数除比热容外都按照分段线性函数设置，比热容按照分段多项式函数设置，所有固体材料的物性参数均按照分段线性函数设置。混合反应气的密度按照体积分数混合法则设置，比热容按照混合法则设置，热导率及黏度按照质量分数混合法则设置。上述所有函数及混合法则都可在 Fluent 用户手册 [89] 中获得。

边界条件可分为质量入口边界、压力出口边界、反应管壁边界及催化剂区域。定义反应器入口 177 ℃、出口 127 ℃，其它参数均按照实际实验值进行设置，例如

在 CO 甲烷化反应模拟中，催化剂装填约 1.2 mL，反应管恒温区温度 350 ℃，混合气按氢碳比 3∶1、总体积流速为 200 mL/min（体积空速 10000 h^{-1}）进入反应管反应，根据实验结果，此时的 CO 转化率为 100%、CH_4 选择性为 90.5%。定义反应管壁面设为无滑移边界条件，恒温区外壁温度恒定，而其它壁面传热方式设为壁面耦合方式。催化剂区域内的 Ni-foam 结构催化剂和对比催化剂的参数设置，如表 8-3 所示。

表8-3　CFD模拟计算中催化剂参数

催化剂	ρ/(g/mL)	ε	k_{eff}/[W/(m·K)]
$Ni\text{-}CeO_2\text{-}Al_2O_3$/Ni-foam	0.55	0.95	2.888
$Ni\text{-}CeO_2/Al_2O_3$	0.62	0.35	1.018

注：1. 空隙率，定义为 $\varepsilon = V_{void}/V_{total}$，其中 V_{void} 和 V_{total} 分别为空隙体积和多孔材料总体积；

2. 227 ℃下有效热导率 k_{eff}，按照 $k_{eff} = \varepsilon k_{fluid} + (1-\varepsilon)\,k_{solid}$[74] 计算得到，其中 k_{fluid} 和 k_{solid} 分别为流体和固体骨架热导率。

4. Ni-foam结构催化剂的传热性能

图 8-27 为计算流体力学（computational fluid dynamics，CFD）软件模拟计算得到的 Ni-foam 结构催化剂（$Ni\text{-}CeO_2\text{-}Al_2O_3$/Ni-foam）床层和传统氧化铝基颗粒催化剂（$Ni\text{-}CeO_2/Al_2O_3$）床层在 CO 甲烷化反应稳态下的温度分布图。由图可见，Ni-foam 结构催化剂床层和传统颗粒床层都在床层上段出现了明显温升，其原因是甲烷化反应具有强放热性，且 CO 转化率高，在反应气刚接触到反应床层时反应速率最大，放热效应最明显。而在反应床层下段，随 CO 浓度降低，反应速率和热效应已经大大降低。尽管在 Ni-foam 结构催化剂床层和传统颗粒床层中甲烷化反应放出的反应热量相近（CO 转化率相近），但是两个反应床层中的温升却大相径庭，

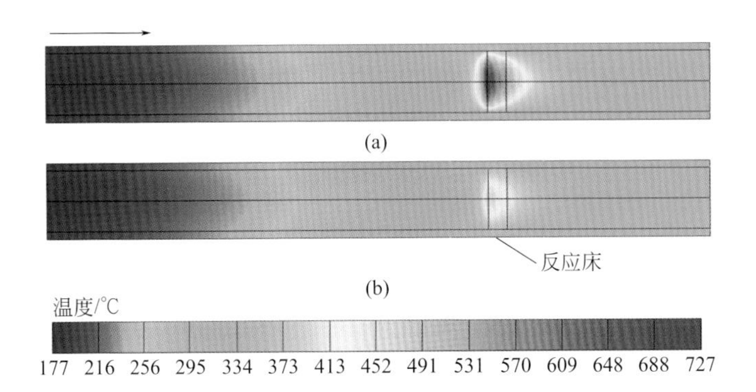

图 8-27　CO 甲烷化反应稳态下颗粒催化剂 $Ni\text{-}CeO_2/Al_2O_3$ 床层（a）及 Ni-foam 结构催化剂 $Ni\text{-}CeO_2\text{-}Al_2O_3$/Ni-foam 床层（b）中的温度分布

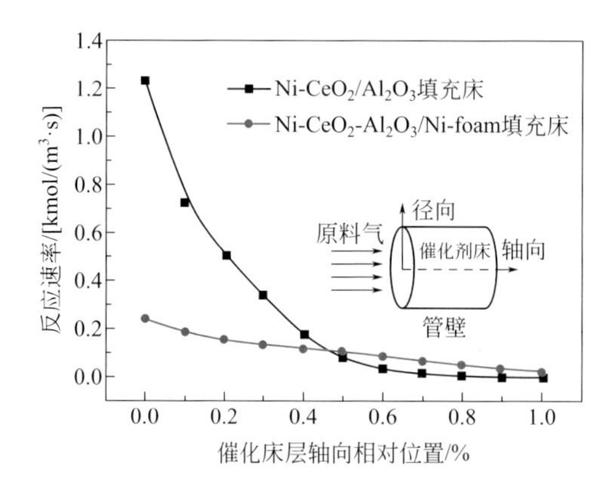

图 8-28 反应速率随反应床层轴向的变化

其中传统颗粒氧化铝床层最上端的温升约为 250 ℃，而 Ni-foam 结构催化剂床层最上端温升仅约 50 ℃，这得益于 Ni-foam 结构催化剂优异的传热性能。在氧化物负载催化剂用于甲烷化实际工业操作中，曾观测到床层温升大于 300 ℃[90]。图 8-28 是 CFD 计算的 Ni-foam 结构催化剂床层和传统颗粒氧化铝床层在 CO 甲烷化中的反应速率随床层轴向变化图。由图可见，在颗粒床层前半段反应速率沿轴向急剧下降，而在床层后半段反应速率则基本不变，且仅为最初反应速率的 1/10。这是由于甲烷化反应是强放热反应，而颗粒催化剂导热性能较差，因而床层温升急剧升高，从而促使床层上端反应速率急剧升高，而随 CO 含量的减少，床层温升逐渐降低，反应速率逐渐下降并最终趋于稳定。上述结果说明甲烷化反应主要发生在颗粒床层的上端，同时也表明颗粒催化剂的利用效率不高。而对于泡沫镍结构催化剂床层来说，由于具有优异的传热性能，能够及时将反应过程中放出的热量传导出来，因而床层轴向温升相对较低，从而使整个反应床层内轴向反应速率分布相对均匀，表明甲烷化反应发生在整个反应床层内，也从侧面证实了 Ni-foam 结构催化剂的利用效率高。

事实上，研究者尤其对大尺寸下径向传热能力表现出更浓厚的兴趣，这是因为径向传热能力直接决定反应器径向尺寸的大小及装置生产能力。采用 CFD 可计算 CO 甲烷化反应中反应床层上下两端的径向温度梯度，结果如图 8-29 所示。由图可见，Ni-foam 结构催化剂反应床层两端的径向温度梯度都不大。而颗粒床层上下两端径向温度梯度都较大，尤其是催化剂床层上端。由轴向反应速率分布（图 8-28）可知在颗粒床层下端已基本没有反应，但有趣的是催化剂床层下端仍有较明显的温升，其原因是颗粒催化剂导热性较差，热量不能及时从催化剂床层传导出去。

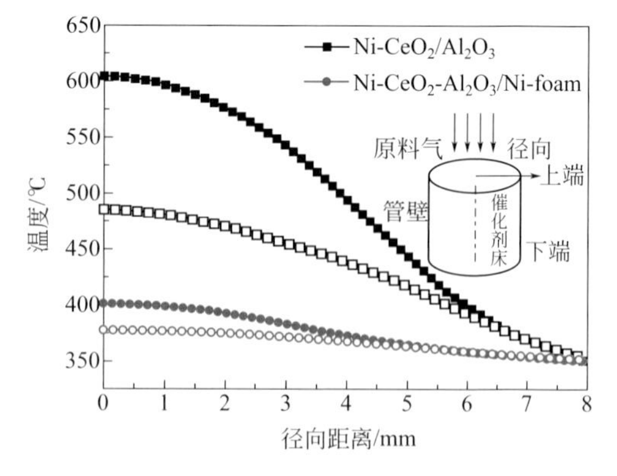

图 8-29 反应床层上下两端温度随径向变化

实心：上端，空心：下端

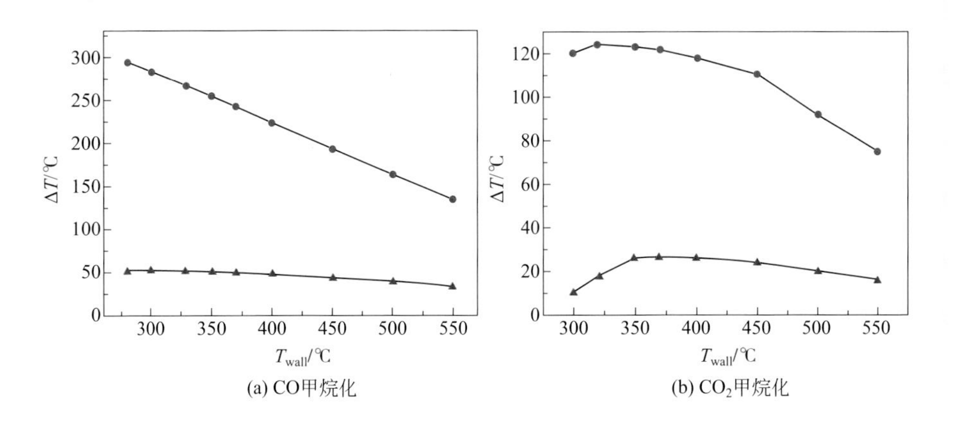

图 8-30 Ni-foam 结构催化剂 Ni-CeO_2-Al_2O_3/Ni-foam 和颗粒催化剂 Ni-CeO_2/Al_2O_3 分别用于 CO 甲烷化和 CO_2 甲烷化时反应床层（T_{bed}）和反应管壁（T_{wall}）温差（ΔT）

反应条件：0.1 MPa，10000 h^{-1}

▲结构催化剂；●颗粒催化剂

为了检验上述模拟结果的准确性，用内插入热电偶分别测定了 Ni-foam 结构催化剂及颗粒催化剂床层温升（床层顶端温度与反应管管壁温度差）。由图 8-30（a）可见，对于 CO 甲烷化反应，Ni-foam 结构催化剂顶端床层温升随反应温度增加而逐渐减小，而颗粒催化剂顶端床层温升随反应温度增加呈线性减小关系，且降幅巨大。特别是，在整个反应温度区间内，Ni-foam 结构催化剂床层温升都远小于颗粒填充床：例如在反应温度为 350 ℃时，颗粒催化剂床层温升为 254 ℃，但 Ni-foam 结构催化剂床层温升仅为 51 ℃。由图 8-30（b）可见，对于 CO_2 甲烷化反应，Ni-foam 结构催化剂床层温升随反应温度升高呈火山形分布，颗粒催化剂床层温升也随反应温度升高而小幅上升，而后逐渐下降。同 CO 甲烷化反应一样，在整个反应温度区间内，Ni-foam 结构催化剂床层温升都远小于颗粒填充床。例如在反应温度为 320 ℃时，颗粒填充床层温升为 125 ℃，但是 Ni-foam 结构催化剂床层温升仅为 18 ℃。以上结果说明甲烷化模拟计算结果与实验值相近，从而证实了模型及计算结果的合理性，也再次证明了 Ni-foam 结构催化剂优异的传热性能。

第四节 纤维/泡沫结构催化剂“气-固”反应的传质性能

一、纤维结构催化剂的传质性能

对不同纤维结构催化剂传质效率的研究相对较少[91]，目前为止，还不能在广泛条件下预测纤维结构催化剂的传质性能。Reichelt 等[92]提出了一种描述封装球体传质性能的相互关系，是在现有理论和半经验基础上得出的。所得关联式通过选择萨德直径作为特征长度，可用于纤维结构基体的传质性能预测。然而，对纤维结构催化剂采用 Reichelt 等[92]得到的关联式，则面临如何选择合适特征长度的问题（在文献中，一般采用不同等效直径的方式来解决该问题）。两个潜在的特征长度是萨德直径 d_S [式（8-52）] 和水力直径 d_h [式（8-53）]：

$$d_S = \frac{6}{S_{Vstr}} \tag{8-52}$$

$$d_h = \frac{4\varepsilon_B}{S_{VB}} \tag{8-53}$$

式中，S_{Vstr} 为几何表面积；S_{VB} 为比表面积。

水力直径也经常用于传质性能和压力降的相关式，并且通过式（8-54）同萨德直径相关联：

$$d_S = 1.5\frac{1-\varepsilon_B}{\varepsilon_B}d_h \tag{8-54}$$

以 d_S 为特征长度，Reichelt 等[92]的传质相关式可进一步推广为更具普适性的形式 [式（8-55）] 来用于纤维结构催化剂和半球填充床：

$$Sh_S = Sh_{S,Re_S=0} + 1.26\left[\frac{1-(1-\varepsilon_B)^{5/3}}{2-3(1-\varepsilon_B)^{1/3}+3(1-\varepsilon_B)^{5/3}-2(1-\varepsilon_B)^2}\right]^{1/3} \times \left(0.991Pe_S^{1/3}+\frac{0.037Re_S^{0.8}Sc}{1+2.44Re_S^{-0.1}(Sc^{2/3}-1)}\right) \tag{8-55}$$

其中 Sh_S、Re_S 和 Pe_S 是舍伍德数、雷诺数和佩克莱数，并且皆以 d_S 为特征长度。

对于半球填充床，这些无量纲数与文献 [92] 是相同的。对于半球填充床，舍伍德数极限值是床层性质的函数，其中纤维结构催化剂的舍伍德数在停滞状态下，$Sh_{SC,Re=0}$ 趋近于 0。与球体相反，纤维或圆柱填充床有不同的排列（如图 8-31 所示）。基于推导条件，该相关式特别适用于横向流中的随机排列的纤维结构基体（如纤维过滤器和金属丝网）。

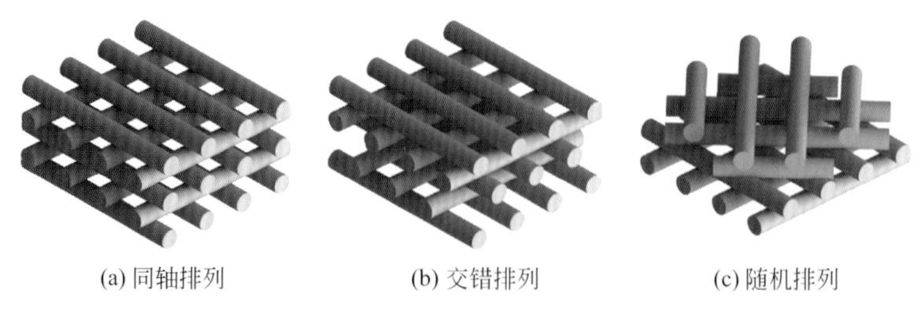

图 8-31　纤维填充床的不同排列方式

但是，丝网结构催化剂的实验结果同理论计算结果存在较大偏差。这些测量是在雷诺数或佩克莱数基本为 1 的范围内进行的 [91]。较大偏差的可能原因是轴向分散对传质的影响。对于佩克莱数大于 1 时的轴向分散，对传质的影响可以忽略，在佩克莱数小于 1 时则不能忽略，可通过式（8-56）计算得到：

$$Pe_{\mathrm{ax,S}}=\frac{\tau_{\mathrm{B}}}{\varepsilon_{\mathrm{B}}}Pe_{\mathrm{S}} \tag{8-56}$$

如前所述，文献提出了一系列有关纤维结构催化剂传质的相关式。为了比较这些相关式的准确性，对其实验数据进行了归一化的均值 - 方差［normalized route-mean-square deviations，NRMSD；式（8-57）］处理，结果列于表 8-4。所有相关式轴向分散的影响可以通过式（8-58）来解释。表 8-4 的结果显示了式（8-55）在所有范围内有着最低的归一化的均值 - 方差。尽管其它相关式也提供了合理的准确性，但式（8-55）还另具优点：既可以用于纤维填充床，又可以用于颗粒填充床 [92]。另外，d_{S} 作为特征长度还可以用于其它填充床和纤维结构催化剂。著名的 Dwivedi 和 Upadhyay 的经验相关式 [93] 即使在高雷诺数下也提供了与式（8-55）相当的精确度。对于 $Re_{\mathrm{S}}<1$，式（8-55）可以更好地预测纤维结构催化剂的传质性能。

$$\mathrm{NRMSD}=\frac{\sqrt{\dfrac{\sum\left(Sh_{\mathrm{S,app,corr}}-Sh_{\mathrm{S,app,meas}}\right)^2}{n}}}{Sh_{\mathrm{S,app,meas,max}}-Sh_{\mathrm{S,app,meas,min}}} \tag{8-57}$$

$$Sh_{\mathrm{S,app}}=-\frac{Pe_{\mathrm{S}}}{6(1-\varepsilon_{\mathrm{B}})\varphi_{\mathrm{AP}}}\times\frac{d_{\mathrm{S}}}{L_{\mathrm{B}}}\ln\frac{4\gamma\exp\left(\dfrac{Pe_{\mathrm{ax,S}}}{2}\times\dfrac{L_{\mathrm{B}}}{d_{\mathrm{S}}}\right)}{(1+\gamma)^2\exp\left(\dfrac{\gamma Pe_{\mathrm{ax,S}}}{2}\times\dfrac{L_{\mathrm{B}}}{d_{\mathrm{S}}}\right)-(1-\gamma)^2\exp\left(-\dfrac{\gamma Pe_{\mathrm{ax,S}}}{2}\times\dfrac{L_{\mathrm{B}}}{d_{\mathrm{S}}}\right)} \tag{8-58}$$

表8-4　文献提出的纤维结构催化剂传质相关式的归一化均值-方差比较

相关式		床层类型	归一化均值 - 方差			
			Re_{S}= 0.009 ～ 566612	Re_{S}= 0.009 ～ 1	Re_{S}= 1 ～ 1000	Re_{S}= 1000 ～ 566612
$Sh_{\mathrm{S}}-Sh_{\mathrm{S}},\ Re_{\mathrm{S}}=0+$ $1.26\left[\dfrac{1-(1-\varepsilon_{\mathrm{B}})^{5/3}}{2-3(1-\varepsilon_{\mathrm{B}})^{1/3}+3(1-\varepsilon_{\mathrm{B}})^{5/3}-2(1-\varepsilon_{\mathrm{B}})^2}\right]^{1/3}\times$ $\left(0.991Pe_{\mathrm{S}}^{1/3}+\dfrac{0.037Re_{\mathrm{S}}^{0.8}Sc}{1+2.44Re_{\mathrm{S}}^{-0.1}(Sc^{2/3}-1)}\right)$	[92]	颗粒填充床	0.0137	0.0137	0.1380	0.0593

相关式		床层类型	归一化均值 - 方差			
			Re_S=0.009～566612	Re_S=0.009～1	Re_S=1～1000	Re_S=1000～566612
$Sh=0.4548\dfrac{Re_S^{0.5931}Sc^{1/3}}{\varepsilon_B}$	[94]	颗粒填充床	0.0156	0.0156	0.3052	0.0549
$Sh=0.91\left(\dfrac{Re}{1-\dfrac{2}{\sqrt{3\pi}}(1-\varepsilon_B)^2}\right)^{0.43}Sc^{1/3}$①	[94]	泡沫填充床	0.0719	0.1301	0.0703	0.1224
$Sh=0.94\left(\dfrac{Re}{\varepsilon_B}\right)^{0.283}Sc^{1/3}$①	[95]	线网填充床	0.1056	0.1056	0.1134	0.1792
$Sh=0.78\left(\dfrac{Re}{\varepsilon_B}\right)^{0.45}Sc^{1/3}$①	[96]	线网填充床	0.0721	0.0721	0.1757	0.0858
$Sh=1.08\left(\dfrac{Re}{\varepsilon_B}\right)^{0.5}Sc^{1/3}$①	[97]	线网填充床	0.0230	0.1194	0.0230	0.1194
$Sh=0.47\dfrac{Re^{0.5}}{\varepsilon_B}Sc^{1/3}$①	[98]	纤维填充床	0.0673	0.0673	0.2650	0.0919

① $Sh=\dfrac{Sh_S}{1.5}$；$Re=\dfrac{Re_S}{1.5}$。

二、泡沫结构催化剂的传质性能

泡沫材料常常作为载体用于传质受限的“气 - 固”反应，例如催化燃烧[99,100]、选择性催化还原氮氧化合物[101]、汽车尾气净化[102]等，这类反应的特点是接触时间短、反应速度快。虽然金属泡沫强化传质性能已引起越来越广泛的关注，但是关于其质量传递过程的研究却相对较少，特别是泡沫材料微观结构参数对其传质性能的影响，至今尚无统一认识，而且多相催化反应中金属泡沫材料内的传质过程，也没有普遍认可并适用的关联式。意大利 Tronconi 课题组[103,104]曾对一氧化碳氧化实验过程中不同孔密度（10 PPI、20 PPI、40 PPI）的不锈钢泡沫（SS-foam）的传质性能开展了研究，通过关联泡沫材料的结构参数，提出了质量传递关联式。该课题组选取立方体模型[103]简化金属泡沫［图 8-32（a）］，选择该模型的原因是其构型简单，且误差在可接受范围内；另外在金属泡沫结构参数改变之后，相应的模型参数十分容易修改。图 8-32（b）是一氧化碳氧化的实验结果，由图可见，当温度低于 250 ℃时，反应处于动力学控制区域；当温度高于 300 ℃时，反应已完全处于传

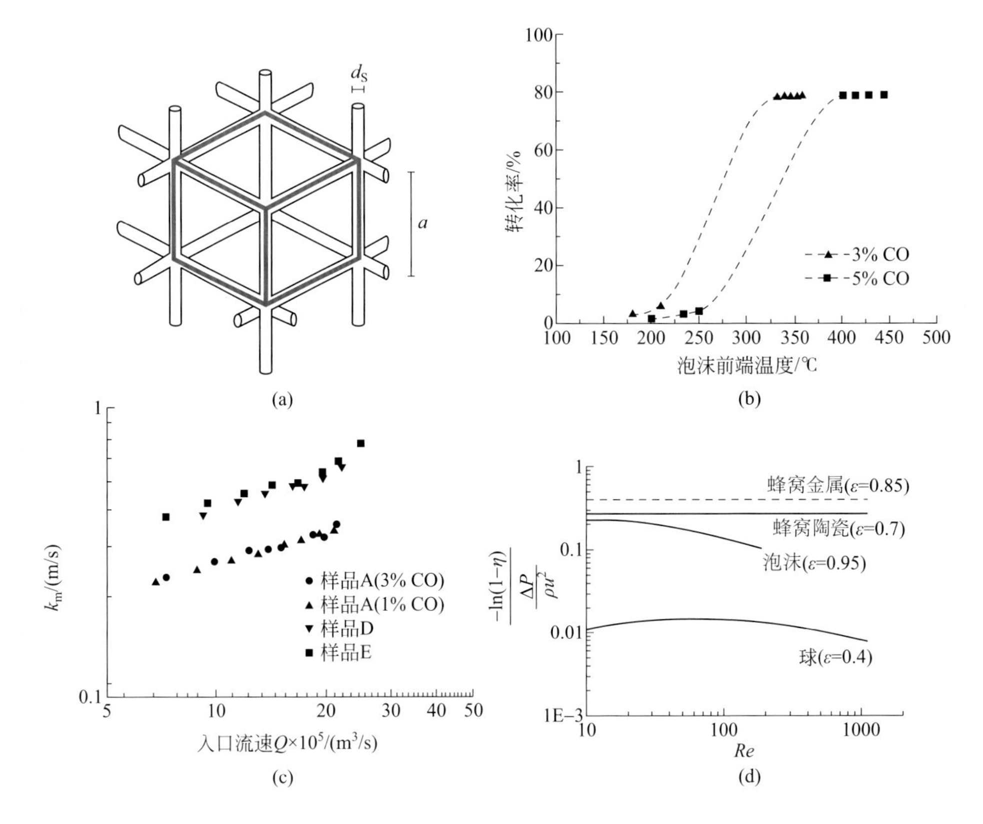

图 8-32　立方体模型（a），空气流速为 6000 mL/min、不同一氧化碳进样浓度条件下的一氧化碳转化率随温度变化图（b），传质系数随流速变化图（c）和一氧化碳转化率及床层压力降的平衡指数随雷诺数变化图（d）[103]

质控制区域。当反应处于传质控制区域时，根据一氧化碳转化率、气体流速、泡沫材料比表面积等数据，可计算得到相应的传质系数，结果如图 8-32（c）所示，传质系数计算公式为：

$$k_m = -\frac{\ln(1-X)}{S_v V_o / Q} \tag{8-59}$$

式中，k_m 为传质系数，m/s；X 为 CO 转化率；S_v 为泡沫材料比表面积，m^2/m^3；V_o 为反应器体积，m^3；Q 为体积流速，m^3/s。

不难发现，传质系数随流速增加而线性增加，表明高流速有利于泡沫材料的传质性能。另外，通过对比不同孔密度金属泡沫的传质系数，发现高孔密度有利于传质。Sanz 等 [105] 同样证实了这一观点，Novák 等 [106] 则证实了泡沫结构催化剂表面的孔洞、沟壑也能明显提高催化剂的传质性能。在计算舍伍德数、施密特数、雷诺数后，建立了金属泡沫内传质性能关联式 [103]：

$$Sh = 1.1Re^{0.43}Sc^{1/3} \tag{8-60}$$

增加孔密度虽提高了金属泡沫的传质性能，但也势必增加了反应器的压力降和能耗，因此必须在两者之间做出合理的平衡。通过定义转化率和床层压力降平衡指数：

$$-\frac{\ln(1-X)}{\Delta P/(\rho u^2)} = \frac{dS_{\text{v}}k_{\text{m}}}{2fu} = \frac{dS_{\text{v}}Sh}{2fReSc} \tag{8-61}$$

式中，ρ 为气体密度，kg/m³；f 为摩擦因子；d 为特征长度，m。Tronconi 等[103]比较了金属泡沫、蜂窝陶瓷、传统颗粒在反应器内的综合表现，结果如图 8-32（d）所示。在整个研究范围内，金属泡沫的传质性能远高于传统颗粒、而略低于蜂窝陶瓷。但是对于传质受限的快反应，相对于蜂窝陶瓷，金属泡沫能有效降低反应器的体积。

Chen 等[107]研究了 Cu-Zn 合金泡沫负载 Cu-Zn-Al-Zr 催化剂用于甲醇重整时的传质性能，并考察了反应温度、反应线速度、催化层厚度对内扩散及外扩散的影响。结果表明，由于金属泡沫的高传质系数，外扩散限制可以忽略，但内扩散作用却明显受催化剂制备过程的影响。在最优制备条件下，当催化层厚度小于 8 μm 时，内扩散限制可消除。同时由于金属泡沫结构催化剂提高了内外扩散，其催化性能相比传统颗粒催化剂可提高 10%。Garrido 等[108]研究了孔密度 10 ～ 45 PPI、空隙率 75% ～ 85% 的泡沫的传质性能，通过压汞法和核磁共振成像技术（magnetic resonance imaging，MRI）表征了泡沫材料的微观结构，发现所研究的泡沫存在各向异性，因此 $Sh = ARe^{B}Sc^{1/3}$ 的关联式在引入泡沫材料的几何构型因素后才能更好地描述其传质作用，上述关联式被修正为：$Sh = 1.1Re^{0.47}Sc^{1/3}(D_{\text{p}}/0.001m)^{0.58}\varepsilon^{0.44}$。式中，$D_{\text{p}}$ 为孔径，m；m 为无量纲参数；ε 为空隙率。此关联式可较好地预测泡沫材料的传质性能（即舍伍德数），另外将传质性能和压力降进行关联类比（Lévêque 类比），计算表明此类比关联式的相对误差小于 20%，从而证实了以泡沫材料的压力降数据快速预测其传质性能的可行性。

三、泡沫镍结构催化剂在CO甲烷化中的传质性能

华东师范大学李亚坤在 Tronconi 课题组[103,104]的工作基础上对泡沫镍（Ni-foam）结构催化剂在 CO 甲烷化反应中的传质性能进行了研究，具体流程如下：①检测 Ni-foam 的几何构型；②确定反应测试温度为 350 ℃；③按 H_2/CO 摩尔比 99 ∶ 1 进行 CO 甲烷化实验，收集 CO 转化率及 CH_4 选择性数据；④计算反应涉及的反应体系密度、黏度、扩散系数和雷诺数；⑤计算 Ni-foam 结构催化剂的传质性能参数（施密特数和舍伍德数）并归纳其数学关系式。其中计算过程中涉及的参数如混合物密度［式（8-62）］、黏度［式（8-63）］、雷诺数［式（8-64）］、扩散系数［式（8-65）］、传质系数［式（8-66）］、舍伍德数［式（8-67）］及施密特数［式（8-68）］的计算公式列于表 8-5。图 8-33 为 Ni-foam（100 PPI）的扫描电镜图。如图所示，红圈代

表8-5　参数计算公式及所用符号含义

参数	计算公式	物理量
密度［式（8-62）］	$\rho_m = \Sigma(\rho_i y_i)$	ρ_m 为密度，kg/m^3；y 为摩尔分数；i 为组分 CO 或 H_2
黏度［式（8-63）］	$\mu_m = \dfrac{\Sigma(y_i \mu_i M_i^2)}{\Sigma(y_i M_i^2)}$	μ_m 为动力学黏度，Pa·s；M 为摩尔质量，g/mol
雷诺数［式（8-64）］	$Re_S = \dfrac{\rho u}{S_v \mu}$	Re_S 为根据比表面改进的雷诺数；u 为流体流速，m/s；S_v 为泡沫金属比表面积，m^2/m^3
扩散系数［式（8-65）］	$D = \dfrac{1\times10^7 T^{1.75}(1/M_A + 1/M_B)^{0.5}}{P\left[\left(\Sigma v_A\right)^{1/3} + \left(\Sigma v_B\right)^{1/3}\right]^2}$	D 为扩散系数，m^2/s；T 为流体温度，K；v 为组分的分子扩散体积，cm^3/mol；P 为反应管内压力，atm
传质系数［式（8-66）］	$k_m = \dfrac{-\ln(1-Y)}{S_v V} Q$	k_m 为传质系数，m/s；Y 为甲烷收率；V 为泡沫金属催化剂的体积，m^3；Q 为体积流速，m^3/s
舍伍德数［式（8-67）］	$Sh_S = \dfrac{k_m}{S_v D}$	Sh_S 为根据比表面积改进的舍伍德数
施密特数［式（8-68）］	$Sc = \dfrac{\mu}{\rho D}$	Sc 为施密特数

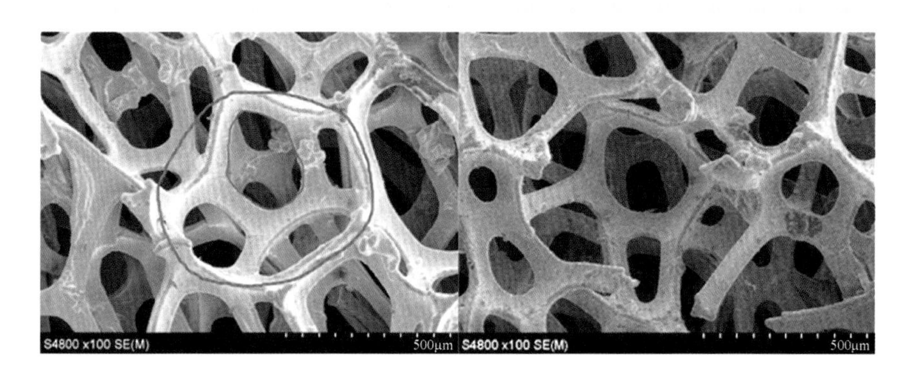

图 8-33　Ni-foam（100 PPI）扫描电镜图

表其基元结构单元，蓝圈代表其基元结构单元中的孔。经多张电镜照片统计，基元结构单元的直径为 0.55 mm，后续计算中皆以此直径作为特征长度。Ni-foam 的比表面积 S_v 根据流动模拟计算中选定的立方体中心球模型（cubic cell，CC）进行计算，过程如下：假设立方体边长为 A，中心球直径为 B，则比表面积 S_v 由式（8-69）计算可得为 1598.5 m^2/m^3（100 PPI、结构单元直径 0.55 mm）。

$$S_v = \frac{3\pi AB - 2\pi B^2}{A^3} \tag{8-69}$$

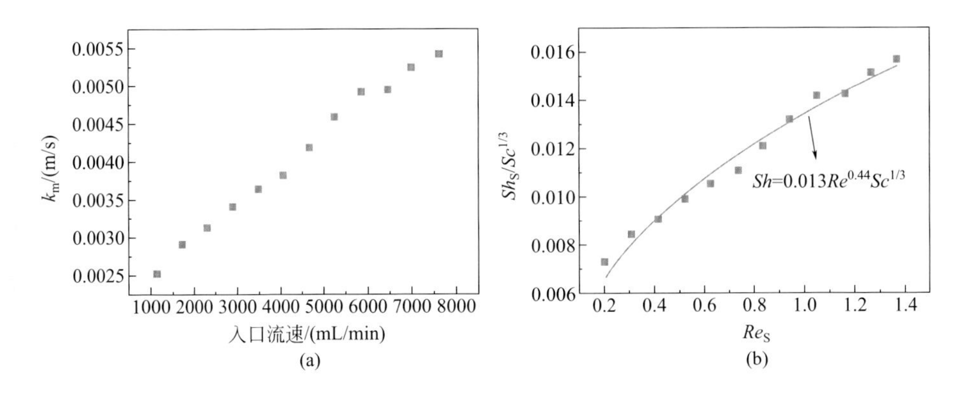

图 8-34　Ni-foam 结构催化剂 CO 甲烷化反应中传质系数和流速关系图（a）和舍伍德数和雷诺数关系图（b）

收集不同体积空速下的 CO 转化率、CH_4 收率、混合气体密度、混合气体黏度、雷诺数及扩散系数等数据，然后按照式（8-66）即可计算 Ni-foam 结构催化剂的传质系数，结果如图 8-34（a）所示。由图可知，Ni-foam 结构催化剂的传质系数和反应管入口流速呈近似线性关系，表明增大气体流速有利于传质作用，但这却不利于降低床层压力降。按照式（8-67）和式（8-68）分别计算 CO 甲烷化反应中结构催化剂的舍伍德数和施密特数，并归纳其与雷诺数之间的关系，结果如图 8-34（b）所示。舍伍德数和雷诺数之间关联式为：

$$Sh = 0.013Re^{0.44}Sc^{1/3} \tag{8-70}$$

该关联式和 Tronconi 课题组 [104] 得出的关联式（$Sh = 0.91Re^{0.43}Sc^{1/3}$）非常类似。至于关联式中的系数 0.013 远小于 Tronconi 课题组的 0.91 的原因是，李亚坤在甲烷化实验中所用的 Ni-foam 孔密度为 100 PPI，比表面积远大于 Tronconi 课题组（5～15 PPI，比表面积小于 1000 m^2/m^3），而舍伍德数和比表面积的平方成反比，因此比表面积越大关联式中的系数则越小。此外雷诺数和舍伍德数都是在比表面积的基础上改进而来，也与 Tronconi 课题组的不同。

若单从强化传质的角度来看，高原料气流速及高孔密度有利于传质。通过对比泡沫渗透性的研究不难发现，降低反应器内单位床层压力降和提高传质性能对反应器内操作条件（流体流速）和 Ni-foam 结构催化剂结构参数（空隙率、孔密度）的要求正好相反。因此在催化剂设计和反应器操作过程中需要综合考虑上述两方面因素的影响。Tronconi 等 [103] 在 2005 年研究金属泡沫结构催化剂的传质作用和反应器内床层压力降时，同样遇到了金属泡沫难以同时满足提高传质性能和降低压力降的难题。为了评价两者对金属泡沫催化剂催化性能的综合影响，他们提出了反应器内床层压力降和传质性能之间的权衡指标［式（8-71）］。此权衡指标越高，催化材料的整体催化性能越好。通过计算此权衡指标可发现，当雷诺数小于 17 时金属泡沫结构催化剂的催化性能最好。通过对比，发现金属泡沫催化剂催化性能略低于蜂窝材料催化剂，而远高于颗粒催化剂。具体到甲烷化反应时，通过式（8-71）计算反应器内床层压力降和传质性能之间的权衡指标后发现，在甲烷化过程中雷诺数（反应器直径为特征长度）小于 19.5 时，Ni-foam 结构催化剂（空隙率 96%）可同时满足低压力降及强化传质的要求。

$$-\frac{\ln(1-X)}{\Delta P/(\rho u^2)}=\frac{dS_v k_m}{2fu}=\frac{dS_v Sh}{2fReSc} \tag{8-71}$$

第五节 纤维/泡沫结构催化剂含液相反应的传递现象

一、纤维结构催化剂含液相反应的传递现象[109]

1. 单相流

用压力降表示的层状纤维的动力学性质研究指出，当空气或水流过活性碳纤维（activated carbon fibers，ACFs）时的压力降与纤维的特定结构特征如开孔程度有关，而且不能用通常的压力降摩擦因子来关联，因为它还与流体性质极为相关。

2. 两相流

在纤维结构基体装填的鼓泡塔中可以观察到三个流区：①当气 / 液流速比 u_{G0}/u_{L0} < 30（u_{L0} = 0.61 cm/s）且纤维层间距小于塔径时为气泡流，气体在每个纤维层进行再分布，气体表观流速增加，气泡直径也增加，直至气体变为连续相，如图 8-35（a）～（c）所示；②当气 / 液流速比 u_{G0}/u_{L0} < 100 时是环流区，此时液体在纤维布

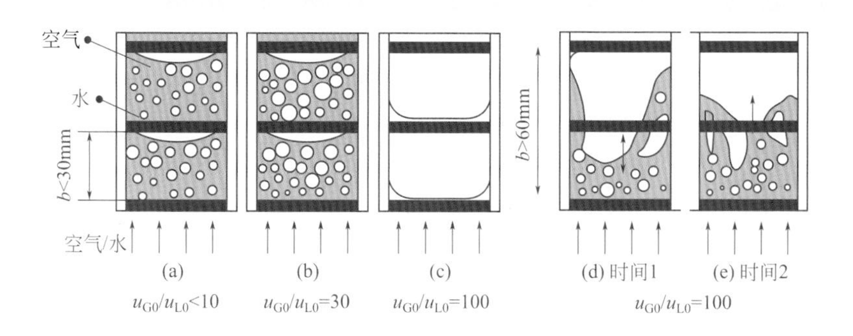

图 8-35 不同表观气体速度下纤维催化层气 / 液分布示意图

表面；③层间间隔大于 60 mm 时的栓流和乱流区，液体栓的上下变化导致如图 8-35（d），（e）所指出的混沌行为。流体力学参数如压力降和液体滞留量与纤维结构（主要是纤维丝线间的距离）有关。

对涂层纤维结构催化剂（如金属筛网和纤维布等）的研究已有长足的进展。纤维结构催化剂具有可变的几何结构、良好的传质性能、可与独居石催化剂相比拟的压力降（比颗粒填充床低 1 ～ 2 数量级），因此对在高流速和低压力降需求的反应中应用有吸引力。在液相反应中，纤维结构催化剂基本消除了传质阻力。

二、泡沫结构催化剂含液相反应的传递现象[109]

1. 压力降

$$\frac{\mathrm{d}P}{\mathrm{d}z}=Aa_{\mathrm{g}}^{2}\mu(1-\varepsilon)^{2}/\varepsilon^{3},\ A=973d_{\mathrm{p}}^{0.743}(1-\varepsilon)^{-0.0282} \tag{8-72}$$

2. 总液体滞留量

$$\frac{F_{\mathrm{a}}}{\varepsilon_{\mathrm{a}}}=\frac{1}{f_{\mathrm{a}}}S_{\mathrm{a}}\left(\frac{ARe_{\mathrm{a}}}{Ga_{\mathrm{a}}}+\frac{BRe_{\mathrm{a}}^{2}}{Ga_{\mathrm{a}}}\right)\rho_{\mathrm{a}}g,\ \text{a表示气体或液体} \tag{8-73}$$

$$S_{\mathrm{a}}=\frac{\varepsilon_{\mathrm{a}}}{\varepsilon},\quad f_{\mathrm{G}}=S_{\mathrm{G}}^{n_1},\quad f_{\mathrm{L}}=\left(\frac{S_{\mathrm{L}}-S_{\mathrm{L}}^{0}}{1-S_{\mathrm{L}}^{0}}\right)^{n_2} \tag{8-74}$$

式（8-73）和式（8-74）中的常数对不同的通道密度（PPI）是不一样的。

5 PPI：$A = 8.31\times10^{5}$，$B = 25.09$，$n_1 = 5.17$，$n_2 = 2.33$

20 PPI：$A = 22.1\times10^{5}$，$B = 14.03$，$n_1 = 3.88$，$n_2 = 1.55$

40 PPI：$A = 0.088\times10^{5}$，$B = 5.04$，$n_1 = 4.25$，$n_2 = 1.73$

3. 液体停留时间分布

45 PPI 的泡沫：　　$D_{\mathrm{EX}} = 1.26\times10^{-3}u_{\mathrm{L}}$

60 PPI 的泡沫：　　$D_{\mathrm{EX}} = 1.01\times10^{-3}u_{\mathrm{L}}$

$Bo_{\mathrm{L}}=\dfrac{u_{\mathrm{L}}Z}{D_{\mathrm{EX}}\varepsilon_{\mathrm{L}}}$，其数值取决于液体和气体流速。

4. 总传热系数

$$\frac{Ud}{\lambda_{\mathrm{f}}}=2.49\times10^{-8}\varepsilon T^{5}+12.6Re \tag{8-75}$$

虽然对独居石和开放波纹填料已经有许多关于流体力学压力降、传质和传热的关联，但对纤维 / 泡沫结构催化剂与反应器的关联还比较少。对“液 - 固”传质，已经在独居石和开放波纹横流结构基体中进行了实验测量，也已经清楚了解了独居石、开放波纹横流结构材料和泡沫的轴向扩散及停留时间分布。这些信息和数据已经为纤维 / 泡沫结构催化剂与反应器的应用打下了基础，但是仍然需要做更多的工作，包括实验类型、测量技术、流体力学模型的建立等。

参考文献

[1] Zhao G, Liu Y, Lu Y. Foam/fiber-structured catalysts: non-dip-coating fabrication strategy and applications in heterogeneous catalysis[J]. Sci Bull, 2016, 61 (10): 745-748.

[2] 赵国锋 , 张智强 , 朱坚 , 等 . 结构催化剂与反应器 : 新结构、新策略和新进展 [J]. 化工进展 , 2018, 38 (4): 1287-1304.

[3] 林瑞泰 . 多孔介质传热传质引论 [M]. 北京 : 科学出版社 , 1995: 53-67.

[4] 司广树 , 姜培学 , 李勐 . 单相流体在多孔介质中的流动和换热研究 [J]. 承德石油高等专科学校学报 , 2000 (4): 4-9.

[5] Bear J. 多孔介质流体动力学 [M]. 李竞生 , 陈崇希 , 译 . 北京 : 中国建筑工业出版社 , 1983: 454-483.

[6] Brinkman H C. A calculation of the viscosity and the sedimentation constant for solutions of large chain molecules taking into account the hampered flow of the solvent through these molecules[J]. Physica, 1947, 13 (8): 447-448.

[7] Varahasamy M, Fand R M. Heat transfer by forced convection in pipes packed with porous media whose matrices are composed of spheres[J]. Int J Heat Mass Trans, 1996, 39 (18): 3931-3947.

[8] 林瑞泰 . 多孔介质传热传质引论 [M]. 北京 : 科学出版社 , 1995: 92-99.

[9] Collins R E. Flow of fluids through porous materials[M]. New York: Reinhold, 1961.

[10] Scheidegger A E. The physics of flow through porous media[M]. Toronto: Univ of Toronto Press, 1960.

[11] Bear J. 多孔介质流体动力学 [M]. 李竞生 , 陈崇希 , 译 . 北京 : 中国建筑工业出版社 , 1983: 137-141.

[12] Chauveteau G, Thirriot C L. Régimes d'écoulement en milieu poreux et limite de la loi de Darcy[J]. La Houille Blanche, 1967 (2): 141-148.

[13] Jamialahmadi M, Müller-Steinhagen H, Izadpanah M R. Pressure drop, gas hold-up and heat transfer during single and two-phase flow through porous media[J]. Int J Heat Fluid Flow, 2005, 26 (1): 156-172.

[14] Jiang P X, Li M, Lu T J, et al. Experimental research on convection heat transfer in sintered porous plate channels[J]. Int J Heat Mass Trans, 2004, 47 (10-11): 2085-2096.

[15] Bijeljic B, Mantle M D, Sederman A J, et al. Slow flow across macroscopically semi-circular fibre lattices and a free-flow region of variable width-visualisation by magnetic resonance

imaging[J]. Chem Eng Sci, 2004, 59 (10): 2089-2103.

[16] Gray W G. Thermodynamics and constitutive theory for multiphase porous-media flow considering internal geometric constraints[J]. Adv Water Resour, 1999, 22 (5): 521-547.

[17] 卢新伟 . 基于宏观和孔尺度模型的多孔泡沫金属强化换热数值模拟 [D]. 广州 : 华南理工大学 , 2014.

[18] 闫晓 , 肖泽军 , 黄彦平 , 等 . 多孔介质中流动换热特性的研究进展 [J]. 核动力工程 , 2006, 27 (s1): 77-82.

[19] Comiti J, Renaud M. A new model for determining mean structure parameters of fixed beds from pressure drop measurements: Application to beds packed with parallelepipedal particles[J]. Chem Eng Sci, 1989, 44 (7): 1539-1545.

[20] Ergun S. Fluid flow through packed columns[J]. Chem Eng Prog, 1952, 48 (2): 89-94.

[21] Macdonald I F, El-Sayed M S, Mow K, et al. Flow through porous media-the Ergun equation revisited[J]. Ind Eng Chem Res, 1979, 18 (3): 199-208.

[22] Mauret E, Renaud M. Transport phenomena in multi-particle systems-I. Limits of applicability of capillary model in high voidage beds-application to fixed beds of fibers and fluidized beds of spheres[J]. Chem Eng Sci, 1997, 52 (11): 1807-1817.

[23] Donald R Cahela, Bruce J Tatarchuk. Permeability of sintered microfibrous composites for heterogeneous catalysis and other chemical processing opportunities[J]. Catal Today, 2001, 69 (1-4): 33-39.

[24] Daniel K Harris, Donald R Cahela, Bruce J Tatarchuk. Wet layup and sintering of metal-containing microfibrous composites for chemical processing opportunities[J]. Compos Part A-Appl Sci Manuf, 2001, 32 (8): 1117-1126.

[25] Lacroix M, Nguyen P, Schweich D, et al. Pressure drop measurements and modeling on SiC foams[J]. Chem Eng Sci, 2007, 62 (12): 3259-3267.

[26] Edouard D, Lacroix M, Pham C, et al. Experimental measurements and multiphase flow models in solid SiC foam beds[J]. AlChE J, 2008, 54 (11): 2823-2832.

[27] Huu T T, Lacroix M, Huu C P, et al. Towards a more realistic modeling of solid foam: Use of the pentagonal dodecahedron geometry[J]. Chem Eng Sci, 2009, 64 (24): 5131-5142.

[28] 李剑锋 . 微纤结构化整体式多孔材料的流动、传热及其微反应技术应用的研究 [D]. 上海 : 华东师范大学 , 2008.

[29] 李亚坤 . 金属泡沫结构化 Ni 基催化剂的化学刻蚀制备、合成气甲烷化催化性能和强化热质传递构效研究 [D]. 上海 : 华东师范大学 , 2016.

[30] 李剑锋 . 微纤结构化整体式多孔材料的流动、传热及其微反应技术应用的研究 [D]. 上海 : 华东师范大学 , 2008: 51-52.

[31] Mauret E, Renaud M. Transport phenomena in multi-particle systems-II. Proposed new model based on flow around submerged objects for sphere and fiber beds-transition between the capillary and particulate representations[J]. Chem Eng Sci, 1997, 52 (11): 1819-1834.

[32] Fluent Inc. GAMBIT user's guide. Fluent Inc, 2001.

[33] Du Plessis P, Montillet A, Comiti J, et al. Pressure drop prediction for flow through high porosity metallic foams[J]. Chem Eng Sci, 1994, 49 (21): 3545-3553.

[34] Suleiman A S, Dukhan N. Long-domain simulation of flow in open-cell mesoporous metal foam and direct comparison to experiment[J]. Micropor Mesopor Mater, 2014, 196: 104-114.

[35] 胡玉坤，丁静．多孔介质内部传热传质规律的研究进展 [J]. 广东化工，2006, 33 (11): 44-47.

[36] Luikov A V, Shashkov A G, Vasiliev L L, et al. Thermal conductivity of porous systems[J]. Int J Heat Mass Trans, 1968, 11 (2): 117-140.

[37] Russell H W. Principles of heat flow in porous insulators[J]. J Am Ceram Soc, 1935, 18 (1-12): 1-5.

[38] Loeb A L. Thermal conductivity: Ⅷ, a theory of thermal conductivity of porous materials[J]. J Am Ceram Soc, 1954, 37 (2): 96-99.

[39] 胥蕊娜，姜培学，宫伟．微细多孔介质中对流换热实验研究 [J]. 工程热物理学报，2006, 27 (1): 823-825.

[40] Bauer T H. A general analytical approach toward the thermal conductivity of porous media[J]. Int J Heat Mass Trans, 1993, 36 (17): 4181-4191.

[41] Poulikakos D, Renken K. Forced convection in a channel filled with porous medium, including the effects of flow inertia, variable porosity, and Brinkman friction[J]. J Heat Trans, 1987, 109 (4): 880-888.

[42] Zeigarnik U A, Ivanov F P, Ikranikov N P. Experimental data on heat transfer and hydraulic resistance in unregulated porous structures[J]. Teploenergetika, 1991, 2: 33-38.

[43] Hwang G J, Chao C H. Heat transfer measurement and analysis for sintered porous channels[J]. J Heat Trans, 1994, 116 (2): 456-464.

[44] 司广树．水平多孔槽道中换热和流动的研究 [D]. 北京：清华大学，1997.

[45] 李勐，姜培学，余磊，等．流体在烧结多孔槽道中对流换热的实验研究 [J]. 工程热物理学报，2003, 24 (6): 1016-1018.

[46] 姜培学，胥蕊娜，李勐．微细板翅结构强化对流换热实验研究 [J]. 工程热物理学报，2003, 24 (3): 484-486.

[47] 胥蕊娜，姜培学．微细板翅与烧结多孔结构中对流换热实验研究 [J]. 工程热物理学报，2004, 25 (2): 275-277.

[48] Megerlin F E, Murphy R W, Bergles A E. Augmentation of heat transfer in tubes by use of mesh and brush inserts[J]. J Heat Trans, 1974, 96 (2): 145-151.

[49] Renken K J, Poulikakos D. Experiment and analysis of forced convective heat transport in a packed bed of spheres[J]. Int J Heat Mass Trans, 1988, 31 (7): 1399-1408.

[50] 曹玉荣，殷录民，公维平．花丝多孔体内插元件强化管内对流传热的研究 [J]. 山东电力技术，2003 (3): 1-5.

[51] Thevenin J. Transient forced convection heat transfer from a circular cylinder embedded in a porous medium[J]. Int J Heat Mass Trans, 1995, 22 (4): 507-516.

[52] 胥蕊娜, 姜培学, 宫伟. 微细多孔介质中对流换热实验研究 [J]. 工程热物理学报, 2006, 27 (1): 823-825.

[53] Jiang P X, Wang Z, Ren Z P, et al. Experimental research of fluid flow and convection heat transfer in plate channels filled with glass or metallic particles[J]. Exp Therm Fluid Sci, 1999, 20 (1): 45-54.

[54] 胥蕊娜, 姜培学, 李勐, 郭楠. 工程热物理学报, 2006, 27 (1): 103-105.

[55] 胥蕊娜, 姜培学, 赵陈儒, 黄寓理. 工程热物理学报, 2007, 28 (5): 841-843.

[56] Wang S, Lu G Q, Millar G J. Carbon dioxide reforming of methane to produce synthesis gas over metal-supported catalysts: state of the art[J]. Energy&Fuel, 1996, 10 (4): 896-904.

[57] Sacco Jr A, Geurts F, Jablonski G A, et al. Carbon deposition and filament growth on Fe, Co, and Ni foils using CH_4-H_2-H_2O-CO-CO_2 gas mixtures[J]. J Catal, 1989, 119 (2): 322-341.

[58] Li Y, Wang Y, Zhang X, et al. Thermodynamic analysis of autothermal steam and CO_2 reforming of methane[J]. Int J Hydrogen Energy, 2008, 33 (10): 2507-2514.

[59] 陈炜. CH_4/CO_2 重整：抗积碳 Ni/$CeAlO_3$-Al_2O_3 催化剂及反应床层纤维结构化的过程强化效应研究 [D]. 上海：华东师范大学, 2008.

[60] FLUENT user's guide, Fluent Inc. 2003.

[61] Bird R B, Stewart W E, Lightfoot E N. Transport Phenomena. Hoboken: Wiley, 2001.

[62] Chen W, Zhao G, Xue Q, et al. High carbon-resistance Ni/$CeAlO_3$-Al_2O_3 catalyst for CH_4/CO_2 reforming[J]. Appl Catal B, 2013, 136 (12): 260-268.

[63] Sheng M, Yang H, Cahela D R, et al. Novel catalyst structures with enhanced heat transfer characteristics[J]. J Catal, 2011, 281 (2): 254-262.

[64] Fuller E N, Schettler P D, Giddings J C. New method for prediction of binary gas-phase diffusion coefficients[J]. J Ind Eng Chem, 1966, 58 (5): 18-27.

[65] Ergun S. Fluid flow through packed columns[J]. Chem Eng Prog, 1952, 48 (2): 89-94.

[66] 李剑锋. 微纤结构化整体式多孔材料的流动、传热及其微反应技术应用的研究 [D]. 上海：华东师范大学, 2008: 57-62.

[67] Bradford M C J, Vannice M A. CO_2 reforming of CH_4[J]. Cat Rev, 1999, 41 (1): 1-42.

[68] Zhao C Y. Review on thermal transport in high porosity cellular metal foams with open cells[J]. Int J Heat Mass Trans, 2012, 55 (13-14): 3618-3632.

[69] Hutter C, Büchi D, Zuber V, et al. Heat transfer in metal foams and designed porous media[J]. Chem Eng Sci, 2011, 66 (17): 3806-3814.

[70] Feng S S, Kuang J J, Wen T, et al. An experimental and numerical study of finned metal foam heat sinks under impinging air jet cooling[J]. Int J Heat Mass Trans, 2014, 77: 1063-1074.

[71] Mao S L, Love N, Leanos A, et al. Correlation studies of hydrodynamics and heat transfer in

metal foam heat exchangers[J]. Appl Therm Eng, 2014, 71 (1): 104-118.

[72] Zhao C Y, Lu T J, Hodson H P, et al. The temperature dependence of effective thermal conductivity of open-celled steel alloy foams[J]. Mater Sci Eng A, 2004, 367 (1-2): 123-131.

[73] Calmidi V V, Mahajan R L. The effective thermal conductivity of high porosity fibrous metal foams[J]. J Heat Transfer, 1999, 121 (2): 466-471.

[74] Boomsma K, Poulikakos D. On the effective thermal conductivity of a three-dimensionally structured fluid-saturated metal foam[J]. Int J Heat Mass Trans, 2001, 44 (4): 827-836.

[75] Bhattacharya A, Calmidi V V, Mahajan R L. Thermophysical properties of high porosity metal foams[J]. Int J Heat Mass Trans, 2002, 45 (5): 1017-1031.

[76] Krishnan S, Garimella S V, Murthy J Y. Simulation of thermal transport in open-cell metal foams: Effect of periodic unit-cell structure[J]. J Heat Trans, 2008, 130 (2): 024503.

[77] Ranut P, Nobile E, Mancini L. High resolution microtomography-based CFD simulation of flow and heat transfer in aluminum metal foams[J]. Appl Therm Eng, 2014, 69 (1-2): 230-240.

[78] Gräf I, Rühl A K, Kraushaar-Czarnetzki B. Experimental study of heat transport in catalytic sponge packings by monitoring spatial temperature profiles in a cooled-wall reactor[J]. Chem Eng J, 2014, 244 (244): 234-242.

[79] Edouard D, Huu T T, Huu C P, et al. The effective thermal properties of solid foam beds: Experimental and estimated temperature profiles[J]. Int J Heat Mass Trans, 2010, 53 (19-20): 3807-3816.

[80] Bianchi E, Heidig T, Visconti C G, et al. Heat transfer properties of metal foam supports for structured catalysts: Wall heat transfer coefficient[J]. Catal Today, 2013, 216 (6): 121-134.

[81] Zhao C Y, Lu T J, Hodson H P. Thermal radiation in ultralight metal foams with open cells[J]. Int J Heat Mass Trans, 2004, 47 (14-16): 2927-2939.

[82] Zhao C Y, Tassou S A, Lu T J. Analytical considerations of thermal radiation in cellular metal foams with open cells[J]. Int J Heat Mass Trans, 2008, 51 (3-4): 929-940.

[83] Contento G, Oliviero M, Bianco N, et al. The prediction of radiation heat transfer in open cell metal foams by a model based on the Lord Kelvin representation[J]. Int J Heat Mass Trans, 2014, 76: 499-508.

[84] Mendes M A A, Skibina V, Talukdar P, et al. Experimental validation of simplified conduction-radiation models for evaluation of effective thermal conductivity of open-cell metal foams at high temperatures[J]. Int J Heat Mass Trans, 2014, 78: 112-120.

[85] Shinde V M, Madras G. CO methanation toward the production of synthetic natural gas over highly active Ni/TiO_2 catalyst[J]. AlChE J, 2014, 60 (3): 1027-1035.

[86] Alstrup I. On the kinetics of CO methanation on nickel surfaces [J]. J Catal, 1995, 151 (1): 216-225.

[87] Liu Z, Lu G, Guo Y, et al. Catalytic performance of La_{1-x} Er_xCoO_3 perovskite for the

deoxidization of coal bed methane and role of erbium in a catalyst[J]. Catal Sci Technol, 2011, 1 (6): 1006-1012.

[88] Teoh W Y, Doronkin D E, Beh G K, et al. Methanation of carbon monoxide over promoted flame-synthesized cobalt clusters stabilized in zirconia matrix[J]. J Catal, 2015, 326: 182-193.

[89] Fluent Inc. Fluent 6.3 user's guide [M]. Lebanon, NH: Fluent Inc, 2006.

[90] Rostrup-Nielsen J R, Pedersen K, Sehested J. High temperature methanation: Sintering and structure sensitivity[J]. Appl Catal A, 2007, 330 (40): 134-138.

[91] Reichelt E, Jahn M. Generalized correlations for mass transfer and pressure drop in fiber-based catalyst supports[J]. Chem Eng J, 2017, 325: 655-664.

[92] Reichelt E, Jahn M, Lange R. Derivation and application of a generalized correlation for mass transfer in packed beds[J]. Chem Eng Technol, 2017, 89 (4): 390-400.

[93] Dwivedi P N, Upadhyay S N. Particle-fluid mass transfer in fixed and fluidized beds[J]. Ind Eng Chem Process Des Dev, 1977, 16 (2): 157-165.

[94] Groppi G, Giani L, Tronconi E. Generalized correlation for gas/solid mass-transfer coefficients in metallic and ceramic foams[J]. Ind Eng Chem Res, 2007, 46 (12): 3955-3958.

[95] Satterfield C N, Cortez D H. Mass transfer characteristics of woven-wire screen catalysts[J]. Ind Eng Chem Fund, 1970, 9 (4): 613-620.

[96] Ahlström-Silversand A F, Odenbrand C U I. Modelling catalytic combustion of carbon monoxide and hydrocarbons over catalytically active wire meshes[J]. Chem Eng J, 1999, 73 (3): 205-216.

[97] Sun H, Shu Y, Quan X, et al. Experimental and modeling study of selective catalytic reduction of NO_x with NH_3 over wire mesh honeycomb catalysts[J]. Chem Eng J, 2010, 165 (3): 769-775.

[98] De Greef J, Desmet G, Baron G V. Micro-fiber elements as perfusive catalysts or in catalytic mixers: Flow, mixing and mass transfer[J]. Catal Today, 2005, 105 (3-4): 331-336.

[99] Zhang Q, Wu X P, Zhao G, et al. High-performance PdNi alloy structured in situ on monolithic metal foam for coalbed methane deoxygenation via catalytic combustion[J]. Chem Commun, 2015, 51 (63): 12613-12616.

[100] Zhang Q, Wu X P, Li Y, et al. High-performance PdNi nanoalloy catalyst in situ structured on Ni foam for catalytic deoxygenation of coalbed methane: Experimental and DFT studies[J]. ACS Catal, 2016, 6 (9): 6236-6245.

[101] Cai S, Zhang D, Shi L, et al. Porous Ni–Mn oxide nanosheets in situ formed on nickel foam as 3D hierarchical monolith de-NO_x catalysts[J]. Nanoscale, 2014, 6 (13): 7346-7353.

[102] Pestryakov A N, Yurchenko E N, Feofilov A E. Foam-metal catalysts for purification of waste gases and neutralization of automotive emissions[J]. Catal Today, 1996, 29 (1-4): 67-70.

[103] Giani L, Groppi G, Tronconi E. Mass-transfer characterization of metallic foams as supports

for structured catalysts[J]. Ind Eng Chem Res, 2005, 44 (14): 4993-5002.

[104] Groppi G, Giani L, Tronconi E. Generalized correlation for gas/solid mass-transfer coefficients in metallic and ceramic foams[J]. Ind Eng Chem Res, 2007, 46 (12): 3955-3958.

[105] Sanz O, Echave F J, Sánchez M, et al. Aluminium foams as structured supports for volatile organic compounds (VOCs) oxidation[J]. Appl Catal A, 2008, 340 (1): 125-132.

[106] Novák V, Kočí P, Gregor T, et al. Effect of cavities and cracks on diffusivity in coated catalyst layer[J]. Catal Today, 2013, 216 (11): 142-149.

[107] Chen H, Yu H, Tang Y, et al. Assessment and optimization of the mass-transfer limitation in a metal foam methanol microreformer[J]. Appl Catal A, 2008, 337 (2): 155-162.

[108] Garrido G I, Patcas F C, Lang S, et al. Mass transfer and pressure drop in ceramic foams: A description for different pore sizes and porosities[J]. Chem Eng Sci, 2008, 63 (21): 5202-5217.

[109] 陈诵英 , 郑经堂 , 王琴 . 结构催化剂与环境治理 [M]. 北京 : 化学工业出版社 , 2016: 112-114.

第九章

非规则 3D 空隙结构催化剂与反应器的制备

整装 Foam/Fiber 基体的比表面积也非常低，一般小于 1 m^2/g，通常用作结构基体而极少直接用作结构催化剂载体。与整装蜂窝陶瓷基体类似，在使用前一般需要采用湿式涂覆法沉积高比表面积分散载体（如 SiO_2、Al_2O_3、分子筛、活性炭等）。然而，传统涂层技术不仅实施成本高、条件苛刻，特别是对于金属基非规则 3D 空隙结构的 Foam/Fiber 基体而言，还存在催化剂涂层与金属基体热膨胀系数的差异，易导致涂层龟裂剥落、基体骨架的不规则棱角造成的应力效应导致涂层均一性差和涂层易开裂等诸多难以克服的问题[1,2]。近年来，华东师范大学路勇教授课题组以具有强化热 / 质传递和优化流体流动的孔结构工程化的 Foam/Fiber 为基体，提出了 Foam/Fiber“非涂层”原位催化功能化的“自上而下（top-down）”逆向设计策略，构建了湿式化学刻蚀、原电池反应置换活化、分子筛原位生长、介孔 Al_2O_3 同源氧化衍生等的 Foam/Fiber 结构催化剂制备新方法和新技术，突破了“涂层技术”通适性差的局限性，将结构催化剂从规则二维空隙蜂窝陶瓷和微通道拓展到了非规则 3D 空隙 Foam/Fiber，取得了一系列重要进展[1,2]。

本章在扼要总结 Foam/Fiber 结构催化剂与反应器的传统涂层制备技术后，重点介绍 Foam/Fiber 基体的“非涂层”原位催化功能化制备新方法，也简要介绍 Fiber 包结催化剂 / 吸附剂细颗粒技术。

第一节 非规则3D空隙结构基体的传统涂层催化功能化

一、分散载体沉积

1. 湿式涂层法（washcoat）

分散载体通常是常用多孔高比表面积氧化物（如 Al_2O_3、TiO_2 等）或其混合氧化物。分散载体的沉积最常用的是湿式涂层技术，即用氧化物涂渍泡沫 / 纤维（Foam/Fiber）基体表面，一般使用一种或多种氧化物溶液或悬浮液（悬浮液中含有其前驱体）进行涂浸。

2. 溶胶–凝胶法（Sol–Gel）[3]

溶胶 - 凝胶法一般使用分散载体的前躯体（如烷氧化物），先制备成溶液，再使用酸或碱使烷氧化物水解，接着进行缩聚形成分散载体溶胶。其反应式如下：

$$M(OR)_n + nH_2O \longrightarrow M(OH)_n + nROH,\ M=Al、Si、Ti、Zr \quad (9\text{-}1)$$

$$—M—OH + HO—M— \longrightarrow —M—O—M— + H_2O \quad (9\text{-}2)$$

也能够使用非水解溶胶 - 凝胶法：

$$MOR + MX \longrightarrow 中间物 \longrightarrow M—O—M + RX \quad (9\text{-}3)$$

溶胶 - 凝胶沉积中的一个重要因素是材料的溶胶 - 凝胶化所需要的老化时间，这取决于溶胶浓度和基体的特征大小，从数分钟到数周不等。为了获得希望的齐聚物，必须选择溶胶形成的条件。长时间老化能够获得高黏度的溶胶，用它沉积可以得到较厚的涂层，但容易出现裂缝。

采用“浸泡”技术，把 Foam/Fiber 基体浸泡在以上制得的溶胶中一段时间，将 Foam/Fiber 基体提出并把过量溶胶从 Foam/Fiber 空隙中除去，然后再进行干燥和焙烧。可按照具体制备要求重复上述操作。在 Foam/Fiber 基体上涂覆的一般是多孔氧化铝。铝溶胶可由不同的前驱体制得，如一水拟薄水铝石 $AlO(OH)\cdot H_2O$、烷基铝氧化物等。为提高氧化铝层的均匀性，通常可使用添加剂如尿素或有机胺（例如六甲基四胺）等在一定条件下分解使涂覆的氧化铝载体在 Foam/Fiber 基体表面分布均匀。需要注意的是，添加剂会影响溶胶的稳定性，为阻止氧化铝由 γ- 相向 α- 相转变，需要加入抗烧结阳离子（如 Ba^{2+}、La^{3+}、Si^{4+} 等）以使氧化铝层在高温下具有抗烧结性。

其它载体也能够被沉积，如使用 $Al[OCH(CH_3)_2]_3$-$Ni(NO_3)_2\cdot 6H_2O$-$La(NO_3)_2\cdot 6H_2O$ 作为前驱体，没有做预处理的泡沫也能够直接浸入溶胶 - 凝胶中，移出并干燥，最后进行焙烧。除组分一水薄铝石、硝酸铝、水和乙二醇（黏度改性剂）外，也可以加硝酸镧以阻止 γ-Al_2O_3 转变为 α-Al_2O_3。在酸性溶液中使用的烷基锆氧化物可以在泡沫镍上沉积氧化锆层，也常常把二氧化硅沉积在表面上，起始物料是烷氧基硅、玻璃和二氧化硅。衍生 TiO_2 的溶胶 - 凝胶合成，必须要非常仔细地控制前驱体的部分溶解，以便后面的多聚缩合反应产生短支链的聚合金属氧化物溶胶。为沉积 TiO_2，需要在室温下于无水乙醇中稳定异丙基氧钛 $[Ti(O^iPr)_4]$。水解后，把 Al_2O_3/Al 板在搅拌条件下浸入该溶胶 1 h 以涂覆 TiO_2。用类似的方法能够在光导纤维表面进行涂覆。钛溶胶浓度、pH 值和焙烧温度对结晶相是有影响的。使用溶胶 - 凝胶法直接制备氧化铝负载贵金属催化剂也是可能的。例如，把异丙基氧铝溶胶和硝酸铑溶液在硝酸溶液中进行混合；氯化铑和聚乙二醇与一水薄铝石溶胶进行混合以及异丙基氧铝溶胶和氯铂酸在丁二醇中进行混合。应该注意到，近年来已经发展出以溶胶 - 凝胶法为基础的多种方法，合成具有介观有序骨架的氧化物膜，包括二氧化硅和其它材料。例如，用溶剂蒸发诱导自组装（solvent evaporation induced self-assembly，SEISA）方法在硅晶片上涂覆 SiO_2-TiO_2、SiO_2-ZrO_2、SiO_2-Ta_2O_5 催化膜，厚度 200 ～ 300 nm。起始原料由金属烷氧化物、低聚（环氧乙烷）烷基醚表面活性剂构成，后者作为结构导向剂使之能生成有序高比表面积介孔相。

除了以上分散载体之外，沸石分子筛也常常用作分散载体。分子筛层的沉积可采用水热合成（即直接合成分子筛晶种并进行分子筛原位生长或气相传输沉积分子筛，该方法将在下一节介绍）和分子筛颗粒浆液涂覆（即使用分子筛浆液浸泡 Foam/Fiber，用空气吹扫除去 Foam/Fiber 空隙中的过量浆液，再进行干燥焙烧）等方法。第一种方法的优点是分子筛层和基体间的黏附力比较强，而缺点是分子筛原位生长过程比浆液涂覆复杂，并且可能形成晶间致密层，导致很大的扩散阻力；第二种方法的优点是从 Foam/Fiber 空隙的流体主体到分子筛层的扩散路径较短，分子筛能够从浆液中直接沉积至 Foam/Fiber 基体表面。除去过量浆液之后的焙烧处理也非常关键，这主要是由于焙烧处理会使分子筛层与 Foam/Fiber（尤其是陶瓷材质）壁面发生键合，焙烧温度一般是 550 ℃或更高。有时为了改进附着强度，可以使用键合剂。

浆液性质对涂层质量有重要影响。浆液性质主要受以下因素支配：固体颗粒性质、溶剂性质、浆液中的固体含量，此外还包括 pH 值、黏度、zeta 电位等。以上内容已有专著进行系统介绍[4]，不再赘述。

3. 电泳沉积（electrophoretic deposition，EPD）[5]

EPD 是应用直流电场的胶体化学过程，电场施加在荷电颗粒的稳定悬浮液上，使带电粒子向带有相反电荷的电极移动。涂层的厚度取决于两个电极间的距离、直流电压（10 ～ 300 V）、悬浮液性质（如 pH 值等）和涂覆时间。该技术通常用于作为预涂覆的氧化铝层的沉积（对第二次用悬浮液浸泡涂层沉积催化剂的黏附是有利的）。例如，使用直径 5 μm 的铝粉作为悬浮液颗粒，聚丙烯酸和异丙醇铝作为添加剂，期望以此来改进铝颗粒的黏附性和控制悬浮液电导率。另外，以不锈钢线网为基体，EPD 可以在基体上沉积 100 ～ 120 μm 的铝粉，然后进一步氧化形成比表面积为 12 m^2/g 的多孔氧化铝线网，该技术也能够用于获得多孔性的催化剂载体。在电泳沉积期间也可以使用氧化铝溶胶（由异丙醇铝水解制备）作为颗粒悬浮液。干燥和焙烧后，在不锈钢网上可以得到非常规则的氧化铝壳层，其比表面积高达 450 m^2/g。

4. 电化学沉积（electrochemical deposition，ECD）[6]

电化学沉积也称“电镀（electronic plating）”，或简单地称为“电沉积”。例如，在基体上沉积金属涂层，可以在基体带负电（即用作负极）的情况下浸入到含有需要沉积金属的盐溶液中来完成。该方法已被用于在不锈钢上沉积银膜和 ZrO_2 层。后者的原料是 $ZrCl_4$ 的盐酸溶液，电解时间为 3 ～ 120 min、电压为 3 ～ 9 V，温度为 25 ℃。

5. 化学镀（chemical plating，CP）[6]

化学镀是利用氧化还原反应把金属沉积到基体上，无须外加电场。利用该技术在铝板上制备了铜基催化剂：先把铝板浸入到氧化锌镀浴中，用锌替代表面的铝，接着把基体浸入到铁镀浴中，最后浸入到含 $Cu(NO_3)_2$ 的镀浴中，镀浴中含有的甲醛溶液是还原剂。这样的连续化学镀可以获得更好的镀层黏附性。

6. 表面处理法（surface treatment，ST）

除了以上沉积分散载体的几种方法外，还可以直接对基体进行表面处理来原位生长分散载体壳层，尤其是含铝的 Foam/Fiber 基体。例如，将 FeCrAl-fiber 在高温空气中焙烧，可生成微米级厚度的 α-Al_2O_3 壳层（图 2-4）[7]；也可以使用碱或酸溶解部分铝，产生多孔表面层，再在空气中氧化形成多孔 Al_2O_3 壳层。如果通过此法产生的 Al_2O_3 壳层不足以作为分散载体，还可以采用上述几种方法继续沉积所需量的分散载体。

7. 阳极氧化法（anodic oxidation，AO）[8]

为了防止用于建筑和装饰的铝材质的腐蚀而进行的阳极氧化处理，已有广泛深入的研究。铝阳极氧化提供了诱人的前景[8]：阳极氧化得到的氧化铝是很好的催化剂载体；通过细调阳极氧化参数能够获得所要求的孔结构；氧化铝层的黏结性非常好也很稳定，抗热机械冲击能力强；阳极氧化方法成熟，工业操作廉价。氧化铝壳层的生成量及其孔结构（如表面孔隙率、孔的直径和形状、比表面积等）受以下几个方面的影响：所用电解质的性质和浓度；氧化过程中搅拌与否；阳极氧化时间、温度和电流密度等。在铝基体阳极氧化生长氧化铝过程中，控制氧化铝层生成的两个主要过程是：氧化铝的生成、所生成氧化铝的再溶解。较长的阳极氧化时间和较高的电流密度会产生较多的氧化铝；较高的电解质浓度、温度和同一层氧化铝生长则有利于氧化铝再溶解。为了获得可重复生产的铝基体且有适合用作催化剂的比表面积和孔结构，需要综合考虑以上因素。不仅仅局限于铝材质，其它金属材质也可以采用阳极氧化法在其表面原位生长氧化物壳层。

二、催化活性组分负载

Foam/Fiber 基体涂覆分散载体之后，需要继续负载催化活性组分和助剂，负载方法与常规催化剂的制备方法相似，主要包括以下几种：

1. 浸渍法

浸渍法是最简单的负载催化活性组分的方法，用催化活性组分前驱体溶液浸渍已涂覆分散载体的 Foam/Fiber 基体，然后烘干、焙烧转变成催化活性组分。当采用有机前驱体溶液进行浸渍时，如柠檬酸盐或乙二胺四乙酸（ethylene diamine tetraacetic acid，EDTA）络合物，会有利于催化活性组分的分散和催化活性的提高。有研究表明干燥条件也会影响催化活性组分的分布[9,10]。使用硝酸镍溶液进行浸渍，并在静止空气中进行干燥，由于毛细管作用，干燥时水会在载体上重新分布，导致多数 Ni 组分聚集在水蒸发较快的部位。利用不同的干燥方法可以消除这种不均匀干燥：利用微波进行均匀干燥（如微波干燥法）；干燥速度比液体重新分布速度更快（如加压高速空气吹扫干燥法）；阻止液体的移动（如冷冻干燥法）[11]。

2. 离子交换法

离子交换法广泛用于金属催化活性组分在载体上的负载[12]，其优点是一般不会出现干燥所引起的分布不均匀等情况。Foam/Fiber 基体骨架上涂覆的 γ-Al_2O_3、SiO_2 等分散载体表面都存在大量表面羟基，可以与金属阳离子进行离子交换[13]。根据交换离子的种类不同，制备过程中要注意温度和浓度的影响。

3. 沉积–沉淀法

沉积-沉淀法是一种广泛使用并且比较有效、相对简单的负载方法[14]，其优点是可以将金属盐均匀地沉积在 Foam/Fiber 基体上的分散载体表面。在充分搅拌下，向溶液中加入可溶性金属盐和沉淀剂，一定温度下通过沉淀剂的缓慢分解所生成的物质，使溶液达到均匀饱和，实现在分散载体的外表面和通道内部的沉积。例如，利用尿素分解生成 NH_3，可使得 Au、Ni 等纳米颗粒高度分散在载体表面[15,16]。

4. 其它方法

化学挥发沉积和溅射也是研究较多的催化活性组分沉积方法，优点是分散均匀且能实现原子层级别的沉积，但这两种方法比较复杂且成本高，不利于大规模应用[17]。最近，直接在金属 Foam/Fiber 骨架表面水热生长纳米阵列的制备技术引起了研究者的广泛关注[18~20]。通过在溶液中加入各种金属盐前躯体和添加剂，可以水热生长得到氧化物（Co_3O_4[20]、NiO、SiO_2 等）、尖晶石类复合氧化物（$MgAl_2O_4$、

$CoAl_2O_4$、$ZnAl_2O_4$、$FeCo_2O_4$、$NiCo_2O_4$[18,19]等）、氢氧化物[$Ni(OH)_2$[21]]和水滑石类复合物（Ni-Mg-Al）[22,23]等纳米阵列。这种方法制备的催化活性组分薄层直接在金属基体表面生长（个别方法将在下一节介绍），既能确保薄层牢固地锚附在金属基体表面，又避免了涂层技术所引发的不均匀分布。

第二节　非规则3D空隙结构基体的非涂层催化功能化

最近，基于Foam/Fiber基体的“非涂层”原位催化功能化结构催化剂制备取得了重要进展，突破了“涂层技术”通适性差的局限性，形成了特色鲜明的反应器（流动与传递）-催化剂（表/界面反应）高效耦合一体化设计新策略。Foam/Fiber新结构催化剂可将大空隙率、“微-纳”耦合、多孔结构、大比表面积、良好导热性和渗透性以及独特的形状因子等有利于改善反应/吸附床层传质/传热和几何构型灵活设计的诸多要素一体化[1,2]，在煤/生物质基合成天然气、甲醇制丙烯、草酸二甲酯加氢制乙二醇、VOCs/CH_4催化燃烧、气相醇选择氧化、甲烷重整制合成气、催化精馏等多个过程的应用中取得良好效果。

一、原电池置换沉积法（galvanic deposition，GD）

高电极电势金属阳离子（例如Au^{3+}、Ag^+、Pt^{4+}、Pd^{2+}、Rh^{3+}等）和低电极电势金属单质（例如Al、Fe、Zn、Ni、Cu等）之间可自发发生原电池置换反应（表9-1），借助该反应可将贵金属纳米颗粒原位锚定于金属Foam/Fiber基体表面。以整装烧结金属镍纤维（Ni-fiber）结构化Au纳米颗粒催化剂Au/Ni-fiber的制备为例：以整装烧结Ni-fiber为载体，以含有一定量金的氯金酸（$HAuCl_4$）溶液为浸渍液，将$HAuCl_4$溶液逐滴滴于Ni-fiber基体表面并进行初湿等体积浸渍，由于Ni^0/Ni^{2+}的电极电势（−0.23 V）远远低于Au^0/Au^{3+}的电极电势（1.40 V），因此金属

表9-1　在25 ℃、100 kPa、水溶液条件下的标准（氢标还原）电极电势（$\varphi^\ominus$）

电极还原反应	$\varphi^\ominus$/V	电极还原反应	$\varphi^\ominus$/V
$Ag^{2+} + e^- = Ag^+$	+1.98	$Cu^{2+} + 2e^- = Cu$	+0.34
$Ag^+ + e^- = Ag$	+0.80	$Fe^{3+} + 3e^- = Fe$	−0.04
$Au^{3+} + 3e^- = Au$	+1.40	$Ni^{2+} + 2e^- = Ni$	−0.23
$Au^+ + e^- = Au$	+1.69	$Co^{2+} + 2e^- = Co$	−0.28
$Pd^{2+} + 2e^- = Pd$	+0.95	$Al^{3+} + 3e^- = Al$	−1.66
$[PtCl_6]^{2-} + 2e^- = [PtCl_4]^{2-} + 2Cl^-$	+0.68	$Mg^{2+} + 2e^- = Mg$	−2.36

Ni-fiber 和 $HAuCl_4$ 之间可以发生原电池置换反应（$2HAuCl_4 + 3Ni = 2Au + 2HCl + 3NiCl_2$），Au 纳米颗粒可高效（负载率大于 95%）、牢固地锚定于 Ni-fiber 表面（图 9-1）[24]。经 80 ～ 100 ℃烘干过夜后，在一定温度、空气中焙烧一定时间，制得整装结构催化剂 Au/Ni-fiber。通过对金属 Ni 纤维进行前处理或调节制备条件，如 $HAuCl_4$ 浓度、原电池置换温度等，可实现 Au 纳米颗粒尺寸（从 8 ～ 12 nm 至 25 ～ 30 nm）乃至纳米复合结构的调控[25]。

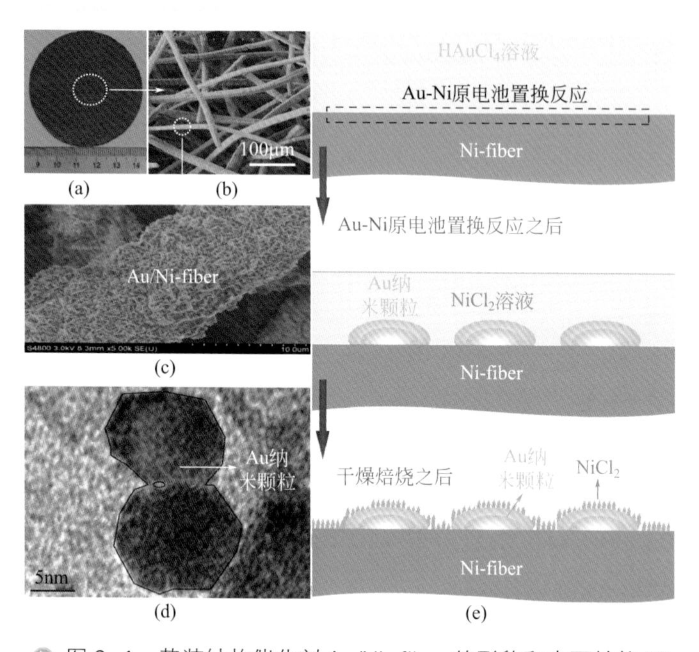

图 9-1　整装结构催化剂 Au/Ni-fiber 的形貌和表面结构[24]

（a）Au/Ni-fiber的光学照片；（b）扫描电镜图①；（c）扫描电镜图②；（d）透射电镜图；（e）Au-Ni原电池置换反应、Au纳米颗粒和$NiCl_2$生成示意图

另外，借助原电池置换反应还可以制备一系列 Foam/Fiber 结构催化剂：借助 Ni-fiber 与硝酸银（$AgNO_3$）之间的原电池置换反应，制备了结构催化剂 Ag/Ni-fiber[26]；借助铜纤维（Cu-fiber）与 $AgNO_3$ 之间的原电池置换反应，制备了结构催化剂 Ag/Cu-fiber[27]；借助 Cu-fiber 与 $HAuCl_4$ 和硝酸钯 [$Pd(NO_3)_2$] 之间的原电池置换反应，制备了结构催化剂 Pd-Au/Cu-fiber[28]；借助泡沫镍（Ni-foam）与 $Pd(NO_3)_2$ 之间的原电池置换反应，制备了结构催化剂 Pd/Ni-foam[29] 等。

二、湿式刻蚀法

原电池置换沉积技术可实现贵金属纳米颗粒在金属 Ni(Cu)-Foam/Fiber 等基体上的高效负载（负载率大于 95%），得到贵金属纳米颗粒结构催化剂，然而对具有

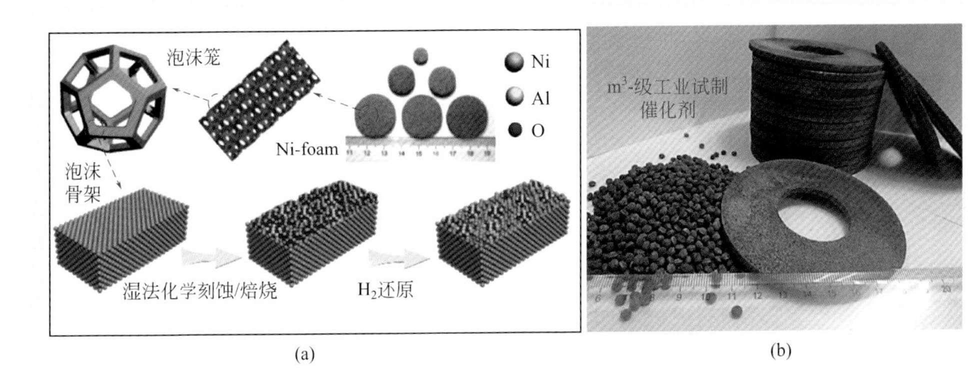

图 9-2　湿式化学刻蚀法制备结构催化剂 NiO-Al_2O_3/Ni-foam 示意图[30]（a）和大批量合成的各种形状的 NiO-Al_2O_3/Ni-foam 光学照片（b）

低电极电势的金属（如 Fe、Ni、Co、Cu 等）纳米颗粒的沉积却难以奏效。但是，如果合理利用 Foam/Fiber 金属材质自身的化学活性，可采用化学刻蚀法制得高性能非贵金属纳米颗粒结构催化剂。以整装金属镍泡沫（Ni-foam）制备结构催化剂 NiO-Al_2O_3/Ni-foam 为例［图 9-2（a）］[30]：将 Ni-foam 切割为具有一定直径的圆片，经清洗处理后室温干燥待用；配制刻蚀液，主要含有表面活性剂、酸和硝酸铝；将洁净处理的 Ni-foam 在设定温度（如 60 ℃）的刻蚀液中进行化学刻蚀、蒸馏水冲洗后 100 ℃烘干过夜，然后在空气中进行焙烧，即得结构催化剂。另外，如果需要采用助剂对 NiO-Al_2O_3/Ni-foam 进行改性，可在刻蚀液中添加相应硝酸盐。例如，在刻蚀液中添加硝酸铈 [$Ce(NO_3)_3$] 可制得 NiO-Al_2O_3-CeO_2/Ni-foam 结构催化剂。采用湿式刻蚀法可以将微米级厚度的催化壳层牢固地锚定于 Ni-foam 基体表面（图 1-3），并可以实现任意形状、大批量制备的灵活简便合成［图 9-2（b）］。

三、水蒸气氧化同源衍生法

氧化铝可用作催化剂或催化剂载体，广泛用于能源化工和环境保护等领域。氧化铝整装结构功能材料的研制一直备受关注。基于“金属铝 - 水蒸气”在温和条件下的氧化还原反应（$2Al + 4H_2O = 2AlOOH + 3H_2$），Wang 等[31]制备了拟薄水铝石纳米片（ns-AlOOH）在 Al-fiber（直径 60 μm）毡基体上同源生长并自组装形成类蜂窝多孔层的 ns-AlOOH/Al-fiber 整装材料［图 9-3（a）］：首先，将铝纤维毡在有机溶剂中进行超声处理，接着在碱溶液中浸泡一段时间以除去 Al-fiber 表面原有的氧化铝，并用蒸馏水洗涤；然后，将预处理的铝纤维毡装填于反应管内，在 100 ～ 600 ℃的水蒸气中处理一段时间，即制得 ns-AlOOH/Al-fiber。再经高温焙烧转晶可得 γ-Al_2O_3/Al-fiber。该方法实现了 3D 开放网络的宏观特征和大比表面积、强黏附性的微观特性以及优良的热 / 质传递性能的一体化集成。要强调的是，其它铝基体与 AlOOH 纳米片复合材料也可以通过上述方法制得 [图 9-3（b）]，包括铝粉（40 ～ 325 目）、铝丝（直径 1.2 mm）、铝管（外径 3 mm，内径 2 mm，长度 4 mm）、铝泡沫（30 PPI）、铝箔和铝微通道反应器，体现出良好的方法普适性。

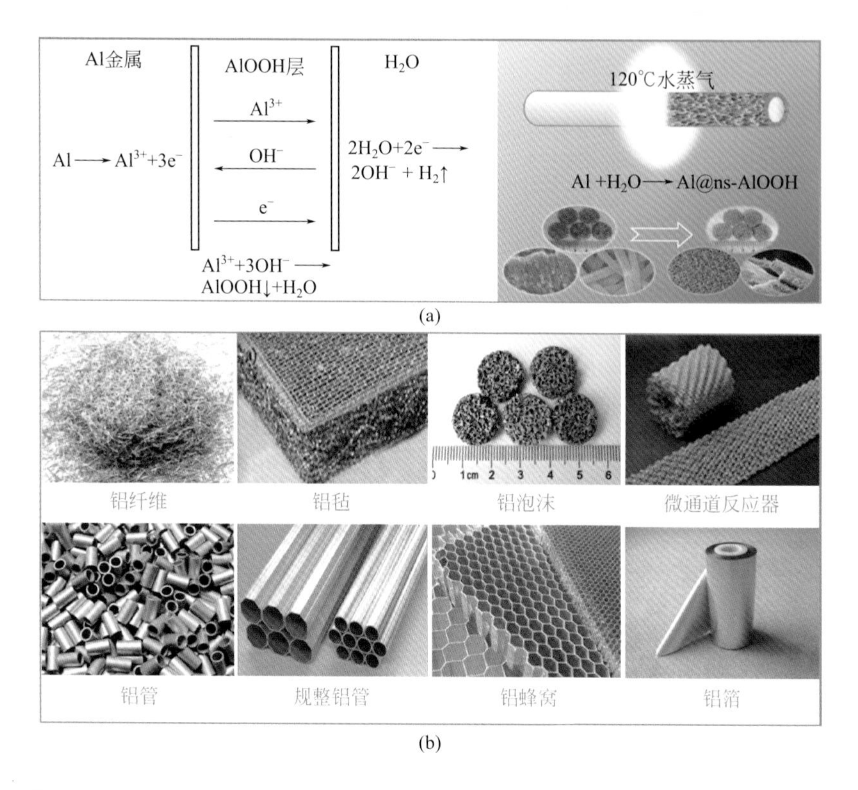

图 9-3 “铝 - 水蒸气”反应原理与反应示意图（a）和各种铝基体照片（b）

四、水热合成法

水热合成法可有效地对金属 Foam/Fiber 基体进行催化功能化。以结构催化剂 NiO-MnO_x/Ni-foam 制备为例[32]：将 Ni-foam 基体在有机溶剂中进行超声清洗，然后用酸溶液室温浸泡一段时间，再用蒸馏水清洗；配制硝酸锰 [$Mn(NO_3)_2$] 与氯化铵（NH_4Cl）水溶液，然后将所得溶液移至高压反应釜内，并将处理过的 Ni-foam 基体浸入其中，在 100 ～ 200 ℃下进行水热处理，冷却后取出，并用乙醇、蒸馏水洗涤后烘干；将所得样品在空气气氛中进行焙烧处理，制得 NiO-MnO_x/Ni-foam 结构催化剂。水热过程中，Ni^{2+} 来源于泡沫镍（$Ni + 2H^+ = Ni^{2+} + H_2$），然后与 Mn^{2+} 共沉淀（$Ni^{2+} + Mn^{2+} + 4OH^- = Ni(OH)_2 + Mn(OH)_2$）形成镍锰氢氧化物 [图 9-4（a）][33]。Ni-foam 不仅作为载体，而且还提供 Ni^{2+} 以使其在水热反应中原位生长 $Ni(OH)_2$，因此这种方法还称为同源水热合成法。另外，该方法使得金属氢氧化物和 Ni-foam 之间具有较强的附着力，从而使 NiO 纳米片和 MnO_x 均匀牢固地锚定在 Ni-foam 表面 [图 9-4（b）]。采用该方法还可以制备其它 Ni-foam 结构催化剂[34]，例如 NiO-MgO/Ni-foam、NiO-CaO/Ni-foam、NiO-FeO_x/Ni-foam、NiO-Al_2O_3/Ni-foam、NiO-ZrO_2/Ni-foam 等。

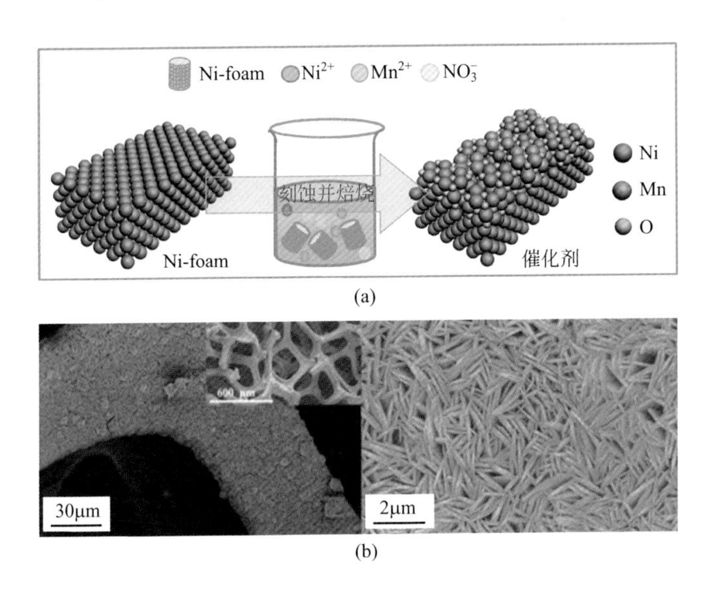

图 9-4　结构催化剂 NiO-MnO_x/Ni-foam 的同源水热合成示意图（a）和结构催化剂 NiO-MnO_x/Ni-foam 扫描电镜图（b）[32]

采用水热合成法还可以对金属 Fiber 基体进行催化功能化，以铝纤维（Al-fiber）结构化 Au 催化剂的制备为例[35]：首先按照“水蒸气氧化同源衍生法”制备 γ-Al_2O_3/Al-fiber 载体；配制硝酸铁 [$Fe(NO_3)_3$] 和尿素水溶液，再将所得溶液移入高压反应釜内，并将 γ-Al_2O_3/Al-fiber 浸入其中，在 100 ～ 200 ℃下保持一段时间，冷却后取出，并用去离子水洗涤后烘干，在空气中焙烧，制得 Fe_2O_3/γ-Al_2O_3/Al-fiber；将 $HAuCl_4$ 溶于蒸馏水中，在搅拌作用下，加入一定量尿素，再将所得溶液移入高压反应釜内，并将 Fe_2O_3/γ-Al_2O_3/Al-fiber 载体浸入其中，在 60 ～ 90 ℃下保持一定时间，冷却后取出，并用去离子水洗涤后烘干并焙烧，即制得整装结构催化剂 Au-Fe_2O_3/γ-Al_2O_3/Al-fiber。

五、原位生长分子筛法

原位水热合成法是将整装 Foam/Fiber 基体置于分子筛合成前驱体中，经过水热晶化在载体表面形成一层连续的分子筛层[36~39]。这种原位晶化形成的分子筛层一般由交错生长的晶粒组成，载体表面羟基能够与分子筛硅羟基作用，有时载体表面活性硅铝物种也参与晶化，因此这种分子筛层一般比涂覆法获得的涂层具有更好的黏附性和机械强度。大量研究表明，不管以何种材料为载体，原位水热法在整装载体表面形成的分子筛层往往表现出相似的性质，即连续、均匀、致密，并且水热晶化形成的分子筛层不含黏结剂，用于固体酸催化反应时可最大限度保证其本征活性不受影响。

早在 1999 年，Holmes 等 [39] 在烧结不锈钢纤维（SS-fiber）基体上水热生长出全硅 Silicalite-1 分子筛膜（图 9-5）。通过向合成前驱体中引入铝源，Yan 等 [40] 合成出类似的含铝（SiO_2/Al_2O_3 为 125）结构化 ZSM-5/PSSFs（paper-like sintered stainless-steel fibers，PSSFs，烧结不锈钢纤维毡）复合材料。以整装碳化硅泡沫（SiC-foam）为基底，Ivanova 等 [41] 通过原位水热晶化法制备出"分子筛 /SiC-foam"结构化复合材料。为实现较高的 ZSM-5 负载量，SiC-foam 载体选用比 α-SiC 比表面积更高的 β-SiC 晶相更为有利。载体使用前经 900 ℃焙烧能够在其表面形成纳米厚度的 SiO_2 层，在水热晶化条件下这层 SiO_2 可转化形成 ZSM-5 分子筛 [42]。分子筛负载量通过增加水热晶化次数调控，经两次合成后，ZSM-5 含量可达 24.9%（质量分数）。Wen 等 [43] 在涂覆晶种的编织不锈钢丝网上原位水热生长全硅 Silicalite-1 分子筛层，使用四丙基溴化铵（TPABr）为模板剂、KOH 为碱源，通过调控晶化时间，能够获得具有不同分子筛层厚度的结构化复合材料。与多次涂覆晶种、水热晶化过程不同，该体系独特的原料和配比设计使得分子筛可以在不锈钢丝网载体表面进行连续多层生长。这种持续的分子筛层生长方式，可能是由于 TPABr 的使用使晶化前驱体的成核速率远远低于四丙基氢氧化铵（TPAOH）体系，避免硅铝酸盐原料的快速消耗，而依次形成的分子筛层在 KOH 的作用下具有继续导向晶体生长的作用。Wang 等 [44] 以整装烧结 SS-fiber（直径为 8 ～ 50 μm）毡为基底，通过水热晶化等方法，一步实现了 ZSM-5 分子筛的宏（反应器尺度）- 微（催化剂介尺度）- 纳（晶内孔）结构化设计及制备，合成了整装 ZSM-5/SS-fiber 催化剂。之后，在此基础上，该课题组添加焦糖为绿色介孔模板，一步合成了具有晶内多级孔道的 ZSM-5 分子筛壳层的整装 meso-HZSM-5/SS-fiber 结构催化剂 [45]。

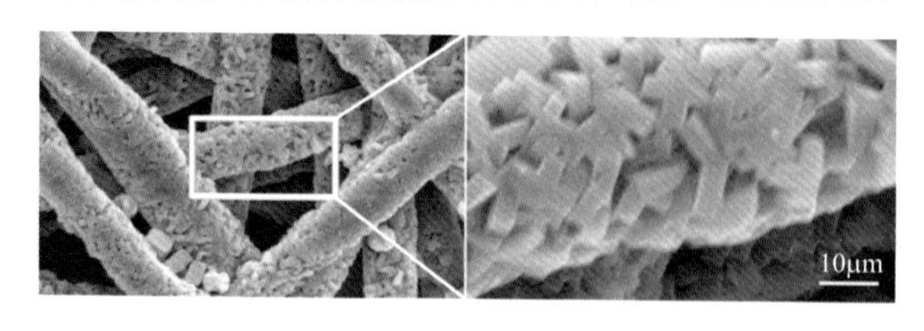

图 9-5　SS-fiber 基体上生长 Silicalite-1 分子筛扫描电镜图 [39]

尽管原位水热晶化使结构化分子筛设计合成得到了长足的发展，但其仍存在很多固有的缺陷。比如单次负载量较低，需要多次重复晶化才能得到较高的分子筛负载量，使得合成结构化分子筛需要很长的周期，并且原料利用率低下，极大阻碍了其实际应用。最近，Lu 等[46]研制了一种 SS-fiber 结构化中空分子筛催化剂 Hollow-ZSM-5/SS-fiber：以晶种辅助气相传输晶化法制备出原位结构化的 Silicalite-1@ZSM-5“核 - 壳”纳米复合分子筛，进而通过碱处理溶除晶核 Silicalite-1，而形成分子筛内的中空结构（图 9-6）。

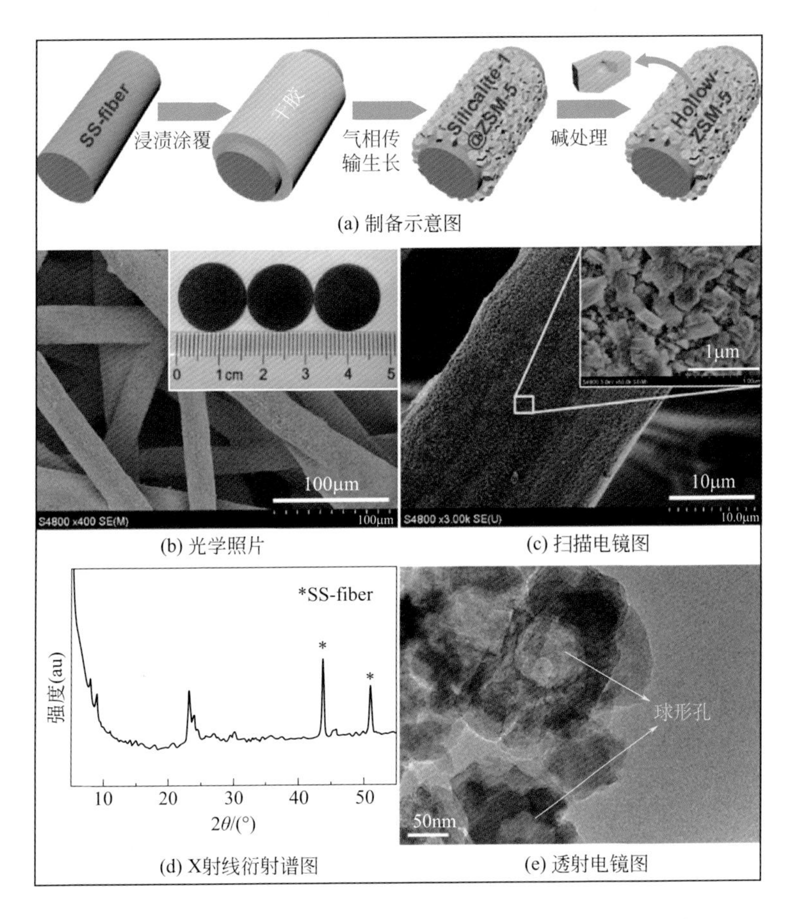

图 9-6　整装结构催化剂 Hollow-ZSM-5/SS-fiber[46]

六、原位生长水滑石法

水滑石类化合物包括天然水滑石和类水滑石两类，其主体一般由金属阳离子氢氧化物带正电层板与层间的阴离子插层构成，可表示为 $[M^{2+}_{1-x}M^{3+}_{x}(OH)_2](A^{n-})_{x/n}\cdot mH_2O$。水滑石层板具有水镁石 $Mg(OH)_2$ 型正八面体结构，位于层上的 Mg^{2+} 可被二价金属离子（Ni^{2+}、Zn^{2+}、Cu^{2+} 或者 Mn^{2+}）和三价金属离子（Al^{3+}、Fe^{3+} 或者 Cr^{3+}）同晶取代，这些八面体通过边边共用羟基基团成层。若 Mg^{2+} 被三价离子部分取代，将导致羟基层上正电荷积累，并被层间的阴离子（CO_3^{2-}、SO_4^{2-}、NO_3^-、Cl^-或者OH^-）中和，使得这一结构呈电中性[47]。因此，将所需的活性金属元素引入水滑石结构，经可控焙烧即可得金属复合氧化物催化剂，且所得催化剂具有大的比表面积、高的热稳定性和均匀的组分分布，在催化领域具有广阔的应用价值[47~50]。

为了将水滑石衍生的复合氧化物材料用于催化反应，Zhang 等[51]通过水热生长技术在 Al_2O_3/Al（PAO/Al）载体上实现了镍铝水滑石（NiAl-LDHs）的原位生长：将 $Ni(NO_3)_2$ 与 NH_4NO_3 溶于水中，用氨水调节 pH 值；再将 PAO/Al 载体垂直置于水热釜内，在上述配制溶液中水热处理；用乙醇洗涤并烘干，得到 Ni-Al-LDH/PAO/Al 催化剂。Li 等[52]在铝载体上实现了 CuCoAl-LDHs 的原位生长，经焙烧后得到整装 Cu-Co 催化剂（图 9-7）。另外，Chai 等[53]在 Ni-foam 表面原位生长镍镁铝水滑石，经可控热处理得到结构催化剂 NiO-MgO-Al_2O_3/Ni-foam，实现了氧化物的均匀分布。典型制备步骤如下：配制 $Ni(NO_3)_2$、$Mg(NO_3)_2$、$Al(NO_3)_3$ 和尿素水溶液，并将 Ni-foam 基体浸入，在 100 ～ 200 ℃下水热处理一段时间，冷却后取出，并用蒸馏水洗涤后烘干，得到 NiMgAl-LDHs/Ni-foam 催化剂前驱体，将其进行焙烧，最终得到结构催化剂 NiO-MgO-Al_2O_3/Ni-foam。之后，该课题组又采用“界面

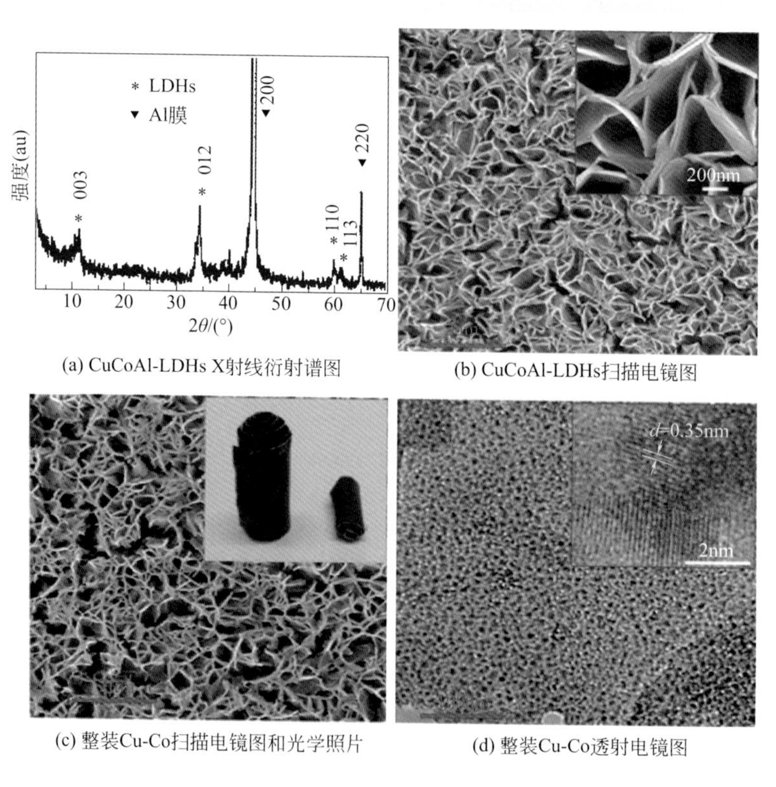

(a) CuCoAl-LDHs X射线衍射谱图
(b) CuCoAl-LDHs扫描电镜图
(c) 整装Cu-Co扫描电镜图和光学照片
(d) 整装Cu-Co透射电镜图

图 9-7　负载于 Al 基体的 CuCoAl-LDHs 和整装 Cu-Co 催化剂[52]

辅助”法制备了 NiO-MgO-Al_2O_3/FeCrAl-fiber 结构催化剂（图 9-8）[54]，典型步骤如下：将 FeCrAl 纤维毡在有机溶剂中进行超声处理，然后用蒸馏水洗涤后于室温下干燥，再在空气气氛中于 800 ～ 1000 ℃下进行焙烧；将纤维毡垂直浸于 NaOH 水溶液中，然后室温下加入铝粉并搅拌一段时间，得到 $Al(OH)_3$/FeCrAl-fiber；将所制 $Al(OH)_3$/FeCrAl-fiber 在空气气氛中进行焙烧得到 Al_2O_3/FeCrAl-fiber；配制 $Ni(NO_3)_2$、$Mg(NO_3)_2$、尿素水溶液，然后将 Al_2O_3/FeCrAl-fiber 垂直浸入其中，在 100 ～ 200 ℃保持一段时间，冷却后取出，用蒸馏水洗涤后烘干，得到 NiMgAl-LDHs/Al_2O_3/FeCrAl-fiber 前驱体；将前驱体进行焙烧得到结构催化剂 NiO-MgO-Al_2O_3/FeCrAl-fiber。

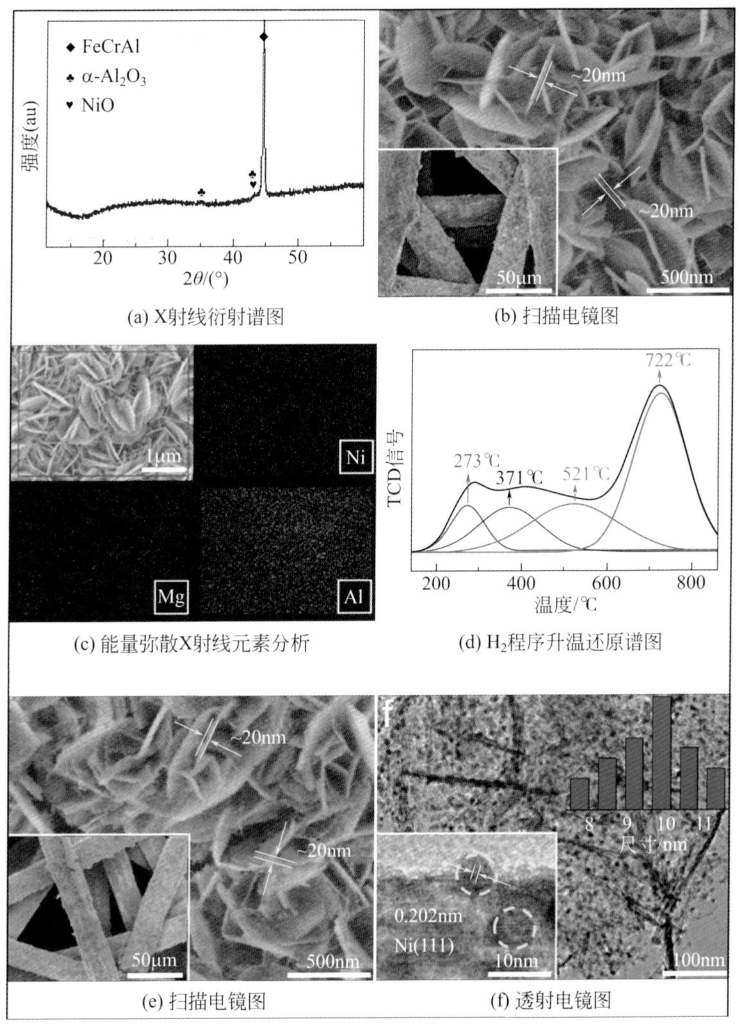

图 9-8　结构催化剂 NiO-MgO-Al_2O_3/FeCrAl-fiber [54]

七、偶联剂辅助法

提高催化剂的抗烧结性能一直是催化科技人员致力研究的重要课题。“核 - 壳”结构催化剂能显著提高纳米颗粒的抗烧结性能，大大提高催化剂的稳定性。然而，“核 - 壳”结构催化剂制备步骤复杂、缺乏大规模合成的有效方法及其粉末形态等不利因素，极大地制约了其规模化应用。Zhang 等 [55] 以 ns-AlOOH/Al-fiber 整装结构为载体（制备方法见本节“三、水蒸气氧化同源衍生法”），用氨丙基三乙氧基硅烷（APTES）络合的 Pd^{2+} 溶液浸渍后，经烘干、焙烧实现了 Pd@SiO_2 核 - 壳纳米催化剂在介孔 Al_2O_3 孔道表面的锚定载持（图 9-9），典型步骤如下：首先将一定量的乙酸钯 [$Pd(Ac)_2$] 溶解在丙酮中，形成橘红色溶液；加入一定量的 APTES，溶液即刻变为浅黄色，说明偶联剂中的 —NH_2 与 Pd^{2+} 配位形成 Pd^{2+}-APTES 螯合物；采用初湿浸渍法将 ns-AlOOH/Al-fiber 载体没入到 Pd^{2+}-APTES 螯合物溶液中，APTES 中的乙氧基即与 ns-AlOOH 表面的羟基发生自发的硅烷化反应，进而形成 Al—O—Si 键；然后向体系中加入少量水，促进剩余乙氧基的水解和交联反应；静置后干燥、焙烧，即制得纤维结构化 Pd@SiO_2 类核 - 壳催化剂 Pd@SiO_2/Al_2O_3/Al-fiber。

需要强调的是，通过调变壳（如 TiO_2 和 ZrO_2）和核（如 NiO、Cu、Ag、Pt 和 Au 等）的种类（图 9-9），可拓展合成多种整装结构“核 - 壳”催化剂。例如，采用 Ti 试剂为偶联剂、Ni 盐为纳米颗粒前驱体制备 NiO@TiO_2/Al_2O_3/Al-fiber 催化剂；采用 Zr 试剂为偶联剂、Cu 盐为纳米颗粒前驱体以及 $Ni(OH)_2$/Ni-foam 为载体制备整装 Cu@ZrO_2/NiO/Ni-foam 催化剂。此外，以乙酰丙酮镍为 Ni 纳米颗粒前驱体，

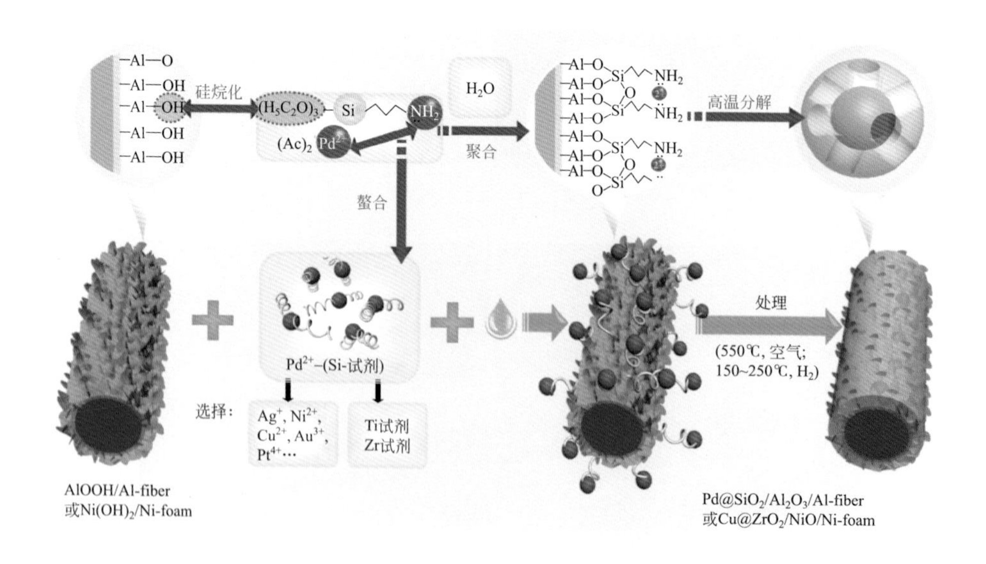

图 9-9 偶联剂辅助“NPs@Oxides”核 - 壳结构“宏 - 微 - 纳”一体化组装示意图 [55]

借助 APTES 辅助的纳米核 - 壳催化剂结构化制备策略[56]，制备 $Ni@SiO_2/Al_2O_3/$FeCrAl-fiber 催化剂。显而易见，基于可控的化学反应，将不同结构单元一步“宏 - 微 - 纳”一体化组装，是实现“核 - 壳”结构催化剂工程化的有效途径。

八、原位合成催化活性组分法

1. 原位反应诱导合成法

越来越多的研究表明，某些催化剂结构对反应气氛非常敏感，可以在反应气氛中诱导至最佳状态。最典型的例子是 $Rh_{0.5}Pd_{0.5}$ 纳米颗粒在氧化气氛和还原气氛中的循环演变行为[57]：在 NO 和 O_2 氧化气氛中，Rh 迁移至颗粒表面成为壳并几乎完全被氧化；而在 CO 和 H_2 还原气氛中，RhO_x 被还原并迁移至颗粒内部成为核，而 Pd 原子迁移至表面成为壳。另外，$PdZn_x$ 合金纳米颗粒在甲醇重整过程（$CH_3OH + H_2O = 3H_2 + CO_2$）中被诱导成异质结构的 $PdZn_y@(x-y)ZnO$[58]；Co_3O_4- 纳米棒负载的单原子 Pt 催化剂也在水煤气变换反应（$CO + H_2O = H_2 + CO_2$）中被原位诱导成 Pt_nCo_m/CoO_{1-x}[59]。基于以上研究结果，很自然地猜想到是否可以直接从最初的前驱体（如硝酸盐）直接在反应气氛中将其诱导形成高效的催化剂结构。基于此，Zhao 等[60] 设计并发展了原位反应诱导合成法，制备了 Fiber 结构催化剂，以 $CoO-Cu_2O$/Ti-fiber 结构催化剂为例：首先通过浸渍法将 $Co(NO_3)_2$ 和 $Cu(NO_3)_2$ 负载于 Ti-fiber 表面，随后在苯甲醇氧化制苯甲醛反应气氛下将硝酸盐原位诱导形成了“$CoO@Cu_2O$”纳米复合结构（即较小的 Cu_2O 纳米簇或纳米颗粒部分覆盖在大的 CoO 纳米颗粒上）具有较多的 Cu_2O-CoO 界面，从而导致高的低温催化性能。随后，他们又通过反应诱导法制备了整装 SiC-foam 负载“$CoO@Cu_2O$”纳米复合结构催化剂[61]，具有优异的气相乙醇选择性氧化制乙醛催化性能。

2. 原位合成尖晶石、碳材料、磷化物和硫化物

Ramadoss 等[62] 首先通过电沉积法制备了三维 Ni/Ni-wire 基体，然后继续通过电沉积法将 Ni、Co 氢氧化物负载于 Ni/Ni-wire 上，最后经过焙烧生成 $NiCo_2O_4$ 尖晶石涂层（图 9-10）。Zhu 等[63,64] 以薄层金属 Cu 和 Ni 纤维为基体，制备了薄层 Zn/Cu-fiber 和 NiO/Ni-fiber 电池电极，并分别组装了 Ni-Zn 和 Ni-H_2 电池。Zhu 等[65] 还制备了整装 Ni-fiber 结构化炭颗粒复合电极，并用作 Zn- 空电池的超薄阴极电极，具有优于常规电极材料的性能。Jiang 等[66] 通过化学气相沉积法在 Ni-fiber 表面生长碳纳米管（carbon nanotubes，CNTs）而成功制备了“CNTs/Ni-fiber”复合结构材料，整体结构保持完好且 CNTs 分布均匀，CNTs 负载量可高达 60% 以上。利用以上所得“CNTs/Ni-fiber”为基底，Fang 等[67] 通过再组装碳气凝胶（carbon aerogel，CAG）的方法制备了“宏观 - 微观 - 纳米”跨尺度自支撑碳纳米管 - 碳气凝胶复合电极材料，其中 Ni-fiber 网络为集电极，CNTs 为纳米导线，CAG 介孔为离子

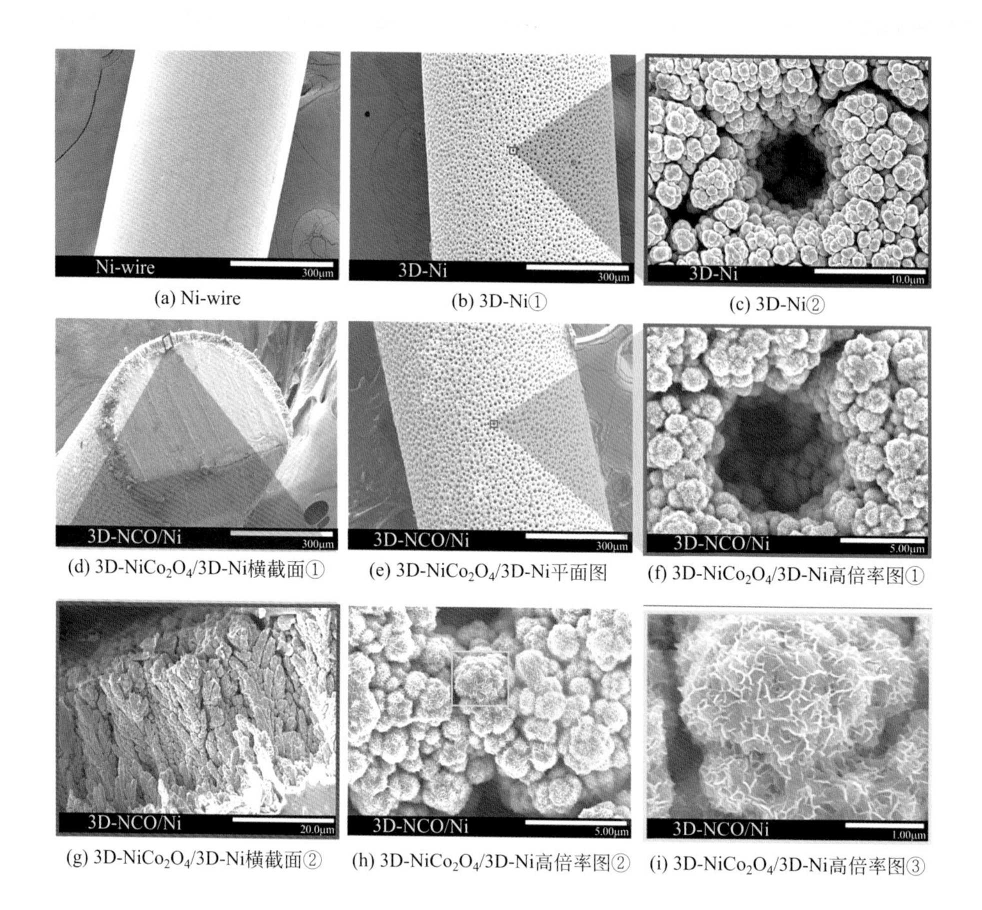

(a) Ni-wire (b) 3D-Ni① (c) 3D-Ni②

(d) 3D-$NiCo_2O_4$/3D-Ni横截面① (e) 3D-$NiCo_2O_4$/3D-Ni平面图 (f) 3D-$NiCo_2O_4$/3D-Ni高倍率图①

(g) 3D-$NiCo_2O_4$/3D-Ni横截面② (h) 3D-$NiCo_2O_4$/3D-Ni高倍率图② (i) 3D-$NiCo_2O_4$/3D-Ni高倍率图③

图 9-10 场发射扫描电镜图[62]

存储库。Li 等[68]基于薄层大面积 Ni-fiber 为基体，通过催化化学气相沉积在 Ni-fiber 表面“培植”CNTs，再借助溶胶涂层组装聚苯胺（PANI）的方法，成功制备了以 Ni-fiber 网络为集电极、CNTs 为纳米导线、PANI 为化学储能活性物质，尺度跨越宏观、介观和纳米的自支撑三维 CNTs-PANI 复合电极材料（图 9-11）。

通过原位生长技术还可以制备 Ni-foam 结构催化剂，以 Ni_3S_2/Ni-foam 为例（图 9-12）[69]：首先用有机溶剂清洗 Ni-foam 除去其表面残存的有机物，然后用盐酸超声清洗表面的氧化膜，随后用水和乙醇洗涤数次。将洗净的 Ni-foam 浸入含有硫脲溶液的不锈钢高压釜中，150 ℃下水热 5 h。将所得物用乙醇洗涤数次，并在室温下真空干燥，最终得到 Ni_3S_2/Ni-foam。Lu 等[70]采用原位生长技术制备了整装 Ni_xP/Ni-foam 催化剂：首先将 Ni-foam 置于盐酸中超声处理除去表面氧化膜，用去离子水洗净后置于反应釜中，加入氯化铵和硝酸镍水溶液，100 ～ 200 ℃水热得到 $Ni(OH)_2$/Ni-foam，取出后用去离子水洗净并过夜烘干；将烘干后的 $Ni(OH)_2$/Ni-foam 置于反

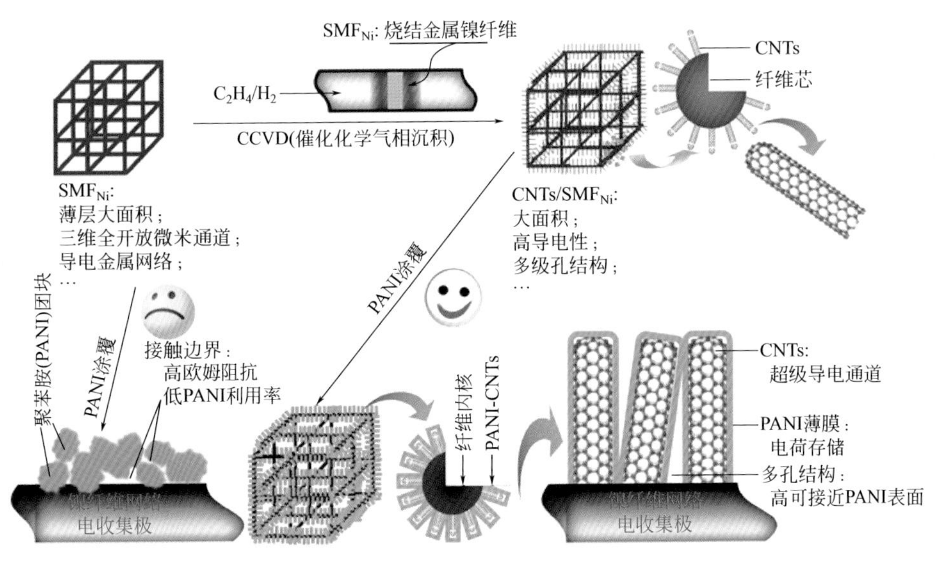

图 9-11　以金属纤维网络为集电极、CNTs 为纳米导线、PANI 为化学储能活性物质，尺度跨越宏观、介观、纳米的自支撑三维 CNTs-PANI 复合电极材料制备示意图[68]

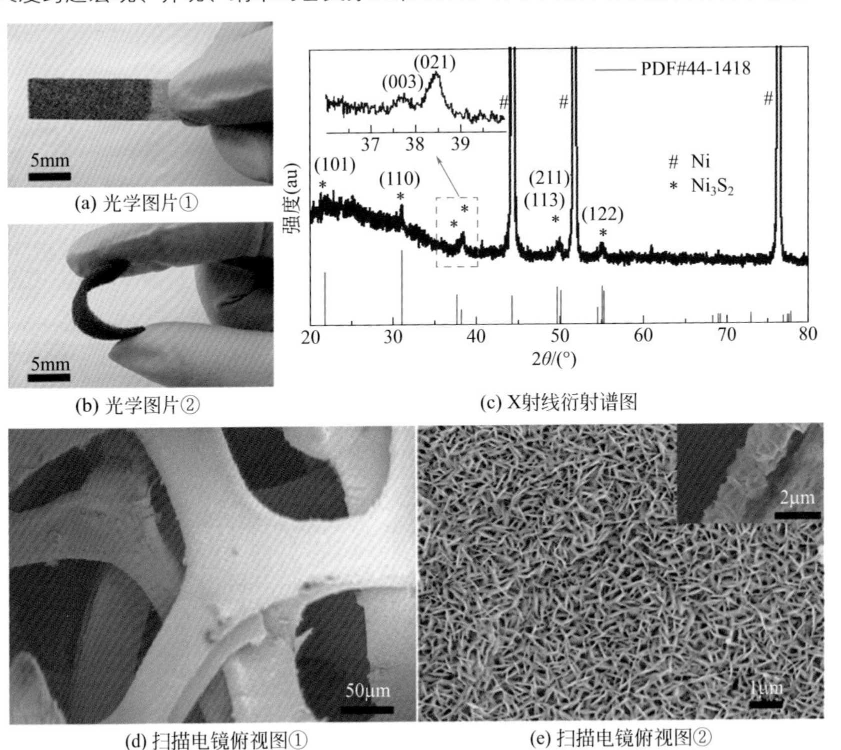

(a) 光学图片①

(b) 光学图片②

(c) X射线衍射谱图

(d) 扫描电镜俯视图①

(e) 扫描电镜俯视图②

图 9-12

(f) 扫描电镜俯视图③　　(g) 高倍透射电镜图

图 9-12　Ni_3S_2/Ni-foam 的“宏－微－纳”结构，形貌与物相组成[69]

应管中，以 NaH_2PO_2 作为磷源，在 300 ～ 500 ℃下磷化，最终制得 Ni_xP/Ni-foam。

第三节　非规则3D空隙结构基体包结催化剂/吸附剂细颗粒技术

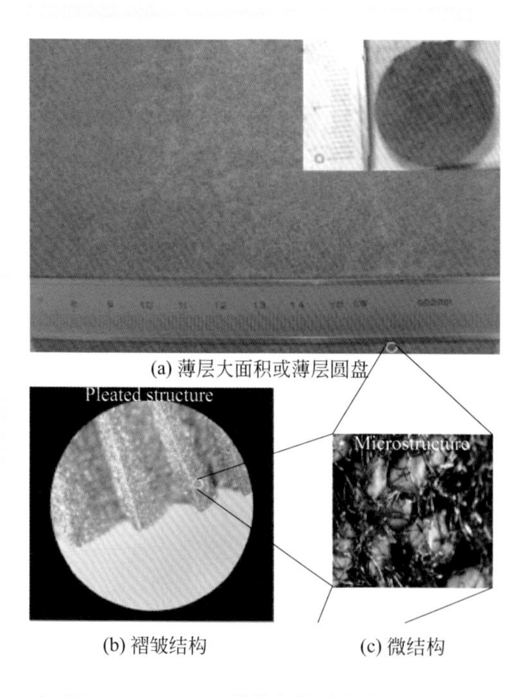

(a) 薄层大面积或薄层圆盘

(b) 褶皱结构　　(c) 微结构

图 9-13　Fiber 基体包结催化剂 / 吸附剂细颗粒光学照片[71]

整装纤维（Fiber）基体可高负载量地包结微米尺寸的催化剂 / 吸附剂细颗粒，制成薄层（厚度在 0.2 μm 至数毫米之间灵活可调）大面积（在数平方厘米至数平方米之间灵活可调）和 / 或褶皱结构（图 9-13）[71,72]，以完全不同于颗粒填充床、蜂窝陶瓷和微通道等方式，来调变催化剂与反应物的接触效率以及催化剂床层压力降[72]。表 9-2 总结了几个典型纤维基体及包结细颗粒催化剂的结构特征。明显地，仅占总体积 2% ～ 3% 的纤维形成的 3D 空隙可包结 10 ～ 12 倍体积的催化剂细颗粒（25% ～ 35%）。与传统微通道或蜂窝结构反应器相比，纤维包结的催化剂细颗粒质量载持量增加 3 倍以上，体积载持量增加 1000 倍以上，且面积 / 体积比明显提高，达到 25 ～ 72 m^2/cm^3[72]。纤维基体具有 60% 以上的空隙率，而颗粒填充床空隙率通常低于 40%。这种整装 Fiber 结构催化剂的催化床层，具有固定床结构简单和流化床热 / 质传递良好的优点。微米尺寸催化剂的使用可极大地消除大颗粒填充床的内扩散以及颗粒内部热 / 质传递的限制，使得催化剂尽可能发挥本征反应特性，也可减少放大效应。另外，整装 Fiber 的 3D 空隙结构将微米尺寸催化剂 / 吸附剂像流化床或淤浆床那样悬浮在反应介质中（图 9-14），但不存在返混以及不受径向扩散限制 [73]。烧结金属 Fiber 包结催化剂 / 吸附剂细颗粒技术在用于质子膜燃料电池的便携式制氢及纯化，包括氨分解制氢、甲醇重整制氢、CO 选择性催化氧化、H_2S 吸附脱除，以及散布式 O_3 催化分解和费 - 托合成等过程中的应用，已进行了较广泛的探索 [72]，具体应用将在第十章进行详细介绍。

表9-2　典型纤维基体及包结细颗粒催化剂的结构特征[72]

纤维结构填充床	组成 /%			表观密度 /(g/cm³)	面积 / 体积比 /(m²/cm³)	有效热导率 /[W/(m・K)]
	纤维	细粒子	空隙			
烧结镍纤维	1 ～ 90	0	10 ～ 99	—	—	4.5
镍纤维包结 γ-Al_2O_3	3.3	35.0	61.7	0.70	45.0	—
镍纤维包结 SiO_2	2.4	28.2	69.4	0.48	30.6	3.3①
不锈钢纤维包结 γ-Al_2O_3	2.1	25.0	72.9	0.45	24.8	—
玻璃纤维包结 SiO_2	2.8	30.3	66.9	—	72.0	—

① SiO_2 有效热导率（空气流中测试）仅为 0.08 W/(m・K)。

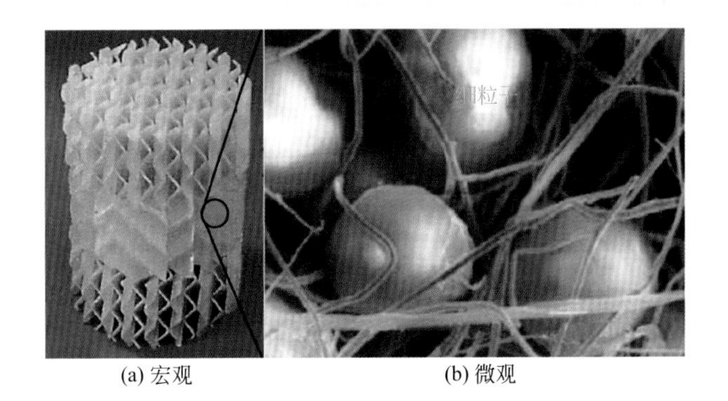

(a) 宏观　　(b) 微观

图 9-14　整装 Fiber 包结细颗粒宏观和微观结构 [73]

参考文献

[1] Zhao G, Liu Y, Lu Y. Foam/fiber-structured catalysts: Non-dip-coating fabrication strategy and

applications in heterogeneous catalysis[J]. Sci Bull, 2016, 61 (10): 745-748.
[2] 赵国锋，张智强，朱坚，等．结构催化剂与反应器：新结构、新策略和新进展 [J]. 化工进展，2018, 38 (4): 1287-1304.
[3] 陈诵英，郑经堂，王琴．结构催化剂与环境治理 [M]. 北京：化学工业出版社，2016: 126-127.
[4] 陈诵英，郑经堂，王琴．结构催化剂与环境治理 [M]. 北京：化学工业出版社，2016: 127-129.
[5] Vorob'eva M P, Greish A A, Ivanov A V, et al. Preparation of catalyst carriers on the basis of alumina supported on metallic gauzes[J]. Appl Catal A, 2000, 199 (2): 257-261.
[6] 陈诵英，郑经堂，王琴．结构催化剂与环境治理 [M]. 北京：化学工业出版社，2016: 135-136.
[7] Badini C, Laurella F. Oxidation of FeCrAl alloy: influence of temperature and atmosphere on scale growth rate and mechanism[J]. Surf Coat Technol, 2001, 135 (2-3): 291-298.
[8] 陈诵英，郑经堂，王琴．结构催化剂与环境治理 [M]. 北京：化学工业出版社，2016: 132-133.
[9] Kapteijn F, Heiszwolf J J, Nijhuis T A, et al. Monoliths in multiphase catalytic processes: aspects and prospects[J]. Cat Tech, 1999, 3 (1): 24-41.
[10] Nijhuis T A, Beers A E W, Vergunst T, et al. Preparation of monolithic catalysts[J]. Catal Rev, 2001, 43 (4): 345-380.
[11] 邵潜，龙军，贺振富．规整结构催化剂及反应器 [M]. 北京：化学工业出版社，2005.
[12] Hepburn J S, Stenger Jr H G, Lyman C E. Distributions of HF Co-impregnated rhodium, platinum and palladium in alumina honeycomb supports[J]. Appl Catal, 1989, 55 (1): 271-285.
[13] Hepburn J S, Stenger Jr H G, Lyman C E. Co-impregnation of rhodium into alumina honeycombs with acids and salts[J]. Appl Catal, 1989, 56 (1): 107-118.
[14] De Jong K P. Deposition precipitation onto pre-shaped carrier bodies. Possibilities and limitations[J]. Stud Surf Sci Catal, 1991, 63: 19-36.
[15] Knijff L M, Bolt P H, Yperen van R, et al. Production of nickel-on-alumina catalysts from preshaped support bodies[J]. Stud Surf Sci Catal, 1991, 63: 165-174.
[16] Zhao G, Ling M, Hu H, et al. An excellent Au/meso-γ-Al_2O_3 catalyst for the aerobic selective oxidation of alcohols[J]. Green Chem, 2011, 13 (11): 3088-3092.
[17] Geus J W, Van Giezen J C. Monoliths in catalytic oxidation[J]. Catal Today, 1999, 47 (1-4): 169-180.
[18] Sun J, Li Y, Liu X, et al. Hierarchical cobalt iron oxide nanoarrays as structured catalysts[J]. Chem Commun, 2012, 48 (28): 3379-3381.
[19] Li Y, Hasin P, Wu Y. $Ni_xCo_{3-x}O_4$ nanowire arrays for electrocatalytic oxygen evolution[J]. Adv Mater, 2010, 22 (17): 1926-1929.

[20] Li Y, Tan B, Wu Y. Mesoporous Co_3O_4 nanowire arrays for lithium ion batteries with high capacity and rate capability[J]. Nano Lett, 2008, 8 (1): 265-270.

[21] Chai R, Li Y, Zhang Q, et al. Free-standing NiO-MgO nanosheets in-situ controllably composited on Ni-foam as monolithic catalyst for catalytic oxy-methane reforming[J]. Mater Lett, 2016, 171: 248-251.

[22] Meng G, Yang Q, Wang Y, et al. NiCoFe spinel-type oxide nanosheet arrays derived from layered double hydroxides as structured catalysts[J]. RSC Adv, 2014, 4 (101): 57804-57809.

[23] Sun Z, Lin C, Zheng J, et al. Fabrication and characterization of hierarchical Mg/Ni/Al layered double hydroxide framework on aluminum foam[J]. Mater Lett, 2013, 113: 83-86.

[24] Zhao G, Huang J, Jiang Z, et al. Microstructured Au/Ni-fiber catalyst for low-temperature gas-phase alcohol oxidation: Evidence of Ni_2O_3-Au^+ hybrid active sites[J]. Appl Catal B, 2013, 140: 249-257.

[25] Zhao G, Deng M, Jiang Y, et al. Microstructured Au/Ni-fiber catalyst: Galvanic reaction preparation and catalytic performance for low-temperature gas-phase alcohol oxidation[J]. J Catal, 2013, 301: 46-53.

[26] Deng M, Zhao G, Xue Q, et al. Microfibrous-structured silver catalyst for low-temperature gas-phase selective oxidation of benzyl alcohol[J]. Appl Catal B, 2010, 99 (1-2): 222-228.

[27] Zhao G, Li Y, Zhang Q, et al. Galvanic deposition of silver on 80-μm-Cu-fiber for gas-phase oxidation of alcohols[J]. AICHE J, 2014, 60 (3): 1045-1053.

[28] Zhang L, Han L, Zhao G, et al. Structured Pd-Au/Cu-fiber catalyst for gas-phase hydrogenolysis of dimethyl oxalate to ethylene glycol[J]. Chem Commun, 2015, 51 (52): 10547-10550.

[29] Zhang Q, Wu X P, Zhao G, et al. High-performance PdNi alloy structured in situ on monolithic metal foam for coalbed methane deoxygenation via catalytic combustion[J]. Chem Commun, 2015, 51 (63): 12613-12616.

[30] Li Y, Zhang Q, Chai R, et al. Metal-foam-structured Ni-Al_2O_3 catalysts: Wet chemical etching preparation and syngas methanation performance[J]. Appl Catal A, 2016, 510: 216-226.

[31] Wang C, Han L, Zhang Q, et al. Endogenous growth of 2D AlOOH nanosheets on a 3D Al-fiber network via steam-only oxidation in application for forming structured catalysts[J]. Green Chem, 2015, 17 (7): 3762-3765.

[32] Cai S, Zhang D, Shi L, et al. Porous Ni-Mn oxide nanosheets in situ formed on nickel foam as 3D hierarchical monolith de-NO_x catalysts[J]. Nanoscale, 2014, 6 (13): 7346-7353.

[33] Tian J, Xing Z, Chu Q, et al. pH-driven dissolution-precipitation: a novel route toward ultrathin $Ni(OH)_2$ nanosheets array on nickel foam as binder-free anode for Li-ion batteries with ultrahigh capacity[J]. CrystEngComm, 2013, 15 (41): 8300-8305.

[34] Chai R, Li Y, Zhang Q, et al. Free-standing NiO-MgO nanosheets in-situ controllably

composited on Ni-foam as monolithic catalyst for catalytic oxy-methane reforming[J]. Mater Lett, 2016, 171: 248-251.

[35] Tao L, Zhao G, Chen P, et al. Thin-felt microfibrous-structured Au-α-Fe_2O_3/ns-γ-Al_2O_3/Al-fiber catalyst for high-throughput CO oxidation[J]. Appl Catal A, 2018, 556: 180-190.

[36] Jiao Y, Jiang C, Yang Z, et al. Synthesis of highly accessible ZSM-5 coatings on SiC foam support for MTP reaction[J]. Micropor Mesopor Mater, 2013, 181: 201-207.

[37] Jiao Y, Jiang C, Yang Z, et al. Controllable synthesis of ZSM-5 coatings on SiC foam support for MTP application[J]. Micropor Mesopor Mater, 2012, 162: 152-158.

[38] Yuranov I, Renken A, Kiwi-Minsker L. Zeolite/sintered metal fibers composites as effective structured catalysts[J]. Appl Catal A, 2005, 281 (1-2): 55-60.

[39] Holmes S M, Markert C, Plaisted R J, et al. A novel method for the growth of silicalite membranes on stainless steel supports[J]. Chem Mater, 1999, 11 (11): 3329-3332.

[40] Chen H, Zhang H, Yan Y. Preparation and characterization of a novel gradient porous ZSM-5 zeolite membrane/PSSF composite and its application for toluene adsorption[J]. Chem Eng J, 2012, 209: 372-378.

[41] Ivanova S, Louis B, Madani B, et al. ZSM-5 coatings on β-SiC monoliths: Possible new structured catalyst for the methanol-to-olefins process[J]. J Phys Chem C, 2007, 111 (11): 4368-4374.

[42] Ivanova S, Louis B, Ledoux M J, et al. Autoassembly of nanofibrous zeolite crystals via silicon carbide substrate self-transformation[J]. J Am Chem Soc, 2007, 129 (11): 3383-3391.

[43] Wen Q, Di J, Jiang L, et al. Zeolite-coated mesh film for efficient oil-water separation[J]. Chem Sci, 2013, 4 (2): 591-595.

[44] Wang X, Wen M, Wang C, et al. Microstructured fiber@HZSM-5 core-shell catalysts with dramatic selectivity and stability improvement for the methanol-to-propylene process[J]. Chem Commun, 2014, 50 (48): 6343-6345.

[45] Ding J, Zhang Z, Han L, et al. A self-supported ss-fiber@meso-HZSM-5 core-shell catalyst via caramel-assistant synthesis toward prolonged lifetime for the methanol-to-propylene reaction[J]. RSC Adv, 2016, 6 (54): 48387-48395.

[46] 路勇，丁嘉，赵国锋，等. 一种中空B-ZSM-5分子筛及其制备方法和应用[P]: 201710857536.9. 2017-09-21.

[47] Evans D G, Duan X. Preparation of layered double hydroxides and their applications as additives in polymers, as precursors to magnetic materials and in biology and medicine[J]. Chem Commun, 2006 (5): 485-496.

[48] He L, Huang Y, Wang A, et al. A noble-metal-free catalyst derived from Ni-Al hydrotalcite for hydrogen generation from $N_2H_4 \cdot H_2O$ decomposition[J]. Angew Chem Int Ed, 2012, 124 (25): 6295-6298.

[49] Gardner G P, Go Y B, Robinson D M, et al. Structural requirements in lithium cobalt oxides for the catalytic oxidation of water[J]. Angew Chem Int Ed, 2012, 51 (7): 1616-1619.

[50] Sun J, Li Y, Liu X, et al. Hierarchical cobalt iron oxide nanoarrays as structured catalysts[J]. Chem Commun, 2012, 48 (28): 3379-3381.

[51] Chen H, Zhang F, Chen T, et al. Comparison of the evolution and growth processes of films of M/Al-layered double hydroxides with M = Ni or Zn[J]. Chem Eng Sci, 2009, 64 (11): 2617-2622.

[52] Li C, Zhou J, Gao W, et al. Binary Cu-Co catalysts derived from hydrotalcites with excellent activity and recyclability towards NH_3BH_3 dehydrogenation[J]. J Mater Chem A, 2013, 1 (17): 5370-5376.

[53] Chai R, Li Y, Zhang Q, et al. Foam-structured NiO-MgO-Al_2O_3 nanocomposites derived from NiMgAl layered double hydroxides in situ grown onto Nickel foam: A promising catalyst for high-throughput catalytic oxymethane reforming[J]. ChemCatChem, 2017, 9 (2): 268-272.

[54] Chai R, Fan S, Zhang Z, et al. Free-standing NiO-MgO-Al_2O_3 nanosheets derived from layered double hydroxides grown onto FeCrAl-fiber as structured catalysts for dry reforming of methane[J]. ACS Sustain Chem Eng, 2017, 5 (6): 4517-4522.

[55] Zhang Q, Zhao G, Zhang Z, et al. From nano-to macro-engineering of oxide-encapsulated-nanoparticles for harsh reactions: one-step organization via cross-linking molecules[J]. Chem Commun, 2016, 52 (80): 11927-11930.

[56] Chai R, Zhao G, Zhang Z, et al. High sintering-/coke-resistance Ni@SiO_2/Al_2O_3/FeCrAl-fiber catalyst for dry reforming of methane: One-step, macro-to-nano organization via cross-linking molecules[J]. Catal Sci Technol, 2017, 7 (23): 5500-5504.

[57] Tao F, Grass M E, Zhang Y, et al. Reaction-driven restructuring of Rh-Pd and Pt-Pd core-shell nanoparticles[J]. Science, 2008, 322 (5903): 932-934.

[58] Friedrich M, Penner S, Heggen M, et al. High CO_2 selectivity in methanol steam reforming through ZnPd/ZnO teamwork[J]. Angew Chem Int Ed, 2013, 52 (16): 4389-4392.

[59] Zhang S, Shan J, Zhu Y, et al. WGS catalysis and in situ studies of CoO_{1-x}, $PtCo_n/Co_3O_4$ and $Pt_mCo_{m'}/CoO_{1-x}$ nanorod catalysts[J]. J Am Chem Soc, 2013, 135 (22): 8283-8293.

[60] Zhao G, Fan S, Tao L, et al. Titanium-microfiber-supported binary-oxide nanocomposite with a large highly active interface for the gas-phase selective oxidation of benzyl alcohol[J]. ChemCatChem, 2016, 8 (2): 313-317.

[61] Zhao G, Fan S, Pan X, et al. Reaction-induced self-assembly of CoO@ Cu_2O nanocomposites in situ onto SiC-foam for gas-phase oxidation of bioethanol to acetaldehyde[J]. ChemSusChem, 2017, 10 (7): 1380-1384.

[62] Ramadoss A, Kang K N, Ahn H J, et al. Realization of high performance flexible wire supercapacitors based on 3-dimensional $NiCo_2O_4$/Ni fibers[J]. J Mater Chem A, 2016, 4 (13):

4718-4727.

[63] Zhu W H, Flanzer M E, Tatarchuk B J. Nickel-zinc accordion-fold batteries with microfibrous electrodes using a papermaking process[J]. J Power Sources, 2002, 112 (2): 353-366.

[64] Zhu W H, Durben P J, Tatarchuk B J. Microfibrous nickel substrates and electrodes for battery system applications[J]. J Power Sources, 2002, 111 (2): 221-231.

[65] Zhu W H, Poole B A, Cahela D R, et al. New structures of thin air cathodes for zinc-air batteries[J]. J Appl Electrochem, 2003, 33 (1): 29-36.

[66] Jiang F, Fang Y, Liu Y, et al. Like 3-dimensional carbon nanotubes (CNTs)-microfiber hybrid: A promising macroscopic structure of CNTs[J]. J Mater Chem, 2009, 19 (22): 3632-3637.

[67] Fang Y, Jiang F, Liu H, et al. Free-standing Ni-microfiber-supported carbon nanotube aerogel hybrid electrodes in 3D for high-performance supercapacitors[J]. RSC Adv, 2012, 2 (16): 6562-6569.

[68] Li Y, Fang Y, Liu H, et al. Free-standing 3D polyaniline-CNT/Ni-fiber hybrid electrodes for high-performance supercapacitors[J]. Nanoscale, 2012, 4 (9): 2867-2869.

[69] Feng L L, Yu G, Wu Y, et al. High-index faceted Ni_3S_2 nanosheet arrays as highly active and ultrastable electrocatalysts for water splitting[J]. J Am Chem Soc, 2015, 137 (44): 14023-14026.

[70] 路勇，朱坚，陈鹏静，等. 一种自支撑磷化镍催化剂及其制备方法和应用[P]: 201710956090.5. 2017-10-15.

[71] Harris D K, Cahela D R, Tatarchuk B J. Wet layup and sintering of metal-containing microfibrous composites for chemical processing opportunities[J]. Compos Part A-Appl Sci Manuf, 2001, 32 (8): 1117-1126.

[72] 凌敏，赵国锋，曹发海，等. 新型微纤结构催化/吸附填料研究进展[J]. 催化学报，2010, 31 (7): 717-724.

[73] Dautzenberg F M, Mukherjee M. Process intensification using multifunctional reactors[J]. Chem Eng Sci, 2001, 56 (2): 251-267.

第十章

非规则 3D 空隙结构催化剂与反应器的应用

在能源化工与环境催化领域，有许多反应过程不仅存在明显的热/质传递效应，还存在高通量操作下的高压力降（导致操作能耗增加）等问题，例如催化氧化（烷烃催化氧化脱氢制烯烃、醇选择性氧化制醛/酮、甲烷/VOCs 催化燃烧脱除、烯烃环氧化等）、催化加氢（酯加氢、CO_2 还原、醛酮加氢制醇、油品加氢精制等）、合成气转化（合成气甲烷化，合成气制醇类、酯类、烯烃、芳烃等）、重整反应制合成气（烷烃重整、醇重整、生物质重整等）等。虽然具有规则空隙结构的蜂窝陶瓷和微通道催化剂与反应器已经在能源化工与环境催化领域得到了应用并仍在深入探索和积极推进中，但该技术存在径向传质受限、结构和材质局限性大等问题。具有非规则三维（3D）空隙的整装结构基体，最典型的例如泡沫（Foam）和纤维（Fiber）基体，在消除径向扩散限制、涡流混合强化传热/传质、规模化制备、高接触效率等方面显示出蜂窝陶瓷和微通道难以企及的优势，作为整装结构催化剂载体可提供更佳的“流体力学和热/质传递”性能[1,2]，因而其应用开发也日趋活跃。本章将侧重总结介绍 Foam/Fiber 结构催化剂与反应器在能源化工与绿色催化和环境催化领域的研究进展。

第一节 催化氧化

催化氧化主要包括烷烃、烯烃、醇等的催化氧化。以上过程通常强放热，“反

应物 - 氧气”混合气易燃易爆，且传统氧化物负载型催化剂的低导热性容易使催化剂床层产生局部热点甚至“飞温”，不仅导致深度氧化，而且会引发安全事故；另外，催化氧化反应往往是传质控制的快速反应，较大尺寸催化剂颗粒的内表面对目标反应贡献不大，不仅降低催化剂利用率，也同样造成深度氧化。创制集低温催化活性 / 选择性高、热 / 质传递速率快、稳定可再生和高通量低压降特性于一体的新型金属泡沫 / 纤维（Foam/Fiber）结构催化剂，是实现催化氧化过程强化值得探索的途径。

一、氧化脱氢

1. 乙烷氧化脱氢（oxidative dehydrogenation of ethane，ODE）

气相“乙烷 - 氧气”催化氧化脱氢制乙烯是传统石脑油蒸汽裂解值得探索的替代路线之一。针对该反应过程存在的强烈热 / 质传递效应和催化剂稳定性差等问题，提出了催化剂的整装结构化研制策略，以期实现优异 ODE 催化性能和热 / 质传递强化的统一，进而抑制产物深度氧化和减缓催化剂烧结失活。Bortolozzi 等[3]制备了以 314 不锈钢泡沫（stainless steel foam，SS-foam）为载体的 NiCe/SS-foam 结构催化剂，通过先涂覆 Al_2O_3，再浸渍硝酸镍和硝酸铈混合水溶液制备了该结构催化剂，并用于乙烷氧化脱氢制乙烯反应。将结构催化剂和相应的粉体催化剂进行对比，发现在相近的活性位数量条件下，结构催化剂具有更高的乙烷转化率和乙烯时空收率。他们认为结构催化剂良好的催化性能归因于其良好的传质效率，使表面活性位得以充分利用。但是，不锈钢泡沫载体中存在的氧化铬使得催化剂在高转化率下的乙烯选择性降低。因此，他们进而以泡沫 Al_2O_3（Al_2O_3-foam）为载体[4]，通过先涂覆 Al_2O_3 浆液后 550 ℃焙烧形成 γ-Al_2O_3，再浸渍硝酸镍和硝酸铈混合水溶液，制备了 NiCe/Al_2O_3-foam 结构催化剂，该催化剂具有较好的传质性能和乙烷氧化脱氢催化性能。另外，相较 Ni/Al_2O_3-foam，NiCe/Al_2O_3-foam 具有较高的乙烷转化率和乙烯时空收率，归因于 Ni-Ce 之间的协同催化作用。其中，Ce/Ni 原子比为 0.17 的催化剂可在 450 ℃、气时空速 7500 mL/(g • h)、C_2H_6/O_2 为 1 的条件下，获得最佳的乙烯时空收率（以 Ni 计）1.21 kg/(kg • h)。

为了提高催化剂的传热性能，Zhang 等[5]以具有良好导热性能的泡沫镍（Ni-foam）为载体，经过湿法刻蚀及焙烧处理，在 Ni-foam 基体上原位生长纳米复合物 NiO-Al_2O_3 壳层，再通过浸渍法负载 CeO_2 和 ZrO_2，制得 CeO_2-ZrO_2-NiO-Al_2O_3/Ni-foam 结构催化剂（图 10-1）。在 500 ℃、C_2H_6 ∶ O_2 ∶ N_2 摩尔比为 1 ∶ 1 ∶ 8、气时空速 18000 mL/(g • h) 条件下，乙烷转化率为 40.3%，乙烯选择性为 60.6%，乙烯时空收率（以催化剂计）为 510 g/(kg • h)，且稳定运行了 14 h。该催化剂良好的催化性能主要归因于 CeO_2 和 ZrO_2 的协同作用，调变了 NiO 的还原性质和非计量

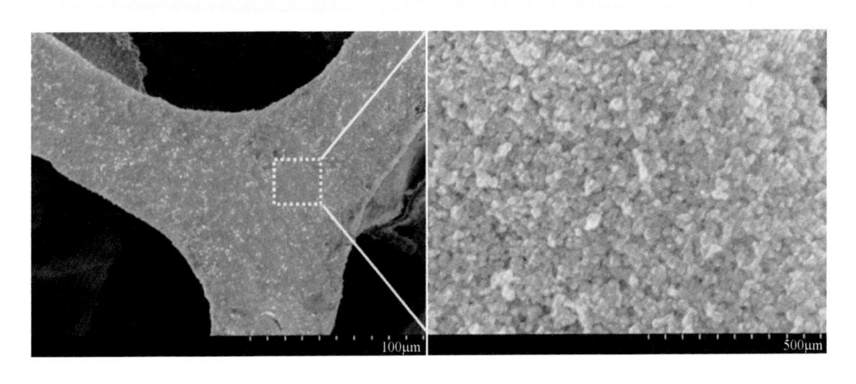

图 10-1 结构催化剂 CeO_2-ZrO_2-NiO-Al_2O_3/Ni-foam 扫描电镜照片[5]

氧物种的分布，保持了活性的同时，大幅度提高了乙烯选择性。此外，Ni-foam 载体赋予了结构催化剂良好的传质传热性能，使得催化剂床层温升明显低于粉体催化剂。Nguyen 等[6]以碳化硅泡沫（SiC-foam）为载体，通过涂覆 Mo-V-Te-Nb-Al_2O_3 浆液制备了结构催化剂 Mo-V-Te-NbO/Al_2O_3/SiC-foam，在 380 ℃、C_2H_6：O_2：He 摩尔比为 3：2：5、615 mL/(g·h) 的条件下，乙烷转化率为 24%，乙烯选择性为 88%。但是相比粉体催化剂，结构催化剂的活性较低，主要由于结构催化剂较低的活性位密度。

2. 丙烷氧化脱氢

Löfberg 等[7]以不锈钢箔片（stainless steel foil，SS-foil）为载体，先在箔片上涂覆异丙醇钛的醇溶液，然后进行焙烧，继续负载 TiO_2，然后浸渍钒前驱体，再经焙烧制得 VO_x/TiO_2/TiO_2P/SS-foil 结构催化剂。遗憾的是，该结构催化剂的活性和选择性均不及粉体催化剂，主要原因是不锈钢箔片中的铁毒化了催化剂。Liu 等[8]以具有介孔结构的泡沫氧化硅（SiO_2-foam）为载体，浸渍不同浓度的偏钒酸铵甲醇溶液制备得到 V/SiO_2-foam 结构催化剂。该催化剂比 V-SBA、V-MCM 和 V-SiO_2 等粉体催化剂具有更高的丙烷转化率和丙烯选择性，主要归因于泡沫氧化硅的介孔性质有助于活性位分散和分子内扩散传质。需要注意的是，泡沫氧化硅的导热性能较低，容易生成局部热点，导致丙烯选择性较低（丙烷转化率为 40% 时，丙烯选择性为 70%）。

二、选择性氧化

醛和酮是重要的化工基础原料，广泛用于制药、香料和食品等行业。很多传统的醛酮合成是通过醇的化学计量氧化反应来实现的，需要耗用大量昂贵有毒的重金属氧化剂，亟须向绿色高效的催化方式转变。气相“醇 - 分子氧”选择性催化氧

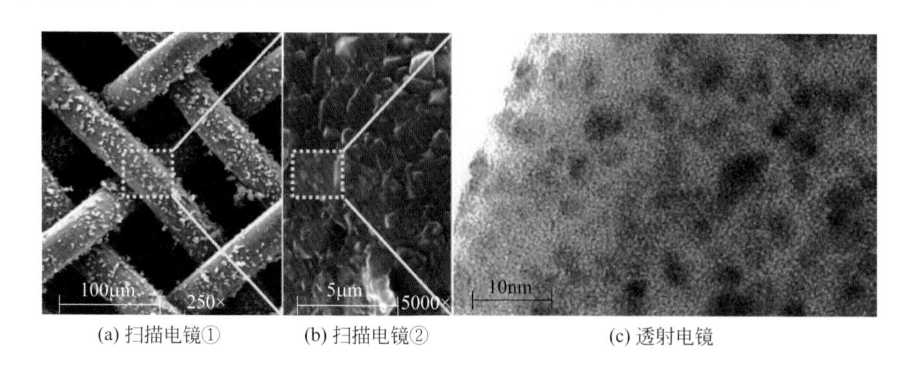

(a) 扫描电镜①　(b) 扫描电镜②　(c) 透射电镜

图 10-2　铜网结构催化剂的扫描电镜和透射电镜照片[10]

化是绿色醛酮合成过程，但反应强放热[9]。Shen 等[10]以具有良好导热性能的铜网（copper gauze，Cu-gauze）为基体，制备了铜网结构化分子筛复合载体，然后负载银纳米颗粒（图 10-2），实现了床层温升的大幅降低，并具有良好的“醇 - 分子氧”选择性催化氧化性能。文献 [11~13] 报道了了一系列烧结金属镍纤维和铜纤维［Ni(Cu)-fiber，纤维直径 8 μm］结构化 Ag、Au 纳米催化剂，并用于苯甲醇等的分子氧气相选择催化氧化制醛酮反应。有趣的是，$HAuCl_4$ 或 $AgNO_3$ 同 Ni(Cu)-fiber 可以发生原电池置换反应，借助 $AuCl_4^-$ 或 Ag^+ 同 Ni(Cu)-fiber 的原电池置换反应可实现 Ag、Au 纳米颗粒在纤维表面的结构化锚定。其中 Au/Cu-fiber 结构催化剂[12]在苯甲醇重时空速（WHSV）20 h^{-1} 和 230 ℃的条件下，苯甲醇转化率和苯甲醛选择性分别可达 85% ～ 90% 和 99% ～ 100%。但是在长时间反应过程中，铜纤维容易被氧化而粉化。Zhao 等[13]进一步以高抗氧化性能的 Ni-fiber 为载体、借助 $AuCl_4^-$ 和 Ni-fiber 的原电池置换反应制备了 Au/Ni-fiber（Au 质量分数为 4%）结构催化剂，在 20 h^{-1} 和 250 ℃的条件下，苯甲醇转化率和苯甲醛选择性分别达到 93% ～ 95% 和 99% ～ 100%，且单程寿命可达 240 h，并可进行多次再生。明显地，Ni-fiber 良好的导热性能大大降低了催化剂的床层温升（重时空速 20 h^{-1} 下的床层温升仅为 10 ℃；SiO_2 负载的 Au-Cu/SiO_2 催化剂在重时空速 10 h^{-1} 下的床层温升为 50 ～ 60 ℃[14]；TiO_2 负

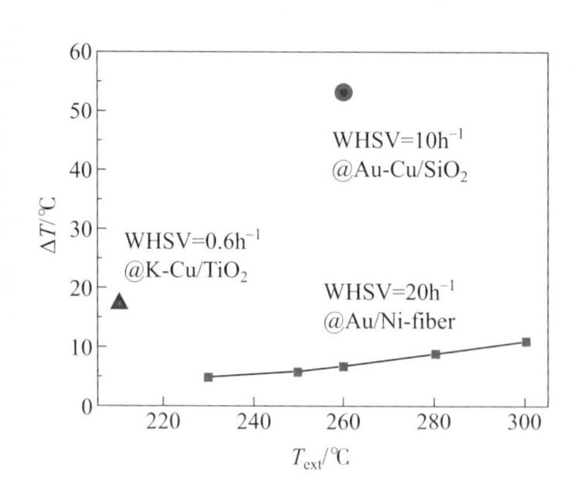

图 10-3　催化剂床层温升[13]

ΔT—反应设定温度 T_{ext} 与床层实际温度 T_{bed} 之差

载的 K-Cu/TiO_2 催化剂在重时空速 0.6 h^{-1} 下的床层温升为 16 ℃[15]，图 10-3）。在反应过程中形成的枣糕式“Au@NiO”纳米复合结构形成大量“Au^+-Ni_2O_3”复合活性位，大大提高了活化 O_2 分子和氧化醇脱氢的能力，这是赋予 Au/Ni-fiber 结构催化剂优异低温催化活性和选择性的本质所在[16]。

为了替代昂贵的贵金属催化剂，Zhao 等[17]采用反应诱导法制备了 Ti-fiber 负载的 Cu_2O-CoO 纳米复合氧化物催化剂用于气相“苯甲醇 - 分子氧”选择性催化氧化制苯甲醛反应。首先通过浸渍法将硝酸铜和硝酸镍负载于 Ti-fiber 表面，随后在 300 ℃反应气氛下将硝酸盐原位诱导成复合纳米双金属氧化物。在 230 ℃时，苯甲醇转化率为 93.5%，苯甲醛选择性为 99.2%。反应诱导形成了“CoO@Cu_2O”纳米复合结构（即较小的 Cu_2O 纳米簇或纳米颗粒部分覆盖在大的 CoO 纳米颗粒上），较多的 Cu_2O-CoO 界面导致高的低温催化性能。随后，他们又通过反应诱导方法制备了 SiC-foam 负载“CoO@Cu_2O”纳米复合结构，用于乙醇气相氧化制乙醛反应（图 10-4）[18]，获得了比其它方法制备的催化剂更高的催化性能。例如，CoO@Cu_2O/SiC-foam（CoO 质量分数为 2.5% 和 Cu_2O 质量分数为 2.5%）在 260 ℃下，乙醇转化率为 92.8%，乙醛选择性为 95.8%。

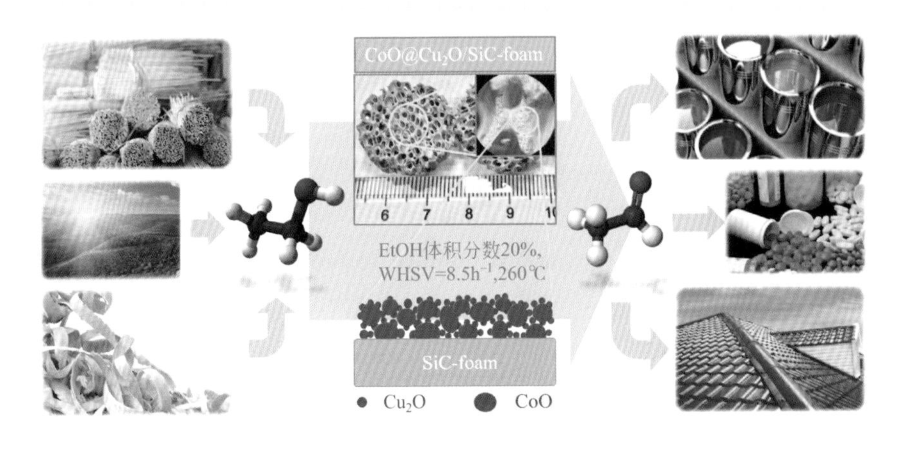

图 10-4　反应诱导自组装 CoO@Cu_2O/SiC-foam 催化剂用于乙醇选择性氧化制乙醛[18]

三、甲烷/VOCs催化燃烧

丰富的煤层气（富含甲烷）资源的高效利用兼具重要学术意义和应用价值，通过变压吸附将其净化提纯为管道天然气正受到越来越多的关注。煤层气通常含有 4% ～ 20% 的氧气，氧气需预先脱除，以消除净化提浓时进入爆炸极限带来的安全隐患。甲烷催化燃烧是一种可行的煤层气甲烷（coal bed methane，CBM）脱氧技术。然而，低温高活性、高通量低压降、抗强热冲击和使用寿命长以及适于模块化制备的新型高效甲烷催化燃烧催化剂的研发，仍然面临巨大挑战。Zhang 等 [19] 借助原电池置换沉积和原位反应活化的方法制备了 PdNi(alloy)/Ni-foam 结构催化剂，对高通量甲烷贫氧催化燃烧反应，不仅低温活性高、选择性高（无 CO 生成，避免了二次污染），而且消除了传统纯Pd催化剂固有的反应振荡现象[图10-5(a)、(b)]。此外，催化剂良好的导热性，能快速移热消除热点，可极大地缓解 Pd-Ni 烧结和甲烷热解生炭，提高了催化剂的稳定性，在500 h的稳定性测试中未观察到失活迹象。动力学和理论计算研究表明［图 10-5（c）～（f）］[20]，Pd-Ni 合金化改善了表面Pd原子的电子结构，使得Pd-Ni(111)上的O* 更加活泼，进而更加有利于CH_4活化，使 O_2- 吸附 / 活化和 CH_4- 活化 / 氧化两步过程实现瞬态平衡，因此能够消除振荡；Pd-Ni 合金化降低了脱氧反应的活化能，并且明显提高了 O_2 的反应级数（为负数）。

另外，对低浓度 CH_4 进行催化燃烧脱除，在天然气汽车尾气净化等领域有广阔应用前景。近几十年来，人们对催化燃烧技术的研究投入了大量人力物力。然

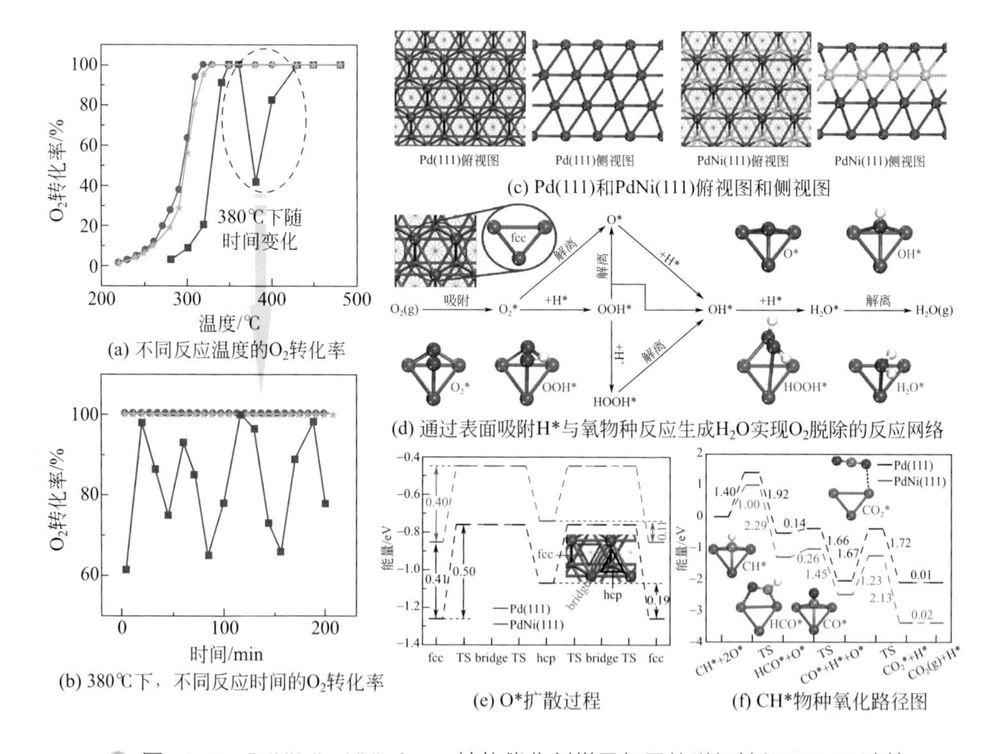

图 10-5　PdNi(alloy)/Ni-foam 结构催化剂煤层气甲烷脱氧性能及 DFT 计算

■反应路径1，反应温度从280 ℃升高到480 ℃；●反应路径2，在480 ℃下运行1 h，反应温度从480 ℃降低至280 ℃；★反应路径3，反应路径2后，反应温度从220 ℃升高到450 ℃。在俯视图中上表层、次表层和底部两层的原子分别用大球、小球和线段来表示，Pd和Ni原子分别用蓝绿色和黄色表示

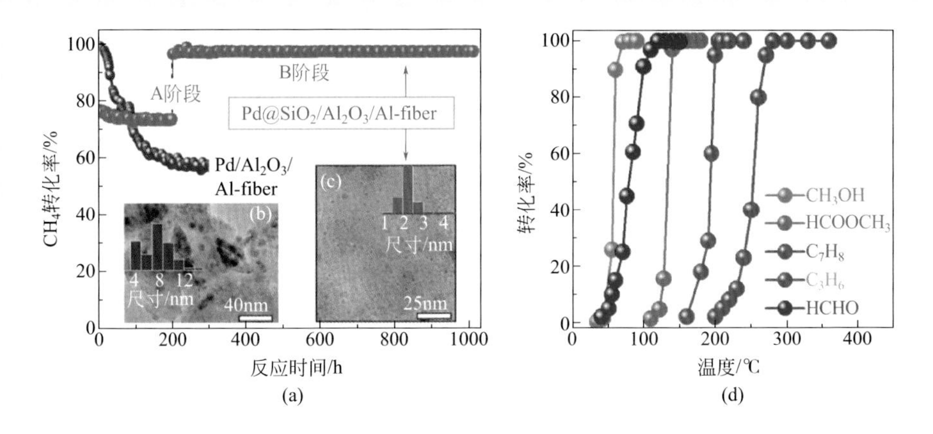

图 10-6 核 - 壳和非核 - 壳结构催化剂

（a）核–壳结构催化剂$Pd@SiO_2/Al_2O_3$/Al–fiber和非核–壳结构催化剂Pd/Al_2O_3/Al–fiber的甲烷催化燃烧稳定性测试反应条件：A阶段：350 ℃，72000 mL/[g(Cat)・h]；B阶段：380 ℃，36 000 mL/[g(Cat)・h]

（b）非核–壳结构催化剂Pd/Al_2O_3/Al–fiber的Pd颗粒粒径分布图

（c）核壳结构催化剂$Pd@SiO_2/Al_2O_3$/Al–fiber的Pd颗粒粒径分布图

（d）核壳结构催化剂$Pd@SiO_2/Al_2O_3$/Al–fiber的VOCs催化性能

而，低温高活性、高通量低压力降、抗强热冲击、使用寿命长以及适于模块化制备的低浓度 CH_4 催化燃烧结构催化剂与反应器的研发，依然富有挑战性。Zhang 等[21]采用水蒸气氧化同源生长技术制备了薄层大面积、具有良好热 / 质传递性能的 ns-AlOOH/Al-fiber 结构基体，用氨丙基三乙氧基硅烷（APTES）络合的 Pd^{2+} 溶液浸渍后，经烘干、焙烧实现了 $Pd@SiO_2$ 核 - 壳纳米催化剂在 meso-Al_2O_3 孔道表面的锚定载持。所制结构催化剂 $Pd@SiO_2/Al_2O_3$/Al-fiber 具有 Pd 负载量低（质量分数约 0.3%）、导热性好、压力降小、几何构型设计灵活等优点，在低浓度甲烷催化燃烧中体现出高活性、低起燃温度和良好稳定性等优点。以甲烷 - 空气（CH_4 体积分数 1%）混合气为原料，在高空速下稳定运行 1000 h 而未有明显的失活迹象；然而非核 - 壳结构催化剂 Pd/Al_2O_3/Al-fiber 仅仅反应 300 h，甲烷转化率则从 100% 骤降至 55% [图 10-6（a）]，这主要是由于非核 - 壳结构催化剂上的 Pd 纳米颗粒严重烧结 [图 10-6（b）]，而核 - 壳结构催化剂上的 Pd 纳米颗粒基本保持不变 [图 10-6（c）]。另外，核 - 壳结构催化剂还表现出良好的 VOCs 催化氧化脱除性能，例如甲醇（CH_3OH）、甲酸甲酯（$HCOOCH_3$）、甲苯（C_7H_8）、丙烯（C_3H_6）和甲醛（HCHO）等 [（图 10-6（d）]。

四、其它催化氧化

开辟和发展从甲烷（天然气、页岩气和煤层气的主要成分）等非石油资源合成乙烯等低碳烯烃新路线，是兼具重要学术意义和重大应用价值的战略课题。目前，这些非石油资源经由合成气（CO 和 H_2 混合气）合成低碳烯烃的研究接连取得了突破性进展，其中经由合成气合成甲醇再通过 SAPO-34、ZSM-5 分子筛催化转化制备低碳烯烃技术已实现工业化应用。但是间接合成过程流程长以及合成气造气高温、高能耗和高物耗也是不争的事实，这在一定程度上减弱了间接合成路线的竞争优势。特别是，甲烷的间接转化需要将本应部分保留于产品的 C—H 键全部打断生成合成气，然后再在催化剂作用下重组得到烃类产品，故而并不完美。因此，甲烷的直接转化一直是科学家孜孜以求的理想路径，但极富挑战性。甲烷临氧直接偶联合成乙烯和丙烯（即甲烷氧化偶联，简称为 OCM）可在较温和的条件下实现。1982 年，Keller 和 Bhasin[22] 首次报道了 OCM 过程，旋即引发了全世界催化化学家的极大研发热情。到目前为止，报道的 OCM 催化剂已达成百上千种，其中我国学者在 1992 年报道的 Mn_2O_3-Na_2WO_4/SiO_2 催化剂是最富有应用前景的催化剂[23]：甲烷转化率可达 20% ～ 30%，乙烯选择性可达 60% ～ 80%。但该反应是强放热反应，传统颗粒催化剂床层容易产生局部热点，导致乙烯深度氧化，且颗粒催化剂床层压力降大。为了解决以上问题，季生福等[24] 制备了 FeCrAl 金属基体结构催化剂，即首先将 Ce/Na_2WO_4-Mn/SBA-15 负载型催化剂制成浆料，然后涂覆于 FeCrAl 金属基体表面。结果表明，结构催化剂可以有效抑制床层热点的产生，床层温升较小，目标产物可快速脱离反应体系，从而降低了其深度氧化程度；然而，由于反应物与催化剂的接触时间较短，导致了甲烷转化率较低。考虑到颗粒催化剂和金属基结构催化剂的优缺点，他们进一步将 CeO_2-Na_2WO_4-Mn/SBA-15/FeCrAl 结构催化剂和 Na_2WO_4-Mn/SiO_2 颗粒催化剂组合，构建了一种新型“颗粒 - 结构催化剂”组合床 OCM 催化反应器[25]。结果表明，以甲烷 / 氧气体积比为 3 ∶ 1 的混合气为原料，800 ℃下，甲烷转化率为 33%，C_2 选择性为 68%，分别比单纯颗粒催化剂提高了 6.8% 和 3.1%，CO_2 生成得到有效抑制。最近，华东师范大学路勇教授课题组[26] 提出了“低温化学循环活化 O_2 分子以驱动低温 OCM”的新思路，目标性地选取 Ti 等容易同 Mn 氧化物形成尖晶石或钙钛矿等复合氧化物的助剂，对 Mn_2O_3-Na_2WO_4/SiO_2 催化剂进行改性。研究表明，反应温度由原来的 800 ～ 900 ℃大幅降至 650 ℃后，仍可获得 20% 以上的甲烷转化率和 60% 以上的 C_{2+} 选择性。后续工作也将围绕催化剂的结构工程化展开，以期进一步提高烯烃收率。

乙烯环氧化（$C_2H_4 + 0.5O_2 = C_2H_4O$，$\Delta H = -105$ kJ/mol）是强放热反应。商业催化剂为 Ag/Al_2O_3（Ag 质量分数为 10%，粒径 3 ～ 12 mm），装填于直径 2 ～ 5 cm 的列管式反应器中，在 220 ～ 223 ℃下运行。乙烯单程转化率需要控制在小于 10%[27]，这是由于转化率过高将引起 30 ～ 40 ℃的床层温升，不利于催化剂稳定性和环氧乙烷（C_2H_4O）选择性。大量未转化乙烯的往复循环大大增加了过程能耗和生产成本。催化剂的整装结构化是解决该问题的一条有效途径。表 10-1 对比了颗粒催化剂填充床和泡沫结构催化剂填充床的乙烯环氧化反应结果[28]：为了保证泡沫结构催化剂的乙烯转化率和颗粒催化剂填充床的乙烯转化率相同，将泡沫结构催化剂的银质量分数增加到 12.5%，最显著的变化是壁面和中心温度之间的差异从颗粒催化剂填充床的 20 ℃减小到泡沫结构催化剂填充床的 2 ℃，体现出结构催化剂强化传热的独特优势。

表10-1 颗粒催化剂填充床和泡沫结构催化剂填充床的乙烯环氧化反应数据对比[28]

催化剂性质	颗粒催化剂填充床	泡沫结构催化剂填充床
银负载量 /(质量分数，%)	10	12.5
乙烯进料速率 /(mol/h)	489	489
乙烯转化率 /%	9.3	9.3
径向有效热导率 /(W/m)	3.26	28.4
床层中心温度 /℃	269	251
反应器壁面与床层中心温度差 /℃	20	2

第二节 催化加氢

一、草酸二甲酯加氢

1. 草酸二甲酯加氢制乙二醇

煤制乙二醇（coal to ethylene glycol，CTEG）是煤化工的标志性反应过程之一，包括煤制草酸二甲酯（dimethyl oxalate，DMO）和 DMO 加氢制 EG 两个关键催化反应单元。其中煤制 DMO 已经成功实现了工业化，然而 DMO 加氢制 EG 技术仍然面临许多问题：对于现有 Cu/SiO_2 催化剂，载体 SiO_2 高温下易与甲醇发生反应而生成四甲氧基硅烷，导致催化剂活性降低；DMO 加氢制 EG 属于放热反应，而目前所使用的氧化物载体导热性能差，在实际工艺生产条件下容易产生催化剂床层热点，导致催化剂烧结失活，以及二醇等副产物大量生成和 EG 过度加氢至乙醇，降低了产品选择性和收率。因此，创制高效、稳定的非 SiO_2 负载型 DMO 加氢制 EG 催化剂是一个兼具学术和应用价值的富有挑战性的课题。

Zhang 等[29] 报道了烧结金属 Cu-fiber 结构化 Pd、Au 和 Au-Pd 纳米合金催化剂的原电池反应置换沉积制备及其 DMO 催化加氢制 EG 的研究[图 10-7(a)～(c)]。结果表明：Pd、Au 阳离子可被 Cu-fiber 高效还原置换，且均匀分散于纤维表面；Pd 能够有效活化 H_2，但会促进 Cu_2O 的还原，对稳定性不利；Au 能够有效抑制 Cu_2O 的还原、对催化剂稳定性有利，但催化活性和 EG 选择性较差；Au-Pd 共沉积形成

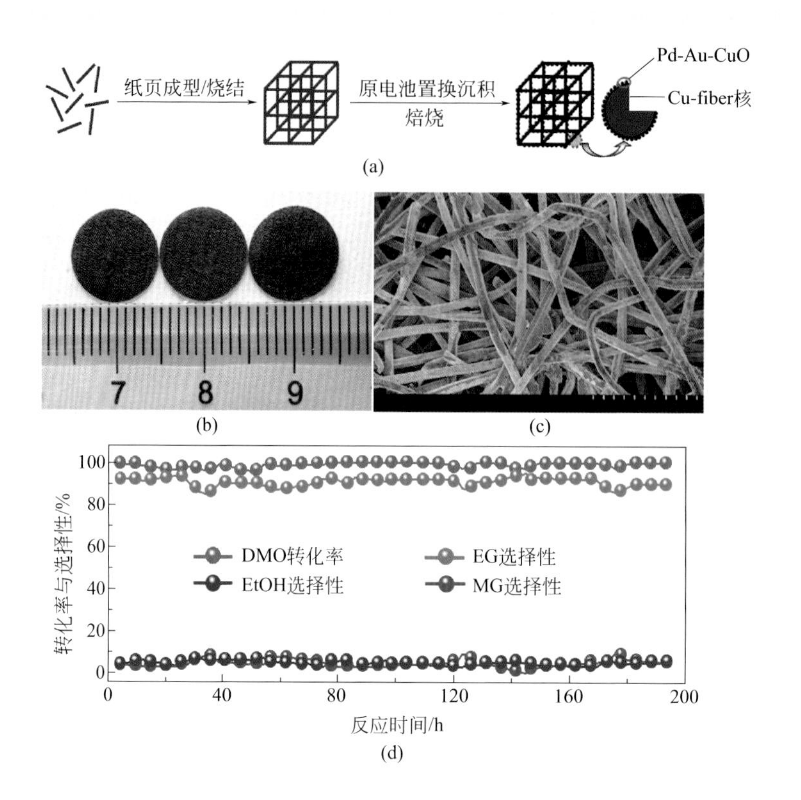

图 10-7　结构催化剂 Pd-Au-CuO_x/Cu-fiber 的制备过程示意图（a）、结构催化剂光学照片（b）、结构催化剂扫描电镜照片（c）和结构催化剂稳定性（d）[29]

图（d）反应条件：270 ℃、0.44 g(DMO)/[g(cat)·h]、2.5 MPa、H_2/DMO摩尔比180

了 Au-Pd-Cu^+ 三元催化活性位，Au-Pd 以合金的形式存在，促进了 Cu_2O 的 DMO 加氢活性，同时抑制了 Cu_2O 的还原，因此具有良好的催化活性、选择性和稳定性[图 10-7（d）]。在氢气 /DMO 摩尔比 180、2.5 MPa、重时空速 0.44 h^{-1} 和 270 ℃的条件下，DMO 转化率和 EG 选择性在 200 h 测试中可分别稳定在 97% ～ 99% 和 90% ～ 93%。针对该催化剂低温活性较差的问题，Han 等[30]用稀土元素对上述催化剂进行了改性。结果表明，La_2O_3 改性可显著提高低温活性和稳定性：230 ℃时的 EG 收率可达 93.4%，平稳运行 500 h 而未显示失活迹象。采用一系列表征揭示了 La_2O_3 提高催化剂低温活性和稳定性的助催化作用本质：① La_2O_3 的 Lewis 酸具有氢溢流促进作用；② La_2O_3 的拉电子作用导致 Pd-Au 合金缺电子，促进了 H_2 活化；③部分还原的 LaO_x 物种参与活化酯基；④ La_2O_3 对 Cu^+ 物种的稳定作用。最近，路勇课题组公开了一种 $InNi_3C_{0.5}$/Ni-foam 结构催化剂[31]用于 DMO 加氢制 EG 反应。在 210 ℃、2.5 MPa、0.44 g(DMO)/[g(cat)·h]、H_2/DMO 摩尔比 90 下，DMO 转化率为 100%，EG 选择性为 95%，且经过 2000 h 的稳定性测试，转化率与选择性无下降迹象，展现出良好的工业应用前景。

2. 草酸二甲酯加氢制乙醇酸甲酯

DMO 加氢制 EG 是一个串联反应，其中间产物乙醇酸甲酯（methyl glycolate，MG）是一种重要的化工产品和合成中间体，广泛用于医药、农药、染料和香料合成等领域。因此，由煤基合成气经 DMO 制 MG 技术也得到了越来越多的关注。尽管目前 DMO 加氢制 MG 催化剂已经取得了一系列重要进展，但是进一步工业化应用仍然面临类似于 DMO 制 EG 过程的许多问题：该反应的强放热特性容易导致催化剂床层局部热点的生成，导致 MG 过度加氢至乙二醇甚至乙醇，降低了产品选择性。针对以上问题，Chen 等[32]选择在消除径向扩散限制、涡流混合强化热质传递方面具有优势的泡沫镍（Ni-foam）为载体，利用原电池置换沉积法制得了具有良好活性和 MG 选择性的结构催化剂 Ag-CuO_x/Ni-foam[图 10-8(a),(b)]。在 210 ℃，2.5 MPa、H_2/DMO 摩尔比 300、DMO 重时空速 0.25 g/[g(cat)·h] 的条件下，DMO 转化率为 96.1%，MG 选择性可达 96.1%，并且稳定运行 200 h 不失活[图 10-8(c)]。随后，Lu 等[33]又制备了结构催化剂 Ni_xP/Ni-foam 用于 DMO 加氢制 MG 反应。在

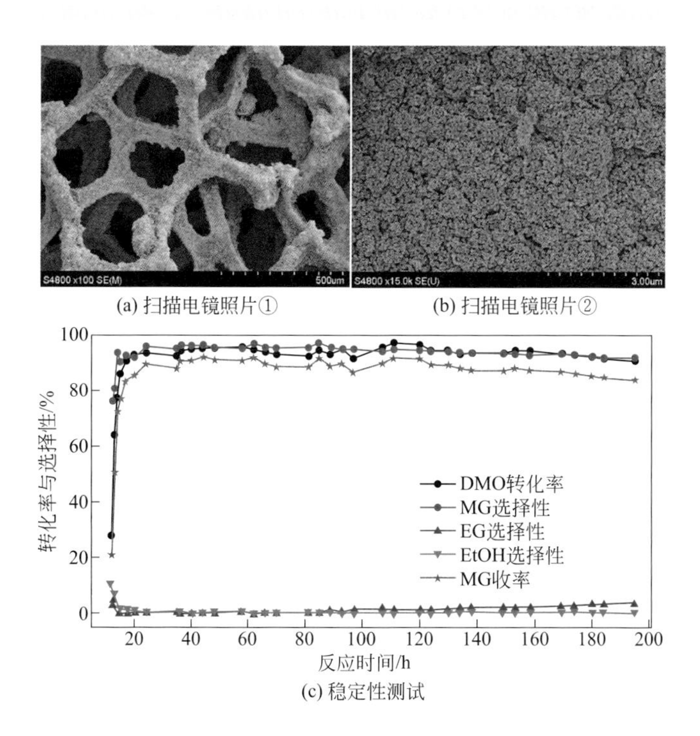

图 10-8 结构催化剂 Ag-CuO_x/Ni-foam 扫描电镜照片和结构催化剂稳定性[33]

反应条件：210 ℃、0.25 g/[g(cat)·h]、2.5 MPa、H_2和DMO摩尔比300

210 ℃、2.5 MPa、0.44 g(DMO)/[g(cat)·h]、H_2/DMO 摩尔比 180 下，DMO 转化率和 MG 选择性分别可达 97% 左右和 92% 以上，且经过 1000 h 的稳定性测试，催化剂未有失活迹象。

3. 草酸二甲酯加氢制乙醇

韩璐蓬[34]用盐酸处理泡沫白铜小球［80%Cu-20%Ni（质量分数），CuNi-foam，直径 2 mm］以溶除表层的镍，从而得到表面具有纳米孔铜结构的复合材料。硝酸铁溶液初湿浸渍该材料后，经过烘干焙烧制得 Fe-CuO_x/CuNi-foam 结构催化剂，并将其用于 DMO 加氢制乙醇反应。在 270 ℃、0.44 g/[g(cat)·h]、2.5 MPa、H_2/DMO 摩尔比 180 条件下，乙醇收率高达 90.4%。研究表明：DMO 首先加氢至乙醇酸甲酯，再加氢至 EG 和乙酸甲酯，EG 加氢至乙醇，乙酸甲酯则经过乙醛加氢至乙醇。Fe-CuO_x/CuNi-foam 结构催化剂添加 CoO_x 可进一步提高乙醇选择性至 93.9%，并且稳定运行 200 h 无失活。采用一系列表征揭示了 FeCoCu 三元活性位协同催化作用本质：① Fe 的添加提高了 Cu^+ 的含量，并且 FeO_x 的 Lewis 酸本身也有活化酯基的作用，从而提高了 DMO 和乙醇酸甲酯酯基活化的能力，因此反应温度较低时（190 ～ 250 ℃）Fe 的添加促进了 EG 的生成；②反应温度较高时（250 ～ 310 ℃），FeO_x 的 Lewis 强酸提高了对 EG 羟基活化的能力，从而促进其加氢脱水生成乙醇，同时也促进了乙醇酸甲酯加氢脱水生成乙醇酸甲酯，进而加氢得到乙醇；③ Co 的添加提高了催化剂表面 Cu^+ 的含量，提高了对乙醇酸甲酯酯基的活化，进而提高了乙醇的选择性。但是该催化剂主要催化活性组分仍然是铜，在高温下容易烧结失活，因而创制了 FeNi/Ni-foam 无铜结构催化剂用于 DMO 加氢制乙醇反应。通过水热法在泡沫镍表面原位生长 FeNi 水滑石，然后在氢气中还原，该催化剂在 290 ℃、0.44 g/[g(cat)·h]、2.5 MPa、H_2/DMO 摩尔比 180 条件下，乙醇收率高达 97.3%，平稳运行 200 h 无失活迹象。研究表明：DMO 首先加氢至乙醇酸甲酯，再加氢至 EG 和乙酸甲酯，最后加氢至乙醇。采用一系列表征揭示了催化剂不同强度的 Lewis 酸与 Ni^0 协同催化作用的本质：① DMO、乙醇酸甲酯、乙酸甲酯的酯基加氢需要中强酸、强酸位点（如价态铁、Ni^{2+}）与 Ni^0 的协同作用，中强酸、强酸活化酯基，Ni^0 活化 H_2；②乙醇酸甲酯和 EG 的羟基加氢需要弱酸、中强酸、强酸位点（Fe^0、价态铁、Ni^{2+}）与 Ni^0 的协同作用，弱酸、中强酸、强酸活化羟基，Ni^0 活化 H_2。

二、CO_2 加氢制甲醇

CO_2 加氢制甲醇是其资源化利用的有效途径，对保护环境和能源化工的可持续发展具有重要意义。CO_2 加氢制甲醇是放热反应，为了强化传热，张杰[35]以泡沫镍（Ni-foam）为结构基体，通过涂层和湿法浸渍制备了 CO_2 加氢制甲醇结构催化剂 Cu-ZnO/ZrO_2/Al_2O_3/Ni-foam。催化剂制备过程中加入聚乙烯醇，可使包裹在 Ni-

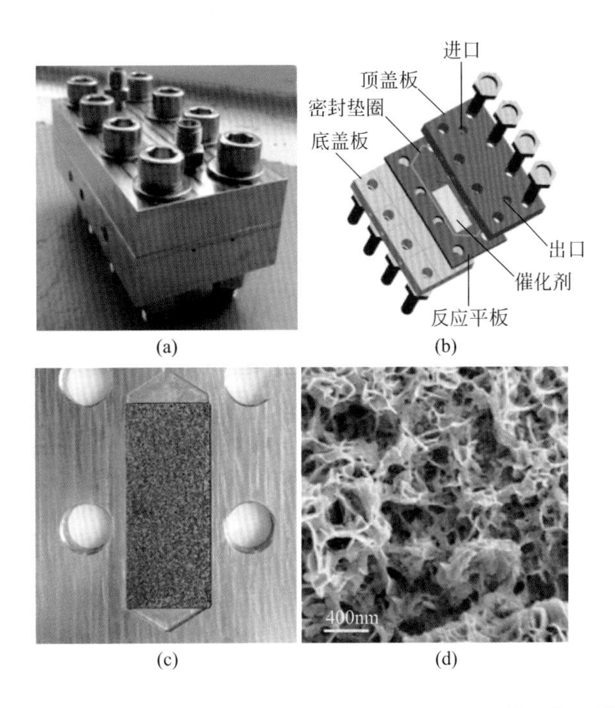

图 10-9 微反应器照片（a）、微反应器结构示意图、（b）微反应器填料腔体及泡沫结构催化剂照片（c）和泡沫结构催化剂扫描电镜照片（d）[37]

foam 骨架表面的 Al_2O_3 壳层的黏附性增加。催化剂的焙烧温度和催化活性组分摩尔比对其催化性能具有显著影响，当催化剂焙烧温度为 350 ℃、Cu ∶ Zn ∶ Zr 摩尔比为 3 ∶ 2 ∶ 1 时，催化剂具有最佳的催化性能；在 240 ℃、3.0 MPa、气时空速 5600 mL/[g(cat) • h] 的条件下，甲醇时空收率为 0.071 g/[g(cat) • h]，甲醇选择性为 28%。最近，Chen 等 [36] 以整装 Al_2O_3/Al-fiber 结构基体为载体，采用等体积浸渍法依次浸渍硅溶胶、硝酸镍与硝酸镓水溶液，最后进行 H_2 还原制得 Ni_5Ga_3/SiO_2/Al_2O_3/Al-fiber 结构催化剂。在 0.1 MPa、210 ℃、气时空速 3000 L/(kg • h)、H_2 ∶ CO_2 ∶ N_2 摩尔比 6 ∶ 2 ∶ 1 下，Ni_5Ga_3/1-SiO_2/Al_2O_3/Al-fiber[SiO_2 负载量 1%(质量分数)] 的甲醇时空收率可达 278 g/[kg(metal) • h]，并且稳定运行 75 h 无失活迹象。Al_2O_3/Al-fiber 载体有助于 Ni_5Ga_3 合金的生成；SiO_2 添加可提高 Ni_5Ga_3 合金分散度；但是过多的 SiO_2 导致载体酸性明显下降，前驱体还原合金化温度增高，导致 Ni_5Ga_3 合金位点减少、催化性能下降。Liang 等 [37] 以泡沫铝（Al-foam）为基体，采用水热法制备了 Cu-Zn/Al-foam 结构催化剂，研究了该催化剂（可以装在带填料腔体的法兰式微反应器中）与微反应器相结合并用于 CO_2 加氢制甲醇反应（图 10-9），在 250 ℃、3 MPa 和气时空速 20000 mL/[g(cat)•h] 的条件下，甲醇时空产率达到 7.81 g/[g(Cu) • h]。

三、其它催化加氢

Gulyaeva 等[38]以不同类型的玻璃纤维为载体，经过铝和锆改性，再等体积浸渍二氯四氨合钯水溶液，制备了 Pd 玻璃纤维结构催化剂，并用于乙炔选择性加氢制乙烯反应。在催化剂焙烧过程中，玻璃纤维与 Pd 之间的相互作用促进了 Pd 在纤维上的高度分散，得到具有高催化活性的直径约 1 nm 的 Pd 团簇。即使 Pd 负载量仅为 0.02%（质量分数），在 77 ℃、2 MPa、气时空速 3500 h^{-1}、H_2/C_2H_2 摩尔比为 3 的条件下，乙炔转化率也可接近 100%。同时，玻璃纤维对乙炔具有较强的吸附效应，而对乙烯吸附较弱，因而反应活性位点周围始终保持了高浓度的乙炔，在接近乙炔完全转化的情况下，仍保持了 50% 以上的选择性。Siebert 等[39]利用喷墨印刷技术将 $GaPd_2$ 合金纳米颗粒分散在具有微通道结构的钢箔上，得到了均匀的催化涂层。考察了三种印刷涂覆方式，分别是直接印刷喷涂 $GaPd_2$ 合金颗粒、先印刷一层氧化铝层再印刷 $GaPd_2$ 合金颗粒，以及先将 $GaPd_2$ 固定在氧化铝上再进行印刷喷涂。其中第三种具有最优的乙烯选择性：在 250 ℃、H_2/C_2H_2 摩尔比 10 的条件下，乙烯选择性为 76%，乙烯时空收率为 480 mol/[mol(Pd) • h]，在反应过程中，微通道反应器体现出高效的热 / 质传递性能。

Han 等[40]制备了 TiO_2 陶瓷泡沫（ceramic foam，CF）结构化的 Pd 催化剂用于聚苯乙烯加氢制氢化聚苯乙烯。他们首先用有机模板（聚氨酯）以及部分烧结的方法制备了 TiO_2-CF，然后采用浸渍法负载 Pd 催化活性组分制得结构催化剂。制得的 CF-0.652（0.652 表示烧结温度为 TiO_2 熔点温度 1820 ℃的 0.652 倍）拥有 400 ～ 600 μm 的相互连接的单元窗口和 200 ～ 300 nm 的大孔。随着 Pd 质量分数从 0.06% 增加至 0.45%，Pd 分散度下降，催化活性缓慢升高，主要归因于 Pd 和 TiO_2-CF 之间的相互作用。依据 Weisz 模型公式，计算得出 Pd/CF-0.652 催化剂的 Weisz 系数低于 0.3，表明其内扩散限制可以忽略。内扩散限制的消除主要得益于大孔的存在。

第三节 合成气转化

一、甲烷化：合成天然气

合成气甲烷化可实现煤炭清洁利用，也是生物质能源化利用的高效途径。实现高效催化与强化热 / 质传递的统一，解决现有氧化物负载型催化剂采用尾气循环或水蒸气稀释移热的高耗、低效问题，是一个兼具学术和应用价值的课题。

Li 等[41]以具有优异导热性能的泡沫镍（Ni-foam）为基体，发展了一步湿式化学刻蚀的金属泡沫“非涂层”原位催化功能化新方法，创制了催化性能好、热 / 质

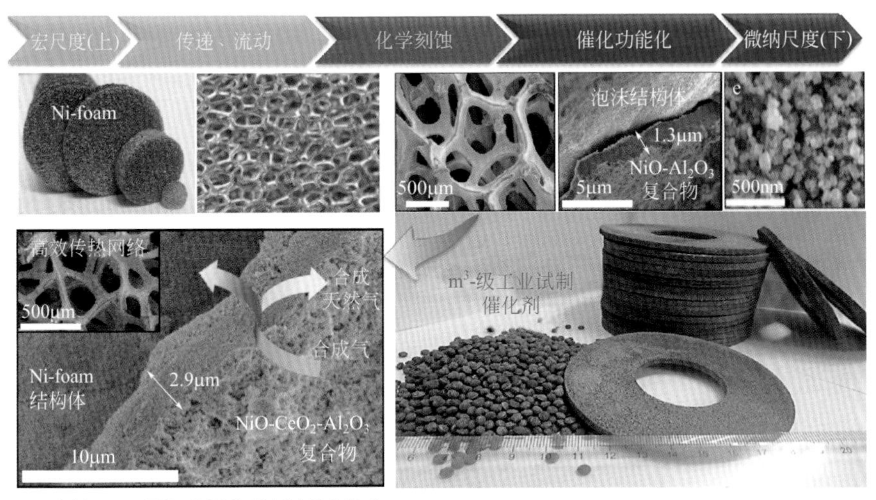

图 10-10　合成气甲烷化 Ni-foam 结构催化剂的湿式化学刻蚀制备[41]

传递效率高的泡沫结构催化剂（图 10-10）：Ni-foam 基体上原位生长了一层 1 ～ 3 μm 厚的高活性 NiO-CeO_2-Al_2O_3 复合氧化物壳层，薄的壳层厚度提高了催化剂的传质性能；另外，Ni-foam 基体良好的导热性赋予了催化剂良好的传热性能。结构催化剂具有宽的原料气组成适应窗口和良好的抗积炭 / 抗烧结性能以及一定的抗硫中毒能力，为发展无循环、高通量合成天然气工艺提供了核心技术。在 10 mL 催化剂装量下，CO 甲烷化 1500 h 及 CO_2 甲烷化 1200 h 稳定性测试以及流体力学模拟计算表明，该催化剂实现了高活性、高选择性、高稳定性和高导热性的统一。另外，该催化剂已经实现了 m^3- 级的工业试制（图 10-10）。

二、费 - 托合成

合成气经由费 - 托合成直接制取燃料油（fischer-tropsch synthesis，FTS）和低碳烯烃（$C_2^=$ ～ $C_4^=$，fischer-tropsch to olefins，FTO）是替代石油基生产路线的可行途径。氧化物负载的 Fe、Co 等催化剂是当前国内外的研究热点，取得了一系列有意义的成果，但是其低导热性和黏结成型致使大颗粒催化剂在实际应用中存在强烈的热 / 质传递限制。以强化热 / 质传递为切入点，研究人员围绕 FTS 和 FTO 催化剂的纤维 / 泡沫结构化解决策略开展了积极的探索。

Chin 等[42] 用 α-Al_2O_3 薄膜涂覆 FeCrAlY 泡沫（FeCrAlY-foam），然后沉积碳纳米管（carbon nanotube，CNTs）负载的 Co-Re/Al_2O_3 制备了多级结构催化剂 Co-Re/Al_2O_3/CNTs/FeCrAlY-foam。在 CO/H_2 摩尔比 2、气时空速 14400 h^{-1}、0.15 MPa

的条件下，随着反应温度从 240 ℃升高到 290 ℃，甲烷选择性保持在 25% 左右、CO 平均转化率在 42% ～ 62% 之间。作为对比，制备了 Co-Re/Al_2O_3/FeCrAlY-foam，其催化活性降低至 Co-Re/Al_2O_3/CNT/FeCrAlY-foam 的 30% ～ 40%，并且 CH_4 选择性高达 31%，这主要是由于 CNT 的移除破坏了其多级结构，并降低了催化剂的导热性能[42]。Yang 等[43] 和 Ji 等[44] 制备了金属泡沫负载 Co 结构催化剂，并与相应的颗粒催化剂进行了比较。泡沫结构催化剂具有更高的液体烃选择性：在气时空速 1330 mL/[g(cat) • h]、223 ℃、2 MPa 的条件下，C_{5+} 选择性为 64.2%，CO 转化率为 65.3%，液体烃生成速率可达 8.7×10^{-2} mL/[g(cat) • h]。通过将该结构催化剂同换热器相结合，进一步提高了液体烃选择性，液体烃产率可达 9.8×10^{-2} mL/[g(cat)•h]。

另外，金属纤维包结细颗粒结构催化剂，也可以大大提高催化剂床层的热 / 质传递性能，并且可以夹持预制的催化剂细颗粒。Tatarchuk 等[45] 研制了一种铜纤维包结细颗粒结构催化剂 [图 10-11（a）、（b）]，即将 FeCuK 负载在氧化铝细颗粒上，然后用铜纤维造纸技术进行包结。该催化剂具有较高的催化活性和稳定性，H_2&CO 表观反应速率可达 167 mmol/[g(cat) • h]，CO 转化率为 27.7% 时的液体烃 C_{5+} 生成速率为 0.30 g/[g(cat) • h]，该结果可同非负载型本体 Fe 基催化剂（单位体积内活性位数量远远大于结构催化剂）相媲美。将该结构催化剂在大尺寸管式反应

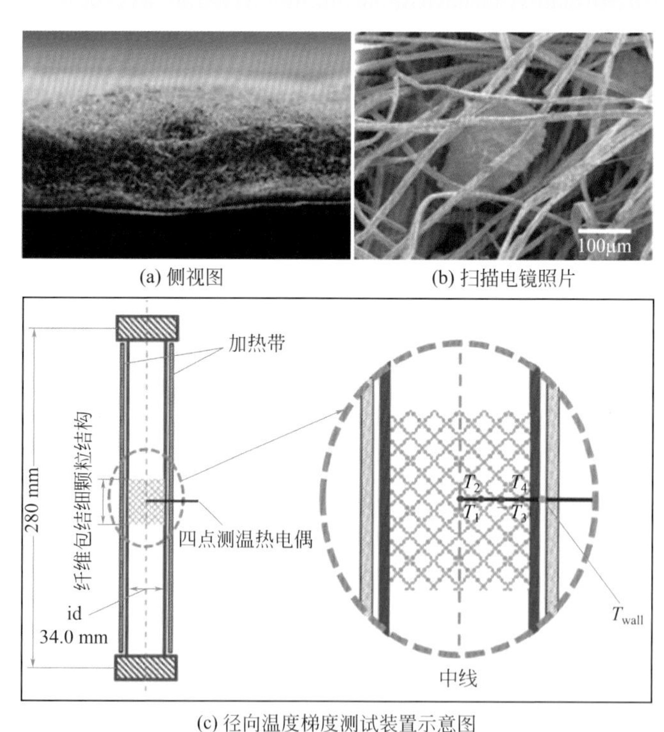

图 10-11　铜纤维包结 FeCuK/Al_2O_3 细颗粒结构催化剂[45]

器（内径 34 mm）内进行费 - 托合成，催化剂的径向温度梯度小于 5 ℃［径向温度梯度测试装置如图 10-11（c）所示］，产物选择性同小尺寸反应器（内径 9.5 mm）的产物选择性相似。另外，在相同催化剂装填密度和测试条件下，FeCuK/Al_2O_3 颗粒催化剂在 34 mm 反应器内的径向温度梯度高达 54 ℃，表明铜纤维包结细颗粒结构催化剂具有良好的强化传热性能。

Han 等[46]以 γ-Al_2O_3/Al-fiber 结构基体为载体，通过浸渍法负载催化活性组分 FeMnK 制得了 FeMnK/meso-Al_2O_3/Al-fiber 结构催化剂。在 H_2：CO 摩尔比 2：1、气时空速 10000 mL/(g • h)、4 MPa 和 350 ℃的条件下，CO 转化率高达 90.0%，低碳烯烃选择性可达 40%，产物低碳烯烃与低碳烷烃摩尔比为 4.6。结构催化剂可以强化传质而消除内扩散限制，使得催化剂在高空速、高压力下实现 CO 的高转化率，并维持较高的低碳烯烃选择性。此外，Al-fiber 的高导热性利于实现床层的等温操作。最近，大连化物所包信和院士课题组[47]和上海高等研究院孙予罕研究员课题组[48]分别研制了 $ZnCrO_x$-SAPO 和 Co_2C 催化剂，用于合成气直接制取低碳烯烃，取得了令人振奋的结果，低碳烯烃选择性分别高达 80% ～ 90% 和 60% ～ 70%。鉴于结构催化剂良好的热 / 质传递性能，对以上催化剂进行整装结构化设计，以期进一步提高其实际应用过程中的整体性能也是值得尝试的。

三、甲醇合成及甲醇转化

1. 甲醇合成

合成气制甲醇是最为重要的甲醇生产方式，然而由于该反应的强放热特性，容易导致催化剂床层局部热点的生成，进而导致甲醇选择性下降和催化剂失活。为了有效控制催化剂床层温度，一氧化碳单程转化率不宜过高，并且采用高空速、大循环进行移热，大大降低了生产效率、增加了能耗。因此，采用结构催化剂实现对催化剂床层温度的有效控制是值得探索的有效途径。

意大利米兰理工大学 Tronconi 教授课题组对传统甲醇合成催化剂的整装结构化进行了深入研究。首先通过计算机模拟，分析了外部冷却多管反应器（长度 2 m，装填铜泡沫结构化的甲醇合成商用催化剂）的甲醇合成性能[49]。模拟结果表明，结构催化剂强化的径向传热性能使商用催化剂固有活性得到适度优化，以补偿较低的催化剂负载量带来的问题；此外，得益于结构催化剂强化的径向传热性能，采用较大直径的反应器也可以实现近似等温操作，从而降低投资成本。他们以铜泡沫（Cu-foam）为结构基体，以球磨制得的含商用 Cu/ZnO/Al_2O_3 甲醇合成催化剂粉末、去离子水和甲基羟乙基纤维素浆液为涂覆液，采用浸涂法制备了 Cu/ZnO/Al_2O_3/Cu-foam 结构催化剂（图 10-12）[50]。在近似工业条件下（即 232 ℃、5 MPa、H_2：CO：CO_2：CH_4：N_2 进料摩尔比 73.2：8.3：2.6：5.1：11.2）与商用 Cu/ZnO/Al_2O_3 原粉比较，结构催化剂具有甲醇合成性能，但 CO_x 转化率和甲醇产

图 10-12 Cu-foam 结构基体光学照片（45 Pores Per Inch，空隙率 93.6%）(a) 和 Cu/ZnO/Al_2O_3/Cu-foam 结构催化剂光学照片（b）[50]

率较低。研究表明，浆料粉末催化剂（即浆料经过干燥 - 焙烧后所得催化剂）表现出与结构催化剂相同的甲醇合成性能，因此排除了与结构催化剂沉积步骤相关的任何不利影响，确定了浆料制备或 / 和焙烧是改变催化剂性能的原因。后续研究需要围绕提高结构催化剂的甲醇产率来展开，主要包括结构催化剂（反应器）结构优化、催化功能化方法优化、工艺条件优化等方面。

2. 甲醇制丙烯

甲醇制丙烯（MTP）是煤化工精细化的重要反应过程之一。基于 ZSM-5 分子筛的 MTP 工艺技术（Lurgi 工艺）尽管已经商业化运行，然而为了进一步提高低碳烯烃，特别是丙烯选择性和催化剂稳定性，科学家们仍在 ZSM-5 分子筛催化 MTP 过程的研究方面倾注极大的工作热情。目前，研究工作主要集中在 ZSM-5 分子筛酸种类、酸强度和酸密度的调变，分子筛晶粒大小和形貌的控制，以及多级孔结构的设计。尽管有些基础研究展现了很好的丙烯选择性提升效果，但其在固定床反应器中的实际应用仍然面临巨大的挑战，主要包括热 / 质传递限制、高压力降、无规则流动，以及黏结剂的使用对催化剂选择性和活性带来的不利影响等[51]。

从强化传质 / 传热为切入点，Ivanova 和 Louis 等[52~55]通过水热合成法将 ZSM-5 分子筛生长于 SiC-foam 表面制备了一系列结构催化剂，并用于甲醇制烃（methanol to hydrarbon，MTH）反应。无独有偶，国内 Jiao 等[56~59]也以 SiC-foam 为载体，通过不同合成方法制备了一系列 ZSM-5 结构催化剂，并将其用于 MTP 反应。与 Ivanova 和 Louis 等不同，Zhang 等的研究更加注重 ZSM-5 结构催化剂的实际应用，致力于高性能 MTP 催化剂的研制。他们将水热法合成的 ZSM-5/SiC-foam 结构催化剂与 ZSM-5 颗粒催化剂进行反应性能对比，颗粒催化剂通过石英砂稀释以保证床层厚度一致。在 500 ℃、甲醇重时空速 4.46 h^{-1}（相对于纯分子筛质量）的条件下，ZSM-5/SiC-foam 结构催化剂测试 55 h 后依然保持接近 100% 甲醇转化率（图 10-13）[59]。同样条件下，ZSM-5 颗粒催化剂只在反应初始时期达到 100% 转化率，接着便开始持续下降，反应 35 h 后甲醇转化率已降至 70%。Noyen 等研

图 10-13　SiC-foam 结构基体和 ZSM-5/SiC-foam 结构催化剂光学照片和 ZSM-5/SiC-foam 结构催化剂扫描电镜照片[59]

究了不同结构基体对 ZSM-5 结构催化剂的甲醇制烯烃（methanol to olefins）性能的影响，发现三维不锈钢线（stainless steel wire，SS-wire）凝聚形成具有扭曲通道的载体在高空速条件下对低碳烯烃选择性最为有利，因为这种载体具有更好的质量与热量传递性能[60]。此外，Truter 等[61,62]通过流体力学模拟计算证明，在 MTP 过程中结构催化剂更好的扩散性能使得反应器效率得到提高，因而比传统颗粒催化剂具有更高的甲醇转化率和丙烯选择性。

上述研究均证实 ZSM-5 的结构化对甲醇转化具有促进作用。然而，这些工作所采用的载体具有共同的缺点，即过低的面体比，这是由于载体较大的骨架尺寸造成的。鉴于此，Wang 等[63]以烧结金属纤维毡[如直径为 8 ～ 50 μm 的不锈钢纤维（SS-fiber）、60 μm 的铝纤维（Al-fiber）等]为基体，通过水热晶化等方法，一步实现了 ZSM-5 分子筛的“宏（反应器尺度）- 微（催化剂介尺度）- 纳（晶内孔）”结构化设计及制备，合成了结构催化剂 ZSM-5/SS-fiber，大幅提升了 MTP 反应过程的丙烯选择性和催化剂稳定性。结构化带来了以下优势：强化了传质，使酸性位利用效率提高了 5 倍；窄化了流体停留时间，有利于丙烯的生成；促进烯烃循环的同时明显抑制了芳烃循环，减缓了催化剂的积炭失活速率。此外，在合成 ZSM-5/SS-fiber 的基础上，添加焦糖为绿色介孔模板，一步合成了具有晶内多级孔道的 ZSM-5 分子筛壳层的 meso-HZSM-5/SS-fiber 结构催化剂[64]。二级介孔网络可以缩

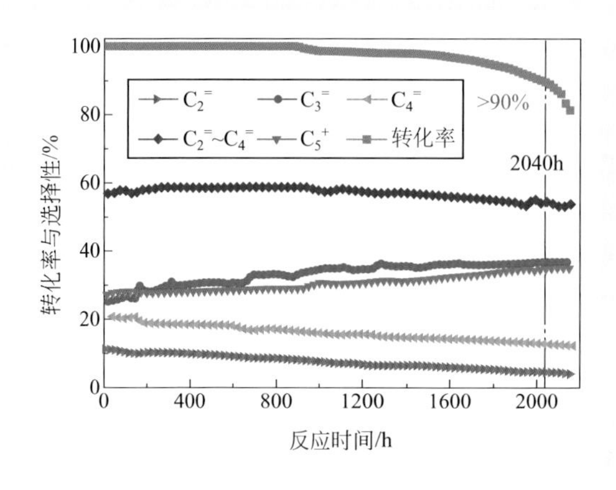

图 10-14 结构催化剂 hollow-B-ZSM-5/SS-fiber 的 MTP 反应稳定性[65]

短传质路径、抑制积炭，进而提高催化剂稳定性。在近工业条件[>90% 甲醇转化率，64% 的甲醇（质量分数）水溶液为原料，甲醇重时空速 0.65 h^{-1}] 下，100 mL 催化剂装量时单程寿命已达 25 d，初始丙烯选择性可达 40%（稳定期可达 55%），且可多次再生，具有良好的工业应用前景。Lu 等[65] 进一步研制了一种中空分子筛结构催化剂 hollow-B-ZSM-5/SS-fiber。首先，以晶种辅助气相传输晶化法制备出原位结构化的 silicalite-1@B-ZSM-5 "核 - 壳"纳米复合分子筛，进而通过碱处理溶除全硅晶核 silicalite-1 而形成分子筛内中空结构。所制备催化剂在甲醇重时空速 10 h^{-1} 的条件下 MTP 单程寿命可达 109 h，远高于焦糖模板法制备的 meso-HZSM-5/SS-fiber 结构催化剂的 31 h 单程寿命。中空结构的构筑极大地增强了 hollow-B-ZSM-5 分子筛层的扩散性能，此外骨架硼的引入有效避免了碱处理对四配位骨架铝的破坏，从而提高了催化剂稳定性 [工业条件下（450 ℃、甲醇重时空速 1 h^{-1}）可运行超过 2000 h，图 10-14]。

四、草酸二甲酯、碳酸二甲酯合成

草酸二甲酯（dimethyl oxalate, DMO）是一种重要的平台化合物，可用来生产乙二醇、乙醇、乙醇酸甲酯、碳酸二苯酯、染料、医药等。其中，煤经 DMO 制乙二醇可有效缓解我国乙二醇供需矛盾；另外，DMO 加氢制乙醇也是摆脱燃料乙醇合成对粮食的依赖的可行反应途径。尽管 CO 与亚硝酸甲酯（MN）偶联合成 DMO 过程已工业化，但商用 Pd/α-Al_2O_3 催化剂存在 Pd 含量高（质量分数为 2% ～ 3%）与热 / 质传递受限等问题。结构催化剂能显著优化床层内的流体流动行为、强化热 / 质传递和提高催化活性组分利用率，但传统湿式涂层技术涂层容易剥落，导致催化剂活性和稳定性较差。Wang 等[66] 以 ns-AlOOH/Al-fiber 结构基体为载体制备了 Pd/ns-AlOOH/Al-fiber（Pd 质量分数为 0.25%）结构催化剂 [图 10-15（a）]，对 CO 与 MN 偶联合成 DMO 具有优异的催化活性和选择性：在 150 ℃、MN ∶ CO ∶ N_2 摩尔比 1 ∶ 1.4 ∶ 7、气时空速 3000 L/(kg • h)、0.1 MPa 下，MN 完全转化，CO 转化率可达 68%，DMO 选择性为 96%，并在 200 h 测试中未显示失活迹象 [图 10-15（b）]，且微观形貌保持不变 [图 10-15（c），（d）]。在相同条件下，$Pd/\gamma-Al_2O_3$ 颗粒催化剂的 CO 转化率仅为 55%，DMO 选择性为 92%。要指出的是，增加气时空速至 20000 L/(kg·h)，结构催化剂的 CO 转化率仍可达 60%，DMO 选择性为 95%，显示出优异的高通量催化反应性能。进一步研究发现，结构催化剂的“羟基 - 钯”协同作用促进了桥式吸附 CO 高活性物种的生成，进而提高了催化剂的 CO 偶联合成 DMO 催化性能（图 10-16）[67]。

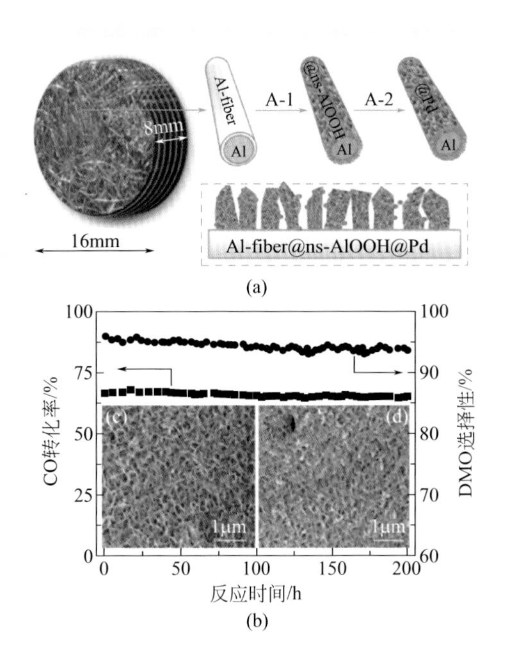

图 10-15 Pd/ns-AlOOH/Al-fiber 结构催化剂制备示意图[66]（a）及 CO 偶联合成 DMO 催化性能（b）

A-1：水蒸气氧化法制备ns-AlOOH/Al-fiber结构基体；A-2：初湿浸渍法负载Pd活性组分；插图分别为稳定性测试前和稳定性测试后扫描电镜照片

另外，碳酸二甲酯（dimethyl carbonate，DMC），是一种低毒环保、性能优异、用途广泛的“绿色”化工原料，在生产中具有使用安全、方便、污染少、容易运输等特点。合成 DMC 的方法主要分为四大类：光气法、甲醇氧化羰基化法、酯交换法及甲醇 / 二氧化碳一步合成法。光气法和甲醇氧化羰基化法不仅使用有毒的光气或一氧化碳为反应原料，且反应条件十分苛刻；虽然目前通过碳酸丙烯酯或碳酸乙烯酯与甲醇的酯交换反应合成 DMC 的研究最为广泛，且已经实现工业生产，但催化剂性能仍面临挑战，一般文献和专利报道的 DMC 产

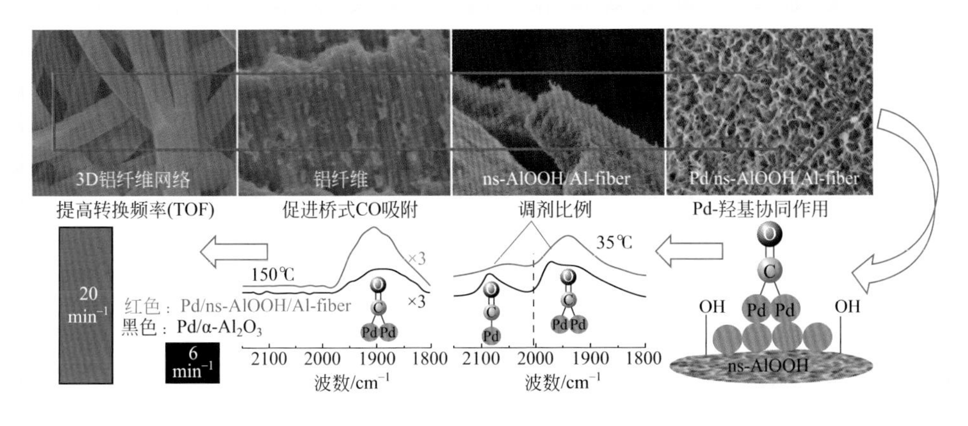

图 10-16 “羟基 – 钯”协同作用促进桥式 CO 吸附示意图[67]

率都较低。甲醇和二氧化碳一步合成 DMC 虽然方法简单，但催化剂的选择性和活性都较低，DMC 产率一般不超过 20%，反应条件苛刻（高温、高压）且反应过程难以控制。比较而言，CO 和 MN 的气相氧化羰基化合成 DMC 极具竞争力，越来越引起人们的关注。该过程中，CO 和 MN 在催化剂作用下生成 DMC 和一氧化氮，其中一氧化氮经循环在亚硝酸甲酯再生塔中与甲醇、氧气作用继续合成 MN。该过程虽然符合绿色化学理念，但高效且导热性、渗透性良好的催化剂的研制还面临挑战。路勇教授课题组以纤维结构基体 ns-AlOOH/Al-fiber 为载体制备了 Pd@C/AlOOH/Al-fiber 结构催化剂，该催化剂可高效催化 MN 与 CO 气相合成 DMC 反应[68]。当 Pd 负载量为 0.24%（质量分数）时，催化剂在 0.1 MPa、220 ℃、气时空速 25000 L/(g • h)、CO ：MN ：N_2 摩尔比 0.7 ：1.0 ：8.3 条件下，MN 和 CO 转化率分别可达 99.9% 和 70.6%，基于 MN 及 CO 的 DMC 的选择性分别为 39.1% 和 39.6%，同时联产约 40% 的甲酸甲酯（methyl formate，MF）和约 15% DMO，且稳定运行超过 300 h 无失活迹象。

第四节 烃和含氧烃重整制合成气

一、甲烷重整

1. 甲烷干重整

甲烷干重整（DRM）可以同时实现天然气的化工利用和二氧化碳的循环转化，并且作为热泵在化学储能系统中具有独特优势。但是，该反应的强吸热特性（247 kJ/mol）容易在传统颗粒催化剂床层内产生局部冷点（比设定温度低大约 200 ℃）。更为重要的是，低温不仅导致甲烷和二氧化碳转化率降低，而且容易生成积炭，这是 DRM 过程工业化受阻的重要原因之一。Chen 等[69] 采用造纸 - 烧结法制备了铜纤维包结 Ni/Al_2O_3 细颗粒结构催化剂并用于 DRM 反应。与具有相当 Ni 含量的 Ni/Al_2O_3 颗粒催化剂相比，纤维结构催化剂的积炭速率明显降低。在对纤维结构催化剂的 1000 h 稳定性测试中，甲烷及二氧化碳转化率始终在 85% 与 92% 左右，积炭速率仅为 1.05 mg/[g(cat) • h]。根据实际的反应设备和测试条件，建立了纤维床与颗粒床的物理数学模型，并对床层内流场分布及反应条件下的温度和产物分布进行了数值模拟（图 10-17）。结果表明，纤维床的高导热性强化了床层内的热传递，使温度分布更为均匀。在恒定加热炉温度的条件下，提高了床层平均温度和反应转化率，并从热力学上抑制了积炭的产生。

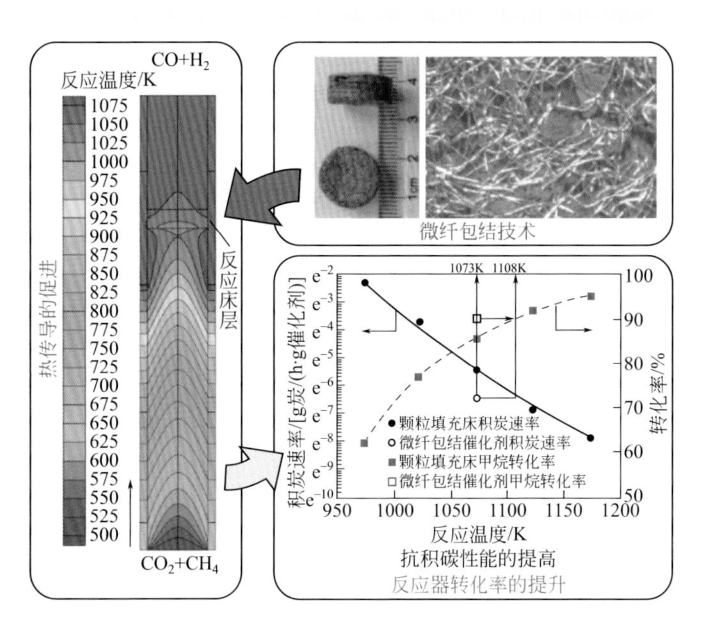

图 10-17 铜纤维包结 Ni/Al_2O_3 细颗粒结构催化剂对甲烷干重整的传热强化作用[69]

Liu 等[70] 以 SiC-foam 为载体，通过浸渍法制备了不同 Ni 含量的结构催化剂。其中，Ni 质量分数为 7% 的催化剂可在 800 ℃、气时空速 6000 mL/(g・h)、CH_4/CO_2 摩尔比为 1 的条件下，持续反应 100 h 且活性无明显下降。Sang[71] 等制备了以 316 不锈钢泡沫（stainless steel foam，SS-foam）为载体的 Ru 与 Ni 基催化剂。其中，通过先涂覆后浸渍制备的 Ru/Al_2O_3/SS-foam 结构催化剂表现出更高的催化活性及稳定性：在 800 ℃、气时空速 60000 mL/(g・h)、CH_4/CO_2 摩尔比为 1 的条件下，催化剂稳定运行 100 h。SS-foam 具有极低的甲烷干重整催化性能，Al_2O_3 涂层对 Ru 的分散起到至关重要的作用。Park 等[72] 以 Ni-foam 为载体，涂覆 Al_2O_3 涂层后浸渍 Ni 前驱体，经焙烧后得到 Ni/Al_2O_3/Ni-foam 结构催化剂，并用于 CH_4-H_2O-CO_2 重整制合成气反应。在 800 ℃、130000 h^{-1}、CH_4/CO_2 摩尔比为 1 的条件下，催化剂可稳定运行 25 h，之后 CH_4 及 CO_2 转化率缓慢下降，运行 50 h 后转化率下降约 10%，主要归因于积炭的产生。另外，由于 Ni-foam 与 Al_2O_3 涂层的膨胀系数的差异，在长时间稳定性测试中，催化壳层有所剥落，也是导致催化剂性能下降的原因之一。

为了解决催化壳层剥落等问题，人们开展了“非涂层”技术对结构基体进行原位催化功能化的尝试。Du 等[73] 以金属铝网（Al-gauze）为载体，经水热和热处理制得 Ni-Mg-Al 水滑石衍生的 Ni-MgO-Al_2O_3 复合氧化物结构催化剂。与传统颗粒催化剂 Ni-MgO/Al_2O_3 相比，结构催化剂积炭量明显减少；另外，水滑石衍生的 Ni-MgO-Al_2O_3 复合氧化物可实现各组分的均匀分布，并具有适度的相互作用，使得 Ni 颗粒具有较好的抗烧结性能。在保持催化剂良好传质 / 传热性能的基础上，为了进一步提高 Ni 颗粒的抗烧结和抗积炭性能，Chai 等[74]设计制备了纤维毡 FeCrAl-fiber 结构化 Ni@SiO_2 类核 - 壳纳米催化剂：以原位生长 AlOOH 的 FeCrAl-fiber 为载体，借助氨丙基三乙氧基硅烷（APTES）的双向桥联作用，实现了 Ni^{2+}、APTES 和 AlOOH 的一步自组装，通过焙烧、还原获得结构催化剂 Ni@SiO_2/Al_2O_3/FeCrAl-fiber（图 10-18）。SiO_2 壳层限阈效应以及 Ni-SiO_2 强相互作用显著提升了催化剂抗烧结和抗积炭性能：在 800 ℃、5 L/(g•h)、CH_4：CO_2 摩尔比为 1.0：1.1 的条件下，CH_4 和 CO_2 转化率分别可达 90.8% 和 89.9%，且稳定运行 500 h 无失活迹象；特别是，催化剂几乎无积炭产生。

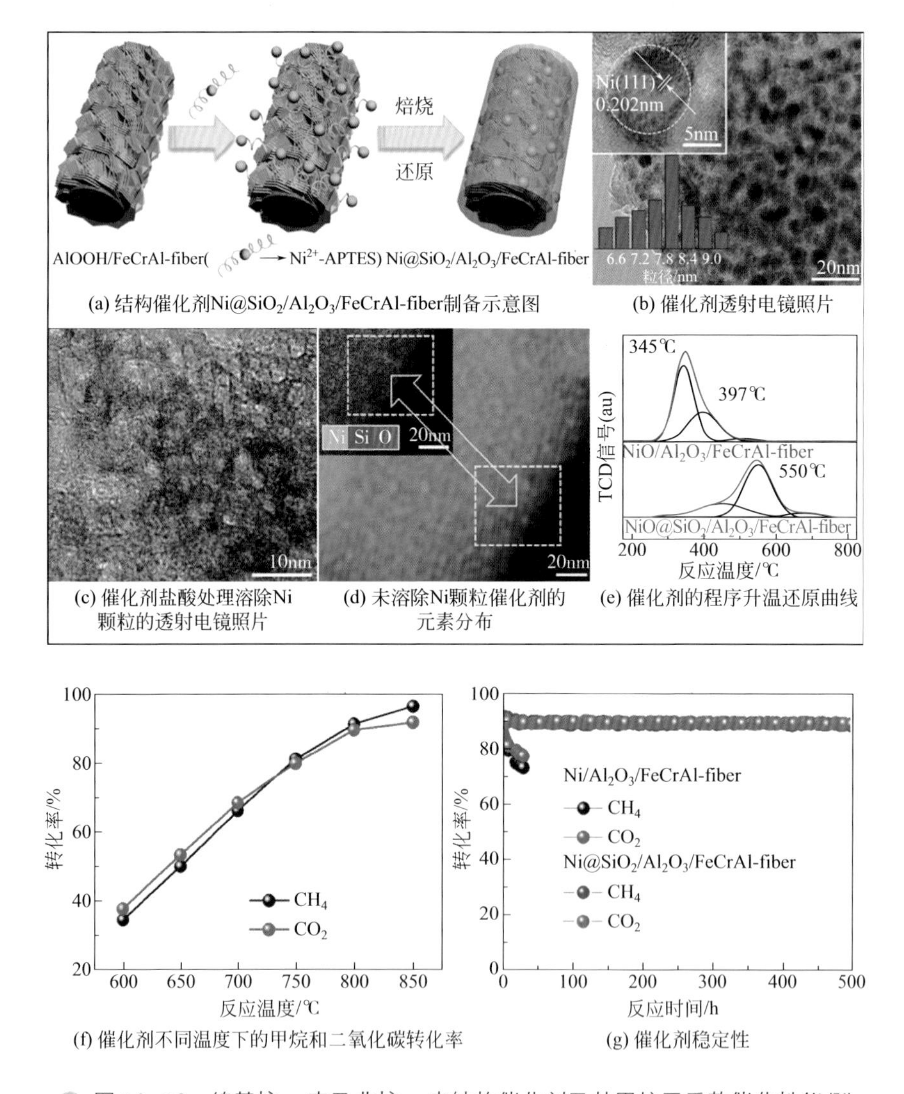

图 10-18　镍基核 - 壳及非核 - 壳结构催化剂及其甲烷干重整催化性能[74]

2. 甲烷部分氧化（partial oxidation of methane，POM）

与甲烷蒸气重整相比，POM 反应接触时间短（1 ～ 40 ms），所需反应器体积小、能耗低、设备投资和生产成本低，因而备受关注，但高通量、低压降结构催化剂的研制是难点。Shamsi 等[75]以 FeCrAl-foam 为载体，采用两种方法制备了 Ni-MgO/FeCrAl-foam 催化剂（第一种方法为将氧化后的 FeCrAl-foam 直接浸渍于含有镍镁硝酸盐前驱体的柠檬酸 / 乙二醇溶液中；第二种方法为氧化后的 FeCrAl-foam 涂覆拟薄水铝石，再涂覆 Ni-MgO 催化壳层）。所制催化剂在一定空速下，CH_4 转化率及 H_2/CO 选择性可达到设定反应温度下的热力学平衡值。第一种方法所制催化剂的积炭速率为 0.24 mg(car)/(g • h)，第二种方法所制催化剂的积炭速率为 7.0 mg(car)/(g•h)。与 Ni-MgO 非结构催化剂相比，结构催化剂的积炭速率更低。另外，载体中暴露的 Cr 与 Ni-MgO 催化剂的作用在一定程度上抑制了积炭的产生。

Chai 等[76]基于 Ni-foam 自身的化学活泼性，利用化学刻蚀法制备了以 Ni-foam 为载体的结构催化剂 NiO-MO_x/Ni-foam（M = Al、Zr 或 Y）。其中，NiO-Al_2O_3/Ni-foam 催化剂在 700 ℃、气时空速 100 L/(g • h)、CH_4 ∶ O_2 摩尔比 2 ∶ 1 的条件下，具有优异的 CH_4 转化率与合成气选择性。然而，在 85 h 的稳定性测试中，CH_4 转化率及 H_2/CO 选择性不断下降，归因于积炭的产生。因此，他们进一步利用水热法在 Ni-foam 表面原位生长了 NiMgAl- 水滑石（NiMgAl-LDHs）[77]，经热处理后制得 NiO-MgO-Al_2O_3/Ni-foam 结构催化剂。基于 LDHs 的晶格定位效应与拓扑转变，所得催化剂中各组分高度分散，Ni 物种与 MgO-Al_2O_3 相互作用强，且催化剂呈现出一定的碱性，在 POM 反应中表现出优异的抗烧结与抗积炭性能。在

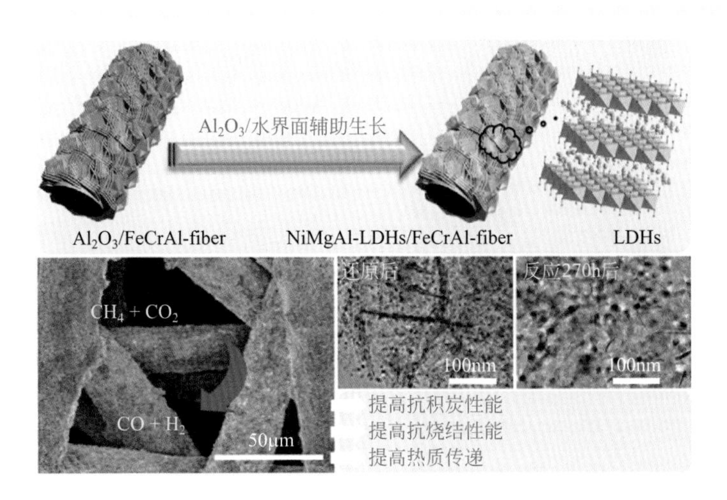

图 10-19　结构催化剂 NiO-MgO-Al_2O_3/FeCrAl-fiber 制备示意图及其扫描电镜和透射电镜照片[78]

700 ℃、100 L/(g·h)、CH_4 ∶ O_2 摩尔比 1.8 ∶ 1 的条件下，CH_4 转化率、H_2 及 CO 选择性分别可达 86.5%、91.8% 及 88.0%，持续运行 200 h 性能略有下降。需要指出的是，Ni-foam 在长时间高温运行过程中容易被氧气氧化而粉化，为了提高催化剂抗氧化性能，他们又以 FeCrAl-fiber 纤维毡为载体[78]，首先锚附 Al_2O_3 壳层，然后借助 Al_2O_3/水界面辅助策略，制得 NiMgAl-LDHs/FeCrAl-fiber 催化剂前体，焙烧后得到 NiO-MgO-Al_2O_3/FeCrAl-fiber 结构催化剂（图 10-19）。FeCrAl-fiber 良好的传质/传热性能，结合 LDHs 衍生复合氧化物各组分高度分散性、Ni 物种与 MgO-Al_2O_3 的强相互作用，及其呈现出的碱性，使催化剂在反应中表现出优异的抗烧结与抗积炭性能：在 700 ℃、72 L/(g·h)、CH_4 ∶ O_2 摩尔比为 1.8 ∶ 1 的条件下，CH_4 转化率、H_2 及 CO 选择性分别可达 90.3%、92.5% 及 92.0%，持续运行 300 h 后性能才略有下降，CH_4 转化率、H_2 及 CO 选择性降至 87.0%、91.3% 及 89.7%。

二、醇类重整制氢

1. 甲醇水蒸气重整制氢（methanol steam reforming，MSR）

甲醇水蒸气重整是一个理想的小型燃料电池氢源反应过程，可在较低温度下反应“释出”H_2 且其纯化步骤少，但小型制氢系统的开发必须兼顾催化剂和反应器的一体化设计。早在 20 世纪 70 年代，Johnson-Matthey 就已采用甲醇水蒸气重整的方法制氢。Papavasiliou 等[79]制备了泡沫铝（Al-foam）结构化铜锰尖晶石催化剂 $Cu_{0.30}Mn_{0.70}$/Al-foam（图 10-20），在 320 ℃、H_2O/甲醇摩尔比 1.5、甲醇占比 32%、O_2 占比 3.2% 的条件下进行了 2 d 的稳定性测试，甲醇转化率始终保持在 99% ～ 100%、CO 选择性保持在 6% ～ 7%。Zhou 等[80]以泡沫镍（Ni-foam）与泡沫铜（Cu-foam，100 PPI）为载体，经浸渍法制备了以 Cu/Zn/Al/Zr 为催化活性组分的结构催化剂，并用于甲醇水蒸气重整制氢，其中 Cu-foam 结构催化剂表现出优异的催化活性与稳定性。Catillon 等[81]首先将 Cu-foam 载体进行预处理，以增加其表面粗糙度；再经涂覆法引入氧化铝层；最后，通过铜、锌前驱体与尿素的沉淀反应引入催化活性组分。所制结构催化剂用于甲醇水蒸气重整反应，获得了 74% 的甲醇转化率

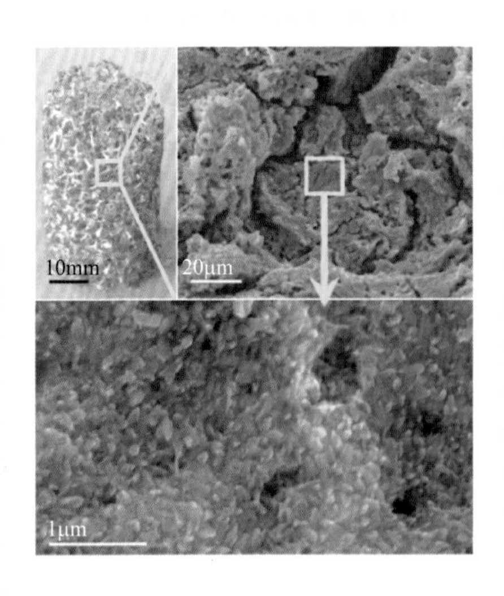

图 10-20　结构催化剂 $Cu_{0.30}Mn_{0.70}$/Al-foam 的光学及扫描电镜照片[79]

和 1.9 L/(g・h) 的氢气产率。Echave 等[82]对铝、FeCrAl 及黄铜泡沫进行预处理以提高其与催化剂壳层的黏附力，再将 Pd/ZnO 催化活性组分沉积于整装结构载体表面，制得泡沫结构催化剂。铝及 FeCrAl 泡沫经预处理后骨架表面形成氧化铝，促进了甲醇脱水到二甲醚反应的发生。而黄铜泡沫载体经预处理后，表面形成的 Cu/ZnO 进一步提高了所制结构催化剂的催化性能。以黄铜泡沫为载体的结构催化剂表现出最佳的催化壳层黏附力及催化稳定性。Zhou 等[83]以烧结铜纤维（Cu-fiber）为载体，通过浸渍法制备了以 Cu/Zn/Al/Zr 为催化活性壳层的结构催化剂，考察了纤维空隙率及制备参数对结构催化剂反应性能的影响，发现以空隙率为 80%、在 800 ℃还原气氛中烧结而成的纤维载体制得的结构催化剂，具有最高的甲醇转化率及反应稳定性。赵安琪[84]以 meso-Al_2O_3/Al-fiber 为结构基体，采用浸渍法制备了结构催化剂 Pd-ZnO/meso-Al_2O_3/Al-fiber，经 300 ℃焙烧、450 ℃还原制得的催化剂具有较高的低温甲醇水蒸气重整催化活性及选择性。在 300 ℃、甲醇重时空速为 2.7 h^{-1} 的条件下，甲醇转化率为 97%；300 h 稳定性测试中，甲醇转化率一直保持在 95% 以上，CO_2 选择性在 97% 左右，出口处 CO 浓度低于 0.8%。Pan 等[85]考察了定向烧结纤维载体的空隙率、烧结纤维长度及流形（manifold shape）对以其为载体制得的结构催化剂的甲醇水蒸气重整制氢性能的影响。结果表明，具有中等空隙率、烧结纤维较长的纤维载体可有效提高催化剂性能。另外，与具有斜三角形流形的纤维结构催化剂相比，具有对称三角形流形的纤维结构催化剂表现出更好的反应性能。但是，在反应温度较低、重时空速较小的情况下，纤维结构参数以及流形对催化反应性能的影响较小。与烧结纤维空隙率、流形相比，烧结纤维的长度对催化剂反应性能的影响更大。

2. 其它醇类重整制氢

Koga 等[86]利用造纸技术制备了具有三维网络结构的整装陶瓷纤维（平均孔尺寸为 20 μm，空隙率为 50%，图 10-21），以此为载体负载 Cu/ZnO 制得结构催化剂并用于甲醇自热重整（methanol autothermal reforming，MAR）制氢。与传统颗

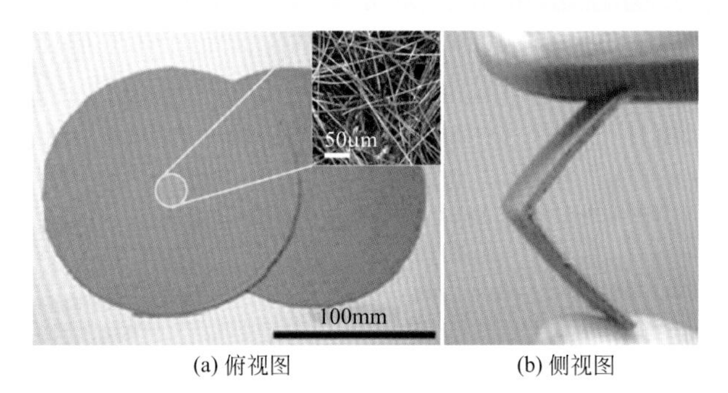

(a) 俯视图　　(b) 侧视图

图 10-21　陶瓷纤维光学照片[87]

插图：扫描电镜照片

粒催化剂相比，该结构催化剂具有更高的甲醇转化率及低的 CO 出口浓度。Salge 等[87]制备了以 Al_2O_3-foam 为载体的铑基结构催化剂，用于乙醇催化部分氧化反应，考察了水的引入对结构催化剂 Rh-Ce/Al_2O_3-foam 催化性能的影响。不引入水时，乙醇转化率高于 95%，H_2 选择性高于 80%。引入水并在一定条件下实现自热操作后，H_2 选择性明显提高。另外，引入水后，随着重时空速及水蒸气重整活性的提高，CO 选择性降低到 50% 以下，且在 H_2 产率最高时，其它副产物（大多数为 CH_4）选择性低于 3%。Palma 等[88]制备了以 SiC-foam 为载体的双金属结构催化剂，并将其用于乙醇水蒸气重整。鉴于 SiC-foam 的高导热性，所制催化剂传热性提高、催化性能良好：在 450 ℃、气时空速 100000 h^{-1} 的条件下，结构催化剂 Pt-Ni/CeO_2-ZrO_2/SiC-foam 持续运行 5 h，催化性能无明显变化。

三、其它重整

Silberova 等[89]通过浸渍法制备了以 Al_2O_3-foam 为载体的 Rh 基结构催化剂 Rh/Al_2O_3-foam，并将其用于丙烷部分氧化及丙烷氧化 - 水蒸气重整过程。改变反应气流速以研究停留时间对产物分布的影响，结果表明停留时间对氢气产量的影响较低，却可以显著影响其它产物的选择性。停留时间较短时，烃类副产物增多；停留时间较长时，完全氧化产物增多。Gao[90]等制备了以陶瓷泡沫为载体的 Ni 基结构催化剂，并将其用于生物质焦油催化重整制氢。NiO 可以在水蒸气重整的还原气氛下被原位还原为活性 Ni 物种，在 700 ℃、水蒸气与碳摩尔比为 1 的条件下，氢气收率达到最大值 105.28 g/kg。Colby 等[91]制备了以 α-Al_2O_3-foam 为载体的 Rh 基结构催化剂，并将其用于苯水蒸气重整反应。引入 Ce 助剂后，催化剂的催化性能提高，归因于 Rh 分散度的提高。反应原料中苯的浓度对催化剂的性能影响较小，CO_2 及 CO 浓度分别对催化剂性能产生积极及消极影响，H_2 浓度则对催化剂性能无明显影响。Adhikari 等[92]制备了一系列以陶瓷泡沫为载体的结构催化剂，并将其用于甘油重整制氢反应。其中，Ni/Al_2O_3-foam 及 Rh/CeO_2/Al_2O_3-foam 结构催化剂具有较优的甘油转化率及 H_2 选择性。在 900 ℃、气时空速为 15300 h^{-1}、H_2O/ 甘油摩尔比为 9 的条件下，Ni/Al_2O_3-foam 结构催化剂的 H_2 选择性可达 80%，而 Rh/CeO_2/Al_2O_3-foam 的 H_2 选择性为 71%。

第五节 其它应用

一、臭氧（O_3）分解

臭氧能够吸收紫外线辐射，存在于高空的臭氧对我们是有益的。但在地面附近，由于臭氧是一种强氧化剂，对动物和植物都是有毒的，还可以引起呼吸道疾病，并促进光化学污染，应避免将其排放到空气中，因此臭氧分解十分重要。在工作环境中，允许的最大臭氧浓度和允许暴露的规定极限浓度是 0.1 μL/L。例如，飞机机舱、潜艇、办公室、商店、空间站等环境中的臭氧都应该消除。在杀菌、消除异味以及污水处理过程的尾气中，臭氧含量也需要降到很低的水平。一般情况下，臭氧分解是在环境温度、有水蒸气存在和高通量条件下进行的。因此，采用结构催化剂以降低高空速下的压力降则十分必要。

Hoke 等 [93] 将 Pd 和 Pt 涂覆于具有高比表面积的机动车水箱的波纹状表面，利用水箱表面的余热（45 ～ 105 ℃）来加速分解机动车行驶过程中产生的臭氧。得益于催化剂良好的传质 / 传热性能，使得在常压及发动机高速运转条件下臭氧催化分解效果极佳。Heisig 等 [94] 将过渡金属 Mn、Fe、Co、Ni 中任意两种的硝酸盐共浸渍于活性炭载体上，后续将上述活性组分的浆液沉积在活性炭泡沫（activated carbon foam，AC-foam）制备了一系列以活性炭泡沫为基底的 Fe_2O_3-MnO_2/AC-foam、Co_3O_4-Fe_2O_3/AC-foam、Co_3O_4-MnO_2/AC-foam、MnO_2-NiO/AC-foam、Fe_2O_3-NiO/AC-foam、Co_3O_4-NiO/AC-foam 结构催化剂。其中，Fe_2O_3-MnO_2/AC 结构催化剂具有最佳的催化臭氧分解活性，在 40 ℃、臭氧浓度 2 μL/L、相对湿度 40%、线速度 0.7 m/s、气时空速 20000 h^{-1} 的条件下，反应 10 h 后的臭氧转化率仍可保持在

(a) 铜网结构催化剂扫描电镜照片①

(b) 铜网结构催化剂扫描电镜照片②

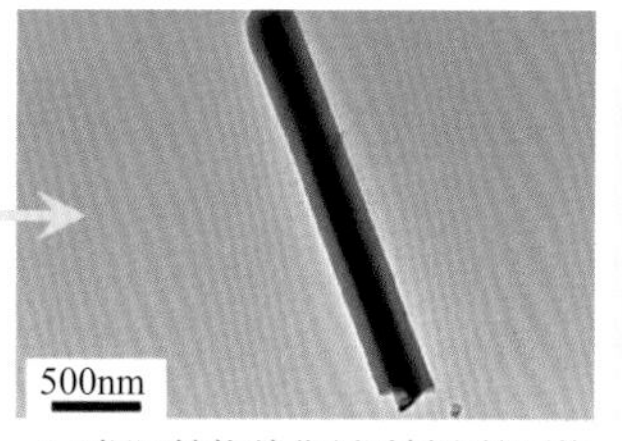

(c) 铜网结构催化剂透射电镜照片

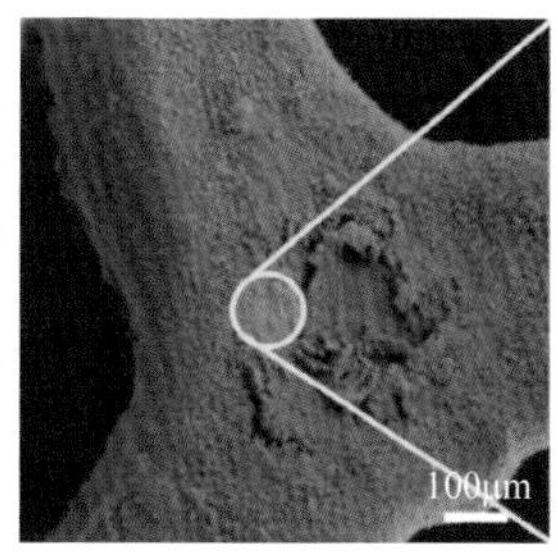

(d) 铜泡沫结构催化剂扫描电镜照片①

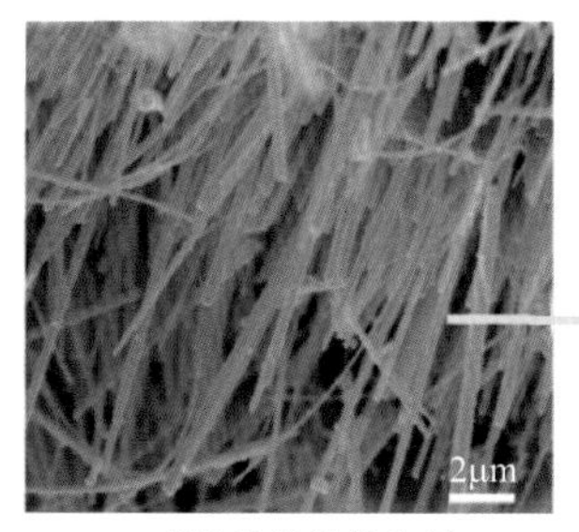

(e) 铜泡沫结构催化剂扫描电镜照片②

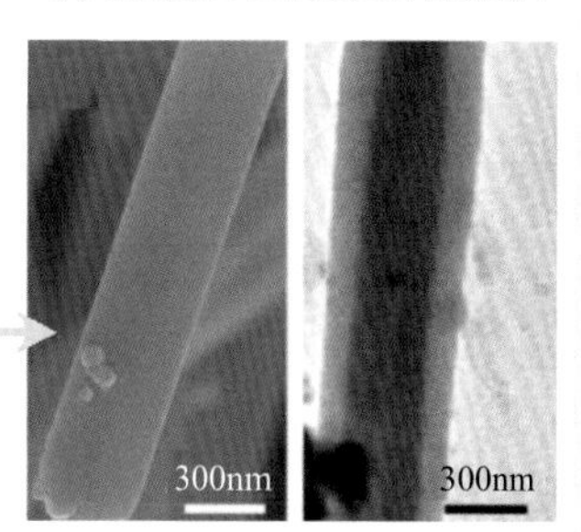

(f) 铜泡沫结构催化剂透射电镜照片

图 10-22 铜网结构催化剂和铜泡沫结构催化剂的扫描电镜照片和透射电镜照片 [95]

80% 以上。Huang 等[95] 以铜网或铜泡沫为载体制备了 Co-Mn 结构催化剂（图 10-22），并用于臭氧分解。在 25 ℃、臭氧浓度 100 μL/L、流速 500 mL/min、气时空速 15000 h^{-1} 的条件下，反应 25 h 后的臭氧转化率仍可保持在 95%。陶龙刚等[96] 以铝纤维（Al-fiber）为载体，经水热氧化在其表面原位生长 Al_2O_3 纳米阵列，从而大大提高其比表面积，然后通过浸渍法在表面引入 Pd、Co、Mn 催化活性组分。所得结构催化剂在高通量条件下可实现低压力降操作（源于 3D 开放网络结构），并且在高臭氧浓度、高湿度反应条件下，结构催化剂表现出优异的催化活性以及抗水汽性能。在 25 ℃、气时空速 48000 mL/(g • h)、线速度 10.5 cm/s、O_3 浓度 1500 μL/L、相对湿度 90% 的条件下，反应 6 h 后的臭氧转化率仍然保持在 96%。

二、移动制氢与纯化

小型制氢系统的研制是 H_2-O_2 质子交换膜燃料电池（proton exchange membrane fuel cell，PEMFC）应用研究领域的重要课题之一。制氢系统要求高度集成，瞬态可操作，小型化，高效和产生的氢燃料杂质含量低。采用结构催化填料技术来强化制氢及其后续纯化过程，是发展小型制氢系统的有效途径之一。

1. NH_3分解制氢

氨分解制氢与 PEMFC 是一种值得探索的组合，制氢工业作为一种遍布全球的基础产业，制造技术成熟、产品成本低，将氨气分解成氢气和氮气也比较容易，重要的是分解后的含氢混合气只需经简单过滤残留氨气就可直接供给燃料电池使用，流程简单，结构紧凑，所以氨分解用于小型移动制氢系统的研究受到人们的极大关注，关键技术是研制低温高活性氨分解催化剂和新型微反应器。Christian[97] 等制备了由 0.75 μm、2.2 μm 和 7.5 μm 左右的微米级孔道相互连通的整装多孔碳化硅载体材料，其 0.7 μm 左右孔道的微结构如图 10-23（a）所示，耐温达 1200 ℃，具有超高的面积体积比 74 m^2/cm^3 和大的空隙率 74%。载体材料上等体积浸渍一定量的

图 10-23　多孔碳化硅结构基体扫描电镜照片（a）和微反应器光学照片（b）[97]

$RuCl_3$、水和丙酮的混合溶液，60 ℃干燥 48 h 除去丙酮后，空气中 580 ℃焙烧 5 h，氨分解反应前在氢气中 550 ℃还原 6 h，制得氨分解制氢多孔碳化硅结构催化剂。将此催化剂放置于微反应器［图 10-23（b）］中用于氨分解制氢反应，在气流量 36 mL/min 和 700 ℃的条件下，氨转化率高于 99.9%，氢气产率可达 98000 mL[mL(cat) • min]。

Wang 等[98]研制了体积分数分别约 3% 的 8 μm Ni 纤维和 35% 的 Ni-CeO_2/Al_2O_3（100 ～ 200 μm）的结构催化剂，其空隙率达 62%，比表面积为 69 m^2/g，相当于面积体积比 45 m^2/cm^3。将之用于氨分解制氢，与大颗粒（2 mm）Ni-CeO_2/Al_2O_3 相比，在 90% 转化率的条件下，反应温度低 100 ℃，床层体积和重量分别降低至 1/5 和 1/6。在 0.5 mL 床层体积和 145 mL/min 的 NH_3 流速条件下，烧结 8 μm Ni 纤维包结 Ni-CeO_2/Al_2O_3 细粒子结构催化剂，NH_3 转化率在 600 ℃和 650 ℃分别可达 99% 和 99.999%，但在 2 mm 的 Ni-CeO_2/Al_2O_3 颗粒催化剂上 NH_3 转化率分别仅有 35% 和 67%。在此基础上，设计了内置电加热源的管式微反应器。该反应器总体积 50 cm^3、总重 195 g。在 600 ℃、氨气进料流速 1100 mL/min 的条件下，在 300 h 的测试过程中，NH_3 转化率一直在 99.9% 以上，产氢速率为 1650 mL/min，相当于 158 W 的 PEMFC 的等值功率。该反应器的功率密度可达 3160 kW/L，基于 3 kg 负载、14 d 工作任务和 85 W 电加热功率消耗，估算的能量密度可达 2150 W • h/kg；300 h 内，采用酸化碳纤维布吸附剂，可将尾气中残留 NH_3 含量从 0.05% 降至 0.0001% 以下，可满足 PEMFC 的要求。要强调的是，该氨分解反应器在反应条件下的床层压力降仅为相应颗粒填充床的约 1/5，而且烧结纤维网络结构在长时间测试后仍保持如初。

除了用于 NH_3 分解制氢，结构催化剂还可以用于 NH_3BH_3 分解制氢。Li 等[99]在铝箔（Al-foil）载体上实现了 CuCoAl- 水滑石的原位生长，经焙烧后制得 Cu-Co/Al-foil 结构催化剂，该催化剂具有较好的 NH_3BH_3 分解制氢催化性能。与文献报道的大多数贵金属催化剂（Ru 和 Pt 等）相比，该催化剂在常压下不到 4 min 即可使得 NH_3BH_3 完全分解。Cu 和 Co_3O_4 物种的高度分散及其相互作用是该催化剂优异性能的本质所在。

2. 水电解制氢

水电解制氢是一种可持续的制氢方式。贵金属仍然是电解水过程中析氧和析氢这两个半反应的最佳催化剂，但是其昂贵的价格大大限制了其进一步工业化应用。目前已有一些非贵金属催化剂的报道，但其（例如 MoS_2）催化效率往往受到低电导率的极大限制[100]。最近，有报道通过原位生长技术制备了 Ni_3S_2/Ni-foam 结构电催化剂（图 9-12）[101]，即将 Ni-foam 浸入含有硫脲溶液中，150 ℃水热 5 h，所得物用乙醇洗涤数次，并在室温下真空干燥，最终得到 Ni_3S_2/Ni-foam 电催化剂。Ni_3S_2/Ni-foam 作为无黏合剂的双功能电催化剂，具有高的析氧和析氢活性，可达 100% 的法拉第收率，并呈现良好的稳定性（>200 h）。实验和理论计算表明，

Ni_3S_2/Ni-foam 的优异性能主要源于其纳米片阵列和暴露的高指数晶面产生的协同效应。

三、空气净化

1. 催化脱硝

氮氧化物（NO_x）是引发酸雨、臭氧空洞和光化学烟雾等诸多环境问题的主要污染物之一。氨气选择性催化还原法（selective catalytic reduction，SCR）是脱除 NO_x（DeNO_x）的有效途径，所用催化剂主要以钒氧化物为活性组分，但是该组分存在催化温度窗口过窄，低温催化活性较低和钒物种具有生物毒性等问题。近年的研究表明，对催化剂进行整装结构化设计与组分调控，能够有效提升催化剂的催化性能[102]。Zhang 等[103]设计合成了一种具有三维多级孔结构的 DeNO_x 结构催化剂 NiO-MnO_x/Ni-foam（图 10-24）：在 245 ～ 360 ℃下，该催化剂在 16 h 内可实现大于 80% 的 NO 转化率，具有良好的 NO 脱除能力、催化稳定性以及抗水汽中毒能力。良好的催化性能源于催化剂表面独特的三维多级孔结构所提供的丰富活性氧物种、表面还原能力与活性组分间的协同效应。NiO-MnO_x 氧化物在 Ni-foam 表面的原位生长能够为其提供良好的结合力，使其在长时间催化反应中的催化活性保持稳定。此外，开放的三维大空隙网络结构则满足了该过程对高通量下低压力降的要求。

2. CO 脱除

Seo 等[104]采用电沉积法在碳纤维（carbon fiber）表面沉积一层厚度为 700 ～ 800 nm 的 Ni 层，然后在不同温度下焙烧制备得到了 Ni/Carbon-fiber 结构催化剂，并用于 CO 氧化反应。其中，在 600 ℃下焙烧所得的催化剂，由于具有多孔镍结构，更有利于 CO 在表面的吸附，与 900 ℃下焙烧所得催化剂相比，具有更高的 CO 催化氧化活性。Mo 等[105]采用水热法在 Ni-foam 基体上生长 Co_3O_4 纳米阵列，

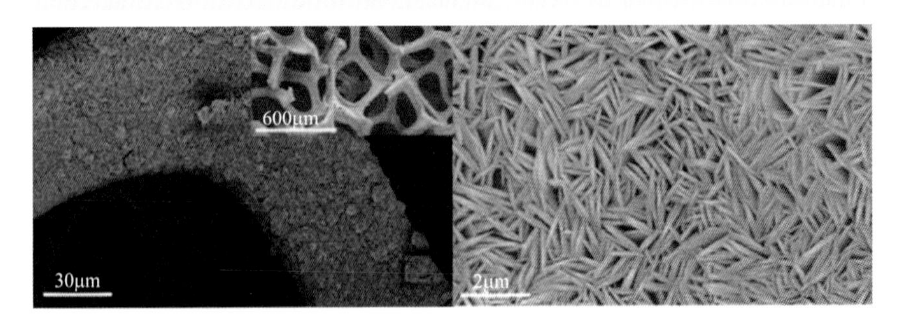

图 10-24　水热合成的 NiO-MnO_x/Ni-foam 结构催化剂的宏 - 微 - 纳结构扫描电镜照片[103]

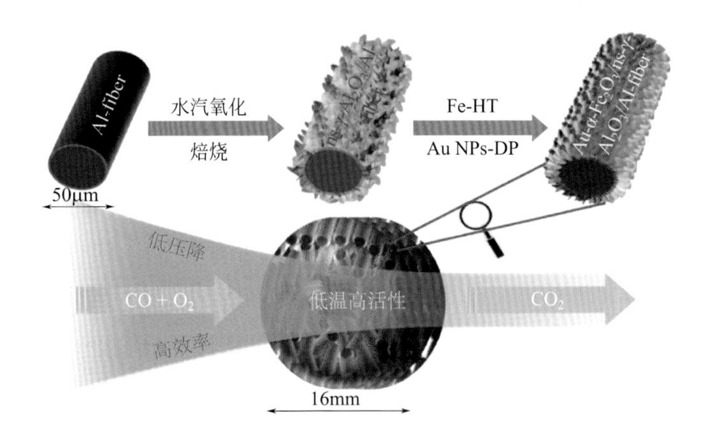

图 10-25　结构催化剂 Au-Fe_2O_3/Al_2O_3/Al-fiber 制备示意图[106]

制得了 Co_3O_4/Ni-foam 结构催化剂，该催化剂具有高效的 CO 催化氧化活性。在 150 ℃、CO 体积分数 1%、气时空速 10000 h^{-1} 的条件下，CO 转化率可达 100%，且稳定性较好。Tao 等[106]使用铝纤维（Al-fiber）毡为载体，经水热氧化在其表面原位生长 Al_2O_3 纳米片阵列，然后在含尿素、$Fe(NO_3)_3$ 的溶液中继续进行水热处理，然后进行焙烧可制得表面具有含 Fe_2O_3 纳米片阵列结构的 Fe_2O_3/Al_2O_3/Al-fiber 第二载体，最后经沉积沉淀法负载 Au 纳米颗粒，制得了结构催化剂 Au-Fe_2O_3/Al_2O_3/Al-fiber（图 10-25）。在 CO 体积分数 2%、水汽体积分数 0.3%、线速度 0.7 cm/s、气时空速 25200 mL/[g(cat)·h] 的条件下，该催化剂上 0 ℃的 CO 转化率可达 40%，25 ℃下 CO 可完全转化，且在 232 h 的测试中稳定性良好。

3. 甲醛分解

李永峰等[107]在活性碳纤维毡（activated carbon fiber，AC-fiber）上采用等量饱和浸渍法均匀沉积铂和钯的前驱体，然后用硼氢化钠还原，制得贵金属质量分数为 0.5% ～ 3.0% 的结构催化剂。在甲醛初始浓度 1 ～ 5 mg/m^3、气时空速 180000 mL/[g(cat)·h] 的条件下，该催化剂的甲醛室温净化率可达 89% 以上，是一种性能优良的室温净化处理低浓度甲醛的结构催化剂，适用于工业和居室内部甲醛有害气体的深度净化处理。杨俊涛[108]以 FeCrAl 丝网（FeCrAl-gauze）为载体，以 Pt 为催化活性组分，利用化学镀法制备了一系列结构催化剂 Pt/FeCrAl-gauze。结构催化剂的性能对焙烧温度（200 ～ 500 ℃）比较敏感，其中 300 ℃焙烧的结构催化剂具有相对较高的催化活性；焙烧温度较低时，Pt- 载体相互作用较弱，催化活性较低；焙烧温度太高，Pt 颗粒烧结，催化活性降低。他们模拟了车间甲醛挥发以及甲醛脱除实验，当甲醛初始浓度为 10 mg/m^3 时，即使 Pt 质量分数低至 0.1%，结构催化剂对甲醛仍有很好的催化燃烧脱除效果。增加 Pt 质量分数到 0.3% 时催化活性最高，甲醛降解率达到95.6%，催化剂稳定性良好（64 h测试中未失活）。继续提高Pt含量，催化活性组分出现团聚，催化性能反而有所降低[108]。

四、超级电容器

高性能电容器电极材料是电化学储能研究的前沿课题，其研制既要强调在“介观-纳米”范围内对材料的织构和晶相结构进行调控合成，以获取高的储电能力，还要兼顾器件化对材料进行“宏观-微观-纳米”跨尺度制备的迫切需求[109]。

1. 整装柔性尖晶石氧化物超级电容器电极材料

在炭布、金属片、纸张和塑料基底上构建的超级电容器可广泛用作便携式和可穿戴式储能元件[110]。为了提高其电容量，同时减少其尺寸，人们陆续研制了纤维和电缆式超级电容器。最近，Wang等[111]设计制备了基于$NiCo_2O_4$纳米同轴纤维的超级电容器，该电容器在0.08 mA时，体积电容高达10.3 F/cm^3。类似的$CuCo_2O_4$[112]和$ZnCo_2O_4$[113]超级电容器在30 mV/s时，电容分别高达1.09 F/g和10.9 F/g。尽管超级电容器不断取得突破，但是仍然需要改善其性能以便适合实际应用。例如，大多数超级电容器都基于金属丝集电器，然而其表面光滑、表面积小、孔隙率低，致使集电器基底与活性材料之间产生大的接触电阻。因此，为了提高电荷传输效率，应降低内部电阻，并增加活性表面积及其可接近性，以便于电解质离子的快速进出。最近，Ramadoss等[114]将$NiCo_2O_4$生长在3D-Ni/Ni-wire结构基体上（图9-10），获得了优异的电容性能。3D-Ni/Ni-wire集电器在氢气气泡存在的模板中通过电沉积法制备，具有多孔、多活性位点的树突状导电网络和短的扩散路径。随后，双金属（Ni和Co）氢氧化物通过电沉积法负载于3D-Ni/Ni-wire结构基体上。最后，所沉积的双金属氢氧化物经过300 ℃焙烧生成$NiCo_2O_4$尖晶石涂层。$NiCo_2O_4$/3D-Ni/Ni-wire具有优异的体积电容，高达29.7 F/cm^3。此外，三维集成超级电容器具有优异的循环稳定性（5000次后仍维持100%）及高的能量和功率密度（2.18 W·h/kg和21.6 W/kg）。

2. 整装柔性炭基或碳纳米管–聚苯胺超级电容器电极材料

以薄层金属Cu和Ni纤维为基底，Zhu等[115,116]制备了薄层Zn/Cu-纤维和NiO/Ni-纤维电池电极，并分别组装了Ni-Zn和Ni-H_2电池，新电极可显著提高电池能量密度和充放电速率；Zhu等[117]还制备了整装金属Ni纤维包结炭颗粒复合电极，并用作Zn-空电池的超薄阴极电极，具有优于常规电极材料的性能。碳纳米管（carbon nanotubes，CNTs）和碳气凝胶（carbon aerogel，CAG）是极富应用前景的纳米碳基材料，但用于电池和超级电容器时遇到成型问题。传统高分子胶黏剂的使用不仅会牺牲电极材料的比表面积，破坏碳材料的结构特性，还会导致很高的电荷传导阻力和离子传递阻力，因此无黏结剂的跨尺度制备引起了人们的关注。基于整装烧结金属 Ni 纤维结构所提供的薄层大面积、大空隙率、开放网络、独特的形状因子和高化学活性等特性，Jiang 等[109]通过催化化学气相沉积法在 Ni 纤维表面生长 CNTs 而成功制备了“Ni 纤维 -CNTs”复合结构材料（直径 8.0 cm），整体结构保持完好且 CNTs 分布均匀，CNTs 负载量可高达 60% 以上。该复合材料的电荷传导阻力和离子传递阻力均非常小，在 5 mol/L KOH 水溶液电解质中测得的比电容可达 47 F/g。利用以上所得“Ni 纤维 -CNTs”复合结构材料为基底，Fang 等[118]通过再组装碳气凝胶（CAG）的方法制备了“宏观 - 微观 - 纳米”跨尺度自支撑 CNTs-CAG 复合电极材料，其中金属纤维网络为集电极、CNTs 为纳米导线、CAG 介孔为离子存储库；在 5 mol/L KOH 水溶液电解质中，该材料具有优良的导电性、高的比电容和很好的瞬间充放电性能。Li 等[119]基于薄层大面积三维开放网络的烧结金属纤维结构，通过催化化学气相沉积法（catalytic chemical vapor deposition，CCVD）在纤维表面“培植”CNTs，再借助溶胶涂层组装聚苯胺（PANI）的方法，制备了以金属纤维网络为集电极、CNTs 为纳米导线、PANI 为化学储能活性物质，尺度跨越宏观、介观和纳米的自支撑三维 CNTs-PANI 复合电极材料（图 9-11）。以分子量 10000 的 PANI 单体制备的 PANI、CNTs 和 Ni-fiber 质量分数分别为 28%、28% 和 44% 的复合电极材料具有最佳的电化学性质和化学电容储能性能，以及良好的充放电循环稳定性。分析结果表明，PANI 与 CNTs 间的 π-π 相互堆积作用产生的电子相互作用，不仅促进了 PANI 的电化学活性，而且可能使 PANI 具有稳定作用进而改善了充放电循环稳定性。

五、硝酸 - 苯硝化反应

苯硝化反应是重要的基础有机反应，用于制造许多重要的化学化工产品，如医药、染料、农药以及香料等。硝基苯通常由“苯 - 硝酸”直接硝化制备。一方面，苯的硝化是强放热反应（$\Delta H = -138$ kJ/mol），反应放热集中；另一方面，反应以浓硫酸为催化剂，反应过程中生成的水不仅溶于浓硫酸产生大量稀释热（约为反应热的 7% ～ 10%），而且产生大量废酸。在传统大型间歇釜式反应器中批量生产，规模小、速度慢；更严重的是，如果搅拌不均匀或停滞，大量的反应热会在反应器中不断积聚，导致反应器温度失控而造成严重后果，甚至有爆炸危险[120]。

为了解决强放热带来的安全问题，Dummann 等[121]创制了一种毛细管微反应器。首先将苯和混酸（硝酸和浓硫酸）分别泵入内径为 0.5 ～ 1.0 mm 的 Y 形混合单元中，再将混合反应物通入内径为 0.5 ～ 1.0 mm 的毛细管微反应器中，反应器用恒温夹套包裹以保持反应器内温度恒定于 60 ～ 120 ℃之间。该毛细管微反应器中热 / 质传递效率大大增加。中科院大连化物所也开展了苯硝化微反应器的研发工作。所制备的微反应器特征尺度为 200 μm，反应腔体积 30 μL，在液时空速高于 3000 h^{-1}、混酸中硝酸 / 硫酸摩尔比 1.3(水质量分数 7.5%)、硝酸 / 苯摩尔比大于 1.2

的条件下，苯转化率大于 99.5%，硝基苯选择性高于 99.5%，该微反应器的产量达 0.5 t/a。空速较常规搅拌釜反应器提高了 3 个数量级，为该反应过程的微型化奠定了基础。

尽管如此，上述微反应器仍未解决硫酸使用及废酸产生的问题。基于此，路勇教授课题组以固体酸 Nafion（全氟磺酸）代替浓硫酸，开发了纤维结构化固体酸催化剂，并将其填装于微反应器中，研制了一种集换热、混合、催化功能于一体且易于几何级放大的微反应器（图 10-26）[120]。在 Nafion 负载量为 20%、硝酸与苯摩尔比 3.1、反应床层温度 75 ℃、停留时间 72 s 的优化条件下，苯转化率为 44.7%，硝基苯选择性可达 99.9%。相近转化率下，Nafion 固体酸单位酸中心的催化效能是硫酸的近 600 倍。

六、催化精馏

在化工过程中，反应和分离是两个重要的单元操作过程，通常在不同的设备中

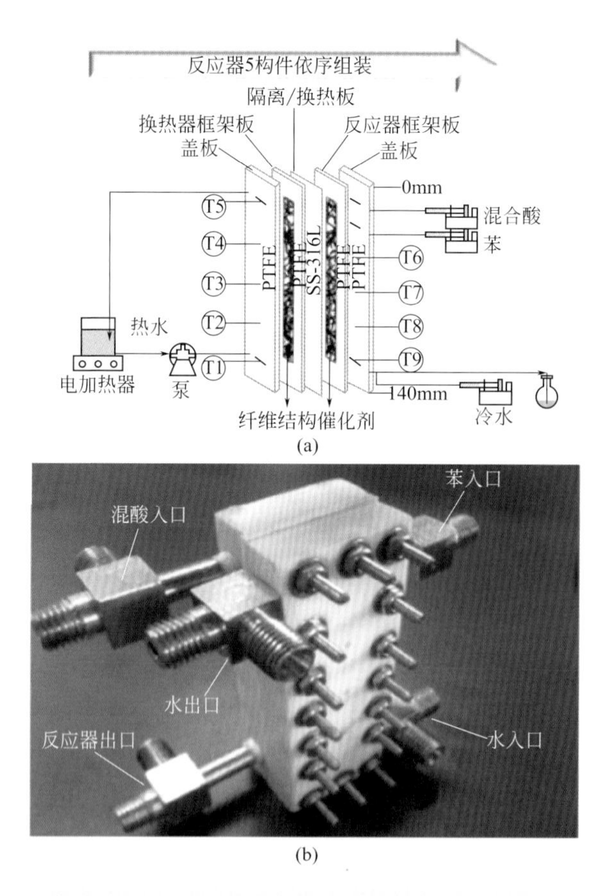

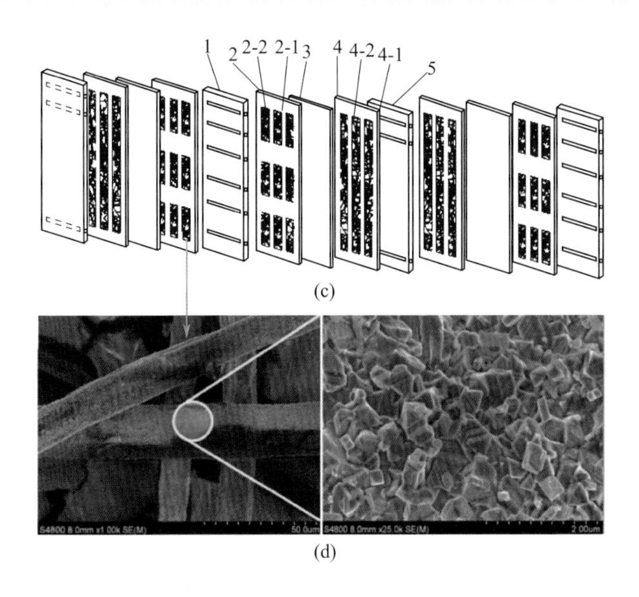

图 10-26 微反应装置结构示意图（a）、实物图（b）和微反应器几何级放大结构设计图（c）及纤维结构化固体酸催化剂扫描电镜照片（d）[120]

图（c）中，1—换热流体进出口封板；2—换热通道板；2-1、2-2—内增加换热通道板；3—中间换热片；4—反应通道板；4-1、4-2—内增加反应通道板；5—反应物进出口封板

进行。反应精馏则是把化学反应和精馏分离两个重要的单元操作过程集成在一个装置中进行，其中催化精馏则是指使用固体催化剂的非均相催化反应精馏。催化精馏中的固体催化剂置于塔内催化反应进行，同时促进产物的精馏分离，使反应平衡向正向移动，使得反应和分离均得到强化。

乙酸乙酯是一种重要的基础化工原料和有机溶剂，传统制法是以浓硫酸为催化剂，副反应多、污染严重。另外，酯化反应的强放热效应、反应物和产物形成三元共沸物等问题大大增加了工艺成本和分离提纯的难度。为了避免使用硫酸并实现乙酸乙酯的高效催化与分离，人们开发了大量固体酸结构催化剂用于乙酸乙酯的生产。邓涛等[122]采用溶胶 - 凝胶法制备了类 θ 环结构的纤维结构 Nafion-SiO_2/SS-fiber 催化剂，用于催化精馏制备乙酸乙酯。该催化剂利用正硅酸四乙酯在 Nafion 作用下水解自交联，将 Nafion 锁入 SiO_2 层中，从而将催化层涂覆在不锈钢纤维表面。在再沸器温度 220 ℃、重时空速 0.5 h^{-1}、回流比 2.5、进料乙酸 / 乙醇摩尔配比 1.2 ∶ 1、催化剂用量 10.5 mmol H^+、釜液中乙酸 ∶ 乙醇摩尔配比 1 ∶ 1.2 的条件下乙酸乙酯总产率为 93.6%，乙酸乙酯塔顶实际产率为 91.6%，塔顶乙酸乙酯产品纯度可达 96.2%，时空收率为 4.3 g/(mmol • h)，并且 40 h 内未见失活迹象。他们还创制了 HZSM-5 分子筛结构催化剂[123]。以不锈钢纤维（stainless steel fiber，SS-fiber，直径 20 μm）为载体，通过水热合成将 HZSM-5 分子筛生长于不锈钢纤维表面，制备了结构催化剂 HZSM-5/SS-fiber，用于“乙酸 - 乙醇”酯化反应，实现了“催化 - 精馏”的高效一体化耦合。在进料酸：醇摩尔比 2.2 ：1、重时空速 0.5 h^{-1}、回流比 1.5、加热温度 240 ℃下，乙酸乙酯实际收率可达 91.0%，塔顶精馏产物的乙酸乙酯纯度为 89.8%。精馏得到的粗酯产品只需简单水洗即可得到高纯乙酸乙酯（>99.9%）。经过 200 h 连续催化精馏反应的催化剂，仍保持原有的“宏观 - 微观 - 纳米”整装结构和酸中心数量。

除了用于乙酸乙酯的生产，结构催化剂还可以用于其它催化精馏过程。Deng 等[124] 采用纤维结构催化剂 Nafion-SiO_2/SS-fiber 用于乙酸 / 环己烯催化精馏，一步合成乙酸环己酯以及同时分离环己烯 / 环己烷（图 10-27）。在基于 Box-Behnken 设计的响应面分析法（response surface methodology，RSM）优化出的最优工艺参数条件下，即：在塔釜温度 202 ℃、回流比 9.5、乙酸 / 环己烯进料摩尔比 4.84、重时空速 0.48 h^{-1}，乙酸环己酯产率可达 78.1%、环己烷回收率为 93.0%、环己烷纯度为 94.3%，反复使用 200 h 后（图 10-27），整装结构与催化活性未发生明显改变，表现出良好的热稳定性和催化稳定性，具有较好的工业应用前景。Zhang 等[125] 利用 304 不锈钢作为基体加工成类拉西环结构载体，以 Co 颗粒作为前驱体在不锈钢基体上生长碳纳米管，最后通过接枝磺化技术在碳纳米管表面接枝磺酸基团，制得了固体酸结构催化剂，以大豆油为原料，测试了其催化精馏酯交换制备生物柴油的性能。在反应温度 220 ℃、回流比 0.33、进料甲醇：大豆油摩尔比 6.28 ：1 的条件下，大豆油转化率可达 98%，生物柴油纯度为 96.9%。催化剂在连续反应 95 h 内

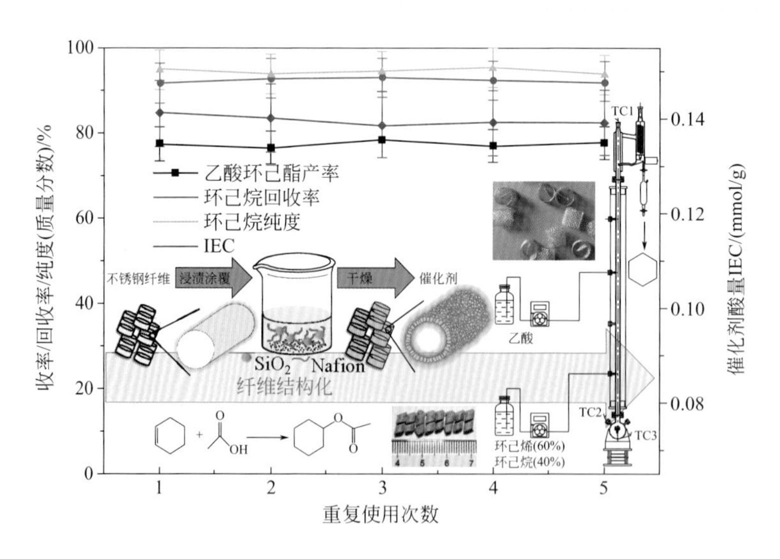

图 10-27 纤维结构催化剂 Nafion-SiO_2/SS-fiber 用于乙酸 / 环己烯催化精馏一步合成乙酸环己酯：催化剂制备与反应装置示意图以及催化剂稳定性[124]

未见失活迹象，表现出良好的催化稳定性。Oudshoorn 等[126]以不锈钢金属网作为基体，将其加工成具有平行正弦波浪曲线形通道的圆柱形规整结构载体，利用无黏结剂的水热合成法在载体表面分别原位生长 β 型和丝光沸石型分子筛，制备得到分子筛结构催化剂用于催化精馏制备乙基叔丁基醚。在反应温度 90 ℃、乙醇：异丁烯摩尔比 1.5：1、催化剂用量 1.35 g 的条件下，两种分子筛结构催化剂催化活性均优于商业 Amberlyst-15 催化剂，其中 β 型分子筛催化剂具有最佳催化活性，异丁烯转化率可达 95%，乙基叔丁基醚选择性可达 99% 以上。

参考文献

[1] Zhao G, Liu Y, Lu Y. Foam/fiber-structured catalysts: Non-dip-coating fabrication strategy and applications in heterogeneous catalysis[J]. Sci Bull, 2016, 61: 745-748.

[2] 赵国锋，张智强，朱坚，等. 结构催化剂与反应器：新结构、新策略和新进展 [J]. 化工进展，2018, 38 (4): 1287-1304.

[3] Bortolozzi J P, Weiss T, Gutierrez L B, et al. Comparison of Ni and Ni-Ce/Al_2O_3 catalysts in granulated and structured forms: Their possible use in the oxidative dehydrogenation of ethane reaction[J]. Chem Eng J, 2014, 246 (12): 343-352.

[4] Bortolozzi J P, Gutierrez L B, Ulla M A. Efficient structured catalysts for ethylene production through the ODE reaction: Ni and Ni-Ce on ceramic foams[J]. Catal Commun, 2014, 43 (2): 197-201.

[5] Zhang Z, Han L, Chai R, et al. Microstructured CeO_2-NiO-Al_2O_3/Ni-foam catalyst for oxidative dehydrogenation of ethane to ethylene[J]. Catal Commun, 2017, 88: 90-93.

[6] Nguyen T T, Burel L, Nguyen D L, et al. Catalytic performance of MoVTeNbO catalyst supported on SiC foam in oxidative dehydrogenation of ethane and ammoxidation of propane[J]. Appl Catal A, 2012, 433-434 (31): 41-48.

[7] Löfberg A, Giornelli T, Paul S, et al. Catalytic coatings for structured supports and reactors: VO_x/TiO_2, catalyst coated on stainless steel in the oxidative dehydrogenation of propane[J]. Appl Catal A, 2011, 391 (1): 43-51.

[8] Liu Y M, Feng W L, Li T C, et al. Structure and catalytic properties of vanadium oxide supported on meso Cellulous silica foams (MCF) for the oxidative dehydrogenation of propane to propylene[J]. J Catal, 2006, 239 (1): 125-136.

[9] Zhao G, Li Y, Zhang Q, et al. Galvanic deposition of silver on 80-μm-Cu-fiber for gas-phase oxidation of alcohols[J]. AIChE J, 2014, 60 (3): 1045-1053.

[10] Shen J, Shan W, Zhang Y, et al. Gas-phase selective oxidation of alcohols: in situ electrolytic nano-silver/zeolite film/copper grid catalyst[J]. J Catal, 2006, 237 (1): 94-101.

[11] Deng M, Zhao G, Xue Q, et al. Microfibrous-structured silver catalyst for low-temperature

gas-phase selective oxidation of benzyl alcohol[J]. Appl Catal B, 2010, 99 (1-2): 222-228.

[12] Zhao G, Hu H, Deng M, et al. Au/Cu-fiber catalyst with enhanced low-temperature activity and heat transfer for the gas-phase oxidation of alcohols[J]. Green Chem, 2011, 13 (1): 55-58.

[13] Zhao G, Hu H, Deng M, et al. Microstructured Au/Ni-fiber catalyst for low-temperature gas-phase selective oxidation of alcohols[J]. Chem Commun, 2011, 47 (34): 9642-9644.

[14] Della P C, Falletta E, Rossi M. Highly selective oxidation of benzyl alcohol to benzaldehyde catalyzed by bimetallic gold-copper catalyst[J]. J Catal, 2008, 260 (2): 384-386.

[15] Fan J, Dai Y, Li Y, et al. Low-temperature, highly selective, gas-phase oxidation of benzyl alcohol over mesoporous K-Cu-TiO_2 with stable copper (I) oxidation state[J]. J Am Chem Soc, 2009, 131 (43): 15568-15569.

[16] Zhao G, Huang J, Jiang Z, et al. Microstructured Au/Ni-fiber catalyst for low-temperature gas-phase alcohol oxidation: Evidence of Ni_2O_3-Au^+ hybrid active sites[J]. Appl Catal B, 2013, 140-141 (8): 249-257.

[17] Zhao G, Fan S, Tao L, et al. Titanium-microfiber-supported binary-oxide nanocomposite with a large highly active interface for the gas-phase selective oxidation of benzyl alcohol[J]. ChemCatChem, 2016, 8 (2): 313-317.

[18] Zhao G, Fan S, Pan X, et al. Reaction-induced self-assembly of CoO@Cu_2O nanocomposites in situ onto SiC-foam for gas-phase oxidation of bioethanol to acetaldehyde[J]. ChemSusChem, 2017, 10 (7): 1380-1384.

[19] Zhang Q, Wu X, Zhao G, et al. High-performance PdNi alloy structured in situ on monolithic metal foam for coalbed methane deoxygenation via catalytic combustion[J]. Chem Commun, 2015, 51 (63): 12613-12616.

[20] Zhang Q, Wu X, Li Y, et al. High-performance PdNi nanoalloy catalyst in situ structured on Ni foam for catalytic deoxygenation of coalbed methane: experimental and DFT studies[J]. ACS Catal, 2016, 6 (9): 6236-6245.

[21] Zhang Q, Zhao G, Zhang Z, et al. From nano- to macro-engineering of oxideencapsulated-nanoparticles for harsh reactions: one-step organization via cross-linking molecules[J]. Chem Commun, 2016, 52 (80): 11927-11930.

[22] Keller G E, Bhasin M M. Synthesis of ethylene via oxidative coupling of methane: I. determination of active catalysts[J]. J Catal, 1982, 73 (1): 9-19.

[23] 方学平，李树本，林景治，等．甲烷在 W-Mn 体系催化剂上氧化偶联制乙烯 [J]. 分子催化，1992, 6 (6): 427-433.

[24] 孙思，季生福，王开，等．甲烷氧化偶联金属基整体式催化剂的制备及性能研究 [C]. 全国青年催化学术会议．2007, OA-021.

[25] 汪文化，季生福，潘登，等．颗粒 - 金属基整体式催化剂组合反应器中甲烷氧化偶联反应性能 [C]. 中国石油学会第六届石油炼制学术年会．2010, 400-403.

[26] Wang P, Zhao G, Wang Y, et al. $MnTiO_3$-driven low-temperature oxidative coupling of methane over TiO_2-doped Mn_2O_3-Na_2WO_4/SiO_2 catalyst[J]. Sci Adv, 2017, 3 (6): e1603180.

[27] Twigg M V, Richardson J T. Fundamentals and applications of structured ceramic foam catalysts[J]. Ind Eng Chem Res, 2007, 46 (12): 4166-4177.

[28] Pereira J C F, Malico I, Hayashi T C, et al. Experimental and numerical characterization of the transverse dispersion at the exit of a short ceramic foam inside a pipe[J]. Int J Heat Mass Tran, 2005, 48 (1): 1-14.

[29] Zhang L, Han L, Zhao G, et al. Structured Pd-Au/Cu-fiber catalyst for gas-phase hydrogenolysis of dimethyl oxalate to ethylene glycol[J]. Chem Commun, 2015, 51 (52): 10547-10550.

[30] Han L, Zhao G, Chen Y, et al. Cu-fiber-structured La_2O_3-PdAu (alloy) -Cu nanocomposite catalyst for gas-phase dimethyl oxalate hydrogenation to ethylene glycol[J]. Catal Sci Technol, 2016, 6 (19): 7024-7028.

[31] 路勇，陈鹏静，朱坚，等．一种负载型碳化镍铟合金催化剂及其制备方法和应用 [P]: 201710956080.1. 2017-10-15.

[32] Chen Y, Han L, Zhu J, et al. High-performance Ag-CuO_x, nanocomposite catalyst galvanically deposited onto a Ni-foam for gas-phase dimethyl oxalate hydrogenation to methyl glycolate[J]. Catal Commun, 2017, 96: 58-62.

[33] 路勇，朱坚，陈鹏静，等．一种自支撑磷化镍催化剂及其制备方法和应用 [P]: 201710956090.5. 2017-10-15.

[34] 韩璐蓬．草酸二甲酯加氢和费托合成低碳烯烃金属纤维 / 泡沫结构催化剂的制备、表征及催化性能研究 [D]. 上海：华东师范大学，2017.

[35] 张杰．海绵镍基结构化催化剂对 CO_2 加氢催化性能的研究 [D]. 北京：北京化工大学，2012.

[36] Chen P J, Wang C, Han L, et al. Monolithic Ni_5Ga_3/SiO_2/Al_2O_3/Al-fiber catalyst with enhanced heat transfer for CO_2 hydrogenation to methanol at ambient pressure[J]. Appl Catal A, 2018, 562: 234-240.

[37] Liang Z, Gao P, Tang Z, et al. Three dimensional porous Cu-Zn/Al foam monolithic catalyst for CO_2, hydrogenation to methanol in microreactor[J]. J CO_2 Util, 2017, 21: 191-199.

[38] Gulyaeva Y K, Kaichev V V, Zaikovskii V I, et al. Selective hydrogenation of acetylene over novel Pd/fiberglass catalysts[J]. Catal Today, 2015, 245 (22): 139-146.

[39] Siebert M, Zimmermann R R, Armbrüster M, et al. Inkjet printing of $GaPd_2$ into micro-channels for the selective hydrogenation of acetylene[J]. ChemCatChem, 2017, 9 (19): 3733-3742.

[40] Han K Y, Cao G P, Zuo H R, et al. Hydrogenation of commercial polystyrene on Pd/TiO_2, monolithic ceramic foam catalysts: Catalytic performance and enhanced internal mass

transfer[J]. React Kinet Mech Cat, 2015, 114 (2): 501-517.

[41] Li Y, Zhang Q, Chai R, et al. Structured Ni-CeO_2-Al_2O_3/Ni-foam catalyst with enhanced heat transfer for substitute natural gas production by syngas methanation[J]. ChemCatChem, 2015, 7 (5): 1427-1431.

[42] Chin Y H, Hu J, Cao C, et al. Preparation of a novel structured catalyst based on aligned carbon nanotube arrays for a microchannel Fischer-Tropsch synthesis reactor[J]. Catal Today, 2005, 110 (1): 47-52.

[43] Yang J I, Yang J H, Kim H J, et al. Highly effective cobalt catalyst for wax production in Fischer-Tropsch synthesis[J]. Fuel, 2010, 89 (1): 237-243.

[44] Ji C P, Roh N S, Dong H C, et al. Cobalt catalyst coated metallic foam and heat-exchanger type reactor for Fischer-Tropsch synthesis[J]. Fuel Process Technol, 2014, 119 (3): 60-66.

[45] Cheng X, Yang H, Tatarchuk B J. Microfibrous entrapped hybrid iron-based catalysts for Fischer-Tropsch synthesis[J]. Catal Today, 2016, 273: 62-71.

[46] Han L, Wang C, Zhao G, et al. Microstructured Al-fiber@meso-Al_2O_3@Fe-Mn-K Fischer-Tropsch catalyst for lower olefins[J]. AlChE J, 2016, 62 (3): 742-752.

[47] Jiao F, Li J, Pan X, et al. Selective conversion of syngas to light olefins[J]. Science, 2016, 351 (6277): 1065-1068.

[48] Zhong L, Yu F, An Y, et al. Cobalt carbide nanoprisms for direct production of lower olefins from syngas[J]. Nature, 2016, 538 (7623): 84-87.

[49] Montebelli A, Visconti C G, Groppi G, et al. Optimization of compact multitubular fixed-bed reactors for the methanol synthesis loaded with highly conductive structured catalysts[J]. Chem Eng J, 2014, 255 (6): 257-265.

[50] Montebelli A, Visconti C G, Groppi G, et al. Washcoating and chemical testing of a commercial Cu/ZnO/Al_2O_3 catalyst for the methanol synthesis over copper open-cell foams[J]. Appl Catal A, 2014, 481 (481): 96-103.

[51] Meng X, Xiao F. Green routes for synthesis of zeolites[J]. Chem Rev, 2014, 114 (2): 1521-1543.

[52] Ivanova S, Louis B, Madani B, et al. ZSM-5 coatings on β-SiC monoliths: Possible new structured catalyst for the methanol-to-olefins proess[J]. J Phys Chem C, 2007, 111 (11): 4368-4374.

[53] Ivanova S, Louis B, Ledoux M J, et al. Autoassembly of nanofibrous zeolite crystals via silicon carbide substrate self-transformation[J]. J Am Chem Soc, 2007, 129 (11): 3383-3391.

[54] Ivanova S, Lebrun C, Vanhaecke E, et al. Influence of the zeolite synthesis route on its catalytic properties in the methanol to olefin reaction[J]. J Catal, 2009, 265 (1): 1-7.

[55] Ivanova S, Vanhaecke E, Dreibine L, et al. Binderless HZSM-5 coating on β-SiC for different alcohols dehydration[J]. Appl Catal A, 2009, 359 (1-2): 151-157.

[56] Jiao Y, Fan X, Perdjon M, et al. Vapor-phase transport (VPT) modification of ZSM-5/SiC foam catalyst using TPAOH vapor to improve the methanol-to-propylene (MTP) reaction[J]. Appl Catal A, 2017, 545: 104-112.

[57] Jiao Y, Yang X, Jiang C, et al. Hierarchical ZSM-5/SiC nano-whisker/SiC foam composites: Preparation and application in MTP reactions[J]. J Catal, 2015, 332: 70-76.

[58] Jiao Y, Jiang C, Yang Z, et al. Synthesis of highly accessible ZSM-5 coatings on SiC foam support for MTP reaction[J]. Micropor Mesopor Mater, 2013, 181 (45): 201-207.

[59] Jiao Y, Jiang C, Yang Z, et al. Controllable synthesis of ZSM-5 coatings on SiC foam support for MTP application[J]. Micropor Mesopor Mater, 2012, 162 (6): 152-158.

[60] Lefevere J, Gysen M, Mullens S, et al. The benefit of design of support architectures for zeolite coated structured catalysts for methanol-to-olefin conversion[J]. Catal Today, 2013, 216 (11): 18-23.

[61] Truter L A, Makgwane P R, Zeelie B, et al. Washcoating of H-ZSM-5 zeolite onto steel microreactor plates-filling the void space between zeolite crystallite agglomerates particles[J]. Chem Eng J, 2014, 257 (6): 148-158.

[62] Patcas F C. The methanol-to-olefins conversion over zeolite-coated ceramic foams[J]. J Catal, 2005, 231 (1): 194-200.

[63] Wang X, Wen M, Wang C, et al. Microstructured fiber@HZSM-5 core-shell catalysts with dramatic selectivity and stability improvement for the methanol-to-propylene poress[J]. Chem Commun, 2014, 50 (48): 6343-6345.

[64] Ding J, Zhang Z, Han L, et al. A self-supported SS-fiber@meso-HZSM-5 core-shell catalyst via caramel-assistant synthesis toward prolonged lifetime for the methanol-to-propylene reaction[J]. RSC Adv, 2016, 6 (54): 48387-48395.

[65] 路勇，丁嘉，赵国锋，等. 一种中空B-ZSM-5分子筛及其制备方法和应用[P]: 201710857536.9. 2017-09-21.

[66] Wang C, Han L, Zhang Q, et al. Endogenous growth of 2D AlOOH nanosheets on a 3D Al-fiber network via steam-only oxidation in application for forming structured catalysts[J]. Green Chem, 2015, 17 (7): 3762-3765.

[67] Wang C, Han L, Chen P, et al. High-performance, low Pd-loading microfibrous-structured Al-fiber@ns-AlOOH@Pd catalyst for CO coupling to dimethyl oxalate[J]. J Catal, 2016, 337: 145-156.

[68] 路勇，贾迎帅，朱坚，等. 一种自支撑钯基催化剂及其制备方法和应用[P]: 201810706246.9. 2018-06-29.

[69] 陈炜. CH_4/CO_2重整：抗积碳Ni/$CeAlO_3$-Al_2O_3催化剂及反应床层纤维结构化的过程强化效应研究[D]. 上海：华东师范大学, 2008.

[70] Liu H, Li S, Zhang S, et al. Catalytic performance of novel Ni catalysts supported on SiC

monolithic foam in carbon dioxide reforming of methane to synthesis gas[J]. Catal Commun, 2008, 9 (1): 51-54.

[71] Sang L, Sun B, Tan H, et al. Catalytic reforming of methane with CO_2 over metal foam based monolithic catalysts[J]. Int J Hydrogen Energy, 2012, 37 (17): 13037-13043.

[72] Park D, Dong J M, Kim T. Steam-CO_2, reforming of methane on Ni/γ-Al_2O_3-deposited metallic foam catalyst for GTL-FPSO process[J]. Fuel Process Technol, 2013, 112: 28-34.

[73] Du X, Zhang D, Shi L, et al. Coke-and sintering-resistant monolithic catalysts derived from in situ supported hydrotalcite-like films on Al wires for dry reforming of methane[J]. Nanoscale, 2013, 5 (7): 2659-2663.

[74] Chai R, Zhao G, Zhang Z, et al. High sintering-/coke-resistance Ni@SiO_2/Al_2O_3/FeCrAl-fiber catalyst for dry reforming of methane: One-step, macro-to-nano organization via cross-linking molecules[J]. Catal Sci Technol, 2017, 7 (23): 5500-5504.

[75] Shamsi A, Spivey J J. Partial oxidation of methane on Ni-MgO catalysts supported on metal foams[J]. Ind Eng Chem Res, 2005, 44 (19): 7298-7305.

[76] Chai R, Li Y, Zhang Q, et al. Monolithic Ni-MO_x/Ni-foam (M = Al, Zr or Y) catalysts with enhanced heat/mass transfer for Energ-efficient catalytic oxy-methane reforming[J]. Catal Commun, 2015, 70: 1-5.

[77] Chai R, Zhang Z, Chen P, et al. From nano-to macro-engineering of LDHs-derived nanocomposite catalysts for harsh reactions[J]. Int J Hydrogen Energy, 2017, 42 (44): 27094-27099.

[78] Chai R, Li Y, Zhang Q, et al. Foam-structured NiO-MgO-Al_2O_3 nanocomposites derived from NiMgAl layered double hydroxides in situ gown onto nickel foam: A promising catalyst for high-throughput catalytic oxymethane reforming[J]. ChemCatChem, 2017, 9 (2): 268-272.

[79] Papavasiliou J, Avgouropoulos G, Ioannides T. In situ combustion synthesis of structured Cu-Ce-O and Cu-Mn-O catalysts for the production and purification of hydrogen[J]. Appl Catal B-Environ, 2006, 66 (3-4): 168-174.

[80] Zhou W, Ke Y, Wang Q, et al. Development of cylindrical laminated methanol steam reforming microreactor with cascading metal foams as catalyst support[J]. Fuel, 2017, 191: 46-53.

[81] Catillon S, Louis C, Rouget R. Development of new Cu^0-Zn^{II}/Al_2O_3 catalyst supported on copper metallic foam for the production of hydrogen by methanol steam reforming[J]. Top Catal, 2004, 30 (1-4): 463-467.

[82] Echave F J, Sanz O, Velasco I, et al. Effect of the alloy on micro-structured reactors for methanol steam reforming[J]. Catal Today, 2013, 213 (37): 145-154.

[83] Zhou W, Tang Y, Pan M, et al. A performance study of methanol steam reforming microreactor with porous copper fiber sintered felt as catalyst support for fuel cells[J]. Int J Hydrogen

Energy, 2009, 34 (24): 9745-9753.

[84] 赵安琪 . 整装金属纤维结构化 Pd-ZnO 催化剂及其 MSR 反应性能研究 [D]. 上海 : 华东师范大学 , 2015.

[85] Pan M, Wei X, Tang Y. Factors influencing methanol steam reforming inside the oriented linear copper fiber sintered felt[J]. Int J Hydrogen Energy, 2012, 37 (15): 11157-11166.

[86] Koga H, Kitaoka T, Nakamura M, et al. Influence of a fiber-network microstructure of paper-structured catalyst on methanol reforming behavior[J]. J Mater Sci, 2009, 44 (21): 5836-5841.

[87] Salge J R, Deluga G A, Schmidt L D. Catalytic partial oxidation of ethanol over noble metal catalysts[J]. J Catal, 2005, 235 (1): 69-78.

[88] Palma V, Ruocco C, Castaldo F, et al. Ethanol steam reforming over bimetallic coated ceramic foams: Effect of reactor configuration and catalytic support[J]. Int J Hydrogen Energy, 2015, 40 (37): 12650-12662.

[89] Silberova B, Venvik H J, Holmen A. Production of hydrogen by short contact time partial oxidation and oxidative steam reforming of propane[J]. Catal Today, 2005, 99 (1-2): 69-76.

[90] Gao N, Liu S, Han Y, et al. Steam reforming of biomass tar for hydrogen production over NiO/ceramic foam catalyst[J]. Int J Hydrogen Energy, 2015, 40 (25): 7983-7990.

[91] Colby J L, Wang T, Schmidt L D. Steam reforming of benzene as a model for biomass-derived syngas tars over Rh-based catalysts[J]. Energy Fuel, 2009, 24 (2): 1341-1346.

[92] Adhikari S, Fernando S, Haryanto A. Production of hydrogen by steam reforming of glycerin over alumina-supported metal catalysts[J]. Catal Today, 2007, 129 (3-4): 355-364.

[93] Hoke J B, Allen F M, Blosser P W, et al. Stable slurries of catalytically active materials[P]: US 6818254. 2004-11-16.

[94] Heisig C, Zhang W, Oyama S T. Decomposition of ozone using carbon-supported metal oxide catalysts[J]. Appl Catal B, 1997, 14 (1-2): 117-129.

[95] Huang L, Zheng M, Yu D, et al. In-situ fabrication and catalytic performance of Co-Mn@CuO core-shell nanowires on copper meshes/foams[J]. Mater Design, 2018, 147: 182-190.

[96] 路勇 , 陶龙刚 , 赵国锋 , 等 . 一种自支撑贵金属改性的锰基复合氧化物催化剂及其制备方法和应用 [P]: 201810115495.0. 2018-02-06.

[97] Christian M M, Kenis P J. Ceramic microreactors for on-site hydrogen production from high temperature steam reforming of propane[J]. J Catal, 2006, 241 (2): 235-242.

[98] Wang M, Li J, Chen L, et al. Miniature NH_3 cracker based on microfibrous entrapped Ni-CeO/AlO catalyst monolith for portable fuel cell power supplies[J]. Int J Hydrogen Energy, 2009, 34 (4): 1710-1716.

[99] Li C, Zhou J, Gao W, et al. Binary Cu-Co catalysts derived from hydrotalcites with excellent activity and recyclability towards NH_3BH_3 dehydrogenation[J]. J Mater Chem A, 2013, 1 (17): 5370-5376.

[100] Zou X, Zhang Y. Noble metal-free hydrogen evolution catalysts for water splitting[J]. Chem Soc Rev, 2015, 44 (15): 5148-5180.

[101] Feng L, Yu G, Wu Y, et al. High-index faceted Ni_3S_2 nanosheet arrays as highly active and ultrastable electrocatalysts for water splitting[J]. J Am Chem Soc, 2015, 137 (44): 14023-14026.

[102] Zhao G F, Liu Y, Lu Y. Foam/fiber-structured catalysts: Non-dip-coating fabrication strategy and applications in heterogeneous catalysis[J]. Sci Bull, 2016, 61 (10): 745-748.

[103] Cai S, Zhang D, Shi L, et al. Porous Ni-Mn oxide nanosheets in situ formed on nickel foam as 3D hierarchical monolith de-NO_x catalysts[J]. Nanoscale, 2014, 6 (13): 7346-7353.

[104] Seo H O, Nam J W, Kim K D, et al. CO oxidation of Ni films supported by carbon fiber[J]. J Mol Catal A, 2012, 361-362 (9): 45-51.

[105] Mo S, He H, Ren Q, et al. Macroporous Ni foam-supported Co_3O_4, nanobrush and nanomace hybrid arrays for high-efficiency CO oxidation[J]. J Environ Sci, 2018, 75: 136-144.

[106] Tao L, Zhao G, Chen P, et al. Thin-felt microfibrous-structured Au-α-Fe_2O_3/ns-γ-Al_2O_3/Al-fiber catalyst for high-throughput CO oxidation[J]. Appl Catal A, 2018, 556: 180-190.

[107] 李永峰，张碧欣，陈六蓉，等．一种甲醛净化用贵金属整体式催化剂的制备方法及其应用 [P]: 104368335A. 2015-02-25.

[108] 杨俊涛．一种用于低温下净化甲醛的整体式催化剂的研究 [D]. 广州：广东工业大学，2014.

[109] Jiang F T, Fang Y Z, Liu Y, et al. Paper-like 3-dimensional carbon nanotubes (CNTs)-microfiber hybrid: a promising macroscopic structure of CNTs[J]. J Mater Chem, 2009, 19 (22): 3632-3637.

[110] Yu D, Qian Q, Wei L, et al. Emergence of fiber supercapacitors[J]. Chem Soc Rev, 2015, 44 (3): 647-662.

[111] Wang Q, Wang X, Xu J, et al. Flexible coaxial-type fiber supercapacitor based on $NiCo_2O_4$ nanosheets electrodes[J]. Nano Energy, 2014, 8 (9): 44-51.

[112] Gu S, Lou Z, Ma X, et al. $CuCo_2O_4$ nanowires grown on a Ni wire for high-performance, flexible fiber supercapacitors[J]. ChemElectroChem, 2015, 2 (7): 1042-1047.

[113] Wu H, Lou Z, Yang H, et al. A flexible spiral-type supercapacitor based on $ZnCo_2O_4$ nanorod electrodes[J]. Nanoscale, 2015, 7 (5): 1921-1926.

[114] Ramadoss A, Kang K, Ahn H, et al. Realization of high performance flexible wire supercapacitors based on 3-dimensional $NiCo_2O_4$/Ni fibers[J]. J Mater Chem A, 2016, 4 (13): 4718-4727.

[115] Zhu W H, Flanzer M E, Tatarchuk B J. Nickel-zinc accordion-fold batteries with microfibrous electrodes using a papermaking process[J]. J Power Sources, 2002, 112 (2): 353-366.

[116] Zhu W H, Durben P J, Tatarchuk B J. Microfibrous nickel substrates and electrodes for battery system applications[J]. J Power Sources, 2002, 111 (2): 221-231.

[117] Zhu W H, Poole B A, Cahela D R, et al. New structures of thin air cathodes for zinc-air batteries[J]. J Appl Electrochem, 2003, 33 (1): 29-36.

[118] Fang Y, Jiang F, Liu H, et al. Free-standing Ni-microfiber-supported carbon nanotube aerogel hybrid electrodes in 3D for high-performance supercapacitors[J]. Rsc Adv, 2012, 2 (16): 6562-6569.

[119] Li Y, Fang Y, Liu H, et al. Free-standing 3D polyaniline-CNTs/Ni-fiber hybrid electrodes for high-performance supercapacitors[J]. Nanoscale, 2012, 4 (9): 2867-2869.

[120] 杨九龙 . 基于金属微纤多孔材料结构化微反应器中苯硝化反应性能研究 [D]. 上海 : 华东师范大学 , 2009.

[121] Dummann G, Quittmann U, Gröschel L, et al. The capillary-microreactor: A new reactor concept for the intensification of heat and mass transfer in liquid-liquid reactions[J]. Catal Today, 2003, 79 (03): 433-439.

[122] Deng T, Li Y, Zhao G, et al. Catalytic distillation for ethyl acetate synthesis using microfibrous-structured Nafion-SiO_2/SS-fiber solid acid packings[J]. React Chem Eng, 2016, 1 (4): 409-417.

[123] Deng T, Ding J, Zhao G, et al. Catalytic distillation for esterification of acetic acid with ethanol: Promising SS-fiber@HZSM-5 catalytic packings and experimental optimization via response surface methodology[J]. J Chem Technol Biot, 2018, 93 (3): 827-841.

[124] Deng T, Zhao G, Liu Y, et al. Catalytic distillation for one-step cyclohexyl acetate production and cyclohexene-cyclohexane separation via esterification of cyclohexene with acetic acid over microfibrous-structured Nafion-SiO_2/SS-fiber packings[J]. Chem Eng Process: Process Intensification, 2018, 131: 215-226.

[125] Zhang D, Wei D, Ding W, et al. Carbon-based nanostructured catalyst for biodiesel production by catalytic distillation[J]. Catal Commun, 2014, 43 (2): 121-125.

[126] Oudshoorn O L, Janissen M, Van Kooten W E J, et al. A novel structured catalyst packing for catalytic distillation of ETBE[J]. Chem Eng Sci, 1999, 54 (10): 1413-1418.

第三篇

多级孔结构微纳催化剂与反应器

第十一章

多级孔结构微纳催化剂与反应器及制备

多孔催化材料通常是指具有孔道结构的固体化合物，包括硅酸盐类化合物、磷酸盐类化合物、金属氧化物、碳材料以及金属有机配合物等。目前，多孔催化材料在石油化工、环境保护、精细化工等行业都获得了非常广泛的应用。因此，对于多孔催化材料的新结构合成、高性能化改性以及孔道结构和组成的调控与表征研究，一直是催化领域和功能材料领域很重要的研究内容。由于不同化学反应对多孔催化材料的孔道及表面结构有不同的要求，几十年来，人们不断探索合成具有新型结构的多孔材料，包括通过改变多孔材料的孔道尺寸以适应不同尺寸分子的催化转化，改变多孔材料的骨架组成使其具有特殊的催化性能等策略。一般来说，多孔催化材料主要是按孔径大小进行分类的，包括微孔催化材料（孔径小于 2 nm）、介孔催化材料（孔径，2 ～ 50 nm）和大孔催化材料（孔径大于 50 nm）三大类。

第一节　多级孔分子筛催化剂

一、多级孔分子筛材料概述

分子筛是一类具有晶体结构的硅铝酸盐或磷铝酸盐，以 TO_4 四面体为基本结构单元，通过氧桥键连接形成一定拓扑网络结构的有序多孔材料，广泛应用于催化、吸附和分离等多个领域。1960 年，Weisz 和 Frilette 研究发现了分子筛特有的选择性催化性能，并首次提出了择形催化（shape-selective catalysis，SSC）概念[1]，意指催化反应主要发生在分子筛晶体内部，只有最小空间尺寸小于分子筛孔道的分子，才能扩散进出分子筛孔道而发生反应，分子筛的催化性能和筛分效应结合，采用“分子工程学”方法，按照反应物和产物的分子性状特征，设计具有特殊孔结构的催化剂，用来增加目标产物的收率，可简化分离工艺，因此可节省生产设备投资和降低能耗，提高社会经济效益。分子筛作为能源化工领域的固体酸催化剂，其活性、选择性以及寿命，直接关联其工业应用前景以及效率。从非均相反应考虑，分子筛催化性能主要取决于反应活性物种在活性位的吸附、反应以及产物的脱附行为。例如，除了沸石本身的酸量及酸强度分布，沸石的传质效率以及活性位的利用效率将直接影响化学反应速率。对于某些大分子参与的反应，由于传统沸石微孔孔道的限制，会产生很强的扩散阻力，反应速率极低。需要指出的是，面对当今世界范围内原油品质日益重质化与劣质化，以及市场对轻质油品以及丙烯等基本化工原料的旺盛需求，传统微孔分子筛已无法满足重质油中大分子的催化裂化要求，传质扩散限制引起的催化剂失活、处理能力下降的问题日趋严重。因此，当今分子筛催化剂研究的热点问题之一是如何减小微孔 / 介孔扩散阻力对传质的不利影响，提高催化剂的利用效率。虽然具有均一规则孔结构的微孔或介孔材料在催化、吸附和分离等方面已被广泛使用，但实际应用往往需要制备的微孔和介孔材料具有不同长度尺寸的多通道孔结构，以得到高度有效的功能作用。比如在催化反应中，活性中心往往位于微孔和介孔孔道内部，而如果在催化剂中引入较大孔径的二次孔道（如大孔），可以增强反应物和产物分子的扩散，有效传输反应物种到骨架连接位，提高催化活性。在介孔材料中引入大孔结构，对于那些扩散速率低的分子（如高分子或生物分子）反应或黏性体系尤其重要。因此，针对无机材料多级孔道构建方法与技术的研究非常活跃。

按照孔道结构类型，多级复合孔分子筛材料大致可分为三类：①微孔 - 微孔复合分子筛，如两相共结晶分子筛、核 - 壳结构分子筛等。这些材料由两种或两种以上微孔孔道复合，形成了特殊孔结构性质和特殊的酸性，有可能带来某些特异的催化性能。②介孔 – 微孔复合孔分子筛，也可称为介孔沸石，这类材料同时具有微孔与介孔两种孔道体系，可大大提高材料的扩散（物质运输）性能，改善材料的催化性能，同时介孔的存在有望提高大分子的催化转化能力，并抑制结焦失活。③微孔 - 大孔以及微孔 - 介孔 - 大孔复合材料，即在材料的制备过程中加入一些造孔剂，经过处理使其同时具有微孔、介孔和大孔。这种具有不同尺度、多级孔道系统的复合材料，有利于提高物质的传输与扩散性能，便于进行改性处理，从而可能在催化转化中表现出独特的催化性能。

二、多级孔分子筛材料的合成与性质

多级孔分子筛特有的结构既可以缩短反应物和产物的扩散长度，又可以提高有效扩散系数，提高催化剂利用效率。同时多级孔分子筛可以调控酸性质与酸量分布，克服了有序介孔分子筛酸性较弱的问题。目前已报道的多级孔分子筛的制备方法很多，主要分为以下两类：第一种是至下而上法（bottom-up method）；第二种是自上而下法（top-down method）。依具体实施过程差异，至下而上法主要包括硬模板法、软模板法和自组装法等。常用的硬模板包括碳模板、聚合物模板等；常用软模板包括多季铵基团烷基季铵盐、双亲有机硅表面活性剂、柔性有机分子等。软硬模板均可以通过高温焙烧去除，从而构筑出介孔或大孔孔道。自组装法即分子筛晶体在不引入介孔模板剂的情况下通过自组装、聚集形成介孔孔道，该方法的缺点是，形成的孔道尺寸及形状不可控。

1. 硬模板法

硬模板法指将某种不参与晶化的固体物质直接加入分子筛合成液中，从而使之与合成液达到物理混合的目的，随着水热合成的进行，分子筛晶体逐步在模板剂周围形成，最终使模板剂嵌入分子筛晶体内部，然后通过高温焙烧除去模板剂，从而得到具有介孔或大孔结构的多级孔分子筛。硬模板可以是多种不同的材料，如金属氧化物纳米粒子[2]、聚合物[3]及各种碳模板。碳模板易得易除，应用最广泛，常见的碳模板有碳纳米管[4]、炭黑粒子[5]以及碳纤维等。Jacobsen 等[6]在 2000 年首次报道了利用纳米碳球为硬模板剂合成介孔沸石的方法。纳米碳球首先用酸或碱进行表面改性以有利于融入沸石生长体系。在碱性沸石前驱体溶液中，前驱体围绕在具有良好分散性的模板剂周围生长。通过氧气氛围下焙烧即得到含有介孔结构的沸石。Mokaya 等[7]利用 CMK-3 为硬模板剂制备了结构不规整的介孔 ZSM-5，认为造成结构不规整的主要原因是 CMK-3 介孔的孔径较小（3 ～ 4 nm），不能很好地容纳沸石在其内生长。为了得到孔径均一、有序度高的多级孔分子筛材料，Fan 等开创性地合成了具有高度有序、孔径均一的 3DOMeso（three-dimensionally ordered mesoporous）碳材料[8]，并以此为模板合成了 3DOMeso MFI、3DOMeso BEA、3DOMeso LTA、3DOMeso FAU 以及 3DOMeso LTL 等一系列具有三维有序介孔结构的分子筛（图 11-1）[9]，不仅材料比表面积和孔容明显增大，而且还能形成孔径在 10 ～ 40 nm 可调控的介孔结构（图 11-2）。以聚合物作为模板合成具有有序介

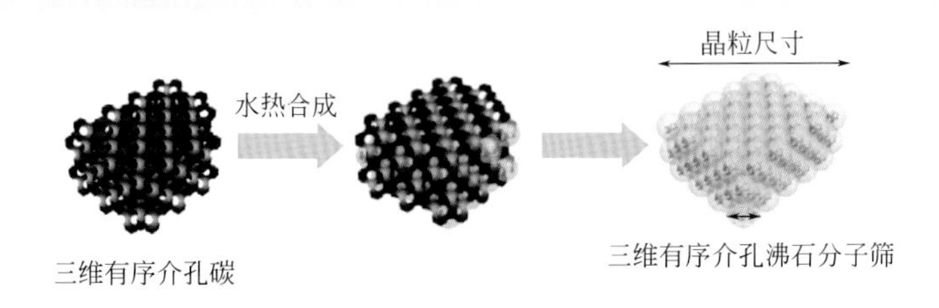

图 11-1　三维有序介孔沸石合成过程示意图[9]

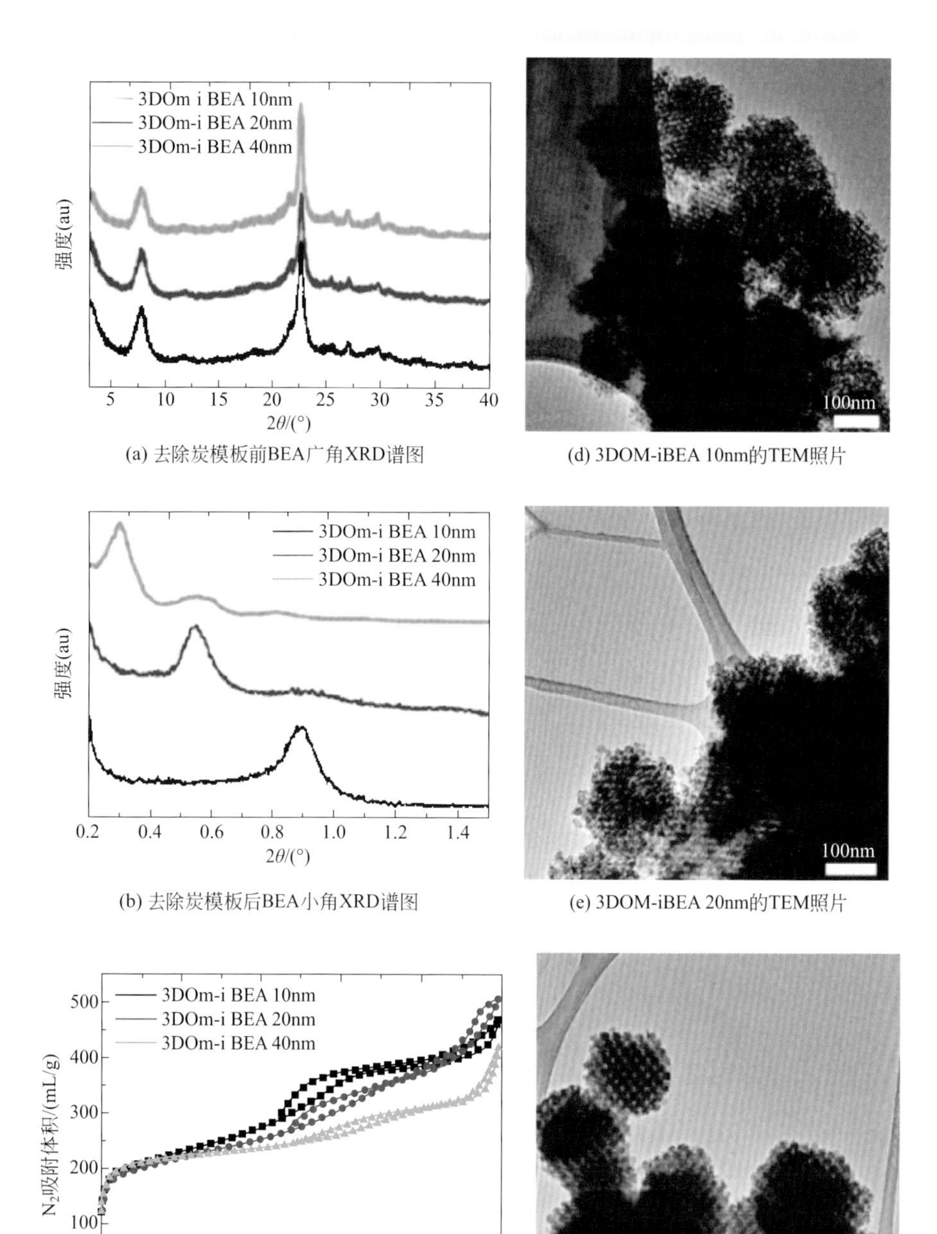

图 11-2　分别利用孔径为 10nm、20nm 和 40 nm 的三维有序介孔碳模板合成的三维有序介孔 BEA 的 XRD 谱图 [(a)、(b)]、N_2 吸脱附等温线 (c) 和 TEM 照片 [(d) ~ (f)] [9]

孔结构的微孔沸石也是一大热点。例如 Fujiwara 等利用环氧树脂作为硬模板，形成了多级孔 ZSM-5 分子筛的新合成方法，克服了传统原位合成法分子筛结晶度难以控制、介孔孔径不均匀等的不足[10]。将聚苯乙烯微球密堆积排成阵列后，通过在该阵列的窗口中进行纳米沸石的灌注，也可以合成大孔－微孔复合分子筛材料[11]。然而，在以高分子为模板合成多级有序沸石材料的过程中，高分子化合物的去除需要通过焙烧的方法，通常会造成结构的收缩从而降低组装体的机械强度。将表面包覆纳米沸石的介孔二氧化硅小球通过自沉降的方式预先排列为三维阵列，再在含硅的母液中进行液 - 固相转晶，可以得到机械强度很高的“闭孔”三维有序大孔沸石材料[12]，由于二氧化硅核中含有丰富的介孔通道，可以作为客体组分的“储藏库”。利用廉价的模板材料来作为造孔剂制备介孔沸石材料，有利于降低介孔沸石合成成本。纳米碳酸钙是一种廉价、易得的纳米材料。纳米碳酸钙的性质不同于上面提到的多孔碳材料，它是一种无孔致密的材料。Xie 等以纳米碳酸钙为模板来合成介孔沸石，并且成功地合成出了具有介孔的 Silicalite-1[13]。除了上述几种类型的无机和高分子模板外，越来越多的天然组织也被作为模板用于多级孔分子筛的组装制备。该类型的模板被称为“生物模板”。相对于人工合成模板来说，天然组织作为模板具有以下几方面的优势：①不同物种的组织本身具有独特的内在结构复杂性和多级有序性，甚至同一物种内部的组织结构也存在着多样性，这就有可能用来合成具有特殊显微结构或形貌的无机材料，即所谓的仿生材料。②天然组织通常是以易得、可再生并环境友好的资源形式存在，并且价格低廉。

2. 软模板法

软模板法，即采用双亲分子所形成的有序聚集体，与前驱体组装形成孔径可调、孔道有序、具有高比表面积的有序介孔材料。软模板主要包括多季铵基团烷基季铵盐、双亲有机硅表面活性剂、柔性有机分子等。例如 Xiao[14] 课题组报道了以聚二烯丙基二甲基氯化铵（polydiallyldimethylammonium chloride，PDADMAC）为软模板合成多级孔 β- 沸石的方法。由于 PDADMAC 具有较高的电荷密度，因而可在水溶液中充分分散，保证在晶化过程中 PDADMAC 能够始终嵌在硅铝源中。焙烧后产品的电镜结果和氮气吸脱附曲线表明：材料中同时存在着约 0.8 nm 的规整微孔孔道和 5 ～ 40 nm 的无序介孔孔道，这些介孔孔道相互贯通并与分子筛的外表面相连接。Choi 等[15,16] 利用有机硅烷功能化的季铵盐表面活性剂 $\{[(CH_3O)_3SiC_3H_6N^+(CH_3)_2C_{16}H_{33}]Cl^-$: TPHAC$\}$ 作为模板剂来合成介孔分子筛材料，图 11-3 显示了有机硅烷导向合成具有介孔结构分子筛的一般晶化过程，相比于十六烷基三甲基溴化铵（cetyltrimethyl ammonium bromide，CTAB）等表面活性剂，TPHAC 可以很好地嵌入到沸石晶体中，这种合成策略成功地应用在多种不同骨架结构的介孔分子筛的合成中，如 MFI、LTA、BEA 等。2009 年以来，多级孔 MFI 分子筛的发展促进了典型的介微双孔分子筛合成研究的快速发展。Choi 课题组合

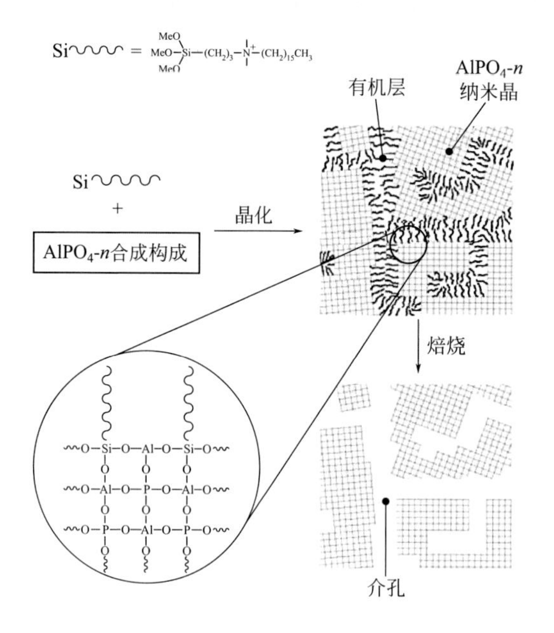

图 11-3 软模板法制备介孔磷酸铝分子筛合成示意图[16]

成了一种新型的双功能双季铵盐型的长链表面活性剂：$C_6H_{13}N^+(CH_3)_2C_6H_{12}N^+(CH_3)_2C_{22}H_{45}(C_{22\text{-}6\text{-}6})$[17]。具有季铵盐离子的头基基团充当微孔 MFI 拓扑结构的导向剂作用，形成具有 MFI 骨架结构的分子筛，C_{22} 尾基部分由于其疏水作用，在分子筛片层间以介观的胶束结构存在，抑制分子筛在 b 轴方向的结晶，形成排列有序的纳米片层。通过控制反应物的组成，减少溶液中 Na^+ 的浓度，纳米片层 a—c 面变窄，能够得到片层与片层之间堆积无序的分子筛，且其比表面积比有序片层分子筛更大。这种片层分子筛具有很好的热稳定性、水热稳定性和良好的催化性能。自从介孔材料 MCM-41 的发现以来，研究者不断地尝试着合成介孔沸石，而合成过程中存在的主要问题是表面活性剂与硅物种之间的作用力弱。为了增强相互作用力，使沸石能够围绕表面活性剂胶束生长，研究者开发了共溶剂的方法，比如利用叔丁醇（tertiary butanol，TBA）和均三甲苯（sym-trimethylbenzene，TMB）为溶剂。Gu[18] 等利用这一方法合成了具有介孔结构的 Y 型沸石和方钠石。实际上，只要当沸石的表面自由能与介孔表面活性剂相互匹配，就能够使表面活性剂与硅物种相互作用，并合成出具有介孔结构的沸石。

另外一种多级孔分子筛的合成方法为自上而下法。沸石分子筛的骨架中所含有的主要元素就是硅、铝元素，二者通过与 O 原子连接形成 TO_4 四面体结构，并通过共用顶点相互连接，最终形成了分子筛的骨架结构。经过物理、化学处理之后，分子筛骨架中的 Si、Al 原子会部分脱除，从而造成局部骨架塌陷，形成介孔孔道结构。

脱铝改性是在水热条件或酸处理条件下破坏骨架结构的 Al—O—Si（P）键而

实现的。典型的脱铝方法主要包括水热脱铝和酸处理脱铝，脱铝改性会在分子筛骨架内产生大量的二次介孔缺陷。对于低硅铝比的硅铝分子筛和磷铝分子筛，脱铝处理是形成晶内介孔的一种简便易行的方法，例如超稳 Y 分子筛（ultrastable Y，USY）的工业制备。影响脱铝改性效果的因素主要有：脱铝试剂的种类、浓度、脱铝时间、温度、脱铝试剂加料顺序等。Chang[19] 课题组采用多羟基羧酸与磷酸复合体系对 USY 进行脱铝处理，合成样品二次介孔孔容为 0.184 mL/g，相对于原料 USY，复合分子筛的结晶度保留率为 73.0%，并成功实现了 1000 mL 规模的放大制备，放大样品具有合适的酸分布和良好的结晶度。以该材料部分替代无定形 SiO_2-Al_2O_3 作为载体制备的加氢裂化催化剂，与商业催化剂相比，对加氢裂化的中间馏分油转化率和选择性分别提高了 5.62% 和 4.05%。此外，该课题组又开发了磷酸-氟硅酸铵体系，克服了表面硅物种的沉积问题。但是脱铝改性仅适合改善 X、Y 等低硅铝比分子筛的传质性能。对于高硅铝比分子筛，由于铝含量低，脱铝改性产生的二次介孔少，同时降低总酸含量，优势并不明显。

脱硅改性是指通过引入碱性试剂选择性溶解分子筛的骨架硅原子，从而在分子筛产生晶内介孔结构的一种方法。Verboekend[20,21] 等详细阐释了脱硅过程中分子筛骨架铝原子的脱除、沉积以及脱硅过程的机理。对 Si/Al 比为 25 ～ 50 的分子筛，晶胞在发生脱硅处理的同时，不可避免地使铝物种发生脱落。从骨架上脱除的含铝物种会发生“再铝化”现象，沉积在周围晶胞的表面，充当介孔导向剂（pore-directing agent，PDA）。随即，脱硅沿着 PDA 包覆的介孔稳定地进行下去。最终铝物种完成介孔外表面的彻底覆盖保护，形成孔径分布较为均一的介孔孔道。对于 Si/Al 比≤ 25 的分子筛，由于其铝含量较高，铝物种 PDA 过早地完成了对介孔外表面的覆盖保护，脱硅产生介孔的过程还未能充分进行就停止，无法得到满意的多级孔结构。相反，对于 Si/Al 比≥ 50 的沸石，其骨架当中铝原子数量稀少，附着在介孔孔道表面的铝物种 PDA 不足以完成对介孔外表面的覆盖保护，脱硅作用过度进行。基于脱硅原理分析，脱硅最适宜的硅铝比为 25 ～ 50。为了拓展脱硅改性的适用范围，Pérez-Ramírez 课题组做了大量深入而细致的工作。通过向体系中引入金属阳离子物种（Al^{3+}、Ga^{3+} 等），模拟“再铝化”过程，得到了具有集中孔径分布的介孔 Silicalite-1[20]。为了改善脱铝改性造成的总酸含量降低、酸性中心分布不均和传质性能减弱等问题，脱铝法常常与脱硅法相结合使用来制备多级孔分子筛。例如 Yuan 等 [22] 使用 $NaAlO_2$ 弱碱溶液和盐酸溶液依次处理 ZSM-5 分子筛，发现制得的多级孔分子筛在没有降低结晶度和酸度的同时产生了大量介孔，促进了分子间扩散，从而提高了分子筛的催化性能，可见脱硅法与脱铝法相结合是制备多级孔分子筛的一种有效方法。脱硅法具有成本低、操作简单和易于工业化等优点，然而分子筛脱硅改性产生介孔的同时伴随着因沸石结构破坏而导致的产品孔结构不规整、微孔较少和结晶度降低等问题，因此用脱硅法制备多级孔分子筛时，应合理优化碱处理条件，防止无定形物质或非骨架铝的形成。

综上所述，传统的分子筛由于其微孔孔道结构而产生较强的扩散阻力，而多级孔分子筛兼具微孔与介孔或大孔结构的优势，既可以改善反应的传质性能，又使得更多的活性位暴露在材料外表面。因此复合孔结构材料对于以下反应存在明显的优势：①大分子反应物参与的反应；②发生在催化材料外表面或孔口的强酸催化反应。例如多级孔分子筛对于大分子芳烃催化裂化反应活性与选择性均有所提高。Zhu 等[23]以聚乙烯醇缩醛为模板剂，合成了含介孔的 ZSM-11 分子筛，其对于三甲苯催化裂化反应结果显示：相比传统 ZSM-11，在 350 ℃时介孔 ZSM-11 催化偏三甲苯，转化率提高 6.94%。除催化活性外，介孔 ZSM-11 对产物的选择性影响较大。大分子产物更易于在介孔 ZSM-11 上形成，而拥有微孔孔径的分子筛则有利于小分子形成。这说明介孔的引入降低了扩散阻力的影响，从而降低了反应物分子的停留时间，降低了发生裂化反应的机会。Wan 等[24]以 ZSM-5 沸石初级和次级结构单元为前驱体，以四丙基氢氧化铵（tetrapropylammonium hydroxide，TPAOH）作为唯一的结构导向剂，无模板自组装合成了多级孔 ZSM-5 分子筛。合成的多级孔分子筛在保留丰富微孔的同时，也生成了平均孔径为 30 nm 的有序介孔。将其应用于催化甲醇制汽油反应中，汽油烃类选择性达到 59%，甲醇转化率几乎高达 100%，相比于常规 ZSM-5 沸石，抗积炭性能显著提高。Christensen 等利用炭黑为模板，合成了具有介孔的大晶粒 ZSM-5 材料，该材料由于具有大的体相扩散通道和高比表面积，在苯烷基化制备乙苯的反应中，比传统的 ZSM-5 沸石有更快的反应速率，且目标产物乙苯的选择性也接近了 90%[25]。Choi 等[17]研究了具有多级孔 MFI 结构的片层分子筛在甲醇催化转化反应中的应用，与具有相似硅铝比的常规 ZSM-5 分子筛、Al-MCM-41 以及从分子筛晶种自组装而来的有序介孔材料相比，多级孔 MFI 分子筛催化剂表现出了很高的催化活性和优越的稳定性。在反应开始阶段的转化率与常规分子筛差别不大，其主要原因是甲醇分子尺寸相对较小，容易进入分子筛微孔孔道与酸性位点接触发生反应。但随着反应的进行，微孔孔道内反应物逐步增多，减缓了产物的扩散，积炭逐步增加，通过对积炭量与位置的考察，发现多级孔分子筛表面的积炭速率相对较慢，能够在相当长的时间内保持很高的催化活性，延长了使用寿命。

第二节 多级孔金属氧化物催化剂

一、有序介孔过渡金属氧化物

1. 有序介孔过渡金属氧化物材料概述

介孔金属氧化物因其同时具有纳米特性和多孔道结构，因而在催化、电子、环境等领域有广阔的应用前景。这种材料所具有的巨大的比表面积，使其具有很高的反应活性和极大的吸附容量，使反应能在其体内进行。大多数有序介孔结构的形成要依靠模板的作用。用于制备介孔材料的模板一般分为软模板剂和硬模板剂两类。软模板剂一般是指具有“软”结构的有机分子或超分子，当溶解在溶液中，这些组分可以通过静电平衡、范德华力和氢键作用，从而形成带有可以剪裁的孔径和孔形状的纳米结构材料。正是因为如此，表面活性剂能够组合成高分子排列，在介孔材料的制备过程中起到结构导向的作用。由有机 - 无机离子经过分子的自组装而产生介孔材料，主要归结于在合成过程中表面活性剂的模板效应，如液晶模板机理、棒状自组装模型、电荷匹配机理、层状折皱模型等机理。通常来说可使用的软模板剂种类很多。离子型软模板剂多为表面活性剂，如十六烷基三甲基溴化铵（cetyltrimethyl ammonium bromide，CTAB）、十二烷基磺酸钠（sodium dodecyl sulfate，SDS）等[26]，也有以不同链长的长链羧酸作为软模板剂的报道[27]；非离子型软模板剂多用嵌段共聚物、三嵌段共聚物如 Pluronic P123（$EO_{20}PO_{70}EO_{20}$）、Pluronic F127（$EO_{106}PO_{70}EO_{106}$）、Pluronic PE（$EO_{25}PO_{56}EO_{25}$）等在文献中最为常见，还有一些两嵌段共聚物[28]。此外，不同平均分子量的聚乙烯醇和聚乙二醇（polyethylene glycol，PEG）如 PEG-4000 和 PEG-2000 等也作为非离子型软模板剂在介孔材料的合成中广泛应用。所谓的硬模板法就是指所用的“模板剂”结构相对较硬，一般是指固体材料，例如二氧化硅、炭等。以纳米孔结构材料为模板进行纳米结构的组装一般有三个步骤：先是合成具有一定孔道结构的纳米孔结构模板；然后再采用物理或化学的手段，将具有一定功能的结构单元负载在纳米孔结构模板的孔道中，进而完成组装；再将硬模板剂去除，便得到相应的介孔材料。可以看出，孔材料模板的合成是形成组装体系的先决条件，模板的结构直接关系到组装体系的结构和性能，因此合成高质量的孔材料模板是人们关注的焦点。在模板的导向作用下可合成具有不同对称性结构的 2D、3D 有序或无序介孔金属氧化物[29]。在选取模板时要考虑模板是否能够保持结构上的稳定性，且在组装结束后模板是否容易去除等因素。

2. 有序介孔过渡金属氧化物的合成与性质

与硅系介孔材料相比，非硅系有序介孔材料特别是过渡金属氧化物由于其组分、价态多变等原因，合成相对困难[30]。近年来人们已在探索各种方法来合成这些介孔材料。总结起来合成方法主要有软模板法和硬模板法两大类。

制备介孔过渡金属氧化物多采用表面活性剂作为软模板剂，又称结构导向剂（structure-directing agent，SDA），首先经过溶胶 - 凝胶或沉淀过程得到前驱物，再经高温灼烧或洗涤步骤将前驱物中模板剂去除，得到目标产物。这些介孔材料具有较高的比表面积、较窄的孔径分布和一定形状的孔结构。目前文献报道较多的是软模板路线，即利用无机前驱物与有机模板剂分子相互作用，形成无机 - 有机复合的介观结构，去除有机模板剂，得到相应的介孔材料。在介孔金属氧化物的合成方法中，长链有机物常被用作软模板剂，遵循配体 - 协助[31]模板合成机制，合成过程中形成的金属 - 有机物配合物需长时间使其水解、缩合等反应才能完成[32]。由于软模板法所采用的溶胶 - 凝胶体系是在较低温度条件下合成的材料，构成结晶的组分没有足够的热能跃过形成晶体所需要的能量，因此需要通过焙烧的方法转为晶态氧化物。当焙烧温度在晶化温度以上时，孔道结构就容易发生塌陷。例如，Sinha 等采用三嵌段共聚物 F127 辅助的软模板法，在低温（< 300 ℃）下焙烧制得三维有序介孔（3DOMeso）CrO_x，但当焙烧温度超过 500 ℃时，有序介孔结构被完全破坏[33]。

为了合成晶态的介孔金属氧化物，人们对软模板法合成条件进行了改进，并取得了很大进展。为了加快金属前驱物的水解和缩合，引入超声条件，可以实现介孔金属氧化物的快速合成。例如 Wang 等[34]利用超声波化学方法实现了介孔 TiO_2 的快速合成，以此 TiO_2 作催化剂载体和染料敏化太阳能电池阳极，均表现出优异性能[35,36]。该超声波化学方法也可用于其它过渡金属氧化物和稀土氧化物介孔粒子的合成，例如 Chen 等[37]以聚氧乙烯醚为模板剂，在超声波辐射条件下快速合成了介孔氧化钼，并且通过选用不同分子量的聚氧乙烯醚而实现对目标产物形貌的控制。控制焙烧过程也可以有效减缓孔道收缩程度，这也有利于保持孔道结构。例如 Urade 等[38]通过控制程序升温合成了具有三维有序介孔结构的晶态 SnO_2。具体的升温程序为：从 50 ℃升至 250 ℃过程中，每隔 30 ℃保持 10 ～ 12 h，然后再以 3 ℃ /min 的升温速率升至 600 ℃，恒温 4 ～ 5 h。小角衍射显示 89% 的孔道收缩发生在前面渐进式的升温过程中。通过这种渐进式的升温方式大大加固了无机孔壁的强度。而当升温程序改为以 1 ℃ /min 的速率升至 400 ℃时，介孔孔道结构则发生了坍塌，这说明渐进式的升温方法对于保持介孔结构是很重要的。另外，在水溶液中利用表面活性剂合成介孔金属氧化物存在一定的难度，一个重要的原因在于大部分金属离子在水溶液中容易水解沉淀，来不及与表面活性剂发生相互作用，同时在去除表面活性剂和晶化过程中多伴随介孔结构的塌陷。为此，许多研究者经过多次尝试，选择合适的模板剂、金属盐前驱物来克服这个困难。如以 $H[CH_2CH_2CH(CH_3)\text{-}CH_2CH_3]_{89}(OCH_2)_{79}OH$（KLE）为模板剂，采用浸渍法成功合成了各种有序的晶态介孔过渡金属氧化物薄膜，如 MoO_3、Ta_2O_5、V_2O_5 等，并发现 KLE 模板剂比 P123 类模板剂显示出更好的模板效应和热稳定性，在模板剂完全去除前孔壁已经晶化[39]。也可以利用 CTAB 作表面活性剂，在酸性条件下合成复合氧化物 La-Co-Zr，这种复合介孔材料具有高比表面积、高热稳定性和高分散性，比具有钙钛矿结构的 $LaCoO_3$ 具有更高的甲烷催化氧化能力[40]。为了解决金属离子的剧烈水解问题，也可以选用有机溶剂代替水作为反应体系来合成介孔过渡金属氧化物，如采用无水乙醇作为反应溶剂，利用 PEO-PPO-PEO 共聚物为模板剂，在酸性条件下合成了具有高稳定性的有序介孔氧化钛和氧化锆[41]。采用嵌段共聚物 F127

为模板剂，以乙二醇和异丙醇的混合液为溶剂，合成了具有三维立方结构的介孔氧化铬[42]。在这里使用混合有机溶剂的目的是使无机前驱体缓慢胶凝，有助于介孔骨架结构交联得更加坚固，因此所合成的介孔氧化铬具有很好的有序性。

蒸发诱导自组装法（evaporation induced self-assembly，EISA）是利用表面活性剂分子的超分子自组装为无机晶体成核提供模板，利用气 - 液、固 - 液或液 - 液界面相互作用进行两相界面外延生长技术，以及借助浸渍提拉或旋转镀膜技术，在一定的湿度和温度条件下来实现晶粒的自组装和溶剂的缓慢蒸发的过程。其合成机理与利用溶胶 - 凝胶法合成介孔材料类似，不同之处在于蒸发诱导自组装法是将溶胶分散在玻璃板上形成薄膜，再蒸发去除掉有机溶剂。这种方法合成出来的大多是介孔薄膜材料。如 Brezesinski 等[43]利用 poly(isobutylene)-block-poly(ethylene oxide)（PIB-PEO）作为模板剂，$FeCl_3$ 作为金属源，用 EISA 方法合成出了介孔 α-Fe_2O_3 薄膜。Chen 等[44]也利用 EISA 法，用油酸作模板，$KMnO_4$ 作金属源制备了介孔氧化锰，并将其应用到低温氧化去除甲醛领域。但是，软模板法对介孔金属氧化物的合成存在一定的局限性，特别是对于过渡金属氧化物，由于其水解速率难以控制以及变价离子的存在，使得用软模板法合成有序的介孔过渡金属氧化物及其复合物有较大的难度。同时，利用表面活性剂模板法合成的介孔金属氧化物，其孔壁通常是无定形的，这也大大限制了其在催化、光、电、磁等领域的应用。针对上述情况，出现了另一种合成介孔材料的可取方法，就是利用有序的介孔材料作为硬模板，通过纳米复制技术得到其反介孔结构[45]。

硬模板法是指将某种选定的无机前驱物引入硬模板孔道中，然后经焙烧在纳米孔道中生成氧化物晶体，去除硬模板后而得到相应的介孔材料。如图 11-4 所示，所用的模板剂大多是固体材料，如介孔 SiO_2 或者介孔碳材料等。

早在 1996 年，韩国科学家为了研究介孔 SiO_2 的孔道形貌，在孔道中填充铂盐溶液，然后在高温下用 H_2 将其还原至金属铂，最后用 HF 或 NaOH 将氧化硅模板溶解去除，得到了介孔铂纳米管[46]。以后的研究者又以介孔 SiO_2 为硬模板合成出了各种有序的介孔金属和介孔碳[47, 48]。需要指出的是，采用硬模板法合成有序介孔材料时最大挑战在于如何将金属前驱体完全充满硬模板的介孔孔道，从而获得孔道结构规整性和连续性都较好的目标产物。在用硬模板法合成有序的晶态介孔过渡金属氧化物，如 Fe_2O_3、In_2O_3、Mn_xO_y 等时，在合成硬模板介孔 SiO_2 时（如 SBA-

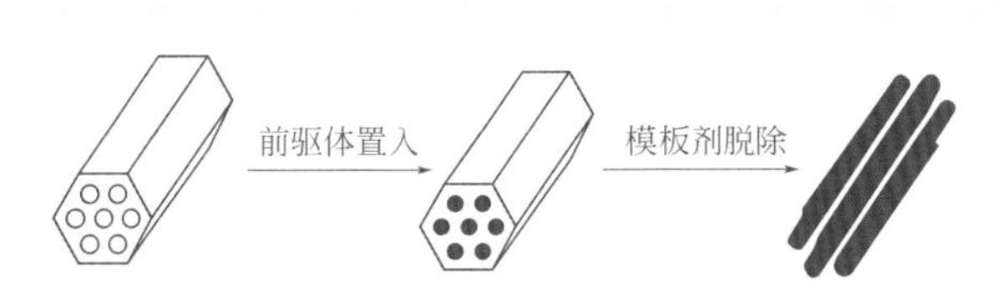

图 11-4　硬模板法合成金属氧化物过程示意图

15、SBA-16、FDU-1），用微波加热法代替传统的焙烧法去除表面活性剂步骤，所合成的介孔 SiO_2 孔壁上保留了大量的羟基基团，这些亲水性的羟基基团可以与极性的无机前驱物相互作用，从而能在孔道里充分填充无机前驱物[49]，因此合成的材料孔道连续性较好。其典型的合成方法为：将相应的硝酸盐溶于乙醇后导入介孔 SiO_2 孔道中，蒸干溶剂，在 550 ～ 650 ℃下焙烧，硝酸盐转化为结晶的金属氧化物，再用 2 mol/L 的 NaOH 溶液或 10% 的 HF 溶液将 SiO_2 模板剂溶解去除，合成的产物多为孔壁由过渡金属氧化物单晶组成的有序介孔材料。出于同样的目的，Wang 等[50] 用乙烯基修饰的二氧化硅作硬模板剂，$Co(NO_3)_2$ 作无机前驱体，由于乙烯基能螯合钴离子，使得前驱物能完全充满硬模板剂孔道，经焙烧形成 Co_3O_4 晶体，再用 2 mol/L 的 NaOH 溶液去除模板剂，得到高度晶化、有序的介孔 Co_3O_4，其表现出很好的磁学性质。Dai 等[51] 以 $Cr(NO_3)_3 \cdot 9H_2O$ 为金属源，KIT-6 为硬模板，采用无溶剂热法经不同温度（130 ～ 350 ℃）处理后制得了 3DOMeso CrO_x。该方法是在密闭的自压釜内使 $Cr(NO_3)_3 \cdot 9H_2O$ 熔融，并填充到 KIT-6 的介孔孔道中 [$Cr(NO_3)_3 \cdot 9H_2O$ 的熔点是 60 ℃，在 125 ℃开始分解]。采用两步升温法，先在 80 ℃下使 $Cr(NO_3)_3 \cdot 9H_2O$ 熔融，再逐渐升温使其在孔道内缓慢分解。自压釜内的压力随着金属源的分解逐渐增大，有助于熔融盐填充到模板孔道中。发现经 240 ℃处理后制得的 3DOMeso CrO_x 催化剂，对甲苯或乙酸乙酯完全氧化反应显示出最好的催化活性。另外 Dai 课题组[52] 以金属硝酸盐的醇溶液为金属源，以 KIT-6 或 SBA-16 为硬模板，采用真空浸渍法制得了 3DOMeso Fe_2O_3 和 Co_3O_4。该方法是先将硬模板粉末置于密闭环境中进行真空处理，然后滴加金属硝酸盐的醇溶液，待滴加完成后，继续在高真空条件下保持体系中无明显多余溶液，即可获得中间产物。将中间产物进行焙烧处理后，用体积分数为 10% 的 HF 溶液去除硅模板便得到目标产物。Ma 等[53] 以 KIT-6 为硬模板，制得了一系列具有三维有序介孔结构的单一及复合过渡金属氧化物（Co_3O_4、Cr_2O_3、CuO、Fe_2O_3、MnO_2、Mn_2O_3、Mn_3O_4、NiO 和 $NiCoMnO_4$）。图 11-5 为介孔过渡金属氧化物的 TEM 照片和 XRD 谱图。

制备条件和硬模板类型对金属氧化物的孔道维度和有序性、孔径大小及其分布、孔容和比表面积等物化性质有较大影响。例如 Puertolas 等[54] 发现制备 KIT-6 硬模板时所采用的水热处理温度（40 ～ 100 ℃）是影响 3DOMeso CeO_2 物化性质的关键因素。以 80 ℃水热处理 24 h 后获得的 KIT-6 为硬模板，制得的 3DOMeso CeO_2 具有最小的晶体粒径、最高的比表面积、较少的残留 Si 和合适的氧化还原性能，因而对萘的氧化显示较好的催化活性。Li 课题组[55] 比较了分别以二维有序介孔（2DOMeso）SBA-15 和 3DOMeso KIT-6 为硬模板制得的 2DOMeso Co_3O_4 和 3DOMeso Co_3O_4 对甲醛氧化反应的催化活性，观察到在 SV=30000 mL/(g • h) 和甲醛：氧气摩尔比为 1：500 的条件下，3DOMeso Co_3O_4 比 2DOMeso Co_3O_4 具有更好的催化氧化性能，在 130 ℃即可将甲醛完全转化。这与 3DOMeso Co_3O_4 的三维有序孔道结构、更高的比表面积、更丰富的表面活性氧物种（有利于甲醛氧化）和

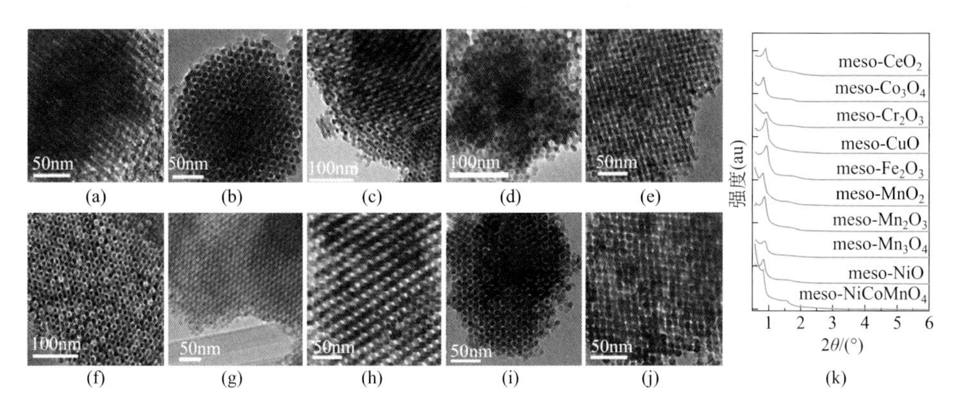

图 11-5　具有有序介孔结构的金属氧化物的 TEM 图片

[(a)~(j)] 及小角 XRD 谱图(k)[53]

(a) CeO_2；(b) Co_3O_4；(c) Cr_2O_3；(d) CuO；(e) Fe_2O_3；(f) β-MnO_2；
(g) Mn_2O_3；(h) Mn_3O_4；(i) NiO；(j) $NiCoMnO_4$

更多的表面 Co^{3+}（有利于改善催化剂的氧化还原能力）物种有关。

在硬模板合成法中介孔二氧化硅模板剂的去除要用到氢氟酸或氢氧化钠溶液，这种强酸或强碱条件不适于合成一些两性的金属氧化物，如氧化锌等。用介孔碳作为硬模板可以解决这个问题，也是一种有效的方法，因为介孔碳可以通过焙烧的方法去除。介孔碳材料一般是通过硬模板法复制有序的介孔硅得到的，因此用介孔碳为模板合成介孔材料其实是利用两步纳米复制技术。Waitz 等[56]以 CMK-3 为硬模板，成功合成了有序的晶态介孔 ZnO，从拉曼光谱和光致发光实验证实该材料有很好的光学性质。硬模板法由于合成体系中无机前驱体与硬模板剂间作用关系简单，且能保持很好的孔道完整性，已被广泛用于合成各种晶态的介孔过渡金属氧化物。软模板法合成过程相对简单，有更好的工业应用前景，但灼烧后孔壁容易塌陷，热稳定性相对较差，导致所得材料的比表面积和孔体积降低。目前国内外大量研究表明，用该方法合成的晶态过渡金属氧化物介孔粉体材料有序性差，这也是该方法进行大规模工业化应用所遇到的瓶颈问题。随着研究工作的不断深入，相信在不久的将来过渡金属氧化物介孔材料的合成方法将会更成熟，性能研究会日臻完善，更多的新材料会被合成，其应用领域也将会更广泛。

二、有序大孔过渡金属氧化物

1. 有序大孔过渡金属氧化物材料概述

多孔过渡金属氧化物具有高的比表面积和发达的孔结构，使其在电、磁、吸附和催化等物理和化学领域具有广阔的应用前景。多孔材料中的介孔可以选择性地容纳客体分子，所具有的高比表面积有利于气体分子吸附。大孔结构则可降低大分子传质阻力和有利于其到达活性位。大孔材料是指孔径大于 50 nm 的孔材料，这类材料相对于微孔和介孔材料对于所传输的介质具有更大的扩散系数，在催化剂载体和分离材料等领域存在广泛的应用。传统的大孔材料制备方法主要是造孔法和发泡法，通常要在制备的材料中加入发泡剂或是通过减压技术在材料中产生大量的孔道。然而，通过这种方法得到的大孔材料的孔径分布往往较宽，孔道分布不规则，孔与孔之间基本是独立的，相互不能贯通。以上这些缺点极大地限制了这类无序大孔材料在实际行业中的应用。因此，研究者近年来更加关注于三维有序大孔氧化物的研发。

2. 有序大孔过渡金属氧化物的合成与性质

在这种背景下，模板法作为一种制备材料的新型技术应运而生。通过将目标材料的前驱体填充到有序结构模板的空隙当中，然后在高温下或是其它条件下去除模板，最后得到孔径大小均一、孔道结构有序、孔与孔之间相互贯通的材料。很多特殊的物质也能用作模板来合成材料。近年来研究人员发现在动物或植物的长期进化过程中，会产生一些具有对称性的微观结构。这些长程有序的对称结构可以作为模板用来制备多孔材料。例如，国外的研究者曾利用天然的纤维、贝壳和木材作为生物模板合成了有序的大孔材料。然而，在以生物模板制备材料时，由于前驱体中无机物种的沉积速度较快，不易控制，得到产物的结构通常都很致密，最终的结构通

图 11-6 天然蛋白石照片（a）、典型的合成蛋白石（b）和反蛋白石（c）照片[58]

常不能复制模板的有序结构，得不到三维有序的孔道结构，因此限制了生物模板法的广泛应用。自然界中存在一种具有璀璨光彩的蛋白石（opal）宝石，它是由直径150～400 nm 的 SiO_2 粒子堆积而成的三维有序结构，由于对可见光的布拉格衍射，形成其特有的颜色［图 11-6（a）］。蛋白石是天然的胶体晶体，非天然的胶体晶体称作合成蛋白石［图 11-6（b）］，例如，聚苯乙烯（polystyrene，PS）微球、聚甲基丙烯酸甲酯（polymethyl methacrylate，PMMA）微球、炭微球及 SiO_2 微球等。20 世纪 90 年代末，Velev 等[57]用胶体晶体模板法成功制备出三维有序大孔材料（three-dimensionally ordered macropore material, 3DOM，又称反蛋白石）。该种材料不但具有孔径尺寸单一、孔结构在三维空间内有序排列的特点，而且其孔径尺寸都在 50 nm 以上（最大可达几个微米），可用于大分子的催化，弥补了以往小孔结构的分子筛及介孔材料难以让大分子进入空腔的缺点，可广泛应用在催化剂载体、过滤及分离材料、电池和热阻材料等领域。自此，对三维有序大孔材料的研究成为近年来材料科学的热点[58]。

胶晶模板法是目前获得 3DOM 材料最常用方法。它主要包括以下几个步骤：①制备单分散微球，并排列成有序的胶晶模板；②在模板间隙内填充所需目标产物的前驱物；③除去多余的前驱物并干燥；④去掉模板得到所需的 3DOM 产物。胶晶模板的形成大多经历一个胶体微球在悬浮液中自组装的过程，胶体晶体模板的合成为关键步骤之一。单分散的胶体微球是组装长程有序的胶体晶体模板的基础和先决条件。当前主要有三种胶体微球用作模板合成材料，包括 SiO_2 微球、聚苯乙烯微球和聚甲基丙烯酸甲酯微球等。通常可以用 Stöber 方法合成 SiO_2 微球。通过这种方法合成的微球尺寸可以从几十纳米到几微米，并且，在微球表面具有很多的羟基官能团，有利于微球表面的进一步功能化。同时，通过这种方法制得的微球通常具有较高的单分散性，并且合成过程比较简单。聚合物胶体微球可以通过无皂乳液聚合的方法合成。和传统的乳液聚合相比，无皂乳液聚合法不仅克服了乳液聚合时需要大量消耗乳化剂的缺点，而且聚合过程容易发生，在加入含有少量碱引发剂或单体的条件下聚合反应就能发生。同时，极性的官能团会在微球表面形成电荷层，通过微球之间的静电排斥力使胶体微球在乳液中能够稳定存在，并且单分散的胶体微球的表面是比较洁净的。

3DOM 材料的形成可以认为是胶体晶体作为模板的反向复制过程。在胶体晶体微球之间的空隙内填充前驱体溶液，当前驱体溶液转化成相应的固体时，通过去除模板，固体的框架就被保留了下来，而原来位置的模板微球就被空气球所取代，这样就形成了 3DOM 的结构形式。在制备的过程中，如果胶体微球组装不规则，就会得到无序的材料。因此，胶体晶体模板的组装是进行后续实验的基础和必备条件，模板的有序性和均一性将极大地影响所得材料的最终结构。到目前为止，有六种主要的组装胶体晶体模板的方法，包括沉淀法、垂直沉积法、电泳沉积法、物理限制法、电磁流体技术和蒸发自组装法。在前驱体填充之前，胶体晶体模板的热处理是很重要的步骤。在灼烧胶体晶体模板之前，排列的微球之间的结合是非常松散，并且是相互独立的。胶体晶体模板空隙中前驱体溶液的填充主要依靠毛细作用力。然而组装好的胶体晶体模板通常没有足够的机械强度，在前驱体溶液的作用下模板结构会变得松散，并且胶体微球之间经常会发生相对移动。因此，胶体晶体模板会分裂成碎片，很难得到大面积具有较高机械强度的材料。当对胶体晶体模板进行热处理后，在一定程度上会使胶体微球之间颈部相互交联在一起。这样就能够提高胶体晶体模板的机械强度，并且当模板去除之后使大孔之间会有一些小窗口相互连通。例如 Gates 等 [59] 对低温下处理胶体晶体微球模板进行了详细的研究，发现当处理温度高于玻璃化温度时，胶体晶体微球就会发生变形，导致邻近的微球之间接触面积变大。如果处理温度长时间保持在 100 ℃，胶体晶体模板将会熔化并且转化为透明的块状物质，以致失去模板的作用。对 SiO_2 胶体晶体模板的研究表明，胶体晶体模板具有较高的玻璃态温度（700 ～ 950 ℃）。如果温度低于 700 ℃，将不利于胶体晶体的熔融形成颈部相连结构，如果温度高于 950 ℃则会使微球过度熔融，并最终将导致微球之间的空隙变窄，不利于前驱体的填充。

模板组装完成之后，填充技术和在胶体晶体模板之间发生的液 - 固或气 - 固相的转化反应是合成多孔材料的关键因素。在前驱体选择和模板填充过程中，应该注意以下一些情况：首先，胶体晶体模板能够被前驱体溶剂完全润湿，这样可以使前驱体溶液浸润整个模板，而且消除由漏渗区域（未被浸润的区域）所产生的缺陷；其次，前驱体应该在溶剂中具有较好的溶解性以便更多的前驱体能够进入模板间隙，避免灼烧过程中孔壁发生塌陷；此外，有机前驱体熔点应该高于模板玻璃化温度，否则，模板去除之前，前驱体将会由于熔融而失去作用。灼烧法是去除有机模板常用的方法，然而快速升温会导致有机物过快分解，瞬间产生大量的气泡，不利于有序大孔结构的形成。因此，合适的升温速率和灼烧温度是形成有序大孔结构框架的关键。此外，模板也可以用有机溶剂溶解而去除，例如，PS 和 PMMA 微球可以溶于甲苯、四氢呋喃和四氯化碳，SiO_2 则可以用 HF 溶解去除。

到目前为止，通过胶晶模板法已成功制备了 Co、Mn、Fe、Ti、Zr、Al、W 及 Ce 等的 3DOM 金属氧化物材料 [60~62]。一系列的 3DOM 过渡金属氧化物或复合金属氧化物在催化领域得到了广泛的应用，无论是作为活性组分还是催化剂载体，都显示了较好的催化性能。例如 Ueda 研究组 [63] 在乙二醇 / 甲醇混合溶液中采用 PMMA 模板法制备了 3DOM Al_2O_3、3DOM Fe_2O_3、3DOM Cr_2O_3、3DOM MnO_x 及其复合氧化物。张军课题组 [64] 制备了 3DOM CeO_2 和 Au/3DOM CeO_2 多孔催化剂。首先通过调控硬模板 PS 微球的直径（200 nm、400 nm 和 800 nm），制备了孔径分别为 80 nm、130 nm 和 280 nm 的 3DOM CeO_2，并比较了其分别负载不同质量分数纳米 Au 催化剂对甲醛氧化反应的催化性能。在 SV = 66000 mL/(g • h) 和 HCHO ∶ O_2 摩尔比为 1 ∶ 350 的反应条件下，由于均一的大孔结构有利于分散活性物种 Au 纳米颗粒，因此 Au/3DOM CeO_2 比 Au/ 体相 CeO_2 显示出更高的催化活性。由于更高的

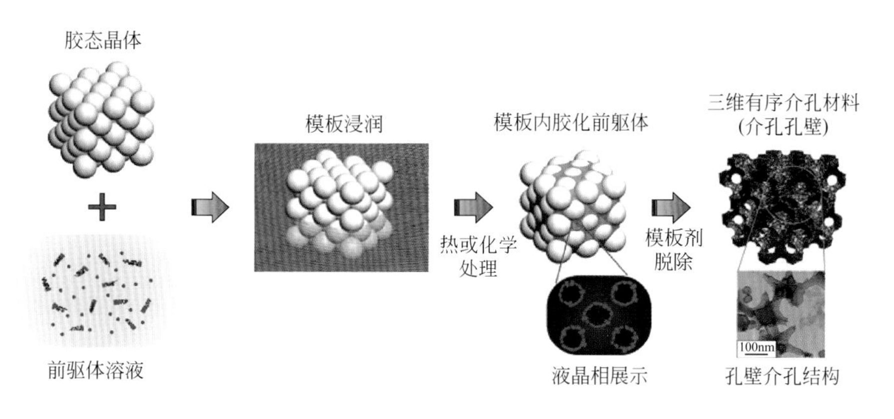

图 11-7　结合胶晶模板和表面活性剂的双模板法制备示意图 [60]

比表面积和较小的孔径更有利于细小 Au 纳米颗粒的均匀分散，因此 Au 负载在孔径为 80 nm 的 3DOM CeO_2 上的催化剂表现出最好的催化性能，甲醛在 75 ℃下即可实现完全氧化。近年来，多级孔（兼具微孔、介孔和大孔中的两种及以上）材料在能源存储和转换、催化、过滤、传感和医药等领域备受关注。为了在 3DOM 材料大孔孔壁产生有序介孔，得到三维有序大孔 - 介孔氧化物，可在目标产物的前驱物溶液中加入一定量表面活性剂，以表面活性剂为软模板，合成过程如图 11-7 所示。例如戴洪兴课题组 [65~67] 采用软硬双模板法，制得了具有介孔孔壁的 3DOM MgO、3DOM Al_2O_3、3DOM $Ce_{1-x}Zr_xO$、3DOM Fe_2O_3 和 3DOM Co_3O_4。以具有蠕虫状介孔孔壁的 3DOM Fe_2O_3 为例，表面活性剂 P123（三嵌段共聚物 $EO_{20}PO_{70}EO_{20}$）对介孔结构的形成起到关键作用。在干燥过程中，随着溶剂的蒸发，Fe^{3+} 可能会和 P123 中的 PEO 基团配位，形成无序排列的胶束，经焙烧处理后形成蠕虫状介孔。在 SV = 20000 mL/(g • h) 和甲苯：氧气摩尔比为 1：200 的反应条件下，甲苯在具有蠕虫状介孔孔壁的 3DOM Fe_2O_3 上催化燃烧的 T_{50} 和 T_{90} 分别为 240 ℃和 288 ℃，而在无孔孔壁的 3DOM Fe_2O_3 上的 T_{50} 和 T_{90} 分别是 288 ℃和 340 ℃ [68]。显然，多级孔结构显著改善了 Fe_2O_3 的催化氧化性能。

钙钛矿型金属氧化物（ABO_3）由于需要高温灼烧才能形成晶相结构，致使一般比表面积较低，很难得到具有多孔结构的该系列复合金属氧化物。为改善 ABO_3 的催化性能，人们尝试制备具有多级孔道结构的 ABO_3 及其负载型催化剂。例如 Kim 等 [68] 采用醇化的金属乙酸盐为前驱体成功合成了 3DOM $La_{0.7}Ca_{0.3-x}Sr_xMnO_3$。Sadakane 等 [69] 采用金属硝酸盐为前驱体，以 PMMA 微球为模板，以甲醇 - 乙二醇为溶剂，采用不同灼烧温度制备出 3DOM $La_{1-x}Sr_xFeO_3$。赵震课题组 [70] 以经过表面羧基改性的 PMMA 为模板，在惰性气氛下碳化模板，最终在空气气氛中经 700 ℃灼烧得到了 3DOM $LaK_{1-x}Co_xO_3$。该课题组随即开发了一系列 Au/3DOM $LaFeO_3$ 催化剂，其具有的有序大孔结构以及纳米金的超高分散性，在炭烟的氧化反应中，有利于催化剂与固体炭烟颗粒的均匀接触，对于炭烟颗粒的氧化反应具有很好的催化活性[71]。戴洪兴课题组在 Ueda 课题组制备 3DOM ABO_3 方法的基础上建立了具有介孔或纳米空洞（nanovoid）孔壁的 3DOM ABO_3 的软硬双模板制备法。该方法主要包括以下几个步骤：①采用无乳液聚合法合成单分散 PMMA 微球；②采用恒温悬浮成膜法制备呈规整排列的 PMMA 微球硬模板；③按目标产物中各金属元素的化学计量比，配制成溶解有金属源、柠檬酸和表面活性剂（如三嵌段共聚物 P123、三嵌段共聚物 F127、L- 赖氨酸或木糖醇等）的甲醇、聚乙二醇（polyethylene glycol，PEG）和水组成的均匀溶液；④将一定量的 PMMA 硬模板在该溶液中浸渍一定时间，然后用布氏漏斗抽滤除去多余溶液，在室温下干燥；⑤将干燥样品置于管式炉中，先在氮气气氛中于低温下焙烧（使 PMMA 部分碳化形成无定形碳，充当一种更为坚硬和耐热的硬模板以保证大孔 - 介孔结构在聚合物模板去除之后不会坍塌），然后在空气气氛中于高温下焙烧制得具有介孔或纳米空洞孔壁的 3DOM ABO_3。值得一提的是，该软硬双模板法有一定的普适性。除 3DOM ABO_3 外，该课题组还

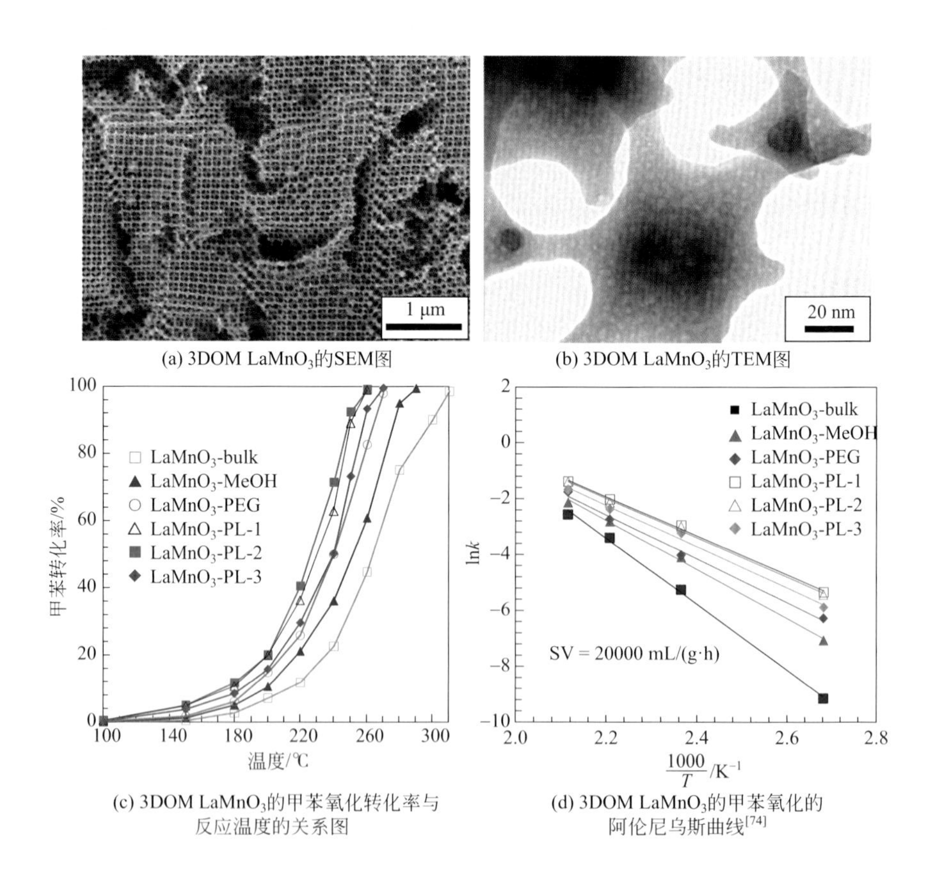

(c) 3DOM $LaMnO_3$的甲苯氧化转化率与反应温度的关系图

(d) 3DOM $LaMnO_3$的甲苯氧化的阿伦尼乌斯曲线[74]

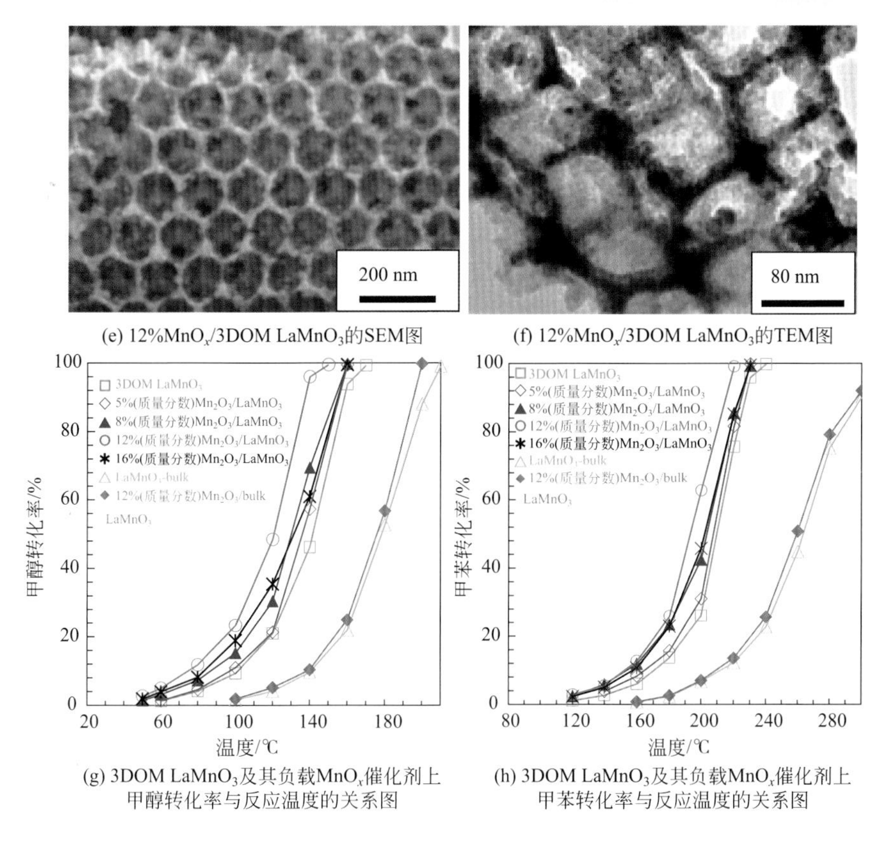

(e) 12%MnO_x/3DOM $LaMnO_3$的SEM图　(f) 12%MnO_x/3DOM $LaMnO_3$的TEM图

(g) 3DOM $LaMnO_3$及其负载MnO_x催化剂上甲醇转化率与反应温度的关系图　(h) 3DOM $LaMnO_3$及其负载MnO_x催化剂上甲苯转化率与反应温度的关系图

图 11-8　具有介孔孔壁的三维有序大孔 3DOM $LaMnO_3$ 催化剂和 12%（质量分数）MnO_x/3DOM $LaMnO_3$ 催化剂形貌结构与催化性能[74,76]

制得了具有多级孔道的 3DOM $BiVO_4$[72] 和 3DOM $InVO_4$[73] 等材料。例如该课题组以 PMMA 微球为硬模板，以 P123 为软模板的方法制备了 3DOM $LaMnO_3$，同时孔壁上有蠕虫状介孔结构，如图 11-8 所示。与体相 $LaMnO_3$ 相比，3DOM $LaMnO_3$ 对甲苯完全氧化反应表现出更高的催化活性[74]。为了考察过渡金属氧化物与钙钛矿型氧化物之间存在的协同作用，该课题组制备了一系列的 MO_y/3DOM ABO_3 催化剂，并研究了其对挥发性有机物（volatile organic compounds，VOCs）氧化的催化性能。例如采用一步法（即原位法）制备了 2% ～ 10%（质量分数）CoO_x/3DOM $La_{0.6}Sr_{0.4}CoO_3$[75] 和 5% ～ 16%（质量分数）MnO_x/3DOM $LaMnO_3$[76] 催化剂，发现原位担载少量 CoO_x 或 MnO_x 可有效地改善催化剂对 VOCs 氧化反应的催化性能，其中以 8%(质量分数) CoO_x/3DOM $La_{0.6}Sr_{0.4}CoO_3$ 和 12%(质量分数) MnO_x/3DOM $LaMnO_3$（图 11-8）的催化活性为最高。

第三节 多级孔碳催化剂

一、多级孔碳材料概述

多孔碳材料是指以碳素为骨架的具有不同尺寸孔隙结构和较高比表面积的一类固体材料。根据结构特征，可分为无序多孔碳材料和有序多孔碳材料。其中，无序多孔碳材料的孔道不是长程有序的，孔道形状不规则，孔径尺寸分布范围也较宽。随着多孔碳材料应用领域的不断拓宽，对其结构和性能等方面的要求也越来越高，单一孔道材料由于存在传质阻力大等问题，已经不能满足一些领域对材料结构越来越精细化的需求。在这种情况下，迫切需要研究出能够综合各种孔结构优点的新型多孔碳材料，根据应用需求和结构特点构造多级孔碳材料是解决上述问题的有效途径之一。典型的多级孔碳材料通常具有微孔 - 介孔、介孔 - 大孔以及微孔 - 介孔 - 大孔复合结构。结合不同孔隙结构的碳材料不仅具有单一孔材料的特性，而且具有更大的比表面积和发达的多级孔隙结构，多级孔协同作用使其在各应用领域具有优于单一孔隙结构碳材料的优异特性。比如，对于微孔 - 介孔碳材料，可以同时弥补微孔材料孔径小和介孔材料杂原子活性中心不稳定的缺陷，从而在大分子催化裂化和大分子催化氧化等领域展示了巨大的优势；对于介孔 - 大孔碳材料，介孔可以提供发达的比表面积和较大的孔容，大孔具有非常优良的通过性，有效提高了物质在其中的传输速率，且通过改性等手段可以增强选择性，从而使其在大分子吸附、催化剂载体以及能量存储等领域都具有潜在的应用价值。

多孔碳材料不仅具备碳材料化学性质稳定、耐酸碱性以及价格低廉等优点，而且具有比表面积大、孔隙发达、孔径可调节、密度低、导电性能好等一系列优良性质。凭借上述特点，多孔碳材料在石油化工、环境治理、能源储存、电子通信、交通运输、航空航天和生物医药等诸多领域具有非常广泛的应用价值和应用潜力。近年来，对于多级孔碳材料的研究涉及原料的选择与调变、制备工艺的研究与开发、产品微观结构的调控等方面，如何将多级孔碳材料的优势最大化地发挥，进而增进其应用效果是研究的终极目标所在，而实现该目标的关键是如何实现孔道结构的多级化调控。到目前为止，各国研究者已经利用不同的合成方法制备得到了形貌结构多样的多级孔碳材料。

二、多级孔碳材料的合成方法

不同于具有单一孔结构的多孔材料，多级孔结构是通过将不同尺寸孔道相互连通和复合，实现不同孔结构功能的有效组合。因此，多级孔材料的合成往往是借鉴并综合利用各类单一孔材料的合成方法，这就决定了多级孔材料合成中普遍存在合成体系复杂、影响因素较多、成本较高、操作烦琐等诸多问题。目前多级孔碳材料的制备方法主要包括模板法、高温碳化法以及高温卤化法等。其中，模板法是制备多级孔碳材料的一类最常见和最有效的方法，根据所采用的模板剂不同，模板法又可分为硬模板法、软模板法和双模板法。

硬模板法是利用材料的内表面或外表面为模板，将碳前驱体填充到模板间隙中，随后经碳化和模板去除过程，得到反相复制模板结构的多级孔碳材料。所采用的硬模板包括氧化硅微球、多孔阳极氧化铝、聚合物微球和分子筛等。硬模板法主要利用模板的空间限制作用来控制产物的形貌和粒径。通过改变模板剂的尺寸和相对含量可以控制所形成碳材料的孔尺寸以及不同尺寸孔结构的相对比例等。硬模板法是一种制备多级孔碳材料的理想途径，所制备的碳材料通常具有比较精确的孔结构参数。目前，采用 SiO_2 微球作为硬模板制备多级孔碳材料的研究报道比较常见。例如 Jache 等 [77] 以球形 SiO_2 纳米粒子为模板，通过纳米浇注途径制备了具有微孔 - 介孔 - 大孔的复合多级孔碳材料。该材料具有球形孔组成的相互连通的孔结构，大孔尺寸范围在 300 ～ 700 nm，比表面积为 35 ～ 470 m^2/g。Hampsey 等 [78] 以不同粒径的硅球为模板，以蔗糖为碳源，在喷雾器状的反应器中进行反应、碳化后得到不同孔径的多级孔碳材料。其中，大粒径 SiO_2 球可以产生大孔，小粒径 SiO_2 球可以产生介孔，这样就形成了一系列孔径不同的多级孔碳材料。Zhao 等 [79] 以 Stober 法制备的硅球为模板，以酚醛树脂为碳源，经过浸渍、煅烧和去除模板等工艺后，制备得到了多级孔碳材料。虽然上述多级孔碳材料的制备过程缩短了合成步骤，降低了材料制备的复杂性，然而所得产物的孔道结构有序性较差。为了进一步提高多级孔碳材料的孔道结构有序度，研究者们尝试以 SiO_2 胶体晶体为模板制备多级孔碳材料。SiO_2 胶体晶体一般具有蛋白石结构，蛋白石是自然界中的一种由 SiO_2 颗粒堆积而成的三维有序结构，具有形态稳定、高温不变形不收缩等优势，有利于大孔结构的保持。例如 Zhang 等 [80] 采用重力沉降的方法将单分散硅球排列为胶晶模板，之后通过浸渍碳前驱体、碳化、刻蚀模板等工艺得到整齐排列的具有三维有序大孔结构的多级孔碳材料，其比表面积和孔容分别为 1164 m^2/g 和 0.86 cm^3/g。Wang 等 [81] 以硅酸盐和含聚环氧乙烯表面活性剂的溶液为前驱体，对聚甲基丙烯酸酯（polymethyl methacrylate，PMMA）胶晶模板进行浸渍，制得具有三维有序介孔 - 大孔结构的氧化硅模板。随后以酚醛树脂为前驱体，进行气相聚合、碳化、去除硅模板，最终得到具有介孔 - 大孔复合孔道结构的块状碳材料（图 11-9）。综上所述，硬模板法制备多级孔碳材料合成机理简单，能够反相复制模板结构，并且能够有效地调控产品的形貌，控制表面形态和孔径分布等。但是硬模板法本身存在一些缺点，如制备过程烦琐、孔结构的分级并不明显、模板去除需要使用酸类或碱类溶液等有毒有害试剂。

软模板法通常采用与碳源之间具有较强相互作用的有机超分子为模板剂，该

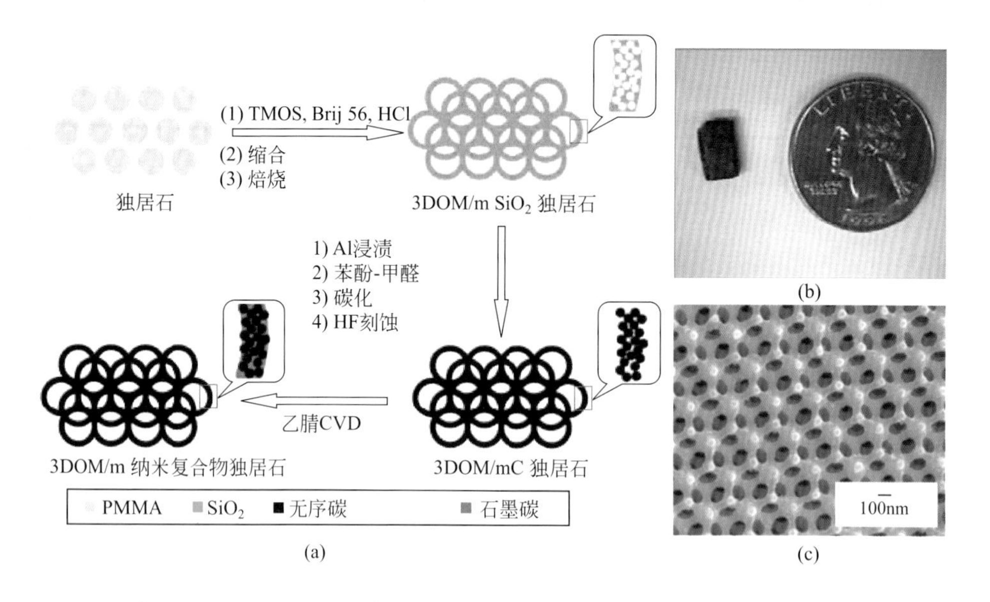

图 11-9　三维有序介孔 – 大孔碳合成示意图（a）、三维有序介孔 – 大孔碳的光学照片（b）和 SEM 照片（c）[81]

方法具有很好的可控性与可操作性，能够合成出具有不同形貌与结构的多孔碳材料。通常采用的软模板是由表面活性剂分子组装而形成的，表面活性剂主要包括两亲分子形成的各种聚合物，如液晶、囊泡、胶团、微乳液、自组装膜以及生物分子和高分子的自组装结构等。软模板通过分子间作用力及空间限域能力，引导碳源前驱体进行规律性组装，从而达到对目标材料组成、结构、形貌、尺寸、取向和排布等的控制。软模板法主要包括溶液挥发诱导自组装法和水热法合成两种途径。例如 Wang 等 [82] 以三嵌段共聚物 F127 为模板，以低聚酚醛树脂为碳源，三聚氰胺为氮源，通过水热和碳化过程制备了氮掺杂的多级孔碳材料。该材料具有较大的比表面积（561 ～ 1200 m^2/g）和较高的含氮量（15.5%）。引入三聚氰胺可以在反应过程中形成碳氮化物，其刚性的骨架可以阻止在去除模板和碳化过程中发生的小孔结构坍塌的现象。Huang 等 [83] 采用三嵌段共聚物 $PO_{53}EO_{136}PO_{53}$ 为模板剂，酚醛树脂为碳源前驱体，通过蒸发自组装过程制备得到了具有多级孔结构的三维有序介孔碳材料，合成过程如图 11-10 所示，该材料具有较大的比表面积以及多级孔（3.2 ～ 4.0 nm 和 5.4 ～ 6.9 nm）结构。

随着研究的不断深入，一些研究者在硬模板法和软模板法的基础上拓展出了一种新的合成方法——双模板法。该方法采用两种不同的模板进行组合，利用其双重空间限域作用对碳前驱体进行可控组装，以获得多级孔结构。其中，引入软模板的作用是形成一定尺寸的有序介孔或微孔结构，引入硬模板的作用一般是形成一定尺

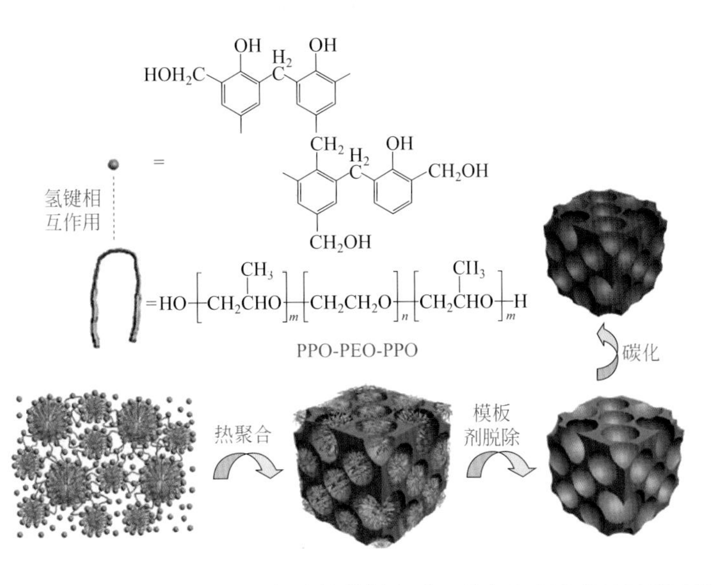

图 11-10 以三嵌段共聚物为软模板合成三维有序介孔碳的示意图[83]

寸的大孔结构。此外，硬模板还可以有效防止孔道结构的塌陷，起到支撑碳骨架结构的作用。因而，采用软硬模板法可以有效地获得具有多级孔结构的碳材料。例如 Górka 等[84] 采用间苯二酚和甲醛作为碳源前驱体，SiO_2 溶胶和 F127 为双模板，TEOS 为硅源，制备了具有微孔 - 介孔复合孔道结构的多级孔碳材料。F127 的热分解和 SiO_2 溶胶的溶解产生具有柱状（12 nm）和球状（20 或 50 nm）的介孔，同时产生约 2 nm 孔径的小孔。进一步通过 CO_2 和水蒸气后活化，提高微孔率。该多级孔碳材料的比表面积为 800 ～ 2800 m^2/g，孔容为 1.5 ～ 1.6 cm^3/g。Deng 等[85] 以三嵌段共聚物 F127 为介孔模板，硅胶晶体为大孔模板，低聚酚醛树脂 Resol 为碳源，使 F127 和 Resol 在硅胶晶体的空隙中进行组装，碳化并随后除去硅模板后，直接合成具有规则介孔孔壁和规则大孔排列的有序介孔 - 大孔碳材料，其 TEM 图像如图 11-11 所示。Li 等[86] 以 SiO_2 胶体晶体为硬模板，两亲嵌段共聚物聚氧乙烯 - 聚氧丙烯 - 聚氧乙烯（PEO-PPO-PEO）为软模板，酚醛树脂为碳源，制备得到了具有介孔 - 大孔结构的块状多级孔碳材料，其具有三维有序大孔结构，孔壁上存在典型介孔，并且孔壁的介孔结构可以通过不同的前驱体进行调整。Stein 课题组[87] 以 PMMA 胶晶为硬模板，F127 为软模板，酚醛树脂为碳前驱体，经过浸渍、热处理和碳化等步骤制备得到具有介孔 - 大孔复合结构的多级孔碳材料。与溶剂蒸发诱导自组装途径相比，该方法是在胶体晶体的孔隙内进行自组装，有序介孔结构可以通过采用适宜浓度的嵌段共聚物，使其从立方结构向六方结构进行转变。所制备的多级孔碳材料具有相对较高的力学强度，而且该方法无需使用有毒有害试剂来刻蚀硅模板，仅通过调节表面活性剂、碳源和模板的量就可以制备出多级孔碳材料，相

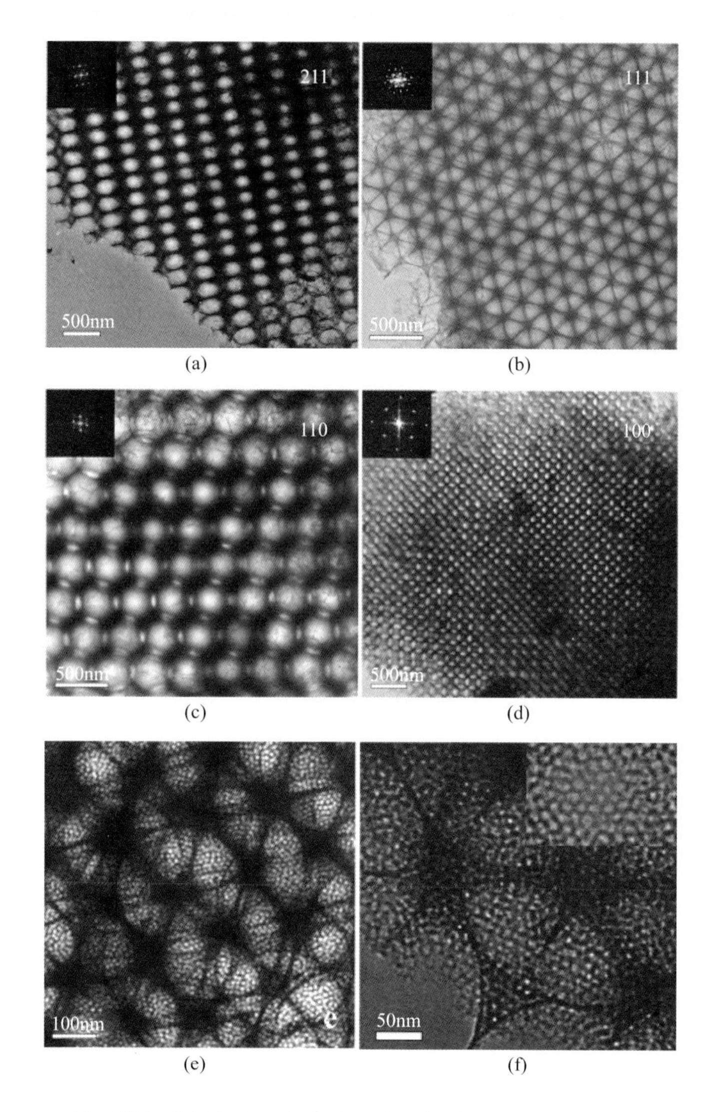

图 11–11 软硬模板法制备的具有介孔 – 大孔复合结构的碳材料的 HRTEM 照片 [85]

对来说合成步骤是绿色环保的。

尽管模板法拥有很多优势，但是该方法也存在模板剂的制备比较复杂，耗时且成本较高，不利于实际生产的一些缺点。从另外一个角度来说，高温碳化法具有制备工艺简单，无需采用昂贵的模板剂等优点，可以很好地弥补模板法的上述缺点。例如 Zhou 等 [88] 采用高温碳化法，通过直接碳化酚醛树脂羧酸盐干凝胶制备了多级孔碳材料。首先以 2,4- 二羟基苯甲酸和甲醛为原料进行液相聚合制备树脂水凝胶，随后通过直接干燥处理上述水凝胶，进一步在氮气气氛中进行碳化，得到具有多级孔结构碳材料，该材料具有相互连通的介孔和微孔结构。

三、多级孔碳材料的应用研究

碳材料是目前商业化最成功、应用最广泛的超级电容器电极材料。多级孔碳材料在作为超级电容器电极材料时，通过不同类型孔道的协同作用，能够有效克服单一孔型在离子传输和电荷转移过程中存在的局限性。其中，多级孔结构中的微孔可以增大材料的比表面积，增加材料的双电层电容；介孔可以为电解液离子进入电极材料内部提供低阻力的通道；大孔可以储存大量的电解质离子，为电解液进入材料的内表面提供较短的扩散距离。多级孔结构的这些独特性能对于提高材料的电容量，增大能量密度和功率密度，改善倍率性能以及提高循环稳定性都具有重要的作用。Yamada 等 [89] 采用酚醛树脂为碳源，SiO_2 胶状晶体为模板，制备了具有微孔 - 介孔 - 大孔结构的多级孔碳材料，并研究其在 1 mol/L $LiClO_4$、碳酸丙烯酯和二甲氧基乙烷的混合有机溶剂电解质中的双电层电容性能，测得其比电容为 120 F/g，在 10 A/g 的电流密度下仍然具有较高的比电容。这种超高的速率容量来源于其相互连通的多级孔结构。通过对产物的结构分析表明，介孔 / 大孔和微孔对双电层电容的贡献分别为 8.4 F/cm^2 和 8.1 F/cm^2，当溶剂化离子的尺寸大于孔径时会形成电化学双电层。

此外多级孔碳材料在锂离子电池领域也具有广泛的应用前景。现有商业化生产的单一孔径的碳材料作为锂离子电池负极材料时，一般其性能达不到高性能锂离子电池的要求。通过对碳材料微观结构的精确调控和设计可以有效地提高电化学储锂性能。多级孔碳材料因其独特的孔分布特征，在离子传输方面具有明显的优势。其中微孔结构为电解质离子提供了嵌入空间位置，而大孔和介孔结构作为离子在充放电过程中脱出 / 嵌入的通道及部分活性位，使得具有这种多级孔结构的碳材料能够明显提高锂离子电池的能量密度、循环寿命及功率密度，实现高能量密度下的快速充放电。万立骏院士课题组 [90] 认为纳米碳可以形成三维导电网络，提高锂离子存储的动力学，进而提高电极材料的电化学性能。通过设计多孔结构的碳电极材料，可以提高电极材料的动力学性能和结构稳定性，从而获得较好的电池容量、循环稳定性和速率容量。多孔结构可以保证锂离子的快速迁移，纳米碳骨架可以作为活性材料分散的有效载体，防止活性材料的团聚。由于其结构稳定性和具有一定的柔韧性，纳米碳骨架可以调节活性材料中由锂离子嵌入和脱出过程中的应力和体积变化，这种由纳米尺寸的亚单元组成的三维导电网络可以有效提高纳米材料的导电性 [90]。

以石墨烯为基础构建多级孔结构的电极材料具有一系列优点：具有孔径分布多样且相互贯通或封闭的孔洞构成的网络结构，可为充放电过程中的体积膨胀预留空间，进而提升循环稳定性；石墨烯优异的导电性使电子能在多级孔道中快速传递；石墨烯优异的力学性能有助于提高多级孔框架的稳定性，防止孔结构收缩或塌陷。基于石墨烯的上述优点，Wang 等 [91] 以 P123 为软模板剂，通过水热法将蜂窝状 MoS_2 与石墨烯复合，制备了具有多级孔结构的 MoS_2/ 石墨烯复合材料。该材料不仅具有微米级的孔结构，还具有纳米级的大孔和介孔结构。这类多级孔结构可以实现电解液的充分浸润及离子和电子的快速传输。Xing 等 [92] 采用酚醛树脂为碳源，以阳极氧化铝和胶状氧化硅为双模板，制备了介孔碳纳米纤维。该材料具有高比表面积、较大的孔容以及微孔 - 介孔 - 大孔复合的多级孔结构，这种独特的表面和结构特性为锂离子存储和快速的质量转移提供了大量的活性位。该电极材料在高速率下表现出超高的锂离子存储性能，高于商用的石墨材料、有序介孔碳材料和有序多级孔碳材料。

大量文献报道多级孔碳材料在染料吸附领域也表现出良好的应用前景。在多级孔碳材料中，不同孔径的孔隙具有不同的吸附机理。其中微孔在吸附过程中发挥的作用最大，因为吸附质和吸附剂分子间范德华力是决定吸附是否发生的关键，因而孔径相对较小的微孔是吸附发生的主要场所，它在很大程度上可以决定多孔碳的吸附能力；介孔为被吸附物提供到达微孔的通道，并且在液相吸附中可以很好地吸附大分子物质；大孔则主要作为被吸附物到达吸附位的通道，控制着吸附速率。Chen 等 [93] 通过从天然木材中选择除去木质素制备了高比表面积（1094 m^2/g）的多级孔管状碳材料，随后采用 KOH 活化后得到比表面积为 2925 m^2/g 的碳材料。所得材料对染料分子表现出超高的吸附能力，对亚甲基蓝的吸附能力为 838 mg/g，对甲基橙的吸附能力为 264 mg/g。具有磁性的多级孔碳材料是染料的优良吸附剂，采用外加磁场很容易将碳吸附剂分离出来。

第四节 展望

近年来，多级孔微纳催化剂的研发已经发展成为化工学科领域一个具有挑战性的研究热点，正在以前所未有的进度快速发展。具有多级孔结构的微纳催化剂在许多领域，尤其在大分子参与的吸附纯化、精细化工、石油化工等行业中，表现出优越的强酸性和高效扩散性能等优势。但是，多级孔催化剂在实际工业生产和更复杂工业化应用时，现有的一些合成方法、研究手段及理论无法完全满足多数应用的具体要求，因而未来有必要在该领域进行更为深入细致的研究。

首先，在对已知结构的多孔催化剂的合成条件进行优化，并进行大规模的生产和利用的同时，也要不断地研制和开发具有新型结构或新组分的多级孔催化材料，两者的有机结合是合成领域发展的重要方向。虽然微孔分子筛、介孔分子筛与介孔金属氧化物已经开始大量应用于工业生产中，但是模板剂的使用和脱除仍然存在问题。从降低合成成本的角度出发，很有必要减少昂贵的软 / 硬模板剂的用量，甚至开发无模板剂制备新方法。另外环境保护也是不容忽视的因素，有机模板剂在脱除过程中会产生大量有毒有害气体，无机模板剂在脱除过程中会产生大量的有害废液，对环境造成污染，所以减少模板剂的用量，也是多级孔催化剂合成领域面临的一个挑战性问题。其次，随着当前表征手段的快速发展，包括各种原位表征技术（原位拉曼光谱、原位红外光谱、原位 XRD 等）的出现，有助于研究者对于多级孔微纳催化材料合成机理以及结构与性能关联等方面的认识的不断深入，以加速催化剂的改进和优化。最后，多级孔催化剂尚存在很大的修饰及改性的研究空间，例如负载或掺杂不同金属或金属氧化物等其活性组分，加强孔道的功能化，有望其实现在吸附、催化、生物、医药等更多领域的应用。

参考文献

[1] Weisz P B, Frilette V J. Intracrystalline and molecular-shape-selective catalysis by zeolite salts[J]. J Phy Chem, 1960, 64: 382-382.

[2] Liu Y, Goebl J, Yin Y. Templated synthesis of nanostructured materials[J]. Chem Soc Rev, 2013, 42 (7): 2610-2653.

[3] Zhou J, Hua Z, Liu Z, et al. Direct synthetic strategy of mesoporous ZSM-5 zeolites by using conventional block copolymer templates and the improved catalytic properties[J]. ACS Catal, 2011, 1 (4): 287-291.

[4] Bhattacharyya S, Salvetat J-P, Roy D, et al. Self-assembled lamellar structures with functionalized single wall carbon nanotubes[J]. Chem Commun, 2007, (41): 4248-4250.

[5] Jacobsen C J H, Madsen C, Houzvicka J, et al. Mesoporous zeolite single crystals[J]. J Am Chem Soc, 2000, 122 (29): 7116-7117.

[6] Jacobsen C J H, Madsen C, Houzvicka J, et al. Catalytic benzene alkylation over mesoporous zeolite single crystals: improving activity and selectivity with a new family of porous materials[J]. J Am Chem Soc, 2003, 125 (44): 13370-13371.

[7] Yang Z, Xia Y, Mokaya R. Zeolite ZSM-5 with unique supermicropores synthesized using mesoporous carbon as a template[J]. Adv Mater, 2004, 16 (8): 727-732.

[8] Fan W, Snyder M A, Kumar S, et al. Hierarchical nanofabrication of microporous crystals with ordered mesoporosity[J]. Nat Mater, 2008, 7 (12): 984-991.

[9] Chen H, Wydra J, Zhang X, et al. Hydrothermal snthesis of zeolites with three-dimensionally ordered mesoporous-imprinted structure[J]. J Am Chem Soc, 2011, 133 (32): 12390-12393.

[10] Fujiwara M, Sakamoto A, Shiokawa K, et al. Mesoporous MFI zeolite material from silica-alumina/epoxy-resin composite material and its catalytic activity[J]. Micropor Mesopor Mater, 2011, 142 (1): 381-388.

[11] Jones D J, Aptel G, Brandhorst M, et al. High surface area mesoporous titanium phosphate: synthesis and surface acidity determination[J]. J Mater Chem, 2000, 10: 1957-1963.

[12] Dong A G, Wang Y J, Tang Y, et al. Mechanically stable zeolite monoliths with three-dimensional ordered macropores by the transformation of mesoporous silica spheres[J]. Adv Mater, 2002, 14: 1506-1510.

[13] Zhu H B, Liu Z C, Kong D J, et al. Nanosized $CaCO_3$ as hard template for creation of intracrystal pores within silicalite-1 crystal[J]. Chem Mater, 2008, 20: 1134-1139.

[14] Xiao F S, Wang L, Yin C, et al. Catalytic properties of hierarchical mesoporous zeolites templated with a mixture of small organic ammonium salts and mesoscale cationic polymers[J]. Angew Chem Int Ed, 2006, 118: 3162-3165.

[15] Choi M, Cho H S, Srivastava R, et al. Amphiphilic organosilane-directed synthesis of crystalline zeolite with tunable mesoporosity[J]. Nat Mater, 2006, 5 (9): 718-723.

[16] Choi M, Srivastava R, Ryoo R. Organosilane surfactant-directed synthesis of mesoporous aluminophosphates constructed with crystalline microporous frameworks[J]. Chem Commun, 2006, (42): 4380-4382.

[17] Choi M, Na K, Kim J, et al. Stable single-unit-cell nanosheets of zeolite MFI as active and long-lived catalysts[J]. Nature, 2009, 461 (7261): 246-249.

[18] Gu F C, Wei F, Yang J Y, et al. New strategy to synthesis of hierarchical mesoporous zeolites[J]. Chem Mater, 2010, 22: 2442-2450.

[19] Chang X, He L, Liang H, et al. Screening of optimum condition for combined modification of ultra-stable Y zeolites using multi-hydroxyl carboxylic acid and phosphate[J]. Catal Today, 2010, 158: 198-204.

[20] Verboekend D, Pérez-Ramírez J. Design of hierarchical zeolite catalysts by desilication[J]. Catal Sci Technol, 2011, 1: 879-890.

[21] Verboekend D, Pérez-Ramírez J. Desilication mechanism revisited: Highly mesoporous all-silica zeolites enabled through pore-directing agents[J]. Chem Eur J, 2011, 17: 1137-1147.

[22] Yuan E H, Tang Z C, Mo Z L, et al. A new method to construct hierarchical ZSM-5 zeolites with excellent catalytic activity[J]. J Porous Mater, 2014, 21: 957-965.

[23] Zhu H, Liu Z, Kong D, et al. Synthesis and catalytic performances of mesoporous zeolites templated by polyvinyl butyral gel as the mesopore directing agent[J]. J Phy Chem C, 2008, 112 (44): 17257-17264.

[24] Wan Z, Wu W, Chen W, et al. Direct synthesis of hierarchical ZSM-5 zeolite and its performance in catalyzing methanol to gasoline conversion[J]. Ind Eng Chem Res, 2014, 53 (50): 19471-19478.

[25] Christensen C H, Johannsen K, Schmidt I, et al. Catalytic benzene alkylation over mesoporous zeolite single crystals: Improving activity and selectivity with a new family of porous materials[J]. J Am Chem Soc, 2003, 125 (44): 13370-13371.

[26] Wang Y, Yin L, Gedanken A. Sonochemical synthesis of mesoporous transition metal and rare

earth oxides[J]. Ultrason Sonochem, 2002, 9: 285-290.

[27] Hong X, Zhang G, Yang H, et al. Synthesis and characterization of mesoporous manganese oxides[J]. J Mater Synth Process, 2002, 10: 297-302.

[28] Tsung C K, Fan J, Zheng N, et al. A general route to diverse mesoporous metal oxide submicrospheres with highly crystalline frameworks[J]. Angew Chem, 2008, 120: 8810-8814.

[29] Yue W, Zhou W. Crystalline mesoporous metal oxide[J]. Prog Nat Sci, 2008, 18: 1329-1338.

[30] Dickinson C, Zhou W Z, Hodgkins R P, et al. Formation mechanism of porous single-crystal Cr_2O_3 and Co_3O_4 templated by mesoporous silica[J]. Chem Mater, 2006, 18: 3088-3095.

[31] Lezau A, Trudeau M, Tsoi G M, et al. Mesostructured Fe oxide synehesized by ligand-assisted templating with a chelating triol surfactant[J]. J Phys Chem B, 2004, 108 (17): 5211-5216.

[32] Sinha A K, Suzuki K. Novel meoporous chromium oxide for VOCs elimination[J]. Appl Catal B, 2007, 70: 417-422.

[33] Sinha A K, Suzuki K. Three-dimensional mesoporous chromium oxide: A highly efficient material for the elimination of volatile organic compounds[J]. Angew Chem Int Ed, 2004, 44 (2):271-273.

[34] Wang Y Q, Tang X H, Yin L X, et al. Sonochemical synthesis of mesoporous titanium oxide with wormhole-like framework structures[J]. Adv Mater, 2000, 12: 1183-1186.

[35] Perkas N, Wang Y Q, Koltypin Y, et al. Mesoporous iron-titania catalyst for cyclohexane oxidation[J]. Chem Commun, 2001, 11: 988-989.

[36] Wang Y Q, Chen S G, Tang X H, et al. Mesoporous titanium dioxide: Sonochemical synthesis and application in dye-sensitized solar cells[J]. J Chem Mater, 2001, 11: 521-526.

[37] Chen J L, Burger C, Krishnan C V, et al. Morphogenesis of highly ordered mixed-valent mesoporous molybdenum oxides[J]. J Am Chem Soc, 2005, 127: 14140-14141.

[38] Urade V N, Hillhouse H W. Synthesis of thermally stable highly ordered nanoporous Tin oxide thin films with a 3D face-centered orthorhombic nanostructure[J]. J Phys Chem B, 2005, 109: 10538-10541.

[39] Brezesinski T, Groenewolt M, Pinna N, et al. Surfactant mediated generation of iso-oriented dense and mesoporous crystalline metal oxide layers[J]. Adv Mater, 2006, 18: 1827-1829.

[40] On D T, Nguyen S V, Kaliaguine S. New SO_2 resistant mesoporous La-Co-Zr mixed oxide catalysts for hydrocarbon oxidation[J]. Phys Chem Chem Phys, 2003, 5: 2724-2729.

[41] Yang P D, Zhao D Y, Marglese D I, et al. Generalized syntheses of large-pore mesoporous metal oxides with semicrystalline frameworks[J]. Nature, 1998, 396: 152-155.

[42] Sinha A K, Suzuki K. Three-dimensional mesoporous chromium oxide: a highly efficient material for the elimination of volatile organic compounds[J]. Angew Chem Int Ed, 2005, 44: 271-273.

[43] Brezesinski T, Groenewolt M, Antonietti M, et al. Crystal-to-crystal phase transition in self-

assembled mesoprous iron oxide films[J]. Angew Chem Int Ed, 2006, 45: 781-784.

[44] Chen H M, He J H, Zhang C B, et al. Self-aessembly of novel mesoprous manganese oxide nanostructures and their application in oxidative decomposition of formaldehyde[J]. J Phys Chem C, 2007, 111: 18033-18038.

[45] Yang H F, Zhao D Y. Synthesis of replica mesostructures by the nanocasting strategy[J]. J Mater Chem, 2005, 15: 1217-1231.

[46] Liu Z, Sakamoto Y, Ohsuna T, et al. TEM studies of platinum nanowires fabricated in mesoporous silica MCM-41[J]. Angew Chem Int Ed, 2000, 39: 3107-3110.

[47] Ryoo R, Joo S H, Jun S. Synthesis of highly ordered carbon molecular sieves via template-mediated structural transformation[J]. J Phys Chem B, 1999, 103: 7743-7746.

[48] Juu S, Joo S H, Ryoo R, et al. Synthesis of new, nanoporous carbon with hexagonally ordered mesostructure[J]. J Am Chem Soc, 2000, 122: 10712-10713.

[49] Tian B Z, Liu X Y, Yang H F, et al. General synthesis of ordered crystallized metal oxide nanoarrays replicated by microwave degested mesoporous silica[J]. Adv Mater, 2003, 15: 1370-1374.

[50] Wang Y Q, Yang C M, Schmidt W, et al. Weakly ferromagnetic order mesoporous Co_3O_4 synthesized by nanocasting from vinyl-functionlized cubic Ia3d mesoporous silica[J]. Adv Mater, 2005, 17: 53-56.

[51] Xia Y S, Dai H X, Jiang H Y, et al. Mesoporous chromia with ordered three-dimensional structures for the complete oxidation of toluene and ethyl acetate[J]. Environ Sci Technol, 2009, 43 (21): 8355-8360.

[52] Xia Y S, Dai H X, Jiang H Y, et al. Three-dimensionally ordered and wormhole-like mesoporous iron oxide catalysts highly active for the oxidation of acetone and methanol[J]. J Hazard Mater, 2011, 186 (1): 84-91.

[53] Ren Y, Ma Z, Qian L P, et al. Ordered crystalline mesoporous oxides as catalysts for CO oxidation[J], Catal Lett, 2009, 131: 146-154.

[54] Puertolas B, Solsona B, Agouram S, et al. The catalytic performance of mesoporous cerium oxides prepared through a nanocasting route for the total oxidation of naphthalene[J]. Appl Catal B, 2010, 93: 395-405.

[55] Bai B Y, Arandiyan H, Li J H. Comparison of the performance for oxidation of formaldehyde on nano-Co_3O_4, 2D-Co_3O_4, and 3D-Co_3O_4 catalysts[J]. Appl Catal B, 2013, 142-143: 677-683.

[56] Waitz T, Tiemann M, Klar P J, et al. Crystalline ZnO with an enhanced surface area obtained by nanocasting[J]. Appl Phys Lett, 2007, 90: 123108-123111.

[57] Velev O D, Jede T A, Lobo R F, et al. Porous silica via colloidal crystallization[J]. Nature, 1997, 389: 447-448.

[58] Rong J H, Ji L J, Yang Z Z. Some key ordered macroporous composites[J]. Chin J Polymer

Sci, 2013, 31 (9): 1204-1217.
[59] Gates B, Park S H, Xia Y N. Tuning the photonic bandgap properties of crystalline arrays of polystyrene beads by annealing at elevated temperatures[J]. Adv Mater, 2000, 12: 653-656.
[60] Petkovich N D, Stein A. Controlling macro- and mesostructures with hierarchical porosity through combined hard and soft templating [J]. Chem Soc Rev, 2013, 42: 372-3739.
[61] Blanford C F, Yan H W, Schroden R C, et al. Gems of chemistry and physics: Macroporous metal oxides with 3D order[J]. Adv Mater, 2001, 13: 401-407.
[62] 邓积光，何胜男，谢少华，等．用于消除挥发性有机物的有序多孔金属氧化物催化剂的研究进展 [J]. 高等学校化学学报，2014, 35: 1119-1129.
[63] Sadakane M, Horiuchi T, Kato N, et al. Facile preparation of three-dimensionally ordered macroporous alumina, iron oxide, chromium oxide, manganese oxide, and their mixed-metal oxides with high porosity[J]. Chem Mater, 2007, 19: 5779-5785.
[64] Zhang J, Jin Y, Li C Y, et al. Creation of three-dimensionally ordered macroporous Au/CeO_2 catalysts with controlled pore sizes and their enhanced catalytic performance for formaldehyde oxidation[J]. Appl Catal B, 2009, 91: 11-20.
[65] Li H N, Zhang L, Dai H X, et al. Facile synthesis and unique physicochemical properties of three-dimensionally ordered macroporous magnesium oxide, gamma-alumina, and ceria-zirconia solid solutions with crystalline mesoporous walls[J]. Inorg Chem, 2009, 48 (10): 4421-4434.
[66] Zhang R Z, Dai H X, Du Y C, et al. P123-PMMA dual-templating generation and unique physicochemical properties of three-dimensionally ordered macroporous iron oxides with nanovoids in the crystalline walls[J]. Inorg Chem, 2011, 50 (6): 2534-2544.
[67] Xie S H, Dai H X, Deng J G, et al. Au/3DOM Co_3O_4: Highly active nanocatalysts for the oxidation of carbon monoxide and toluene[J]. Nanoscale, 2013, 5 (22): 11207-11219.
[68] Chi E O, Kim Y N, Kim J C, et al. A macroporous perovskite manganite from colloidal templates with a curie temperaure of 320 K[J]. Chem Mater, 2003, 15: 1929-1931.
[69] Sadakane M, Asanuma T, Kubo J, et al. Facile procedure to prepare three-dimensionally ordered macroporous (3DOM) perovskite-type mixed metal oxides by colloidal crystal templating method[J]. Chem Mater, 2005, 17: 3546-3551.
[70] Xu J F, Liu J, Zhao Z, et al. Easy synthesis of three-dimensionally ordered macroporous $La_{1-x}K_xCoO_3$ catalysts and their high activities for the catalytic combustion of soot[J]. J Catal, 2011, 282: 1-2.
[71] Wei Y C, Liu J, Zhao Z, et al. Highly active catalysts of gold nanoparticles supported on three-dimensionally ordered macroporous $LaFeO_3$ for soot oxidation[J]. Angew Chem Int Ed, 2011, 50: 2326-2329.
[72] Liu Y X, Dai H X, Deng J G, et al. Three-dimensional ordered macroporous bismuth

vanadates: PMMA-templating fabrication and excellent visible light-driven photocatalytic performance for phenol degradation[J]. Nanoscale, 2012, 4 (7): 2317-2325.

[73] Wang Y, Dai H X, Deng J G, et al. Three-dimensionally ordered macroporous $InVO_4$: Fabrication and excellent visible-light-driven photocatalytic performance for methylene blue degradation[J]. Chem Eng J, 2013, 226: 87-94.

[74] Liu Y X, Dai H X, Du Y C, et al. Controlled preparation and high catalytic performance of three-dimensionally ordered macroporous $LaMnO_3$ with nanovoid skeletons for the combustion of toluene[J]. J Catal, 2012, 287: 149-160.

[75] Li X W, Dai H X, Deng J G, et al. In situ PMMA-templating preparation and excellent catalytic performance of Co_3O_4/3DOM $La_{0.6}Sr_{0.4}CoO_3$ for toluene combustion[J]. Appl Catal A, 2013, 458: 11-20.

[76] Liu Y X, Dai H X, Deng J G, et al. In situ poly(methyl methacrylate)-templating generation and excellent catalytic performance of MnO_x/3DOM $LaMnO_3$ for the combustion of toluene and methanol[J]. Appl Catal B, 2013, 140-141: 493-505.

[77] Jache B, Neumann C, Becker J, et al. Towards commercial products by nanocasting: characterization and lithium insertion properties of carbons with a macroporous, interconnected pore structure[J]. J Mater Chem, 201, 22 (21): 10787-10794.

[78] Hampsey J E, Hu Q Y, Rice L, et al. A general approach towards hierarchical porous carbon particles[J]. Chem Commun, 2005: 3606-3608.

[79] Zhao J Z, Cheng F Y, Yi C H, et al. Facile synthesis of hierarchically porous carbons and their application as a catalyst support for methanol oxidation[J]. J Mater Chem, 2009, 19 (24): 4108-4116.

[80] Zhang L L, Li S, Zhang J T, et al. Enhancement of electrochemical performance of macroporous carbon by surface coating of polyaniline[J]. Chem Mater, 2010, 22 (3): 1195-1202.

[81] Wang Z Y, Li F, Ergang N S. Effects of hierarchical architecture on electronic and mechanical properties of nanocast monolithic porous carbon-carbon nanocomposites[J]. Chem Mater, 2006, 18 (23): 5543-5553.

[82] Wang Z Q, Sun L X, Xu F, et al. Synthesis of N-doped hierarchical carbon spheres for CO_2 capture and supercapacitors[J]. RSC Adv, 2016, 6 (2): 1422-1427.

[83] Huang Y, Cai H Q, Yu T, et al. Formation of mesoporous carbon with a face-centered-cubic Fd3m structure and bimodal architectural pores from the reverse amphiphilic triblock copolymer PPO-PEO-PPO[J]. Angew Chem Int Ed, 2007, 46: 1089-1093.

[84] Górka J, Jaroniec M. Hierarchically porous phenolic resin-based carbons obtained by block copolymer-colloidal silica templating and post-synthesis activation with carbon dioxide and water vapor[J]. Carbon, 2011, 49 (1): 154-160.

[85] Deng Y H, Liu C, Yu T, et al. Facile synthesis of hierarchically porous from novel dual colloidal crystal/block copolymer template approach[J]. Chem Mater, 2007, 19 (13): 3271-3277.

[86] Li N W, Zheng M B, Feng S Q, et al. Fabrication of hierarchical macroporous/mesoporous carbon via the dual-template method and restriction effect of hard template on shrinkage of mesoporous polymers[J]. J Phys Chem C, 2013, 117: 8784-8792.

[87] Wang Z Y, Kiesel E R, Stein A. Silicia-free syntheses of hierarchically ordered macroporous polymer and carbon monoliths with controllable mesoporosity[J]. J Mater Chem, 2008, 18 (19): 2194-2200.

[88] Zhou J, Zhang Z S, Li Z H, et al. One-step and template-free preparation of hierarchical porous carbons with high capacitive performance[J]. RSC Adv, 2015, 5 (58): 46947-46954.

[89] Yamada H, Moriguchi I, Kudo T. Electric double layer capacitance on hierarchical porous carbons in an organic electrolyte[J]. J Power Sources, 2008, 175 (1): 651-656.

[90] Xin S, Guo Y G, Wan L J. Nanocarbon networks for advanced rechargeable lithium batteries[J]. Acc Chem Res, 2012, 45 (10): 1759-1769.

[91] Wang J, Liu J, Chao D, et al. Self-assembly of honeycomb-like MoS_2 nanoarchitectures anchored into graphene foam for enhanced lithium-ion storage[J]. Adv Mater, 2014, 26 (42): 7162-7169.

[92] Xing Y L, Wang Y J, Zhou C G. Simple synthesis of mesoporous carbon nanofibers with hierarchical nanostructure for ultrahigh lithium storage[J]. ACS Appl Mater Interfaces, 2014, 6 (4): 2561-2567.

[93] Chen L, Ji L, Brisbin L, et al. Hierarchical porous and high surface area tubular carbon as dye adsorbent and capacitor electrode[J]. ACS Appl Mater Interfaces, 2015, 7 (22): 12230-12237.

第十二章

多级孔结构微纳催化剂与反应器的环境催化应用

纳米科技已成为许多国家提升核心竞争力的战略选择，也是我国有望实现跨越式发展的领域之一。纳米/微结构材料具有独特的物理和化学特性，能够为防治环境污染和开发清洁、可持续能源提供机遇。近年来，随着纳米科学和合成技术的发展，各国在具有多级孔结构微纳催化剂与反应器的创制和应用等方面也取得了飞速发展。本章将从空气净化、水处理和自清洁等领域分别介绍具有多级孔结构微纳催化剂与反应器在环境催化应用中的新进展。

第一节　空气净化——光催化氧化

一、甲烷/VOCs脱除

排入大气中的挥发性有机物（volatile organic compounds，VOCs）是重要的细颗粒物形成的前体物，在太阳光（主要是紫外光）的照射下，发生光化学反应，形成光化学烟雾。普遍认为高碳的VOCs对气溶胶的生成作用较大，其中芳香烃类化合物是生成二次气溶胶的主要物种[1]。此外，一些含卤素的VOCs在进入大气平流层后，在紫外线的作用下发生一系列化学反应，消耗大气层中的臭氧，从而引起臭氧空洞[2]。需要指出的是，作为天然气的主要成分，甲烷是温室效应高于CO_2数十倍的温室气体[3]。VOCs对环境有重大的危害，威胁人们的日常生活和身体健康，此外，大多数 VOCs 有毒、有刺激性气味，从而直接危害人体健康。因此，严格控制 VOCs 的排放将产生显著的环境和经济效益[4~6]。其中，关键的科学问题是高效 VOCs 催化净化技术的研究和新型催化材料的开发。光催化技术是近年来迅速发展起来的一种多相高级氧化技术，是一种净化低浓度 VOCs 废气的有效手段，受到国内外的广泛关注。光催化技术的核心是高效光催化材料的研发。VOCs 品种繁多，且大部分分子结构较大。为了 VOCs 分子在催化剂体系中的良好传质、吸附和活化，要求催化材料具有较高的比表面积和发达的孔隙结构。相对于微孔材料，介孔和大孔材料具有更大的孔径和更强的表面疏水性。多级孔材料兼具不同类型孔体系的特征，较单一孔材料具有更加发达的孔道结构和高的比表面积，便于大分子 VOCs 的高效传质和吸附，因而对 VOCs 表现出优异的光催化净化性能。

作为一类常见多级孔材料，活性炭（activated carbon，AC）被认为是担载 TiO_2 活性组分的有效载体[7,8]。它对多种 VOCs 分子具有很强的键合力，能大大促进催化剂对 VOCs 分子的吸附，降低了水蒸气和污染物之间的竞争吸附，从而提高活性组分 TiO_2 周围 VOCs 污染物的浓度，有利于光催化反应的顺利进行[9,10]。研究发现 AC 和 P25 的复合能够降低短接触和高水汽对 VOCs（苯、甲苯、二甲苯和甲醛）光催化净化的抑制作用[11,12]。比如，当相对湿度由 10% 增大到 60% 后，P25 催化苯转化率由 57.5% 降至 5.6%，而 AC 担载 P25 复合材料上由 74.3% 降至 60.5%。类似地，当接触时间由 3.7 min 降至 0.6 min 后，P25 催化二甲苯转化率降低了 42%，而 P25/AC 降低约 35%[13]。尽管 AC 和 P25 的复合能够促进 VOCs 的催化降解，但由于 AC 较强的吸附能力，会抑制 VOCs 分子在催化剂表面的扩散，从而导致 VOCs 矿化率的下降[14]。例如对乙炔的矿化率从 100% 下降至 59.6%。研究者认为较高的比表面积和孔隙结构（特别是微孔结构）能抑制 VOCs 分子的逸出（延长接触时间），从而增强反应物的吸附和反应可能性；并且相互贯通的孔隙结构可以促进反应物向活性部位的扩散并增强捕光能力。这些是 UV100 优于 P25 在甲基-乙基-酮光催化净化的主要原因[15]。除了活性炭以外，其它多孔载体同样也表现出类似的强吸附性能。例如将蒙脱土与 TiO_2 进行复合可得到多孔蒙脱土-TiO_2 纳米复合材料，其具有两倍于 P25 的比表面积，吸附甲醛的能力提高 4.1 倍[3]。

通过与其它材料复合，能够调节 TiO_2 的物化性质，从而改善催化剂的催化性能[16]。采用一步水热合成可制备一系列多壁碳纳米管（multi-wall carbon nanotube，MWCNT）与二氧化钛的复合多孔材料。研究发现 MWCNT 的引入改善了 TiO_2 的物化性质（结构、尺寸和晶面），对气相和液相二甲苯光催化降解性能均表现出明显的促进作用[17]。研究者采用水热法以及原位还原法可制备出一系列具有多级孔结构 TiO_2-graphene 复合材料，发现石墨烯（graphene）的引入能提高复合材料对空气中丙酮的光催化降解效率。在紫外光照下，当 TiO_2-graphene 复合材料中石墨烯质量分数为 0.05 % 时，对丙酮具有最高的降解效率，并且 1.7 倍和 1.6 倍于相应的 TiO_2 和商用 P25 材料。石墨烯可以高效地接收和转移电子，降低催化剂上电荷

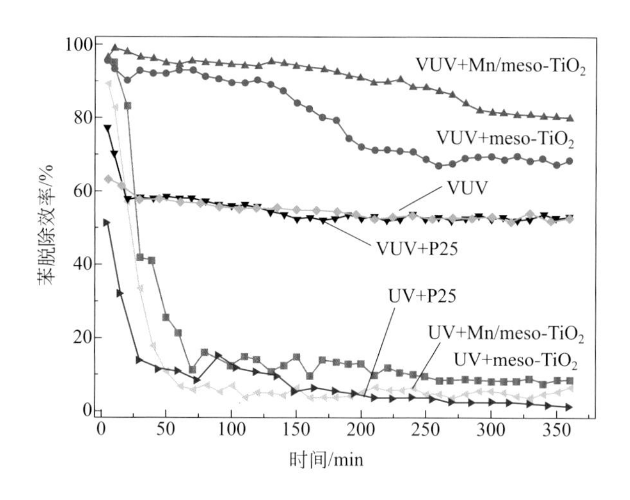

图 12-1　紫外光或真空紫外条件照射下催化剂上光降解苯的活性[20]

的复合能力，是提高该催化剂光催化活性的关键因素[18]。多孔 0.1%Mn/TiO_2/ZSM-5[19] 和 Mn/meso-TiO_2 纳米材料在真空紫外（VUV）照射下通过 O_3 辅助，能有效地同时催化氧化去除苯和 O_3 副产物。研究发现 Mn/meso-TiO_2 上苯降解的效率为 82%，明显高于 meso-TiO_2 上的 70% 和商用 P25 的 48%（图 12-1）。该催化剂优异的性能与 O_3 在氧化锰氧空位上解离生成的高活性氧物种有关[20]。由于传统 TiO_2 仅受紫外光区响应的限制，制约了其在实际中的广泛应用，因此拓宽其光响应至可见光区具有重要意义，而与可见光响应材料复合是有效方法之一。比如，采用耦合法可制备得到多孔异质结 $LaVO_4$/TiO_2 纳米催化剂，在可见光或紫外光照射下，与不同 TiO_2 材料相比，该类催化剂对苯的光催化降解表现出优异的活性和稳定性。研究认为合适的带隙能以及异质结结构是其优异性能的主要原因[21]。

除了 TiO_2 基的多级孔光催化剂，其它一些多孔催化剂同样对 VOCs 表现出优异的光催化净化效率。例如，与商用 TiO_2 光催化剂相比，纳米多孔 $In(OH)_3$ 在紫外光照射下对气相丙酮、苯和甲苯光催化降解表现出较高的催化活性和稳定性。对甲苯氧化来说，$In(OH)_3$ 的净化率达 25%，5 倍于商用 TiO_2，催化剂上 CO_2 的产率达 250 μL/L，远高于 TiO_2 上的 20 μL/L；同时该催化剂在 60 h 连续反应后活性无明显下降。独特的电子结构和良好的表面性质使得 $In(OH)_3$ 具有强氧化能力，丰富的表面羟基、高表面积以及贯通的多孔结构，这些特性使得纳米多孔 $In(OH)_3$ 催化剂具有优异的光催化净化 VOCs 性能[22]。研究表明，在紫外灯照射下，具有大比表面积的多孔 Ga_2O_3 较 TiO_2 表现出更为优异的催化苯氧化的活性和稳定性：多孔 Ga_2O_3 对苯的催化净化率和矿化率高达 42% 和 95%，并且在 80 h 连续反应后活性无明显降低；而 TiO_2 对苯的净化率由初始的 13% 经过 80 h 后迅速失活至无转化率（图 12-2）。多孔 Ga_2O_3 较大的比表面积和发达孔结构有利于其对光的吸收，多孔结

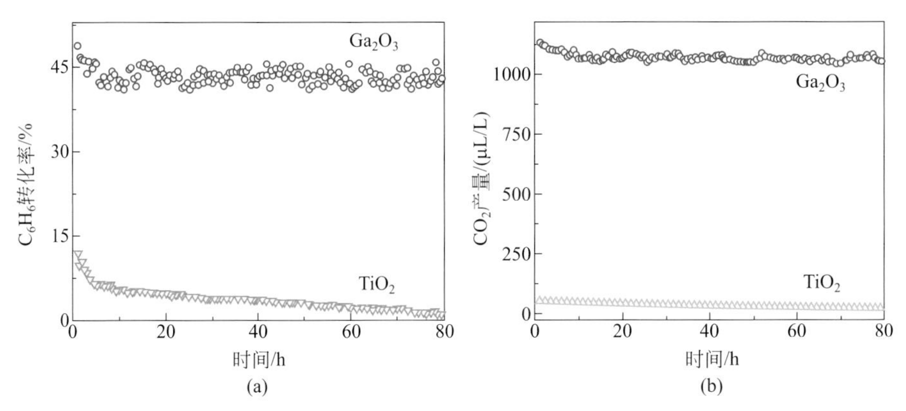

图 12-2 紫外光照射下 Ga_2O_3 和 TiO_2 催化剂上光降解苯的转化率（a）和二氧化碳产量随时间的变化曲线（b）[23]

构以及较高的能带（4.8 eV）都是其具有高活性的重要因素[23]。

由于 VOCs 组分复杂，具有排放多样性，单一的光催化净化技术难以满足实际应用的需求，近年来利用多种技术耦合成为解决此问题的有效手段，其中光热协同技术表现出优异的净化 VOCs 性能。研究者发现钾锰矿型八面体分子筛（OMS-2）纳米棒催化剂具有可调的氧空位浓度，从而在全光谱下表现出较强的吸收能力。OMS-2 催化剂能够将太阳能有效地转换为热能，使材料表面温度最高能升至 220 ℃。在全光谱照射下，OMS-2 催化剂对苯、甲苯和丙酮等有机污染物表现出极高的催化活性和较好的稳定性。在太阳光辐照下的 OMS-2 催化剂氧化苯的初始 CO_2 生成速率较文献中报道的近红外光下 Bi_2WO_6/TiO_2 催化剂提高了 22 倍。同时，该催化剂在循环 40 次后活性未出现明显下降。研究表明较高的氧空位浓度是 OMS-2 纳米棒催化剂具有优异光热协同催化净化性能的关键[24]。此外，Fe 的掺杂也能进一步促进 OMS-2 纳米棒催化剂对 VOCs 净化效率的提高[25]。

二、NO_x 和 SO_x 脱除

大气中的 SO_2 和氮氧化物（NO_x）主要来源于高温燃烧过程，是二次有机气溶胶（SOAs）形成的最重要的前体物之一，同时还是造成酸雨、光化学烟雾和臭氧层破坏等严重环境污染的关键因素。因此，控制和减少 SO_x 和 NO_x 排放对于大气污染防控至关重要。当前，湿式烟气脱硫系统被认为是去除 SO_2 的最有效方法之一，然而其面临设备易腐蚀、二次污染和高能耗的问题。选择性催化还原、非催化还原、三效催化、生物过滤和吸附等技术被开发应用于 NO_x 消除，但也存在二次污染和高能耗等问题。因此，新型实用净化技术的开发意义重大。

光催化是室温净化 NO_x 和 SO_x 的有效技术，在过去的几十年中受到了各国学

者的广泛关注[26]。用于净化 NO_x 和 SO_x 的光催化剂主要分为两大类：TiO_2 基光催化剂和非 TiO_2 基光催化剂。具有多孔结构的光催化剂具有较大的比表面积和丰富的孔道结构，有助于反应物的吸附和传质、光生电荷的分离和迁移。因此多孔光催化剂，特别是在可见光区，对低浓度 NO_x 和 SO_x 的催化消除表现出优异的性能。比如，研究者以 $TiCl_4$ 和二乙醇胺为前驱体，采用直接液相碳化方法可将 C 掺杂到介孔 TiO_2 晶格替代 O 原子。发现 C 的掺杂能够有效地将 TiO_2 光的吸收区域延伸到可见区，太阳光照射下，该催化剂比商用 TiO_2（P25）光催化剂对室内空气水平下的 NO 降解，表现出更高效的去除效率。经过 40min 的太阳光照射后，在 500 ℃下煅烧的 C 掺杂到介孔 TiO_2 光催化剂的 NO 净化率达 25%，远高于纯 TiO_2 样品上的 8%。多孔结构以及 C 元素的掺杂是其具有良好光催化净化活性的主要原因[27]。Yamashita 等[28]开展了高流速下 TiO_2 对 NO 光催化分解性能的研究，包括预处理和反应条件对催化性能的影响。他们制备了一系列不同 TiO_2 含量的 Ti-MCM-41 多孔光催化剂，并评价了其对 NO 的光催化降解性能。发现 TiO_2 的含量和分散度是影响光催化降解 NO 性能的关键，多孔载体有利于 TiO_2 的高度分散[29]。类似的工作也引起了研究者的广泛兴趣[30,31]。采用固相法可以直接将 TiO_2 和 HZSM-5 进行复合，得到高效的多孔 TiO_2/HZSM-5 光催化剂[32]。采用溶胶 - 凝胶法合成多壁碳纳米管负载的 TiO_2（MWCNTs@TiO_2）[33]和多壁碳纳米管负载的 Cu 掺杂的 TiO_2（MWCNTs@Cu-TiO_2）[34]光催化剂，发现 MWCNTs@Cu-TiO_2 具有优异的紫外和可见光区域光学性质。在固定床反应器中评价了催化剂对模拟烟气中 SO_2 和 NO 的去除效率。发现在最优反应条件下（73 mg/m^3 NO、155 mg/m^3 SO_2、8% O_2、5% H_2O），15%MWCNTs@Cu-TiO_2 对 SO_2 和 NO 的光催化去除率分别达 62% 和 43%。该催化剂良好的催化活性与其较高的 TiO_2 分散性、修饰的电子结构、较多的表面氧空位以及 MWCNTs 良好的导电性相关[35]。

在非 TiO_2 基光催化剂中，金属钨酸盐是一类对气体污染物光催化降解的有效催化剂。采用超声喷射热解法，研究者成功制备了多孔 $ZnWO_4$ 微球催化剂，发现该催化剂对 NO_x 降解表现出优异的光催化净化性能，证实较大的比较面积和多级孔结构有利于反应物的吸附、传质以及光生电荷的分离和迁移[36]。采用微波辅助的水热法，研究者合成了三维多级孔 Bi_2WO_6 微球，该光催化剂具有较大的比表面积（37.2 m^2/g）和多级孔结构（介孔和大孔），同样对 NO 光催化净化表现出优异的性能。大的比表面积提供更多的活性位点并有利于光的捕获，多级孔结构利于反应物和产物的扩散以及电子 - 空穴的分离。因此，在可见光下对催化消除空气中 NO（400 μL/m^3）表现出较高的净化效率，30 min 降解后去除率高达 52%[37]（图 12-3）。除了金属钨酸盐光催化剂，一些常见氧化物光催化剂同样对 NO 降解表现出较高的催化活性。氧化锌具有宽的带隙（3.37 eV）、较高的光敏性与稳定性、低成本和低毒性，被认为是最重要的金属氧化物半导体光催化剂之一。与商用 ZnO 纳米粒子相比，将 ZnO 制备成多孔结构能够有效促进其对大气污染物的吸附，从而大大提

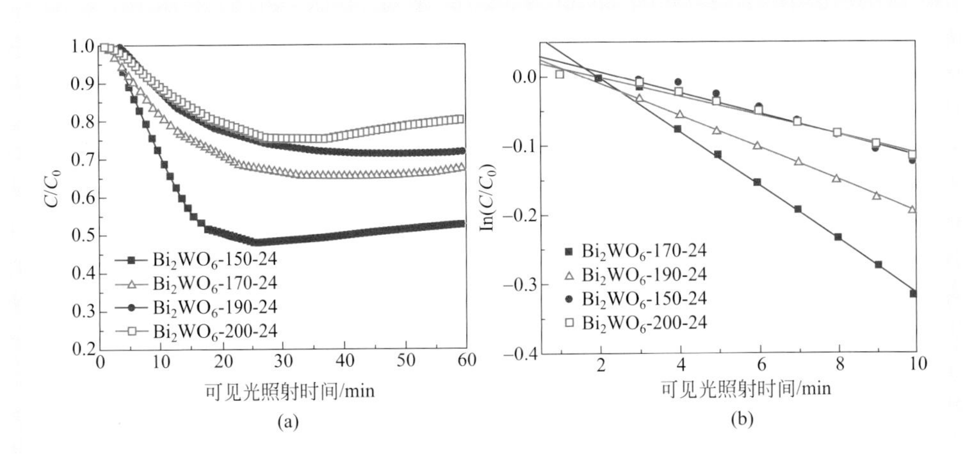

图 12-3　可见光照射下不同温度合成的 Bi_2WO_6 光催化降解 NO 的浓度（a）和 $\ln(C/C_0)$ 与反应时间的变化曲线（b）[37]

高其光催化净化污染物（NO_x、SO_2 和 CO）性能[38]。以二氧化硅（KIT-6）为模板，采用纳米浇筑法可以合成有序介孔钒酸铋（$BiVO_4$）光催化剂。与传统的 $BiVO_4$ 相比，该催化剂在可见光照射下对亚甲基蓝和空气中 NO 气体的降解均表现出优异的光催化氧化性能。研究认为介孔 $BiVO_4$ 的高催化净化效率与其小的晶体尺寸、大的表面积和多孔结构相关[39]。此外，一些新型光催化剂同样对 NO 表现出优异的光催化净化效率[40,41]。研究表明将 $(BiO)_2CO_3$ 和 MoS_2 进行复合能明显提高催化剂对 NO 的去除效率。在可见光照射 30 min 后，$(BiO)_2CO_3/MoS_2$-5% 催化剂表现出最高的净化效率（57%），远高于 $(BiO)_2CO_3$ 上的 24%。研究认为该催化剂三维层状结构有利于分子的扩散和对光的吸收，其良好的光催化净化性能与其较强的光吸收能力、有效的电荷转移以及 $(BiO)_2CO_3$ 和 MoS_2 之间的相互作用相关[42]。

三、CO氧化

CO 是一种无色、无臭、无味、无刺激性、对血液和神经有害的毒性气体，其来源广泛，一切含碳物质在燃烧不充分条件下都可产生 CO。CO 消除在许多领域具有重要价值，如在矿井、煤工业、军事上用到的呼吸用气体净化装置、烟草降害、内封闭式 CO_2 激光器中气体的纯化、CO 气体探测器、封闭体系（如飞机、潜艇、航天器等）中以及燃料电池中微量 CO 的消除均有重要的应用前景[43]。当前对 CO 的消除一般采用催化氧化法，例如三效催化剂对机动车尾气的处理。然而通常催化氧化技术工作温度高、耗能大，或因使用催化材料中贵金属价格昂贵，难以满足不同条件下对 CO 高效消除的需求。光催化技术是近年来发展起来的一种多相高级氧化技术，同样成为净化 CO 的有效手段之一。

用于光催化净化 CO 的光催化剂种类较多。其中，非 TiO_2 基的 ZnO 和 Mo/SiO_2 等对 CO 表现出良好的净化效率。在紫外可见光照射下，ZnO 光催化剂 5 h 即可将富氢气氛中（0.98% CO、1.18% O_2 和 97.84% H_2）52% 的 CO 优先氧化成 CO_2，且选择性达到 92%。随后再引入 0.5%（质量分数）Cu^{2+} 到 ZnO 中发现，经 3 h 紫外可见光照射后 CO 的净化率为 91%，并且 CO_2 选择性高达 99%。研究认为 Cu^{2+} 的引入有利于捕获光生电子，促进了 O_2 分子被 Cu^+ 还原并接收邻近甲醛物种的 H^+，这是其活性提高的主要原因[44]。此外研究者以 Mo/SiO_2 为例，分别考察了紫外照射下不同氧化剂（NO、N_2O 和 O_2）对 CO 光催化氧化的影响。发现 CO 反应速率与 $(Mo^{5+}\text{-}O^-)^*$ 物种浓度、氧化剂种类及其浓度相关。在富氢条件下，紫外光照射 Mo/SiO_2 催化剂 3 h 就能完全净化气氛中 CO，并且选择性高达 99%，远高于 P25 的活性[45]。

TiO_2 基催化剂对 CO 光催化净化同样受到研究者的广泛关注。研究者们做了大量关于扩展 TiO_2 响应光区的工作。比如引入适量的过渡金属氯化物到 TiO_2 表面，可以实现催化剂的可见光响应[46,47]。此外，通过 C 单质的修饰同样能有效地促进其对可见光的吸收，进而提高催化净化 CO 的性能。0.42%（质量分数）C-TiO_2 催化剂在可见光照射 6 h 即可消除 70% 的 CO，远高于 TiO_2 催化剂[48]。向 TiO_2 表面担载贵金属是提高其光催化净化 CO 活性的有效途径。比如，可见光下 Au 纳米颗粒的局域表面等离子体共振（localized surface plasmon resonance，LSPR）效应促进了 CO 在其表面的吸附和活化，从而使 Au/TiO_2 对 CO 表现出良好的光催化氧化活性[49,50]。为了有效地活化 Au/TiO_2 光催化剂，研究者比较了常压氧气和氩气冷等离子体活化以及常规煅烧活化对催化剂活性的影响。发现具有类似平均粒径的三个样品中，常压氧气冷等离子体活化表现出最好的光催化氧化 CO 的活性，流动体系中净化效率达 78%（1000 μL/L CO）。这是由于该方法活化的催化剂具有最高的表面氧物种浓度，Au 纳米颗粒因 LSPR 吸收可见光而产生的电子有利于超氧物种（O_2^-）的形成。此外该催化剂具有最低的金属态 Au 浓度，因为在诱导期离子态 Au 物种被快速还原为金属态，在 Au 颗粒和 TiO_2 界面形成大量低配位 Au 物种[51]。

与 Au/TiO_2 或 Pd/TiO_2 催化剂相比，Pt/TiO_2 催化剂表现出更加优异的光催化净化 CO 性能[52,53]。有报道称同等条件下，1%（质量分数）Pt/TiO_2 催化剂光催化 CO 消除活性分别 7 倍或 11 倍于 0.5%（质量分数）Pd/TiO_2 和 0.5%（质量分数）Au/TiO_2，并且发现制备方法也是影响催化活性的重要因素[54]。影响 Pt/TiO_2 催化剂活性的因素较多，研究者考察了负载量对活性的影响，他们在大比表面积金红石 TiO_2 表面担载不同含量［0 ～ 0.5%（质量分数）］的 Pt 颗粒，发现 0.3%（质量分数）负载量的催化剂表现出最优的可见光降解 CO 的催化活性[55]。同样前处理条件也影响催化剂的性能，他们发现 400 ℃煅烧 2 h 处理的 Pt/TiO_2 催化剂对 CO 表现出最好的活性。同时 500 ℃还原处理失活的催化剂可以再生催化剂[56]。有研究者采用光沉积法制备了具有不同价态 Pt 物种的 Pt/TiO_2 催化剂，考察了不同 Pt 物种对 CO 光催化净化性能的影响，发现 Pt/TiO_2 的催化活性随着氧化态 Pt 物种浓度的下降而提高，金属态 Pt 是 CO 光催化氧化的活性中心[57]。此外，由于多孔材料有利于光生电子的分离以及贵金属颗粒的分散，将 TiO_2 构筑为多孔材料能够进一步提高其催化性能。研究者采用低温溶胶 - 凝胶方法制备了 Pt 掺杂的 TiO_2 催化剂，评价了氧气条件下对 CO 的光催化氧化活性。发现 Pt 掺杂的多孔 TiO_2 催化剂较商用 TiO_2（P25）及光沉积制备的 Pt/P25 表现出明显的催化活性的提升，紫外光照射 35 min，多孔 Pt/TiO_2 催化剂即可将 CO（400 μL/L）完全催化消除；经 1 h 照射后，Pt/P25 和 P25 催化剂催化 CO 氧化效率分别为 67% 和 27%。研究认为光生电子和空穴生成与分离效率的提高是多孔 Pt/TiO_2 催化剂具有良好活性的根本原因[58]。

四、臭氧（O_3）分解

由于臭氧具备强氧化性能，广泛应用于医疗卫生、食品保鲜和水质处理等行业，但在使用臭氧过程中易出现残留现象。同时在日常生活中，打印机工作场所、机舱及高压放电区域，伴随高压放电而产生臭氧，对人体健康造成危害（心血管疾病、哮喘症状），同时也污染环境，因而研究催化分解臭氧性能优异、环境友好的催化剂具有重要意义。

催化分解臭氧催化材料可分为活性炭、贵金属和过渡金属氧化物等。活性炭催化剂被认为是从环境和健康角度最友好分解 O_3 的催化剂之一，在基础和实际应用中受到广泛的关注。比如，研究者对活性炭上 O_3 分解进行了细致的研究。他们考察了 20 种具有不同空隙结构和化学表面特性的颗粒活性炭，对于空气中臭氧的去除活性，并在膨胀床反应器（expanded bed reactors，EBR）和填充床反应器（packed bed reactor，PBR）中对该反应进行了动力学研究。结果证实活性炭上 O_3 分解属于催化行为，在实验条件下 O_3 在 50 ℃下热力学稳定，高于该温度时 O_3 会部分自发分解；O_3 在颗粒活性炭上的化学吸附与其比表面积、较大孔径与孔容、表面氧物种浓度和烟尘浓度有关；分解速率主要由比表面积、表面碱性氧物种浓度和金属浓度决定。此外，颗粒活性炭分解活性随着 O_3 暴露时间延长而下降，催化剂表面酸性氧物种浓度的生成和吸附是失活的主要原因，另外水分子也能占据颗粒活性炭的活性位点，从而导致催化活性的下降[59]。还有研究证实在氮氧化物存在下，催化剂表面 C 官能团会被功能化生成新的活性位点，从而促进催化活性的提高[60]。活性炭作为 O_3 消除的主要材料广泛应用于建筑物和过滤器。例如活性炭过滤器可以有效地控制室内 O_3 的排放，尤其是城市高浓度臭氧环境和夏日空调使用季节中臭氧的消除[61,62]。活性炭不仅可用于室内 O_3 消除，常常还可去除室内挥发性有机化合物。因此，考察挥发性有机化合物对活性炭去除 O_3 效率的影响极为重要。研究者评价了活性炭过滤器在挥发性有机化合物暴露过后对 O_3 的去除效率。暴露 80 h 后，对 O_3 去除效率为挥发性有机化合物暴露前的 75% ～ 95%。活性炭过滤器上 O_3 的通过和消除能力并未受 VOCs 暴露速率的明显影响。VOCs 的吸附导致了 O_3

化学吸附速率的下降，一定程度上降低了 O_3 的去除能力[63]。

过渡金属氧化物催化剂应用广泛，对 O_3 分解具有良好活性。其中，氧化锰催化剂因环境友好广泛应用于 O_3 分解。例如研究者考察不同晶相 MnO_2 对 O_3 分解性能的影响，发现 MnO_2 的催化活性强烈依赖于氧空位的密度。机理分析认为过氧化物物种的分解是 O_3 分解限速步骤[64]。向 MnO_2 中引入 Fe 能增大催化剂的比表面积，大大提高氧空位含量，因而促进活性的大幅提高。干燥条件下，24 h 后 Fe-MnO_x 催化剂上 O_3 转化率保持在 97%，而 MnO_2 上为 85%；在 60% 相对湿度下，6 h 反应后 Fe-MnO_x 催化剂上 O_3 转化率是 73%，而 1 h 后 MnO_2 催化剂上转化率即降至 50%[65]。向钾锰矿型锰氧化物中引入过渡金属（Ce、Co 和 Fe）同样可以提高催化剂的催化活性。掺杂不同过渡金属显示出对 O_3 分解不同的效率，其中 Ce 掺杂的催化剂表现出最高的催化活性，在 90% 相对湿度和 600000 h^{-1} 空速下去除率为 90%。催化剂上 Mn^{3+} 含量以及表面缺陷是影响臭氧分解活性的主要原因[66]。此外，将锰氧化物担载于多孔载体同样对 O_3 分解表现出良好的活性，研究发现多孔结构、Mn 氧化物含量和分散度是影响催化剂活性的关键因素[67]。其它氧化物，如 α-Al_2O_3、TiO_2 和 α-Fe_2O_3 等也对 O_3 表现出良好的光催化消除能力[68]。溶胶凝胶法制备的介孔水铁矿催化剂对 O_3 分解具有较高的活性，在 600 μL/L O_3 和 1500000 mL/(g • h) 下去除率达 95%（图 12-4）。丰富的表面不饱和铁位点和孤立的 FeO_x 物种以及多孔结构是其具有优异活性的主要原因[69]。此外，贵金属催化剂对 O_3 分解也表现出良好的活性。例如，Pd 的担载能大大提高活性炭纤维对机舱环境中臭氧消除的性能。该催化剂对臭氧的去除率高达 98%，并且具有良好的稳定性。填充有催化剂 Pd/ACF 的蜂窝式反应器，对飞机机舱中的臭氧有很高的去除效率[70]。研究者采用等体积浸渍法制备了活性炭负载金催化剂，评价了该催化剂分解臭氧的催化活性，发现稀硝酸浸泡和还原处理催化剂能有效提高活性炭载金催化剂分解臭氧的性能。在空速 60000 h^{-1}、相对湿度 60% 和臭氧浓度 45 μL/L 条件下，催化剂对臭氧去除率达 100%。担载金后，催化剂的比表面积、总孔容、微孔和中孔进一步增大是其活性提高的关键[71]。采用离子交换和浸渍法合成银改性沸石（斜发沸石）和 Ag/SiO_2 催化剂，并用于臭氧的分解，发现 Ag/SiO_2 表现出非常高的催化活性，初始净化率为 95%，同时具有良好的催化稳定性[72]。

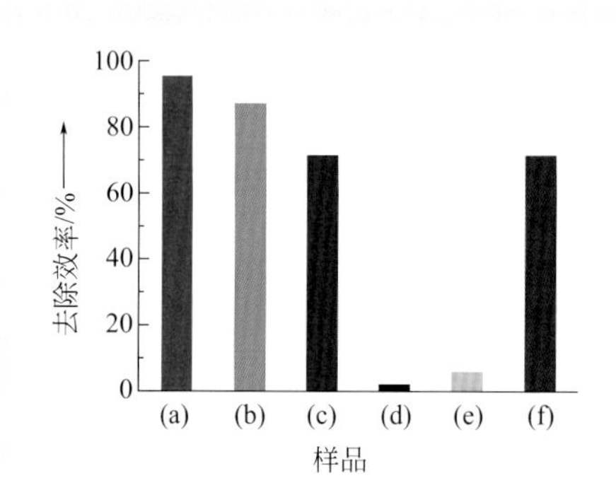

图 12-4　室温下不同催化剂对臭氧的去除效率[69]

（a）M2LFh（介孔水铁矿）；（b）MSIO（介孔水铁矿和γ-Fe_2O_3混合物）；（c）ClO（氧化铁晶体）；（d）γ-Fe_2O_3；（e）5%（质量分数）Fe/ZSM-5；（f）商用MnO_2材料

五、烟尘氧化

烟尘是燃煤和工业生产过程中排放出来的固体颗粒物。它的主要成分是无机氧化物和未完全燃烧的炭颗粒。烟尘排入大气后不仅污染环境，吸入时会引起严重的呼吸系统疾病，如哮喘、支气管炎和肺癌等，其中尤以细颗粒物（尺寸小于 2.5 μm）危害最重。烟尘中的烟灰主要来源于柴油机动车排放。烟灰的催化氧化是一类典型的固（炭烟颗粒）- 固（催化剂）- 气（O_2）多相复杂催化反应。因此，烟灰氧化的催化活性取决于两个因素：烟灰和催化剂的接触效率、催化材料的本征氧化活性。用于烟灰催化氧化消除的催化剂主要可分为氧化物和贵金属催化剂。将催化剂构筑成多孔结构，尤其是大孔结构能有效地增大烟灰和催化剂的接触效率，进而大大提高其催化活性。

金属氧化物催化剂具有较好的催化活性且成本较低，是应用于炭烟颗粒物催化燃烧的常用催化剂。过渡金属氧化物具有较强的氧化还原能力，非常适合于炭烟燃烧这类深度氧化反应。在过渡金属元素中，Cu、Co、Cr 和 Mn 氧化物对炭烟的催化燃烧具有较高的催化活性[73,74]。双组分及多组分复合氧化物催化剂之间由于存在结构和电子调变等相互作用，催化活性比相应的单一氧化物要高，此外复合金属氧化物通常具有更好的热稳定性，因此广受关注。Zhao 等[75,76]采用胶体模板法以聚甲基丙烯酸甲酯为大孔模板剂，制备出的具有三维有序大孔结构的不同铈锆比的 $Ce_{1-x}Zr_xO_2$ 复合氧化物用于炭烟燃烧，发现 $Ce_{1-x}Zr_xO_2$ 固溶体对炭烟燃烧的催化活性随着 Ce/Zr 比的改变而改变，其中当 Zr 含量 $x = 0.3$ 时，$Ce_{0.7}Zr_{0.3}O_2$ 对炭烟催化燃烧的活性最高。Zr 离子的掺入可以产生结构缺陷、增加氧空位，促进催化剂表面氧的流动性，有利于吸附氧的解离。此外，Pr 的掺入可以在一定程度上抑制 Ce-Zr 固溶体中 Ce^{4+} 的还原，因此大大提高催化剂对炭烟催化燃烧的稳定性。三维有序大孔结构的 Co 掺杂的 $LaCo_xFe_{1-x}O_3$ 催化剂表现出比纳米颗粒催化剂更高的炭烟颗粒催化燃烧活性。其中 $x = 0.3$ 时的复合氧化物催化剂表现出最高的催化活性，其 T_{10}、T_{50}、T_{90} 和 $S^{m}_{CO_2}$ 分别是 256 ℃、397 ℃、436 ℃和 99.7%[77]。此外，向三维有序大孔结构的 $LaCoO_3$ 中掺杂 K 离子能进一步促进其氧化还原性能，从而比 $LaCoO_3$ 催化剂表现出更优异的催化炭烟颗粒燃烧性能。其中，$La_{0.9}K_{0.1}CoO_3$ 催化剂表现出最高的催化活性，T_{50} 和 $S^{m}_{CO_2}$ 分别为 378 ℃和 99.8 %[78]。

第二节 水处理

随着工业化的进程，人们生活水平显著提高，同时也带来了很多环境问题。工业生产过程中产生越来越多的废水，严重危害人类身体健康。对于许多工业生产过程中产生的有毒污染物，如有机废物、有机染料和重金属离子等，生物法往往难以直接有效消除。这些污染物具有化学稳定性使得它们对生态环境的危害极大。因此，新型高效控制水体污染技术的开发意义重大。经过长时间的积累和发展，光催化法已被证明是一种有广阔应用前景的降解有机污染物的高效技术。而该技术的核心是高效光催化剂的开发。多孔材料，由于具有大的比表面积、发达的空隙结构，有利于光的吸收、电荷分离和反应物的扩散，因而对水体中污染物的光催化降解表现出优异的催化性能。

一、有机物降解

水体中有机污染物种类繁多，一部分具有高化学稳定性，不能很好地利用生物法降解消除。光催化降解是消除水体有机污染物的有效技术。用于消除有机污染物的光催化剂很多，有传统的光敏催化剂（TiO_2、ZnO、$BiVO_4$ 等）和新型化合物催化剂（金属有机骨架材料、氮化碳等）。这些具有多孔结构的催化剂对有机污染物降解具有优异的性能。

作为传统光敏材料，TiO_2 基催化剂广泛应用于水体有机污染物的光催化降解。研究发现将 TiO_2 制备成多孔结构（大孔 / 介孔结构），较大表面积提供了更多的活性位点，复合孔结构有利于反应物传质和光生电子 - 空穴对的分离，在紫外光照下表现出比 P25 更好的降解高毒性 2,4- 二氯苯酚的光催化活性[79]。具有多孔结构的 TiO_2 作为载体同样表现出独特的结构优势[80]。为了有效地提高 TiO_2 材料的利用效率，TiO_2 往往作为活性组分担载于多孔材料载体上。活性炭材料作为多孔载体具有发达的孔道结构，担载 TiO_2 能大大加快紫外线照射下苯酚的降解速率[81]。活性炭的大比表面积和孔结构能高效地吸附苯酚，吸附的苯酚能立即迁移到二氧化钛表面进行催化降解[82]。研究发现，不同类型的活性炭负载 TiO_2 催化剂，对有机污染物（苯酚、4- 氯苯酚和 2,4- 二氯苯氧乙酸）降解表现出载体效应，主要归因于对反应物的吸附和传质作用[83]。除了活性炭，一些其它常见多孔载体，如泡沫镍、黏土、多孔硅和分子筛等，同样被报道通过担载 TiO_2 以后应用于有机污染物光催化降解[84,85]。例如，采用不同黏土（蒙脱石、皂石、氟锂蒙脱石和氟云母）制备的 TiO_2 柱撑黏土催化剂用于水中邻苯二甲酸酯的光催化降解。发现 TiO_2 柱撑黏土的表面疏水性随着黏土的变化而变化，邻苯二甲酸酯的吸附和光催化降解活性与 TiO_2 柱撑黏土表面疏水性有关[86]。

$BiVO_4$ 作为一种重要的光敏材料，广泛地应用于光催化领域中。将其构筑成多孔结构后对有机物降解具有优异的光催化活性。采用溶剂热制备的一系列多孔 $BiVO_4$ 在可见光下对苯酚进行降解，其中多孔橄榄状 $BiVO_4$ 具有最好的催化活性，4 h 照射后苯酚去除率达 96%[87]。采用硬模板法制备的三维有序大孔 $BiVO_4$，具有有序的孔道结构、较大的比表面积和丰富的氧空位，对苯酚降解表现出优异的活性，可见光下 3 h 即可消除 94% 的苯酚[88]（图 12-5）。向 $BiVO_4$ 催化剂表面担载其它组分能进一步提高其光催化活性。比如，将 AgBr 和贵金属颗粒（Au、Pt 和 Pd）担载到三维有序大孔 $BiVO_4$ 表面，用于 4- 氯苯酚的催化降解，发现 Pd 和 AgBr 组分的共同担载能大大提高催化活性。研究者认为多孔结构、高的表面氧物种浓度、光生电子的有效转移和分离以及各组分之间的协同作用是其具有良好活性的主要原因[89]。将氧化铁担载到三维有序大孔 $BiVO_4$ 表面，形成异质结结构，也能进一步促进对可见光的吸收以及光生电子和空穴的分离，从而大大提高催化剂对 4- 硝基苯酚的催化降解效率。其中，Fe_2O_3 担载量为 0.97% 的催化剂表现出最佳的光催化活性，可见光照射 30 min 内可降解 9% 的 4- 硝基苯酚，并且还有良好的光催化稳定性[90]。其它光敏剂如具有多孔结构的氧化锌、氧化铁和二氧化铈等同样对有机污染物降解表现出优异的催化性能[91,92]。

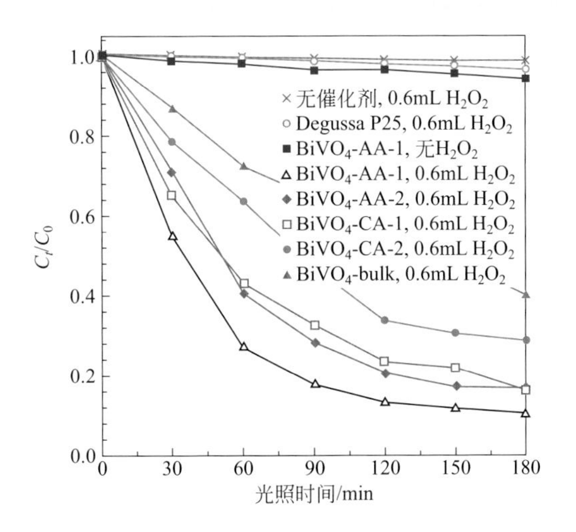

图 12-5 P25 和三维有序大孔 $BiVO_4$ 在可见光（$\lambda \geqslant 400$ nm）诱导下对苯酚（初始浓度为 0.2 mmol/L）降解的光催化活性[88]

与传统光敏催化剂不同，新型化合物催化剂（金属有机骨架材料、氮化碳等）的制备和应用引起了广泛的关注。具有多孔结构的新型催化剂同样对有机污染物表现出优良的光降解性能。相当多的金属有机骨架材料（metal-organic frameworks，MOF）已被作为光敏剂用于分解有机污染物[93,94]。例如，在紫外光下 MOF-5 用于光催化氧化降解取代苯酚，发现对苯酚和 2,6- 二叔丁基苯酚表现出反向尺寸选择性，对较大尺寸的底物 2,6- 二叔丁基苯酚表现出较高的降解速率，说明降解过程可能发生在 MOF-5 的外表面。2,6- 二叔丁基苯酚的富电子性可能是其更易被氧化的重要原因[95]。这些现象与钛硅酸盐 ETS-10 的发现类似[96]。此外，石墨相碳化氮（C_3N_4）具有窄的带隙和化学稳定性，被认为是一种用于降解有机污染物的很有前景的光催化材料。以尿素为气泡模板剂，在空气中热解双氰胺，可以得到一系列多孔石墨碳氮化合物材料（图 12-6）。通过调节尿素 / 双氰胺质量比和焙烧温度，可以使 C_3N_4 的比表面积从 5.4 m^2/g 增大到 60 m^2/g。这类多孔 C_3N_4 在可见光下对亚甲基蓝（MB）和苯酚污染物显示出良好的光催化降解效率。与体相 C_3N_4 比较，相同条件下多孔 C_3N_4 的最佳光催化活性对 MB 和苯酚降解分别提高了 2.1 倍和 2.8 倍。

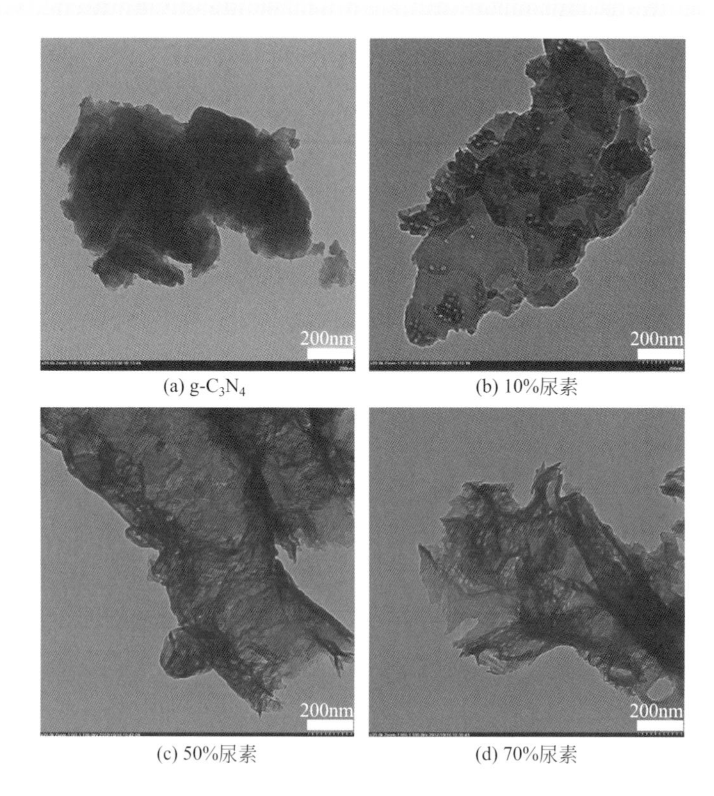

(a) g-C_3N_4　(b) 10%尿素　(c) 50%尿素　(d) 70%尿素

图 12-6　g-C_3N_4 以及不同质量分数尿素制备的多孔 g-C_3N_4 的透射电镜照片[97]

多孔结构提高了光生电子 - 空穴对的分离和迁移效率，因而带来了光催化性能的改善[97]。将 P 掺杂到多孔 C_3N_4 薄纳米片可以拓宽催化剂可见光响应区域，多孔纳米片结构具有大比表面积，可以提供更丰富的光催化反应活性位点，使其对 Cr^{4+} 光催化还原和 2,4- 二氯苯酚光催化氧化表现出优异的活性。另外，低的 pH 值和高的氧溶解度有利于促进催化剂对 Cr^{4+} 光催化还原和 2,4- 二氯苯酚光催化氧化性能[98]。

二、有机染料降解

染料废水大量进入水体环境，已成为威胁水环境安全的重要因素之一。染料废水典型的特点是种类繁多、有机物含量高、水体成分复杂、色度深、毒性大和可生化性差。因此，如何提高有机染料降解的效率已成为最具应用潜力、研究最为活跃的领域之一。光催化降解因简便和环境友好受到高度关注。与有机物降解类似，具有多孔结构的催化剂对有机染料降解同样表现出独特的催化活性。

锐钛矿 TiO_2 的光催化活性与其结晶度、孔结构和形貌息息相关。研究者采用环境椭圆光度孔隙率测定法研究了多孔 TiO_2 薄膜催化剂上孔隙率和孔径分布对其光催化亚甲基蓝和月桂酸活性的影响。证实双向网格状结构、高的孔隙率以及开放的孔道结构（利于反应物分子的接触）是影响其催化活性的关键，当 TiO_2 的颗粒尺寸和孔径分别为 7.5 nm 和 5.5 nm 时达到最高的光降解效率[99]。用表面活性剂（Tween 80）作为模板剂，采用改性的乙酸基溶胶 - 凝胶法可以制备出多孔 TiO_2 光催化剂。该催化剂具有大的比表面积（147 m^2/g）和孔隙率（46%）、窄的孔径分布（2 ～ 8 nm）、锐钛矿晶相和小的晶粒尺寸（9 nm），对水体中亚甲基蓝和肌酸酐具有高效的光降解性能[100]。将 TiO_2 活性组分担载于多孔载体是提高其利用率的有效手段。采用内孔模板法制备的 TiO_2 柱撑蒙脱土催化剂（Ti-PILCs），具有均匀且可调的孔径（2 ～ 3.4 nm）结构，对亚甲基蓝表现出优异的光降解活性（40 min 光照下降解率达 98%）。其中具有较大比表面积、适当孔体积和孔径分布的 Ti-PILCs 具有最佳的催化效率，光照 25 min 即可降解 98% 的亚甲基蓝[101]。在 Ti-PILCs 制备过程中引入聚合物表面活性剂可以促进黏土的分层，显著提高复合材料的孔隙率和表面积，减小晶粒尺寸，对亚甲基蓝降解表现出良好的催化性能，90 min 光照下去除率为 98%[102]。活性炭颗粒作为常用载体用于担载 TiO_2 催化剂，由于合适的介孔空隙，较 TiO_2 和活性炭混合催化剂具有更高的催化降解甲基橙的性能。活性炭的孔隙率影响反应物的吸附性能，以及锐钛矿型 TiO_2 纳米颗粒在活性炭表面的分散是影响其光降解活性的关键[103]。

其它多孔氧化物和复合氧化物，如 ZnO、$ZnWO_4$、$BiVO_4$ 等在有机染料降解领域也有广泛的应用。例如，多孔 ZnO 以及过渡金属（Mn、Co 和 Ni）掺杂的 ZnO 对亚甲基蓝光催化降解表现出较好的应用前景[104]。研究者合成了多孔 $ZnWO_4$ 纳米片，考察了其对罗丹明 B 电氧化和光催化耦合降解的催化行为。发现电位低于 0.8 V 时，有利于促进光生电子 - 空穴的分离和迁移，从而促进对罗丹明 B 的光降解性能；当电位增大到 0.8 ～ 1.0 V 时，由于电氧化和光催化的诱导而进一步提高罗丹明 B 的降解活性；在高于 1.3 V 的电位下，协同作用导致间接罗丹明 B 电氧化的发生，这种协同效应可以提高罗丹明 B 的矿化度[105]。采用水热法可以制备多孔八足型 $BiVO_4$ 催化剂，该催化剂的比表面积为 11.8 m^2/g，带隙能为 2.38 eV，对亚甲基蓝和苯酚的降解表现出优异的光催化活性。在可见光照射 2 h 和 4 h 后，该催化剂对亚甲基蓝和苯酚的降解率分别为 100% 和 91 %。研究者认为该多孔八足体状 $BiVO_4$ 单晶的光降解活性与其较大的比表面积、多孔结构和更低的带隙能量有关[106]。利用无模板溶剂热法制备的多孔 $BiVO_4$ 催化剂，孔径为 2.2 nm，较体相 $BiVO_4$ 催化剂对罗丹明 B 降解表现出更高的光催化活性，其在可见光照射 1 h 后即可完全降解罗丹明 B，多孔结构和大的比表面积是其具有良好催化性能的主要原因[107]。通常来说，有序多孔材料具有贯通的孔结构，较无序多孔具有更高的传质效率，往往表现出更好的催化性能。采用硬模板法制备的有序介孔 $BiVO_4$，比表面积为 59 m^2/g，孔径为 3.5 nm，可见光下对亚甲基蓝表现出优异的光降解活性。同条件下，有序介孔 $BiVO_4$ 催化剂对亚甲基蓝的降解率两倍于传统的 $BiVO_4$，其在可见

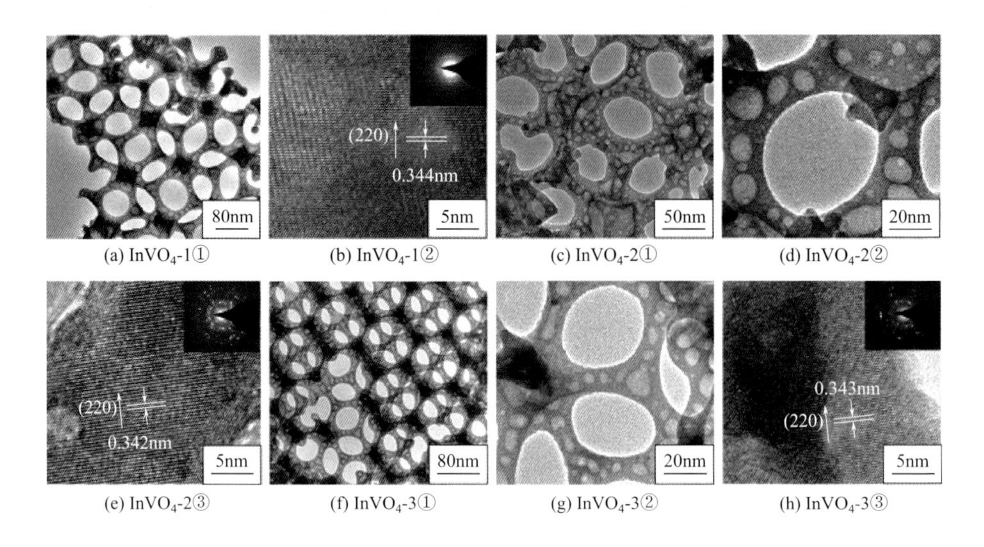

图 12-7 具有三维有序大孔 - 介孔多级孔道的 $InVO_4$-1、$InVO_4$-2 和 $InVO_4$-3 的 TEM 照片[109]

插图为SAED图

光照射 3 h 后可降解 85% 的亚甲基蓝，这归因于有序介孔 $BiVO_4$ 催化剂较大的比表面积、有序的结构和较小的晶体尺寸[108]。采用柠檬酸、酒石酸或抗坏血酸辅助的硬模板策略，可以制备出三维有序多孔（大孔 - 介孔复合孔）$InVO_4$ 催化剂，其大孔孔径为 130 ～ 160 nm、介孔孔径为 2 ～ 10 nm，比表面积为 35 ～ 52 m^2/g（图 12-7），其中采用抗坏血酸制备的催化剂在可见光照射 1 h 后对亚甲基蓝的降解率达 98%。研究发现该样品优异的光催化活性与其高质量的孔结构、较高的比表面积和表面氧空位密度以及较低的带隙能有关[109]。向三维有序多孔 $BiVO_4$ 表面担载 CrO_x 能进一步提高催化剂的光降解性能[110]。此外，将 $InVO_4$ 和 $BiVO_4$ 进行复合制备成三维有序大孔 $InVO_4$-$BiVO_4$ 载体，用于担载贵金属（Au、Ag、Pd 和 Pt）颗粒，同样能进一步促进光催化降解活性。其中三维有序大孔 0.08%（质量分数）Au/$InVO_4$-$BiVO_4$ 对罗丹明 B、亚甲基蓝和它们的混合有机染料表现出最佳的催化降解活性，在可见光照射下对上述底物完全降解的时间分别为 50 min、90 min 和 120 min。研究认为有序多孔结构、$InVO_4$-$BiVO_4$ 复合组分和金纳米粒子的高分散性是其高催化降解活性的主要因素[111]。

随着新型材料合成和应用的开发，许多具有多孔结构的新型催化剂证实对有机染料降解表现出优异的光催化性能。无机 - 有机杂化多孔材料 MOF，种类繁多且具有可调控的孔结构，在有机染料降解应用领域备受关注。例如，铜掺杂的 ZIF-67，掺杂的铜组分结合了 ZIF-67 结构特征和功能，在可见光下对甲基橙具有良好的降解效率，光照射 25 min 即可完全降解甲基橙，而 ZIF-67 上的降解率低于

20%[112]。基于 Ti^{4+} 的 MOF 材料（NTU-9），带隙能为 1.72 eV，对可见光表现出较好的吸收能力，表现出对罗丹明 B 具有良好的光降解活性[113]。还有一些 Zr 基、Fe 基的 MOF 同样表现出优异的降解有机染料的性能[114~116]。要指出的是，铁基的 MOF 材料在光降解有机染料中表现尤为突出。研究发现 MIL-53(Fe) MOF 材料在可见光和紫外光照射下对亚甲基蓝光降解表现出良好的活性，亚甲基蓝降解遵循一级反应机理。电子牺牲剂的加入能够促进 MIL-53(Fe) 催化降解活性的提高，不同牺牲剂在不同光区表现出不同的促进作用[117,118]。MIL-53(Fe) 催化剂在过氧化氢的存在下，可见光照射 50 min 即可将 10 mg/L 的罗丹明 B 完全降解。研究表明 H_2O_2 在催化过程中有两种功能，它可以被 MIL-53(Fe) 催化分解，通过类 Fenton 反应产生 OH 自由基；也可以在可见光照射下捕获激发 MIL-53(Fe) 的光生电子以形成 OH 自由基[119]。

三、金属吸附

金属，特别是重金属，是水体污染的主要元凶之一。已知大多数重金属是致癌物质，由于其不可降解性、持久性和累积性，对人体构成严重威胁。工业废物是天然水中各种金属污染的主要来源。去除工业废水中过量的重金属是健康和环境安全的重要课题。许多方法已被证实能应用于水体中重金属的消除，如化学沉淀、浮选、反渗透、离子交换和超滤。然而受到一些自身不足的限制，如效率低下、工作环境敏感和易产生有毒泥浆等。因此，迫切需要更多实用性环保技术的开发。吸附技术具有高效性、经济性和选择性，对水体金属去除表现出良好的应用前景。用于水体中金属吸附的材料种类繁多，主要包括传统吸附剂（活性炭、沸石、黏土、生物吸附剂和工业副产品）和新型纳米吸附剂（富勒烯，碳纳米管，石墨烯）[120,121]。具有多孔结构的吸附剂，因其具有大比表面积、高的孔容和丰富的孔道结构，对金属吸附具有优异的吸附性能。

活性炭具有发达的多孔结构（大孔、介孔和微孔）、高比表面积以及易功能化的表面，被广泛应用于净化污水中的金属。评价活性炭对双金属组分 Cu^{2+} 和 Pb^{2+} 吸附性能时，发现对两种金属的最大吸附量分别为 0.45 mmol/g 和 0.53 mmol/g[122]。采用活性炭去除溶液中 Ni^{2+}、Co^{2+}、Cd^{2+}、Cu^{2+}、Pb^{2+}、Cr^{3+} 和 Cr^{6+} 的研究时，发现活性炭对上述金属的吸附能力由高到低顺序为 $Cr^{6+} > Cd^{2+} > Co^{2+} > Cr^{3+} > Ni^{2+} > Cu^{2+} > Pb^{2+}$，并证实活性炭对金属的吸附能力与溶液的 pH 值相关。当 pH 值为 1 时，该活性炭对 Cr^{6+} 具有最大的去除效果，去除率为 99.99%；其它金属的最优 pH 值在 3 ～ 6 之间，去除率达 97.48% ～ 99.68%[123]。利用硝酸和氢氧化钠处理活性炭纤维，能够对材料表面有效改性，从而促进对金属吸附性能的提高。研究发现硝酸氧化处理能大幅提高活性炭的酸度，总酸度 3 倍于未处理的活性炭，促进了其离子交换容量的增加。硝酸氧化后材料表面氧物种浓度明显提高，氢氧化钠处理后表面羧基物种明显下降，但酯基物种浓度明显增加。活性炭对 Cu 和 Ni 离子吸附能力与其表面的酯基或酸性官能团有关[124,125]。将表面活性剂十二烷基硫酸钠、十二烷基苯磺酸钠或二辛基磺基琥珀酸钠浸渍到活性炭表面，能有效地提高活性炭对金属的吸附能力。在 pH 值为 6 时，表面活性剂浸渍的活性炭去除 Cd^{2+} 的量高达 0.198 mmol/g，较不含表面活性剂的活性炭对 Cd^{2+} 的去除量（0.016 mmol/g）高出一个数量级。活性炭吸附 Cd^{2+} 的能力与其所浸渍的表面活性剂的含量呈正比增加。活性炭的表面电荷在所有测试的 pH 值范围（pH 值 = 2 ～ 6）内都是负的。这些结果表明，用阴离子表面活性剂进行表面改性可以显著增强活性炭吸附阳离子的能力[126]。

黏土成本较低，其原料来源丰富（蒙脱土、高岭石、蛭石和针铁矿等）。其具有较高的比表面积、优异的吸附性能、无毒性以及大的离子交换潜力，较许多商业吸附剂表现出一定的优势。黏土还含有可交换的阳离子和阴离子，改性后作为吸附剂用于吸附水体中金属受到各国研究者的广泛关注。大部分黏土矿物带负电荷，具有高的阳离子交换容量，能高效地吸附溶液中的金属阳离子。近年来科学家进行了大量研究以探索天然黏土和处理或改性黏土的吸附性能，分别考察了初始溶液 pH 值、初始金属浓度、接触时间和吸附剂用量等因素对黏土吸附重金属过程的影响[127]。例如，采用四种突尼斯黏土吸附水体中 Pb^{2+}，发现其对 Pb^{2+} 的吸附随着溶液 pH 值的增加而增加，在中性 pH（7.0）附近达到最大值，随着碱性增强，一些 Pb^{2+} 开始沉淀。结果还证实阳离子交换是酸活化黏土吸附 Pb^{2+} 的主要机制[128]。用金属盐（$FeCl_3$、$AlCl_3$、$CaCl_2$、$MgCl_2$ 和 $MnCl_2$）对 Akadama 黏土进行功能化，用于去除水溶液中 Cr^{6+}。发现 $FeCl_3$ 功能化的黏土表现出最好的吸附性能，在 pH 值区间为 2 ～ 8 时，功能化黏土的吸附性能受溶液 pH 值影响不大[129]。采用碘化钾修饰的钛柱撑黏土（Ti-PILC），因较大的比表面积对 Hg^0 显示出优异的去除能力，并且其去除效率随着温度升高而提高。黏土吸附性能高度依赖于煅烧温度，一些研究报道发现吸附能力随着煅烧温度升高先提高，然后在非常高的温度下开始降低。通过改性或功能化可以增加黏土的比表面积和吸附能力，从而使得改性黏土有更加广阔的应用前景[130]。

尽管活性炭和黏土有着自身应用的优势，然而也存在着低吸附容量和低金属选择性的问题。介孔二氧化硅，例如 MCM-48、MCM-41、HMS 和 SBA-15，具有较大的比表面积、较窄的孔径分布和可控的孔径，可以通过向表面引入合适的官能团来改善其对目标金属的亲和力，因而在吸附水体中金属的应用中表现出独特的优势[131]。从最早采用丙硫醇改性的 MCM-41 和 HMS 二氧化硅，专用于废水中的重金属的去除开始，功能化介孔二氧化硅用于吸附废水中的金属离子引起了研究者的关注[132,133]。例如研究者对比了硫醇和胺功能化对 SBA-15 吸附重金属能力的影响，发现胺化的 SBA-15 对 Cu 具有优异的吸附能力，而硫醇功能化对 Cu 的吸附影响不大[134]。其它胺化和硫醇化的大孔 - 介孔二氧化硅对重金属离子的吸附研究，得到了类似的结果[135]。将 3-（2- 氨基乙基氨基）丙基三甲氧基硅烷接枝到 HMS 介孔二氧化硅表面，发现其对 Cu 的吸附能力较硅胶提高 10 倍以上 [136]。除了易于接触，阳离子到达介孔材料活性位点的速率也是影响其吸附效率的重要因素。研究 Cu 离子到达氨丙基接枝二氧化硅的活性位点的速度时，发现金属离子的尺寸和电荷是影响吸附速率的动力学因素 [137]。计算 Cu^{2+} 和 H^+ 扩散系数时发现 Cu^{2+} 扩散系数是 H^+ 的 1/4 ～ 1/3，这是因为 Cu^{2+} 具有更大的尺寸以及具有两个正电荷，遭到更大的排斥力。此外，研究者研究了铜离子到达孔径为 4 ～ 15 nm 和有机负载为 1.4 ～ 1.9 mmol/g 的氨丙基接枝二氧化硅的活性位点的速率，发现均匀溶液中的扩散过程取决于许多参数，如吸附剂孔径、金属离子尺寸、官能团表面密度以及二氧化硅的结构。不同于无序孔结构，有序介孔材料可以有效避免在接枝过程中导致的孔隙堵塞。研究比较不同孔径大小和形状的有序介孔二氧化硅（MCM-41 和 MCM-48）和硅胶上的吸附过程，发现使用平均孔径为 6 ～ 7 nm 的有序介孔二氧化硅具有更高的吸附效率和吸附速率，而孔径为 3.5 nm 的有序介孔二氧化硅与大孔硅胶表现出相似的效率。

富勒烯具有较大的比表面积，因此可以用作工业废水中重金属的吸附净化。富勒烯直接或作为聚苯乙烯基复合膜材料的一部分对 Cu^{2+} 表现出高的去除效率，单分子层石墨烯对 Cu^{2+} 的吸附容量达 14.6 mmol/g，并且发现富勒烯上 Cu^{2+} 的吸附平衡等温线符合 Langmuir 模型 [138]。良好的化学稳定性、大的比表面积（150 ～ 1500 m^2/g，远高于富勒烯）和可用的发达中孔结构，使得碳纳米管可作为吸附剂用于去除水体中重金属。用浓 HNO_3 处理多壁碳纳米管可以显著增加其吸附能力，这是由于酸化的碳纳米管表面产生的氧官能团可以与 Pb^{2+} 反应形成复合物或盐沉淀物。需要指出的是，酸化的碳纳米管在 pH 值为 2.0 时，20 min 即可达到吸附平衡，远远低于活性炭的 2 h[139]。此外，石墨烯基的吸附材料同样具有较好的吸附金属能力。

第三节　自清洁

受自然界中荷叶和蝉翼等的启发，科学家开始仿生自清洁表面制备自清洁材料来服务人类，发现自清洁材料的使用是节省劳力的有效技术。自清洁材料的应用范围广泛，如玻璃涂料、水泥和纺织品，并且绝大多数以涂层形式应用。自清洁涂层主要分为疏水性和亲水性，这两种类型都通过对水的不同行为来清洁表面。前者使水滴在表面上滑动并滚动，从而将污垢带走，而后者使用适当的金属氧化物来将水从表面上除去。除了去除能力之外，金属氧化物还可在日光辅助的光催化反应下化学分解复杂污垢沉积物。

固体表面的化学成分和几何结构控制着液体在表面上的润湿性。在固体、液体和蒸汽三相作用下，通过液滴测量的角度称为水接触角。接触角可以用杨氏方程模

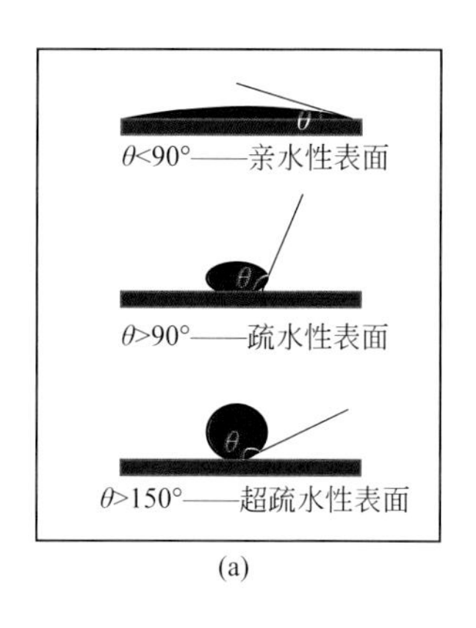

(a)

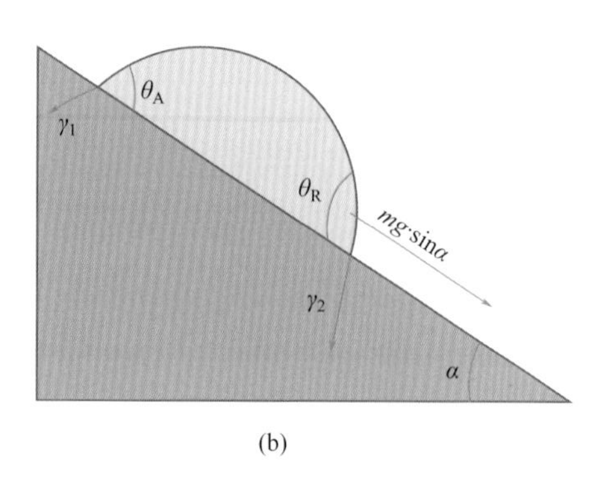

(b)

图 12-8　亲水性、疏水性和超疏水性表面（a）以及倾斜表面上的水接触角的示意图（b）[140]

拟表示如下：$\cos\theta_c = (\gamma_{SV} - \gamma_{SL}) / \gamma_{LV}$，其中 θ_c 是接触角；γ 代表表面张力；S、L 和 V 分别代表固相、液相和气相。当接触角大于 90° 时，固体表面为疏水性表面；当接触角小于 90° 时，固体表面是亲水性表面；如果接触角接近 150° 及以上，则表面被称为超疏水性表面；类似地当接触角接近 0° 时，则表面是超亲水性表面[140]（图 12-8）。针对具有粗糙度和化学多相性的真实固体，Wenzel 和 Cassie-Baxter 从理论上对接触行为进行了研究，并建立了两种模型[141]（图 12-9）。Wenzel 开发的模型中，液体完全渗透到粗糙凹槽中，可用下面方程表示：$\cos\theta_W = r\cos\theta$，其中 θ_W 表示 Wenzel 接触角；θ 是类似光滑表面上的杨氏接触角；r 是表面的粗糙因子（完美光滑表面粗糙因子 $r = 1$，粗糙表面因子 $r > 1$）。由上述公式可知，当 $\theta < 90°$ 时，通过增大 r 可以增大润湿性；当 $\theta > 90°$ 时，可通过减少 r 而减小润湿性。

Cassie-Baxter 认为在一些粗糙度条件下（$\theta > 90°$），气泡可能被困在孔穴中。在这种情况下，液体界面实际上由两相组成，即液 - 固界面和液 - 气界面。因此，

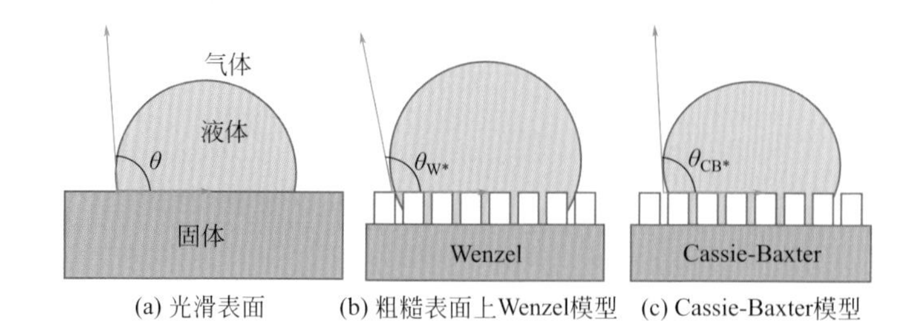

(a) 光滑表面　(b) 粗糙表面上Wenzel模型　(c) Cassie-Baxter模型

图 12-9　水滴在光滑表面以及粗糙表面上 Wenzel 模型和 Cassie-Baxter 模型示意图[141]

表观接触角是所有不同界面贡献的总和：$\cos\theta_C = f_1\cos\theta_1 + f_2\cos\theta_2$，式中，$\theta_C$ 是表观接触角；f_1 和 f_2 分别是相 1 和相 2 的表面分数；θ_1 和 θ_2 分别是相 1 和相 2 的接触角。在上面的公式中，接触角都是静态的。然而由于化学不均匀性、表面粗糙度和表面重组的原因，在与探针液体接触时，不同的接触角可以共存于接触沿线。当基片倾斜到一定角度并使水滴在这样的倾斜表面上移动时，在液滴运动的前端形成的角称为前进角（θ_A），后端形成的角称为后退角（θ_R）。前进角和后退角之间的差值表示接触角滞后。如果接触角滞后过大，液滴则倾向于黏附在表面。当接触角滞后和滑动角的值较低时，水滴更容易滚落。

受自然界表现出的超疏水特性的启发，研究人员开始致力于发展具有极低表面能的表面。具有低表面能的材料有许多，比如硅氧烷、氟碳化合物、石蜡烃和一些无机材料[142,143]。聚二甲基硅氧烷（polydimethylsiloxane，PDMS）属于一种有机硅化合物，通常称为硅氧烷。PDMS 具有可塑性和疏水性，因而成为生产超疏水表面合适的原材料。许多方法采用 PDMS 为材料构造超疏水表面。例如，采用 CO_2 脉冲激光作为激发源，将过氧化物基团引入到 PDMS 表面，从而对 PDMS 表面进行改性。这些过氧化物能够引发甲基丙烯酸 -2- 羟乙酯（HEMA）聚合到 PDMS 表面。这种处理后的 PDMS，表面上具有大的孔隙率和链排序，测得的水接触角（WCA）为 175°[144]。氟化聚合物具有极低的表面能，近年来引起了研究者们的极大兴趣。粗糙化氟化聚合物能构造出超疏水表面。通过拉伸聚四氟乙烯薄膜，使其表面上具有大量空隙空间的纤维状晶体，从而实现材料的超疏水特性[145]。在潮湿条件下，浇铸聚合物溶液可制备一种具有 50 nm 至 500 nm 孔径的蜂窝状多孔透明聚合物薄膜。采用该方法生产的透明蜂窝图案薄膜表现出超疏水性，测得 WCA 为 160°[146]。除了有机硅和氟碳化合物被广泛用于生产超疏水表面，石蜡烃同样也可以用来生成疏水面。研究人员发展了一种简单而廉价的“低密度聚乙烯”涂层法，该法可以有效生成超疏水涂层。通过静电纺丝和喷涂技术，可以由聚苯乙烯溶液制备获得超疏水性膜。该方法获得的膜表面由多孔微粒和纳米纤维组成[147]。其它研究工作证实烷基烯酮[148]、聚碳酸酯[149]和聚酰胺[150]也表现出超疏水性能。此外，一些无机材料如 ZnO 和 TiO_2 同样表现出超疏水的特性。例如，薄膜表面 ZnO 纳米棒的（001）面具有低表面能，使得 ZnO 纳米棒薄膜具有超疏水性。有意思的是，当该膜暴露于 UV 辐射后，由于电子 - 空穴对的产生导致 ZnO 表面对羟基吸附增强，造成该膜的超疏水特性转化为超亲水性；还发现该膜在去除紫外线照射一周后，其超疏水特性得到恢复[151]。

低表面能材料的功能化和特殊微 - 纳结构的构筑是提高材料自清洁能力的有效途径[152]。采用简便的模板法可以制备一种新颖的蜂窝状聚二甲基硅氧烷超疏水性表面，该表面具有有趣的多级微 - 纳结构。超疏水性聚二甲基硅氧烷表面的水接触角和滑动角分别为 155°±1.7° 和 5°。该表面在 1 ～ 14 的 pH 值范围内表现出高的稳定性，并且经过多次摩擦后，聚二甲基硅氧烷表面超疏水性得到高度的保持。评价自清洁性能时发现，被污染的聚二甲基硅氧烷表面上 99.5% 的污染物颗粒可以通过人造雨除去，显示出优异的自洁性 [153]。在含氟电解液中，电解阳极氧化多孔钛膜制备多功能多孔 TiO_2 膜，该膜微米级 Ti 颗粒中形成纳米级 TiO_2 纳米管。为了评价其自清洁功能，十八烷基三甲氧基硅烷（trimethoxyoctadecylsilane，OTS）分子被用作污染阳极氧化多孔膜的污染物，导致该表面从亲水性改变为疏水性。随着 OTS 的污染，具有最大孔径的多孔 TiO_2 膜（APM-260）失去亲水性，并在空气中显示出疏水性，其接触角为 134.7°。结果证实多孔膜的表面润湿性由表面粗糙度和疏水性决定。OTS 污染的 APM-260 多孔膜在紫外线照射下，它的接触角会逐渐减小。这是因为紫外线下，多级 TiO_2 纳米管会将 OTS 逐渐光催化分解。紫外辐射 495 min 后，在空气中 APM-260 多孔膜表面的水接触角慢慢减小至 0°，表示表面吸附的 OTS 分子被完全消除后，多孔膜的超亲水性得到恢复。该结果表明在紫外线下，该多功能多孔 TiO_2 膜具有良好的自清洁和防污能力 [154]。多层 TiO_2/SiO_2 异质结构可以通过逐层组装和煅烧获得，该纳米多孔 TiO_2 和 SiO_2 叠层之间的大折射率形成结构颜色特性。这些涂层的纳米孔隙驱动的超湿润行为使其具有稳定的超亲水特性。在紫外线照射下，薄膜中的 TiO_2 颗粒显示出良好的自清洁性能 [155]。研究者采用多种方法研究并阐释了透明基底上 TiO_2 的光催化涂层的自清洁性能，将预先合成的 TiO_2 胶体颗粒分散到具有中孔结构的透明二氧化硅黏合剂中来合成 TiO_2 薄膜。通过共聚物表面活性剂的自组装胶束来实现控制膜的纳米尺寸孔隙率，这种方法能有效地稳定 TiO_2 颗粒，使其在薄膜内具有高分散性，因而对于高 TiO_2 含量（高达 50%）薄膜也能保持优异的光学性能。光降解动力学的研究表明这种介孔膜的活性比用常规微孔二氧化硅黏合剂合成的至少高 15 倍。此外，测得的量子产率（1.1%）是当前报道中较高的。有机分子与 TiO_2 微晶表面之间的吸附的改善以及相互连接的孔结构对水和氧分子扩散的促进，是提高膜光催化活性的主要原因 [156]。

当前，很多研究报道了自清洁材料应用于建筑材料领域。例如，为了评估透明二氧化钛涂层的自清洁和去污染性能，通过在石灰华（一种主要用作建筑材料的多孔石灰石）上喷涂二氧化钛基悬浮液来沉积 TiO_2。通过其对罗丹明 B 脱色和 NO_x 降解来评估其自清洁和去污活性。当紫外线照射后，由 TiO_2 引发的对污染物（罗丹明 B）的光致褪色非常明显。紫外线照射 1 h 后，TiO_2 基材料对罗丹明 B 的降解显示出明显的优势 [157]。采用 TiO_2-SiO_2 纳米复合材料将一种非常易碎的石头转变成一种新型的自洁建筑材料 [158]。通过简单喷涂，可以在非常易碎的碳酸盐颗粒堆积的孔内形成 TiO_2-SiO_2 纳米复合材料，得到的纳米材料为石材提供了有效的黏合剂和无裂纹表面层，并赋予其自洁性能。另外，TiO_2-SiO_2 有效地渗透到石头的孔隙中，显著地提高了它的机械强度，因此能够将极易碎的石头转变成具有自清洁特性的建筑材料。以亚甲基蓝为底物，对制备的石材进行了自清洁性能评价，发现介孔结构能有效地提高材料的自清洁能力。为了研究负载量对纳米复合材料的光催化活性的影响，研究者改变了 TiO_2 和 Ag 纳米粒子的负载量，发现在 TiO_2 含量为 1%(质

量 / 体积）的 TiO_2-SiO_2 网络上负载较高银含量［10%（质量分数）］时，光催化剂对可见光的吸收明显提高；当 TiO_2 含量较高［4%（质量 / 体积）］时，1%（质量分数）Ag 载量会增加光活性，但较高量的 Ag 载量［5%（质量分数）］会在石头上产生不需要的颜色变化，或 10%（质量分数）Ag 载量时会抑制涂层的溶胶 - 凝胶转变过程 [159]。

自清洁涂料目前已应用于多个领域，其潜在的应用领域包括纺织工业（自清洁服装）、汽车工业（自清洁挡风玻璃、汽车车身和后视镜）、眼镜行业（照相机、传感器、镜头和望远镜）、海洋工业（防腐蚀保护）和航空航天工业（黏性表面）。自清洁涂料也可用于窗户（窗户涂料）、太阳能组件（太阳能组件的自洁涂料）和油漆（具有自洁性能的外墙涂料）中 [160]。由于自清洁涂料的潜在应用，许多公司已经被这种技术所吸引，并且很多产品已经商品化。比如，皮尔金顿集团公司将第一款自清洁涂层玻璃产品 Pilkington Activ 商业化，德国 Lotusan 公司实现了自清洁涂料的商业化等。

参考文献

[1] Rollins A W, Browne E C, Min K E, et al. Evidence for NO_x control over nighttime SOA formation[J]. Science, 2012, 337 (6099) : 1210-1212.

[2] Hernández M A, Velasco J A. Alkane adsorption on microporous SiO_2 substrata. 1. Textural characterization and equilibrium[J]. Energy & Fuels, 2003, 17 (2) : 262-270.

[3] Chen J H, Shi W B, Zhang X Y, et al. Roles of Li^+ and Zr^{4+} cations in the catalytic performances of $Co_{1-x}M_xCr_2O_4$ (M=Li, Zr; x=0−0.2) for methane combustion[J]. Environ Sci Technol, 2011, 45 (19) : 8491-8497.

[4] Hui K S, Kwong C W, Chao C Y H. Methane emission abatement by Pd-ion-exchanged zeolite 13X with ozone [J]. Energy Environ Sci, 2010, 3: 1092-1098.

[5] Chenakin S P, Melaet G, Szukiewicz R, et al. XPS study of the surface chemical state of a Pd/(SiO^{2+} TiO_2) catalyst after methane oxidation and SO_2 treatment [J]. J Catal, 2014, 31: 1-11.

[6] Ab Rahim M H, Forde M M, Jenkins R L, et al. Oxidation of methane to methanol with hydrogen peroxide using supported gold-palladium alloy nanoparticles [J]. Angew Chem Int Ed, 2013, 52 (4) : 1280-1284.

[7] Lillo-Ródenas M A, Bouazza N, Berenguer-Murcia A, et al. Photocatalytic oxidation of propene at low concentration[J]. Appl Catal B, 2007, 71: 298-309.

[8] Araña J, Doña-Rodríguez J M, Tello Rendón E, et al. TiO_2 activation by using activated carbon as a support[J]. Appl Catal B, 2003, 44: 153-160.

[9] Ao C H, Lee S C. Enhancement effect of TiO immobilized on activated carbon filter for the photodegradation of pollutants at typical indoor air level[J]. Appl Catal B, 2003, 44: 191-205.

[10] Nagaoka S, Hamasaki Y, Ishihara S I, et al. Preparation of carbon/TiO_2 microsphere composites from cellulose/TiO_2 microsphere composites and their evaluation[J]. J Mol Catal A, 2002, 177: 255-263.

[11] Kim S, Yeo J, Choi W. Simultaneous conversion of dye and hexavalent chromium in visible lightilluminated aqueous solution of polyoxometalate as an electron transfer catalyst[J]. Appl Catal B, 2008, 84: 691-698.

[12] Ao C H, Lee S C. Combination effect of activated carbon with TiO_2, for the photodegradation of binary pollutants at typical indoor air level[J]. J Photochem Photobiol A, 2004, 161: 131-140.

[13] Ao C H, Lee S C. Combination effect of activated carbon with TiO_2, for the photodegradation of binary pollutants at typical indoor air level[J]. J Photochem Photobiol A, 2004, 161: 131-140.

[14] Thevenet F, Guaïtella O, Herrmann J M, et al. Photocatalytic degradation of acetylene over various titanium dioxide-based photocatalysts[J]. Appl Catal B, 2005, 61: 58-68.

[15] Thevenet F, Guaïtella O, Herrmann J M, et al. Photocatalytic degradation of acetylene over various titanium dioxide-based photocatalysts[J]. Appl Catal B, 2005, 61: 58-68.

[16] Jothiramalingam R, Wang M K. Synthesis, characterization and photocatalytic activity of porous manganese oxide doped titania for toluene decomposition[J]. J Hazard Mater, 2007, 147: 562-569.

[17] An T, Chen J, Nie X, et al. Synthesis of carbon nanotube-anatase TiO_2 sub-micrometer-sized sphere composite photocatalyst for synergistic degradation of gaseous styrene[J]. ACS Appl Mater Interfaces, 2012, 4: 5988-5996.

[18] Wang W, Yu J, Xiang Q, et al. Enhanced photocatalytic activity of hierarchical macro/mesoporous TiO_2-graphene composites for photodegradation of acetone in air[J]. Appl Catal B, 2012, 119-120: 109-116.

[19] Huang H, Huang H, Feng Q, et al. Catalytic oxidation of benzene over Mn modified TiO_2/ZSM-5 under vacuum UV irradiation[J]. Appl Catal B, 2017, 203: 870-878.

[20] Shu Y, Ji J, Xu Y, et al. Promotional role of Mn doping on catalytic oxidation of VOCs over mesoporous TiO_2 under vacuum ultraviolet (VUV) irradiation[J]. Appl Catal B, 2018, 220: 78-87.

[21] Huang H, Li D, Lin Q, et al. Efficient degradation of benzene over $LaVO_4$/TiO_2 nanocrystalline heterojunction photocatalyst under visible light irradiation[J]. Environ Sci Technol, 2009, 43: 4164-4168.

[22] Yan T, Long J, Shi X, et al. Efficient photocatalytic degradation of volatile organic compounds by porous indium hydroxide nanocrystals[J]. Environ Sci Technol, 2010, 44: 1380-1385.

[23] Hou Y, Wang X, Wu L, et al. Efficient decomposition of benzene over a β-Ga_2O_3 photocatalyst

under ambient conditions[J]. Environ Sci Technol, 2006, 40: 5799-5803.

[24] Mao M, Li Y, Hou J, et al. Extremely efficient full solar spectrum light driven thermocatalytic activity for the oxidation of VOCs on OMS-2 nanorod catalyst[J]. Appl Catal B, 2015, 174-175: 496-503.

[25] Chen J, Li Y, Fang S, et al. UV-vis-infrared light-driven thermocatalytic abatement of benzene on Fe doped OMS-2 nanorods enhanced by a novel photoactivation[J]. Chem Eng J, 2018, 332: 205-215.

[26] Lasek J, Yu Y H, Wu J C S. Removal of NO_x by photocatalytic processes[J]. J Photoch Photobio C, 2013, 14: 9-52.

[27] Huang Y, Ho W, Lee S, et al. Effect of carbon doping on the mesoporous structure of nanocrystalline titanium dioxide and its solar-light-driven photocatalytic degradation of NO_x [J]. Langmuir, 2008, 24: 3510-3516.

[28] Yamashita H, Ichihashi Y, Anpo M, et al. Photocatalytic decomposition of NO at 275 K on titanium oxides included within Y-zeolite cavities: the structure and role of the active sites[J]. J Phys Chem, 1996, 100(40): 16041-16044.

[29] Hu Y, Martra G, Zhang J, et al. Characterization of the local structures of Ti-MCM-41 and their photocatalytic reactivity for the decomposition of NO into N_2 and O_2[J]. J Phys Chem B, 2006, 110: 1680-1685.

[30] Signoretto M, Ghedini E, Trevisan V, et al. TiO_2-MCM-41 for the photocatalytic abatement of NO_x in gas phase[J]. Appl Catal B, 2010, 95: 130-136.

[31] Zouzelka R, Rathousky J. Photocatalytic abatement of NO_x pollutants in the air using commercial functional coating with porous morphology[J]. Appl Catal B, 2017, 217: 466-476.

[32] Guo G, Hu Y, Jiang S, et al. Photocatalytic oxidation of NO_x over TiO_2/HZSM-5 catalysts in the presence of water vapor: Effect of hydrophobicity of zeolites[J]. J Hazard Mater, 2012, 223-224: 39-45.

[33] Liu H, Zhang H, Yang H. Photocatalytic removal of nitric oxide by multi-walled carbon nanotubes-supported TiO_2[J]. Chin J Catal, 2014, 35: 66-77.

[34] Liu H, Yu X, Yang H. The integrated photocatalytic removal of SO_2 and NO using Cu doped titanium dioxide supported by multi-walled carbon nanotubes[J]. Chem Eng J, 2014, 243: 465-472.

[35] Liu H, Yu X, Yang H. The integrated photocatalytic removal of SO_2 and NO using Cu doped titanium dioxide supported by multi-walled carbon nanotubes[J]. Chem Eng J, 2014, 243: 465-472.

[36] Huang Y, Gao Y, Zhang Q, et al. Hierarchical porous $ZnWO_4$ microspheres synthesized by ultrasonic spray pyrolysis: characterization, mechanistic and photocatalytic NO_x removal studies[J]. Appl Catal A, 2016, 515: 170-178.

[37] Li G, Zhang D, Yu J C, et al. An efficient bismuth tungstate visible-light-driven photocatalyst for breaking down nitric oxide[J]. Environ Sci Technol, 2010, 44: 4276-4281.

[38] Kowsari E, Abdpour S. In-situ functionalization of mesoporous hexagonal ZnO synthesized in task specific ionic liquid as a photocatalyst for elimination of SO_2, NO_x and CO[J]. J Solid State Chem, 2017, 256: 141-150.

[39] Li G, Zhang D, Yu J C. Ordered mesoporous $BiVO_4$ through nanocasting: A superior visible light-driven photocatalyst[J]. Chem Mater, 2008, 20: 3983-3992.

[40] Wang H, Sun Y, Jiang G, et al. Unraveling the mechanisms of visible light photocatalytic NO purification on earth-abundant insulator-based core-shell heterojunctions[J]. Environ Sci Technol, 2018, 52: 1479-1487.

[41] Dong F, Li Y, Wang Z, et al. Enhanced visible light photocatalytic activity and oxidation ability of porous graphene-like g-C_3N_4 nanosheets via thermal exfoliation[J]. Appl Surf Sci, 2015, 358: 393-403.

[42] Xiong T, Wen M, Dong F, et al. Three dimensional Z-scheme $(BiO)_2CO_3/MoS_2$ with enhanced visible light photocatalytic NO removal[J]. Appl Catal B, 2016, 199: 87-95.

[43] Min B K, Friend C M. Heterogeneous gold-based catalysis for green chemistry: Low-temperature CO oxidation and propene oxidation[J]. Chem Rev, 2007, 107: 2709-2724.

[44] Yoshida Y, Mitani Y, Itoi T, et al. Preferential oxidation of carbon monoxide in hydrogen using zinc oxide photocatalysts promoted and tuned by adsorbed copper ions[J]. J Catal, 2012, 287: 190-202.

[45] Kamegawa T, Takeuchi R, Matsuoka M, et al. Photocatalytic oxidation of CO with various oxidants by Mo oxide species highly dispersed on SiO_2 at 293 K[J]. Catal Today, 2006, 111: 248-253.

[46] Kisch H, Zang L, Lange C, et al. Modifiziertes, amorphes titandioxid-ein hybrid-photohalbleiter zur detoxifikation und stromerzeugung mit sichtbarem Licht[J]. Angew Chem Int Ed, 1998, 110: 3201-3203.

[47] Kisch H, Zang L, Lange C, et al. Modified, amorphous titania-a hybrid semiconductor for detoxification and current generation by visible light[J]. Angew Chem Int Ed, 1998, 37: 3034-3036.

[48] Sakthivel S, Kisch H. Daylight photocatalysis by carbon-modified titanium dioxide[J]. Angew Chem Int Ed, 2003, 42: 4908-4911.

[49] Prasad B L V, Stoeva S I, Sorensen C M, et al. Digestive ripening of thiolated gold nanoparticles: The effect of alkyl chain length[J]. Langmuir, 2002, 18: 7515-7520.

[50] Liu J, Si R, Zheng H, et al. The promoted oxidation of CO induced by the visible-light response of Au nanoparticles over Au/TiO_2[J]. Catal Commun, 2012, 26: 136-139.

[51] Deng X Q, Zhu B, Li X S, et al. Visible-light photocatalytic oxidation of CO over plasmonic

Au/TiO_2: Unusual features of oxygen plasma activation[J]. Appl Catal B, 2016, 188: 48-55.

[52] Bosc F, Ayral A, Keller N, et al. Room temperature visible light oxidation of CO by high surface area rutile TiO_2-supported metal photocatalyst[J]. Appl Catal B, 2007, 69: 133-137.

[53] Kolobov N S, Svintsitskiy D A, Kozlova E A, et al. UV-LED photocatalytic oxidation of carbon monoxide over TiO_2 supported with noble metal nanoparticles[J]. Chem Eng J, 2017, 314: 600-611.

[54] Kolobov N S, Svintsitskiy D A, Kozlova E A, et al. UV-LED photocatalytic oxidation of carbon monoxide over TiO_2 supported with noble metal nanoparticles[J]. Chem Eng J, 2017, 314: 600-611.

[55] Bosc F, Ayral A, Keller N, et al. Room temperature visible light oxidation of CO by high surface area rutile TiO_2-supported metal photocatalyst[J]. Appl Catal B, 2007, 69: 133-137.

[56] Zhang M, Jin Z, Zhang J, et al. Effect of calcination and reduction treatment on the photocatalytic activity of CO oxidation on Pt/TiO_2[J]. J Mol Catal A, 2005, 225: 59-63.

[57] Vorontsov A V, Savinov E N, Zhensheng J. Influence of the form of photodeposited platinum on titania upon its photocatalytic activity in CO and acetone oxidation[J]. J Photochem Photobio A, 1999, 125: 113-117.

[58] Mohamed R M, Aazam E S. Preparation and characterization of platinum doped porous titania nanoparticles for photocatalytic oxidation of carbon monoxide[J]. J Alloy Compd, 2011, 509: 10132-10138.

[59] Álvarez P M, Masa F J, Jaramillo J, et al. Kinetics of ozone decomposition by granular activated carbon[J]. Ind Eng Chem Res, 2008, 4 (8) : 2545-2553.

[60] Subrahmanyam C, Bulushev D A, Kiwi-Minsker L. Dynamic behaviour of activated carbon catalysts during ozone decomposition at room temperature[J]. Appl Catal B, 2005, 61: 98-106.

[61] Gall E T, Corsi R L, Siegel J A. Impact of physical properties on ozone removal by several porous materials[J]. Environ Sci Technol, 2014, 48: 3682-3690.

[62] Aldred J R, Darling E, Morrison G, et al. Benefit-cost analysis of commercially available activated carbon filters for indoor ozone removal in single-family homes[J]. Indoor Air, 2016, 26: 501-512.

[63] Metts T A, Batterman S A. Effect of VOC loading on the ozone removal efficiency of activated carbon filters[J]. Chemosphere, 2006, 62: 34-44.

[64] Jia J, Zhang P, Chen L. Catalytic decomposition of gaseous ozone over manganese dioxides with different crystal structures[J]. Appl Catal B, 2016, 189: 210-218.

[65] Jia J, Yang W, Zhang P, et al. Facile synthesis of Fe-modified manganese oxide with high content of oxygen vacancies for efficient airborne ozone destruction[J]. Appl Catal A, 2017, 546: 79-86.

[66] Ma J, Wang C, He H. Transition metal doped cryptomelane-type manganese oxide catalysts

for ozone decomposition[J]. Appl Catal B, 2017, 201: 503-510.

[67] Wang M, Zhang P, Li J, et al. The effects of Mn loading on the structure and ozone decomposition activity of MnO_x supported on activated carbon[J]. Chin J Catal, 2014, 35: 335-341.

[68] Patzsch J, Bloh J Z. Improved photocatalytic ozone abatement over transition metal-grafted titanium dioxide[J]. Catal Today, 2018, 300: 2-11.

[69] Mathew T, Suzuki K, Ikuta Y, et al. Mesoporous ferrihydrite-based iron oxide nanoparticles as highly promising materials for ozone removal[J]. Angew Chem Int Ed, 2011, 50: 7381-7384.

[70] Wu F, Wang M, Lu Y, et al. Catalytic removal of ozone and design of an ozone converter for the bleeding air purification of aircraft cabin[J]. Build Environ, 2017, 115: 25-33.

[71] 张竞杰，张彭义，张博，等．活性炭负载金催化分解空气中低浓度臭氧 [J]. 催化学报，2008, 29 (4) : 335-340.

[72] Nikolov P, Genov K, Konova P, et al. Ozone decomposition on Ag/SiO_2 and Ag/clinoptilolite catalysts at ambient temperature[J]. J Hazard Mater, 2010, 184: 16-19.

[73] Neeft J P A, Pruissen van O P, Makkee M, et al. Catalysts for the oxidation of soot from diesel exhaust gases II contact between soot and catalyst under practical conditions[J]. Appl Catal B, 1997, 12: 21-31.

[74] Atribak I, Bueno-López A, García-García A, et al. Catalytic activity for soot combustion of birnessite and cryptomelane[J]. Appl Catal B, 2010, 93: 267-273.

[75] Zhang G, Zhao Z, Liu J, et al. Three dimensionally ordered macroporous $Ce_{1-x}Zr_xO_2$ solid solutions for diesel soot combustion[J]. Chem Commun, 2010, 46: 457-459.

[76] Zhang G, Zhao Z, Xu J, et al. Comparative study on the preparation, characterization and catalytic performances of 3DOM Ce-based materials for the combustion of diesel soot[J]. Appl Catal B, 2011, 107: 302-315.

[77] Xu J, Liu J, Zhao Z, et al. Three-dimensionally ordered macroporous $LaCo_xFe_{1-x}O_3$ perovskite-type complex oxide catalysts for diesel soot combustion[J]. Catal Today, 2010, 153: 136-142.

[78] Xu J, Liu J, Zhao Z, et al. Easy synthesis of three-dimensionally ordered macroporous $La_{1-x}K_xCoO_3$ catalysts and their high activities for the catalytic combustion of soot[J]. J Catal, 2011, 282: 1-12.

[79] Zhou W, Sun F, Pan K, et al. Well-ordered large-pore mesoporous anatase TiO_2 with remarkably high thermal stability and improved crystallinity: Preparation, characterization, and photocatalytic performance[J]. Adv Funct Mater, 2011, 21: 1922-1930.

[80] Ismail A A, Bahnemann D W, Robben L, et al. Palladium doped porous titania photocatalysts: impact of mesoporous order and crystallinity[J]. Chem Mater, 2010, 22: 108-116.

[81] Velasco L F, Parra J B, Ania C O. Role of activated carbon features on the photocatalytic degradation of phenol[J]. Appl Surf Sci, 2010, 256: 5254-5258.

[82] Matos J, Laine J, Herrmann J M. Synergy effect in the photocatalytic degradation of phenol on a suspended mixture of titania and activated carbon[J]. Appl Catal B, 1998, 18: 281-291.

[83] Matos J, Laine J, Herrmann J M. Effect of the type of activated carbons on the photocatalytic degradation of aqueous organic pollutants by UV-irradiated titania[J]. J Catal, 2001, 200: 10-20.

[84] Wenhua L, Hong L, Sao'an C, et al. Kinetics of photocatalytic degradation of aniline in water over TiO_2 supported on porous nickel[J]. J Photochem Photobio A, 2000, 131: 125-132.

[85] Kuwahara Y, Yamashita H. Efficient photocatalytic degradation of organics diluted in water and air using TiO_2 designed with zeolites and mesoporous silica materials[J]. J Mater Chem, 2011, 21: 2407-2416.

[86] Ooka C, Yoshida H, Suzuki K, et al. Highly hydrophobic TiO_2 pillared clay for photocatalytic degradation of organic compounds in water[J]. Micropor Mesopor Mater, 2004, 67: 143-150.

[87] Jiang H, Meng X, Dai H, et al. High-performance porous spherical or octapod-like single-crystalline $BiVO_4$ photocatalysts for the removal of phenol and methylene blue under visible-light illumination[J]. J Hazard Mater, 2012, 217: 92-99.

[88] Liu Y, Dai H, Deng J, et al. Three-dimensional ordered macroporous bismuth vanadates: PMMA-templating fabrication and excellent visible light-driven photocatalytic performance for phenol degradation[J]. Nanoscale, 2012, 4: 2317-2325.

[89] Ji K, Dai H, Deng J, et al. 3DOM $BiVO_4$ supported silver bromide and noble metals: High-performance photocatalysts for the visible-light-driven degradation of 4-chlorophenol[J]. Appl Catal B, 2015, 168-169: 274-282.

[90] Zhang K, Liu Y, Deng J, et al. Fe_2O_3/3DOM $BiVO_4$: high-performance photocatalysts for the visible light-driven degradation of 4-nitrophenol[J]. Appl Catal B, 2017, 202: 569-579.

[91] Pal B, Sharon M. Enhanced photocatalytic activity of highly porous ZnO thin films prepared by sol-gel process[J]. Mater Chem Phys, 2002, 76: 82-87.

[92] Li B, Hao Y, Shao X, et al. Synthesis of hierarchically porous metal oxides and Au/TiO_2 nanohybrids for photodegradation of organic dye and catalytic reduction of 4-nitrophenol[J]. J Catal, 2015, 329: 368-378.

[93] Jing H P, Wang C C, Zhang Y W, et al. Photocatalytic degradation of methylene blue in ZIF-8[J]. RSC Adv, 2014, 4: 54454-54462.

[94] Zhang T, Lin W. Metal-organic frameworks for artificial photosynthesis and photocatalysis[J]. Chem Soc Rev, 2014, 43: 5982-5993.

[95] Llabrés i Xamena F X, Corma A, Garcia H. Applications for metal-organic frameworks (MOFs) as quantum dot semiconductors[J]. J Phys Chem C, 2007, 111: 80-85.

[96] Llabrés i Xamena F X, Calza P, Lamberti C, et al. Enhancement of the ETS-10 titanosilicate activity in the shape-selective photocatalytic degradation of large aromatic molecules by

controlled defect production[J]. J Am Chem Soc, 2003, 125: 2264-2271.

[97] Zhang M, Xu J, Zong R, et al. Enhancement of visible light photocatalytic activities via porous structure of g-C_3N_4[J]. Appl Catal B, 2014, 147: 229-235.

[98] Deng Y, Tang L, Zeng G, et al. Insight into highly efficient simultaneous photocatalytic removal of Cr(Ⅵ) and 2,4-diclorophenol under visible light irradiation by phosphorus doped porous ultrathin g-C_3N_4 nanosheets from aqueous media: performance and reaction mechanism[J]. Appl Catal B, 2017, 203: 343-354.

[99] Sakatani Y, Grosso D, Nicole L, et al. Optimised photocatalytic activity of grid-like mesoporous TiO_2 films: Effect of crystallinity, pore size distribution, and pore accessibility[J]. J Mater Chem, 2006, 16: 77-82.

[100] Choi H, Stathatos E, Dionysiou D D. Sol-gel preparation of mesoporous photocatalytic TiO_2 films and TiO_2/Al_2O_3 composite membranes for environmental applications[J]. Appl Catal B, 2006, 63: 60-67.

[101] Yang S, Liang G, Gu A, et al. Synthesis of TiO_2 pillared montmorillonite with ordered interlayer mesoporous structure and high photocatalytic activity by an intra-gallery templating method[J]. Mater Res Bull, 2013, 48: 3948-3954.

[102] Chen D, Zhu Q, Zhou F, et al. Synthesis and photocatalytic performances of the TiO_2 pillared montmorillonite[J]. J Hazard Mater, 2012, 235-236: 186-193.

[103] Wang X, Liu Y, Hu Z, et al. Degradation of methyl orange by composite photocatalysts nano-TiO_2 immobilized on activated carbons of different porosities[J]. J Hazard Mater, 2009, 169: 1061-1067.

[104] Barick K C, Singh S, Aslam M, et al. Porosity and photocatalytic studies of transition metal doped ZnO nanoclusters[J]. Micropmesopor Mater, 2010, 134: 195-202.

[105] Zhao X, Zhu Y. Synergetic degradation of rhodamine B at a porous $ZnWO_4$ film electrode by combined electro-oxidation and photocatalysis[J]. Environ Sci Technol, 2006, 40: 3367-3372.

[106] Jiang H, Meng X, Dai H, et al. High-performance porous spherical or octapod-like single-crystalline $BiVO_4$ photocatalysts for the removal of phenol and methylene blue under visible-light illumination[J]. J Hazard Mater, 2012, 217-218: 92-99.

[107] Ge M, Liu L, Chen W, et al. Sunlight-driven degradation of Rhodamine B by peanut-shaped porous $BiVO_4$ nanostructures in the H_2O_2-containing system[J]. CrystEngComm, 2012, 14: 1038-1044.

[108] Li G, Zhang D, Yu J. Ordered mesoporous $BiVO_4$ through nanocasting: A superior visible light-driven photocatalyst[J]. Chem Mater, 2008, 20: 3983-3992.

[109] Wang Y, Dai H, Deng J, et al. Three-dimensionally ordered macroporous $InVO_4$: Fabrication and excellent visible-light-driven photocatalytic performance for methylene blue

degradation[J]. Chem Eng J, 2013, 226: 87-94.

[110] Wang Y, Dai H, Deng J, et al. 3DOM $InVO_4$-supported chromia with good performance for the visible-light-driven photodegradation of rhodamine B[J]. Solid State Sci, 2013, 24: 62-70.

[111] Ji K, Deng J, Zang H, et al. Fabrication and high photocatalytic performance of noble metal nanoparticles supported on 3DOM $InVO_4$-$BiVO_4$ for the visible-light-driven degradation of rhodamine B and methylene blue[J]. Appl Catal B, 2015, 165: 285-295.

[112] Yang H, He X W, Wang F, et al. Doping copper into ZIF-67 for enhancing gas uptake capacity and visible-light-driven photocatalytic degradation of organic dye[J]. J Mater Chem, 2012, 22: 21849-21851.

[113] Gao J, Miao J, Li P Z, et al. A p-type Ti(Ⅳ)-based metal-organic framework with visible-light photo-response[J]. Chem Commun, 2014, 50: 3786-3788.

[114] Pu S, Xu L, Sun L, et al. Tuning the optical properties of the zirconium-UiO-66 metal-organic framework for photocatalytic degradation of methyl orange[J]. Inorg Chem Commun, 2015, 52: 50-52.

[115] Laurier K G, Vermoortele F, Ameloot R, et al. Iron (Ⅲ)-based metal-organic frameworks as visible light photocatalysts[J]. J Am Chem Soc, 2013, 135: 14488-14491.

[116] Wang C, Li J, Lv X, et al. Photocatalytic organic pollutants degradation in metal-organic frameworks[J]. Energy Environ Sci, 2014, 7: 2831-2867.

[117] Du J J, Yuan Y P, Sun J X, et al. New photocatalysts based on MIL-53 metal-organic frameworks for the decolorization of methylene blue dye[J]. J Hazard Mater, 2011, 190: 945-951.

[118] Gao Y, Li S, Li Y, et al. Accelerated photocatalytic degradation of organic pollutant over metal-organic framework MIL-53 (Fe) under visible LED light mediated by persulfate[J]. Appl Catal B, 2017, 202: 165-174.

[119] Ai L, Zhang C, Li L, et al. Iron terephthalate metal-organic framework: Revealing the effective activation of hydrogen peroxide for the degradation of organic dye under visible light irradiation[J]. Appl Catal B, 2014, 148-149: 191-200.

[120] Burakov A E, Galunin E V, Burakova I V, et al. Adsorption of heavy metals on conventional and nanostructured materials for wastewater treatment purposes: a review[J]. Ecotox Environ Safe, 2018, 148: 702-712.

[121] Hua M, Zhang S, Pan B, et al. Heavy metal removal from water/wastewater by nanosized metal oxides: a review[J]. J Hazard Mater, 2012, 211-212: 317-331.

[122] Kongsuwan A, Patnukao P, Pavasant P. Binary component sorption of Cu(Ⅱ) and Pb(Ⅱ) with activated carbon from eucalyptus camaldulensis dehn bark[J]. J Ind Eng Chem, 2009, 15: 465-470.

[123] Kobya M, Demirbas E, Senturk E, et al. Adsorption of heavy metal ions from aqueous solutions by activated carbon prepared from apricot stone[J]. Bioresour Technol, 2005, 96 (13) : 1518-1521.

[124] Shim J W, Park S J, Ryu S K. Effect of modification with HNO_3 and NaOH on metal adsorption by pitch-based activated carbon fibers[J]. Carbon, 2001, 39: 1635-1642.

[125] Sato S, Yoshihara K, Moriyama K, et al. Influence of activated carbon surface acidity on adsorption of heavy metal ions and aromatics from aqueous solution[J]. Appl Surf Sci, 2007, 253: 8554-8559.

[126] Ahn C K, Park D, Woo S H, et al. Removal of cationic heavy metal from aqueous solution by activated carbon impregnated with anionic surfactants[J]. J Hazard Mater, 2009, 164: 1130-1136.

[127] Uddin M K. A review on the adsorption of heavy metals by clay minerals, with special focus on the past decade[J]. Chem Eng J, 2017, 308: 438-462.

[128] Eloussaief M, Benzina M. Efficiency of natural and acid-activated clays in the removal of Pb (Ⅱ) from aqueous solutions[J]. J Hazard Mater, 2010, 178: 753-757.

[129] Ji M, Su X, Zhao Y, et al. Effective adsorption of Cr(Ⅵ) on mesoporous Fe-functionalized Akadama clay: optimization, selectivity, and mechanism[J]. Appl Surf Sci, 2015, 344: 128-136.

[130] Shen B, Chen J, Yue S. Removal of elemental mercury by titanium pillared clay impregnated with potassium iodine[J]. Micropor Mesopor Mater, 2015, 203: 216-223.

[131] Da'na E. Adsorption of heavy metals on functionalized-mesoporous silica: a review[J]. Micropor Mesopor Mater, 2017, 247: 145-157.

[132] Liu J, Feng X, Fryxell G E, et al. Hybrid mesoporous materials with functionalized monolayers[J]. Adv Mater, 1998, 10: 161-165.

[133] Mercier L, Pinnavaia T J. Heavy metal ion adsorbents formed by the grafting of a thiol functionality to mesoporous silica molecular sieves: factors affecting Hg(Ⅱ) uptake[J]. Environ Sci Technol, 1998, 32: 2749-2754.

[134] Beck J S, Vartuli J C, Roth W J, et al. A new family of mesoporous molecular sieves prepared with liquid crystal templates[J]. J Am Chem Soc, 1992, 114: 10834-10843.

[135] Lee J Y, Chen C H, Cheng S, et al. Adsorption of Pb(Ⅱ) and Cu(Ⅱ) metal ions on functionalized large-pore mesoporous silica[J]. Int J Environ Sci Technol, 2016, 13: 65-76.

[136] Kresge C T, Leonowicz M E, Roth W J, et al. Ordered mesoporous molecular sieves synthesized by a liquid-crystal template mechanism[J]. Nature, 1992, 359: 710-712.

[137] Walcarius A, Mathieu Etienne A, Bessière J. Rate of access to the binding sites in organically modified silicates. 1. Amorphous silica gels grafted with amine or thiol groups[J]. Chem Mater, 2002, 14: 2757-2766.

[138] Alekseeva O, Bagrovskaya N, Noskov A. Sorption of heavy metal ions by fullerene and polystyrene/fullerene film compositions[J]. Prot Met Phys Chem Surf, 2016, 52: 443-447.

[139] Wang H J, Zhou A L, Peng F, et al. Adsorption characteristic of acidified carbon nanotubes for heavy metal Pb(Ⅱ) in aqueous solution[J]. Mater Sci Eng A, 2007, 466: 201-206.

[140] Sas I, Gorga R E, Joines J A, et al. Literature review on superhydrophobic self-cleaning surfaces produced by electrospinning[J]. J Polym Sci, Part B: Polym Phys, 2012, 50: 824-845.

[141] Blossey R. Self-cleaning surfaces-virtual realities[J]. Nat Mater, 2003, 2: 301-306.

[142] Ganesh V A, Raut H K, Nair A S, et al. A review on self-cleaning coatings[J]. J Mater Chem, 2011, 21: 16304-16322.

[143] Yao L, He J. Recent progress in antireflection and self-cleaning technology-From surface engineering to functional surfaces[J]. Prog Mater Sci, 2014, 61: 94-143.

[144] Khorasani M T, Mirzadeh H, Kermani Z. Wettability of porous polydimethylsiloxane surface: morphology study[J]. Appl Surf Sci, 2005, 242: 339-345.

[145] Zhang J, Li J, Han Y. Superhydrophobic PTFE surfaces by extension[J]. Macromol Rapid Commun, 2004, 25: 1105-1108.

[146] Yabu H, Shimomura M. Single-step fabrication of transparent superhydrophobic porous polymer films[J]. Chem Mater, 2005, 17: 5231-5234.

[147] Jiang L, Zhao Y, Zhai J. A lotus-leaf-like superhydrophobic surface: A porous microsphere/nanofiber composite film prepared by electrohydrodynamics[J]. Angew Chem Int Ed, 2004, 43: 4338-4341.

[148] Mohammadi R, Wassink J, Amirfazli A. Effect of surfactants on wetting of super-hydrophobic surfaces[J]. Langmuir, 2004, 20: 9657-9662.

[149] Zhao N, Xu J, Xie Q, et al. Fabrication of biomimetic superhydrophobic coating with a micro-nano-binary structure[J]. Macromol Rapid Commun, 2005, 26: 1075-1080.

[150] Zhang J, Lu X, Huang W, et al. Reversible superhydrophobicity to superhydrophilicity transition by extending and unloading an elastic polyamide film[J]. Macromol Rapid Commun, 2005, 26: 477-480.

[151] Feng X, Feng L, Jin M, et al. Reversible super-hydrophobicity to super-hydrophilicity transition of aligned ZnO nanorod films[J]. J Am Chem Soc, 2003, 126: 62-63.

[152] Zou X, Silva R, Huang X, et al. A self-cleaning porous TiO_2-Ag core-shell nanocomposite material for surface-enhanced Raman scattering[J]. Chem Commun, 2013, 49: 382-384.

[153] Yuan Z, Xiao J, Zeng J, et al. Facile method to prepare a novel honeycomb-like superhydrophobic polydimethylsiloxan surface[J]. Surf Coat Technol, 2010, 205: 1947-1952.

[154] Li L, Liu Z, Zhang Q, et al. Underwater superoleophobic porous membrane based on

hierarchical TiO_2 nanotubes: Multifunctional integration of oil-water separation, flow-through photocatalysis and self-cleaning[J]. J Mater Chem A, 2015, 3: 1279-1286.

[155] Wu Z, Lee D, Rubner M F, et al. Structural color in porous, superhydrophilic, and self-cleaning SiO_2/TiO_2 Bragg stacks[J]. Small, 2007, 3 (8) : 1445-1451.

[156] Allain E, Besson S, Durand C, et al. Transparent mesoporous nanocomposite films for self-cleaning applications[J]. Adv Funct Mater, 2007, 17: 549-554.

[157] Quagliarini E, Bondioli F, Goffredo G B, et al. Self-cleaning and de-polluting stone surfaces: TiO_2 nanoparticles for limestone[J]. Constr Build Mater, 2012, 37: 51-57.

[158] Pinho L, Elhaddad F, Facio D S, et al. A novel TiO_2-SiO_2 nanocomposite converts a very friable stone into a self-cleaning building material[J]. Appl Surf Sci, 2013, 275: 389-396.

[159] Pinho L, Rojas M, Mosquera M J. Ag-SiO_2-TiO_2 nanocomposite coatings with enhanced photoactivity for self-cleaning application on building materials[J]. Appl Catal B, 2015, 178: 144-154.

[160] Ganesh V A, Raut H K, Nair A S, et al. A review on self-cleaning coatings[J]. J Mater Chem, 2011, 21: 16304-16322.

第十三章

多级孔结构微纳催化剂与反应器的能源储存与转化应用

“Hierarchy”一词源于希腊单词 hieros（神圣）和 archein（规则），表示一种有组织的结构，在这种结构中不同要素按其重要性进行排列。在自然界中，“微-纳”尺度下的多级结构普遍存在于各种生物材料中。在多孔“微-纳”材料中，微孔（<2 nm）、介孔（2～50 nm）和大孔（>50 nm）相互连通，构建出不同形式的多级孔隙结构。这类材料具有高比表面积、大孔容、优异的可接近性、强化的质量传递性能以及高存储容量，在催化、吸附、分离、传感、能源和生命科学领域具有广阔的应用前景[1]。

在过去几十年中，科学家们在多级孔材料的设计、合成和应用方面倾注了极大的热情，以期构建出高度精密的、具有微纳尺度到宏观大尺寸的人造多级孔材料。鉴于此，微纳尺度上的多级孔材料设计与构筑及其作为微纳催化剂与反应器的应用研究得到了飞速发展，其中，多级孔材料在能源储存与转化领域得到了广泛的应用[2]。在电能储存方面，多级孔结构能够促进电池（锂离子电池、锂硫电池、锂空电池、钠离子电池和镁离子电池）和超级电容器的电极/电解液界面的电荷转移，降低离子的扩散路径，并且能够适应循环过程中的体积变化。在氢能储存方面，多级孔结构形成的高比表面积能够改善材料的储氢性能。在太阳能制化学品方面，多级孔结构具有稳定高分散的活性位点以及增强催化过程中分子扩散的优点，因而在光催化领域（如光催化产氢、光催化还原 CO_2 等）也有广泛的应用。在太阳能存储与发电方面，多级孔结构能够增加光路长度，并增强染料分子的吸附和量子点敏化剂的分散，从而提高光捕获效率，因此多级孔材料可用作敏化太阳能电池的光电阳极。在燃料电池方面，多级孔材料也具有良好的应用前景。多级孔结构设计的阳极和阴极能够促进燃料分子和反应产物的扩散，从而提高电流密度和转化效率。本章将通过总结介绍相关研究进展，凸显光电转化及能量存储功能材料在微纳尺度下的多级孔结构构筑的重要性和必要性。

第一节 能源存储

一、锂离子电池

锂离子电池作为一种新型化学能源，具有循环寿命长、能量密度高、无记忆效应、环境友好等特点。随着新能源汽车行业的蓬勃发展，开发具有高容量密度、输出性能稳定的动力电池成为各大能源公司和研究机构的研发重点。近年来，锂离子电池负极材料朝着高比容量、长循环寿命和低成本方向发展。随着电池工程结构的不断完善，通过结构设计提升电池性能变得越来越难。然而，电池电极材料的多级结构优化以及新型电极材料的开发却得到了长足的发展[3]。

常见的锂离子电池负极材料有碳材料、钛酸锂、金属氧化物、硅材料等。锂离子电池负极材料面临的包括“析锂”、体积形变、容量低等问题仍有待解决[4]。尖晶石结构的钛酸锂（$Li_4Ti_5O_{12}$）负极材料具有较高的脱嵌锂电位平台、优异的循环稳定性，以及突出的安全性能，被认为是一种非常有潜力的锂离子电池负极材料。$Li_4Ti_5O_{12}$的多级结构微纳设计可以有效改善其电化学性能。多级结构能够缩短电子和锂离子在$Li_4Ti_5O_{12}$颗粒内的传输路径，且能提供更大的电极/电解液的接触面积，有利于改善锂离子嵌入的动力学。Luo 等[5]通过水热法以葡萄糖作为碳源包覆锐钛矿 TiO_2，在 LiOH 溶液中合成了 $Li_4Ti_5O_{12}/C$ 纳米棒。与纯 $Li_4Ti_5O_{12}$ 相比，这种纳米棒结构具有丰富的多级孔隙，比表面积为 107.8 m^2/g，增加了锂离子脱嵌的表面积，加速了锂离子与电子的传递。在 0.2C（C：电池充放电电流大小的比率，即倍率）条件下，首次放电比容量为 168.4 mA • h/g，库伦效率 95%。Liu 等[6]设计了一种具有高导电性的自支撑 $Li_4Ti_5O_{12}$-C 纳米管阵列结构。$Li_4Ti_5O_{12}$ 纳米管阵列通过简单的基于模板溶液法直接生长在不锈钢箔上，再在其内外表面均匀涂覆炭层，进一步提高了导电性。该材料在 30C、60C、100C 条件下，可逆比容量分别为 135 mA • h/g、105 mA • h/g 和 80 mA • h/g。在 10C 条件下循环 500 次后，容量仍保持在 144 mA • h/g。

过渡金属氧化物（M_xO_y，M = Fe、Co、Ni、Mn 等）作为锂离子电池负极材料，其比容量比石墨和钛酸锂等基于嵌-脱锂机制的负极材料高出数倍，而且其放电平台普遍高于石墨，可以在一定程度上避免电极表面形成锂枝晶，有利于改善电池安

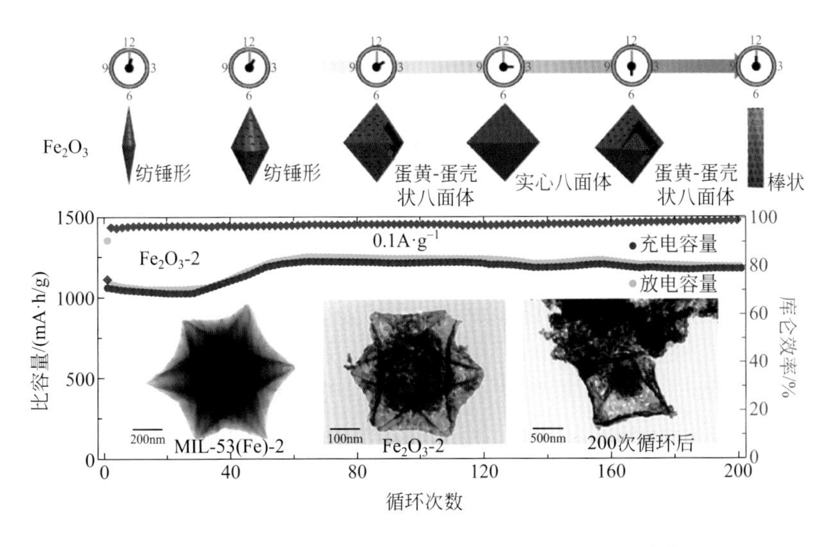

图 13-1　多孔 Fe_2O_3 及材料嵌锂性能和循环稳定性[8]

全性能。过渡金属氧化物在离子嵌入过程中会发生巨大的体积变化，而且离子传输/电子传导的效率较差，因此在实际应用中体系材料的循环性能和倍率性能欠佳。为了改善过渡金属氧化物作为锂离子电池负极的性能，研究人员开发了多种材料结构，例如纳米管、纳米片和空心球等。譬如，Gu 等[7]报道了一种过渡金属氧化物生长于三维（3D）阵列结构金属集流体上构成的多级核-壳微纳结构阵列，其壳层过渡金属氧化物与内核金属集流体 3D 阵列单元密切接触，有利于缩短锂离子扩散路径，提供快速的电子输运途径。基于有序的 3D 阵列结构集流体生长的过渡金属氧化物构成核-壳微纳结构阵列，可遏制电化学转化反应中壳层活性物质发生径向断裂、塌陷，提高了阵列结构的导电性和结构稳定性。同时，彼此独立的阵列结构可以有效提高电极/电解液界面接触面积，缓冲活性材料充放电过程中的体积变化，抑制活性材料的团聚现象等，从而有效改善电极的倍率性能，增强电极的循环稳定性。Guo 等[8]通过 MOF 模板法，并在微波辐射辅助作用下制得规整结构和多孔性能的 Fe_2O_3 材料（图 13-1）。通过改变前驱体骨架的异相分解时间，可以形成不同的多孔 Fe_2O_3，如形貌独特的蛋黄-蛋壳状（yolk-shell）Fe_2O_3 八面体介孔材料。通过电化学测试，该多级结构材料展现出优异的循环充放电性能，归因于其特殊的 yolk-shell 立体结构和分布其中的介孔孔道。作为电极材料，yolk-shell 介孔结构会在核、壳两层内外表面以及介孔孔道内部提供很大的表面积用于锂离子的脱嵌，为锂离子提供更多的活性位点，使材料的嵌锂能力有所提升。同时，多层的立体孔道结构为锂离子的运输和脱嵌提供了更短的通道，有机配体分解得到的介孔亲油表面对电解液具有良好的亲和性。另外，yolk-shell 结构内部的空隙和孔道提供了更大的储锂空间，也为 Fe_2O_3 电极材料产生的体积变化提供了缓冲空间，保护材料的微观结构不被破坏，使 Fe_2O_3 材料的嵌锂性能和循环稳定性得到进一步提高。

除了过渡金属氧化物，过渡金属与其它硫族元素形成的化合物（如硫化物、硒化物等）同样具有高储锂容量和高电势平台，有望用于构筑容量更高、安全性能更好的锂离子电池。但是，过渡金属硫化物和硒化物储锂过程中，也面临着巨大的体积膨胀以及导电性能差等问题，使得电极材料容量快速衰减、倍率特性无法满足实际应用。针对此类问题，Hu 等[9] 设计了一种基于钴基金属有机框架 ZIF-67 nanocube（纳米立方体）合成 CoSe@carbon nanobox（纳米盒子）复合电极的方法，通过多级结构设计，为过渡金属硫族化合物电极材料的合成及应用提供了新的策略。该材料中 CoSe 纳米颗粒主要富集在内层，而碳主要集中在外层。这种多级空心结构有助于缓解充放电时的结构应力；外部的碳层除了能有效提高导电性之外，还阻止了电化学活性物质与电解液的直接接触，有望提高首次库伦效率。类似地，该课题组在 TiO_2@NC（氮掺杂碳层）纳米管上组装一层超薄 MoS_2 纳米片，构筑了 TiO_2@NC@MoS_2 多级三层纳米管（图 13-2）[10]。内层 TiO_2 纳米管可以有效缓

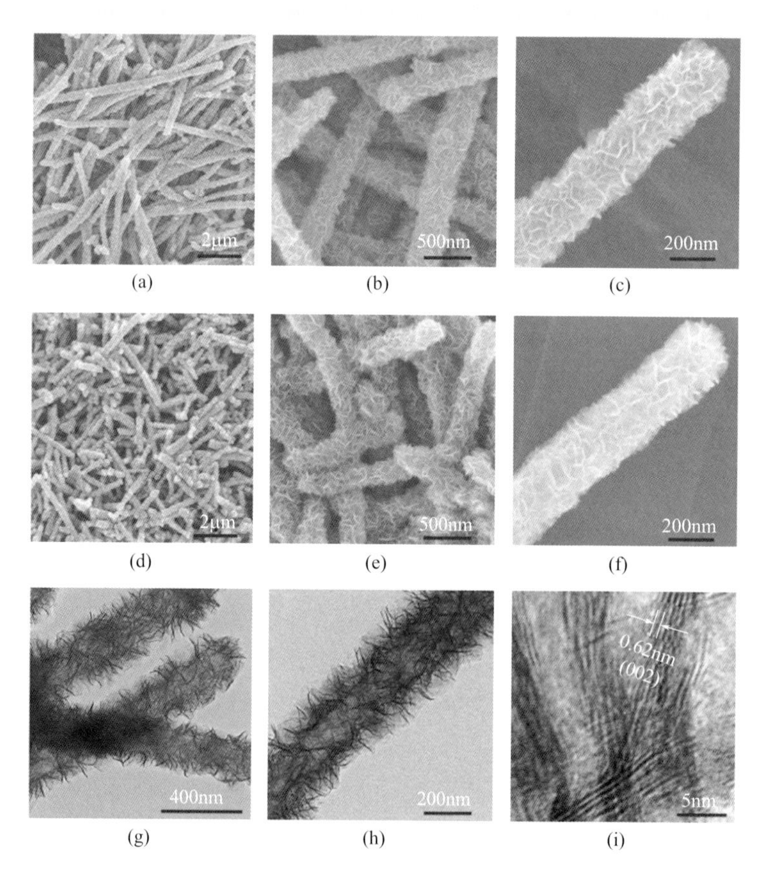

图 13-2　TiO_2@NC@MoS_2 多级三层纳米管电镜图[10]

解电极在充放电过程中的体积形变，缩短锂离子的传输路径；中间氮掺杂碳层可提高电极的导电性，维持电极的整体形貌，抑制外层 MoS_2 纳米片的团聚；外层超薄 MoS_2 纳米片可以增大电极和电解液的接触面积，促进电子和锂离子的传输。复合电极中三种功能材料的协同作用在锂电存储中表现出优异的协同性能。

硅基负极材料由于其较高的理论容量（4200 mA • h/g）成为下一代锂离子电池负极材料领域研究的热点。近年来，随着纳米材料制备技术的发展，研究者们制备合成出了不同结构的纳米硅负极，例如：硅纳米线、硅纳米管、多孔硅纳米颗粒等，其中多孔硅纳米颗粒因为其最适合传统的涂覆工艺而成为硅负极商业化的有力竞争者。Zong 等 [11] 以工业生产中的低纯度硅（纯度为 99%）为原料，通过简单的球磨、退火（歧化反应）和酸处理工艺，得到孔隙率高度可调（17% ～ 70%）的多孔硅。用作锂离子电池的负极材料，能够缓解嵌锂时发生的体积膨胀，获得很好的循环及倍率性能。Kopold 等 [12] 发展了一种环境友好、经济、简便的基于镁热还原的方法（使用芦苇叶为主要原料，同时作为硅源和模板）合成多孔硅。这种多孔硅用于锂离子电池负极时，在 10*C* 放电电流密度下，经过 4000 次循环后，可逆容量仍然高达 420 mA•h/g（高于传统商用石墨负极的理论容量 372 mA•h/g）。

正极材料进行多级结构微纳设计同样可以提升锂离子电池的性能。橄榄石结构的磷酸铁锂（$LiFePO_4$）材料因具备热稳定性好、循环寿命长、环境友好、原料来源丰富等优势，是最具应用潜力的动力锂离子电池正极材料之一。然而，目前商业化的块体 $LiFePO_4$ 材料在制备成电极之后，仍然存在传质和传荷较慢的问题，限制了其在动力电池中的实际应用。针对于此，Wang 等 [13] 构筑了一种三维多孔球形炭包覆 @ 磷酸铁锂 / 碳纳米管正极复合材料（$C@LiFePO_4/CNTs$）。其中，碳纳米管均匀地插嵌于 $LiFePO_4$ 多孔球体中，形成了导电性良好的碳纳米管网络。$LiFePO_4$ 球体中丰富的孔道提供了锂离子快速传输通道，使得每一个 $C@LiFePO_4/CNTs$ 球体都成为电化学反应活性较高的“微反应器”。合成过程中生成的无定形炭进一步提升了复合材料整体的导电性。复合材料的微米球形貌有利于振实密度的提高和体积能量密度的改善，拓展了其在电动汽车领域的实际应用前景。此外，复合结构使用的碳纳米管具备良好的双电层储能特性。在大倍率充放电时，复合材料中电容组分（碳纳米管）的快速容量响应，可以有效缓冲对电池组分（$LiFePO_4$）的“冲击”，提升材料的倍率性能和循环稳定性。近年来，具有纳米多级结构的无粘接剂的新型电极材料的设计和制备开始受到关注，这些研究旨在获得具有高容量和能量密度、能量输出稳定性以及可靠寿命的锂电池正极材料。譬如，Yue 等 [14] 设计并成功制备出了一种具有三维纳米超多级结构的镍 / 孔阵镍 / 五氧化二钒纳米片（$Ni/Porous-Ni/V_2O_5$）复合材料（图 13-3）。当其直接用于锂电池正极材料时，表现出优异的电化学充放电循环性能，并且这种新型的电极材料无需任何有机粘接剂，大大提高了电化学性能并优化了电池组装流程。这种新型电极材料的优异性能主要得益于三方面的协同效应：一是新型镍孔阵列集流体；二是具有纳米结构的五氧化二钒纳米片

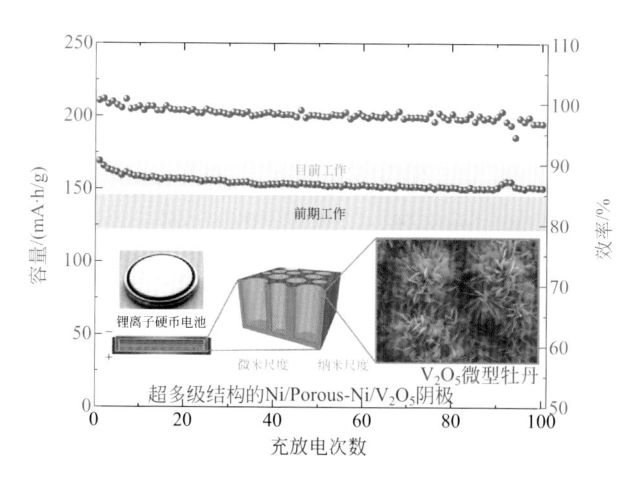

图 13-3　超多级结构的 Ni/Porous-Ni/V_2O_5 复合材料及其电化学性能 [14]

及其组装而成的微米花朵结构；三是无结接剂技术。结合这些优点，电极材料的电化学能量输出和循环稳定性得到明显提升。

二、超级电容器

高性能电容器电极材料是电化学储能研究的前沿课题，其研制既要强调在“介观 - 纳米”范围内对材料的织构和晶相结构进行调控合成以获取高的储电能力，还要兼顾器件化对材料进行“宏观 - 微观 - 纳米”跨尺度制备的迫切需求 [15]。近年来，围绕超级电容器电极材料的跨尺度制备的研究渐趋活跃。

在炭布、金属片、纸张和塑料基底上构建的超级电容器可广泛用作便携式和可穿戴式储能元件 [16]。为了进一步提高其电容量，同时减小其尺寸，人们陆续研制了纤维和电缆式超级电容器。Wang 等 [17] 设计制备了基于 $NiCo_2O_4$ 纳米同轴纤维的超级电容器，该电容器在 0.08 mA 时，体积电容高达 10.3 F/cm³。类似的 $CuCo_2O_4$[18] 和 $ZnCo_2O_4$[19] 超级电容器在 30 mV/s 时，电容分别高达 1.09 F/g 和 10.9 F/g。尽管超级电容器不断取得突破，但是仍然需要进一步改善其性能以便适合实际应用。例如，大多数超级电容器都基于金属丝集电器，然而其表面光滑、表面积小、孔隙率低，致使集电器基底与活性材料之间产生大的接触电阻。因此，为了提高电荷传输效率，应降低内部电阻，并增加活性表面积。Ramadoss 等 [20] 将 $NiCo_2O_4$ 生长在 3D-Ni/Ni-wire 整装结构基体上（图 9-10），体现出优异的电容性能。3D-Ni/Ni-wire 集电器具有多孔、多活性位点的树突状导电网络和短的扩散路径，可在氢气气泡存在的模板中通过电沉积法制备。随后，双金属（Ni 和 Co）氢氧化物通过电沉积法负载于 3D-Ni/Ni-wire 上。最后，所沉积的双金属氢氧化物经过 300 ℃焙烧生成

$NiCo_2O_4$ 尖晶石涂层。$NiCo_2O_4$/3D-Ni/Ni-wire 具有优异的体积电容（29.7 F/cm^3）以及良好的充放电速率。此外，还具有优异的循环稳定性（5000 次后仍维持 100%）及高能量密度（2.18 W・h/kg）和高功率密度（21.6 W/kg）。

以薄层金属 Cu 和 Ni 纤维为基底，Zhu 等 [21,22] 制备了薄层 Zn/Cu- 纤维和 NiO/Ni- 纤维电池电极，并分别组装了 Ni-Zn 和 Ni-H_2 电池，新电极可显著提高电池能量密度和充放电速率；Zhu 等 [23] 还制备了整装金属 Ni 纤维结构化炭颗粒复合电极，并用作 Zn- 空电池的超薄阴极电极，具有优于常规电极材料的性能。碳纳米管（CNTs）和碳气凝胶（CAG）是极富应用前景的纳米碳基材料，但用于电池和超级电容器时遇到成型问题。传统高分子胶黏剂的使用不仅会牺牲电极材料的比表面积、破坏碳材料的结构特性，还会导致很高的电荷传导阻力和离子传递阻力，因此无黏结剂的跨尺度制备引起了人们的关注。基于整装烧结金属 Ni 纤维结构所提供的薄层大面积、大空隙率、开放网络、独特的形状因子和高化学活性等特性，Jiang 等 [15] 通过催化化学气相沉积法在 Ni 纤维表面生长 CNTs，成功制备了“Ni 纤维 -CNTs”复合结构材料（直径 8.0 cm），整体结构保持完好且 CNTs 分布均匀，CNTs 负载量高达 60% 以上。该复合材料的电荷传导阻力和离子传递阻力均非常小，在 5 mol/L KOH 水溶液电解质中测得的比电容可达 47 F/g。利用以上所得“Ni 纤维 -CNTs”复合结构材料为基底，Fang 等 [24] 通过再组装 CAG 的方法制备了“宏观 - 微观 - 纳米”跨尺度自支撑碳纳米管 - 碳气凝胶复合电极材料，其中金属纤维网络为集电极、CNTs 为纳米导线、CAG 介孔为离子存储库；在 5 mol/L KOH 水溶液电解质中，该材料具有优良的导电性、高的比电容和很好的瞬间充放电能力。Li 等 [25] 基于薄层大面积三维开放网络的烧结金属纤维结构，通过催化化学气相沉积（CCVD）在金属纤维表面“培植”碳纳米管（CNTs），再借助溶胶涂层组装聚苯胺（PANI）的方法，成功制备了以金属纤维网络为集电极，CNTs 为纳米导线，PANI 为化学储能活性物质，尺度跨越宏观、介观和纳米的自支撑三维 CNTs-PANI 复合电极材料（图 9-11）。以分子量 10000 的 PANI 单体制备的 PANI、CNTs 和 Ni-fiber 质量分数分别为 28%、28% 和 44% 的复合电极材料，具有最佳的电化学性质和化学电容储能性能，以及良好的充放电循环稳定性。分析结果表明，PANI 与 CNTs 间的 π-π 相互堆积作用产生的电子相互作用不仅促进了 PANI 的电化学活性，而且可能对 PANI 具有稳定作用，进而改善了充放电循环稳定性。

三、储氢

基于质子膜燃料电池技术的氢能汽车具有清洁、高能效的特点，但高效储氢技术是制约其商业应用的瓶颈之一。固态材料被认为是实现所需储氢水平的可行途径，其储氢机理主要可分为两类：一类是通过化学吸附法存储氢，如金属氢化物；另一类是使用物理吸附，比如金属有机框架（MOF，以配位键使金属离子和有机链结合的晶体）材料，由于其具有高达 7100 m^2/g 的比表面积而成为一种潜在的储氢材料[26]。除了 MOF 材料，共价有机框架（COF）材料以及碳基材料也是理想的储氢材料。

碳质储氢材料的原理是利用碳质材料对氢气的吸附作用来达到储存氢气的目的。由于氢气与碳质材料的相互作用较弱，增加比表面积和提高氢在材料表面的吸附能力是该类材料的研究重点。碳基储氢材料主要包括高比表面积活性炭、碳纳米纤维、石墨纳米纤维和碳纳米管等。近年来，更多新型的、具有多级孔微纳结构特点的碳质储氢材料不断涌现出来。

将 MOF 材料在惰性气体保护下进行碳化，Yang 等[27]获得一种具有多级孔结构的碳材料。制备过程只涉及简单的热调节，不包含复杂的操作过程。该多级孔碳材料具有大量的超微孔隙、高比表面积以及极高的孔容（达到 4 cm^3/g），因此比一般的碳材料和 MOF 具有更高的可逆储氢性能。Mokaya 等[28]通过连续碳化和活化处理烟头中的物质，得到具有超高比表面积（4300 m^2/g）和孔体积（2.09 cm^3/g）的超多孔炭，并且具有极好的储氢能力。在 −196 ℃、2.0 MPa 压力环境中，氢气吸附可达 8.1%（质量分数）过剩吸附量（excess uptake）和 9.4%（质量分数）总吸附量（total uptake），当压力上升到 3.0 MPa 和 4.0 MPa 时，总吸附量（质量分数）分别可达 10.4% 和 11.2%。

碳气凝胶具有丰富的纳米级孔洞（1 ～ 100 nm）、大孔隙率（>80%）、超高的比表面积（400 ～ 3200 m^2/g）、结构可控且孔道与外界相通等优良特性，是一种很有潜力的多孔吸附储氢材料。Kabbour 等[29]首次研究了碳气凝胶的储氢性质，用 CO_2 在 950 ℃高温下活化制备碳气凝胶，比表面积为 3200 m^2/g。在 −196 ℃下，储氢量（质量分数）可达 5.3%。袁秋月等[30]研究了不同 CO_2 活化温度对碳气凝胶储氢性能的影响，结果表明活化温度可以改变碳气凝胶的孔结构，提高碳气凝胶的比表面积，从而增加氢吸附量。杨曦等[31]制备了超低密度（20 mg/cm^3）的碳气凝胶，该材料在常压、液氮温度下获得了 4.4%（质量分数）的吸氢量。

石墨烯材料是碳质储氢材料家族的新成员。由于石墨烯和氢气之间的物理相互作用主要是范德华力，二维石墨烯材料的储氢量比较低［<2.0%（质量分数）］。理论计算表明，石墨烯材料进行多级结构设计，对储氢能力的提高至关重要。受此启发，Guo 等[32]构建了多级孔石墨烯储氢材料（图 13-4），包含微孔（约 0.8 nm）、介孔（约 4 nm）和大孔（>50 nm），其 N_2-BET 比表面积达到 1305 m^2/g。该材料的氢气物理吸附存储能力超过 4.0%（质量分数），远远高于常规的石墨烯材料。仅靠物理吸附，碳材料的储氢量十分有限，在碳基吸附剂中掺杂金属，将氢溢流技术应用到碳基储氢材料，是提高碳材料室温下储氢量的有效方式之一。Zhou 等[33]将 Pd 负载到石墨烯上制备出 Pd- 石墨烯纳米复合材料，这种新型的储氢体系具有较好的储氢性能、温和条件吸氢以及低温释放氢气性能。在 5 MPa 的充压条件下，Pd- 石墨烯纳米复合材料吸附储氢量可达 6.70%（质量分数）；当压力升高至 6 MPa

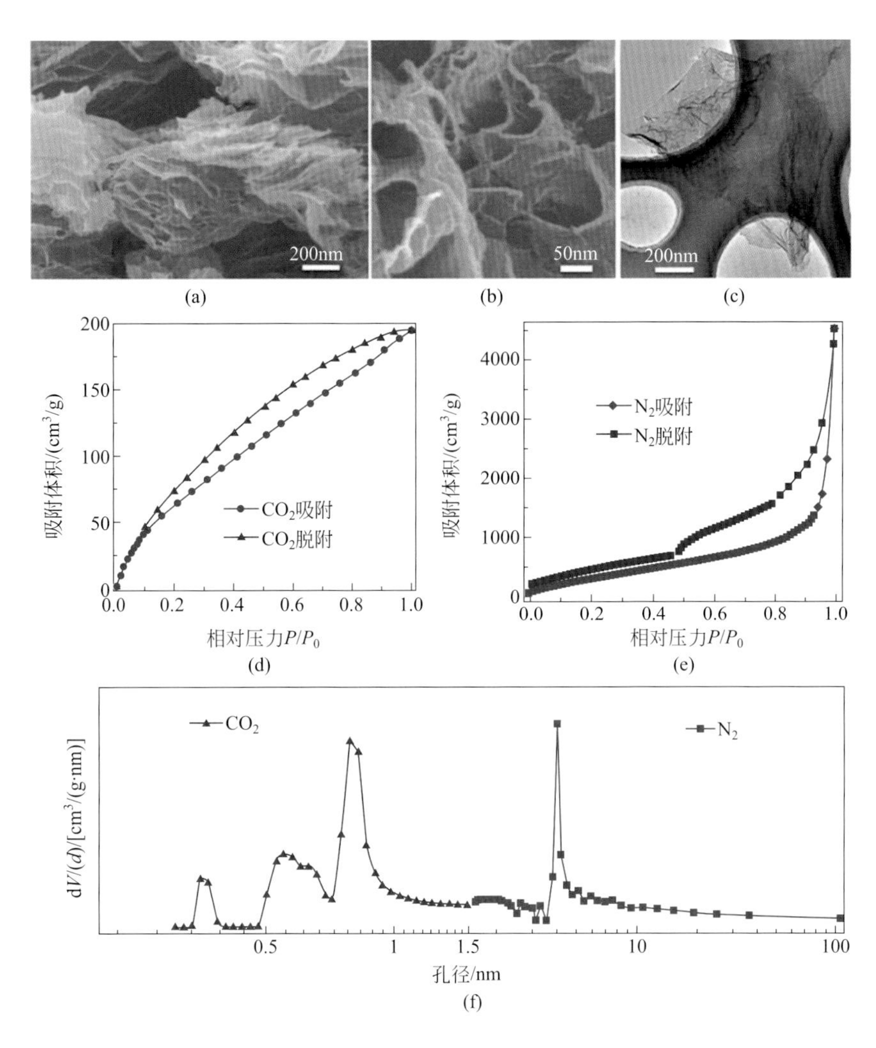

图 13-4　多级孔石墨烯储氢材料电镜图及物理吸附表征[32]

时，则可达 8.67%（质量分数）。

在非碳质多级孔结构储氢材料方面，Cao 等[34]通过无模板法合成了一种新颖的 ZnV_2O_4 多级结构纳米球，发现这种二维层状纳米结构材料具有优异的储氢性能。在 200 ℃、300 ℃和 400 ℃下，ZnV_2O_4 多级结构纳米球上氢吸附量（质量分数）分别为 1.76%、2.03% 和 2.49%，高于 ZnV_2O_4 尖晶石氧化物纳米片［氢吸附量 1.74%（质量分数）］以及 ZnV_2O_4 纳 / 微小球组成的球形材料［氢吸附量 2.165%（质量分数）］。

第二节 能源转化

一、太阳能制化学品

随着不可再生的化石燃料的极速消耗以及气候变化的日趋激烈，寻求绿色清洁能源以减少温室气体的排放已经成为当下能源研究的热点。氢气是极有希望替代传统化石能源的一种清洁能源。然而，目前氢气的生产方法仍依赖于石油化工和煤化工，生产过程需要消耗化石能源并排放大量温室气体。因而寻求绿色高效、价格低廉的氢气生产方法成为氢能源广泛应用的先决条件。近年来，利用太阳光直接分解水成为一种可能的获取氢气的途径而广受研究。迄今为止，各种各样的光催化剂被开发出来并用于产氢过程，如 TiO_2、CdS、ZnS、$BiWO_3$、g-C_3N_4 等[2]。采用多级孔 Beta 分子筛为载体，Zhou 等[35]通过两步孔修饰在介孔孔道中负载了高分散的 Pt/CdS 纳米粒子。在模拟太阳光照射下，这种新型催化剂能够高效稳定地析氢，速率为 3.09 mmol/(h • g)。高分散 CdS 物种和分子筛多级结构之间的协同效应促进了光生电子和空穴的分离和转移，从而提高了催化剂的光 - 电化学性质和析氢速率。此外，这种新颖的多级孔结构能够有效避免 Pt/CdS 纳米粒子的光腐蚀，从而在光催化体系中表现出高稳定性。通过将 $Zn_xCd_{1-x}S$ 纳米颗粒与模板法矿化、离子交换 / 晶种生长法制备的多级细菌纤维素（BC）组装，Wang 等[36]设计了一种多级孔 $Zn_xCd_{1-x}S$/BC 生物纳米复合物泡沫。在可见光照射、优异的表观量子效率（12%；420 nm）条件下，最佳的 $Zn_xCd_{1-x}S$/BC 催化剂析氢速率高达 1450 mmol/(h • g)，得益于样品的高比表面积、窄带隙、多级结构以及 $Zn_xCd_{1-x}S$ 本征性质的协同作用。Zhao 等[37]报道了一种基于三维有序大孔结构（3DOM）的三元组分光子晶体 TiO_2-Au-CdS 催化剂，在光解水产氢方面具有优异的性能。在该体系中，TiO_2 提供 3DOM 光子晶体结构，通过慢光子效应来增强光吸收。CdS 作为光敏化剂在可见光照射下产生电子，并与 TiO_2 形成异质结增强光生电子空穴的分离。金纳米颗粒在光解水产氢过程中具有两种作用，分别是电子传输体和等离子光敏剂。Xing 等[38]采用“硬模板 - 硫化自组装”的方法，开发了一种“具有电荷空间分离效应”的双助光催化剂：MnO_x@CdS/CoP。MnO_x 和 CoP 纳米颗粒分别负载在 CdS 介孔空心壳层的内壁与外壁。在模拟太阳光照射下，CdS 产生的光生电子与空穴分别被外表面的 CoP 和内表面的 MnO_x 捕获，实现了电子和空穴在空间上的分离。与单助催化剂 MnO_x@CdS 和 CdS/CoP 相比，合成的 MnO_x@CdS/CoP 催化剂表现出更加优异且稳定的光解水产氢活性。Guo 等[39]利用电化学腐蚀的方法设计出规则有序排列的 TiO_2 短管阵列薄膜，并在 TiO_2 短管内表面均匀生长出多层硫化钼（MoS_2）纳米片

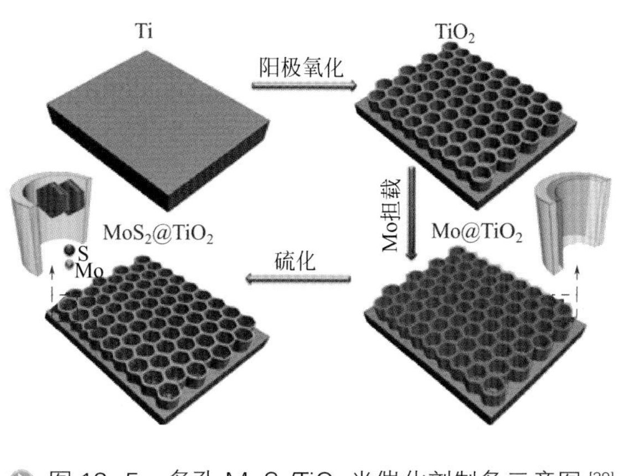

图 13-5　多孔 MoS_2/TiO_2 光催化剂制备示意图[39]

（图 13-5），将其应用于太阳光分解水制氢中。通过光催化反应测试发现，这种规则有序的多孔 $MoS_2@TiO_2$ 光催化剂，表现出优异的太阳光分解水制氢活性以及循环稳定性。多孔 TiO_2 短管阵列在新型的光催化剂中，不仅起到吸收紫外线的作用，同时也可实现对 MOS_2 催化剂的担载，从而提高太阳光的利用效率和光催化过程的稳定性。

在光催化剂作用下，利用太阳能将 CO_2 转化成可再生的甲烷和甲醇等碳氢燃料，是一种减少大气中 CO_2 的有效方法。同时，利用光催化技术，可以抑制温室效应并减少化石燃料的消耗。目前，已有很多研究报道了用于光催化还原 CO_2 的半导体光催化剂。Lou 等[40]通过在模板 Fe_2O_3 立方体上包覆氮掺杂碳材料（NC）合成 NC 纳米盒子。随后，他们在 NC 纳米盒子上组装一层超薄 $NiCo_2O_4$ 二维纳米片，构筑了 $NC@NiCo_2O_4$ 多级双层纳米盒子。该 $NC@NiCo_2O_4$ 复合催化剂表现出良好的可见光还原 CO_2 的活性和稳定性，产物 CO 的产率为 26.2 μmol/h［2.62×10^4 μmol/(h • g)］。该体系中，半导体二维纳米材料可促进光生载流子的分离，提供较高的比表面积，并暴露丰富的催化活性位点，碳材料具有良好的导电性和优异的光稳定性。此外，空心纳米结构光催化剂不仅能够有效降低光生电子 - 空穴的体相复合，促进 CO_2 分子吸附，加速多相催化反应进行，还能够实现光在空心结构内的多次散射与反射，进而更加有效地利用太阳光催化还原 CO_2。Di 等[41]利用微波辅助溶剂热法，并结合热处理，成功制备了稳定的、多级孔结构的 TiO_2 亚稳相（图 13-6）。这种 TiO_2 颗粒由厚度约 30 nm 的超薄纳米片构成，最终形成三维的多孔结构。该结构具有高比表面积，为 CO_2 吸收及转化提供大量的活性位点。多级孔结构的 TiO_2 在 CO_2 还原成甲烷和甲醇的过程中展现出优异的光催化活性。与锐钛矿型 TiO_2 和商用 P25 相比，TiO_2 亚稳相展现出更为优异的光催化还原 CO_2 的效率。

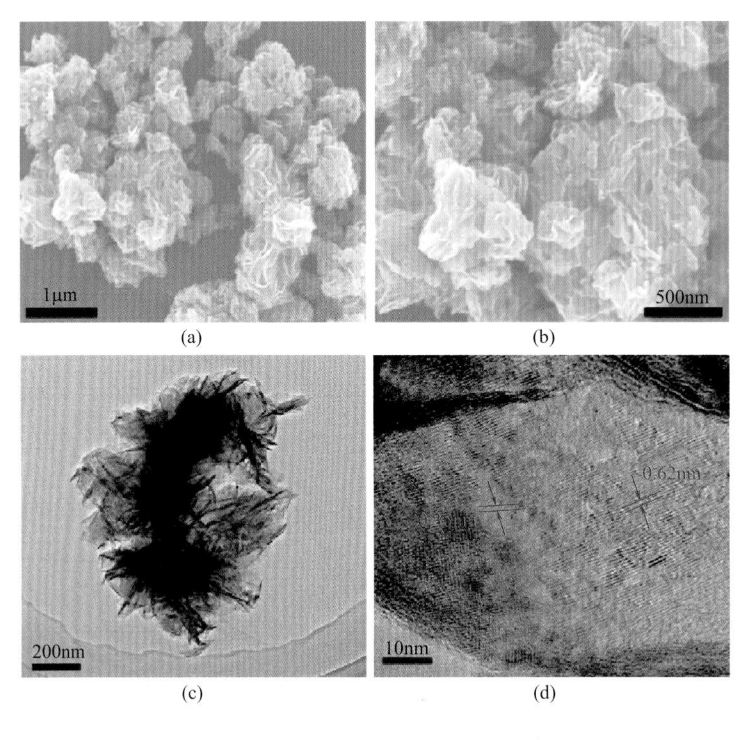

图 13-6　多级孔结构 TiO_2 亚稳相材料电镜图[41]

二、太阳能存储与发电

随着传统不可再生能源的日趋枯竭和工业化社会的不断发展，新型能源受到了越来越多的研究关注。太阳能作为一种清洁可再生能源，取之不尽，用之不竭，合理地开发利用太阳能成为当前国内外研究者们的研究热点。发展新型太阳能电池材料与高性能器件是大规模发展太阳能电池的关键，也是这一领域研究的重点和难点之一。太阳能电池主要分为染料敏化太阳能电池（dye-sensitized solar cells，DSSCs）与量子点敏化太阳能电池（quantum-dot sensitized solar cells，QDSSCs）两种[42]。DSSCs 主要由敏化的光阳极、对电极和电解液三部分组成。在 DSSCs 中，常用的光吸收剂主要是有机染料，如以金属钌（Ru）为配位的有机染料 N719［二（四丁基铵）- 双 (异硫氰基) 双（2,2′- 联吡啶 -4,4′- 二羧基）钌 (Ⅱ)］、N3［双（异硫氰基）双（2,2′- 联吡啶基 -4,4′- 二羧基）钌 (Ⅱ)］，以及叶绿素中的主要成分卟啉等。通过将染料吸附于光阳极材料上，可以增强电池对光子的捕获能力。QDSSCs 是将 DSSCs 中的有机染料取代为具有一定光吸收能力的无机量子点材料，并采用多硫电解质体系和金属硫化物对电极组装而成的一类太阳能电池。作为敏化太阳能电池的重要组成部分，光阳极的性能决定了电池的效率。

纳米 TiO_2 是目前性能最为优良的 DSSCs 光阳极材料。复合结构的引入能有效增加阳极膜的表面面积，且由于其多级的光散射作用，有利于提高光的收集效率；同时，薄膜中引入复合结构，为电子提供了快速、方便的传输通道，从而能够有效改善电池的性能。因此，复合结构 TiO_2 光阳极的制备是非常重要的研究发展方向。Du 等 [43] 使用表面活性剂 P123 和聚苯乙烯球双模板技术，合成了多级有序的大孔 / 介孔 TiO_2 薄膜，并将其与 P25 多孔薄膜复合，形成双层结构的 DSSCs 光阳极。大孔 / 介孔 TiO_2 薄膜层的引入，有效地提高了光阳极对太阳光的散射以及捕获能力，从而提高了 DSSCs 的光电转化效率，与使用单一 P25 光阳极的 DSSCs 相比，双层 TiO_2 结构的 DSSCs 所产生的短路光电流密度从 7.49 mA/cm^3 上升到了 10.65 mA/cm^3，开路电压从 0.65 V 提高到了 0.70 V。在太阳光强度为 AM1.5（AM：air-mass，指光线通过大气的实际距离比上大气的垂直厚度）时所测得的光电转化效率表明，双层 TiO_2 结构的 DSSCs 的光电转化效率为 5.55%，比单层 P25 结构的 DSSCs 的光电转化效率提升了 83%。Zhu 等 [44] 合成了氧化钛纳米棒 - 纳米颗粒复合介孔结构，作为染料敏化太阳电池的光阳极，这种结构材料的光伏转换效率达到 2.51%，在 $TiCl_4$ 表面处理后其转换效率进一步提高到 3.25%，远高于纯氧化钛纳米棒的 1.11%。Park 等 [45] 通过溶胶 - 凝胶支连法制备了 TiO_2 微球多级孔电极，与普通的 TiO_2 纳米晶薄膜电极（2.4%）相比，转化效率大幅提高至 3.3%。Cho 等 [46] 采用胶体颗粒作为介孔模板及平板印刷形成大孔的双模板方法，制备了大孔 - 介孔电极，其光电性能为 5.0%。Hwang 等 [47] 采用静电喷雾技术合成了多级介孔 TiO_2

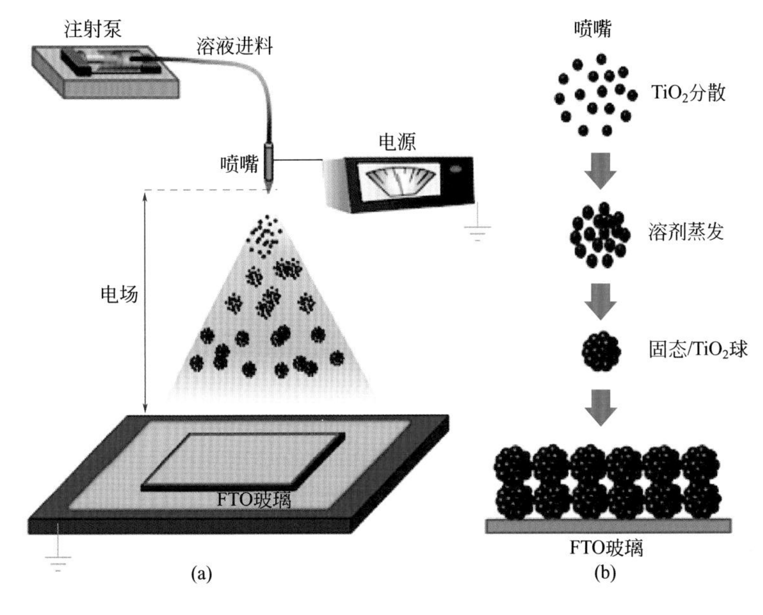

图 13-7 多级介孔结构 TiO_2 纳米球静电喷雾及形成示意图 [47]

微球电极（图 13-7），电极的转换效率超过 10%。为了更好地提高多级孔 TiO_2 光阳极的光电转换效率，Yu 等[48]采用自组装的方法制备了多级“大孔 - 介孔”TiO_2 薄膜，其光电转换效率达到了 6.7%。针对现阶段多级结构微米球内孔径调控和微米球中颗粒尺寸及吸附能力之间的矛盾问题，在微米球制作过程中不需要借助模板剂的条件下，Ding 等[49]简单地通过控制乙醇、去离子水和氨水的摩尔比，调节了 TiO_2 微米球的形貌、球内孔径分布及纳米颗粒的结晶性。更为重要的是，该方法克服了目前为了增加微米球内孔径尺寸，不可避免地要“牺牲”微米球比表面积，进而降低微米球吸附能力的难题，将基于微米球的多孔薄膜比表面积可控在 110 m^2/g 以上，微米球内平均孔径直径由 10 nm 提高到 16 nm 以上，从而可实现整个微米球内染料分子的全吸附和电解质的快速扩散。基于这种结构的亚微米球染料敏化太阳能电池光电转换效率达到了 11.67%。

ZnO 是一种性能优异的环保半导体材料，具有合成原材料来源丰富、制备条件简单、形貌结构易调控等优点，被广泛应用于能源、信息、环境等领域。在 DSSCs/QDSSCs 中，ZnO 通常被用作光阳极材料，负载光吸收剂，同时接收和传输电子。利用其结构易控制的优点，一系列不同的 ZnO 纳米结构，如纳米球、纳米线、纳米片或纳米花等被用于敏化太阳能电池的光阳极，极大地提高了敏化太阳能电池的性能。Tian 等[50]通过将 ZnO 种子溶液涂覆在氧化锡铟（ITO）玻璃上，使得 ZnO 纳米棒（ZnO NRs）可以生长在 ITO 的表面，然后再将其浸入用于制备 ZnO 纳米片（ZnO NSs）的前驱体溶液中，使 ZnO NRs 表面被 ZnO NSs 覆盖，最终得到了沉积 ZnO NRs-NSs 结构的 QDSSCs 的光阳极。混合结构的 ZnO NRs-NSs 的比表面积（31.5 m^2/g）要明显大于单一 ZnO NRs 结构的（14.3 m^2/g），说明 ZnO NRs-NSs 结构对增加 QDs 的沉积量有明显的促进作用。Zhang 等[51]制备的 ZnO 聚集体，通过持续的加热搅拌，在溶液中直接合成了由直径 15 nm 的颗粒聚集而成的、直径为 100 ～ 500 nm 的聚集体，由其制得的 DSSCs 的光电转换效率可以达到 5.4%。在此基础之上，Ko 等[52]通过单一的纳米线结构制备出复杂的纳米树形（nanotree）结构，由此制得多级纳米森林（nanoforest）形貌的光阳极膜（图 13-8），很好地弥补了纳米线比表面积低的不足。同时，使得光阳极电子复合机会进一步减小，所制备的基于 ZnO 纳米森林结构的电池光电效率达到了普通纳米线结构电池的 5 倍以上。除了使用化学合成方法制备具有较大比表面积的 ZnO 多级复合结构，Xie 等[53]采用电沉积的方式直接在 ITO 玻璃上制备出了 ZnO 纳米材料，并且通过调节制备合成原料 $ZnCl_2$ 的浓度，控制了 ZnO 材料的结构。当 $ZnCl_2$ 溶液增加至一定浓度后，ZnO 从纳米棒结构转变为纳米片结构，并进一步形成 3D 的 NS 网络结构，成功提高了 DSSCs 的效率（NR 结构的 PCE = 1.15%，3D 结构的 PCE = 1.59%），其电池性能的提高主要归功于片状结构对比表面积的增加作用。在电池效率的提高方面，Kilic 等[54]通过水热法制备的 ZnO 纳米花（nanoflowers，NF）结构也表现优异，DSSCs 的效率达到了 5.119%。ZnO NF 结构规整，每一个 NF 颗

图 13-8　具有多级纳米森林（nanoforest）形貌的光阳极膜[52]

粒都拥有众多的枝杈，这些枝杈一方面极大地增加了比表面积，另一方面也是电子传递的通道，与相同实验条件下制得的 ZnO 纳米线光阳极电池（PCE = 2.222%）相比，其性能更为优异。

此外，Jiang 等[55]设计制备出了由 ITO 纳米线芯层与 Cu_2S 纳米晶壳层组装而成的 ITO@Cu_2S 纳米线阵列，使用这种具有三维导电网络结构的材料制备的 QDSSCs 表现出优于传统材料的优异性能。通过优选 Cu_2S 纳米晶壳层的构筑方法，深入研究其组装结构中 ITO 纳米线芯层与 Cu_2S 纳米晶壳层间界面对电池性能的影响，进一步提高了电池的转换效率[56]。在此基础上，通过网络化多级组装设计，在 ITO@Cu_2S 纳米线阵列结构基础上进行了二级和三级结构的组装，进一步使基于这种对电极材料的 QDSSCs 的转换效率提升至 6% 以上[57]。这种新型对电极材料在电池运行时可有效形成隧道结，通过降低器件的串联电阻，提高并联电阻以及填充因子，大大提高了电池的转换效率，而且解决了传统金属铜 / 硫化亚铜易脱落、无法稳定工作的难题。

三、燃料电池

燃料电池（fuel cells）是一种不需要经过卡诺循环的电化学发电装置，能量转化率高。由于在能量转换过程中，几乎不产生污染环境的含氮和硫的氧化物，燃料电池还被认为是一种环境友好的能量转换装置。由于具有能量转化效率高、发电效率高、比能高、污染小、噪声小等多种优异性，燃料电池技术被认为是 21 世纪新型环保高效的发电技术之一[58]。随着研究不断地突破，燃料电池已经在发电站、微型电源等方面开始应用。

对燃料电池的阳极和阴极而言，多级孔结构设计能够促进燃料分子和反应产物的扩散，从而提高电流密度和转化效率。Liu 等[59]提出了一种用生物质作为碳前驱体制备超薄多孔氮掺杂石墨烯（约 1.4 nm）。通常情况下，多孔碳纳米片都是通过模板法制备出来的，但是模板制备法后续处理耗时又耗材。比如 SiO_2 模板法制备多孔碳纳米材料需要强酸（氢氟酸）或强碱（如 KOH）刻蚀 SiO_2 模板，这不但会增加制备成本，而且容易污染环境。采用具有海绵组织结构的水葫萍作为碳前驱体，利用生物质本身含有的金属盐在高温下的刻蚀和氨气的活化作用，制备出一种超薄多孔氮掺杂碳纳米片。这种多孔氮掺杂碳纳米片在碱性、中性和酸性条件下均表现出非常突出的氧化还原性能，其稳定性和抗甲醇交叉效应均优于 Pt/C 催化剂，并在自制的锌 - 空气电池、微生物燃料电池以及直接甲醇燃料电池中表现出非常好的阴极性氧还原性能。在相同条件下，具有与商用 Pt/C[20% Pt(质量分数)] 相当、甚至更好的催化性能。Wang 等 [60] 开发了一种简单、高效、绿色、大面积、液相制备三维石墨烯泡沫电极的方法，同时利用多元协同，成功制备出了一种负载超细钯纳米粒子的三维多孔石墨烯泡沫电极。该电极在乙醇燃料电池的应用中，表现出比商用 Pd/C 电极更好的催化活性和优异的稳定性。Cheng 等 [61] 利用原子层沉积技术，结合模板法，在柔性炭布基底上成功制备了三维多孔 Pt 纳米管阵列应用于甲醇氧化，原子层沉积技术的优势在于可以在原子尺度上精确控制 Pt 的尺寸和厚度，这种结构主要有以下几方面的优势：①三维中空纳米管结构具有大的比表面积，可以提供更多的活性位点；②纳米管结构有利于电子的传输和电解液的渗入；③ Pt 纳米管和柔性炭布的紧密接触，能够避免传统粉末催化剂团聚和脱落的问题，有利于增强催化剂的稳定性。通过甲醇氧化性能测试和抗 CO 毒性测试发现，原子层沉积制备的较薄管壁 Pt 纳米管阵列呈现出优异的电催化活性（815 mA/mg）和较好的抗 CO 毒性性能，其活性是商用 Pt/C［20% Pt（质量分数）］催化剂（275 mA/mg）的近 3 倍。Ye 等 [62] 通过无模板生长法构筑了低成本的三维氢氧化镍 / 泡沫镍［$Ni(OH)_2$/Ni-foam］电极，并作为高效的阳极材料用于直接尿素 - 过氧化氢燃料电池。电极上 $Ni(OH)_2$ 催化剂的表面形貌可以通过改变反应温度来灵活控制，其中纳米片状 $Ni(OH)_2$/Ni-foam 电极具有最高的尿素电氧化催化活性（图 13-9）。

聚合物电解质燃料电池具有启动快速、轻质、高效的特点，因而在便携器件和电动汽车方面备受关注。然而，目前聚合物电解质燃料电池的发展仍旧存在许多限制因素，例如催化剂价格、耐用性、流场结构问题等。其中，差的流场结构会使得通道被液态水堵塞和反应物分布不均，这些传质问题会导致水在气体扩散电极孔道中过度累积和反应物缺乏，从而使得气体扩散电极中的多孔碳骨架材料被腐蚀，催化剂结块与聚合物膜分解，这些都将使得电池性能及寿命衰减。因此，在聚合物电解质燃料电池中设计一种新型流场结构十分必要。Trogadas 等 [63] 从肺部的分形结构中获得启发，在聚合物电解质燃料电池中设计分形流场，克服了聚合物电解质燃料电池中反应物分布不均匀的问题。实验结果证实了 3D 打印仿生肺部分形流场结构的聚合物电解质燃料电池的性能得到有效提升，相比于传统蛇形流场结构，电池性能提高了约 20%，最高功率密度提高了约 30%。当延长电流维持时间进行测试时，反应物均匀分布的特性使得基于分形流场的聚合物电解质燃料电池电压保持稳

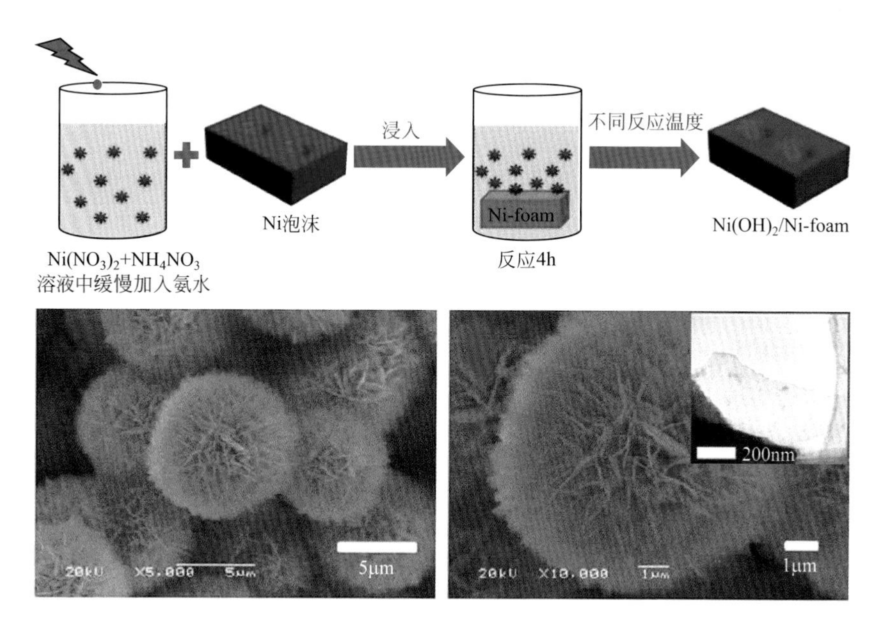

图 13-9 纳米片状 $Ni(OH)_2$/Ni-foam 制备示意图及电镜图 [62]

定，其衰减幅度降低至 5 mV/h。除此之外，当扩大流场规模时，聚合物电解质燃料电池仍旧能够保持优异的电化学性能。此仿生肺部分形结构的技术在其它电化学体系也具有广阔的应用前景，例如：氧化还原流体电池，不同电解质与不同类型的燃料电池等。

参考文献

[1] Su B, Sanchez C, Yang X. Hierarchically structured porous materials: from nanoscience to catalysis, separation, optics, energy and life science[M]. Weinheim: Wiley-VCH Verlag GmbH & Co. KGaA, 2011.

[2] Sun M, Huang S, Chen L, et al. Applications of hierarchically structured porous materials from energy storage and conversion, catalysis, photocatalysis, adsorption, separation, and sensing to biomedicine[J]. Chem Soc Rev, 2016, 43: 3479-3563.

[3] Trogadas P, Ramani V, Strasser P, et al. Hierarchically structured nanomaterials for electrochemical energy conversion[J]. Angew Chem Int Ed, 2016, 55: 122-148.

[4] 谭毅，薛冰．锂离子电池负极材料钛酸锂的研究进展 [J]. 无机材料学报，2018, 33 (5): 475-482.

[5] Luo H, Shen L, Rui K, et al. Carbon coated $Li_4Ti_5O_{12}$ nanorods as superior anode material for high rate lithium ion batteries[J]. J Alloys Compd, 2013, 572: 37-42.

[6] Liu J, Song K, Aken van P, et al. Self-supported $Li_4Ti_5O_{12}$-C nanotube arrays as high-rate and long-life anode materials for flexible Li-ion batteries[J]. Nano Lett, 2014, 14 (5): 2597-2603.

[7] Gu H, Zhang Y, Huang M, et al. Hydrolysis-coupled redox reaction to 3D Cu/Fe_3O_4 nanorod array electrodes for high-performance lithium-ion batteries[J]. Inorg Chem, 2017, 56 (14): 7657-7667.

[8] Guo W, Sun W, Lv L, et al. Microwave-assisted morphology evolution of Fe-based metal-organic frameworks and their derived Fe_2O_3 nanostructures for Li-ion storage[J]. ACS Nano, 2017, 11 (4): 4198-4205.

[9] Hu H, Zhang J, Guan B, et al. Unusual formation of CoSe@carbon nanoboxes, which have an inhomogeneous shell, for efficient lithium storage[J]. Angew Chem Int Ed, 2016, 55: 9514-9518.

[10] Wang S, Guan B, Yu L, et al. Rational design of three - layered TiO_2@Carbon@MoS_2 hierarchical nanotubes for enhanced lithium storage[J]. Adv Mater, 2017, 29: 1702724.

[11] Zong L, Jin Y, Liu C, et al. Precise perforation and scalable production of Si particles from low-grade sources for high-performance lithium ion battery anodes[J]. Nano Lett, 2016, 16 (11): 7210-7215.

[12] Kopold P, Liu J, Aken van P, et al. Energy storage materials from nature through nanotechnology: A sustainable route from reed plants to a silicon anode for lithium-ion batteries[J]. Angew Chem Int Ed, 2015, 54: 9632-9636.

[13] Wang B, Liu T, Liu A, et al. A hierarchical porous C@$LiFePO_4$/carbon nanotubes microsphere composite for high-rate lithium-ion batteries: combined experimental and theoretical study[J]. Adv Energy Mater, 2016, 6: 1600426.

[14] Yue Y, Juarez-Robles D, Mukherjee P, et al. Superhierarchical nickel-vanadia nanocomposites for lithium storage[J]. ACS Appl Energy Mater, 2018, 1 (5): 2056-2066.

[15] Jiang F, Fang Y, Liu Y, et al. Paper-like 3-dimensional carbon nanotubes (CNTs)-microfiber hybrid: A promising macroscopic structure of CNTs[J]. J Mater Chem, 2009, 19 (22): 3632-3637.

[16] Yu D, Qian Q, Wei L, et al. Emergence of fiber supercapacitors[J]. Chem Soc Rev, 2015, 44 (3): 647-662.

[17] Wang Q, Wang X, Xu J, et al. Flexible coaxial-type fiber supercapacitor based on $NiCo_2O_4$ nanosheets electrodes[J]. Nano Energy, 2014, 8 (9): 44-51.

[18] Gu S, Lou Z, Ma X, et al. $CuCo_2O_4$ Nanowires grown on a Ni wire for high-performance, flexible fiber supercapacitors[J]. ChemElectroChem, 2015, 2 (7): 1042-1047.

[19] Wu H, Lou Z, Yang H, et al. A flexible spiral-type supercapacitor based on $ZnCo_2O_4$ nanorod electrodes[J]. Nanoscale, 2015, 7 (5): 1921-1926.

[20] Ramadoss A, Kang K, Ahn H, et al. Realization of high performance flexible wire

supercapacitors based on 3-dimensional $NiCo_2O_4$/Ni fibers[J]. J Mater Chem A, 2016, 4 (13): 4718-4727.

[21] Zhu W, Flanzer M, Tatarchuk B. Nickel-zinc accordion-fold batteries with microfibrous electrodes using a papermaking process[J]. J Power Sources, 2002: 112 (2): 353-366.

[22] Zhu W, Durben P, Tatarchuk B. Microfibrous nickel substrates and electrodes for battery system applications[J]. J Power Sources, 2002, 111 (2): 221-231.

[23] Zhu W, Poole B, Cahela D, et al. New structures of thin air cathodes for zinc-air batteries[J]. J Appl Electrochem, 2003, 33 (1): 29-36.

[24] Fang Y, Jiang F, Liu H, et al. Free-standing Ni-microfiber-supported carbon nanotube aerogel hybrid electrodes in 3D for high-performance supercapacitors[J]. RSC Adv, 2012, 2 (16): 6562-6569.

[25] Li Y, Fang Y, Liu H, et al. Free-standing 3D polyaniline-CNTs/Ni-fiber hybrid electrodes for high-performance supercapacitors[J]. Nanoscale, 2012, 4 (9): 2867-2869.

[26] He T, Pachfule P, Wu H, et al. Hydrogen carriers[J]. Nature Rev Mater, 2016, 1: 16059.

[27] Yang S, Kim T, Im J, et al. MOF-derived hierarchically porous carbon with exceptional porosity and hydrogen storage capacity[J]. Chem Mater, 2012, 24 (3): 464-470.

[28] Blankenship T, Mokaya R. Cigarette butt-derived carbons have ultra-high surface area and unprecedented hydrogen storage capacity[J]. Energy Environ Sci, 2017, 10: 2552-2562.

[29] Kabbour H, Baumann T, Satcher J, et al. Toward new candidates for hydrogen storage: High-surface-area carbon aerogels[J]. Chem Mater, 2006, 18 (26): 6085-6087.

[30] 袁秋月, 王朝阳, 付志兵, 等 . CO_2 活化温度对碳气凝胶结构及氢吸附性能影响 [J]. 强激光与粒子束, 2011, 23 (7): 1853-1856.

[31] 杨曦, 付志兵, 焦兴利, 等 . 超低密度碳气凝胶的制备与研究 [J]. 原子能科学技术, 2012, 46 (8): 996-1000.

[32] Guo C, Wang Y, Li C. Hierarchical graphene-based material for over 4.0 wt% physisorption hydrogen storage capacity[J]. ACS Sustainable Chem Eng, 2013, 1 (1): 14-18.

[33] Zhou C, Szpunar J. Hydrogen storage performance in Pd/graphene nanocomposites[J]. ACS Appl Mater Interfaces, 2016, 8: 25933-25940.

[34] Butt F, Cao C, Ahmed R. Synthesis of novel ZnV_2O_4 spinel oxide nanosheets and their hydrogen storage properties[J]. CrystEngComm, 2014, 16: 894-899.

[35] Zhou X, Chen H, Sun Y, et al. Highly efficient light-induced hydrogen evolution from a stable Pt/CdS NPs-co-loaded hierarchically porous zeolite beta[J]. Appl Catal B, 2014, 152-153: 271-279.

[36] Wang P, Geng Z, Gao J, et al. $Zn_xCd_{1-x}S$/bacterial cellulose bionanocomposite foams with hierarchical architecture and enhanced visible-light photocatalytic hydrogen production activity[J]. J Mater Chem A, 2015, 3: 1709-1716.

[37] Zhao H, Wu M, Liu J, et al. Synergistic promotion of solar-driven H_2 generation by three-dimensionally ordered macroporous structured TiO_2-Au-CdS ternary photocatalyst[J]. Appl Catal B, 2016, 184: 182-190.

[38] Xing M, Qiu B, Du M, et al. Spatially separated CdS shells exposed with reduction surfaces for enhancing photocatalytic hydrogen evolution[J]. Adv Funct Mater, 2017, 27: 1702624.

[39] Guo L, Marcus K, Li Z, et al. MoS_2/TiO_2 heterostructures as nonmetal plasmonic photocatalysts for highly efficient hydrogen evolution[J]. Energy Environ Sci, 2018, 11: 106-114.

[40] Wang S, Guan B, Lou X. Rationally designed hierarchical N-doped carbon@$NiCo_2O_4$ double-shelled nanoboxes for enhanced visible light CO_2 reduction[J]. Energy Environ Sci, 2018, 11: 306-310.

[41] Di T, Zhang J, Cheng B, et al. Hierarchically nanostructured porous TiO_2(B) with superior photocatalytic CO_2 reduction activity[J]. Sci China Chem, 2018, 61 (3): 344-350.

[42] 胡璟璐，徐婷婷，陈立新，等．纳米 ZnO 材料在染料 / 量子点敏化太阳能电池中的研究进展 [J]. 功能材料，2016, 47 (12): 12083-12089.

[43] Du J, Lai X, Halpert J, et al. Formation of efficient dye-sensitized solar cells by introducing an interfacial layer of hierarchically ordered macro-mesoporous TiO_2 film[J]. Sci China Chem, 2011, 54: 930-935.

[44] Zhu M, Chen L, Gong H, et al. A novel TiO_2 nanorod/nanoparticle composite architecture to improve the performance of dye-sensitized solar cells[J]. Ceram Int, 2014, 40: 2337-2342.

[45] Park J, Roh D, Patel R, et al. Preparation of TiO_2 spheres with hierarchical pores via grafting polymerization and sol-gel process for dye-sensitized solar cells[J]. J Mater Chem, 2010, 20: 8521-8530.

[46] Cho C, Moon J. Hierarchically porous TiO_2 electrodes fabricated by dual templating methods for dye-sensitized solar cells[J]. Adv Mater, 2011, 23: 2971-2975.

[47] Hwang D, Lee H, Jang S, et al. Electrospray preparation of hierarchically-structured mesoporous TiO_2 spheres for use in highly efficient dye-sensitized solar cells[J]. ACS Appl Mater Interfaces, 2011, 3: 2719-2725.

[48] Wang P, Wang J, Yu H, et al. Hierarchically macro-mesoporous TiO_2 film via self-assembled strategy for enhanced efficiency of dye sensitized solar cells[J]. Mater Res Bull, 2016, 74: 380-386.

[49] Ding Y, Zhou L, Mo L, et al. TiO_2 microspheres with controllable surface area and porosity for enhanced light harvesting and electrolyte diffusion in dye-sensitized solar cells[J]. Adv Funct Mater, 2015, 25: 5946-5953.

[50] Tian J, Uchaker E, Zhang Q, et al. Hierarchically structured ZnO nanorods-nanosheets for improved quantum-dot-sensitized solar cells[J]. ACS Appl Mater Interfaces, 2014, 6 (6): 4466-

4472.

[51] Zhang Q, Chou T, Russo B, et al. Aggregation of ZnO nanocrystallites for high conversion efficiency in dye-sensitized solar cells[J]. Angew Chem Int Ed, 2008, 47: 2402-2406.

[52] Ko S, Lee D, Kang H, et al. Nanoforest of hydrothermally grown hierarchical ZnO nanowires for a high efficiency dye-sensitized solar cell[J]. Nano Lett, 2011, 11: 666-671.

[53] Xie Y, Yuan J, Song P, et al. Growth of ZnO nanorods and nanosheets by electrodeposition and their applications in dye-sensitized solar cells[J]. J Mater Sci: Mater Electron, 2015, 26: 3868-3873.

[54] Kilic B, Günes T, Besirli I, et al. Construction of 3-dimensional ZnO-nanoflower structures for high quantum and photocurrent efficiency in dye sensitized solar cell[J]. Appl Surf Sci, 2014, 318: 32-36.

[55] Jiang Y, Zhang X, Ge Q, et al. ITO@Cu_2S tunnel junction nanowire arrays as efficient counter electrode for quantum-dot-sensitized solar cells[J]. Nano Lett, 2014, 14: 365-372.

[56] Jiang Y, Zhang X, Ge Q, et al. Engineering the interfaces of ITO@Cu_2S nanowire arrays toward efficient and stable counter electrodes for quantum-dot-sensitized solar cells[J]. ACS Appl Mater Interfaces, 2014, 6: 15448-15455.

[57] Jiang Y, Yu B, Liu J, et al. Boosting the open circuit voltage and fill factor of QDSSCs using hierarchically assembled ITO@Cu_2Sn anowire array counter electrodes[J]. Nano Lett, 2015, 15: 3088-3095.

[58] 杨耀彬，丁超．燃料电池非贵金属催化剂的研究进展 [J]. 化学通报，2016, 79 (11): 1012-1015.

[59] Liu L, Zeng G, Chen J, et al. N-doped porous carbon nanosheets as pH-universal ORR electrocatalyst in various fuel cell devices[J]. Nano Energy, 2018, 49: 393-402.

[60] Zhang Z, Dong Y, Wang L, et al. Scalable synthesis of a Pd nanoparticle loaded hierarchically porous graphene network through multiple synergistic interactions[J]. Chem Commun, 2015, 51: 8357-8360.

[61] Zhang H, Cheng C. ALD of Pt nanotube arrays supported on a carbon fiber cloth as a high-performance electrocatalyst for methanol oxidation[J]. J Mater Chem A, 2016, 4: 15961-15967.

[62] Ye K, Zhang H, Zhao L, et al. Facile preparation of three-dimensional $Ni(OH)_2$/Ni foam anode with low cost and its application in a direct urea fuel cell[J]. New J Chem, 2016, 40: 8673-8680.

[63] Trogadas P, Cho J, Neville T, et al. A lung-inspired approach to scalable and robust fuel cell design[J]. Energy Environ Sci, 2018, 11: 136-143.

第十四章

多级孔结构微纳催化剂的 CO_2 转化与利用

二氧化碳（CO_2）的大量排放导致全球气候变暖，进而诱发譬如台风、高温、暴雨、泥石流、干旱等极端恶劣气候现象频发。CO_2 排放增加主要是人类大量使用化石能源造成的，能源的高消耗就意味着高 CO_2 排放量。如何降低 CO_2 排放量成为各国学者、专家以及国家领导人共同关注的热点。

对 CO_2 进行转化利用是降低二氧化碳排放的重要方式。近年来，人们分别在 CO_2 热转化制甲醇、烯烃、油品以及 CO_2 光转化方面进行了大量研究，取得了一系列成果。特别要指出的是，在 CO_2 及合成气热转化研究中观察到了有趣的双功能催化剂颗粒“微纳接触”的催化调控效应；另外，在 CO_2 光转化方面，基于多级孔结构设计合成的微纳催化剂，比常规催化剂具有更高的 CO_2 转化性能。本章将侧重总结介绍以上两类体系在 CO_2 转化利用方面的最新研究进展。

第一节 CO_2热催化转化

一、CO_2加氢制甲醇

甲醇是制备甲醛、二甲醚、乙酸、甲基叔丁基醚（methyl *tert*-butyl ether，MTBE）、二甲基甲酰胺（dimethyl formamide，DMF）、氯甲烷、甲胺等一系列重要化工产品的上游原料。2006 年美国科学家 George A. Olah 等在《跨越油气时代：甲醇经济》一书中介绍了“氢经济”及其局限性，进而提出“甲醇经济”的概念，非常前瞻性地提出了利用工业排放及自然界的 CO_2 合成甲醇及二甲醚（dimethyl ether，DME）的观点[1]。传统铜基催化剂是研究最为广泛的 CO_2 加氢制甲醇催化剂。该类催化剂主要由 Cu、ZnO 等催化活性组分和 Al_2O_3、SiO_2、ZrO_2 等载体组成。CO_2 加氢生成甲醇反应是分子数减少的放热反应，因此高压、低温在热力学上是有利的；然而 CO_2 分子极为稳定，所以高温在动力学上有利于二氧化碳的转化。综合可知，高压及适当温度有利于甲醇的高收率。

$Cu/ZnO/Al_2O_3$ 是传统合成气制甲醇的经典催化剂，因此人们首先对其在 CO_2 加氢制甲醇方面进行了一系列研究。Grabow 和 Mavrikakis 利用密度泛函理论（density functional theory，DFT）在传统 $Cu/ZnO/Al_2O_3$ 催化剂的 Cu(111) 晶面对 22 种吸附物种、8 种气相物种以及 49 个可能基元步骤进行计算，总结得到 9 个合理的基元反应步骤，得出反应中间物种依次为 HCOO*、HCOOH*、H_2COOH*、H_2CO*、H_3CO*、CH_3OH[2]，从动力学方面合理地解释了 CO_2 加氢的反应机理。Nørskov 和 Schlögl 等利用 DFT 对传统 $Cu/ZnO/Al_2O_3$ 催化剂进行研究发现，平整 Cu(111) 晶面基本不具有 CO_2 加氢催化活性，反应活性位点主要依赖于两个因素：一是 Cu 的表面出现类似堆积层错或者孪晶界面的体相缺陷；二是存在 $Zn^{\delta+}$［主要由于载体金属强相互作用（SMSI）以及铜锌合金的部分氧化所得］[3]，如何尽可能多地得到充足的反应活性位，对催化剂性能的提高至关重要。除 $Cu/ZnO/Al_2O_3$ 催化剂外，Studt 等[4]通过 DFT 计算预测 Ni_5Ga_3 金属间化合物具有良好 CO_2 常压加氢制甲醇催化性能，实验证实该催化剂确实比传统 $Cu/ZnO/Al_2O_3$ 催化剂具有更高的催化性能：在 200 ℃、气时空速 6000 h^{-1}、常压条件下，CO_2 转化率可达 2.3%，甲醇与二甲醚选择性接近 100%（不计 CO 选择性），远远高于传统 $Cu/ZnO/Al_2O_3$ 催化剂的甲醇选择性。进一步研究发现，Ni_5Ga_3 催化剂具有 Ni 与 Ga 两个活性位点，Ni 主要与逆水煤气变换反应（reverse water gas shift，RWGS）有关，而 Ga 与甲醇合成有关。最近，Wang 等[5]将 0.1 g 40 ～ 80 目的 ZnO-ZrO_2 固溶体催化剂颗粒分散稀释到 0.4 g 石英砂中，用于催化 CO_2 加氢合成甲醇反应，在 5.0 MPa、气时空速 24000 mL/(g•h)、H_2 ∶ CO_2 摩尔比（3 ∶ 1）～（4 ∶ 1）和 315 ～ 320 ℃的条件下，获得了约 10% 的 CO_2 单程转化率和 86% ～ 91% 的甲醇选择性，且具有良好的稳定性。

毋庸置疑，随着 CO_2 加氢制甲醇研究的不断发展和成熟，实现工业化也将成为重要趋势，而 CO_2 制甲醇工艺流程和设备与传统甲醇合成工艺相比差别并不大，投资成本较低，国内外已有工业化实例，极具可行性。但由于受氢源、催化剂等问题的限制，要想实现大规模工业化生产，仍须做更多的工作。

二、CO_2加氢制烯烃及油品：双功能颗粒“微纳接触”的催化调控效应

1. 基于甲醇平台

对 CO_2 加氢制甲醇催化剂进行改造可实现 CO_2 加氢制备低碳烯烃。最近，李灿课题组[6]将 CO_2 加氢制甲醇催化剂 ZnO-ZrO_2（ZnZrO）固溶体与 Zn 改性的 SPAO-34 分子筛进行合理组装，形成双功能串联催化剂，在反应温度 380 ℃、气时空速 3600 mL/ [g(cat)·h]、5 MPa 下，CO_2 单程转换率可达 12.6%，低碳烯烃选择性高达 80%。更为有趣的是，这种双功能催化剂的组装并不是将两个相互独立的催化剂进行简单叠加，而是通过合理调节“ZnZrO 固溶体和 SPAO-34”双功能颗粒的“微纳接触”，实现了催化性能的调控［图 14-1（a）］。通过漫反射傅里叶变换红外光谱以及化学捕获 - 质谱法的定量分析研究表明，在反应条件下，ZnZrO 上可以清楚检测到 HCOO* 以及 CH_3O* 物种，但是在串联催化剂上 CH_3O* 物种的信号变得非常微弱，从而推测出 ZnZrO 上的 CH_3O* 物种极易转移到 SAPO 分子筛上，进一步生成烯烃。因此认为反应机理遵循 CO_2 首先在 ZnZrO 固溶体上加氢产生 CH_xO 活性物种，然后转移至 SAPO-34 分子筛，并最终生成低碳烯烃［图 14-1（b）］。进一步研究发现，双功能催化剂的混合方式对其催化性能有较大影响，经过充分研磨混合而紧密接触的双功能催化剂具有最优的催化性能［图 14-1（a）］。当增加 ZnZrO 与 SAPO 分子筛的距离（将 ZnZrO 与 SAPO 分子筛以 200 ～ 450 μm 大小的颗粒混合）时，低碳烯烃选择性大幅降至 40%，CO 选择性上升到 62%；进一步

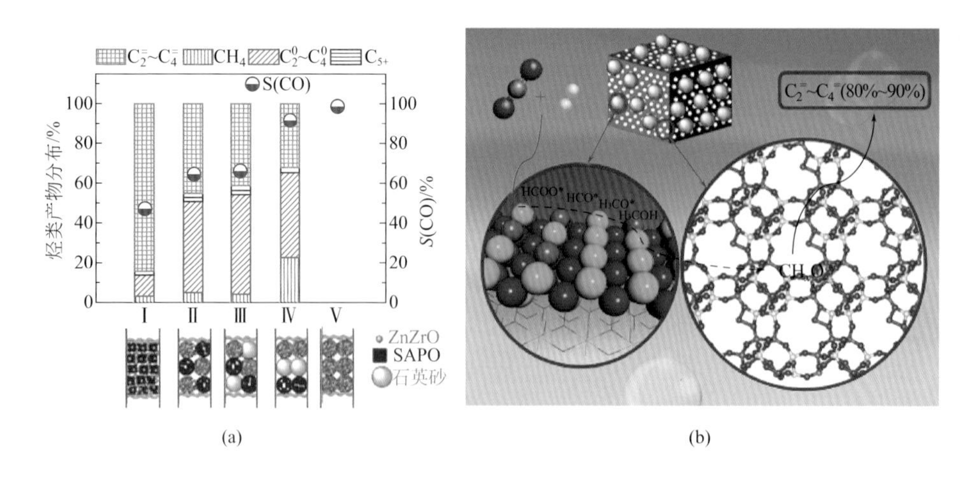

图 14-1　不同混合方式的双功能催化剂反应效果（a）和 ZnZrO-SAPO 双功能催化剂催化作用机理（b）[6]

在反应器中添加石英砂来增加两催化剂的间隙，催化剂的反应活性则继续下降。以上结果充分说明了双功能催化剂颗粒“微纳接触”的催化调控效应。显然，通过在“微 - 纳”尺度上设计合成“ZnZrO-SAPO 分子筛”的多级微纳结构，极有希望进一步提高催化剂的催化性能。

孙予罕课题组[7]报道了“In-Zr 复合氧化物与 SPAO 分子筛”双功能催化剂用于 CO_2 加氢制低碳烯烃：CO_2 转化率可达 35%，$C_2^= \sim C_4^=$ 选择性达到 80%（$C_2 \sim C_4$ 的总选择性高达 93%），其中 In-Zr 复合氧化物主要负责 CO_2 活化，SAPO-34 分子筛主要功能在于催化 C-C 偶联生成低碳烯烃。有趣的是，该双功能催化剂同样体现出颗粒“微纳接触”的催化调控效应（图 14-2）。当使用双床层（dual-bed）串联混装时，即 SPAO 分子筛由石英砂分隔填充在 In-Zr 复合氧化物的后面，甲烷选择性高达 55%，$C_2^= \sim C_4^=$ 选择性大约仅有 30%。将 In-Zr 复合氧化物与 SPAO 分子

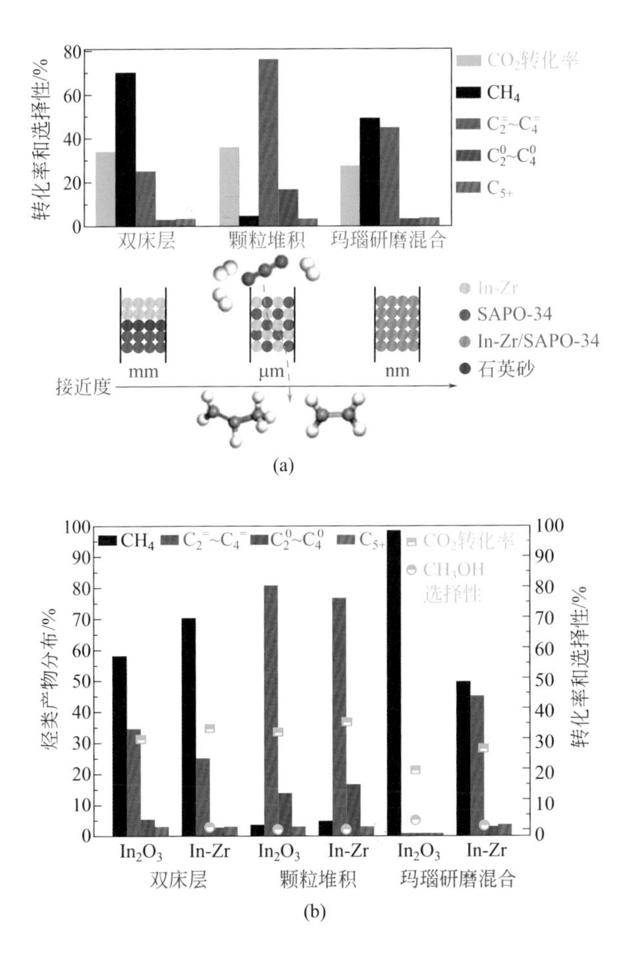

图 14-2　不同混合方式的双功能催化剂及其催化效果[7]

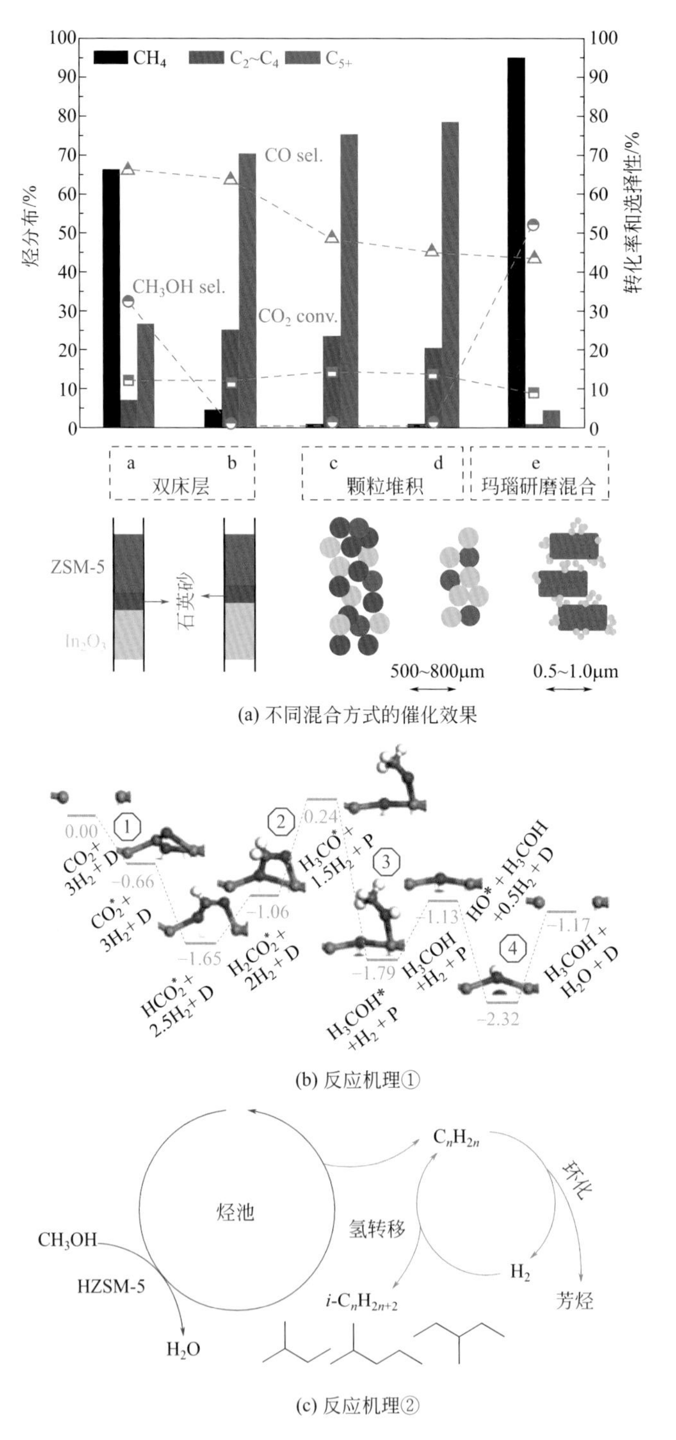

图 14-3 双功能催化剂不同混合方式的催化效果及其反应机理（一）[8]

筛进行均匀物理混合（granule-stacking），当堆积颗粒尺寸约为 250 ～ 380 μm 时，甲烷选择性大幅降低至 5%，$C_2^=$ ～ $C_4^=$ 选择性增加至 75%。然而，进一步缩短两组分之间的距离（mortar-mixing），即将 In-Zr 氧化物粉末与分子筛通过玛瑙研磨紧密混合在一起（其中氧化物颗粒的平均尺寸大约在 10 nm，紧密相连的 SPAO 分子筛尺寸大约在 2 μm），则只获得了较低的 CO_2 转化率，且反应产物也主要以甲烷为主。这可能是由于双功能催化剂活性位点的过度紧密接触导致催化剂在反应过程中 In 离子与分子筛质子进行交换，使 In 离子发生迁移，最终导致分子筛强酸性位点数量急剧下降，催化剂活性和选择性大大降低。

除实现 CO_2 加氢制备 $C_2^=$ ～ $C_4^=$ 外，孙予罕课题组 [8] 还在 C_{5+} 液体燃料的合成方面取得了重要进展，研究发现了两种组分的混合方式对于抑制逆水煤气变换以及提高 C_{5+} 汽油烃选择性也表现出显著的调控效应［图 14-3（a）］。当 In_2O_3 与 HZSM-5 分子筛组成的双功能催化剂以 500 ～ 800 μm 颗粒堆积（granule-stacking）时具有最好的催化性能，C_{5+} 选择性为 78.6%，CH_4 选择性仅为 1%。而通过玛瑙研磨混合（mortar-mixing）的方式缩短两催化剂组分之间的距离，催化剂颗粒为 0.5 ～ 1.0 μm 时，CH_4 选择性达到 94.3%，C_{5+} 选择性仅有 4.2%，CO_2 转化率下降到 8%。反应机理研究表明［图 14-3（b），（c）］，CO_2 首先吸附在氧空穴上，吸附态的 CO_2* 物种通过逐步加氢过程，依次形成 bi-HCO_2*、bi-H_2CO_2*、mono-H_3CO*，最终形成甲醇；In_2O_3 表面的氧空穴起到活化 CO_2 以及加氢生成甲醇的作用；在 In_2O_3 表面生成的甲醇进一步转移到 HZSM-5 分子筛上，遵循烃池机理，甲醇在分子筛孔道中发生 C-C 偶联，生成高辛烷值的 C_{5+} 汽油。

王野课题组 [9] 报道了将甲醇合成与甲醇制烯烃反应耦合起来的“Zr-Zn 氧化物与 SAPO-34”双功能催化剂。要指出的是，该催化剂是将合成气转化为低碳烯烃，而非以 CO_2 为原料，但是随着逆水煤气变换反应（$CO_2 + H_2 \longrightarrow CO + H_2O$）研究的不断深入和成熟，以 CO_2 为原料制备合成气，进而由合成气制备各种化学品，也将成为 CO_2 利用的可行途径。研究发现，催化剂的混合方式对低碳烯烃选择性亦具有显著影响［图 14-4（a）］。当 Zr-Zn 在前、SAPO-34 在后（dual-bed）时，CO 转化率较低，甲烷选择性较高，这主要是由于分开装填的两种活性组分并未出现热力学驱动力。而两种组分的混合装填（granule-stacking、mortar-mixing、ball-milling）则明显增加了 CO 转化率并降低了甲烷选择性。但是，不同的混合方式表现出相当程度的催化性能差异：当混合方式从颗粒堆积（granule-stacking）转化变为球磨（ball-milling）时，两种催化剂接触更加紧密，其中球磨法得到的 Zr-Zn 氧化物颗粒尺寸为 10 ～ 40 nm，与 200 ～ 500 nm 的 SAPO-34 紧密接触，玛瑙研磨得到的不规则 Zr-Zn 氧化物与 200 ～ 500 nm 的 SAPO-34 接触并不是非常紧密，这两种混合方式的 CO 转化率均为 10%，烯烃选择性为 70%；当 250 ～ 600 μm 的 Zr-Zn 氧化物与 SAPO-34 进行颗粒堆积（granule-stacking）时，得到了更高的低碳烯烃选择性，可达 74%，但是 CO 转化率略有降低至 7%。这可能是由于催化剂

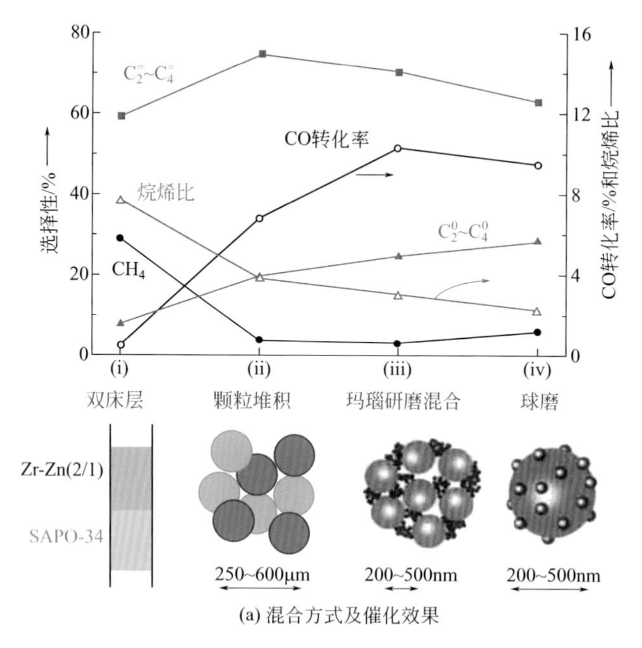

(a) 混合方式及催化效果

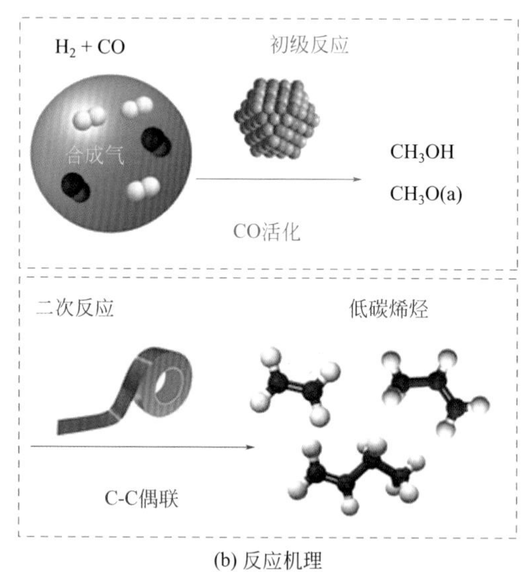

(b) 反应机理

图 14–4　双功能催化剂不同混合方式的催化效果及其反应机理（二）[9]

组分的过度紧密接触增加了低碳烯烃产物在 SAPO-34 上进一步加氢至烷烃的可能性。反应机理研究表明［图 14-4（b）］，CO 首先在 Zr-Zn 氧化物表面生成 C_1 中间物种［CH_3OH、$CH_3O(a)$］；在 Zr-Zn 氧化物表面生成的 C_1 中间物种进一步转移到 SPAO-34 分子筛上，在分子筛孔道中发生 C-C 偶联，生成低碳烯烃。

除将合成气转化为低碳烯烃外，王野课题组[10]还实现了将合成气一步转化为芳烃。通过将 Zn 掺杂的 ZrO_2 纳米颗粒分散到 H-ZSM-5 上，构建了一种双功能催化剂。在合成气一步制芳烃过程中，该催化剂表现出优异的芳烃选择性（80%）和超高稳定性（1000 h 不失活）。反应机理研究表明［图 14-5（a）］，CO 首先在 Zn 掺杂的 ZrO_2 表面生成中间物种甲醇和二甲醚；中间物种进一步转移到 H-ZSM-5 上，生成 $C_2^=$ ～ $C_4^=$ 并进一步芳构化为芳烃。同时，他们研究发现 CO 具有自促进效应：作为一种反应物，CO 促进了烯烃脱氢芳构化过程中在 H-ZSM-5 上生成的氢物种的消除，从而推动了反应向低聚（oligomerization）、环化（cyclization）方向进行，提高了芳烃选择性。他们还发现两种催化活性组分的混合方式对催化行为有显著影响［图 14-5（b）］。当用石英砂分隔 Zn-ZrO_2 和 H-ZSM-5 形成串联双床层，因缺少热力学驱动力，CO 转化率较低，合成气与 Zn-ZrO_2 长时间接触，致使芳烃选择性下降，产物以 CH_4 和 C_2 ～ C_4 烷烃为主；通过颗粒堆积以及进一步将 Zn-ZrO_2 分散

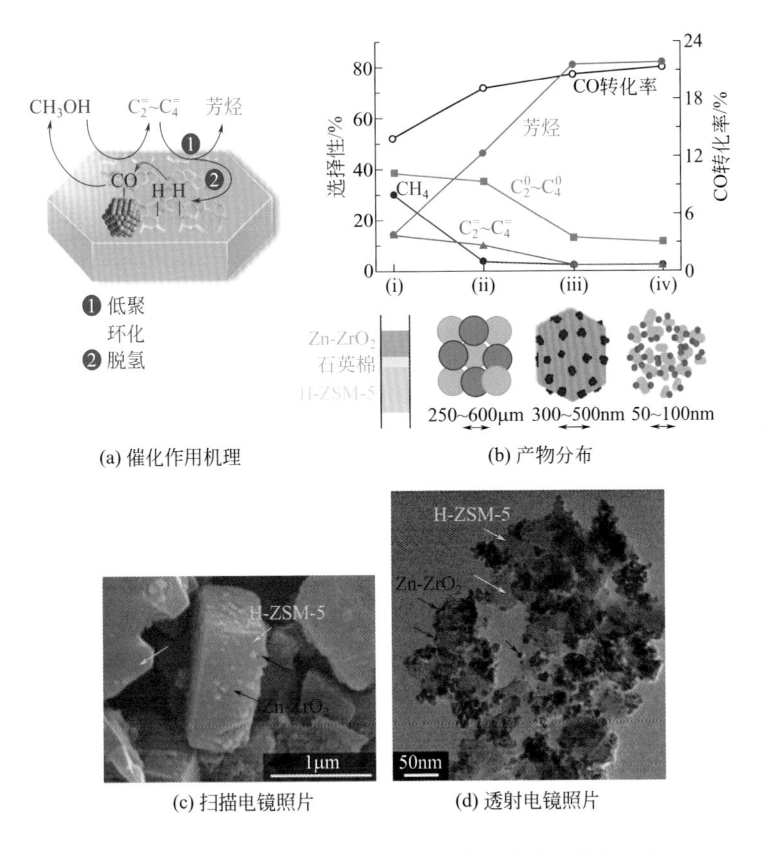

(a) 催化作用机理
(b) 产物分布
(c) 扫描电镜照片
(d) 透射电镜照片

图 14-5　双功能催化剂催化作用机理及不同填装方式的产物分布和纳米 Zn-ZrO_2 分布在微米尺寸 H-ZSM-5 的扫描电镜、透射电镜照片[10]

到 H-ZSM-5 上，实现微 - 纳尺度的混合 [图 14-5（c），（d）]，逐步优化两种催化活性组分的接触距离，CO 转化率从 12% 提升至 22%，芳烃选择性从 70% 提升至 80%。这是因为两种组分的紧密接触促进了在 Zn-ZrO_2 纳米颗粒上形成的甲醇、二甲醚中间物种迅速转移至 H-ZSM-5，更有利于生成芳烃。

2. 基于合成气平台

包信和课题组 [11] 在合成气高选择性转化为低碳烯烃（$C_2^= \sim C_4^=$）方面取得了突破，构建了基于双功能纳米复合催化剂的非费托（FT）新路线（OX-ZEO 过程），打破了 Anderson-Schulz-Flory 分布（$C_2 \sim C_4$ 烃类不超过 58%），获得了 17% 的 CO 转化率，$C_2^= \sim C_4^=$ 选择性高达 80% [图 14-6（a）]。反应机理研究表明，CO 活化和 C-C 偶联分别发生在两种不同类型的活性位上，CO 与 H_2 在部分还原的 $ZnCrO_x$ 表面活化，生成烯酮中间物种，随后经过气相扩散，转移到分子筛的酸性孔道中，发生 C-C 偶联生成低碳烯烃。同时，填装方式显现相当的催化调控效应：在 $ZnCrO_x$ 单独作用下，合成气主要转化为 CH_4，$C_2 \sim C_4$ 烃类选择性只有 38%；当将 MSAPO（meso-SAPO-34）分子筛通过石英棉的分隔串联装填至 $ZnCrO_x$ 之后，$C_2 \sim C_4$ 烃类选择性增加至 69%，其中 $C_2^= \sim C_4^=$ 选择性为 23%；当将 $ZnCrO_x$ 与 MSAPO 交错装填时，活性中间物种转移的距离缩短，$C_2^= \sim C_4^=$ 的选择性显著增加至 65%。进一步对二者催化剂颗粒进行更均匀的混合时，可以获得 94% 的 $C_2 \sim C_4$ 选择性，其中 $C_2^= \sim C_4^=$ 低碳烯烃选择性可达 80%，CH_4 的选择性仅有 2% [图 14-6（b）]。

孙剑课题组 [12] 将 Na 修饰的 Fe_3O_4 与 HZSM-5 进行组合用于催化 CO_2 直接转化合成汽油组分，获得了 22% 的 CO_2 转化率和 78% 的 $C_5 \sim C_{11}$ 选择性，CH_4 的选

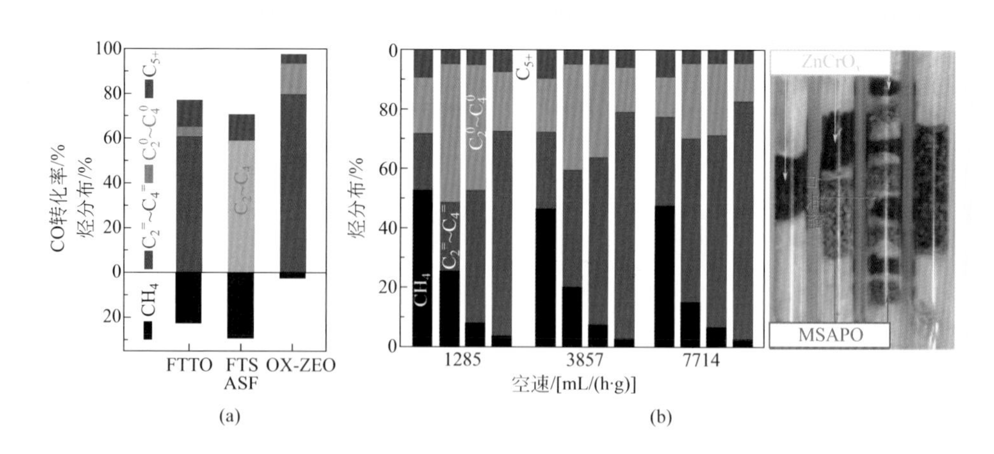

图 14-6　$ZnCrO_x$/MSAPO 催化剂与费 - 托合成催化剂烃类分布以及 FTS 分布的比较（a）和不同填装方式的双功能催化剂烃分布（b）[11]

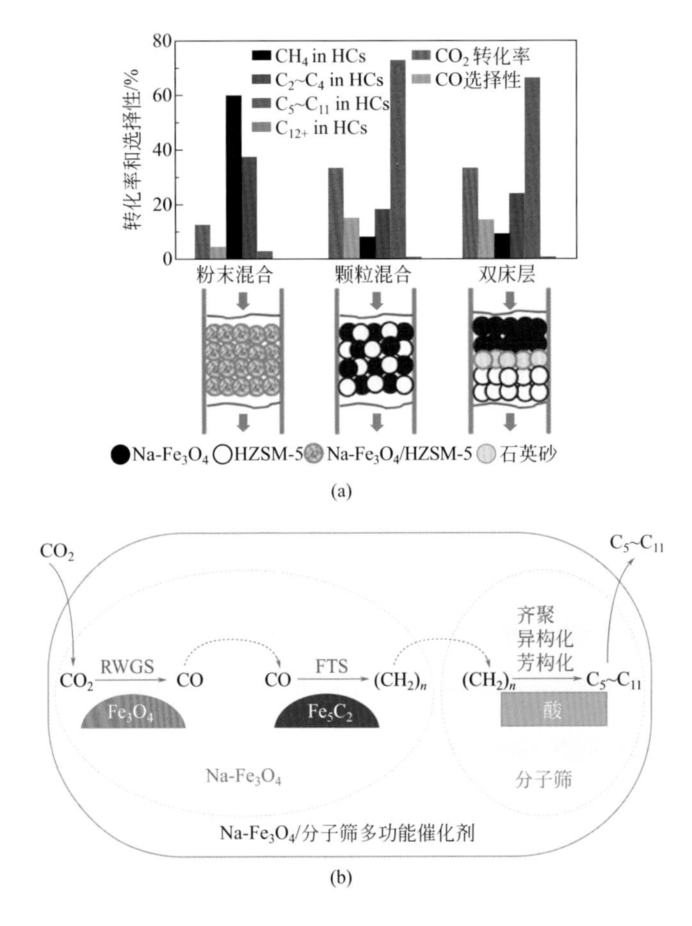

图 14-7　不同填装方式的双功能催化剂及其反应效果（a）和双功能催化剂的催化作用机理（b）[12]

择性仅有 4%。研究认为该催化剂具有 Fe_3O_4、Fe_5C_2 以及酸性位三种不同的反应活性位点，在三种活性位点的相互协同催化作用下，实现串联反应的发生，而三种活性位点之间的距离对实现 CO_2 的转化有着显著影响［图 14-7（a）］。当将 Na-Fe_3O_4 与 HZSM-5 进行粉末混合（powder-mixing）时，该催化剂表现出较低的 CO_2 转化率（13%）以及较高的甲烷选择性（60%），其原因可能是：分子筛的酸性位点毒害了 Fe_3O_4 表面 Na 修饰的碱性位点，使得 Fe_3O_4 表面碱性以及渗碳的程度下降。当将 Na-Fe_3O_4 与 HZSM-5 进行颗粒混合（granule-mixing）时，Fe 基活性位点与分子筛的酸性位点之间的距离增大，烯烃中间物种在 Fe 基活性位点生成，随后扩散到分子筛的酸性位点进行齐聚、异构化和芳构化反应［图 14-7（b）］，获得了 34% 的 CO_2 转化率和 73% 的 C_5 ～ C_{11} 烃类选择性。当 HZSM-5 通过薄层石英砂的分隔装填在 Na-Fe_3O_4 之后（dual-bed），Fe 基活性位点与分子筛的酸性位点之间的距离略有增加，导致 C_5 ～ C_{11} 选择性略有降低至 67%，但 CO_2 转化率保持不变。该复合催化剂具有良好的稳定性，1000 h 的稳定性测试中未观察到失活迹象。

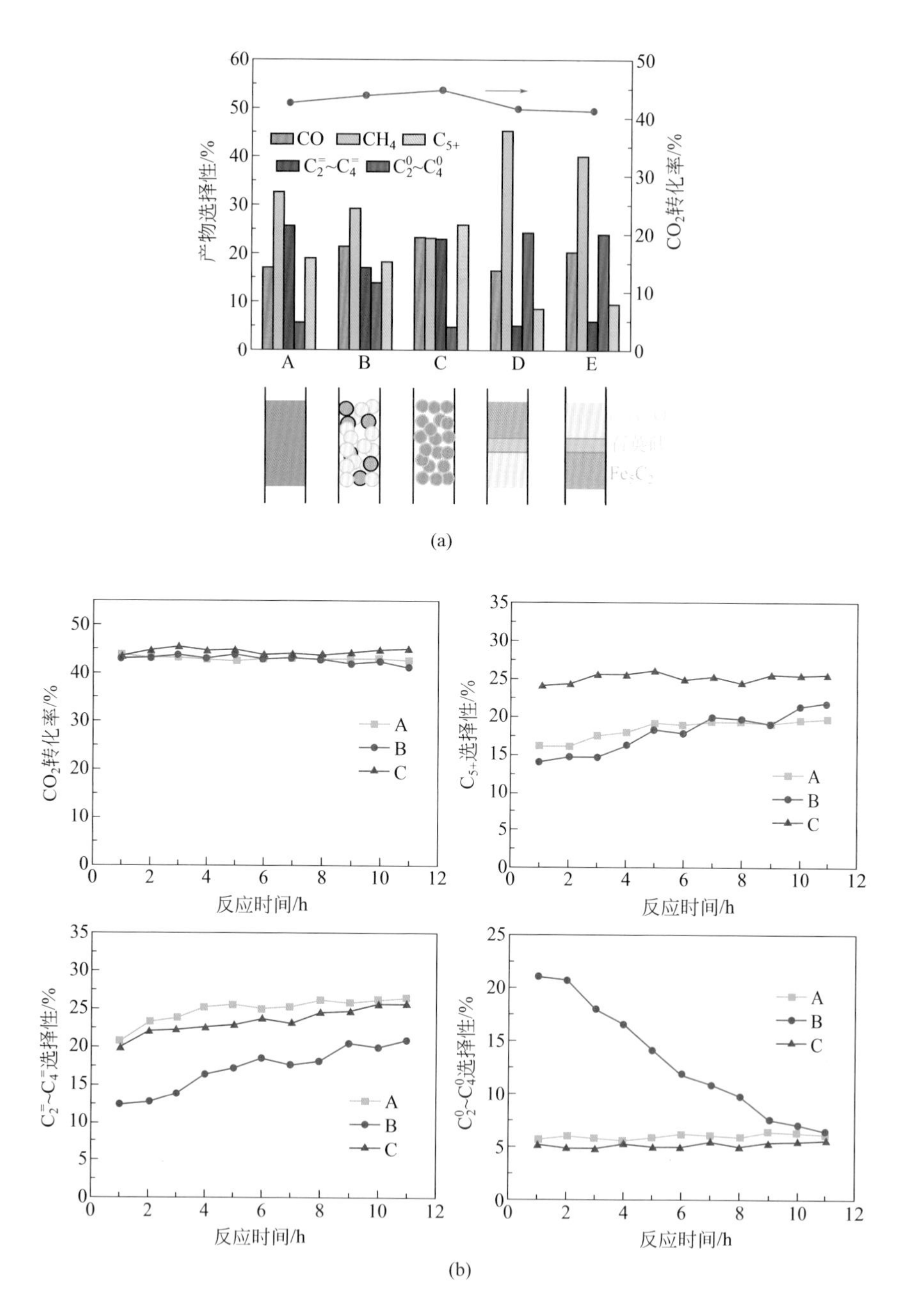

图 14-8 不同混合方式的催化剂及其反应效果（a）和不同混合方式的催化剂性能的演变（b）[13]

郭新闻课题组[13]将草酸铁碳化制备的Fe_5C_2与K修饰的Al_2O_3进行混合用作催化剂催化CO_2加氢合成烃类化合物，实现了CO_2向低碳烯烃及C_{5+}烃类的有效转化。当H_2与CO_2摩尔比为3时，CO_2转化率为31.5%，C_{2+}选择性为69.2%（其中$C_2^=$～$C_4^=$选择性为29.1%，C_{5+}选择性为29.1%）；当H_2与CO_2摩尔比为4时，CO_2转化率提升至40.9%，C_{2+}选择性提升至73.5%（其中$C_2^=$～$C_4^=$选择性为37.3%，C_{5+}选择性为31.1%）。研究发现，Fe_5C_2与K/α-Al_2O_3的混合方式对产物选择性具有显著影响[图14-8（a）]：相比于双床层（dual-bed，D和E床层）混合方式，粉末混合（powder-mixing，A床层）与颗粒混合（granule-mixing，B和C床层）具有更低的甲烷选择性；A床层具有更高的$C_2^=$～$C_4^=$选择性（25.7%），C床层的$C_2^=$～$C_4^=$选择性虽然低于A床层，但具有更好的C_{5+}选择性（26%）以及更高的CO_2转化率（44.8%）。不同混合方式的催化剂随反应时间体现出不同的催化演变行为[图14-8（b）]：A～C床层的CO_2转化率在1 h内保持稳定，但A、B床层的$C_2^=$～$C_4^=$选择性以及C_{5+}选择性却随反应时间有着明显的变化；B床层的C_{5+}选择性从13.9%增加到21.8%，A床层的C_{5+}选择性从12.5%增加到21%；与此同时，B床层的C_2^0～C_4^0选择性从20.9%降低到6.3%。显然，Fe_5C_2与K/α-Al_2O_3的混合方式体现出明显的"微纳接触"催化调控效应，两种组分紧密接触更有利于高附加值烃类的生成。

第二节　CO_2光催化转化：人工光合作用及人造树叶

当前，发展可再生的清洁能源代替化石能源，是增加能源供给、保护生态环境、促进可持续发展的重要措施，也是解决能源问题最根本途径，具有重要的战略意义。在众多可再生能源中，太阳能是最重要的基本能源，太阳能利用将会为目前能源短缺和非再生能源消耗所引发的环境问题提供一个绝佳的解决途径。光合作用是自然界中固定太阳能最有效的过程，模拟光合作用将成为利用太阳能生产清洁能源的一个重要方向。早在20世纪80年代就有研究学者提出了人工光合作用的概念[14]，它是模拟自然界的光合作用过程，利用光能分解水制造氢气或固定CO_2制造有机物。与自然界光合作用相比，当人工光合作用具有以下特点时才可大规模用于工业生产，即相当的光催化效率、低成本、长寿命、系统稳定、不受时间和空间的约束等。

树叶是一个综合智能系统，集合了各种复杂过程，比如光合作用、蒸腾作用、呼吸作用等。在一片树叶上，可实现光传播、水传送、气体扩散和一系列化学反应等过程，它们通常对环境具有自组装、自修复、自适应和自保护等功能。受天然树叶的启发，科学家提出了“人造树叶”的概念，制备了一类材料或集成器件，使它们能复制或模仿树叶的功能，通常“人造树叶”具备两大主要功能：①光分解水产生 H_2 和 O_2；②光还原 CO_2 制备烃（图 14-9）[15]。这样的“人造树叶”模仿天然树叶的光合作用，以有效、廉价、稳健的过程，利用太阳能将 H_2O 和 CO_2 转化为可再生能源。

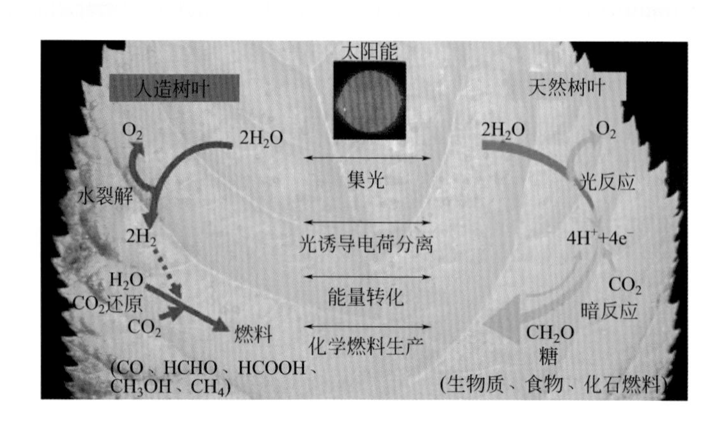

图 14-9 天然树叶和“人造树叶”的主要功能对比 [15]

一、“纳－微－宏”多级结构的一体化构筑

多级孔结构材料集合了多种级别的孔道，由各级孔道贯连而成，显示出不止一种孔径的结构特性，主要包含微孔（孔径小于 2 nm）、介孔（孔径 2 ～ 50 nm）、大孔（孔径大于 50 nm）。多级孔结构主要包含双重孔道（如：纳 - 微、微 - 宏、纳 - 宏）和三重孔道（如：纳 - 微 - 宏、微 - 微 - 宏）。近年来，多级孔结构材料作为功能性材料家庭中的一员，越来越受到研究者们的广泛关注。通常，多级孔材料具有比表面积大、空间可利用率高、密度低、多样的化学组成和各级孔道贯连的特性，有利于光的捕捉以及电子 / 离子的传输和物质的吸附 / 扩散，广泛用于能量储存和转化、催化、光催化、气敏材料和生物医药等领域。多级孔结构材料的合成方法多种多样，常用的制备方法有：无模板沉淀法、模板法、水热晶化法、热分解法等。近年来，研究者们开发出许多新型合成方法，其中受生物材料的启发，开发了生物模板法，可有效制备形貌可控、结构特异、功能独特的等级多孔材料（图 14-10）[16]。

二、人造树叶

树叶依靠它所具有的复杂结构和功能化组分的协同作用，高效地捕捉光能，将

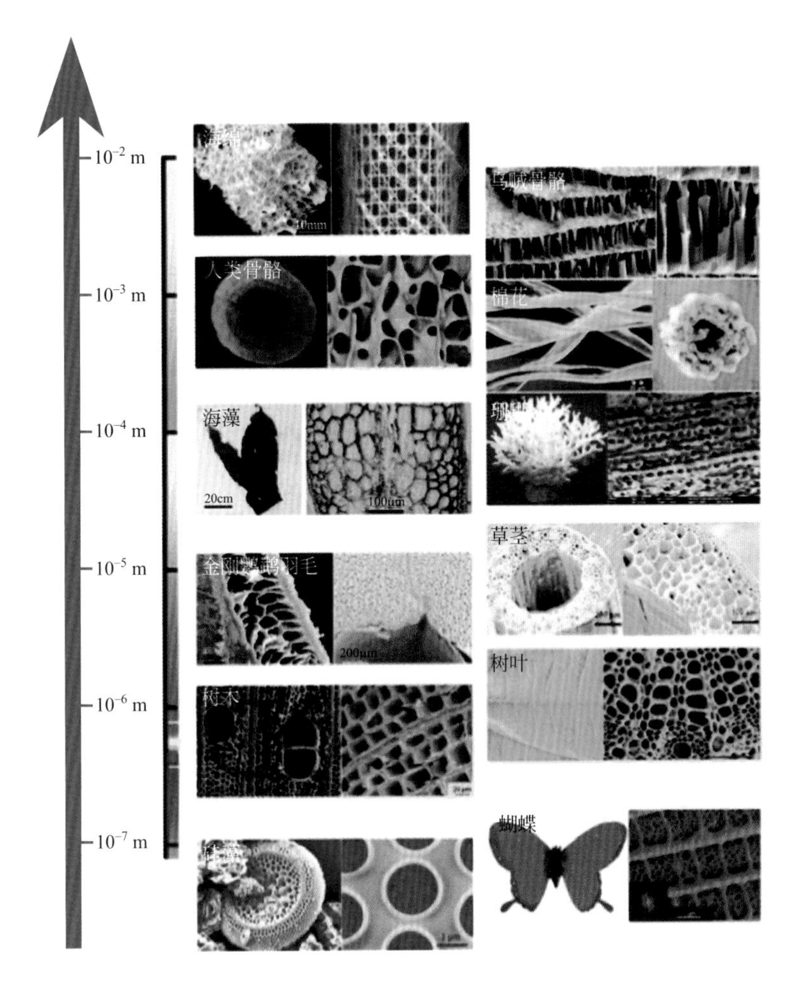

图 14-10 天然材料的等级多孔结构 [16]

水和 CO_2 转化为烃和氧气，实现了光合作用。树叶中由多级孔道所构建的“纳-微-宏”结构具有良好的贯通性和高比表面积，有利于气体交换和物质传递，从而实现光合作用和蒸腾作用。因此，设计、合成多级孔材料并用于“人造树叶”是实现高效人工光合作用的关键。目前，基于多级孔材料构建“人造树叶”的研究主要分为两大类：一类是利用多级孔材料封装、固定具有光催化活性的生物基体，如植物细胞、光合细菌、微藻等；另一类是制备具有光催化活性的多级孔材料，如无机半导体、g-C_3N_4 等。以下将举例介绍这两方面的相关工作。

1. 多级孔材料对生物活性基体的封装固定

从科学家探索利用酶实现生物转化的工业化开始，生物分子和整体细胞的封装固定就被认为是一种有效手段。酶和细胞在流动的悬浮液中，很难从培养基溶液中分离，不利于它们在化学过程中的重复使用。因此，固定、包埋、封装是将酶和细胞从流体中分离的有效途径。基于这一思路，开展实施了大量工作，旨在找到合适的固定载体，在保持生物分子活性或保持细胞完整性的同时，又能在反应介质中连续使用。苏宝连课题组[17]用生物相容性三功能硅烷导向有机胺修饰拟南芥植物细胞，再将该细胞与硅溶胶自聚合，得到多孔二氧化硅封装光合自养细胞的杂化材料［图 14-11（a）］，这种杂化材料能保持植物细胞的光合作用活性至少一个月，在光照下能实现光解水产出氧气［图 14-11（b）］和吸收 CO_2 产出多糖，糖类化合物主要是鼠李糖（rhamnose，Rha）、半乳糖（galactose，Gal）以及少量葡萄糖（glucose，Glu）、木糖（xylose，Xyl）和甘露醇（mannitol，Man）［图 14-11（c）］。以上产物很容易进行提取，而生物质活性可被连续使用，这种杂化材料体系可在常压室温下的水环境中工作，受环境影响小，所需能量低，是一种有前景的新兴技术，可将废物处理与绿色合成进行高效耦合。

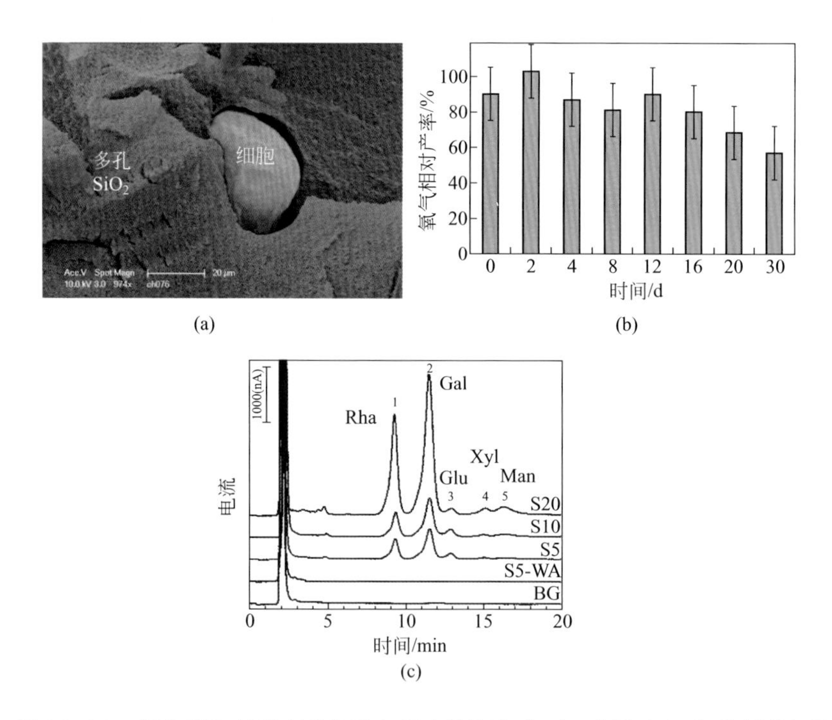

图 14-11　多孔 SiO_2 矩阵封装细胞扫描电镜照片（a），多孔 SiO_2 矩阵封装细胞光产氧（b）和多孔 SiO_2 矩阵封装细胞光还原 CO_2 活性（c）[17]

2. 具有光催化活性的等级多孔材料的设计合成

范同祥课题组[18]利用天然树叶作为生物模板剂，制备了一系列多级孔结构“人造树叶”，这些材料不仅复制了天然树叶的多级孔结构，还复制了其优异的光催化活性。其中较为典型的是，他们用野棉花树叶作模板剂，通过两步渗透过程，制备出人造无机树叶 TiO_2 载体（AIL-TiO_2），继承了天然树叶的“纳 - 微 - 宏”多级结构，其中包括凸形表皮叶细胞［图 14-12（a）］，管状平行束鞘扩展［图 14-12（b）］，静脉孔框架结构［图 14-12（c）］，柱状栅栏叶肉细胞的分化和不规则排布海绵细胞［图 14-12（d）］和叶绿体中纳米薄层结构［图 14-12（e），（f）］。随后，他们用紫外吸收光谱来表征所制备材料的光捕捉性质，与 TiO_2 纳米颗粒相比，AIL-TiO_2 对可见光吸收强度明显增强，且带间吸收发生了明显红移，AIL-TiO_2 的催化析氢速率是纳米 TiO_2 颗粒的 8 倍，是商业二氧化钛 P25 的 3.3 倍。

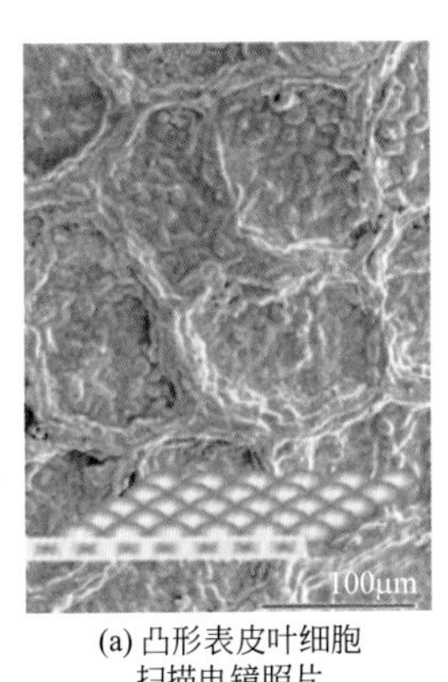

(a) 凸形表皮叶细胞扫描电镜照片

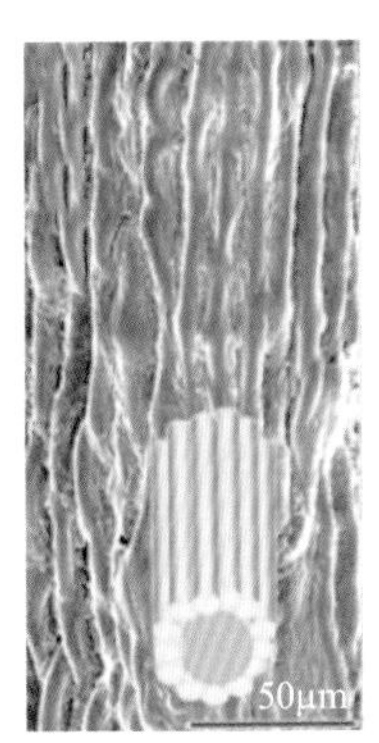

(b) 管状平行束鞘扩展扫描电镜照片

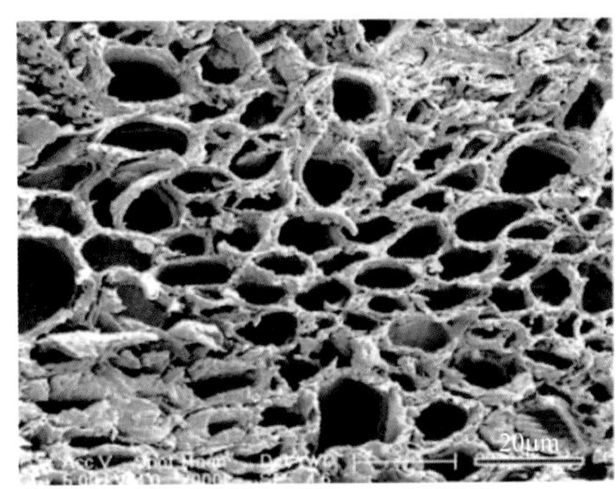

(c) 静脉孔框架结构扫描电镜照片

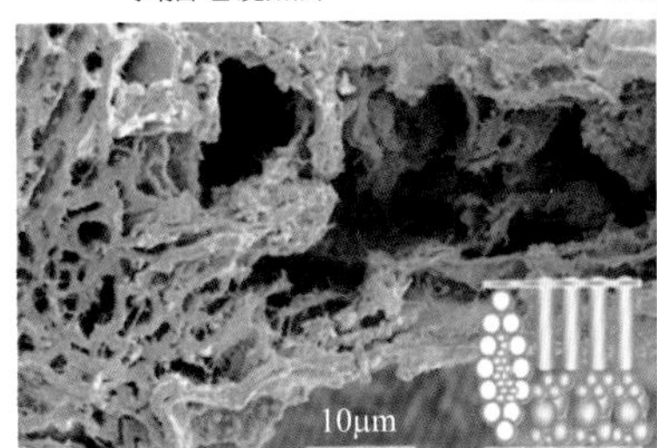

(d) 柱状栅栏叶肉细胞的分化和不规则排布海绵细胞扫描电镜照片

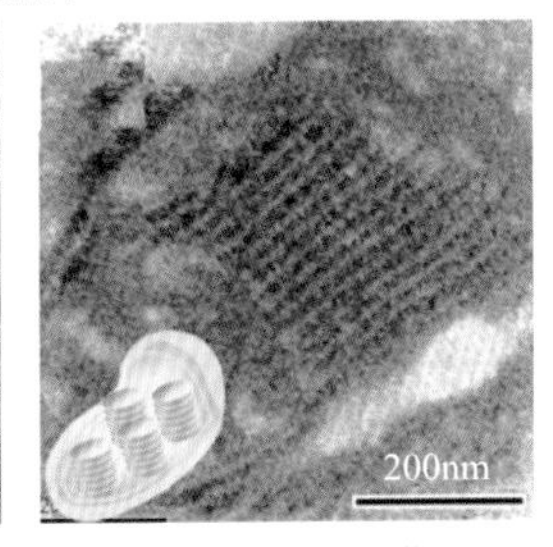

(e) 叶绿体中纳米薄层结构透射电镜照片①

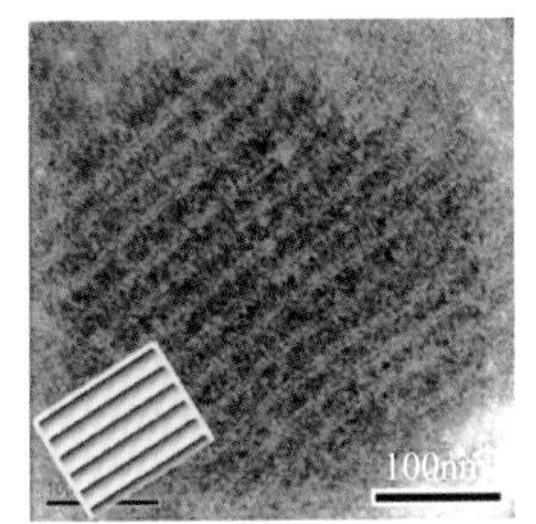

(f) 叶绿体中纳米薄层结构透射电镜照片②

图 14–12　以野棉花树叶为模板剂制得的人造无机树叶 TiO_2 载体的扫描电镜和透射电镜照片 [18]

周涵课题组 [19] 用类似的生物模板法，进一步制备了具有“纳 - 微 - 宏”多级结构的钙钛矿催化剂（$SrTiO_3$、$CaTiO_3$、$PbTiO_3$），用于构筑“人工光合系统”（artificial photosynthetic system，APS）（图 14-13）。该人工光合系统完美地展现了天然光合系统的多级尺度形貌特征：宏观上，人工光合系统相比于天然光合系统只收缩了约 50%，却依然保留了内部相互贯通的分支脉络网结构；微观上，人工光合

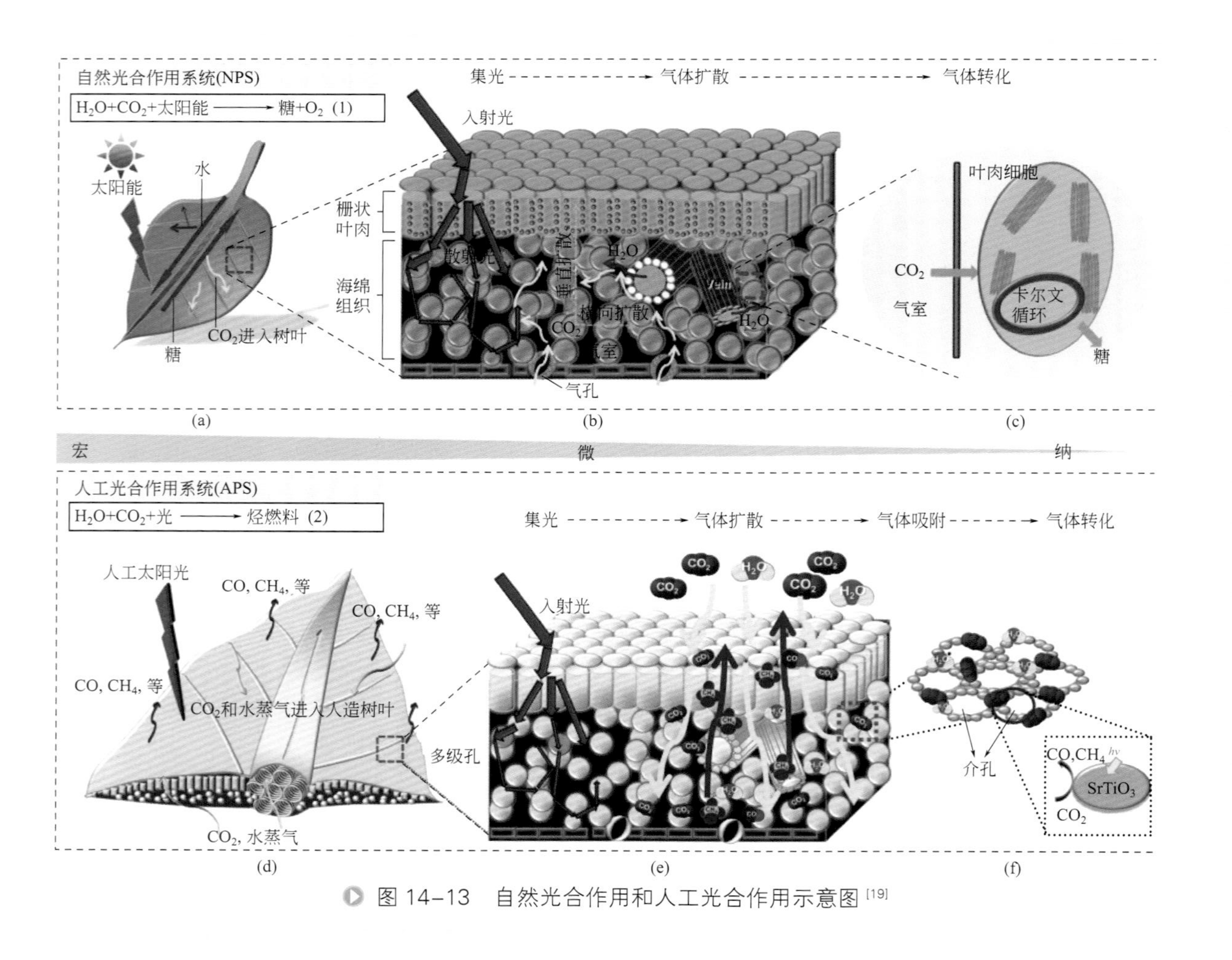

图 14-13 自然光合作用和人工光合作用示意图 [19]

系统继承了三维（3D）结构特性，主要包括具有微米尺寸气孔的外皮表面、大量相互连通气室的疏松排布的海绵状叶肉细胞以及静脉的多级孔网状结构。随后的光催化 CO_2 转化实验表明，所构筑的 APS 在紫外 - 可见光辐射下，能有效地将 CO_2 和 H_2O 转化为 CO 和 CH_4，树叶结构 APS 的光催化活性是相应粉末状 APS（将树叶结构APS研磨成粉末）的1.5～2.2倍，是相应无生物模板剂合成钙钛矿的3.5～4倍。他们认为，树叶结构 APS 光转化 CO_2 活性的显著提高主要归因于以下几点：3D 结构有利于提高气体扩散系数，从而改善质量流动；复杂形貌有利于增强光捕捉；介孔结构和大比表面积有利于提供更多的反应活性位点。这一工作为“纳 - 微 - 宏”多级结构应用于光转化 CO_2 带来了更多的启发。

尽管目前有许多学者设计合成了“人造树叶”，但大多数“人造树叶”的应用探索主要集中在光分解水制氢方面（即光合作用的第一步：光分解水产生 H_2 和 O_2），然而 CO_2 转化（即光合作用的第二步：光还原 CO_2 制备碳氢或碳水化合物）的研究才刚刚起步。考虑到“纳 - 微 - 宏”多级孔结构的独特催化性能和传递特性，将“纳 - 微 - 宏”多级孔结构材料用于 CO_2 光转化是一个很有前景的研究领域。CO_2 光转化效率、目标产物选择性以及过程成本等方面的改善，将使 CO_2 光转化产业化成为可能，也将使 CO_2 成为一种可持续的资源。

参考文献

[1] Olah G, Goeppert A, Prakash G. Beyond oil and gas: the methanol economy[B]. 2nd edn. Germany: 2009.

[2] Grabow L, Mavrikakis M. Mechanism of methanol synthesis on Cu through CO_2 and CO hydrogenation[J]. ACS Catal, 2011, 1 (4): 365-384.

[3] Behrens M, Studt F, Kasatkin L, et al. The active site of methanol synthesis over $Cu/ZnO/Al_2O_3$ industrial catalysts[J]. Science, 2012, 336 (6083): 893-897.

[4] Studt F, Sharafutdinov I, Abild-Pedersen F, et al. Discovery of a Ni-Ga catalyst for carbon dioxide reduction to methanol[J]. Nat Chem, 2014, 6 (4): 320-324.

[5] Wang J, Li G, Li Z, et al. A highly selective and stable $ZnO-ZrO_2$ solid solution catalyst for CO_2 hydrogenation to methanol[J]. Sci Adv, 2017, 3 (10): e1701290.

[6] Li Z, Wang J, Qu Y, et al. Highly selective conversion of carbon dioxide to lower olefins[J]. ACS Catal, 2017, 7 (12): 8544-8548.

[7] Gao P, Dang S, Li S, et al. Direct production of lower olefins from CO_2 conversion via bifunctional catalysis[J]. ACS Catal, 2018, 8 (1): 571-578.

[8] Gao P, Dang S, Bu X, et al. Direct conversion of CO_2 into liquid fuels with high selectivity over a bifunctional catalyst[J]. Nat Chem, 2017, 9 (10): 1019-1024.

[9] Cheng K, Gu B, Liu X, et al. Direct and highly selective conversion of synthesis gas into lower

olefins: Design of a bifunctional catalyst combining methanol synthesis and carbon-carbon coupling[J]. Angew Chem Int Ed, 2016, 55 (15): 4725-4728.

[10] Cheng K, Zhou W, Kang J, et al. Bifunctional catalysts for one-step conversion of syngas into rromatics with excellent selectivity and stability[J]. Chem, 2017, 3 (2): 334-347.

[11] Jiao F, Li J, Pan X, et al. Selective conversion of syngas to light olefins[J]. Science, 2016, 351 (6277): 1065-1068.

[12] Wei J, Ge Q, Yao R, et al. Directly converting CO_2 into a gasoline fuel[J]. Nat Commun, 2017, 8: 15174.

[13] Liu J, Zhang A, Jiang X, et al. Direct transformation of carbon dioxide to value-added hydrocarbons by physical mixtures of Fe_5C_2 and K-modified Al_2O_3[J]. Ind Eng Chem Res, 2018, 57 (28): 9120-9126.

[14] Meyer T J. Chemical approaches to artificial photosynthesis[J]. Acc Chem Res, 1989, 22 (5): 163-170.

[15] Zhou H, Fan T, Zhang D. An insight into artificial leaves for sustainable energy inspired by natural photosynthesis[J]. ChemCatChem, 2011, 3 (3): 513-528.

[16] Zhou H, Fan T, Zhang D. Biotemplated materials for sustainable energy and environment: Current status and challenges[J]. ChemSusChem, 2011, 4 (10): 1344-1387.

[17] Meunier C F, Rooke J C, Léonard A, et al. Design of photochemical materials for carbohydrate production via the immobilisation of whole plant cells into a porous silica matrix[J]. J Mater Chem, 2010, 20 (5): 929-936.

[18] Zhou H, Li X, Fan T, et al. Artificial inorganic leafs for efficient photochemical hydrogen production inspired by natural photosynthesis[J]. Adv Mater, 2010, 22 (9): 951-956.

[19] Zhou H, Guo J, Li P, et al. Leaf-architectured 3D hierarchical artificial photosynthetic system of perovskite titanates towards CO_2 photoreduction into hydrocarbon fuels[J]. Sci Rep, 2013, 3 (3): 1667-1675.

索 引

G

H

J

K

L